"十二五"普通高等教育本科国家级规划教材

粉 末 冶 金 原 理

主编　阮建明　黄培云
参编　曹顺华　冉丽萍
主审　曲选辉

机械工业出版社

粉末冶金原理是材料、冶金、化学化工、机械类学科专业知识，对于研究和发展新材料及相关新技术具有十分重要的参考价值。本书因将基本原理与工程应用相结合，使得知识系统性更加完善。全书共分九章，第 1 章简单介绍粉末冶金科学基本含义以及粉末冶金发展过程；第 2 章主要讨论粉末制备的基本原理和重要方法；第 3 章着重描述粉末粒径、粉末形状、粉末工艺性质及其相应的测定方法；第 4 章主要讨论粉末成形前的预处理；第 5 章着重讨论粉末成形的基本原理与技术；第 6 章分别介绍了等静压成形、无压成形、挤压成形、热压成形、注射成形等特殊成形方法与基本原理，第 7 章重点介绍了粉末高温热致密化基本原理和方法；第 8 章介绍粉末冶金材料的结构与特性；第 9 章介绍了粉末冶金材料与技术应用。为便于巩固所学习的知识，每章都附有适当的习题。

本书可作为材料、冶金、化学化工、机械等专业本科生和研究生的专业课程教材，也可供从事粉末冶金、新材料研发等工程技术人员参考。

图书在版编目（CIP）数据

粉末冶金原理/阮建明，黄培云主编. —北京：机械工业出版社，2012.3 (2025.1 重印)

"十二五"普通高等教育本科国家级规划教材

ISBN 978-7-111-37402-2

Ⅰ.①粉…　Ⅱ.①阮…②黄…　Ⅲ.①粉末冶金-高等学校-教材　Ⅳ.①TF12

中国版本图书馆 CIP 数据核字（2012）第 019540 号

机械工业出版社（北京市百万庄大街 22 号　邮政编码 100037）
策划编辑：丁昕祯　责任编辑：丁昕祯　程足芬
版式设计：霍永明　责任校对：张　薇
封面设计：张　静　责任印制：单爱军
北京虎彩文化传播有限公司印刷
2025 年 1 月第 1 版第 12 次印刷
184mm×260mm・25.25 印张・630 千字
标准书号：ISBN 978-7-111-37402-2
定价：69.80 元

电话服务　　　　　　　　　网络服务
客服电话：010-88361066　　机　工　官　网：www.cmpbook.com
　　　　　010-88379833　　机　工　官　博：weibo.com/cmp1952
　　　　　010-68326294　　金　书　网：www.golden-book.com
封底无防伪标均为盗版　　　机工教育服务网：www.cmpedu.com

前　言

粉末冶金技术作为新材料研发的重要方法具有其他方法无法企及的特殊性质，因此获得了越来越多的重视。粉末冶金在冶金工业、机械工业、硬质合金工业、汽车工业、新材料产业、化学化工产业以及军事工程等领域获得了广泛应用，同时由于材料制备方法的特有属性和粉末冶金材料所具有的特殊结构，使得粉末冶金材料或产品有着广泛的用途。现有粉末冶金类教材过分偏向原理文字性论述，所选文献内容过于老旧，结合原理所必需的理论计算和工程应用偏少。因此，为适应粉末冶金材料和产业的发展，根据材料、冶金、化学化工、机械等专业的教学要求，并基于国内外研究和教学工作经历编著了本书。

本书在着重描述粉末冶金基本概念、基本原理的同时，突出了粉末冶金原理与方法的工程应用，力图建立材料成分—材料制备方法—材料微观结构—材料性能的相互关系，使读者将基本原理与工程应用相结合。书中深入系统地介绍了粉末冶金在粉末制备、粉末性能分析与表征、粉末成形、粉末致密化等过程中的基本原理和若干重要方法。本书基于物理化学基础十分详细地描述了粉末还原制粉的基本原理和基本方法，基于材料科学基础十分详细地描述了雾化制粉基本原理和基本方法，并较多地介绍了粉末在雾化过程中微观结构的变化，讨论了对这些微观结构变化有着重要作用的各种因素。本书重点讲述了粉末颗粒的基本概念，基于现代材料分析检测技术，深入讨论了粉末颗粒基本结构及其相应特点，讨论了现代测试技术测试粉末物理特性、粉末粒径、粒度组成等因素的基本原理和重要方法。本书相应增加了粉末成形前的各种必要的预处理，对粉末在运输与存放期间可能出现的团聚与组分偏析等问题进行了系统的归纳并提出了适当的解决方法。本书结合工程应用较深入地讨论了金属粉末在成形过程应力状态、压力作用下粉末体的绝对变形与相对变形、弹性变形与塑性变形，有针对性地介绍了巴尔申压制方程、川北公夫压制理论以及黄培云综合压制方程。在特殊成形章节中适当增加雾化喷射成形、温压成形和金属注射成形等粉末冶金成形新技术，对等静压成形技术也做了必要补充。本书对金属粉末于高温条件下的烧结现象和烧结过程进行了十分细致的描述，对于高温条件下原子扩散迁移的热力学、动力学基础以及由原子不同的扩散迁移导致烧结体收缩的各种机理给予了深入系统的描述，建立了与不同扩散方式所对应的数学模型，并就获得全致密粉末冶金材料进行了必要的延伸讨论。本书以与致密材料性能相对比的形式，用不同材料实例重点讨论了粉末冶金材料的基本特性和怎样充分发挥粉末冶金材料的特性，最后结合粉末冶金基本原理方法，在一定深度上介绍了粉末冶金的应用。为了便于理解粉末冶金的基本原理和基本方法，全书增加了大量的图解和工程问题计算方法。

本书可作为材料、冶金、化学化工、汽车、机械等专业本科学生和研究生的专业课程教材，也可供从事粉末冶金、新材料研发等工程技术人员阅读参考。书中各章附有习题可供学生练习。为便于学生学习，书后附有名词解释和部分金属与合金材料常用物理性能。教师可根据不同学科专业要求，对学生进行选择性和重点性教学。

在本书编写过程中，杨海林、樊新等老师以及中南大学粉末冶金研究院2005级、2006级部分博士研究生参与了本书的文献收集、资料翻译整理、图表制作以及文字校对等大量工作，在此表示诚挚的感谢。

北京科技大学材料学院曲选辉院长担任本书主审，对本书进行了细致审阅并提出了许多宝贵意见，在此表示衷心感谢。

作为新兴材料学科，粉末冶金原理一书参考教材甚少，本书难免存在缺点与不当之处，敬请同行专家学者和使用本书的师生指正。

编　者

目 录

前言
第1章 绪言 … 1
1.1 粉末冶金科学的基本定义 … 1
1.2 粉末冶金工艺 … 1
1.3 粉末冶金发展简史 … 2
1.4 粉末冶金科学与技术的特点与应用 … 3
1.5 粉末冶金的未来 … 5
问题与习题 … 6
参考文献 … 6

第2章 粉体制备的原理与技术 … 8
2.1 概述 … 8
2.2 机械粉碎法 … 10
2.2.1 球磨的基本规律 … 10
2.2.2 影响球磨的因素 … 13
2.2.3 球磨能量与粉末粒径的基本关系 … 14
2.2.4 强化研磨 … 15
2.3 氧化物还原法 … 17
2.3.1 还原过程的基本原理 … 17
2.3.2 碳还原法 … 28
2.3.3 气体还原法 … 34
2.3.4 金属热还原法 … 44
2.4 还原-化合法 … 46
2.4.1 还原-化合法制取碳化钨粉 … 46
2.4.2 还原-化合法制取硼化物 … 49
2.5 其他化学法 … 52
2.5.1 热分解法 … 52
2.5.2 液相沉淀法 … 52
2.5.3 气相沉淀法 … 53
2.5.4 固-固反应合成法 … 59
2.6 雾化制粉的基本原理与技术 … 59
2.6.1 雾化原理 … 60
2.6.2 喷嘴结构 … 65
2.6.3 影响雾化粉末性能的因素 … 67
2.6.4 气体和水雾化的技术与工艺 … 71
2.6.5 离心雾化法 … 76
2.7 电解法制备粉末的原理与技术 … 79
2.7.1 水溶液电解法 … 80
2.7.2 影响粉末粒度和电流效率的因素 … 87
2.7.3 熔盐电解法 … 91
问题与习题 … 93
参考文献 … 94

第3章 粉末结构与性能分析 … 95
3.1 粉末及其性能 … 96
3.1.1 粉末体 … 96
3.1.2 粉末颗粒 … 96
3.2 粉末微观结构与性能 … 97
3.2.1 粉末形貌 … 97
3.2.2 粉末微观结构 … 97
3.3 粉末的性能 … 99
3.3.1 单颗粒的性质 … 100
3.3.2 粉末的化学成分 … 100
3.3.3 粉末的物理性能 … 101
3.3.4 粉末的工艺性能 … 105
3.4 粉末粒度与粒度分布 … 108
3.4.1 粉末粒度 … 108
3.4.2 粒度和粒度组成 … 110
3.4.3 粒径基准 … 110
3.4.4 粒度分布基准 … 111
3.4.5 粒度分布函数 … 114
3.4.6 平均粒度 … 115
3.4.7 粒度测定原理 … 116
3.5 粉末性能测定技术 … 116
3.5.1 粒度测定分类 … 116
3.5.2 粒度测量技术 … 117
3.5.3 粒度分析技术的比较 … 127

3.5.4　粒度分析中存在的问题 ……… 128
3.6　颗粒形状表征 ………………… 128
3.7　粉末比表面积分析……………… 129
　　3.7.1　粉末比表面积 ……………… 129
　　3.7.2　形状因子 …………………… 129
　　3.7.3　空气透过法 ………………… 131
　　3.7.4　气体吸附法 ………………… 133
问题与习题 …………………………… 137
参考文献 ……………………………… 138

第4章　成形前粉末的预处理 …… 139

4.1　概述 …………………………… 139
4.2　粉末退火 ……………………… 139
4.3　团聚粉末的分散 ……………… 140
4.4　粉末混合 ……………………… 141
　　4.4.1　粉末混合的意义 …………… 141
　　4.4.2　粉末形状、粒度和纯度调整 … 142
　　4.4.3　混合物的均匀性 …………… 142
　　4.4.4　粉末混合方法 ……………… 144
　　4.4.5　干燥粉末的混合 …………… 145
　　4.4.6　混合粉末的密度计算 ……… 147
4.5　粉末的充填 …………………… 147
　　4.5.1　粉末充填的意义 …………… 147
　　4.5.2　改善粉末充填的技术 ……… 148
4.6　成形剂与润滑剂 ……………… 149
　　4.6.1　成形剂 ……………………… 149
　　4.6.2　润滑剂 ……………………… 150
4.7　筛分 …………………………… 152
4.8　粉末制粒 ……………………… 152
4.9　粉末操作安全与健康因素 …… 154
问题与习题 …………………………… 155
参考文献 ……………………………… 156

第5章　粉体压制成形原理与技术 … 157

5.1　概述 …………………………… 157
5.2　粉体压制成形 ………………… 157
　　5.2.1　粉末压制现象 ……………… 157
　　5.2.2　粉末压制时的位移与变形 … 158
　　5.2.3　金属粉末的压坯强度 ……… 161
5.3　普通压制成形过程 …………… 163
　　5.3.1　刚性模压制 ………………… 163
　　5.3.2　模压产品分类 ……………… 164
5.4　压制过程中力的分析…………… 165
　　5.4.1　应力和应力分布 …………… 165
　　5.4.2　侧压力和模壁摩擦力 ……… 166
　　5.4.3　脱模压力 …………………… 170
　　5.4.4　弹性后效 …………………… 171
5.5　压制压力与压坯密度的关系 … 172
　　5.5.1　金属粉末压制时压坯密度的变化规律 …………………………… 172
　　5.5.2　压制压力与压坯密度关系的解析 …………………………… 172
5.6　压坯密度对压坯强度的影响 … 180
5.7　压制压力对压坯强度的影响 … 181
5.8　压坯密度的分布分析 ………… 182
　　5.8.1　压坯中密度分布的不均匀性 … 182
　　5.8.2　影响压坯密度分布的因素 … 182
　　5.8.3　影响压制过程的因素 ……… 184
5.9　模具与压坯设计 ……………… 191
　　5.9.1　模具设计 …………………… 191
　　5.9.2　压制工艺设计 ……………… 192
问题与习题 …………………………… 192
参考文献 ……………………………… 194

第6章　特殊成形技术 ……………… 195

6.1　等静压成形 …………………… 195
　　6.1.1　等静压压制的基本原理 …… 195
　　6.1.2　冷等静压压制 ……………… 197
　　6.1.3　冷等静压成形工艺 ………… 199
　　6.1.4　热等静压成形 ……………… 200
6.2　粉末无压成形 ………………… 205
　　6.2.1　粉浆浇注 …………………… 205
　　6.2.2　冻干铸造法 ………………… 209
　　6.2.3　喷射成形 …………………… 209
6.3　粉末挤压成形 ………………… 213
　　6.3.1　粉末挤压成形的原理 ……… 213
　　6.3.2　金属粉末的增塑挤压 ……… 214
　　6.3.3　增塑粉末挤压成形工艺 …… 216
6.4　粉末热压成形 ………………… 221
　　6.4.1　热压致密原理 ……………… 221
　　6.4.2　热压工艺的特点 …………… 222

6.5 粉末注射成形 …………………… 223
   6.5.1 粉末注射成形的基本原理 …… 223
   6.5.2 粉末-黏结剂混合物 …………… 226
   6.5.3 注射成形工艺 ………………… 227
   6.5.4 粉末冶金注射成形技术的特点 …………………………… 228
6.6 温压成形 ………………………… 229
   6.6.1 温压工艺 ……………………… 229
   6.6.2 温压技术的特点 ……………… 230
   6.6.3 温压工艺的核心技术与温压技术的致密化机理 …………… 230
6.7 粉末连续成形 …………………… 231
   6.7.1 粉末轧制成形 ………………… 231
   6.7.2 粉末轧制法的特点和分类 …… 232
   6.7.3 粉末轧制原理 ………………… 233
   6.7.4 金属粉末的轧制工艺 ………… 235
6.8 粉末锻造成形 …………………… 237
   6.8.1 粉末锻造致密化机理 ………… 237
   6.8.2 粉末冷锻成形 ………………… 239
6.9 其他成形技术 …………………… 242
问题与习题 …………………………… 242
参考文献 ……………………………… 243

第7章 粉体材料烧结致密化原理与技术 …………………… 245
7.1 概述 ……………………………… 245
7.2 烧结过程的热力学基础 ………… 246
   7.2.1 烧结的基本过程 ……………… 246
   7.2.2 烧结的热力学问题 …………… 247
   7.2.3 烧结驱动力的计算 …………… 248
7.3 烧结理论与物质迁移 …………… 252
   7.3.1 烧结的基本概念 ……………… 252
   7.3.2 物质迁移机理 ………………… 254
   7.3.3 烧结初期 ……………………… 263
   7.3.4 烧结中期 ……………………… 265
   7.3.5 烧结末期 ……………………… 265
   7.3.6 数据分析 ……………………… 268
   7.3.7 烧结图 ………………………… 269
7.4 烧结孔隙结构的变化 …………… 269
   7.4.1 烧结孔隙的结构 ……………… 269
   7.4.2 烧结中的压制压力效应 ……… 271
7.5 固相烧结 ………………………… 273
   7.5.1 单元系粉末烧结 ……………… 273
   7.5.2 多元系粉末烧结 ……………… 279
7.6 液相烧结 ………………………… 291
   7.6.1 液相烧结的基本条件、过程和机构 ………………………… 291
   7.6.2 晶粒粗化 ……………………… 300
   7.6.3 液相烧结举例 ………………… 301
   7.6.4 熔渗 …………………………… 304
7.7 活化烧结 ………………………… 307
   7.7.1 活化烧结的概念与条件 ……… 307
   7.7.2 烧结活化能 …………………… 308
   7.7.3 钨的活化烧结 ………………… 308
   7.7.4 电火花烧结 …………………… 309
7.8 强化烧结 ………………………… 310
7.9 烧结气氛 ………………………… 313
   7.9.1 气氛的作用与分类 …………… 313
   7.9.2 还原性气氛 …………………… 314
   7.9.3 真空烧结 ……………………… 314
   7.9.4 烧结气氛的选择 ……………… 315
   7.9.5 烧结设备 ……………………… 318
7.10 烧结后处理 ……………………… 320
   7.10.1 表面处理 ……………………… 320
   7.10.2 浸渍处理 ……………………… 320
   7.10.3 阳极化处理 …………………… 321
   7.10.4 喷砂与摩擦抛光处理 ………… 321
   7.10.5 探伤检查 ……………………… 322
问题与习题 …………………………… 323
参考文献 ……………………………… 324

第8章 粉末冶金材料的结构与特性 …………………………… 326
8.1 粉末冶金材料的孔隙特征 ……… 326
   8.1.1 粉末冶金材料孔隙度、密度和孔径的测定 …………………… 326
   8.1.2 粉末冶金材料的透过性能 …… 327
8.2 孔隙与力学性能关系 …………… 329
   8.2.1 动态性能 ……………………… 329
   8.2.2 硬度与孔隙的关系 …………… 331

8.2.3 弹性模量与孔隙的关系 ……… 332
8.2.4 强度与孔隙的关系 ……… 334
8.2.5 韧性与孔隙的关系 ……… 334
8.3 物理性能与孔隙的关系 ……… 335
　8.3.1 传导性 ……… 335
　8.3.2 磁性能 ……… 337
　8.3.3 热膨胀性 ……… 338
　8.3.4 导电性 ……… 338
　8.3.5 表面性能 ……… 339
8.4 工艺性能与孔隙的关系 ……… 342
　8.4.1 加工性能与孔隙的关系 ……… 342
　8.4.2 粉末冶金产品热处理 ……… 343
问题与习题 ……… 346
参考文献 ……… 346

第9章 粉末冶金材料与技术应用 ……… 348
9.1 概述 ……… 348
9.2 粉末冶金科学与技术应用 ……… 348
　9.2.1 材料结构与成分设计 ……… 348
　9.2.2 粉末冶金多孔材料的应用 ……… 351
　9.2.3 粉末冶金电子及难熔金属材料 ……… 351
　9.2.4 磁性材料 ……… 352
　9.2.5 热应用 ……… 353
　9.2.6 粉末冶金高温材料 ……… 354
　9.2.7 摩擦材料 ……… 354
　9.2.8 高密度及低密度合金材料的制备与应用 ……… 355
　9.2.9 高硬度材料 ……… 357
　9.2.10 耐蚀结构材料及应用 ……… 358
　9.2.11 耐磨材料的应用 ……… 360
　9.2.12 复合材料的应用 ……… 360
9.3 粉末冶金材料强韧化技术及应用 ……… 363
　9.3.1 粉末冶金弥散强化高温合金 ……… 363
　9.3.2 颗粒强化 ……… 369
　9.3.3 纤维强化 ……… 378
问题与习题 ……… 384
参考文献 ……… 384

附录 ……… 386
　附录A 粉末冶金科学基础名词注释 ……… 386
　附录B 材料常数与性质 ……… 393

第1章 绪 言

1.1 粉末冶金科学的基本定义

粉末冶金是由粉末制备、粉末成形、高温烧结以及加工热处理等重要过程组成的材料制备和生产的工程技术。粉末冶金科学主要研究材料制备与生产过程相关的科学现象和科学问题，如粉末微观结构与粉末制备方法之间的关系，粉末体在应力作用下密度变化的趋势，粉末材料在高温烧结时物质迁移的方式及致密化规律等。粉末具有如下特性：颗粒直径细小因而具有高比表面积；在重力作用下，由于粉末颗粒表现出的流动性，使其具有介于固体和液体之间的特性；在应力作用下，金属粉末会像致密固体金属一样，产生弹性变形和塑性变形；由于粉末压坯中存在大量孔隙，经高温烧结和热处理时，粉末颗粒之间发生冶金结合，烧结后可获得预期的性能。粉末冶金科学与技术是研究材料的工艺过程—微观结构—材料性能之间相互关系的科学，尤其注重研究粉末的特性以及这种特性与材料性能之间的关系和规律。

1.2 粉末冶金工艺

粉末冶金工艺主要包括粉末的制备、粉末的加工成形、粉末的烧结以及烧结后处理四个工序。工艺在不同的阶段涉及力学、化学、物理化学、材料科学基础等多门学科基本知识，以及应力作用下的弹塑性变形、高温条件下原子迁移扩散机理等基本规律的应用。

粉末冶金的生产工艺流程图如图1-1所示。首先是粉末制备和粉末特性表征，说明粉末

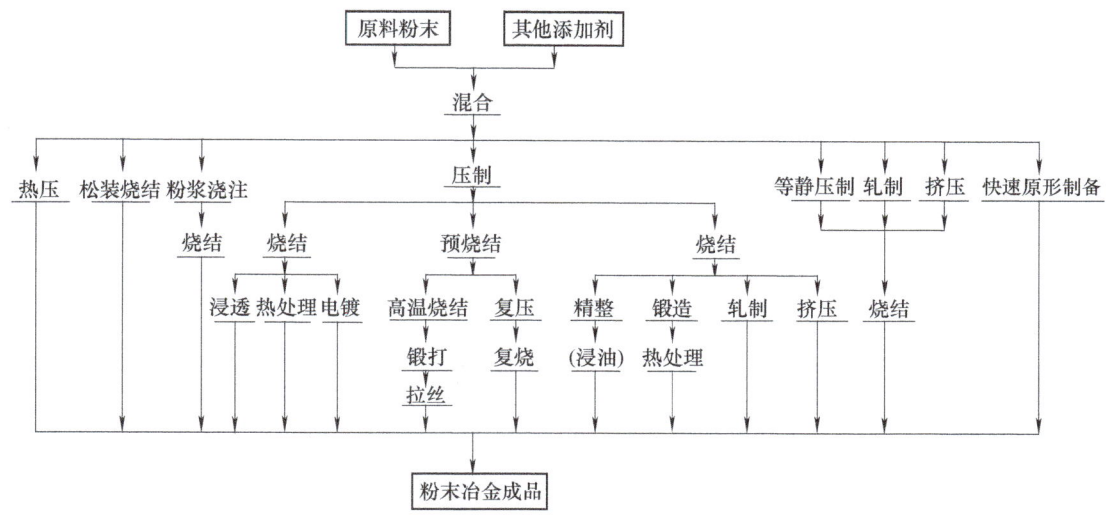

图1-1 粉末冶金生产工艺流程图

尺寸和形状等特性对材料产品性能具有至关重要的影响，这个部分主要包括粉末的特性、制造以及分类。第二部分包括压制成形和高温烧结，成形使粉体具有产品的形状，高温烧结实现致密化，使产品具有设计的性能。第三部分主要包括产品的最终性能以及微观结构。粉末的制造方法和粉末所具有的性能影响其后的烧结过程，粉末的形状和尺寸则显著影响粉末的压制性能。粉末的特性、化学构成、加工过程与最终粉末冶金产品性能之间的关系如图1-2所示。

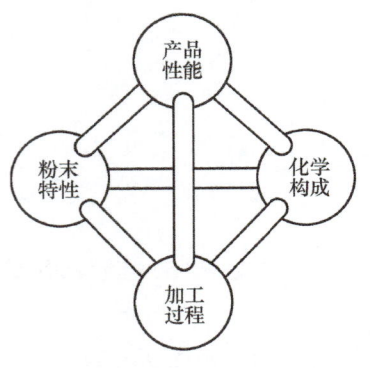

图1-2　粉末的特性、化学构成、加工过程与最终粉末冶金产品性能之间的关系

1.3　粉末冶金发展简史

历史上世界各地都有使用金属粉末的记载，如墨西哥印加人用金粉涂在宝石上使其颜色夺目，埃及人使用铁粉的时间则可追溯到公元前3000年，印度在公元前300年用6.5t还原铁粉制造了"德里柱"，但使用具有系统工程技术制造的粉末冶金产品则始于18世纪。这个时期，许多国家和地区通过压制和烧结技术大量制造铜、银币。近代粉末冶金的历史可追溯到Coolidge为爱迪生提供钨粉，制造持久耐用的灯丝。随后，硬质合金、多孔铜轴承和铜-石墨电触头材料制品在19世纪30年代相继产生，到19世纪40年代，粉末冶金可以制造出新的钨合金、铁基合金以及难熔合金。

1879年爱迪生在他的照明系统中，采用廉价且耐用的灯丝材料以适应热振效应。最初他在铂灯丝的基础上选择了碳化纤维。到1905年，惠特尼（Whitney）通过优化金属碳化物灯丝后，转向选用难熔金属灯丝钽和钨，最初的钨丝是使用钨粉与有机粘结剂混合制造的，粘结剂有利于挤压成形，相当于现在的成形剂。烧结过程中粘结剂被燃烧掉，粉末经烧结后加工成为直径细小的灯丝，输出功率为8lm/W，亮度达到了碳灯丝的2倍。1909年Coolidge使用钨粉和变形工艺制造了具有延展性的钨灯丝。1937年发明了可卷曲的细小钨灯丝。相比较于其他材料，钨灯丝具有更高的燃烧温度且能产生更多的光。随着加工技术的进步，目前1000g钨粉可制造15000个40W灯泡的灯丝，每只灯丝的寿命大约1000h，输出亮度为13lm/W。

由于材料的应用领域不断扩大，粉末冶金也从早期难熔金属钨灯丝的制造和应用扩大到利用新的低成本技术制造普通的铁基、铜基零部件。19世纪40年代，利用粉末冶金方法制造了一部分难熔金属及稀贵金属材料，包括难熔金属和它们的合金（Nb、W、Mo、Zr、Ti和Re），以及铁基、铜基轴承等结构性金属材料。虽然至今粉末冶金方法生产的大部分结构部件是铁基零件，但是，粉末冶金技术也制造了大量用于核工业、航空、电学和磁学应用的功能性材料。

最初选择粉末冶金生产零部件主要考虑它们的低成本性质，现在则已经与质量、性能、成本和生产率等全面联系起来。比如，高温镍基超合金、高性能航空铝合金等。通过粉末冶金方法不仅创造了更好的材料经济，而且可以控制微观结构及精确制造改性新材料。

由于粉末冶金具有三个突出优点：低成本、形状独特性和高产品性能，促使粉末冶金技术和与之相关的科学得到了快速发展。

1.4 粉末冶金科学与技术的特点与应用

在金属材料的各种制造加工技术中，粉末冶金是重要的制造方法之一。粉末冶金之所以吸引人，就是因为它不仅能用来制造高质量、高精度的复杂部件，而且节省原材料、节约劳动成本，后者在当今的经济社会中尤为重要。粉末冶金是将具有某种特定粒度、形状和松装密度的粉末材料转变为具有高强度、高精度和高性能的材料的技术，其关键步骤包括粉末的制备、成形以及随后的烧结和热处理过程。粉末冶金技术具有能耗低、材料利用率高以及低成本等优点。粉末冶金在材料制备与加工过程中能在较大的范围内调节工艺，并逐渐取代传统的金属成形技术，生产具有不同微观结构和不同性能的新材料。与普通熔炼方法相比，粉末冶金具有如下特点：

1) 粉末冶金能生产用普通熔炼无法生产的具有特殊性能的材料。

① 能控制制品的孔隙度。例如，可生产各种多孔材料、多孔含油轴承等。

② 能利用金属和金属、金属和非金属的组合效果，生产具有各种特殊性能的材料。例如，钨-铜合金型的电触头材料、金属和非金属组成的摩擦材料等。

③ 能生产各种复合材料。例如，由难熔化合物和金属组成的硬质合金和金属陶瓷、弥散强化复合材料、纤维强化复合材料等。各类形状复杂的硬质合金工具如图 1-3 所示。

2) 粉末冶金方法生产的材料，与普通熔炼法相比，性能优越。

① 高合金元素含量粉末冶金材料的性能比熔炼法生产的合金材料要好。例如：粉末高速钢、粉末超合金可避免成分偏析，保证合金具有均匀的组织和稳定的性能，同时，这种合金具有细小的晶粒组织，使加工性能大为改善。

② 粉末冶金法还可用来生产难熔金属材料或制品。例如：钨、钼等一系列难熔金属，虽然可以用熔炼法制造，但所制产品比粉末冶金制品的晶粒要粗、性能要低。

③ 在制造机械零件方面，粉末冶金法是一种少切屑或无切屑的新工艺，可以大大减少机加工量，节约金属材料，提高劳动生产率。

粉末冶金工艺的发展赋予了材料许多特殊的性能，如根据材料性能的要求，可以设计和调整材料的元素组成和微观结构，并且适当控

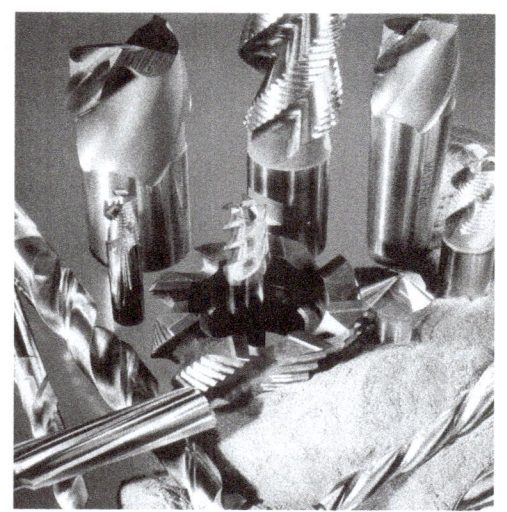

图 1-3 各类形状复杂的硬质合金工具

制各种组元在材料中的分布和材料的微观结构（包括强化相和孔隙度）。特别是许多合金材料可在熔点以下的温度进行制造，这解决了与铸造相关的成分偏析和其他缺陷的问题。

由于粉末冶金技术可以实现复杂零件的低成本制造，使得其在工业中的应用日益广泛。因此，越来越多的汽车零部件采用粉末冶金方法制造，汽车用粉末冶金齿轮如图 1-4 所示。粉末冶金产品的高精度和低制造成本符合汽车零部件的高效率生产、高产品精度和生产自动

化的要求。如果采用铸造方法进行生产，则存在组织或成分偏析缺陷和加工周期长等不足，这样一方面提高了加工成本，另一方面也很难保证产品最终的尺寸精度。

图1-4 汽车用粉末冶金齿轮

图1-5给出了使用粉末冶金技术的三个主要因素，其中三个互相重叠的圆圈形象地描述了应用粉末冶金技术的基本原因。粉末冶金方法能生产出其他方法不能制造的具有独特性能和微观结构的产品，如多孔金属、氧化物弥散强化合金、陶瓷（陶瓷-金属复合物）和硬质合金。粉末冶金技术应用的一个典型例子是难熔金属的加工制造。难熔金属的熔点极高，至今仍然无法通过传统的熔炼方法将其熔化，再进行加工制造。然而粉末冶金却实现了难熔金属的制备与加工。不仅如此，粉末冶金技术还可以制造由非晶、准晶、微晶构成的具有许多奇特性能的新一类材料，这是因为粉末冶金能有效避免随着温度的升高而产生微观结构的破坏或晶粒粗化现象。

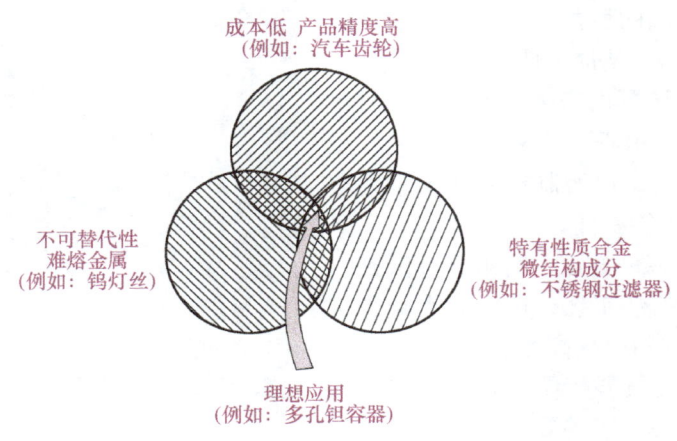

（圆圈的相互交叉处代表了未来粉末冶金的理想领域）

图1-5 使用粉末冶金技术的三个主要因素

粉末冶金的应用非常广泛。就材料成分而言，有铁基粉末冶金、有色金属粉末冶金、稀有金属粉末冶金等。就材料性能而言，既有多孔材料，又有致密材料；既有硬质材料，又有软质材料（如孔隙度在60%以上的铁的硬度相当于铅）；既有高密度合金，也有泡沫材料等。就材料组成而言,既有金属材料,又有复合材料。

粉末冶金材料及制品的应用见表1-1。

表1-1 粉末冶金材料及制品的应用

应用领域	粉末冶金材料及制品应用举例
采矿	硬质合金,金刚石-金属组合材料
机械加工	硬质合金,陶瓷刀具,粉末高速钢
汽车制造	机械零件,摩擦材料,多孔含油轴承,过滤器
拖拉机制造	机械零件,多孔含油轴承
机床制造	机械零件,多孔含油轴承
纺织机械	多孔含油轴承,机械零件
机车制造	多孔含油轴承,铜-钨合金
船舶制造	摩擦材料,油漆用铝粉,减摩材料
冶金矿山机械	多孔含油轴承,机械零件
电机制造	多孔含油轴承,铜-石墨电刷
精密仪器	仪表零件,软磁材料,硬磁材料
电气和电子工业	电触头材料,真空电极材料,电子封装材料
无线电和电视	磁性材料,辉光材料
计算机工业	记忆元件,磁性材料
五金和办公用品	锁零件,缝纫机零件,打字机零件
医疗器械	各种医疗器械植入材料
化学工业	过滤器,防腐零件,催化剂
石油工业	过滤器,反应催化材料
军工	穿甲弹头,炮弹箍,军械零件
航空	摩擦片,过滤器,防冻用多孔材料,粉末超合金
航天和火箭	发汗材料,难熔金属及合金,纤维强化材料
原子能工程	核燃料元件,反应堆结构材料,控制材料

1.5 粉末冶金的未来

分析应用于几种材料系统的粉末后可以发现,粉末冶金过去的成功在于它的经济性和特殊性。图1-6是常用金属粉末产品数量的相对比较图。这个图表明,低成本材料是常规工程机械中使用最多的材料。近年来,特种材料和难加工材料在提升制造技术的同时扩大了粉末冶金的用途,有望在粉末冶金新应用中保持同样的特性。粉末冶金保持继续增长的必要条件为:①能生产铁基结构合金的高精度、高质量、大体积产品;②高性能材料的致密化,主要是理想的致密度和力学性能;③难加工材料的制造,具有均一微观结构的高性能合金;④特殊合金组织均匀化,主要为包含有多相的合金材料;⑤非平衡材料的合成,例如非晶、微晶和亚稳合金;⑥具有独特形状的产品。

2000 年以来，全世界每年消耗金属粉末约 2×10^6 t，主要为铁粉和合金钢粉。如图 1-6 所示，铁粉大约是铝粉的 10 倍，铝粉大约是铜粉的 1.2 倍，铜粉大约是镍粉的 2 倍等。

随着粉末冶金知识的积累和技术的扩展，粉末冶金将应用于更多的领域，粉末冶金的低成本特点如果与其他因素，如强度、质量、密度控制以及独特的成形能力结合起来，将会带来更多的机遇与挑战。新型金属粉末研究和制造技术的发明也为未来更广泛的应用提供了希望，例如，快速致密磁性合金、新航空合金、改性的金属基材料，以及包含微观结构的高强度结构材料等。为

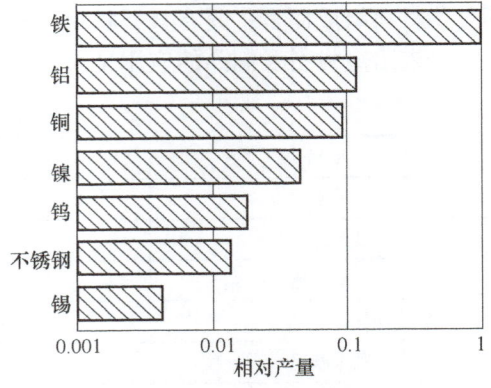

图 1-6　常用金属粉末产品数量的相对比较图

了满足经济发展对粉末冶金产品日益增长的需要，必须进一步扩大粉末冶金材料和制品的生产，改进生产工艺，提高产品质量。同时还必须进行深入的研究，发明新技术，解决各种特殊的结构材料、功能材料和复合材料的关键科学与技术问题，创造新的材料。随着科学技术的发展，对超高温、超高压、超高真空、超高磁场等极端条件下所需材料的要求越来越多。例如，航空、航天技术对高温材料提出了新要求。弥散强化超合金、新的纤维强化复合材料都是新时代要求的材料。随着新工艺、新技术、新材料的发展和基础理论研究的深入，粉末冶金研究与应用已呈现出一个崭新的局面。

粉末冶金领域在蓬勃发展，粉末冶金产品的应用量也连续增长，增长速度比其他金属制造领域更快。本书结合粉末冶金工艺技术，着重介绍粉末冶金科学原理和粉末冶金材料产品的基本研究和制造方法，以及粉末性能与材料制备技术参数之间的关系，粉末冶金材料制备工艺与材料性能之间的关系。

问题与习题

1. 粉末冶金产品在汽车工业中有许多用途，请列举三种汽车用粉末冶金产品。
2. 有什么方法可以取代粉末冶金技术制备钨灯丝，为什么电熔断器中不采用钨灯丝材料？
3. 粉末冶金一度被称为金属陶瓷（Metal ceramics），试说明哪些工序类似于陶瓷产品制备。
4. 粉末冶金与陶瓷的主要差别是什么？这些差别是如何影响其生产过程的？
5. 粉末冶金的定义是什么？
6. 粉末冶金的工程含义是什么？
7. 减少加工成本是粉末冶金产品生产过程的重要方面，哪些步骤有利于减少产品加工成本？
8. 金属基复合材料，如 SiC 纤维强化铝合金的制备是粉末冶金的应用领域，你能说明复合材料制备方法吗？

参 考 文 献

[1] 黄培云. 粉末冶金原理 [M]. 北京：冶金工业出版社，1989.
[2] 王盘鑫. 粉末冶金学 [M]. 北京：冶金工业出版社，1997.
[3] 王零森. 特种陶瓷 [M]. 长沙：中南大学出版社，1994.
[4] Lenel F V. Powder Metallurgy Principle and Applications [M]. New Jersey：Princeton，1980.

[5] Wang C Y, Zhu M. Nanostructured WC/Co Composite Powder Prepared by High Energy Ball Milling [J]. Scripta Materialia, 2003 (49): 1123.

[6] van den Berg H. Trends and developments in hardmetal applications [J]. Metal Powder Report, 2007, 50 (1): 7.

[7] Abe K, et al. Fabrication and Characterization of Electromagnetic Wave Adsorber [J]. Metal Powder Report, 2007, 54 (2): 86.

[8] Shen B, et al. Fracture Origin and Intrinsic Strength of Ultrafine Titanium Carbonitride Based Cermets [J]. Int. J. Refract. Metals/Hard Mater, 2007, 25 (3): 256.

[9] Fujikawa T. Recent Trends In the Technology of Hot Isostatic Pressing [J]. Metal Powder Report, 2006, 53 (11): 867.

[10] German R M, Miura H. Status of Injection Moulding and Related Technologies in USA [J]. Metal Powder Report, 2006, 53 (9): 709.

第 2 章 粉体制备的原理与技术

2.1 概述

粉体制备是粉末冶金的第一个重要步骤。随着粉末冶金材料和制品不断增多，质量不断提高，要求提供的粉末种类也越来越多。例如，从材质范围来看，不仅使用金属粉末，也使用合金粉末、金属化合物粉末；从粉末外形来看，要求使用各种形状的粉末，如生产过滤器时，就要求使用球形粉末；从粉末粒度来看，要求使用各种粒度的粉末，从粒度为 500～1000μm 的粗粉末到粒度小于 0.1μm 的纳米级粉末。

为了满足对粉末的各种要求，需要有各种各样生产粉末的方法，这些方法可以使金属、合金或者金属化合物从固态、液态或气态转变成粉末态。粉末制备的基本方法见表 2-1。

表 2-1 粉末制备的基本方法

生产方法			原材料	粉末产品举例			
				金属粉末	合金粉末	金属化合物粉末	包覆粉末
物理化学法	还原	碳还原	金属氧化物	Fe, W			
		气体还原	金属氧化物及盐类	W, Mo, Fe, Ni, Co, Cu	Fe-Mo, W-Re	—	—
		金属热还原	金属氧化物	Ta, Nb, Ti, Zr, Th, U	Cr-Ni		
	还原—化合	碳化或碳与金属氧化物作用	金属粉末或金属氧化物			碳化物	
		氮化或氮气与金属氧化物作用	金属粉末或金属氧化物	—	—	氮化物	—
	气相还原	气相氢还原	气态金属卤化物	W, Mo	Co-W, W-Mo 或 Co-W 涂层石墨	—	W/UO$_2$
		气相金属热还原	气态金属卤化物	Ta, Nb, Ti, Zr			
	化学气相沉积	—	气态金属卤化物			碳化物或碳化物涂层 氮化物或氮化物涂层	
	气相冷凝或离解	金属蒸气冷凝	气态金属	Zn, Cd			
		羰基热离解	气态金属羰基物	Fe, Ni, Co	Fe-Ni	—	Ni/Al, Ni/SiC

（续）

生产方法		原材料	粉末产品举例			
			金属粉末	合金粉末	金属化合物粉末	包覆粉末
物理化学法	液相沉淀 置换	金属盐溶液	Cu, Sn, Ag	—		—
	液相沉淀 溶液氢还原	金属盐溶液	Cu, Ni, Co	Ni-Co	—	Ni/Al, Co/WC
	液相沉淀 从熔盐中沉淀	金属熔盐	Zr, Be	—		
	从辅助金属浴中析出	金属和金属熔体			碳化物 氮化物	—
	电解 水溶液电解	金属盐溶液	Fe, Cu, Ni, Ag	Fe, Ni	碳化物	
	电解 熔盐电解	金属熔盐	Ta, Nb, Ti, Zr, Th, Be	Ta, Nb	硅化物	
机械法	机械粉碎 机械研磨	脆性金属和合金 人工增加脆性的金属和合金	Sb, Cr, Mn, 高碳铁 Sn, Pb, Ti	Fe-Al, Fe-Si Fe-Cr 等铁合金	—	—
	机械粉碎 漩涡研磨	金属和合金	Fe, Al	Fe-Ni, 钢		
	雾化 气体雾化	液态金属和合金	Sn, Pb, Al, Cu, Fe	黄铜, 青铜 合金钢, 不锈钢		
	雾化 水雾化	液态金属和合金	Cu, Fe	黄铜, 青铜, 合金钢		
	雾化 旋转圆盘雾化	液态金属和合金	Cu, Fe	黄铜, 青铜, 合金钢	—	—
	雾化 旋转电极雾化	液态金属和合金	难熔金属, 无氧铜	铝合金, 钛合金, 不锈钢, 超合金		

在固态下制备粉末的方法包括：

1）机械粉碎法和电化学腐蚀法。由固态金属与合金制取金属与合金粉末。

2）还原法。由固态金属氧化物及盐类制取金属与合金粉末。

3）还原-化合法。由金属和非金属粉末、金属氧化物和非金属粉末制取金属化合物粉末。

4）高温反应合成法。由金属粉末与金属粉末、非金属粉末制取合金粉末或金属化合物粉末。

在液态下制备粉末的方法包括：

1）雾化法。从液态金属与合金制备金属与合金粉末。

2）置换法、溶液氢还原法。从金属盐溶液置换和还原制备金属、合金以及包覆粉末。

3）水溶液电解法。从金属盐溶液电解制备金属与合金粉末。

4）熔盐电解法。从金属熔盐电解制备金属粉末。

在气态下制备粉末的方法包括：
1) **蒸气冷凝法**。从金属蒸气冷凝制备金属粉末。
2) **热离解法**。从气态金属羰基物离解制备金属、合金以及包覆粉末的羰基物。
3) **气相氢还原法**。从气态金属卤化物气相还原制取金属、合金粉末以及金属、合金涂层。
4) **化学气相沉积法**。从气态金属卤化物沉积制取金属化合物粉末以及涂层。

从粉末制备过程的实质来看，现有粉末制取的方法大体上可以归纳为两大类，即物理机械法和物理化学法。物理机械法是将原料机械地粉碎，而化学成分基本上不发生变化；物理化学法是借助物理化学作用，改变原材料的化学成分或聚集状态而获得粉末。粉末的生产方法很多，从工业规模而言，应用最广泛的是机械粉碎法、金属氧化物还原法、雾化法和电解法，其他方法如气相沉淀法和液相沉淀法在特殊应用时也很重要。

2.2 机械粉碎法

机械粉碎法和机械研磨是制取脆性材料粉末的经典方法。固态金属的机械粉碎既是一种独立的制粉方法，又常作为某些其他制粉方法不可缺少的补充工序。例如，研磨电解制得的脆性阴极沉淀物，研磨还原法制得的海绵状金属颗粒等。因此，机械粉碎法在粉末生产中占有重要的地位。

机械粉碎是靠压碎、碰撞、击碎和磨削等作用，将粗颗粒金属或合金机械地粉碎成粉末的过程。根据物料粉碎的最终程度，基本上可以分为粗粉碎和细粉碎；根据粉碎的作用机构，以压碎作用为主的有碾碎、辊轧以及颚式破碎等；以击碎作用为主的有锤磨等；属于击碎和磨削等多方面作用的有球磨、棒磨等。虽然所有的金属和合金都可以被机械地粉碎，但实践证明，机械研磨比较适用于脆性材料。研磨塑性金属和合金制取粉末的方法有旋涡研磨、冷气流粉碎等。在研磨过程中，由于颗粒表面被磨平、氧化层剥落、内孔隙减少等都能促使粉末松装密度增大，因此，球磨常用来调节粉末的松装密度。机械研磨方法原则上不适于制备塑性材料粉末，但是可以研磨经特殊处理后具有脆性的金属和合金，这时，研磨的粉末可以是金属与氧或氢结合后形成的脆性化合物。研磨后的脆性化合物须经加热还原处理或经真空加热进行除氢处理。图 2-1 为使用氢化技术将塑性金属铌经球磨制得的角状脆性粉末，颗粒在脆性破碎后为多角形状。球磨广泛用于退火后电解粉末、还原粉末、雾化粉末以及其他方法制备粉末的补充处理，尤其适用于脆性粉末，包括碳化物、硼化物、氮化物及金属间化合物的研磨破碎。下面主要以球磨为例讨论机械研磨的规律。

2.2.1 球磨的基本规律

几种研磨机中用得较多的是球磨机。研究球磨规律对了解研磨机构和正确使用球磨机十分重要。球磨粉碎物料的作用（碰撞、压碎、击碎、磨削）主要取决于球和物料的运动状态，而球和物料的运动

图 2-1 经氢化处理后的铌粉扫描电镜分析

又取决于球磨筒的转速。球和物料随球磨筒转速不同有三种基本情况，如图 2-2 所示。

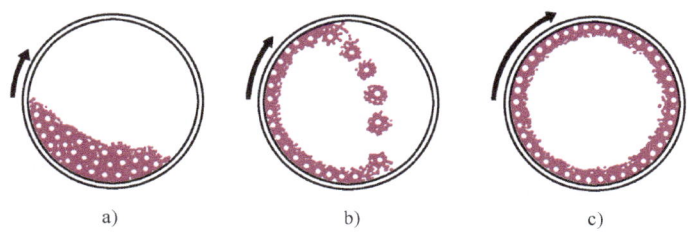

图 2-2　球和物料随球磨筒转速不同的三种状态
a) 低转速　b) 适宜转速　c) 临界转速

1) 球磨机转速慢时，球和物料沿筒体上升至坡度角，然后滚下，称为泻落。这时物料的粉碎主要靠球的摩擦作用，如图 2-2a 所示。

2) 球磨机转速较高时，球在离心力的作用下，随着筒体上升至比第一种情况更高的高度，然后在重力作用下掉下来，称为抛落。这时物料不仅靠球与球之间的摩擦作用，主要靠球落下时的冲击作用而被粉碎，其效果最好，如图 2-2b 所示。

3) 继续增加球磨机的转速，当离心力超过球体的重力时，紧靠球磨筒内衬板的球不脱离筒壁而与筒体一起回转，此时物料的粉碎作用停止。这种转速称为临界转速，如图 2-2c 所示。

下面讨论临界转速问题。为了简化起见，先作如下的假设：①筒体内只有一个球；②球的直径比筒体小得多，可用筒体半径表示球的回转半径；③球与筒壁之间不产生相对滑动，也不考虑摩擦力的影响。在这些假定条件下，当筒体回转时，作用在球体上的力就只有离心力 P 和重力 G，如图 2-3 所示。

球随筒体一起回转并上升到一定高度，上升到 A 点时，则球就会离开筒壁而落下，球运动轨迹上的 A 点称为脱离点。球在 A 点平衡，此时有

$$\frac{Gv^2}{gR} = G\cos\alpha, \text{可得} \cos\alpha = \frac{v^2}{gR} \tag{2-1}$$

$$v = \frac{2\pi Rn}{60} = \frac{\pi Rn}{30}$$

将 v 代入式 (2-1)，得

$$\cos\alpha = \frac{\pi^2 Rn^2}{900g} \tag{2-2}$$

将 $g = 9.8 \text{m/s}^2$ 代入式 (2-2)，则有

$$\cos\alpha \approx \frac{n^2 R}{900} \tag{2-3}$$

从式 (2-3) 可以看出，球上升的高度取决于筒体的转速和球的回转半径，而与球的质量无关。如果增大转速，使离心力 $P > G$ 时，则球被提升到最大高度 (A_1)，球和筒体一起回转而不离开筒壁。球在临界转速时的 α 角等于零，代入式 (2-3)，则得

$$\frac{n_{临界}^2 R}{900} \approx \cos\alpha \approx 1$$

所以
$$n_{临界} = \frac{30}{\sqrt{R}} = \frac{42.4}{\sqrt{D}} \quad (r/\min) \tag{2-4}$$

式中，D 为球磨筒的直径，单位为 m。

上述推导中由于作了一些假设，因而不是完全精确的。总之，要粉碎物料，球磨转速即通常所说的工作转速必须小于临界转速。由上可知，球在筒体内呈抛落状态时效果最好。如果取 α 角等于 54°40′时，代入式（2-3），可得抛落状态下工作转速的经验式。

$$n_{工} = \frac{32}{\sqrt{D}}(r/\min)$$

$$\frac{n_{工}}{n_{临界}} = \frac{32/\sqrt{D}}{42.4/\sqrt{D}} \approx 0.75 \tag{2-5}$$

转速慢时，球体（研磨体）作滑动还是滚动，不仅取决于筒体的转速，而且与装球量有关。研究表明，筒体转动时，球体表面发生倾斜，在一定转速和装球量的情况下，倾角 β 也一定，如图 2-4 所示。

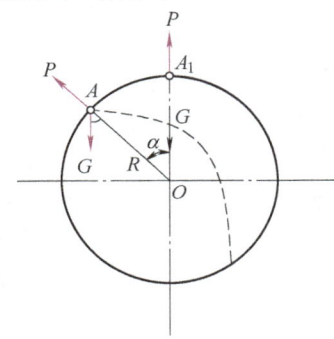

图 2-3　加到球体上的力的相互作用

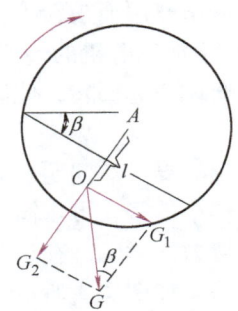

图 2-4　球体倾斜时重力及其分力的方向

转速低，装球量小，则 β 角小；反之，β 角便大。假设 β 角不太大，转速不太快，β 角取决于两个力矩的大小，摩擦力矩 M_1 是带动球体往上转，重力矩 M_2 是阻止球体随筒壁上升的。

$$M_1 = \mu G_2 R = \mu RG\cos\beta \tag{2-6}$$
$$M_2 = G_1 l$$

式中，μ 为摩擦因数，摩擦力 = 摩擦因数 × G_2；R 为筒体半径。

由图 2-4 可知，$l = OA$，又可用球磨筒半径和 α 角来表示（图 2-5）。图中 O 为重心，$DE // BC$，$\angle DAF = \angle EAF = \alpha$

$$l = R\cos\alpha$$

所以
$$M_2 = G_1 l = G\sin\beta R\cos\alpha$$

倾斜角稳定即 β 不再增加时，表示 M_1 和 M_2 两力矩平衡，故

$$\mu RG\cos\beta = GR\cos\alpha\sin\beta$$

化简得

$$\tan\beta = \frac{\mu}{\cos\alpha}$$

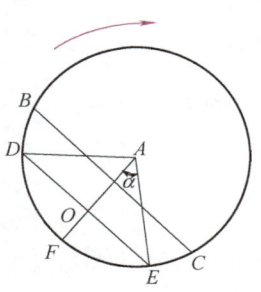

图 2-5　α 角与相对装球量的关系

可见在一定转速下，球体倾角 β 只取决于摩擦因数与 α 角，而 α 角又取决于相对装球量，装球量大，α 角也大。所以由公式可得出 β 角是随装球量的增大而增大的。

当 β < 自然坡度角时，球体在筒内只滑动；当 β > 自然坡度角时，球体在筒内能够滚动。自然坡度角亦可称为 $\beta_{临界}$，故可由以上公式得出：① $\tan\beta = \dfrac{\mu}{\cos\alpha} < \tan\beta_{临界}$ 时，球作滑动；② $\tan\beta = \dfrac{\mu}{\cos\alpha} > \tan\beta_{临界}$ 时，球作滚动。

2.2.2 影响球磨的因素

1. 球磨筒的转速

由前述可知，球体的运动状态是随筒体转速而变的。实践证明，$n_{工} = (0.70 \sim 0.75) n_{临界}$ 时，球体发生抛落；$n_{工} = 0.60 n_{临界}$ 时，球体以滚动为主；$n_{工} < 0.60 n_{临界}$ 时，球体以滑动为主。球的不同运动状态对物料的粉碎作用是不同的。因而，在实践中采用 $n_{工} = 0.60 n_{临界}$，使球滚动来研磨较细的物料；如果物料较粗、性脆，需要冲击时，可选用 $n_{工} = (0.70 \sim 0.75) n_{临界}$ 的转速。

2. 装球量

在一定范围内增加装球量能提高研磨效率。在转速固定时，装球量过少，球在倾斜面上主要是滑动，使研磨效率降低；但是，装球量过多，球层之间干扰大，破坏球的正常碰撞，研磨效率也降低。

装球量的多少是随球磨筒的容积而变化的。装球体积与球磨筒体积之比，称为装填系数。一般球磨机的装填系数以 0.4～0.5 为宜，随着转速的增大，可略有增加。

3. 球料比

在研磨中还要注意球与料的比例。料太少，则球与球间碰撞次数增多，磨损太大；料过多，则磨削面积不够，不能很好地磨细粉末，需要延长研磨时间，能量消耗增大。

同时，料与球装得过满，使球磨筒上部空间太小，球的运动发生阻碍后球磨效率反而降低。一般在球体的装填系数为 0.4～0.5 时，装料量应该以填满球间的空隙稍微掩盖住球表面为原则。

4. 球的大小

球的大小对物料的粉碎有很大的影响。如果球的直径小，质量轻，则对物料的冲击力弱；但球的直径太大，则装球的个数太少，因而撞击次数减少，磨削面积减少，也会使球磨效率降低。一般是大小不同的球配合使用，球的直径 d 一般按一定的范围选择，即：

$$d \leqslant (1/18 \sim 1/24) D$$

式中，D 为球磨筒直径。

另外，物料的原始粒度越大，材料越硬，则选用的球也应越大。实践中，球磨铁粉一般选用 10～20mm 大小的钢球；球磨硬质合金混合料，则选用 5～10mm 大小的硬质合金球。

5. 研磨介质

物料除了在空气介质中进行干磨外，还可在液体介质中进行湿磨，后者在硬质合金、金属陶瓷及特殊材料的研磨中常被采用。根据物料的性质，液体介质可以采用水、酒精、汽油、丙酮等，而水能使粉末氧化，故一般不用。在湿磨中有时加入一些表面活性物质，可使颗粒表面被活性分子层包覆，从而防止细粉末的冷焊团聚；活性物质还可渗入到粉末颗粒的显微裂纹里，产生一种附加应力，形成尖劈作用，促进裂纹的扩张，有利于粉碎过程。湿磨的优点主要有：①可减少金属的氧化；②可防止金属颗粒的再聚集和长大，因为颗粒间的介电常数增大了，原子间的引力减少了；③可减少物料的成分偏析并有利于成形剂的均匀分散；④加入表面活性物质时可促进粉碎作用；⑤可减少粉尘飞扬，改善劳动环境。

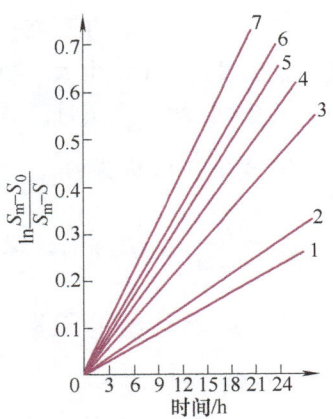

图 2-6 $\ln\dfrac{S_m - S_0}{S_m - S}$ 与研磨时间的关系

1—Ti 2—Ni 3—NbC 4—ZrO_2
5—SiC 6—ZrC 7—Al_2O_3

6. 被研磨物料的性质

首先，物料是脆性的还是塑性的对研磨过程有很大的影响。有研究指出物料的粉碎遵循着如下规律：

$$\ln\dfrac{S_m - S_0}{S_m - S} = kt \quad (2-7)$$

式中，k 为分散速度常数；t 为研磨时间；S_m 为物料极限研磨后的比表面积；S_0 为物料研磨前的比表面积；S 为物料研磨后的比表面积。

其次，要求物料的最终粒度越细时，则所需的研磨时间越长，这从图 2-6 中也可以看出。当然，这并不意味着无限延长研磨时间，粉末就可无限地被粉碎，物料存在着极限研磨大小。在实际研磨过程中，研磨时间一般是几小时到几十小时，很少超过 100h，还远达不到极限研磨状态。

2.2.3 球磨能量与粉末粒径的基本关系

采用机械方法制取粉末时，球体运动的机械能部分转变成为粉末新生表面的表面能。如图 2-7 所示，球磨筒转动时，筒中球料互相摩擦。球体的冲击作用将粉末机械破碎，对粉末产生的冲击应力，与粉末粒径及粉末结构缺陷有关，即：

$$\sigma = (2E\gamma/D)^{1/2} \quad (2-8)$$

式中，E 为弹性模量；γ 为缺陷尺寸或裂纹尖端曲率半径；D 为粉末颗粒直径。

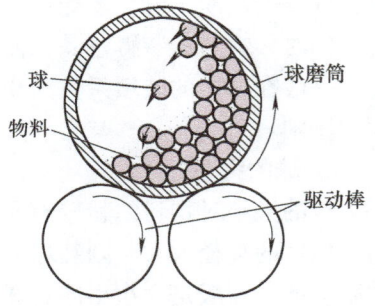

图 2-7 落球的冲击力将材料研磨成粉末

式（2-8）表明，大颗粒只需较少的冲击应力便可破碎。在不断球磨的过程中，粉末颗粒变小，所需破碎应力提高，研磨效率降低。将原始尺寸 D_i 的颗粒减至 D_f 所需能量 W 为

$$W = g(D_f^{-a} - D_i^{-a}) \quad (2-9)$$

式中，g 为与被研磨粉末材料、球体尺寸、球磨方式以及球磨筒设计相关的常数，指数 a 在 1~2 之间。粉末破碎所需能量随颗粒尺寸变化而变化，球磨时间取决于研磨效率、颗粒尺

寸变化、球体尺寸和筒体转速。实际上只有少部分机械能转变为粉末表面能，研磨噪声和发热会消耗大量的能量，球磨时金属粉末会发生流动性变差、冷焊团聚、加工硬化、形状不规则化等现象，还会产生来自于筒壁和球体的杂质。

例 2-1 机械加工直径等于 300μm 的铁屑，经 8h 球磨至 110μm，如再磨至 75μm 需多少时间？

解： 根据方程式（2-9）有，颗粒尺寸变化与相应总能量关系为

$$W = g(D_f^{-a} - D_i^{-a})$$

假设式中 $a=2$，由计算得，颗粒尺寸从 110μm 减至 75μm 所需的机械能为 300μm 减至 110μm 的 1.33 倍。所以，所需时间为 10.6h。

2.2.4 强化研磨

球磨粉碎物料是一个相对很慢的过程，特别是当物料要求粉碎得很细时，需要延长研磨时间。普通钢球研磨可使脆性材料粉末粒径减至 1μm 左右，再用硬质合金球体可进一步降低粉末粒径，但研磨效率显著降低。为了提高研磨效率，发展了多种强化研磨的方法，下面简单介绍振动球磨和搅动球磨。

1. 振动球磨

振动球磨机的结构示意图如图 2-8 所示。

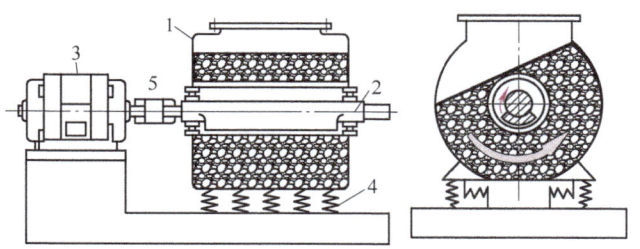

图 2-8 振动球磨机的结构示意图
1—筒体 2—偏心轴 3—电动机 4—弹簧 5—弹性联轴节

振动球磨主要是惯性式，由偏心轴旋转的惯性使筒体发生振动。球体的运动方向和主轴的旋转方向相反，除整体运动外，每个球还有自转运动，而且振动的频率越高，自转越激烈。随着频率增高，各球层间的相对运动增加，外层运动速度大于内层运动速度，频率越高，球层空隙越大，使球如处于悬浮状态。球体在内部也会脱离磨筒发生抛射，因而对物料产生冲击力。

为了计算在单位时间内传给球体的总冲击次数，可采用如下的经验公式：

$$m = VKBnZE \tag{2-10}$$

式中，m 为单位时间内研磨体造成的总冲击数（次/min）；V 为振动球磨筒的体积；K 为每立方分米中可容纳研磨体的数量；B 为研磨体的装填系数；n 为振动器轴每分钟的转数；Z 为轴每转一周由磨筒传给研磨体的冲击数；E 为轴每转一周由临近的研磨体传给每个研磨体的补充冲击数。

如果假设 $K=1250$ 个/dm^3（平均直径为10mm），$B=0.8$，$n=1500r/min$，$Z=1$，$E=1$，即不计由邻近研磨体传给每个研磨体的补充冲击数，那么，容积为200dm^3的振动球磨机传给研磨体的总冲击次数为

$$m = 200 \times 1250 \times 0.8 \times 1500 \times 1 \times 1 \text{次/min} = 3 \times 10^8 (\text{次/min})$$

由此看来，振动球磨每分钟作用于物料的冲击数是很大的，因而研磨效率大大提高。如果研磨效率以单位时间内物料比表面积增加量 R 来表示，则 R 为下列因素的函数：

$$R = f(w, e, d, d_m, \rho, \sigma, B, \tau) \tag{2-11}$$

式中，w 为振动频率；e 为振幅；d 为球的直径；d_m 为物料粒度；ρ 为球体密度；σ 为物料的强度；B 为球体的装填系数；τ 为物料的装填系数。

由实验可知，$R = \dfrac{\rho w^5 e d d_m}{\sigma^2}$，可见振动频率对 R 的影响是极大的，因此，提高频率是提高研磨效率的有效方法。采用高频率、小振幅时，可用来研磨极细的粉末，研磨后粉末粒径能达到 $1 \sim 3 \mu m$；低频率、大振幅，适于较粗粉末的研磨。同时，振动球磨的装填系数比普通球磨的可更高一些，可达0.8。

2. 搅动球磨

搅动球磨使用高能搅动球磨机，搅动球磨与滚动球磨的区别在于使球体产生运动的驱动力不同。搅动球磨机的筒体是用水冷却的固定筒，内装硬质合金球或钢球，球体由钢制的转子搅动，转子表面镶有硬质合金或钴基合金。转子搅动球体使之产生相当大的加速度并传给被研磨的物料，对物料有较强烈的研磨作用。同时，球的旋转运动在转子中心轴的周围产生旋涡作用，对物料产生强烈的环流，使粉末研磨得很均匀。此外，由于采用惰性气体保护，且使用镶嵌有硬质合金的搅拌杆，搅动球磨的氧含量比一般滚动球磨或振动球磨要低，杂质（如铁）的含量也要低。

搅动球磨除了用于物料粉碎和硬质合金混合料的研磨外，也用于机械合金化生产弥散强化粉末以及金属陶瓷等。例如，20世纪70年代初，国际镍公司用搅动球磨将镍、镍铬铝钛母合金和氧化钍混合料进行机械合金化，制取弥散强化超合金取得了较好的效果，制备了一系列航空发动机用材料。现在，机械合金化得到了广泛的应用。

20世纪60年代以来，氧化物弥散强化材料由于具有优良的抗蠕变行为而逐步应用于电子工业。通过高能球磨合金化技术，粉末在研磨机中经由反复冲击、冷锻、断裂，成功地将高硬度粒子弥散分布在合金中，再经后续热处理加工，获得弥散强化材料。图2-9为高能球磨示意图，经机械合金化后，组元之间相互不断扩散分布，材料的均匀化

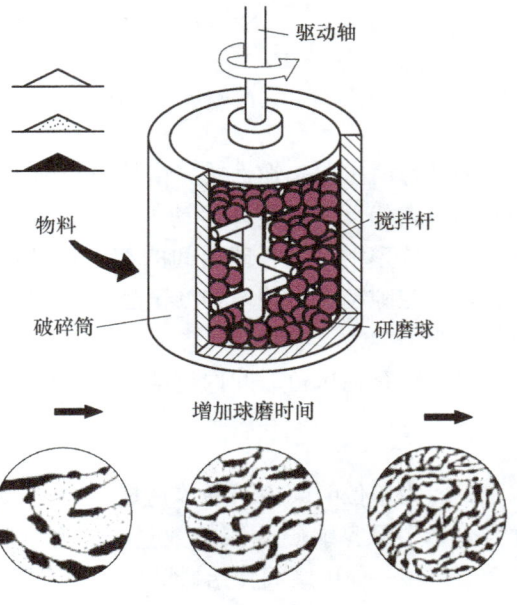

图2-9 高能球磨示意图

程度得到提高。与其他研磨不同，高能研磨中连续的碰撞研磨并不能使颗粒随球磨时间无限变细，而是使颗粒的微细结构发生改变，机械合金化所需时间 t 取决于搅拌球体尺寸和搅拌杆转速 N，即

$$t = Cd^2/N^{1/2} \tag{2-12}$$

式中，d 为研磨介质的直径；C 为与均匀化程度有关的常数。

搅拌球磨时间随介质尺寸减小而减少。搅拌球磨可制得亚稳态粉末、纳米尺寸粉末（小于 100nm），甚至非晶态粉末。

和其他机械制粉技术一样，搅动球磨也会掺入杂质。这一问题可用与粉体材料相同的球体、搅拌杆、球磨筒等加以解决。

2.3　氧化物还原法

还原金属氧化物以生产金属粉末是一种应用广泛的制粉方法。采用固体炭还原，不仅可以制取铁粉，而且可以制取钨、钼、铜、钴、镍等粉末；用钠、钙、镁等金属作还原剂，可以制取钽、铌、钛、锆、铀等稀有金属粉末。用还原-化合法还可以制取碳化物、硼化物、硅化物、氮化物等难熔化合物粉末。

2.3.1　还原过程的基本原理

1. 金属氧化物还原的热力学

为什么钨、铁、钴、铜等金属氧化物用氢还原即可制得金属粉末，而稀有金属如钛、钍等粉末则要用金属热还原才能制得呢？对不同的金属氧化物应该选择什么样的物质作还原剂呢？在什么样的条件下还原过程才能进行呢？下面从金属氧化物还原的热力学来讨论这些问题。还原反应可用下面化学方程式表示：

$$MeO + X = Me + XO \tag{2-13}$$

式中，Me、MeO 为金属、金属氧化物；X、XO 为还原剂、还原剂氧化物。

上述还原反应可通过 MeO 及 XO 的生成-离解反应得出：

$$2Me + O_2 = 2MeO \tag{2-14}$$

$$2X + O_2 = 2XO \tag{2-15}$$

按照化学热力学理论，还原反应的标准等压位变化为

$$\Delta Z^\ominus = -RT\ln K_p \tag{2-16}$$

热力学指出，化学反应在等温等压条件下，只有系统自由能减小的过程才能自动进行，也就是说 $\Delta Z^\ominus < 0$ 时还原反应才能发生。对式（2-14）和式（2-15），如果参加反应的物质彼此间不能形成溶液或化合物，则式（2-14）的标准等压位变化为

$$\Delta Z^\ominus_{(1)} = -RT\ln K_{p(1)} = -RT\ln \frac{1}{p_{O_2(MeO)}} = RT\ln p_{O_2(MeO)} \tag{2-16a}$$

式（2-15）的标准等压位为

$$\Delta Z_{(2)}^{\ominus} = -RT\ln K_{p(2)} = -RT\ln\frac{1}{p_{O_2(XO)}} = RT\ln p_{O_2(XO)} \tag{2-16b}$$

式（2-16）中的反应平衡常数用相应的氧化物的离解压来表示。因此，还原反应向生成金属的方向进行的条件是

$$\Delta Z^{\ominus} = \frac{1}{2}(\Delta Z_{(2)}^{\ominus} - \Delta Z_{(1)}^{\ominus}) < 0$$

即 $\Delta Z_{(2)}^{\ominus} < \Delta Z_{(1)}^{\ominus}$，或者 $p_{O_2(XO)} < p_{O_2(MeO)}$。

由此可知，还原反应向生成金属方向进行的热力学条件是还原剂的氧化反应的等压位变化小于金属的氧化反应的等压位变化；或者说，只有金属氧化物的离解压 $p_{O_2(MeO)}$ 大于还原剂氧化物的离解压 $p_{O_2(XO)}$ 时，还原剂才能从金属氧化物中还原出金属来。即还原剂与氧生成的氧化物应该比被还原的金属氧化物稳定，即 $p_{O_2(XO)}$ 比 $p_{O_2(MeO)}$ 小得越多，则 XO 越稳定，金属氧化物也就越易被还原剂还原。因此，凡是对氧的亲和力比被还原的金属对氧的亲和力大的物质，都能作为该金属氧化物的还原剂。这种关系可以从氧化物的 $\Delta Z^{\ominus}-T$ 图（图2-10）得到说明。氧化物的 $\Delta Z^{\ominus}-T$ 图是以含 1mol 氧的金属氧化物的生成反应的 $\Delta Z^{\ominus}$ 对 T 作直线而绘制成的。由于各种金属对氧的亲和力大小不同，所以各氧化物生成反应的直线在图中的位置高低不一样。下面先对图作一些必要的说明。

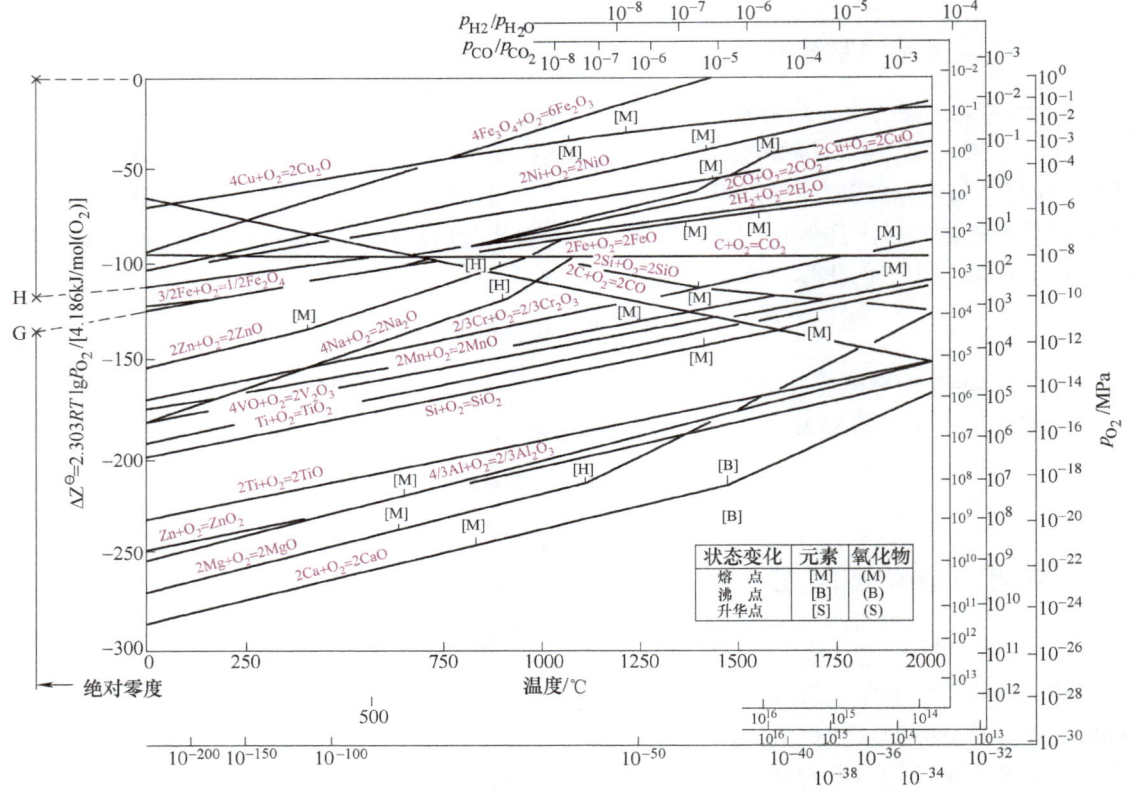

图 2-10 金属氧化物 $\Delta Z^{\ominus}-T$

1)随着温度的升高，$\Delta Z^{\ominus}$ 增大，各种金属的氧化还原反应越难进行。因为 $\Delta Z^{\ominus} = RT\ln p_{O_2(MeO)}$，即温度升高，金属氧化物的离解压 $p_{O_2(XO)}$ 将增大，金属对氧的亲和力将减小，因此还原金属氧化物通常要在高温下进行。

2)$\Delta Z^{\ominus} - T$ 关系线在相变温度，特别是在沸点处发生明显的转折。这是由于系统的熵在相变时发生了变化。

3)CO 生成的 $\Delta Z^{\ominus} - T$ 关系的走向是向下的，即 CO 的 $\Delta Z^{\ominus}$ 随温度的升高而减小。

4)在同一温度下，图中位置越低的氧化物，其稳定度越大，即该元素对氧的亲和力也越大。

根据上述热力学原理，分析氧化物的 $\Delta Z^{\ominus} - T$ 图可得以下结论：

1)$2C + O_2 = 2CO$ 的 $\Delta Z^{\ominus} - T$ 关系线与很多金属氧化物的关系线相交。这说明在一定条件下碳能跟很多金属氧化物（如铁、钨等氧化物）发生反应，在理论上 Al_2O_3 甚至也可以在高于 2000℃ 时被碳还原。

2)$2H_2 + O_2 = 2H_2O$ 的 $\Delta Z^{\ominus} - T$ 关系线在铜、铁、镍、钴、钨等氧化物的关系线以下。这说明在一定条件下氢可以还原铜、铁、镍、钴、钨等氧化物。

3)位于图中最下面的几条关系线所代表的金属如钙、镁等与氧的亲和力最大，所以，钛、锆、钴、铀等氧化物可以用钙、镁作还原剂，即所谓的金属热还原。但是，必须指出：$\Delta Z^{\ominus} - T$ 图只表明了反应在热力学上是否可能，并未涉及过程的速度问题。同时，这种图线都是标准状态线，对于任意状态则要另加换算。例如，在任意指定温度下各金属氧化物的离解压究竟是多少？用碳或氢去还原这些金属氧化物的热力学条件是什么？这些是无法从 $\Delta Z^{\ominus} - T$ 图上直接看出的。虽然 $\Delta Z^{\ominus} - T$ 图告诉我们：碳的不完全氧化（生成 CO）反应线与其他金属氧化物相反，能与很多金属氧化物相交，用碳作还原剂，原则上可以把各种金属氧化物还原成金属，但是，正如下面两个还原反应所表示的那样，它们究竟如何实现，不仅取决于温度，而且还取决于 p_{CO}/p_{CO_2} 或 p_{H_2}/p_{H_2O} 的比值，如用 CO 还原 FeO、H_2 还原 WO_2，有：

$$FeO + CO = Fe + CO_2 \tag{2-17}$$

$$\Delta Z = \Delta Z^{\ominus} - 4.576T\lg\frac{p_{CO}}{p_{CO_2}} \tag{2-18}$$

$$WO_2 + 2H_2 = W + 2H_2O \tag{2-19}$$

$$\Delta Z = \Delta Z^{\ominus} - 4.576T \times 2\lg\frac{p_{H_2}}{p_{H_2O}} \tag{2-20}$$

式（2-18）和式（2-20）说明，p_{CO_2}/p_{CO} 或 p_{H_2}/p_{H_2O} 越大，相应还原反应的 $\Delta Z^{\ominus}$ 就越小，即在指定温度下的还原趋势越大，或开始时还原温度可能越低。

如果采用碳作还原剂，气体组成为 p_{CO}/p_{CO_2}，同样可以建立 p_{CO}/p_{CO_2} 比值专用坐标反映还原过程的气相组成。下面举例说明如何确定氧化物被还原时的 p_{CO}/p_{CO_2}。

例 2-2 就 Al_2O_3 生成反应，求在 1620℃ 下，Al_2O_3 被 CO 还原时 p_{CO}/p_{CO_2} 是多少？

用图解法（图 2-10）从 1620℃ 处作垂线交 Al_2O_3 生成反应线于 E' 点，然后从 C 点通过 E' 点画一直线交于纵坐标坐标线上 $10^6/1 \sim 10^7/1$ 之间的一点，即为所求的 p_{CO}/p_{CO_2} 值。注意纵坐标是对数关系刻度的，该点位于 $10^6/1 \sim 10^7/1$ 之间，离 $10^6/1$ 相距 0.75，而 0.75 的反对数是 5.66，故 $p_{CO}/p_{CO_2}=5.66×10^6$ 为平衡比值，即 CO 的浓度要高于此值才能使 Al_2O_3 还原。可是，我们知道，较纯的 CO 都甚至可能含有比这个数大得多的 CO_2，可见 Al_2O_3 在 1620℃时即使用所谓纯的 CO 也不能被还原。关于 FeO 用 CO 还原的情况，由图 2-11 可知，在 1000℃时，p_{CO}/p_{CO_2} 的平衡比值约为 2.5/1，即 CO 的浓度约为 72% 时，FeO 的还原才开始进行。p_{CO}/p_{CO_2} 比值专用坐标与 p_{CO}/p_{CO_2} 比值专用坐标的原理类似，图解的方法也一样，这里不再赘述。

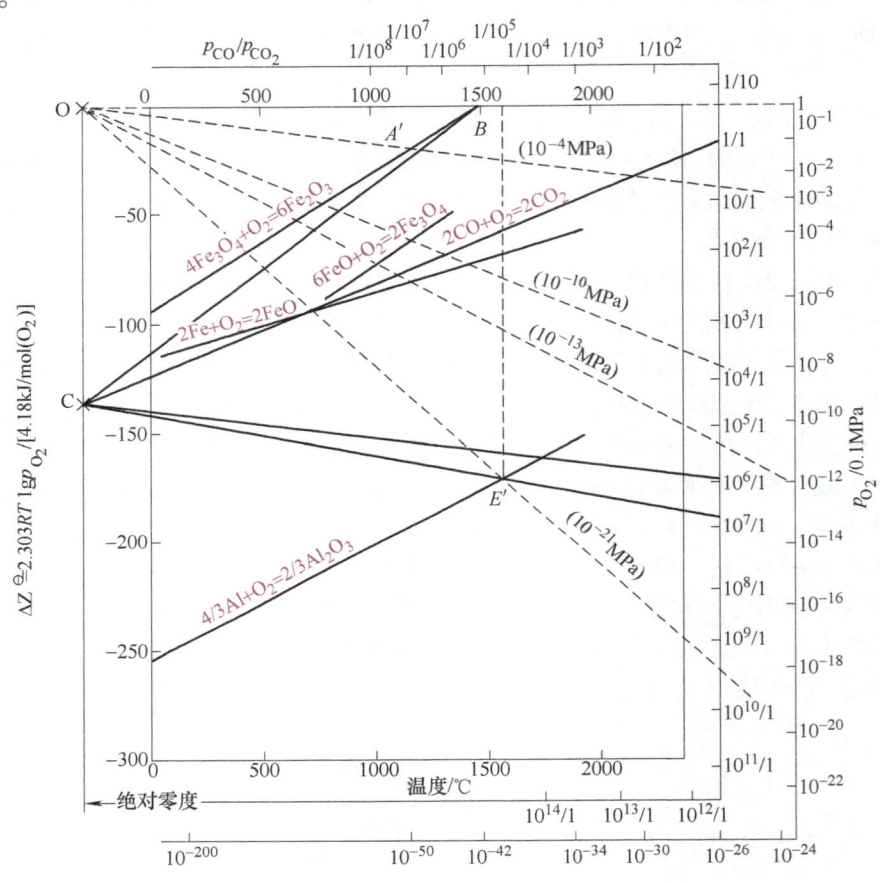

图 2-11 氧化物的 $\Delta Z^{\ominus} - T$ 图附加的专用坐标解说图

2. 金属氧化物还原反应的动力学

研究化学反应有两个重要的方面，一是反应能否正常进行，进行的趋势大小及进行的限度如何，这是热力学讨论的问题。另一个是化学反应动力学相关的速度问题。研究化学反应动力学对于改进生产、提高生产率具有重大的意义。了解和研究反应进行的机理，从而控制反应速度，就能尽量加快有利的反应，尽量减慢不利的反应。有些化学反应进行得较快，例如，氢和氧在常温时，反应速度实际上等于零，而当温度升高到 700℃ 以上时，则成为爆炸反应。可见反应速度除取决于反应物的本性外，也受反应所处条件的影响。影响反应速度的因素是多方面的，例如，反应物的浓度、反应进行的温度以及是否存在催化剂等。

化学反应动力学一般分为均相反应动力学和多相反应动力学。所谓均相反应就是指在同一相中进行的反应，即反应物和生成物为气相的，或者是均匀液相的；所谓多相反应就是指在几个相中进行的反应，虽然在反应体系中可能有多数相，实际上参加多相反应的一般是两个相。多相反应包括的范围很广，在冶金、化工中的实例极多，见表2-2。多相反应一个突出的特点就是反应中反应物质间具有界面。

通常，化学反应速度用单位时间内反应物浓度的减小或生成物浓度的增加来表示。浓度的单位为mol/L，时间则根据反应速度快慢，用s、min或h表示。反应速度的数值在各个瞬间是不同的。用在t_2-t_1的一段时间内浓度变化c_2-c_1表示这段时间内反应的平均速度，即：

$$v_{平} = \left| \frac{c_2 - c_1}{t_2 - t_1} \right|$$

表2-2 多相反应的例子

界 面	反应类型	例 子
固—气	固$_1$ + 气→固$_2$	金属的氧化：$n\mathrm{Me} + \frac{1}{2}m\mathrm{O}_2 \rightarrow \mathrm{Me}_n\mathrm{O}_m$
	固 + 气$_1$→气$_2$	$\mathrm{C} + \frac{1}{2}\mathrm{O}_2 \rightarrow \mathrm{CO}$；羰化：$\mathrm{Ni} + 4\mathrm{CO} \rightarrow \mathrm{Ni(CO)_4}$ 氯化：$\mathrm{W} + 3\mathrm{Cl}_2 \rightarrow \mathrm{WCl}_6$；氟化：$\mathrm{W} + 3\mathrm{F}_2 \rightarrow \mathrm{WF}_6$
	气$_1$ + 固→气$_2$	羰基物的分解：$\mathrm{Ni(CO)_4} \rightarrow \mathrm{Ni} + 4\mathrm{CO}$
	固$_1$ + 气$_1$→固$_2$ + 气$_2$	氧化物还原：$\mathrm{FeO} + \mathrm{CO} \rightarrow \mathrm{Fe} + \mathrm{CO}_2$
固—液	固→液	金属熔化
	固 + 液$_1$→液$_2$	溶解—结晶
	固$_1$ + 液$_1$→固$_2$ + 液$_2$	置换沉淀
固—固	固$_1$→固$_2$	烧结
	固$_1$ + 固$_2$→固$_3$ + 固$_4$	金属还原氧化物
液—气	液→气	蒸发-冷凝
	液$_1$ + 气→液$_2$	气体溶于金属熔体中
	液$_1$ + 气→固 + 液$_2$	溶液氢还原
液—液	液$_1$→液$_2$	熔渣—金属熔体间反应；溶剂萃取

另一方面，也可以用在无限小的时间内浓度的变化来表示反应速度，即：

$$v = \left| \frac{\mathrm{d}c}{\mathrm{d}t} \right| \tag{2-21}$$

反应速度总认为是正的，而 $(c_2-c_1)/(t_2-t_1)$ 和 dc/dt 既可以为正数，又可以为负数，这要看浓度 c 是表示反应物的浓度还是表示生成物的浓度。前者的浓度随时间而减小，即 $c_2<c_1$ 和 $dc/dt<0$，所以，为了使反应速度有正值，在公式前取负号，反之取正号，在公式里用绝对值表示。

（1）均相反应的特点　下面从均相反应的速度方程式和活化能方面进行介绍。

1）均相反应的速度方程式。反应物的浓度与反应速度有下列规律：当温度一定时，化学反应速度与反应物浓度的乘积成正比，这个定律称为质量作用定律，例如，反应 A + B → C + D，按质量作用定律则有：

$$v \propto c_A c_B$$
$$v = k c_A c_B$$

式中，k 为反应速度常数。

对于同一反应，在一定温度下，k 是一个常数。当 $c_A=c_B=1$ 时，$k=v$，即当各反应物的浓度都等于 1 时，速度常数 k 就等于反应速度 v。k 值越大，反应速度也越大，因此，反应速度常数常用来表示反应速度的大小。一级反应的反应速度常数与浓度的关系式为

$$-\frac{dc}{dt} = kc \tag{2-22}$$

将式（2-22）移项积分，最后可得

$$\ln c = -kt + B$$

对于一级反应，反应物浓度的对数与反应经历的时间呈直线关系。若反应开始时（$t=0$）的浓度为 c_0，则 $c=c_0$，代入上式，则 $\ln c_0 = B$（积分常数），由此可得：

$$\ln c_0 - \ln c = kt$$

则
$$k = \frac{1}{t}\ln\frac{c_0}{c} \tag{2-23}$$

所以，如果知道反应开始时反应物的浓度 c_0 及 t 时间后反应物的浓度 c，就可以计算出反应速度常数 k。若时间的单位用秒，则一级反应 k 的单位为 s^{-1}，而与浓度的单位无关。

2）活化能。有些反应，如煤燃烧时可放出热量，要使煤燃烧还必须加热，这说明温度对反应速度有影响。例如反应 A + B $\rightleftharpoons$ C + D，正反应 $v=kc_A c_B$，逆反应 $v'=k'c_C c_D$，平衡时 $kc_A c_B = k'c_C c_D$，$\frac{c_C c_D}{c_A c_B} = \frac{k}{k'} = K$，$K$ 为平衡常数，根据平衡常数与温度的关系 $\frac{d\ln K}{dT} = \frac{\Delta H}{RT^2}$，有

$$\frac{d\ln\frac{k}{k'}}{dT} = \frac{\Delta H}{RT^2}$$

$$\frac{d\ln k}{dT} - \frac{d\ln k'}{dT} = \frac{\Delta H}{RT^2}$$

如 $\Delta H = E - E'$，那么

$$\frac{d\ln k}{dT} = \frac{E}{RT^2}$$

$$\frac{d\ln k'}{dT} = \frac{E'}{RT^2}$$

将上面两式积分可得

$$\ln k = -\frac{E}{RT} + B \quad (2\text{-}24\text{a})$$

$$\ln k' = -\frac{E'}{RT} + B_1 \quad (2\text{-}24\text{b})$$

式中，B、B_1 为积分常数。

这说明反应速度常数的对象（$\ln k$ 或 $\lg k$）与温度的倒数（$1/T$）呈直线关系。$-E/R$ 为直线斜率，常数 B 为直线在纵轴上的截距。实践证明，此式可较准确地反映出反应速度随温度的变化，此式称为阿累尼乌斯方程式。若以 $\ln A$ 代替 B，则阿累尼乌斯方程式可改写为

$$k = A\mathrm{e}^{-E/RT} \quad (2\text{-}25)$$

式中，A 为常数，为频率因子；E 为活化能。

活化能是反应的一个特征量，决定着温度对反应速度的影响。

氧化物还原速度取决于化学反应动力学相关的体系温度。在金属氧化物系统中，与自由能有关的平衡常数还决定着反应产物的纯度，如下述氧化铁气体还原反应

$$\mathrm{FeO(s) + H_2(g) \rightarrow Fe(s) + H_2O(g)} \quad (2\text{-}26)$$

此反应平衡常数为 $k = p_{\mathrm{H_2O}}/p_{\mathrm{H_2}}$。

气体分压以 $p_{\mathrm{H_2}}$ 和 $p_{\mathrm{H_2O}}$ 表示，图 2-12 表明氧化还原平衡是由气体成分和反应温度决定的。在平衡线以下区域，发生氧化反应。平衡线以上区域，氧化物被还原，金属稳定。

由图 2-12 可知，如果 $p_{\mathrm{H_2}}/p_{\mathrm{H_2O}}$ 在平衡线以上区域，纯铁为稳定状态，氧化还原反应将进行；相反，如果 $p_{\mathrm{H_2}}/p_{\mathrm{H_2O}}$ 在平衡线以下区域，氧化铁为稳定状态。其中在 560℃ 以下，稳定的氧化物为 $\mathrm{Fe_3O_4}$，在 560℃ 以上，稳定的氧化物为 FeO。

当金属氧化物被气体还原形成纯金属时，反应界面向颗粒内移动。随着反应的进行，还原气体必须较深地进入材料内部以发生氧化还原反应。氧化还原速率由以下因素决定：反应产物向内的扩散速率、生成物向外的扩散速率或界面的化学反应速率。由于扩散是一个热激活过程（扩散速率与温度成指数关系），温度越高扩散越快。

较低的活化能或较高的温度都会增加还原速率。温度是制备粉末时的一个主要参数，温度升高时，粉末的还原速率急剧上升。例如，图 2-13 显示了温度范围为 200～800℃ 时，氧化镍在体积分数为 99.98% 纯氢中的反应速率，反应速度常数的对数与温度呈倒数关系。当温度在 200℃ 以下时，即使满足热力学条件，反应也不会发生。在高温下，反应时间因反应速率急剧增加而急剧减少。这个例子说明在分析粉末还原速率时，要综合考虑热力学和动力学因素。

图 2-13 中氧化镍在氢中的反应说明氧化还原反应生成金属粉末的反应速率对反应温度十分敏感。图中显示了氧化还原反应进行到 50% 时相对于还原反应温度的关系，其中氧化物的相转变影响反应速率。

（2）多相反应的特点　前已指出，反应物之间有界面存在是多相反应的特点。此时影响反应速度的因素更复杂，除了反应物的浓度、温度外，还有很多重要的因素。例如，界面的特性（如晶格缺陷）、界面的面积、界面的几何形状、流体的速度、反应程度、核心的形成（如从液体中沉淀固体、从气相中沉淀固体）、扩散层等。更值得注意的是固-液反应和

固-气反应中固体反应产物的特性。

1)多相反应的速度方程式。先研究固—液反应的简单情况,例如,金属在酸中的溶解,设酸的浓度保持不变,则反应速度为(负号表示固体质量是减少的)

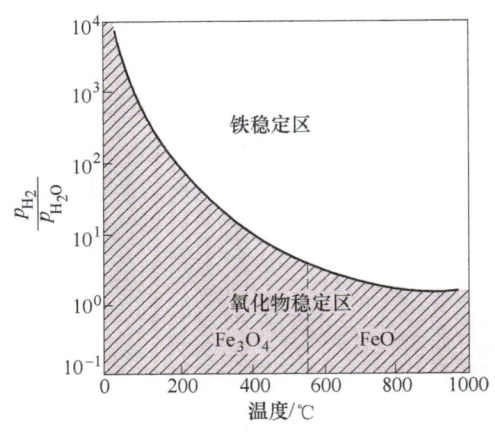

图 2-12　p_{H_2}/p_{H_2O} 和温度对铁还原反应的影响

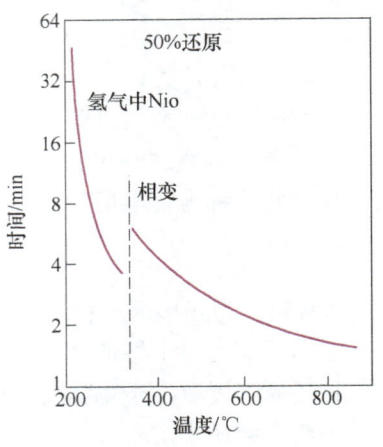

图 2-13　温度范围在 200~800℃时,氧化镍在 99.98% 纯氢中的反应速率

$$-dW/dt = kAc \tag{2-27}$$

式中,W 为固体在时间 t 时的质量;A 为固体的表面积;c 为酸的浓度;k 为速度常数。

但是,固体的几何形状在固—气反应中对过程的速度起主要作用。如果固体是平板的,在整个反应中表面积是常数(忽略侧面的影响),则速度将是常数;如果固体近似球状或其他形状,随着反应的进行,表面积不断改变,则反应速度也将改变。假如对这种改变不加考虑,则预计的反应速度与实际相差甚大。

平板状固体溶解时表面积 A 为常数,故反应速度方程式为

$$-\int_{W_0}^{W} dW = kAc \int_0^t dt$$
$$W_0 - W = kAct \tag{2-28}$$

式(2-28)中,$W_0 - W$ 与时间的关系为直线关系,其斜率为 kAc,由此可以计算出 k。球状固体溶解时,表面积 A 随时间而减小,已知

$$A = 4\pi r^2$$
$$W = \frac{4}{3}\pi r^3 \rho$$

则

$$r = \left(\frac{3}{4\pi}\frac{W}{\rho}\right)^{1/3}$$
$$A = 4\pi r^2 = 4\pi \left(\frac{3}{4\pi\rho}\right)^{2/3} W^{2/3}$$

式中,r 为固体的半径;ρ 为固体的密度。

将 r、A 的值代入 $-dW/dt = kAc$ 得

$$-\frac{dW}{dt} = k4\pi\left(\frac{3}{4\pi\rho}\right)^{2/3}W^{2/3}c = KW^{2/3} \qquad (2\text{-}29)$$

将式（2-29）积分

$$-\int_{W_0}^{W}\frac{dw}{W^{2/3}} = K\int_0^t dt$$

得

$$3(W_0^{1/3} - W^{1/3}) = Kt \qquad (2\text{-}30)$$

$W_0^{1/3} - W^{1/3}$ 与 t 或者 $W^{1/3}$ 与 t 呈直线关系，这已为实践所证实。如用已反应分数来表示速度方程式时，对不同几何形状的动力学方程式可推导出不同的形式。固体的已反应分数表示为 $X = (W_0 - W)/W_0$，例如对于球体，则

$$X = \frac{\frac{4}{3}\pi r_0^3 \rho - \frac{4}{3}\pi r^3 \rho}{\frac{4}{3}\pi r_0^3 \rho} = 1 - \frac{r^3}{r_0^3}$$

所以

$$\frac{r^3}{r_0^3} = 1 - X, \quad r = r_0(1-X)^{1/3}$$

将 $A = 4\pi r^2$，$W = \frac{4}{3}\pi r^3 \rho$ 代入 $-\frac{dW}{dt} = kAc$，得

$$-4\pi r^2 \rho \frac{dr}{dt} = 4\pi r^2 kc$$

将上式积分得 $r_0 - r = \frac{kc}{\rho}t$，将 $r = r_0(1-X)^{1/3}$ 代入得

$$r_0 - r_0(1-X)^{1/3} = \frac{kc}{\rho}t$$

$$1 - (1-X)^{1/3} = \frac{kc}{r_0\rho}t = Kt \qquad (2\text{-}31)$$

$1 - (1-X)^{1/3}$ 与 t 呈直线关系，这也为实验所证实（图2-14）。

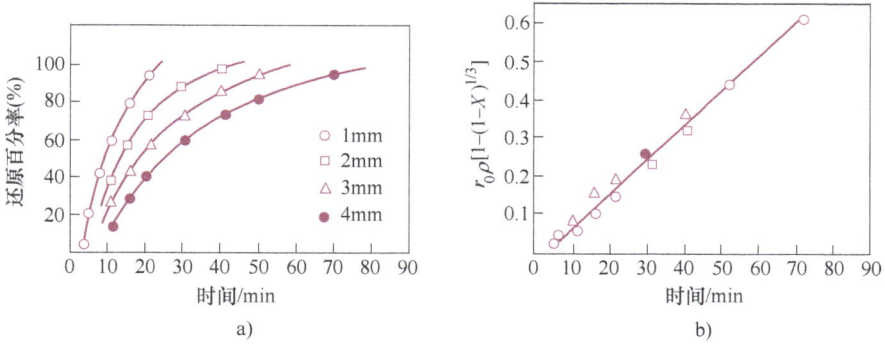

图 2-14 950℃时球形磁铁矿粒被 CO 还原的速度方程
a) 还原百分率与时间的关系 b) 同a)，但考虑了球体表面积的改变

由于有扩散层存在，多相反应包括扩散环节、化学环节或中间环节，通过分析可知，其由进行最慢的环节所控制。取简单的固—液反应来分析，若固体是平板状，其表面积为 A，反应剂的浓度为 c，界面上的反应剂浓度为 c_i，扩散层的厚度为 δ，扩散系数为 D。可能有三

种情况:

① 界面上的化学反应速度比反应剂扩散到界面的速度快得多,于是 $c_i = 0$。这种反应是由扩散环节控制的,其速度 $= (D/\delta) A (c - c_i) = k_1 A c_0$。

② 化学反应比扩散过程的速度要慢得多,这种反应是由化学环节控制的,其速度 $= k_2 A c_i^n$,n 是反应级数。

③ 若扩散过程与化学反应的速度相近,这种反应是由中间环节控制的。这种反应较普遍,在扩散层中具有浓度差,但 $c_i \neq 0$。其速度 $= k_1 A (c - c_i) = k_2 A c_i^n$,设 $n = 1$,则 $k_1 A (c - c_i) = k_2 A c_i$,所以 $c_i = k_1 c / (k_1 + k_2)$,将 c_i 值代入 $k_1 A (c - c_i)$ 得:速度 $= k_1 k_2 A c / (k_1 + k_2) = k A c$。如果 $k_2 \ll k_1$,则 $k = k_2$,即化学反应速度常数比扩散系数小得多,扩散进行得快,在浓度差较小的条件下能够有足够的反应剂输送到反应区,整个反应速度取决于化学反应速度,过程受化学环节控制。如果 $k_1 \ll k_2$,则 $k = k_1 = D/\delta$,即化学反应速度常数比扩散系数大得多,扩散进行得慢,整个反应速度取决于反应剂通过厚度为 δ 的扩散层的扩散速度,过程受扩散环节控制。当过程为扩散环节控制时,化学动力学的结论很难反映化学反应的机理。

化学环节控制的过程强烈地依赖于反应温度,而扩散环节控制的过程受温度的影响不大,这是因为化学反应速度常数与温度呈指数关系:$k = A_0 e^{-E/RT}$;而扩散系数与温度呈直线关系:$D = \frac{RT}{N} \frac{1}{2\pi r}$(斯托克斯方程)。因此,化学环节控制过程的活化能常常大于 41.86kJ/mol,中间环节控制过程的活化能为 20.93 ~ 33.488kJ/mol,而扩散环节控制过程的活化能较小,为 4.186 ~ 12.558kJ/mol。但是在固—固反应中的情况又不同,其扩散环节系数随温度的指数而变化:$D = D_0 e^{-E/RT}$,所以固相扩散过程均具有较高的活化能,达 837.2 ~ 1674.4kJ/mol。

进一步讨论固体反应产物的特性对反应动力学的影响。如图 2-15 所示,在多相反应中,如果固体表面形成反应产物层——表面壳层,则反应动力学受此壳层的影响。生成固体反应产物的有固—气反应(如金属氧化物被气体还原成金属),也有固—液反应(如置换沉淀)。反应产物层可以是疏松的,也可以是致密的,反应剂又必须扩散通过此层才能达到反应界面,则反应动力学大为不同。由图 2-15 可知,反应速率由扩散的流动决定,即反应产物向微粒内移动速率和生成物向微粒外扩散速率。

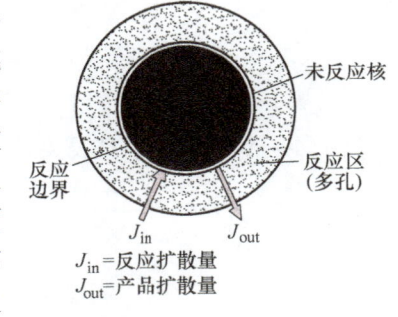

图 2-15 金属氧化微粒还原反应生成金属粉末的示意图

如果在平面形成疏松的反应产物层,而过程又为扩散层的扩散环节所控制,遵守方程式:速度 $= DAc/\delta$。当球形颗粒形成疏松反应产物层时,虽然界面面积随时间而减小,但进行扩散的有效面积是常数,速度仍然遵守方程式:速度 $= DAc/\delta = Dc\pi r^2/\delta$。如果反应产物层是致密的,则扩散层的阻力和固体反应产物层的阻力相比可以忽略不计,主要考虑反应产物层的阻力,设反应产物层的厚度为 y,时间 t 时固体反应产物的质量为 W,那么,$y = kW$,k 为常数。经过固体反应产物层的扩散可以用下面的方程式表示:

$$\frac{dW}{dt} = a \frac{D}{y} A c = \frac{aDAc}{kW} \tag{2-32}$$

式中,a 为计量因数。

当 c 是常数时，即反应剂不断补充时，则

$$W \mathrm{d}W = \frac{a}{k} DAc \mathrm{d}t$$

将上式积分

$$\int W \mathrm{d}W = \frac{a}{k} DAc \int \mathrm{d}t$$

得

$$\frac{W^2}{2} = Kt + 常数 \tag{2-33a}$$

W 与 t 的关系是抛物线，而 W 与 $t^{1/2}$ 的关系为直线。上式中的常数当 $t=0$，$W=W_0$ 时可以求出。方程式（2-33a）又可以写成

$$\frac{1}{2}(W_0^2 - W^2) = Kt \tag{2-33b}$$

如果用已反应分数 $X = \dfrac{W_0 - W}{W_0}$ 表示，则抛物线方程可变为

$$X = \frac{W_0 - W}{W_0} = 1 - \frac{W}{W_0}$$

$$\frac{W}{W_0} = 1 - X$$

代入式（2-33b）得

$$W_0^2 - W_0^2(1-X)^2 = 2Kt$$

整理可得

$$1 - (1-X)^2 = \frac{2K}{W_0^2} t = K't \tag{2-34}$$

如果固体是球状，在反应过程中 A 是不断改变的，则上述分析不能适用。设产物厚度的增加速度与球厚度成反比，则

$$\frac{\mathrm{d}y}{\mathrm{d}t} = \frac{k}{y}$$

$$y \mathrm{d}y = k \mathrm{d}t \tag{2-35}$$

式中，y 为产物层厚度；k 为比例常数。

将式（2-35）积分得

$$y^2 = 2kt$$

如果 r_0 为颗粒的原始半径，ρ 是固体的密度，则已反应分数为 $X = 1 - \left(1 - \dfrac{y}{r_0}\right)^3$ 或 $y = r_0[1 - (1-X)^{1/3}]$，将 y 的值代入 $y^2 = 2kt$ 得

$$[1 - (1-X)^{1/3}]^2 = \frac{2kt}{r_0^2} = Kt \tag{2-36}$$

$[1 - (1-X)^{1/3}]^2$ 与 t 呈直线关系。此式一般只适用于过程的开始阶段，因为方程式 $y^2 = 2kt$ 是从平面情况导出的，只有当球体半径比反应产物的厚度大很多时才适用；另外当未反应的内核体积等于原始物料的体积时，方程式 $y = r_0[1 - (1-X)^{\frac{1}{3}}]$ 才适用，只有反应初期适用。对镍被氧化成氧化镍的动力学的研究证实了这一点。

2）多相反应的机理。"吸附-自动催化"理论认为气体还原剂还原金属氧化物分为以下几个步骤：第一步是气体还原剂分子（如 H_2、CO）被金属氧化物吸附；第二步是被吸附的还原剂分子与固体氧化物中的氧相互作用并产生新相；第三步是反应的气体产物从固体表面上解吸。

实践证明，在反应过程中具有自动催化的特点，如图 2-16 所示。此关系曲线划分为三个阶段。第一阶段反应速度很慢，很难测出，因为还原仅在固体氧化物表面的某些活化质点上开始进行，新相（金属）形成又有很大的困难。这一阶段称为诱导期（图 2-16 中 a 段），这一阶段和晶格的非完整性有很大关系。当新相一旦形成后，由于新旧相界面的差异，这些地方对气体还原剂的吸附以及晶格重新排列都比较容易，因此，反应就沿着新旧相的界面上逐渐扩展，随着反应面逐渐扩大，反应速度不断增加，此阶段是第二阶段，称为反应发展期（图 2-16 中 b 段）。第三阶段反应沿着以新相晶核为中心而逐渐扩大到相邻反应面，然后反应面随着过程的进行不断减小，引起反应速度的降低，这一阶段称为减速期（图 2-16 中 c 段）。就气体还原金属化合物来说，有以下过程：

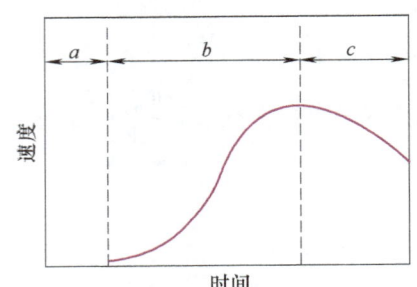

图 2-16　吸附自动催化的反应速度与时间的关系

① 气体还原剂分子由气流中心扩散到固体化合物外表面，并按吸附机理发生化学还原反应。

② 气体通过金属扩散到化合物—金属界面上发生还原反应，或者气体通过金属内的孔隙转移到化合物—金属界面上发生还原反应。

③ 化合物的非金属通过金属扩散到金属—气体界面上可能发生反应，或者化合物本身通过金属内的孔隙转移到金属—气体界面上可能发生反应。

④ 气体反应产物从金属外表面扩散到气流中心而除去。

2.3.2　碳还原法

1. 碳还原铁氧化物的基本原理

铁氧化物的还原是分阶段进行的，即从高价氧化铁到低价氧化铁，最后转变成单质金属：$Fe_2O_3 \to Fe_3O_4 \to FeO \to Fe$。固体碳还原金属氧化物的过程通常称为直接还原。

如果反应在 950~1000℃ 的高温范围内进行，则固体碳直接还原反应没有实际意义，因为 CO_2 在此高温下会与固体碳作用而生成 CO。先讨论 CO 还原金属氧化物的间接还原规律。

当温度高于 570℃ 时，分三个阶段还原：$Fe_2O_3 \to Fe_3O_4 \to$ 浮斯体（$FeO \cdot Fe_2O_3$ 固溶体）$\to Fe$。

$$3Fe_2O_3 + CO = 2Fe_3O_4 + CO_2 \quad \Delta H_{298} = -62.999\text{kJ} \quad (a)$$

$$Fe_3O_4 + CO = 3FeO + CO_2 \quad \Delta H_{298} = 22.395\text{kJ} \quad (b)$$

$$FeO + CO = Fe + CO_2 \quad \Delta H_{298} = -13.605\text{kJ} \quad (c)$$

当温度低于 570℃ 时，由于 FeO 不能稳定存在，因此，Fe_3O_4 直接被还原成金属铁，即

$$Fe_3O_4 + 4CO = 3Fe + 4CO_2 \quad \Delta H_{298} = -17.163\text{kJ} \quad (d)$$

上述各反应的平衡气相组成，可通过 K_p 求得：

$$K_p = \frac{p_{CO_2}}{p_{CO}}$$

在 $p_{CO} + p_{CO_2} = 1 \text{atm}$（约等于 10^{-1}MPa）时，$p_{CO_2} = 1 - p_{CO}$，$K_p = \frac{1 - p_{CO}}{p_{CO}}$，$\varphi_{CO} = p_{CO} \times 100\%$，因而，可根据各反应在给定温度下的相应 K_p 值求出各反应的平衡气相组成。

反应（a）为 Fe_2O_3 的还原，$\lg K_p = 4316/T + 4.37\lg T - 0.478 \times 10^{-3}T - 12.8$。由于 Fe_2O_3 具有很大的离解压，此反应达到平衡时，气相中 CO 含量很低，因此，由实验方法研究这一反应虽然温度高达 1500℃，CO 含量仍然低得难以测定。间接计算的 K_p 和平衡气相中的 CO 的体积分数见表 2-3。

表 2-3　间接计算的 K_p 和气相中 CO 的体积分数

温度/℃	500	750	1000	1250	1500
$\lg K_p$	5.365	4.410	3.876	3.493	3.226
K_p	2.32×10^5	2.57×10^4	7.52×10^3	3.11×10^3	1.68×10^3
φ_{CO}（%）	0.00043	0.0039	0.013	0.032	0.059

从所列数据可以看出：Fe_2O_3 被 CO 还原时，平衡气相中的 CO 含量极低，CO_2 几乎达 100%。这说明 Fe_2O_3 很容易被还原，即 CO_2 不易使 Fe_2O_3 氧化。由于它是放热反应，温度升高，K_p 减小，平衡气相中 CO 的体积分数升高。

Fe_3O_4 的还原：当温度高于 570℃时，发生反应（b），则

$$\lg K_p = -1373/T - 0.47\lg T + 0.41 \times 10^{-3}T + 2.69$$

Fe_3O_4 还原反应的 K_p 与 CO 的体积分数见表 2-4。

表 2-4　Fe_3O_4 还原反应的 K_p 与 CO 的体积分数

温度/℃		500	700	900	1100	1300
$\lg K_p$		-0.126	0.281	0.559	0.778	1.04
K_p		0.748	1.91	3.623	5.996	10.96
φ_{CO}（%）	计算值	57.2	34.4	21.6	14.3	8.4
	实测值	—	35.2	22.4	14.1	8.5

从所列数据可以看出：Fe_3O_4 被 CO 还原成 FeO 的反应是吸热反应。该反应的 K_p 值随温度升高而增大，平衡气相中的 CO 的体积分数随温度升高而减小。这说明升高温度对 Fe_3O_4 被还原成 FeO 有利，即温度越高，Fe_3O_4 被还原成 FeO 所需的 φ_{CO} 越小。

当温度低于 570℃时，由于 FeO 相极不稳定，故 Fe_3O_4 被 CO 还原成金属铁。反应（d）是放热反应，平衡气相组成中的 CO 的体积分数随温度升高而增大。由于此反应在较低温度下进行，反应不易达到平衡。有人测得 500℃时平衡气相组成中含有体积分数为 47%~49% 的 CO_2。

FeO 的还原即反应（c），$\lg K_p = 324/T - 3.62\lg T + 1.81 \times 10^{-3}T - 0.0667T^2 + 9.18$。

FeO 还原的试验数据见表 2-5。

表 2-5　FeO 还原的试验数据

温度/℃		500	700	900	1100	1300
$\lg K_p$		0.022	-0.211	-0.381	-0.438	-0.471
K_p		1.052	0.615	0.416	0.365	0.338
φ_{CO}（%）	计算值	48.7	61.9	70.7	73.3	74.7
	实测值	—	60.0	68.5	73.8	77.1

从所列数据可以看出：该反应是放热反应，K_p 随温度升高而减小，而气相组成中的 φ_{CO} 随温度升高而增大，即温度越高，还原所需 φ_{CO} 越大。这说明升高温度对 FeO 的还原是不利的。不过，温度升高，CO 体积分数的变化并不是很大，例如，从 700℃ 升至 1300℃，温度升高 600℃，而 φ_{CO} 只增加 12.8%，所以升高温度的这种不利影响并不大。但是，从另一方面，升高温度对 Fe_3O_4 还原成 FeO 的过程是有利的。不论哪种反应，升高温度都是加快反应速度的。

根据以上对（a）、（b）、（c）、（d）四个反应的分析结果，将其平衡气相组成（以 φ_{CO} 表示）对温度作图，便可得图 2-17 所示的 4 条曲线（图上 a 曲线未画出）。

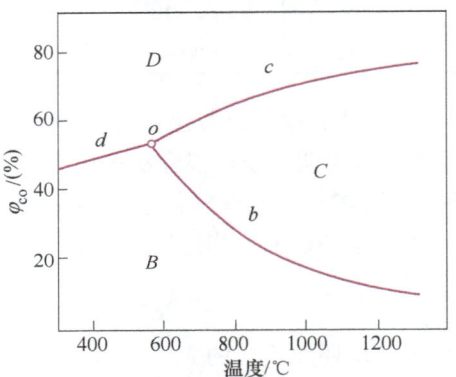

图 2-17　Fe-O-C 系平衡气相组成与温度的关系

从图 2-17 可看出：该 4 条曲线将 φ_{CO}-T 的平面分成 4 个区域。当实际气相组成相当于 C 区域内任何一点时，则所有铁的氧化物和金属全部转化成 FeO 相，即在 C 区域内只有 FeO 相稳定存在。因为在这个区域内，任何一点都表示 CO 含量高于相应温度下 Fe_3O_4 还原反应的平衡气相中 CO 的含量，故 Fe_3O_4 被 CO 还原成 FeO，而金属铁则被 CO_2 氧化成 FeO。例如，要防止铁在 1100℃ 被氧化，则平衡气相组成中的 φ_{CO} 要小于 25%。

同样，在 D 区域内只有金属铁稳定存在；在 B 区域内只有 Fe_3O_4 稳定存在；在 A 区域内（在 a 曲线下面）只有 Fe_2O_3 稳定存在。曲线 b 和曲线 c 相交的 o 点，表示反应（b）和（c）相互平衡，相应的平衡气相组成 φ_{CO} 为 52%。

下面进一步讨论 CO 还原铁氧化物的动力学问题。

前已指出，铁氧化物的还原是分阶段进行的。部分被气体还原的 Fe_2O_3 颗粒具有多层结构，由内向外各层为 Fe_2O_3（中心）、Fe_3O_4、FeO 及 Fe。实验证明，反应（a）和反应（c）的反应产物层是疏松的，过程为界面上的化学环节所控制。CO 还原铁氧化物的反应速度方程遵循 $-dW/dt = KW^{2/3}$ 关系；如用反应分数表示，则反应速度方程遵循 $1-(1-X)^{1/3} = Kt$ 的关系。在 950℃ 下，用 CO 还原球形磁铁矿粒的速度方程如图 2-14 所示。

但是实验证明，850℃ 时 Fe_3O_4（矿石）+ CO（混合气体）= 3FeO + CO_2 反应发生，以及在 800~1050℃ 时，Fe_2O_3（矿石）+ 转化天然气 → Fe + 气体反应发生，反应的产物层不是疏松的，并且通过产物层的扩散速度和固-固界面上的化学反应速度基本一样。在这种情况下，反应速度方程遵循更复杂的方程式，即

$$\frac{k}{6}[3-2X-3(1-X)^{2/3}]+\frac{D}{r_0}[1-(1-X)^{1/3}]=\frac{kDP}{r_0^2 d}t \tag{2-37a}$$

方程式（2-37a）在此不作推导，不过可以指出，方程由两部分组成。如果第一项与第二项相比可以忽略时，方程化简为

$$1-(1-X)^{1/3}=\frac{kP}{r_0 d}t=Kt \tag{2-37b}$$

这便是一个化学环节控制过程的方程式。如果第二项与第一项相比可以忽略时，方程化简为

$$1-\frac{2}{3}X-(1-X)^{2/3}=\frac{2DP}{r_0^2 d}t=Kt \tag{2-37c}$$

这便是一个通过致密反应产物的扩散环节控制过程的方程式。式（2-37c）比前面讨论过的简德尔方程式（2-35）的适用范围更大。采用木炭还原铁鳞制备铁粉还原速率如图 2-18 所示。图中三曲线都有一极小值 B 点。自 B 点后还原速率急剧增大，到最高点 C 后又降低。这表明了过程的吸附自动催化特性。

极小值 B 点是在 Fe_2O_3 和 Fe_3O_4 已全部还原成浮斯体后产生，由于浮斯体与金属铁的比体积相差很大，要在浮斯体表面生成金属铁相，将产生很大的晶格畸变，需要很大的能量，使新相成核困难。但是，当金属铁晶核一经形成后，由于自动催化作用，金属迅速成长，而在金属颗粒表面全部包上一层金属铁时，还原反应速率达到最大值 C 点。自 C 点后，由于金属铁和浮斯体相接面逐渐减小，还原反应速率逐渐下降。实验证明，到达 C 点所需的时间仅为数分钟，可见浮斯体还原成金属铁这一阶段比较缓慢，因而整个还原反应速率受此阶段速率所限制。

根据实践经验，在浮斯体还原成金属铁和海绵铁开始渗碳之间存在着一个还原终点。在还原终点，浮斯体消失，反应（c）平衡破坏，气相中的 CO 含量急剧上升，开始了海绵铁的渗碳。为控制生产过程和铁粉质量，还原终点需要掌握好，即不要还原不透，也不要使海绵铁大量渗碳。例如，海绵铁的含碳量 w_C 在 0.2%～0.3% 时，在退火后可使 $Fe_总$ 达 98% 以上，w_C 在 0.1% 以下，低的可达 0.05% 左右；当海绵铁中碳的质量分数 w_C 接近 0.1% 时，退火后，$Fe_总$ 约为 97%，w_C 可小于 0.03%，但 w_{O_2} 在 1% 以上；当海绵铁中碳的质量分数 w_C 为 0.3%～0.4% 时，退火后，$Fe_总$ 约为 98%，w_{O_2} 小于 1.0%，但 w_C 在 0.1% 以上。总之，要得到碳和氧的含量适当的铁粉，必须掌握好海绵铁块的含碳量。

温度对铁渗碳的影响如图 2-19 所示。在 1050～1600K 范围内，当气相压力为 1atm（0.1MPa），气相中 CO_2 与 CO 的体积比不论是 1 还是 0.1、0.01，提高温度，铁渗碳的趋势是下降的。例如，在气相压力为 1atm，CO_2 与 CO 的体积比为 0.1 的情况下，1100K 时铁中含碳量 w_C 为 0.6%，而在 1300K 时铁中含碳量 w_C 只为 0.1% 左右，到 1500K 以上时，铁中含碳量极低。

综上所述，对于气相压力为 1atm（0.1Mpa）的情况，1100K 时，CO_2 与 CO 的体积比为 0.1，1300K 时，CO_2 与 CO 的体积比为 0.01，铁中渗碳的趋势较大，这与碳的气化反应在 1atm 下的平衡组成相接近。CO_2 与 CO 的体积比为 1 时，渗碳的趋势较小。但是，提高气

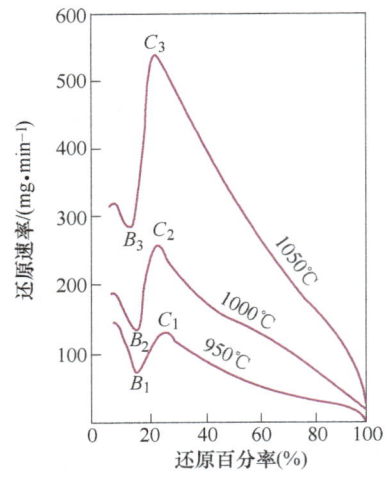

图 2-18 木炭还原铁鳞时各阶段反应速率

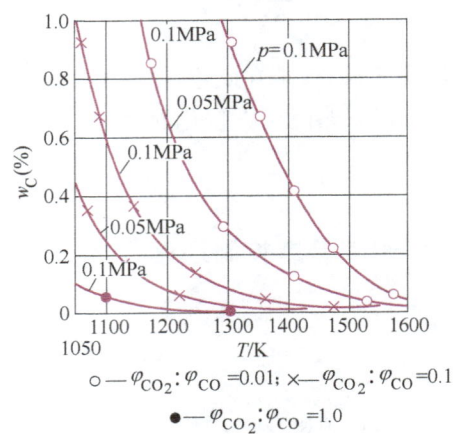

图 2-19 气相组成、气相压力、温度对铁中含碳量的影响

相中 CO_2 的含量会降低其还原能力。为了降低气相中 CO_2 的含量以提高其还原能力，往往容易使海绵铁在冷却过程中渗碳。因此，在一定气相组成条件下，掌握好还原温度和还原时间就很重要。在用气体还原剂还原时，调整气相中的 CO_2 与 CO 的体积比，可以得到一定含碳量的海绵铁。

2. 影响还原过程和铁粉质量的因素

（1）原料的影响 包括原料中杂质的影响和原料粒度的影响。

1）原料中杂质的影响。原料中的杂质特别是 SiO_2 的含量超过一定限度后，不仅还原时间延长，还会使还原不完全，铁粉中的含铁量降低。这是因为有一部分氧化铁还原到浮氏体阶段即与 SiO_2 结合而生成极难还原的硅酸铁。从热力学观点看，在 1000℃ 固体碳还原 FeO 的 CO 的体积分数平均为 72% 左右，而在 1000℃ 要还原硅酸铁所需的 CO 的体积分数要 86% 以上。所以对原料成分，特别是 SiO_2 有一定的要求。例如，一般要求铁鳞中 $w_{Fe总} > 73\%$，$w_{SiO_2} < 0.25\%$。为了达到此要求，无论是以铁鳞作原料还是以矿石作原料都要磁选。

2）原料粒度的影响。多相反应与界面有关，原料粒度越细，界面的面积越大，因而促进反应的进行。图 2-14 所示的 950℃ 时用 CO 还原球形磁铁矿粒的情况说明了粒度对还原反应有很大的影响。球粒直径 1mm，20min 还原百分率达 90% 以上；而球粒直径 4mm 时，达到同样的还原百分率要 70min 以上。所以，原料一般都要粉碎。

（2）还原工艺条件 包括还原温度、时间及料层厚度的影响。

1）还原温度和时间的影响。在还原过程中，如其他条件不变，还原温度和还原时间会相互影响。实践证明，随着还原温度的升高，还原时间可以缩短。用木炭与铁鳞混合进行还原的实验得到的还原百分率与还原温度、还原时间的关系如图 2-20 所示。

在一定范围内，温度升高，对碳的汽化反应有显著作用。已经知道，温度升高到 1000℃ 以上时，碳的汽化反应的气相组成全部为 CO。CO 浓度的增高，无论对还原反应速度，还是对 CO 向氧化铁内层扩散都是有利的。化学反应速度与温度呈指数关系，升高温度能加速还原过程。

2) 料层厚度的影响。随着料层厚度的增加，还原时间也随之增长。图2-21为还原温度为1050℃时料层厚度与还原时间的关系。

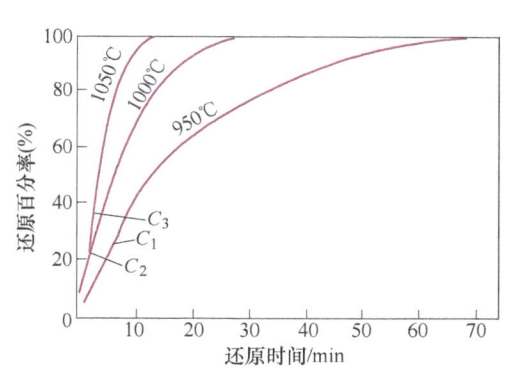

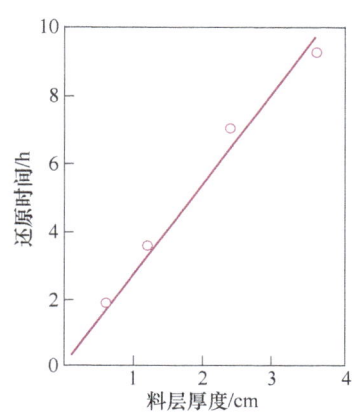

图2-20 木炭还原铁鳞时还原百分率与还原温度和还原时间的关系

图2-21 料层厚度与还原时间的关系

从图2-21可以看出，料层厚度在0.6～3.6cm之间时，还原时间与料层厚度的增厚呈直线关系，这是传热阻力增大的缘故。以吸热为主的反应其热量传递尤为重要。

(3) 引入气体还原剂的影响 实践中采用管式炉固体碳还原时，同时向炉内通入发生炉煤气（或焦炉煤气、高炉煤气），或用转化天然气的气-固联合还原均可使还原过程加速，所得海绵铁比较疏松，质量比较高。这说明固体碳还原时引入气体还原剂对反应是有利的。

引入气体还原剂时，气相组成中的CO、H_2等会加速还原过程，例如，转化天然气中H_2的体积分数为74%～75%，CO的体积分数为22%～23%；发生炉煤气中H_2的体积分数为5%～13%。根据热力学知识，温度在810℃以下时CO比H_2对氧化铁的还原性高（图2-22），由动力学可得，H_2在各种温度下都比CO活泼，H_2比CO的吸附能力也大得多。因此，高温下H_2的还原能力比CO强。

(4) 海绵铁的处理 海绵铁在破碎时产生加工硬化，并且，海绵铁有时含氧量较高或严重渗碳。因此，一般海绵铁粉都要还原退火以起到下列作用：①退火软化作用，提高铁粉的塑性，改善铁粉的压缩性；②补充还原作用，把Fe的质量分数从95%～97%提高到97%～98%以上；③脱碳作用，把含碳量w_C从0.4%～0.2%降到0.25%～0.05%。例如，经较长的时间球磨的铁粉的压缩性差，在压制压力为400MPa时，压坯密度不大于$5g/cm^3$。将这种铁粉经650℃退火处理后，压坯密度可提高到$6g/cm^3$以上，压坯表面粗糙度很低，压模寿命因而大大延长（图2-23）。

为什么不同的退火温度对铁粉压缩性的影响不同？这要从金属加工硬化谈起。所谓加工硬化，简单地说就是金属被冷加工后，金属的结晶晶格发生畸变，晶格畸变储能提高而使金属硬化。加工硬化了的金属在加热时，在某一温度范围，结晶晶格弹性畸变的消除过程首先从这些部分开始，这个过程叫做回复。通常，依靠回复不能完全恢复金属的原有性能。如要完全消除加工硬化，就要加热到比回复温度上限高的再结晶温度。一般来说，变形金属加热到新的晶核形成和晶核长大的过程叫做再结晶。当加热到再结晶温度时，冷加工后储存自由能最大的地方就开始形成新晶核，并由这些晶核吞并邻接部分而长成为新晶粒。一般纯金属再结晶的热力学温度等于0.4倍的熔化的热力学温度，即 $T_{再结晶} = 0.4 T_{熔化}$。

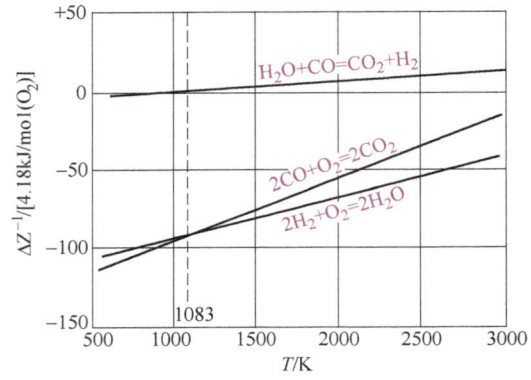

图 2-22　H-O，C-O 及 C-H-O 系中某些反应的 $\Delta Z^{\ominus}$ 与 T 的关系

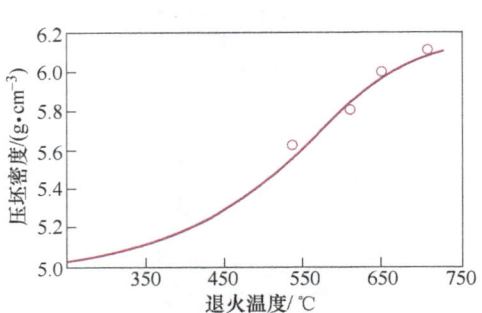

图 2-23　退火温度对铁粉压缩性的影响

实践证明，冷加工的程度越大，则再结晶温度越低。铁的再结晶温度为450℃左右。根据以上分析，铁的理论退火温度为450～500℃。但是，实践中一般退火温度要略高一些，$w_C < 0.2\%$ 的铁粉，退火温度通常为600～700℃。海绵铁的退火温度不是纯退火，而是还原退火，因而大都采用700～800℃。降低氧、碳含量主要靠提高铁粉本身所含碳和氧的相互作用，其主要反应有

$$4Fe_3C + Fe_3O_4 \rightarrow 15Fe + 4CO \tag{2-38}$$

$$Fe_3C + FeO \rightarrow 4Fe + CO$$

$$FeO + CO \rightarrow Fe + CO_2$$

$$Fe_3C + CO_2 \rightarrow 3Fe + 2CO$$

在分解氨、转化天然气或氢气中，用管式炉进行还原退火能显著提高铁粉质量，因为氢参与了反应，即

$$Fe_3O_4 + H_2 \rightarrow 3FeO + H_2O$$

$$FeO + H_2 \rightarrow 3FeO + H_2O$$

$$mFe_3C + \frac{n}{2}H_2 \rightarrow 3mFe + C_mH_n \tag{2-39}$$

一般通过上述方法还原退火后的铁粉性能可达到如下标准：$w_{Fe} > 98\%$，$w_C < 0.1\%$，$w_{氢损} < 0.8\%$，压缩性 $6.05 g/cm^3$ 以上。

2.3.3　气体还原法

前面已指出，不仅氢，而且分解氨（$H_2 + N_2$）、转化天然气（主要成分为 H_2 和 CO）、各种煤气（主要成分为 CO）等都可作为气体还原剂。气体还原法可以制取铁粉、镍粉、钴粉、铜粉、锡粉、钨粉、钼粉等，而且用共同还原法还可以制取一些合金粉，如铁-钼合金粉、钨-铼合金粉等。气体还原法制取铁粉比固体还原法制取的铁粉更纯，生产成本较低，故得到了很大的发展。钨粉的生产主要用氢还原法。下面以氢还原法制取铁粉和钨粉为例讨

论气体还原法。

1. 氢还原法制取铁粉

（1）氢还原铁氧化物的基本原理　氢还原铁氧化物时有如下的反应：
当温度高于 570℃ 时，分三个阶段还原：

$$3Fe_2O_3 + H_2 = 2Fe_3O_4 + H_2O \qquad \Delta H_{298} = -21.8\text{kJ} \qquad (\text{a}')$$

$$Fe_3O_4 + H_2 = 3FeO + H_2O \qquad \Delta H_{298} = 63.588\text{kJ} \qquad (\text{b}')$$

$$FeO + H_2 = Fe + H_2O \qquad \Delta H_{298} = 27.71\text{kJ} \qquad (\text{c}')$$

当温度低于 570℃ 时，Fe_3O_4 直接还原成金属铁，反应式为

$$Fe_3O_4 + 4H_2 = 3Fe + 4H_2O \qquad \Delta H_{298} = 147.598\text{kJ} \qquad (\text{d}')$$

上述各反应的平衡气相组成，可通过 K_p 求得。$K_p = p_{H_2O}/p_{H_2}$，因而可根据各反应在给定温度下的相应 K_p 值，求出各反应的平衡气相组成。

1）Fe_2O_3 的还原。反应 a' 的平衡气相组成中几乎没有氢存在，也就是说，Fe_3O_4 在实际条件下不可能被水蒸气氧化。这一反应的直接测定非常困难，只能用间接法计算。反应 a' 是放热反应。

2）Fe_3O_4 的还原：当温度高于 570℃ 时，反应 b' 的

$$\lg K_p = -3070/T + 3.25$$

平衡气相组成的实测值与经验方程计算的较接近，具体数据见表 2-6。

表 2-6　气体还原 Fe_3O_4 的实测值与计算值

温度/℃		700	800	900	1000	1100	1200
K_p		1.245	2.448	4.293	6.887	10.3	17.17
φ_{H_2}（%）	计算值	44.54	29.01	18.89	12.68	8.83	5.52
	实测值	45.80	28.70	17.70	11.00	7.30	4.80

反应 b' 是吸热反应，该反应的 K_p 值随温度升高而增大，平衡气相组成中 H_2 的体积分数随温度升高而减小，即温度越高，Fe_3O_4 还原成 FeO 所需的 H_2 的量越少。这说明升高温度有利于 Fe_3O_4 还原成 FeO。当温度低于 570℃ 时，反应 b' 是吸热反应。

3）FeO 的还原。反应 c' 是吸热反应，与 CO 还原 FeO 不同，平衡气相组成中 H_2 的体积分数随温度升高而减小。整理这一反应从 1095~1498℃ 的实验数据可得出

$$\lg K_p = -997/T + 0.64$$

根据资料得出各温度下的 K_p 值，见表 2-7。

表 2-7　各温度下的 K_p 值

温度/℃	900	1000	1100	1200	1300
K_p	0.34	0.445	0.504	0.642	0.8125
φ_{H_2} 计算值（%）	74.6	69	66.4	60.8	55.2

根据以上 a′、b′、c′、d′ 4 个反应分析的结果,将其平衡气相组成(φ_{H_2})对温度作图,可得如图 2-24 所示的 4 条曲线(图上 a′曲线未画出)。该 4 条曲线将 w_{H_2}-T 平面分成 4 个区域。在 C′内只有 FeO 相稳定存在,例如,在 800℃时,H_2O 体积分数为 30% 的 H_2 气氛还可使 FeO 还原。但是,还原好的铁,如果冷却到 200℃以下,为了防止铁再次被氧化,则平衡气相中的 H_2O 的体积分数要小于 5%。下面进一步讨论氢还原铁氧化物的动力学问题。

氢还原铁氧化物的反应属于固-气多相反应。实验证明,反应产物层一般是疏松的。$Fe_2O_3 + 3H_2 \rightarrow 2Fe + 3H_2O$ 反应的活化能,在 400~1120℃ 为 49.81kJ/mol。但是在 800℃ 左右 Fe_2O_3(矿石)$+ 3H_2 \rightarrow 2Fe + 3H_2O$ 的反应产物层不是疏松的,通过产物层的扩散速度和界面上的化学反应速度基本相等,反应速度方程式与 CO 还原铁氧化物时一样,遵循较复杂的方程式。图 2-25 所示为氢还原氧化铁的还原百分率与还原时间的关系。

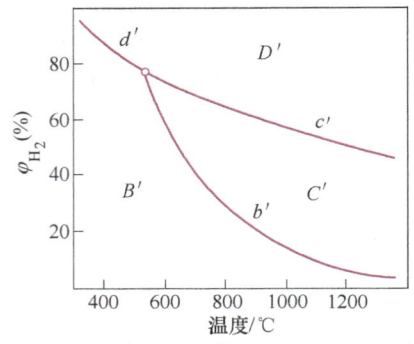

图 2-24　Fe-O-H 系平衡气相组成与
温度的关系

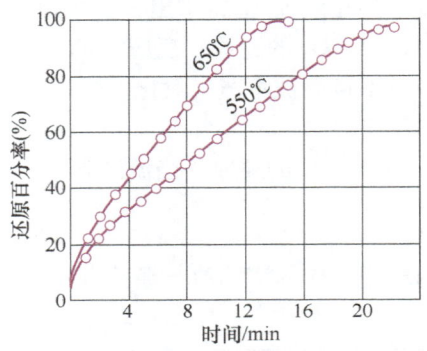

图 2-25　氢还原氧化铁的还原百分率与还原
时间的关系

(2)氢还原法制取铁粉的工艺　气体还原法制取铁粉的方法见表 2-8,下面简要介绍气体还原法(氢-铁法)。把 w_{Fe} = 72%,粒度为 0.84~0.04mm 的精矿粉,先在回转干燥炉中干燥,温度为 480℃,用氮气送入位置高于还原反应器的矿槽中。关闭进料口,引入大于还原反应器 0.7MPa 左右的高压氢气,打开出料阀,高压氢以浓相输送的形式将料送入反应器,5t 精矿在 15min 内可输送完毕。还原反应器是一个直立的金属圆筒,安两个水平栅的床层,使层内细矿粒流态化并使上床层 Fe_2O_3 还原成 Fe_3O_4,在下床层 Fe_3O_4 还原成金属铁。经还原后粉料排出,上层料转到下一层,在上层加入新料,如此周期地进行,还原后的铁粉借氢的高压从反应器中经卸料闸门送到铁粉接收器内,再从这里用氢气进行纯化处理,因为在低温下所得铁粉有自燃性,为了防止氧化,要在常压下在保护气氛中加热到 600~800℃,使铁粉被纯化而失去自燃性。

氢-铁法的特点有:①采用较低的还原温度和较高的压力。还原温度(540℃)远低于还原铁粉的烧结温度,可保证物料流态化,使还原高速进行。②可利用粉矿。由于采用了浓相输送和流态化技术,可直接利用细磨精选的细矿粉。③所得铁粉很纯,很适合生产粉末冶金铁基零件。经纯化处理后的铁粉的成分为:w_{Fe} = 98.5%,w_{SiO_2} = 0.2%,P 和 S 含量很低,氢损为 0.5%,松装密度为 1.6~2.3g/cm³。④所用的氢是将转化天然气中的 CO 转化成 CO_2 且除

表 2-8 还原法制取铁粉的方法

方 法		还 原 剂	原 料	设 备	还原工艺条件		国外典型例子
					还原温度/℃	气体压力	
固体碳还原法	反应罐固体碳还原法	木炭,焦炭,无烟煤	铁鳞,铁矿石	倒焰炉,隧道窑	950~1100		瑞典赫格纳斯（Höganäs）法
	回转炉固体碳还原法	木炭,焦炭	铁鳞,铁矿石	回转管式炉			
气-固联合还原法	管式马弗炉气-固联合还原法	炭黑+转化天然气 木炭+煤气	铁鳞	管式马弗炉	约1100		前苏联转化天然气联合还原法
气体还原法	输送带式炉气体还原法	氢	铁鳞	输送带式炉	约980		美国帕隆（pyron）法
	回转炉气体还原法	分解氢	铁鳞	回转管式炉	约850		
	竖式炉气体还原法	水煤气,转化天然气	铁鳞,铁矿石	竖炉	约950		
	流态化还原法	氢	铁矿石	流态化反应器	480~540	2.8~3.5MPa	美国氢-铁法
	蚁酸铁还原制超细铁粉	氢	蚁酸铁	管式马弗炉	400~500		

去后的转化氢。转化氢是将天然气按下列反应 $2CH_4 + O_2 = 2CO + 4H_2$，$CO + H_2O = H_2 + CO_2$ 而得到的。转化天然气中的 CO 是在生产氢的热交换器内与水蒸气反应转化成 CO_2 而除去的。

2. 氢还原法制取钨粉

（1）氢还原钨氧化物的基本原理　实验研究证明，钨的氧化物中比较稳定的有四种：黄色的氧化钨（α 相）——WO_3、蓝色氧化钨（β 相）——$WO_{2.90}$、紫色氧化钨（γ 相）——$WO_{2.72}$、褐色氧化钨（δ 相）——WO_2。而 WO_3 又有不同的晶型，第一种晶型从室温到 720℃ 是稳定的，为单斜晶型；第二种晶型在 720~1100℃ 是稳定的，为斜方晶型；还有一种晶型在 1100℃ 以上稳定。

钨有 α-W 和 β-W 两种同素异晶体。α-W 为体心立方晶格，点阵常数为 0.316nm；β-W 为立方晶格，点阵常数为 0.5036nm。β-W 是在低于 630℃ 时用氢还原三氧化钨而生成的，其特点是化学活性大，易自燃。β-W 转变为 α-W 的转变点为 630℃，但并不发生 α-W→β-W 的逆转变。根据这一点，有的学者认为 β-W 的晶格还是由钨原子组成的，只是由于存在杂质而使晶格发生畸变。钨粉颗粒分为一次颗粒和二次颗粒，一次颗粒即单一颗粒，是最初生成的可互相分离而独立存在的颗粒；二次颗粒是两个或两个以上的一次颗粒结合而不易分离的聚集颗粒。超细颗粒的钨粉呈黑色，细颗粒的钨粉呈深灰色，粗颗粒的钨粉则呈浅灰色。

用氢还原三氧化钨的总过程为

$$WO_3 + 3H_2 = W + 3H_2O \qquad (2\text{-}40)$$

由于钨具有四种比较稳定的氧化物，还原反应实际上按以下顺序进行：

$$WO_3 + 0.1H_2 = WO_{2.90} + 0.1H_2O \qquad (a)$$
$$WO_{2.90} + 0.18H_2 = WO_{2.72} + 0.18H_2O \qquad (b)$$
$$WO_{2.72} + 0.72H_2 = WO_2 + 0.72H_2O \qquad (c)$$
$$WO_2 + 2H_2 = W + 2H_2O \qquad (d)$$

上述反应的平衡常数用水蒸气分压与氢分压的比值表示：$K_p = p_{H_2O}/p_{H_2}$

平衡常数与温度的等压关系式如下：

$$\lg Kp_{(a)} = -3266.9/T + 4.0667$$
$$\lg Kp_{(b)} = -4508.5/T + 5.10866$$
$$\lg Kp_{(c)} = -904.83/T + 0.90642$$
$$\lg Kp_{(d)} = -3225/T + 1.650$$

用氢还原钨氧化物的平衡常数见表2-9。

表2-9 氢还原钨氧化物的平衡常数

$WO_3 \to WO_{2.90}$		$WO_{2.90} \to WO_{2.72}$		$WO_{2.72} \to WO_2$		$WO_2 \to W$	
T/K	K_p	T/K	K_p	T/K	K_p	T/K	K_p
—	—	873	0.8978	873	0.7465	873	0.0987
903	2.73	903	1.29	903	0.8090	—	—
—	—	918	2.60	—	—	—	—
—	—	961	2.60	—	—	—	—
965	4.74	965	2.78	965	0.9297	965	0.1768
1023	7.73	1023	4.91	1023	1.05	1023	0.2095
—	—	1064	7.64	1064	1.138	1064	0.2946

上述4个反应和总反应都是吸热反应。对于吸热反应，温度升高，平衡常数增加，平衡气相中氢的含量随温度升高而减少，这说明升高温度有利于上述反应的进行。

下面就$WO_2 \to W$的反应讨论水蒸气和氢浓度与温度的关系。

图2-26中的曲线代表WO_2和W共存，即反应达到平衡时水蒸气浓度（φ_{H_2O}）随温度的变化。曲线右面是钨粉稳定存在的区域，左边是二氧化钨稳定存在的区域。可以看出，温度升高，气相中水蒸气的平衡浓度增加，表明反应进行得更彻底。例如，在400℃以下还原时，还原剂氢就要非常干燥；而在900℃还原时，气相中水蒸气浓度浓度可超过40%。那么，在800℃还原时，如果反应空间的水蒸气浓度（包括反应生成的和氢带来的，如A点）超过该温度下的水蒸气的平衡浓度C点，则一部分还原好的钨粉将被重新氧化成WO_2；而

只有低于曲线上 C 点的水蒸气浓度（如 B 点）时，钨粉才不被氧化，而有更多的 WO_2 还原成钨粉。图 2-26 中所讨论的情况是对封闭系统中的平衡状态而言的，即反应物和生成物不与外界发生交换的情况。

以上讨论是从热力学分析还原温度、气相组成对三氧化钨还原过程的影响，而氢还原三氧化钨的反应速度，需从动力学方面去研究。用氢还原三氧化钨的过程是固-气型的多相反应，但不可忽视钨氧化物的挥发性。实践证明，WO_3 在 400℃ 开始挥发，在 850℃ 于 H_2 中则显

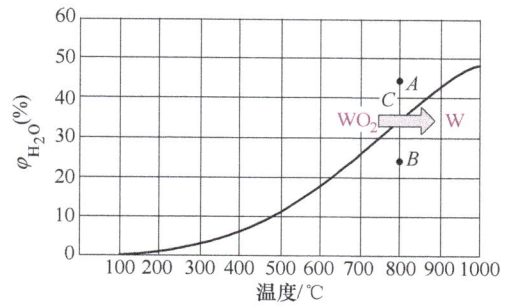

图 2-26　$WO_2 \rightarrow W$ 在 $H_2O \rightarrow H_2$ 系中的平衡随温度的变化

著挥发，每小时损失甚至达 0.4% ~ 0.6%；WO_2 在 700℃ 开始挥发，在 1050℃ 于 H_2 中显著挥发。而且钨氧化物的挥发性与水蒸气有密切关系，当 WO_3 转入气相，或者形成易挥发的化合物 WO_xH_y（如 $WO_3 \cdot H_2O$）时，还原过程便具有均相反应的特征。

实验研究证明，反应 b 的反应产物是疏松的，为界面上的化学反应环节所控制，反应速度方程遵循 $1 - (1 - X)^{1/3} = Kt$ 的关系。而反应 c 的反应产物不是疏松的，过程为贯穿反应产物层的扩散环节所控制，反应速度方程遵循 $[1 - (1 - X)^{1/3}]^2 = Kt$ 的关系。在 642~790℃ 范围内，实验测得：反应 d 的活化能为 97.53kJ/mol，反应 c 的活化能为 41.86kJ/mol，氢还原 WO_3 的总反应的均相反应的活化能为 261.63kJ/mol。这说明在多相反应中固相表面起催化作用。氢还原三氧化钨时温度与速度常数的关系如图 2-27 所示。可以看出，只有在低温区，多相过程具有一定的优越性，随着温度的升高，反应速度差减小，当温度高于反应特性所规定的一定温度（800℃）时，还原过程进入均相反应，引起整个还原过程加速。因此，研究氢还原三氧化钨的过程，注意力应放在钨氧化物的蒸发和均相还原反应的基础上。

氢还原三氧化钨时还原程度与时间的关系如图 2-28 所示。这些动力学曲线的特点是每一曲线相当于一种钨的氧化物，500℃ 曲线相当于 $WO_{2.96}$ 或 $WO_{2.90}$；550℃ 曲线相当于 $WO_{2.72}$；

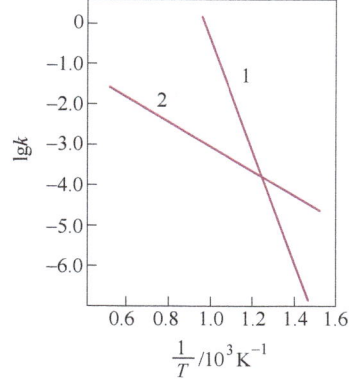

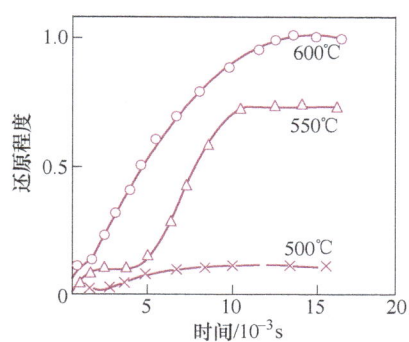

图 2-27　氢还原三氧化钨时速度常数与温度的关系
1—均相反应　2—多相反应

图 2-28　氢还原三氧化钨时还原程度与时间的关系

600℃曲线相当于WO_2。600℃时由WO_3还原成WO_2，因为反应速度较快，动力学曲线上没有表现出明显的阶段性。

还原过程中，粉末粒度通常会变大，由三氧化钨还原成钨粉过程中粒度的变化见表2-10。钨粉长大的机理，在未经证实前认为是钨粉在高温下发生聚集再结晶的结果。然而实验证明，在干燥氢气或在真空和惰性气体中，即使钨粉煅烧到1200℃，也未发生颗粒长大。这说明聚集再结晶不是钨粉晶粒长大的主要原因。

表 2-10　由三氧化钨还原成钨粉过程中粒度的变化

类　别	WO_3			WO_2			W		
	甲醇吸附值 /($mg \cdot g^{-1}$)	松装密度 /($g \cdot cm^{-3}$)	平均粒度/μm	甲醇吸附值 /($mg \cdot g^{-1}$)	松装密度 /($g \cdot cm^{-3}$)	平均粒度/μm	甲醇吸附值 /($mg \cdot g^{-1}$)	松装密度 /($g \cdot cm^{-3}$)	平均粒度/μm
细颗粒	1.743	0.68	0.27	0.408	0.94	0.62	0.224	2.23	0.78
中颗粒	1.224	0.69	0.37	0.204	1.08	1.545	1.107	3.38	1.89
粗颗粒	1.280	0.68	0.37	—	—	—		10.28	51.45

目前一般认为：还原过程中钨粉颗粒长大的机理是挥发-沉积。前已指出，钨的氧化物具有挥发性，WO_2在700℃开始挥发，一般在750~800℃开始晶粒长大。在还原过程中，随着温度的升高，三氧化钨的挥发性增大。三氧化钨的蒸气以气相被还原后沉积在已还原的低价氧化钨或金属钨粉的颗粒表面上而使颗粒长大。由于WO_2的挥发性比WO_3的小，如采用分段还原法，第一阶段还原（$WO_3 \rightarrow WO_2$）时，颗粒长大严重，应在较低温度下进行；而第二阶段还原（$WO_2 \rightarrow W$）时，颗粒长大趋势较第一阶段小，故可在更高温度下进行。因此，采用两阶段还原可得到细、中颗粒钨粉；而由三氧化钨直接还原成钨粉，由于温度较高，所得钨粉一定是粗颗粒的。

（2）影响钨粉粒度和纯度的因素　根据硬质合金牌号的要求，钨粉粒度分为粗、中、细三类。粗颗粒钨粉通常采用一阶段直接还原法（1200℃）制取；中、细颗粒钨粉如前所述，一般采用两阶段还原法。虽然钨粉颗粒长大的本质是还原过程中的挥发沉积，但与原料和气体还原剂、工艺条件等都有密切关系。

1）原料。包括三氧化钨粒度的影响及三氧化钨中杂质的影响。

① 三氧化钨粒度的影响。制造钨粉的原料有煅烧钨酸（H_2WO_4）而得到的WO_3和煅烧仲钨酸铵而得到的WO_3，也可直接将仲钨酸铵还原制取钨粉。由于原料中杂质含量及煅烧温度不同，所得到的WO_3粒度亦不相同。由钨酸制得的WO_3呈不规则的聚集体，粒度较细；由仲钨酸铵制得的WO_3的粒度呈针状或棒状，较粗而均匀。技术条件规定，中颗粒WO_3的松装密度低于$1.0g/cm^3$，细颗粒WO_3的松装密度低于$0.75g/cm^3$。

研究者采用三种不同粒度的原料，在同一条件下还原，测量钨粉粒度。还原温度为900℃，还原时间为40min，H_2的露点为-20.5℃，流速为25L/min。还原前后粒度变化见表2-11。

由上述实验结果可知，就钨粉二次颗粒比较，粗颗粒WO_3还原所得钨粉比细颗粒WO_3还原所得钨粉粗；但粗颗粒WO_3还原所得钨粉的一次颗粒反而细些。这是因为粗颗粒WO_3

表 2-11 还原前后的粒度变化

测定方法	原料	细颗粒 WO$_3$	粗颗粒 WO$_3$	粗颗粒仲钨酸铵
钨粉粒度	BET 法（表面吸附法）/(m^2·g^{-1})	12.5	2.9	0.35
	费歇尔法/μm	0.55	1.44	2.68
	BET 法（表面吸附法）/μm	0.15	0.10	0.08
钨粉颜色		黑 ←——→ 灰		
钨粉流动性		坏 ←——→ 好		

注：费歇尔法反映二次颗粒大小，BET 法反映一次颗粒大小。

中的水蒸气易于排出，WO$_3$ 中的氧排除后，颗粒内部留下大量孔隙，还原速度快，一次颗粒不会长大。而细颗粒 WO$_3$ 在还原后，水蒸气浓度增高，生成的钨核迅速长大，所以一次颗粒较粗。粗、细颗粒 WO$_3$ 还原速度说明图如图 2-29 所示。

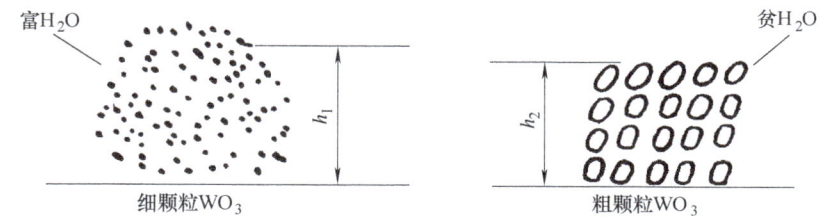

图 2-29 粗、细颗粒 WO$_3$ 还原速度说明图

② 三氧化钨中杂质的影响。由于钨精矿的成分非常复杂，钨酸或三氧化钨中往往存在各种杂质，如 Na、Mg、Ca、Si、Al$_2$O$_3$、Fe$_2$O$_3$、As、S、P、Mo 等。可以将钨酸中的杂质的质量分数降到 0.1%～0.5%，进一步降低则很困难。在实践中，根据对钨粉、碳化钨粉以及硬质合金性能的影响，将 WO$_3$ 中的杂质可归纳为三类：第一类，不论含量多少均产生不利影响，如 Na、Mg、Ca、Si、Al$_2$O$_3$；第二类，当含量较低时，对还原、碳化以及硬质合金性能影响不太大，但含量达到一定程度会使钨粉、碳化钨粉颗粒长大，如 Fe$_2$O$_3$、As、S；第三类，可以抑制钨粉颗粒长大，如 Mo、P 等。

当 WO$_3$ 中钠的质量分数超过 0.1% 时，将促使钨粉颗粒长大。例如，采用仲钨酸铵煅烧得到的 WO$_3$ 来生产粗颗粒钨粉时，经 1200℃ 一阶段还原，钨粉的松装密度仅为 6g/cm^3 左右。若在仲钨酸铵结晶过程中加入质量分数为 1% 的 Na$_2$CO$_3$ 水溶液，还原后钨粉的松装密度达 9～11g/cm^3。用钨酸煅烧的 WO$_3$ 中含有少量的钠离子，也有同样的结果，三氧化钨中钠离子对钨粉粒度的影响见表 2-12。

表 2-12 三氧化钨中钠离子对钨粉粒度的影响

WO$_3$ 来源	WO$_3$ 中 w_{Na}（%）	钨粉甲醇吸附值/(mg·g^{-1})	钨粉松装密度/(g·cm^{-3})
煅烧钨酸	0	0.15	—
	0.024	0.06	—
煅烧仲钨酸铵	0	—	5.5～6.5
	0.3	—	9～11

像钠这样的碱金属和碱土金属多以氧化物的形式存在于 WO_3 中,Na_2O 遇炉气中的水分变成 NaOH。NaOH 熔点低,在还原温度下,可能形成液相,使钨粉颗粒粘结成大的颗粒,氢气不易渗到颗粒内部,导致钨粉脱氧不完全。如提高还原温度,将得到多孔性的大颗粒钨粉。

钾、钙、镁也会增大钨粉颗粒,但不如钠的影响大。WO_3 的技术条件规定氯化残渣(800℃时氯化 WO_3 所留下的残渣)的质量分数不大于 0.1%。

铁是易氧化的有害杂质。表 2-13 所列为不同铁含量的钨酸对钨粉含氧量和松装密度的影响。

表 2-13　钨酸中铁含量对钨粉含氧量和松装密度的影响

$w_{Fe_2O_3}$(%)	温度/℃		w_0(%)	钨粉松装密度/(g·cm^{-3})
	一次还原	二次还原		
0.03	760	940	0.2	1.44
0.05	760	940	0.4	1.48
0.06	760	940	0.45	1.44
0.06	760	960	0.35	1.64
0.09	760	990	0.60	1.76
0.11	780	990	0.70	1.92

WO_3 还原时,同时被还原的极细铁粉分散在钨粉颗粒之间。出炉后,铁粉遇到空气立刻氧化,并产生热量。当铁含量低时,仅影响钨粉的含氧量;铁含量高时,氧化产生的热量会使钨粉氧化,甚至引起钨粉燃烧。当 WO_3 中铁的质量分数超过 0.05% 时,必须提高还原温度以增大铁粉的颗粒,此时,钨粉的颗粒随之增大。

在 WO_3 还原过程中钼可抑制钨粉颗粒长大,因而会使钨粉粒度变细(表 2-14)。但钼含量过高会使硬质合金变脆。因此,WO_3 的技术条件规定钼的质量分数不大于 0.1%。

表 2-14　钨酸中钼含量对钨粉粒度的影响

钨酸中钼的质量分数(%)	钨粉甲醇吸附值/(mg·g^{-1})	钨粉比表面积/(m^2·g^{-1})
—	0.70	0.578
0.47	0.93	0.841
1.56	1.15	0.946

2)氢气。根据还原过程中钨粉颗粒长大的机理,水蒸气能促使钨的氧化物挥发。氢气含水量对钨粉颗粒长大的影响从表 2-15 所列数据可得到证实。氢气湿度过大,使还原速度减慢,增大炉管内的水蒸气浓度,可使很细的钨粉重新氧化成 WO_2 或 $WO_2(OH)_2$ 气态物质,当它再被氢还原时便沉积在粗粒的钨粉上,使细钨粉不断减小,粗钨粉不断长大,这就是所谓的"氧化-还原"长大机制。

表 2-15　氢气含水量对钨粉颗粒长大的影响

钨粉类别	氢气含水量 /(g·cm^{-3})	还原阶段	WO$_3$		W	
			甲醇吸附值 /(mg·g^{-1})	松装密度 /(g·cm^{-3})	甲醇吸附值 /(mg·g^{-1})	松装密度 /(g·cm^{-3})
细颗粒	5.42	一次还原	2.018	0.71	0.298	2.07
	7.79	二次还原				
	9.37	一次还原	1.613	0.94	0.190	2.37
	12.75	二次还原				
粗颗粒	8.65	一次还原	2.075	0.71	0.131	3.57
	11.99	二次还原				
	11.42	一次还原	1.544	0.84	0.125	3.95
	22.22	二次还原				

3) 还原工艺条件。还原工艺条件主要包括还原温度、舟中料层厚度及添加剂作用。

① 还原温度的影响。还原温度过低,还原不充分,钨粉含氧量较高;还原温度高则引起钨粉颗粒长大,因为钨氧化物的挥发性随温度升高而增大。沿炉管方向温度升高过快会使 WO$_3$ 过快地进入高温区,使钨粉粒度变粗。因此,在制取细钨粉时,也要注意减小炉子加热带的温度梯度。前面已指出,还原钨粉一般分两阶段进行,只有在制取粗钨粉时,才直接采用一次还原。还原温度的选择,除了考虑钨粉粒度要求以及根据热力学和动力学原则考虑还原程度外,还要考虑装舟量以及炉子结构等。表 2-16 所列还原温度范围可供确定工艺规程时参考。

表 2-16　钨氧化物还原时的温度范围

细颗粒钨粉		中颗粒钨粉		粗颗粒钨粉	
还原阶段	还原温度/℃	还原阶段	还原温度/℃	还原阶段	还原温度/℃
一次还原	620~660	一次还原	720~800	一次还原	950~1200
二次还原	760~800	二次还原	860~900		

② 舟中料层厚度的影响。其他条件不变时,如果舟中料层厚度太厚,反应产物水蒸气不易从料中排出,容易使舟中深处的粉末氧化和长大;另外氢气也不能顺利地进入料层内部与物料作用,还原速度减慢,来不及还原的 WO$_3$ 进入高温区导致还原不充分,使钨粉含氧量增高,钨粉颗粒变粗。因此,制取细钨粉时如其他条件不变,要适当减小舟中料层的厚度。

③ 添加剂作用。为了得到细钨粉,还可将某些添加剂混入 WO$_3$ 中,但还原时添加剂可阻碍钨粉颗粒长大。研究证明,以重铬酸铵的水溶液与 WO$_3$ 混合,干燥后用氢还原可得细钨粉。这种细钨粉碳化后,碳化钨颗粒只略微长大。铬的加入量应在 0.1%~1%(质量分数)之间最好,过多会使 WC 性能变坏,过少则不能达到细化钨粉的要求。铬是以氧化铬形式存在的。同样的可以用偏钒酸的水溶液添加钒,用铼酸或过铼酸铵的水溶液添加铼。

(3) 蓝钨的还原　蓝钨是用于生产不掺杂钨粉(用于不下垂钨丝)的原料。蓝钨是煅烧仲钨酸铵而制得的。蓝钨虽已是一通用术语,但至今还是一种无确定成分的化合物。根据仲钨酸铵分解温度、气氛和时间的不同,它有一定的成分范围,包括铵钨与氢钨青铜,此化合物可描述为 $(NH_4)_xH_yWO_3$。

1) 蓝钨的还原过程。不掺杂蓝钨和掺杂蓝钨在近工业还原条件（600～900℃）下的还原途径如图 2-30 所示。

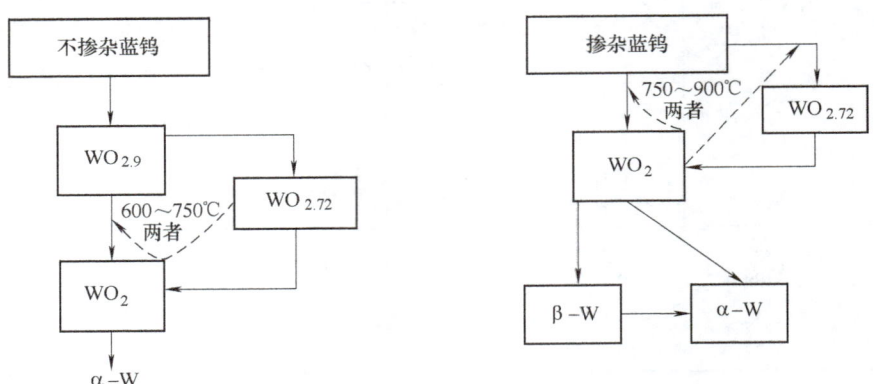

图 2-30　不掺杂蓝钨和掺杂蓝钨在近工业还原条件下的还原途径

综合起来，不掺杂蓝钨和掺杂蓝钨还原的两个系统有三方面的不同之处：①不掺杂蓝钨还原时，首先形成 $WO_{2.9}$，而掺杂蓝钨，根据温度不同直接还原成 $WO_{2.72}$ 或 WO_2；②掺杂蓝钨还原时，$WO_{2.72}$ 在较高温度下生成，即 750～900℃ 温度范围内产生中间的 $WO_{2.72}$，而不掺杂蓝钨，在 600～750℃ 温度范围内产生中间的 $WO_{2.72}$；③对掺杂蓝钨而言，在 750℃ 以上形成中间的 β-W 相，即所谓二次 β-W，继续反应时，β-W 转变 α-W，对不掺杂蓝钨而言，β-W 出现相对早一些，即在 $WO_{2.90}$→β-W 的还原过程中出现。

2) 蓝钨的还原工艺。不掺杂蓝钨的还原在工业实践中分两步进行。

① 低温阶段（～650℃），主要反应可表示为

$$WO_{3-x}（蓝钨）\rightarrow WO_2 + β\text{-}W + α\text{-}W$$

② 高温阶段（800～900℃），主要反应可表示为

$$WO_2 + β\text{-}W + α\text{-}W \rightarrow α\text{-}W$$

掺杂蓝钨的还原工艺有两种方案。一种是等温还原工艺，在 650℃、700℃、750℃、800℃ 和 900℃ 处实验；另一种是非等温连续增加温度的工艺，即在 650℃ 开始，以每分钟增加 0.5℃、1℃、2℃ 和 3℃ 的速度增温。所用设备为推舟式还原炉，氢气露点为 -40℃，流量为 3L/min。

2.3.4　金属热还原法

金属热还原法主要应用于制取稀有金属（Ta、Nb、Ti、Zr、Th、U、Cr 等），特别适于制取无碳金属，也可制取像 Cr-Ni 这样的合金粉末。

金属热还原的反应可用一般化学式来表示

$$MeX + Me' = Me'X + Me + Q \tag{2-41}$$

式中，MeX 为被还原的化合物（氧化物，盐类）；Me′ 为金属热还原剂；Q 为反应的热效应。

根据所讨论的还原过程原理，只有形成化合物的活化能大大降低的金属才有可能作为金

属热还原剂。值得注意的是，在研究金属热还原过程中，还应考虑到某些化合物还原为金属时需经过的中间阶段。有时低价化合物的化学稳定性比高价化合物的化学稳定性要高得多，如果按照高价氧化物的化学稳定性来选择还原剂就会造成错误。例如，比较 TiO_2 和 MgO 的化学稳定性，似乎可以用 Mg 来还原 TiO_2 而得到金属钛，事实上这是不可能的，因为钛的低价氧化物 TiO 比 MgO 更稳定。要使金属还原顺利进行，还原剂一般还应满足下列要求：

1) 还原反应所产生的热效应较大，希望还原反应能依靠反应热自发地进行。在大多数金属还原过程中还原热效应的热量足以熔化炉料组分。单位质量的炉料产生的热量叫做单位热效应。一般认为，铝热法还原过程中的单位热效应按每克炉料计算应不少于 2300J。如果炉料发热值低于此标准，则反应不能自发继续进行，必须由外界供给热量。但是，发热值太高的炉料又可能引起爆炸和喷溅，此时，要往原料中添加溶剂，让溶剂吸收一部分过剩的热以控制反应过程；有时添加溶剂还可以得到易熔的炉渣并使生成的金属在高温下不氧化。如果单位热效应不足以使反应进行，一般往原料中加入由活性氧化剂与金属（通常是金属还原剂）组成的加热添加剂，用作氧化剂的有硝酸盐 [$NaNO_3$、KNO_3、$Ba(NO_3)_2$ 等]、氯酸盐 [$KClO_3$、$Ba(ClO_3)_2$ 等]、过氧化物（Na_2O_2、BaO_2 等）。

2) 形成的渣以及残余的还原剂应该易于用溶剂洗涤、蒸馏或其他方法与所得的金属分离开来。

3) 还原剂与被还原金属不能形成合金或其他化合物。

从各方面考虑，最适宜的金属热还原剂有钙、镁、钠等，有时也采用金属氢化物。钽、铌氧化物的还原最好用钙，也可用镁。钛、锆、钍、铀的氧化物最适宜的金属热还原剂也是钙（图2-10）；根据金属对氯和氟的亲和力，钽、铌氯化物的还原用钙、钠、镁均可，镁对氯的亲和力虽低于钠和钙，但价格较低，且使用简便，故较常用；钛、锆氯化物的还原用钙、钠、镁均可，常用的是钠和镁；钽、铌氟化物的还原用钙、钠、镁均可，但是实际应用的只有钠，因为氟化钠能溶于水，用水就能洗出钽、铌粉末中的渣，而氟化钙和氟化镁实际上不溶于水和稀酸。

金属热还原法在工业上比较常用的有：用钙还原 TiO_2、UO_2 等，用镁还原 $TiCl_4$、$ZrCl_4$ 和 $TaCl_5$ 等；用钠还原 $TiCl_4$、$ZrCl_4$、K_2ZrF_6 和 K_2TaF_6 等；用氢化钙（CaH_2）共还原氧化铬和氧化镍来制取镍铬不锈钢粉。

金属热还原时，被还原物料可以是固态的、气态的，也可是熔盐（表2-17）。后两者相应地又具有气相还原和液相沉淀的特点。

表2-17 还原法广义的使用范围

被还原物料	还原剂	举例	备注
固体	固体	$FeO + C \rightarrow Fe + CO$	固体碳还原
固体	气体	$WO_3 + 3H_2 \rightarrow W + 3H_2O$	气体还原
固体	熔体	$ThO_2 + 2Ca \rightarrow Th + 2CaO$	金属热还原
气体	固体	——	——
气体	气体	$WCl_4 + 3H_2 \rightarrow W + 6HCl$	气相氢还原
气体	熔体	$TiCl_4 + 2Mg \rightarrow Ti + 2MgCl_2$	气相金属热还原

(续)

被还原物料	还原剂	举例	备注
溶液	固体	$CuSO_4 + Fe \rightarrow Cu + FeSO_4$	置换
溶液	气固体	$Me(NH_3)_n SO_4 + H_2 \rightarrow Me + (NH_4)_2 SO_4 + (n-2)NH_3$	溶液氢还原
熔盐	熔体	$ZrCl_4 + KCl + Mg \rightarrow Zr +$ 产物	金属热还原

2.4 还原-化合法

各种难熔金属的化合物（碳化物、硼化物、硅化物、氮化物等）有广泛的应用，如用于硬质合金、金属陶瓷、各种难熔化合物涂层以及弥散强化材料。生成难熔金属化合物的方法很多，但常用的有：用碳（或含碳气体）、硼、硅、氮与难熔金属直接化合，或用碳、碳化硼、硅、氮与难熔金属氧化物作用而得到碳化物、硼化物、硅化物和氮化物。这两种基本反应通式见表 2-18。

表 2-18 生产难熔金属化合物的两种基本反应通式

难熔金属化合物	化合反应	还原-化合反应
碳化物	$Me + C = MeC$ 或 $MeO + CO = MeC + CO_2$ $nMe + C_nH_m = nMeC + \frac{m}{2}H_2$	$MeO + C = MeC + CO$
硼化物	$Me + B = MeB$	$2MeO + B_4C = 2MeB_2 + CO_2$
硅化物	$Me + Si = MeSi$	$MeO + Si \rightarrow MeSi + SiO_2$
氮化物	$Me + N_2(NH_3) = MeN + (H_2)$	$MeO + N_2(NH_3) + C \rightarrow$ $MeN + CO + (H_2O + H_2)$

下面以 WC 的制取为例讨论碳化的基本原理，对其他难熔金属化合物只作一般介绍。

2.4.1 还原-化合法制取碳化钨粉

1. 钨粉碳化过程的基本原理

钨-碳系状态图如图 2-31 所示。由图可见，钨与碳形成三种碳化钨：W_2C，α-WC 和 β-WC。β-WC 在 2525～2785℃ 温度范围内存在，低于 2450℃ 时，钨-碳系只存在两种碳化钨：W_2C 和 α-WC（w_C 为 6.12%）。研究钨碳相互作用的动力学大量实验证明，在 H_2 中于 1500～1850℃ 温度下，钨棒在炭黑中碳化时有两层，外层是细 WC 层，内层是粗 W_2C 层。制取碳化钨粉主要用钨粉与炭黑混合进行碳化，也可以用三氧化钨配炭黑直接碳化，但控制较为困难，因而很少应用。

钨粉碳化过程的总反应为：

$$W + C = WC \tag{2-42}$$

钨粉碳化主要通过与含碳气相发生反应，在不通氢气的情况下，总反应是下述两反应的综合，即

$$\begin{array}{r}CO_2 + C = 2CO\\ +)\ W + 2CO = WC + CO_2\\ \hline W + C = WC\end{array}$$

通过钨粉与固体炭直接接触，碳原子也可能向钨粉中扩散。

在通氢的情况下，碳化反应为：

$$nC + \frac{1}{2}mH_2 = C_nH_m$$
$$nW + C_nH_m = nW + \frac{1}{2}mH_2$$

氢首先与炉料中的炭反应形成碳氢化合物，主要是甲烷（CH_4）。炭黑小颗粒上的碳氢化合物的蒸气压比碳化钨颗粒上的碳氢化合物的蒸气压大得多，C_nH_m 在高温下很不稳定，在 1400℃ 时分解为炭和氢气。此时，离解出的活性炭沉积在钨粉颗粒上，并向钨粉内扩散使整个颗粒逐渐

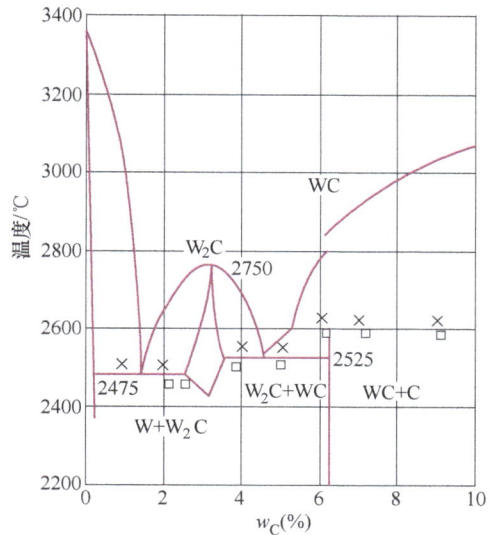

图 2-31 钨-碳系状态图

碳化，而分解出来的氢又与炉料中的炭黑反应生成碳氢化合物，如此循环往复。氢气实际上只起着炭的载体的作用。钨粉用炭黑碳化过程的机理也是吸附理论。钨粉颗粒通过含碳氢化合物的气相渗碳过程如图 2-32 所示。

2. 影响碳化钨粉成分和粒度的因素

（1）影响碳化钨成分的因素 可从配炭黑量、碳化温度、碳化时间和碳化气氛等方面加以分析。

1）配炭黑量的影响。配炭黑量应力求准确，以免所得碳化钨的含碳量不合格。WC 中碳的理论质量分数为 6.12%，但是，实际配炭黑量低于理论值。同时考虑到碳化过程中石墨管和舟皿会向炉料渗入少量碳，炭黑配量可不按炭黑所含固定碳计算；根据钨粉含氧量适当增加配炭黑量；在空气湿度大的季节和地区，因炭黑含水量高，可适当增加配炭黑量，反之，亦可适当减少配炭黑量。

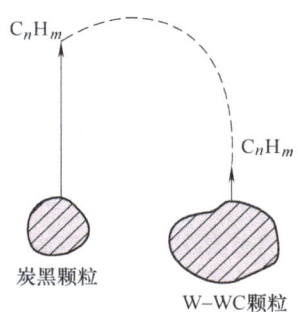

图 2-32 钨粉颗粒通过含碳氢化合物的气相渗碳示意图

2）碳化温度的影响。钨粉碳化过程中的化合碳含量总是随着温度的升高而增加，直到饱和为止。碳化温度对碳化钨的化合碳的影响规律，可引用下列实验结果来分析。实验所用钨粉的粒度用费歇尔粒度测定仪（反映二次颗粒大小）测定，平均粒度为 15μm（粗颗粒为 20μm，细颗粒为 5μm 以下）。在氢气碳管炉中从 1000~1900℃ 碳化 20min。碳化钨粉化合碳与碳化温度的关系见表 2-19。

从实验结果可以看出，渗碳大约从 1000℃ 开始，在 1400℃ 以前化合碳量增长迅速，1400~1600℃ 增长速度降低，在 1600℃ 达到理论值。用显微镜研究碳化后粉末颗粒的断面，在 1400~1450℃ 碳化时，观察到有 W、W_2C 和 WC 三个相；在 1500℃ 碳化，化合碳的质量分数达 5.93% 时，只有 W_2C 和 WC 二个相。测定知 W_2C 相和 WC 相的生成量大致一样；1400℃ 以后，W 相消失，WC 相增加，如图 2-33 所示。

表 2-19　碳化钨粉化合碳与碳化温度的关系

碳化温度/℃	总碳（质量分数,%）	游离碳（质量分数,%）	化合碳（质量分数,%）
1000	6.21	—	0.08
1200	6.04	6.13	1.26
1300	6.22	4.78	3.38
1400	6.24	2.84	5.14
1450	6.29	1.10	5.82
1500	6.24	0.47	5.93
1550	6.25	0.31	6.10
1600	6.25	0.15	6.12
1650	6.26	0.13	6.13
1700	6.33	0.21	6.12

3) 碳化时间的影响。在碳化温度下，钨粉的碳化过程一般是 30min 左右。高温时间过长，WC 颗粒将变粗，甚至部分脱碳。

4) 碳化气氛的影响。有氢保护和无氢保护的碳化反应机理是不同的。氢可以使钨粉中少量的氧被还原。另一方面，碳氢化合物分解出来的碳具有很好的活性，有利于钨粉的碳化。

(2) 碳化钨粒度的控制　碳化钨粉粒度的控制非常重要，因为硬质合金中 WC 的晶粒度受二次颗粒及一次颗粒的影响。影响 WC 粉粒度的因素主要是钨粉的原始颗粒和碳化温度。在讨论影响 WC 粉粒度因素的同时，还要分析 WC 颗粒长大的有关规律，以便更好地控制 WC 的粒度。

1) 钨粉粒度的影响。无氢碳化过程中钨粉粒度对 WC 粉粒度的影响见表 2-20。一般来说，碳化工艺相同时，钨粉颗粒越细，所得 WC 颗粒也越细，反之亦然。

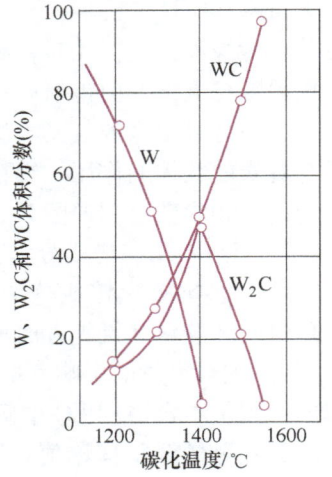

图 2-33　W、W_2C 和 WC 体积分数与碳化温度的关系

表 2-20　无氢碳化过程中钨粉粒度对 WC 粉粒度的影响

钨粉松装密度/(g·cm^{-3})		炉料中含碳量 w_C（%）	100 批 WC 粉平均松装密度/(g·cm^{-3})	碳化后松装密度增长率（%）	100 批 WC 粉平均含碳量 w_C（%）	
范围	平均值				总碳	游离碳
2.5~3.0	2.70	6.10	4.00	48.1	6.06	0.03
3.0~3.5	3.30	6.10	4.20	27.3	6.04	0.04
3.5~4.0	3.80	6.10	4.60	22.2	6.05	0.03
4.0~4.5	4.20	6.10	4.90	16.6	6.05	0.03

2) 碳化温度的影响。碳化温度对 WC 粉粒度的影响见表 2-21。

表 2-21 WC 粉粒度与碳化温度的关系

钨粉类别	钨粉粒度组成（%）						碳化温度/℃	WC 粉粒度组成（%）					
	0~1 μm	1~2 μm	3~4 μm	4~8 μm	8~12 μm	13~20 μm		0~1 μm	1~2 μm	2~3 μm	3~4 μm	4~8 μm	8~12 μm
细颗粒	100	—	—	—	—	—	1350	97	3	—	—	—	—
							1450	95	5	—	—	—	—
							1550	87.5	9	3.5	—	—	—
中颗粒	76	16	8	—	—	—	1350	72	23	4	1	—	—
							1450	65	34	1	—	—	—
							1550	68	30	2	—	—	—
粗颗粒	40	25	14	12	9	—	1350	88	10	2	—	—	—
							1450	88	8	2	2	—	—
							1550	77	19	4	—	—	—

在碳化温度过高或碳化时间过长的情况下，碳化钨粉颗粒间的烧结或聚集再结晶会导致某些颗粒的长大。在 1350~1550℃ 范围内碳化时，随着温度的升高，细颗粒钨粉长大较为显著；中颗粒钨粉长大不显著；粗颗粒钨粉则基本上不长大。所以制取细颗粒 WC 时，要选择较低的碳化温度。

3. 碳化钨的制取工艺

钨粉与炭黑一般在碳管炉中混合进行碳化，也可用高频或中频感应电炉进行碳化，其工艺流程如图 2-34 所示。其他碳化物用还原-化合法制取的难熔金属碳化物工艺条件见表 2-22。

2.4.2 还原-化合法制取硼化物

还原-化合法制取硼化物的方案有以下几种。

1. 碳化硼法

过渡族金属（或氢化物、碳化物）与碳化硼相互作用，其基本反应通式为

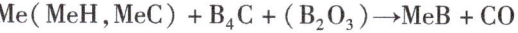

$$Me(MeH, MeC) + B_4C + (B_2O_3) \rightarrow MeB + CO$$

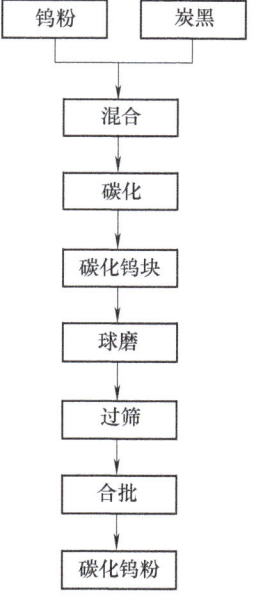

图 2-34 钨粉碳化工艺流程图

表 2-22 还原-化合法制取难熔金属碳化物工艺条件

碳化物	组　分	炉内气氛	温度范围/℃
TiC	Ti（TiH$_2$）+ 炭黑，TiO$_2$ + 炭黑	H$_2$, CO, C$_n$H$_m$	2200~2300
	TiO$_2$ + 炭黑	真空	1600~1800
ZrC	Zr（ZrH$_2$）+ 炭黑，ZrO$_2$ + 炭黑	H$_2$, CO, C$_n$H$_m$	1800~2300
	ZrO$_2$ + 炭黑	真空	1700~1900
HfC	Hf + 炭黑，HfO + 炭黑	H$_2$, CO, C$_n$H$_m$	1900~2300
VC	V + 炭黑，V$_2$O$_5$ + 炭黑	H$_2$, CO, C$_n$H$_m$	1100~1200

(续)

碳化物	组分	炉内气氛	温度范围/℃
NbC	Nb + 炭黑	H_2, CO, C_nH_m	1400~1500
		真空	1200~1300
	Nb_2O_5 + 炭黑	H_2, CO, C_nH_m	1900~2000
		真空	1600~1700
TaC	Ta + 炭黑	H_2, CO, C_nH_m	1400~1600
		真空	1200~1300
	Ta_2O_5 + 炭黑	H_2, CO, C_nH_m	2000~2100
		真空	1600~1700
Cr_3C_2	Cr + 炭黑,Cr_2O_3 + 炭黑	H_2, CO, C_nH_m	1400~1600
Mo_2C	Mo + 炭黑,MoO_3 炭黑	—	1200~1400
	Mo + 炭黑	H_2, CO, C_nH_m	1100~1300
WC	W + 炭黑,WO_3 + 炭黑	—	1400~1600
	W + 炭黑	H_2, CO, C_nH_m	1200~1400

在碳管炉中进行,温度为 1800~1900℃。可加 B_2O_3 或不加 B_2O_3,加 B_2O_3 是为了降低产品中的碳化物含量;也可在有碳的情况下使金属氧化物与碳化硼作用,加碳是为了除氧,其基本反应通式为

$$MeO + B_4C + C \rightarrow MeB + CO$$

这两种方案中后者应用较多。

2. 碳还原法

过渡族金属氧化物与 B_2O_3 的混合物用碳还原,其基本反应通式为

$$MeO + B_2O_3 + C \rightarrow MeB + CO$$

过渡族金属氧化物与 B_2O_3 的混合物用金属还原剂如 Al、Mg、Ca、Si 等还原,其基本反应通式是

$$MeO + B_2O_3 + Al(Mg,Ca,Si) \rightarrow MeB + Al(Mg,Ca,Si)_xO_y$$

总之,制取硼化物的还原-化合法中以碳化硼用得较多。例如,制取硼化钛的碳化硼,可分三阶段进行:

$$2TiO_2 + B_4C + 3C = Ti_2O_3 + B_4C + 2C + CO \tag{2-43}$$

$$Ti_2O_3 + B_4C + 2C = 2TiO + B_4C + C + CO \tag{2-44}$$

$$2TiO + B_4C + C = 2TiB_2 + 2CO \tag{2-45}$$

碳化硼中的碳和硼没有参与 $TiO_2 \rightarrow Ti_2O_3 \rightarrow TiO$ 的还原,而只在 TiO 到 TiB_2 的过程中起作用。实验证明,在真空度为 267Pa 时,反应第三阶段从 1120℃ 开始,在 1400℃ 反应 1h,可得合格的二硼化钛。一般以工业规模真空制取二硼化钛的温度是 1650~1750℃。用碳化硼制取几种难熔金属硼化物的工艺条件见表 2-23。

表 2-23　用碳化硼制取几种难熔金属硼化物的工艺条件

硼化物	组　分	炉内气体	温度范围/℃
TiB_2	$TiO_2 + B_4C +$ 炭黑	H_2	1800～1900
		真空	1650～1750
ZrB_2	$ZrO_2 + B_4C +$ 炭黑	H_2	1800
		真空	1700～1800
CrB_2	$Cr_2O_3 + B_4C +$ 炭黑	H_2	1700～1750
		真空	1600～1700

3. 还原-化合法制取难熔金属氮化物

金属与氮直接氮化制取难熔金属氮化物的反应通式为

$$Me + N_2(NH_3) \rightarrow MeN + (H_2) \tag{2-46}$$

还原-化合法制取氮化物是金属氧化物在有碳存在时用氮或氨进行氮化，其基本反应通式为：

$$MeO + N_2(NH_3) + C \rightarrow MeN + CO + (H_2O + H_2)$$

还原-化合法制取难熔金属氮化物的工艺条件见表 2-24。

表 2-24　金属与氮直接氮化制取氮化物工艺条件

氮化物	基本反应	温度范围/℃
TiN	$2Ti + N_2 = 2TiN$	1200
	$2TiH_2 + N_2 = 2TiN + 2H_2$	
ZrN	$2Zr + N_2 = 2ZrN$	1200
	$2ZrH_2 + N_2 = 2ZrN + 2H_2$	
HfN	$2Hf + N_2 = 2HfN$	1200
VN	$2V + N_2 = 2VN$	1200
TaN	$2Ta + N_2 = 2TaN$	1100～1200
CrN	$2Cr + NH_3 = 2CrN + 3H_2$	800～1000

4. 还原-化合法制取难熔非金属化合物

比较有价值的难熔非金属化合物有碳化硼、碳化硅、氮化硼、氮化硅和硅化硼五种。工业生产的碳化硼是将硼酐（B_2O_3）与炭黑混合，在碳管炉中进行碳化，反应温度为 2100～2200℃，其基本反应为：

$$2B_2O_3 + 7C = B_4C + 6CO$$

工业上的碳化硅是将石英砂与碳（石墨、炭黑等）在 1300～1500℃按下式进行反应：

$$SiO_2 + 3C = SiC + 2CO$$

该反应分两步进行

$$SiO_2 + 2C = Si + 2CO$$
$$Si + C = SiC$$

或 $3Si + 2CO = 2SiC + SiO_2$

生产氮化硼是将硼酐用氨或氯化铵进行氮化，其基本反应为

$$B_2O_3 + 2NH_3 = 2BN + 3H_2O$$
$$B_2O_3 + 2NH_4Cl = 2BN + 2HCl + 3H_2O$$

更完善的方法是在有碳还原剂的情况下将硼酐氮化。第一步将硼酸与炭黑混合进行焙烧，第二步将焙烧后的料在碳管炉中用氮进行氮化，温度为 1400~1700℃。

硼粉直接氮化也可以制取氮化硼。

制取氮化硅（Si_3N_4）时一般是将硅粉在 1450~1550℃ 用氮或氨进行氮化。

2.5 其他化学法

2.5.1 热分解法

粉末颗粒还可以通过气体分解法来制备。最常见的是羰基铁 $Fe(CO)_5$ 或羰基镍 $Ni(CO)_4$ 的反应。如金属镍与一氧化碳反应形成羰基镍 $Ni(CO)_4$，其中形成羰基气体分子需要同时加压和升温。羰基气体分子在 43℃ 下冷却为液体，用分馏法提纯。在催化剂的作用下再对液体加热，导致气体分解，从而制得金属粉末。制得的镍粉纯度约为 99.5%（质量分数），微粒尺寸很小，呈不规则的圆形或链状，如图 2-35 所示。由羰基气体分解法制备的镍金属粉末具有较小的尺寸和长而尖的形状。通过控制反应条件可以控制粉末尺寸在 0.2~20μm 之间，当粉末尺寸较大时，通常呈圆形。

其他的金属如铬、铂、铑、金和钴也可以通过羰基气体分解法制备。

通过气相同质形核制备金属粉末取得了最新的进展。这种制备金属粉末的方法目前还处于探索阶段，但是它提供了一种制备极小微粒的途径。金属在微压力氩气中加热汽化，由于温度与金属到汽化源的距离呈急剧下降的关系，使汽化的金属产生激冷，从而使气体凝固形核，生成尺寸为 50~1000nm 的微粒。微粒的最终形状呈面心或立方。由于这种方法制备的粉末纯度高、粒径小，使得这种方法已开始应用于制备大多数金属粉末，包括铜、银、铁、金、铂、钴和锌。

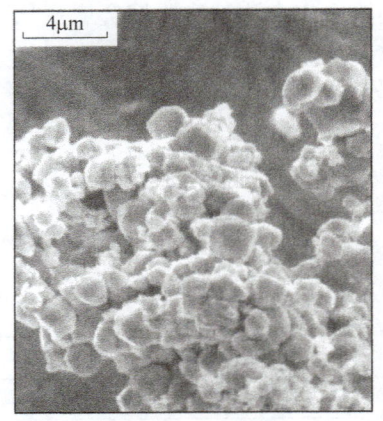

图 2-35 由气体分解法制备的镍粉的扫描电镜图

2.5.2 液相沉淀法

可溶性金属盐如硝酸盐、氯化物或硫酸盐可以用来制备金属性的沉淀或含金属的沉淀。金属性的沉淀盐容易制备粉末。金属盐可在水中溶解，然后沉淀为另一种化合物。例如，对于硝酸银的离子反应：

$$2AgNO_3 + 2K_2SO_3 = 2Ag^+ + 2NO_3^- + 4K^+ 2SO_3^{2-} = 2Ag + K_2SO_4 + 2KNO_3 + SO_2$$

反应生成的固体银可经过研磨来制备粉末。

作为选择，金属铁在氢中反应以形成金属性的沉淀。最常见的例子包括纯度为99.8%的铜、镍和钴粉（质量分数）。化学沉淀法制备的粉末尺寸为$1\mu m$数量级，具有很高的纯度，并且通过调节反应池的相关参数可以控制粉末的特性。由于微粒的尺寸很小，所以它们有团聚的趋势，最近又取得了新的进展，即热喷射高温分解技术。这种方法采用含金属铁的水溶液向高温的气氛中喷射，快速的高温分解和加热使微粒具有各种各样的形状。例如，800℃时，向氢中喷射硝酸镍溶液可制备尺寸为$3\mu m$的空心状微粒。

溶液沉淀制备粉末是一种控制微粒特性的新方法。例如，铜溶解后在溶液中形成可随后沉淀的复合离子。在130℃，3MPa压力下，溶解的$CuSO_4$在含氢的水溶液中反应，生成H_2SO_4和固体铜。通过添加剂控制反应，铜粉的纯度可以达到99.8%（质量分数）。钴粉和镍粉也可以通过这种方法制备。

溶液沉淀技术可成功地制备复合粉末，其应用之一就是作为沉淀反应的核心。溶液中的原子在核心上沉积析出构成复合材料，如氧化钍、二氧化钛和具有钴、镍或铁涂层的碳化钨。液相沉淀反应的另一个应用是制备活性金属，例如锆和钛。熔化的氯化物与金属（如钠和镁）反应可以制备海绵态粉末。反应的副产物可以通过蒸馏的方法除去。

沉淀法制备的粉末具有很小的晶体尺寸，表现出强烈的团聚趋势。粉末的纯度通常在99.5%以上（质量分数），主要的杂质来源于反应池。微粒的形状呈立方或海绵状等不规则形状。因此，粉末的流动性和压缩性较差。

2.5.3 气相沉淀法

气相沉淀法是用挥发性金属化合物经高温化学反应后的沉淀过程制备粉末（部分金属粉末沉淀技术参数见表2-25）。采用这种方法制备粉末时不需要熔化，不需要接触坩埚，

表2-25 某些金属氯化物氢还原的沉淀条件

沉淀物		沉淀剂	沉淀条件	
			沉淀温度/℃	气氛
金属	Al	$AlCl_3$	800~1000	H_2
	Ti	$TiCl_4$	800~1200	H_2+Ar
	Zr	$ZrCl_4$	800~1000	H_2+Ar
	V	VCl_4	800~1000	H_2+Ar
	Nb	$NbCl_5$	~1800	H_2
	Ta	$TaCl_5$	600~1400	H_2+Ar
	Mo	$MoCl_5$	500~1100	H_2
	W	WCl_6	~1000	H_2
	B	BCl_3	1200~1500	H_2
合金	Ta-Nb	$TaCl_5+NbCl_5$	1300~1700	H_2
	Mo-W	$MoCl_5+WCl_6$	1100~1500	H_2

因而避免了一个污染物的主要来源。为了保证高纯度，它依靠气体蒸馏和挥发进入气相，然后在气态中经反应后，生成固体金属粉末沉积。例如，通过三氧化钼和纯氢的反应来制备金属钼粉。适合气相沉淀法制备的还有氯化物、氟化物和部分金属的氧化物，这些金属有钒、铌、钨、铪、钛、银、钴、镍、锆等。以具有挥发性的氯化物（或其他卤化物）为例，金属性的粉末通过与氢在高温下反应制备。如1000℃时

$$CuCl + \frac{1}{2}H_2 = Cu + HCl$$

上述反应式中，铜是沉淀颗粒大小为 $0.2\mu m$ 的粉末，其他所有成分都是气体。采用电子束、激光、等离子体或其他感应诱导方式，纳米级粉末可从气体物质中同质形核。这些微粒尺寸为 10~1000nm，在气相中容易发生团聚，形成粉末颗粒。复合粉末或难熔的涂层也是用气相反应法制备的。粉末颗粒尺寸、纯度、形状和团聚程度因气体反应条件的不同而不同，一般产物为海绵状的微粒或团聚成球状的多晶体。下面对气相沉淀原理和方法作进一步讨论。

气相沉淀法在粉末冶金中的应用有以下几种：①金属蒸气冷凝，这种方法主要用于制取具有大蒸气压的金属（如锌、镉等）粉末。这些金属的特点是具有较低的熔点和较高的挥发性，如果将这些金属蒸气在冷却面上冷凝下来，便可形成很细的球状粉末。②羰基物热离解。③气相还原，包括气相氢还原和气相金属热还原。④化学气相沉淀。下面具体介绍后3种。

1. 羰基物热离解法

羰基物热离解法（简称羰基法）就是离解金属羰基化合物而制取粉末的方法。粉末冶金中使用羰基镍粉或羰基铁粉，偶尔也使用羰基钴粉。如果同时离解几种羰基物的混合物，则可制取合金粉末，如 Fe-Co、Ni-Co 等。还可制取包覆粉末，如在 Al、Si 以及 SiC 等颗粒上沉积 Ni，则可得 Ni/Al、Ni/SiC 等包覆粉末。

某些金属特别是过渡族金属能与一氧化碳生成金属羰基化合物〔Me(CO)$_n$〕。这些羰基化合物为易挥发的液体或易升华的固体。例如：Ni(CO)$_4$ 为无色液体，熔点为 -25℃，沸点为 43℃；Fe(CO)$_5$ 为琥珀黄色液体，熔点为 -21℃，沸点为 103℃。Co$_2$(CO)$_8$、Cr(CO)$_6$、W(CO)$_6$、Mo(CO)$_6$ 均为易升华的晶体。同时，这些羰基化合物很容易分解生成金属粉末和一氧化碳。

羰基粉末较细，一般粒度为 $3\mu m$ 左右；同时纯度较高，例如，羰基铁粉一般不含 S、P、Si 等杂质，因为这些杂质不生成羰基物。如果不考虑 C 和 O$_2$，则羰基铁粉在化学成分上是各种铁粉中最纯的，经退火处理后，碳和氧的总质量分数可降到0.03%以下。但是，羰基粉末的成本是很高的；此外，金属羰基化合物挥发时都有不同程度的毒性，特别是羰基镍有剧烈的毒性，因此生产中要采取防毒措施。

（1）羰基物热离解的基本原理　主要从羰基物的生成过程和分解过程进行阐述。

1）羰基物的生成过程。羰基物生成反应的一般通式为

$$Me + nCO \rightarrow Me(CO)_n$$

例如，羰基镍的生成反应式为

$$Ni + 4CO \rightarrow Ni(CO)_4 \qquad \Delta H_{298} = -163670J$$

羰基镍的生成反应是放热反应，体积减小。增加压力有利于反应从左向右进行，即有助于羰基镍的生成；提高反应温度可加速生成反应，但超过一定的限度，又会促进羰基镍分解为原来成分的可逆反应进行。

羰基镍生成反应在低温下进行得比较彻底，温度升高到 150~200℃ 时，$\Delta Z^{\ominus}$ 仍为负值，但绝对值已大大减小。为了促进 $Ni(CO)_4$ 的生成，温度升高到 150℃ 时就必须采用高压。

羰基镍的生成反应属于固 + 气$_1$ → 气$_2$ 类型的多相反应，该反应在 70~180℃ 范围内的活化能为 103400J/mol。固体是粉末时，该反应遵循速度方程式 $1-(1-X)^{1/3}=Kt$ 的关系。

温度、CO 的浓度、金属表面的纯度等因素都影响着羰基物的生成。提高温度或增加系统的压力，从吸附层转入气相的羰基镍分子便增加。同时，羰基镍分子转入气相，暴露出原固体物料的表面，又为继续合成 $Ni(CO)_4$ 创造了条件。所以，羰基镍的合成速度随温度升高而增加。但温度超过 250℃ 时，在金属镍的催化作用下，CO 强烈地分解为 CO_2 和炭黑，污染镍的表面，同时，CO 浓度降低使 $Ni(CO)_4$ 的合成减慢，甚至停止。

CO 的分压越高，合成进行越快，同时也越可以阻止羰基镍的分解。

实践证明，在镍表面有氧化膜层时会抑制羰基镍合成，有氧化膜的表面及经过空气作用过的镍块不易与 CO 发生反应。

2）**羰基物的分解过程**。羰基物分解反应的一般通式为

$$Me(CO)_n \rightarrow Me + nCO$$

例如，羰基镍的分解过程为

$$Ni(CO)_4 \rightarrow Ni + 4CO$$

羰基镍的分解是吸热反应，进入分解器的羰基镍蒸气越多，需供给的热量就越大。羰基物的分解产物，从热力学上推测不应是金属和一氧化碳，因为金属碳化物和氧化物是较稳定的生成物。

羰基镍的分解是属于气$_1$ → 固 + 气$_2$ 类型的多相反应，分解反应在 230℃ 左右开始。如果在 400~500℃ 分解，则发生 $2CO = CO_2 + C$ 的反应，会玷污金属粉末。羰基物分解反应的动力学证明，随着温度升高，控制环节从化学环节转到扩散环节。如图 2-36 所示，在低温区，羰基镍和羰基铁的分解速度随温度急剧变化，化学反应控制着分解，在中温区气相扩散控制着分解；温度更高时，羰基物在气相中分解，其速度有所降低。羰基镍的分解，在 0.1MPa 下 150~200℃ 时很快能达到 80%，但以后分解缓慢，甚至 48~72h 还不能完全分解。同时，羰基镍分解的完全程度和速度还与反应区 CO 的排出有关。例如，100℃ 时，在 CO 气氛中，$Ni(CO)_4$ 的分解率仅为 0.5%，而在氢气中则可达 17%。

分解过程除了要求符合热力学和动力学条件外，还需要有一个适当的表面以便于分解产物的成长，即需要有晶核。气态金属的结晶分为生成晶核和晶核长大两阶段。其特点是：①由于熔化热和蒸发热同时释放，在晶体表面上会放出相当大的热量；②晶体周围的气氛要具有流动性。镍的饱和蒸气压在 300℃ 时极小（约 5×10^{-10} Pa），因此，大部分镍蒸气会立即冷凝，从而放出大量热量。羰基镍的分解反应在初期进行得十分剧烈，因而在分解器的最上部生成了大量生成晶核的条件，而在分解器最下部，实际上只有晶核长大和金属镍粉的形成，影响晶核生成和晶核长大的因素有：

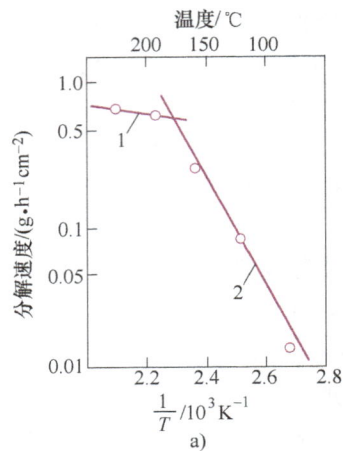 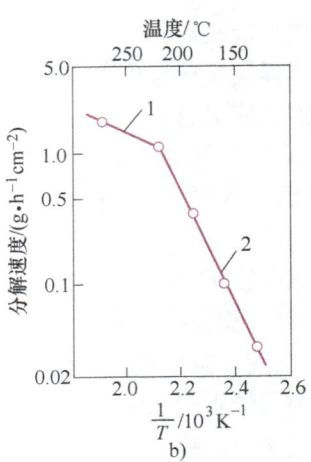

图 2-36 羰基镍和羰基铁分解速度与温度的关系
a) 羰基镍　b) 羰基铁
1—扩散环节控制　2—化学环节控制

① 金属蒸气浓度的影响。金属蒸气浓度越大,晶核越易生成。在分解器的最上部,晶核十分微小,作不规则布朗运动,其平均速度取决于气流在设备中自上而下的总速度。晶核所经过的路程要比气流行程长几十万倍,如此长的行程就为运动中的晶核、金属原子和羰基物的相互碰撞创造了有利条件,促进了快速结晶。在分解器的下部,微粒表面逐渐冷却,其晶体长大速度减慢,当粉末颗粒大小达 2~3μm 时开始自由下落。此外,当晶核开始长大时,周围应该具有一定的气流速度。

② 温度的影响。分解温度要适当,在可分解的范围内,温度过高时,晶核生成数目少,同时羰基物的分解速度提高,所得粉末颗粒较细。例如,羰基铁在 250℃ 分解时,铁粉颗粒直径 6μm 左右;在 300℃ 时,则为 2.7μm;400℃ 时,则小于 1.1μm。粉末颗粒形状主要取决于分解温度,温度低时,粉末颗粒成尖角状;提高温度后,颗粒呈接近规则球形的层状组织;温度更高（如 400~500℃）时,颗粒形成絮状组织。

（2）羰基物热离解法制取羰基镍粉工艺技术　国际镍公司于 1904 年采用中压羰基法生产羰基镍粉和羰基铁粉。原料是氧化镍焙砂,用富氢水煤气还原,经还原的金属镍在气封下转入挥发器,在 120℃ 用 2.5MPa 的 CO 处理。除了羰基镍外,原料中有少量金属铁生成羰基铁。羰基物在水冷冷凝器中呈液态分离出来。液体羰基镍先加温汽化,然后进入分解器,分解器是一个具有夹套的钢筒,其筒壁由通过的热空气保持在 315℃ 左右,当羰基镍蒸气流经钢筒内部时被加热而分解成镍粉和一氧化碳。一般镍粉含 $w_{Ni}=99.9\%$,$w_{Fe}<0.01\%$,$w_C<0.1\%$,$w_S<0.001\%$。在分解器内有副反应产生,因此镍粉中含有一定量的碳和氧,可用 N_2 或 CO_2 气氛处理,再在 H_2 气氛中退火,可除去碳和氧,使 $w_C<0.002\%$,最终可获得极纯的镍粉,这是用其他方法难以达到的。

2. 气相还原法

气相还原法包括气相氢还原和气相金属热还原。用 Mg 还原气态 $TiCl_4$、$ZrCl_4$ 等属于气相金属热还原,在此不作讨论。气相氢还原是指用氢气还原气态金属卤化物,主要是还原金属氯化物。气相氢还原法可以制取钨、钼、钽、铌、铬、钴、镍、锡等粉末;如果同时还原几种金属氯化物便可制取合金粉末，如钨-钼合金粉、铌-钽合金粉、钴-钨合金粉等，还可制取包覆粉末，如在 UO_2 等颗粒上沉积 W 则可得 W/UO_2 包覆粉末，也可制取石墨的 Co-W 涂层等。气相氢还原所制取的粉末一般都是很细的或超细的。

3. 化学气相沉淀法

化学气相沉淀法（CVD）是从气态金属卤化物（主要是氯化物）中还原化合沉淀制取难熔化合物粉末和各种涂层（包括碳化物、硼化物、硅化物和氮化物等）的方法。碳化物和氮化物涂层在生产硬质合金中取得了很好的效果。

从气态金属卤化物还原化合沉积各种难熔金属化合物的反应通式为：

$$MeCl + C_nH_m + H_2 \rightarrow MeC + HCl + H_2$$

式中，C_nH_m 指除甲烷外，还有丙烷（C_3H_8）、乙炔（C_2H_2）等。

例如，化学气相沉淀法制取碳化钛的反应为

$$TiCl_4 + CH_4 + H_2 \rightarrow TiC + 4HCl + H_2 \tag{a′}$$
$$TiCl_4 + C_3H_8 + H_2 \rightarrow TiC + 4HCl + C_2H_2$$

同理，此法制取 B_4C 和 SiC 的反应为

$$4BCl_3 + CH_4 + 4H_2 \rightarrow B_4C + 12HCl$$
$$SiCl_4 + CH_4 + H_2 \rightarrow SiC + 4HCl + H_2$$

氢既是还原剂又是载体气体，碳由碳氢化合物供给。如果金属氯化物能被氢还原，则形成碳化物的反应是：在金属氯化物还原成金属的同时，碳氢化合物热解析出碳，碳与金属立即形成碳化物。如果金属氯化物在沉积温度下不能单独被氢还原，则反应机理较复杂，下面通过热力学分析来弄清反应 a′ 的实质。有关反应有

$$TiCl_4 + 2H_2 = Ti + 4HCl \tag{b′}$$
$$TiCl_4 + 2H_2 + C = TiC + 4HCl \tag{c′}$$

根据热力学数据，可计算出反应 b′ 的 $\Delta Z_T^{\ominus} = 362.173 + 0.03\lg T - 0.25T$。此反应在几个温度下的 $\Delta Z_T^{\ominus}$ 计算如下：

温度/K	1000	1800	2000	2300
$\Delta Z_T^{\ominus}$/kJ	201.85	87.87	60	-5.65

反应 c′ 的 $\Delta Z_T^{\ominus} = 184.2 - 0.14T$。此反应在几个温度下的 $\Delta Z^{\ominus}$ 计算如下：

温度/K	1200	1400	1600	1800
$\Delta Z_T^{\ominus}$/kJ	15.2	-11.8	-40	-68

由计算的等压位数据可知，反应 b′ 在 2000K 时还不可能进行。叶留金等的研究得出在反应表面温度低于 1765℃ 时气态 $TiCl_4$ 不可能用 H_2 还原成 Ti。对于反应 b′ 的理论分析和实践是相符的。另外，根据热力学分析，反应 c′ 在 1100～1200℃ 时便能进行。由此得出，在 1700℃ 以下，$TiCl_4$ 只有在碳存在条件下才有可能用 H_2 还原，即由碳氢化合物热解出碳是 TiC 沉积的第一步，在热解碳的参与下，还原出来的金属再与热解碳形成碳化物。TiC 沉积的过程称为交替反应机理。

控制碳氢化合物气体的浓度和流速是制取高质量碳化物及其涂层的关键。M. Lee 等人研究了常压下在 $TiCl_4$、CH_4（或 $C_6H_5CH_3$）、H_2 的系统中沉积 TiC 的反应动力学和涂层质量。

实验时以 H_2 作为载体，H_2 通过液态 $TiCl_4$ 产生 H_2-$TiCl_4$ 气流，将 $TiCl_4$ 蒸气和 CH_4（或 $C_6H_5CH_3$）气体引入反应室内。在温度为 1050℃、饱和 $TiCl_4$ 的 H_2 的流速为 $500cm^3/min$ 情况下，TiC 涂层厚度与总混合气体中 CH_4 流速呈直线关系（图 2-37）。同时，也可看出，常压下 TiC 在 CH_4 气流中的沉积是比较慢的。TiC 涂层的硬度见表 2-26。涂层显微硬度在一定范围内随总混合气体中 CH_4 流速的增大而增高。

表 2-26 WC + 6%Co（质量分数）硬质合金 TiC 涂层的硬度

材料	硬度/MPa（负荷 50g）	CH_4 的流速/$(cm^3·min^{-1})$
WC + 6%Co	15500 ~ 17000	—
涂层 1	25500	140
涂层 2	23500	105
涂层 3	22500	68
涂层 4	21500	28

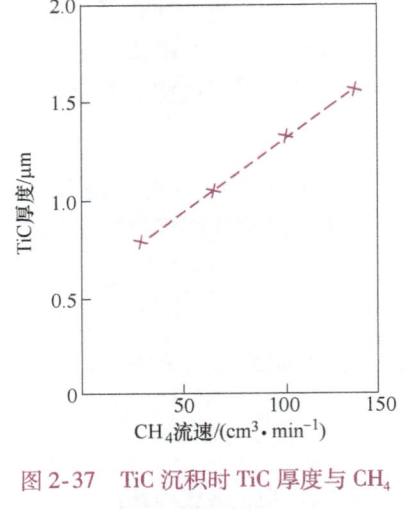

图 2-37 TiC 沉积时 TiC 厚度与 CH_4 流速的关系

在实行沉积工艺时，可以以氢为载体将碳氢化合物和金属氯化物蒸气同时引入反应室内；也可先将被涂层物件加热到 1000℃，通入净化的干燥氢气中以还原物件表面的氧化物，然后通入碳氢化合物气体和金属氯化物蒸气。

部分碳化物、硼化物、硅化物、氮化物的沉积条件见表 2-27。

表 2-27 部分碳化物、硼化物、硅化物、氮化物的沉积条件

沉积物		沉积剂	沉积温度/℃	气氛
碳化物	TiC	$TiC_4 + CH_4$ 或 $C_6H_5CH_3$	1100 ~ 1200	H_2
	B_4C	$BCl_2 + CH_4$	1100 ~ 1700	H_2
	SiC	$SiCl_4 + CH_4$	130 ~ 1500	H_2
	NbC	$NbCl_5 + CH_4$	~ 1000	H_2
	WC	$WCl_6 + C_6H_5CH_3$ 或 CH_4	1000 ~ 1500	H_2
硼化物	TiB_2	$TiC_4 + BBr_3$ 或 BCl_3	1100 ~ 1300	H_2
	TaB	$TaCl_5 + BBr_3$ 或 BCl_3	1300 ~ 1700	H_2
	WB	$WCl_6 + BBr_3$ 或 BCl_3	800 ~ 1200	H_2
硅化物	$MoSi_2$	$MoCl_5 + SiCl_4$ 或 $Mo + SiCl_4$	1100 ~ 1800	H_2
氮化物	TiN	$TiCl_4$	1100 ~ 1200	$N_2 + H_2$
	BN	BCl_3	1200 ~ 1500	$N_2 + H_2$
	TaN	$TaCl_5$	~ 1200	$N_2 + H_2$

2.5.4 固-固反应合成法

对于高温合成的粉末,合成物比原料组分具有更高的热力学稳定性。例如,Fe_3Al、$NiTi$、Ti_5Si_3 金属间化合物都是采用固-固反应合成法制得的。金属间化合物是导电的,拥有许多陶瓷才具有的特性,包括高温稳定性等。当由单质组分制备化合物时,释放出大量的热。例如 NiAl 的制备,等原子的金属间化合物 NiAl,它的熔点是 1649℃,而铝的熔点为 660℃,镍的熔点为 1453℃。它的反应合成式为

$$Ni(s) + Al(s) \rightarrow NiAl(s) + Q$$

如果不控制反应,释放的热量足以使 NiAl 产物熔化。将镍粉和铝粉混合起来而进行反应制备复合粉末时,一旦反应进行,它将是一个自发的过程,通常称为自蔓燃反应,与氢和氧合成水一样释放出大量热能。

通过固态反应合成而制备金属粉末时,一般先将各单质组分混合再压缩成坯块。坯块点燃时,会产生自蔓燃反应波,这个反应波一般以 10mm/s 的速度扩展而生成产物。反应产物具有多孔结构,经研磨成为粉末。图 2-38 显示了由自蔓燃方法制备的 TiAl 粉末的结构。值得注意的是,粉末颗粒呈球形,略不规则。这种方法多用来制备陶瓷粉末和金属间化合物,如铝、硅和钛的化合物,包括 $NiTi$、Ni_3Al、Ni_3Si、$TiAl$、Ti_5Si_3、$NbAl_3$、Fe_3Al 和 $TaAl_3$ 等。

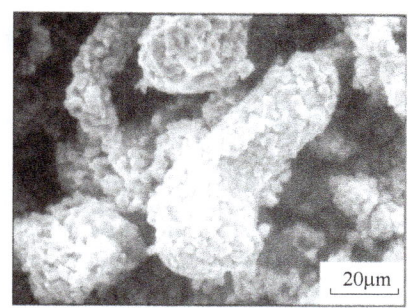

图 2-38 由 Ti 和 Al 粉末合成的 TiAl 粉末电镜扫描图

2.6 雾化制粉的基本原理与技术

近年来,许多新材料包括非平衡材料的发展,得益于先进的雾化粉末制备技术的发展。工业化性质的雾化技术使单位生产速度达到 400kg/min。在雾化技术发展的初期,粉末化学性能和形状特征很难得到完全控制。雾化技术可以生产大多数金属粉末,除难熔金属粉末以外,一般单质金属粉末和合金粉末都可以用这种技术制备。雾化技术将传统合金熔炼技术与粉末冶金技术相结合,为制备普通材料和特殊微观结构和性能要求的材料提供了重要方法。

雾化法属于机械制粉法,是直接击碎液体金属或合金而制得粉末的方法,应用较广泛,生产规模仅次于还原法。雾化法又称喷雾法,可以制取铅、锡、锌、铜、镍、铁等金属粉末,也可制取黄铜、青铜、合金钢、高速钢、不锈钢等预合金粉末。制造过滤器用的青铜、不锈钢、镍的球形粉末目前几乎全是采用雾化法生产。液体金属的击碎包括制粒法和雾化法两类。

水雾化就是利用此原理而设计的。最早由美国钒合金钢公司用来制造不锈钢粉,并取名为罗伯特(Robert)粉碎机,旋转水流雾化装置示意图如图 2-39 所示。

雾化法包括:①二流雾化法,分气体雾化和水雾化;②离心雾化法,分旋转水流雾化、

旋转电极雾化和旋转坩埚雾化等；③其他雾化法，如转辊雾化、真空雾化，油雾化等。下面主要讨论气体雾化和水雾化的基本过程和原理，并简要介绍快速冷凝技术。

图2-40所示为水平气体雾化技术与设备示意图，这种技术最适合于制备低熔点金属粉末。从喷嘴高速喷出的气体产生虹吸引力，引导熔融的金属流进入喷射区，高速喷出的气体使金属流柱破碎，形成细小的金属颗粒，冷却凝固后进入集粉器。对于高温的金属或合金，更多的是使用惰性气体在密闭环境中进行，以避免氧化。图2-41是使用惰性气体垂直雾化示意图。在这种设备中，金属在真空感应炉中熔化后，被气体雾化成粉末。通过改进设计，可使气体从具有多个环绕金属流的喷嘴喷出。因为在雾化过程中使用了大量的气体，要回收循环使用。在水平雾化设备中，采用只让气体通过的滤网来回收气体。在垂直设计的设备中，通过安装一个旋风分离器，可使气体从容器中抽出循环使用，抽出的气体可能带出部分极其细化的金属粉末颗粒，这会妨碍气体的重复使用。雾化设备中的冷却容器必须足够大，使喷出的金属在碰到容器壁之前固化。

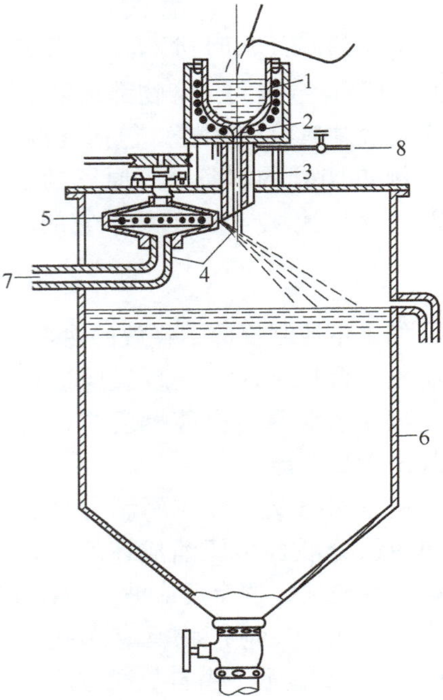

图2-39 旋转水流雾化装置示意图
1—漏包　2—漏嘴　3—金属液流　4—水流
5—环行喷射器　6—雾化室
7—出水管　8—进水管

2.6.1 雾化原理

二流雾化法是用高速气流或高压水流击碎熔融金属液流以获得金属粉末的方法。机械粉碎法借机械作用破坏固体金属原子间的结合，雾化法只要克服液体金属原子间的键合力就能使之分散成粉末，因而雾化过程所需消耗的外力比机械粉碎法要小得多。从能量消耗这一点来说，雾化法是一种简便经济的粉末生产方法。

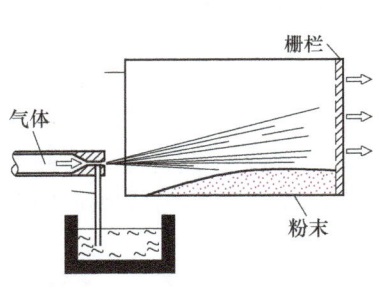

图2-40 水平气体雾化技术与设备示意图

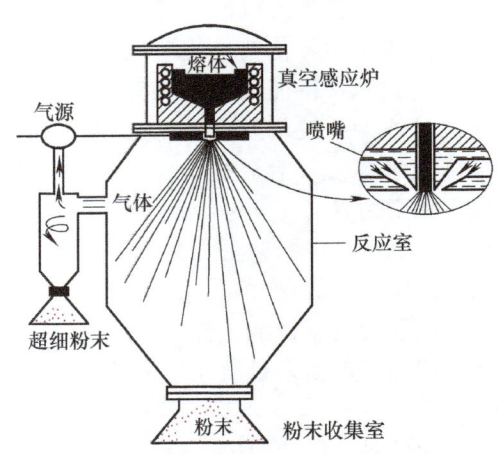

图2-41 惰性气体垂直雾化示意图

根据雾化介质（气体、水）对金属液流作用方式的不同，雾化具有多种形式：

1) **平行喷射**。气流与金属流液平行，如图2-42所示。
2) **垂直喷射**。气流或水流与金属液流呈垂直方向，如图2-43所示。这样喷制的粉末较粗，常用来喷制锌、铝粉。

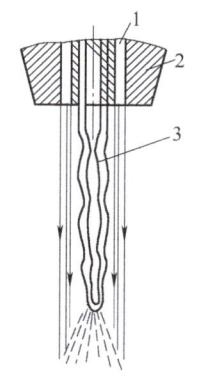 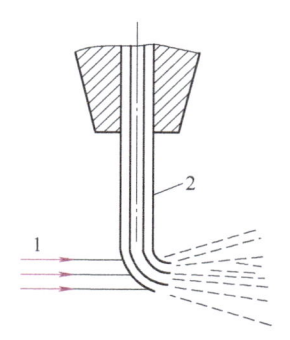 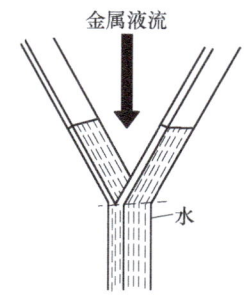

图 2-42　平行喷射示意图　　图 2-43　垂直喷射示意图　　图 2-44　V 形喷射示意图
1—气流　2—喷嘴　3—金属液流　　1—气流　2—金属液流

3) **互成角度的喷射**。气流或水流与金属液流呈一定角度，这一呈角度的喷射又有以下几种形式：

① V 形喷射。V 形喷射是在垂直喷射的基础上改进而成的，如图 2-44 所示。瑞典霍格纳斯公司最早使用这种方法以水喷制不锈钢粉。

② 锥形喷射。锥形喷射采用如图 2-45所示的环孔喷嘴，气体或水以极高速度从若干均匀分布在圆周上的小孔喷出，构成一个未封闭的气锥，交汇于锥顶点，将流经该处的金属液流击碎。

③ 旋涡环形喷射。旋涡环形喷射采用如图 2-45 所示的环缝喷嘴，压缩气体从切向进入喷嘴内腔，然后以高速喷出造成一旋涡封闭的气锥，金属液流在锥底被击碎。

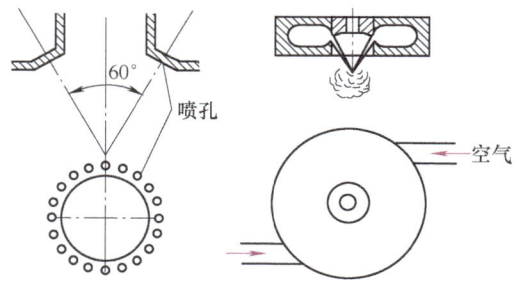

图 2-45　锥形喷射示意图与旋涡环形喷射示意图

上述几种雾化形式中最有意义的是**互成角度的雾化**。下面以这种雾化形式来讨论雾化机理。雾化过程是一复杂的过程，按雾化介质与金属液流的相互作用的实质分，既有物理-机械作用，又有物理-化学变化。高速气流或水流，既是使金属液流击碎的动力源，又是一种冷却剂，即在雾化介质同金属液流之间既有能量交换（雾化介质的动能变为金属液滴的表面能），又有热量交换（金属液滴将一部分热量转给雾化介质）。不论是能量交换，还是热量交换，都是一种物理-机械过程；另一方面，液体金属的粘度和表面张力在雾化过程和冷却过程中不断发生变化，这种变化反过来又影响雾化过程。此外，在很多情况下，雾化过程中液体金属与雾化介质发生化学作用使金属液体改变成分（氧化、脱碳）。因此，雾化过程也具有物理-化学过程的特点。

1. 气体雾化

在液体金属不断被击碎成细小液滴时,高速流体的动能变为金属液滴增大总表面积的表面能。这种能量交换过程的效率实际很低,初步估计,雾化过程有效能量转换率不会超过5%,因而雾化过程的效率极低。目前从定量方向研究金属液流雾化机理还很不够,现以气体雾化为例说明其一般规律。如图2-46所示,金属液自漏包底的小孔顺着环形喷嘴中心孔轴线自由落下,压缩气体由环形喷口高速喷出形成一定的喷射顶角,而环形气流构成一封闭的倒置圆锥,于顶点(称雾化交点)交汇,然后又散开。

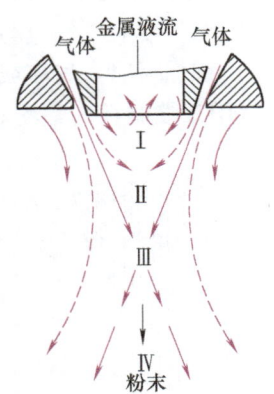

图2-46 金属液流雾化过程图

金属液流在气流作用下可分为四个区域:

1) **负压紊流区**(图中Ⅰ)。由于高速气流的抽气作用,在喷嘴中心孔下方形成负压紊流层,金属液流受到气流波的振动,以不稳定的波浪状向下流动,分散成许多细纤维束,并在表面张力的作用下有自动收缩成液滴的趋势。形成纤维束的地方离出口的距离取决于金属液流的速度,金属液流速度越大,离形成纤维束的距离就越短。

2) **原始液滴形成区**(图中Ⅱ)。在气流的冲刷下,从金属液流柱或纤维束的表面不断分裂出许多液滴。

3) **有效雾化区**(图中Ⅲ)。由于气流能量集中于顶点,对原始液滴产生强烈的击碎作用,使其分散成细的液滴颗粒。

4) **冷却凝固区**(图中Ⅳ)。形成的液滴颗粒分散开,并最终凝结成粉末颗粒。

雾化过程是复杂的,影响因素很多,要综合考虑。显然,气流和金属液流的动力交互作用越显著,雾化过程越强烈。金属液流的破碎程度取决于气流的动能,特别是气流对金属液滴的相对速度以及金属液流的表面张力和运动粘度。一般来说,金属液流的表面张力、运动粘度值是很小的,所以气流对金属液滴的相对速度是主要的。当气流对金属液滴的相对速度达第一临界速度 $v'_{临}$ 时,破碎过程开始;当气流对金属液滴的相对速度达第二临界速度 $v''_{临}$ 时,液滴很快形成细小颗粒。基于流体力学原理,金属液流破碎的速度范围取决于液滴破碎准数 D,即

$$D = \frac{\rho v^2 d}{\gamma} \tag{2-47}$$

式中,ρ 为气体密度,单位为 $g \cdot s^2/cm^4$;v 为气流对液滴的相对速度,单位为 m/s;d 为金属液滴的直径,单位为 μm;γ 为金属表面张力,单位为 $10^{-5} N/cm$。

已有研究结果表明,当 $D = 10$,$v = v'_{临界}$,当 $D = 14$,$v = v''_{临界}$。用压缩空气喷制铜粉时,液滴破碎过程的条件从准数 D 可得:

$$v'_{临界} = \sqrt{\frac{10\gamma}{\rho d}} \tag{2-48a}$$

$$v''_{临界} = \sqrt{\frac{14\gamma}{\rho d}} \tag{2-48b}$$

气体流动性又取决于雷诺数 Re,所以要达到多大的气流速度,除了气流压力外,还需

要考虑喷嘴喷管的形状。

$$Re = \frac{v d_{当量}}{\nu_{气}}$$

式中，v 为气流对液滴的相对速度，单位为 m/s；$d_{当量}$ 为喷嘴环缝的当量直径，单位为 m；$\nu_{气}$ 为气体的运动粘度系数，单位为 m^2/s。

喷管的形状有直线型、收缩型和先收缩后扩张型（拉瓦尔型），如图 2-47 所示。根据空气动力学原理，对直线型喷管，气体进口速度 v_1 和气体出口速度 v_2 是相等的，气流速度虽然随进气压力升高而增大，但是提高是有限度的；对收缩型喷管，在所谓临界断面上的气流速度是以该条件下的声速为限度；拉瓦尔型喷管是先收缩后扩张，在临界断面（$A_{临界}$）处，气流临界速度达声速，压缩气体经临界断面后继续向大气中作绝热膨胀，然后气流出口速度（v_2）可超过声速。

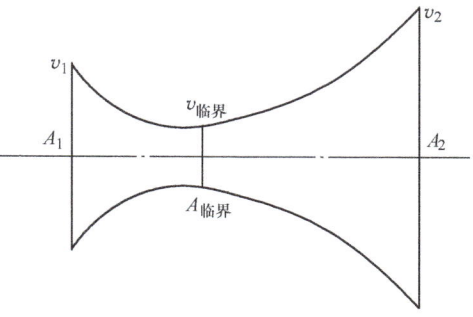

图 2-47　拉瓦尔型喷管

根据以上分析可知，为了得到一定粒度的粉末，应该如何考虑工艺条件，如何选择喷嘴结构。以喷制铜粉为例，$\gamma_{Cu} = 0.0112 N/cm$，$\rho_{空气} = 0.0013 g \cdot s^2/cm^4$，将这些数值代入式（2-48a）和式（2-48b），可以得到为制得不同粒度的铜粉而需要采用的 $v'_{临界}$ 和 $v''_{临界}$ 的关系。铜液滴破碎的临界速度与颗粒粒度的关系如图 2-48 所示。

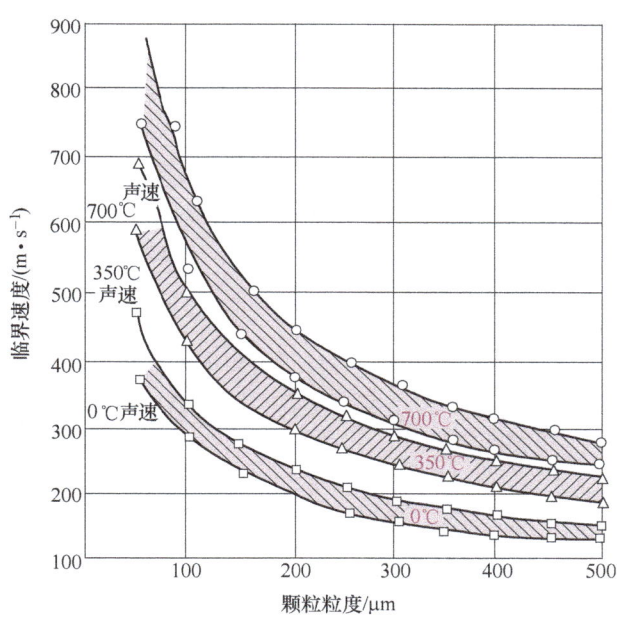

图 2-48　铜液滴破碎的临界速度与颗粒粒度的关系

从图 2-48 可以看出，要得到粒度约 300μm 的铜粉，要求气流第二临界速度约 200m/s，要得到粒度约 200μm 的铜粉，要求气流第二临界速度约 245m/s。根据实验数据，在喷嘴喷口缝隙为 0.8mm，气流压力为 0.25MPa，金属液流直径为 6mm 的条件下，可以达到 250m/s 左右的气流速度,为了得到小于100μm的铜粉,气流第二临界速度必须大于声速(332m/s),为此,必须使用拉瓦尔型喷管的喷嘴。

从图2-48中可看出,随着气流温度的增加,液滴破碎到同一粒度的颗粒需要的气流临界速度也提高了,这是因为气体密度随气流温度升高而减小。同时,也可看出随着气流温度增高,第一和第二临界速度之间的范围逐渐扩大,这有利于更准确地控制雾化过程。提高进气温度,虽有利于雾化过程,但对喷嘴材料的耐高温和耐蚀性要求高,工艺设备和操作在大规模生产时难以实现,故一般仍采用常温气体。

2. 水雾化

水雾化法作为一项普通技术一般用于生产熔点低于1600℃的金属及其合金粉末。水雾化法示意图如图2-49所示。高压水流直接喷射在金属液流上,使金属流柱碎裂成颗粒并快速凝固,介质与金属流柱间的夹角α决定了雾化效率。喷嘴可以是单个、多个或呈环形。雾化过程与气体雾化相似,只是流体介质的物理性能不同,同时带来快速冷却。由于水比气体的粘度大且冷却能力强,水雾化法特别适于熔点较高的金属与合金以及制造压缩性好的不规则形状粉末。

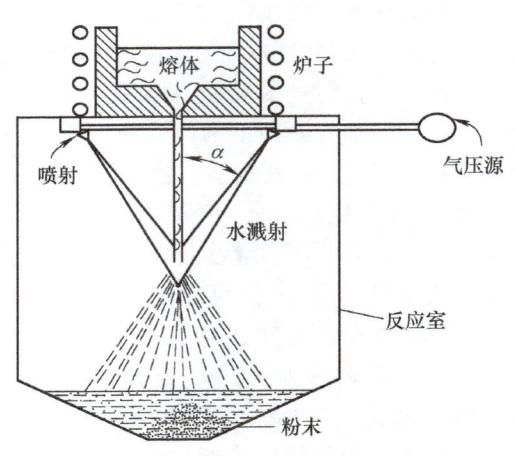

图2-49 水雾化法示意图

图2-50所示为水雾化中雾化颗粒的四种可能机制:火山爆发式、溅射式、剥皮式和爆炸式。典型的金属与水的质量比大约为1:5(每1kg金属粉末需要量5kg水)。由于冷却较快,粉末形状杂乱不规则,也可能发生氧化。水雾化生产的合金粉末由于快速凝固,化学成分偏析相当有限。采用合成的油或其他非反应的液体代替水可以得到形状更好或氧化更少的粉末。图2-51所示为水雾化不锈钢粉末的扫描电镜图,粉末形状呈圆条形、非球形和不规则状等。

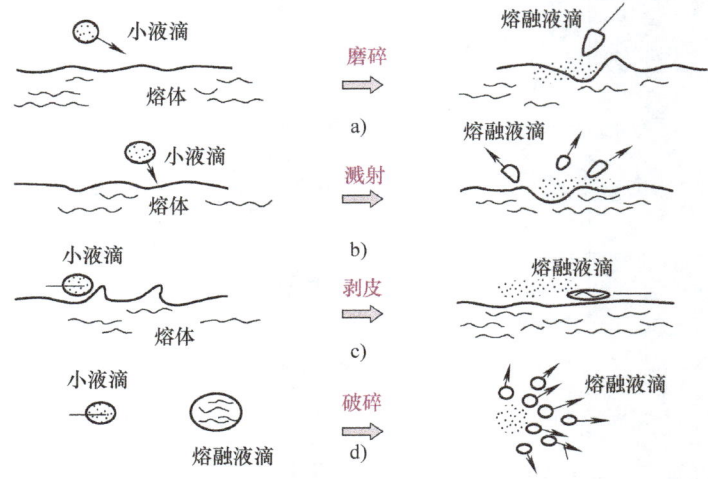

图2-50 水雾化中雾化颗粒的四种可能的机制
a) 火山爆发式 b) 溅射式 c) 剥皮式 d) 爆炸式

在水雾化法中最主要可控制参数是水的压力。水压越高，水的流速越大，粉末尺寸越小。实验证明，用水压为 1.7MPa 的水雾法生产钢粉时可得到平均粒径为 117μm 的粉末，但水压增至 13.8MPa 时，粉末粒径减小到不到原来的 1/3，为 42μm。水雾化法介质的压力增至 150MPa 时，粉末大小为 5μm 级别。

关于水雾化的机理，目前认为气体雾化时金属液流破碎的机理应用于水雾化也是有效的。粉末颗粒平均直径与水流速度之间存在一个简单的函数关系，即

$$d_{平} = \frac{C}{v_{水}\sin\alpha} \quad (2-49)$$

图 2-51 水雾化不锈钢粉的扫描电镜图

式中，$d_{平}$ 为粉末颗粒平均直径；C 为常数；$v_{水}$ 为水流速度；α 为金属液流轴与水流轴之间的夹角。

2.6.2 喷嘴结构

喷嘴是雾化装置中使雾化介质获得高能量、高速度的部件，也是对雾化效率和雾化过程稳定性起重要作用的关键性部件。好的喷嘴设计要满足以下要求：①能使雾化介质获得尽可能大的出口速度和所需要的能量；②能保证雾化介质与金属液流之间形成最合理的喷射角度；③使金属液流产生最大的紊流；④工作稳定性要好，喷嘴不易堵塞；⑤加工制造简单。

喷嘴结构基本上可分为自由降落式喷嘴和限制式喷嘴两类，下面主要加以介绍。

（1）自由降落式喷嘴　图 2-52 所示为自由降落式喷嘴示意图，金属液流在从容器（漏包）出口到与雾化介质相遇点之间无约束地自由降落。所有水雾化的喷嘴和多数气体雾化的喷嘴都采用这种形式。

（2）限制式喷嘴　图 2-53 所示为限制式喷嘴示意图，金属液流在喷嘴出口处即被破碎。这种形式的喷嘴传递气体到金属的能量最大，主要用于铝、锌等低熔点金属的雾化。

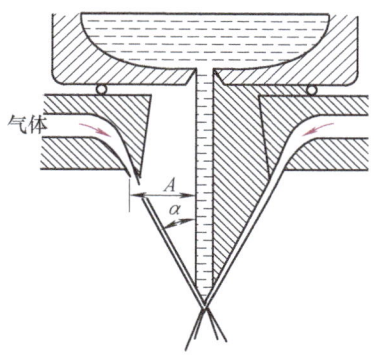

图 2-52　自由降落式喷嘴示意图
α—气流与金属液流间的交角
A—喷口与金属液流轴线间的距离

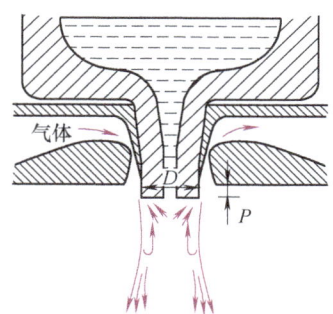

图 2-53　限制式喷嘴示意图
P—漏嘴突出喷嘴部分　D—喷射宽度

用于液流直下式的气体雾化法的喷嘴有环孔喷嘴和环缝喷嘴，如图 2-54 所示。

环孔喷嘴在通过金属液流的中小孔边周围上，等距离分布互成一定角度、数目不等（12~24 个）的小圆孔，气体喷嘴的小孔常做成拉瓦尔型喷口以获得最大的气流出口速度。例如，有一种环孔喷嘴，设 20 个小孔，其最小截面处直径为 1.8mm，气流形成的交角为 55°~60°。这种喷嘴可用来喷制生铁、低碳或高碳铁合金以及铜合金粉末。

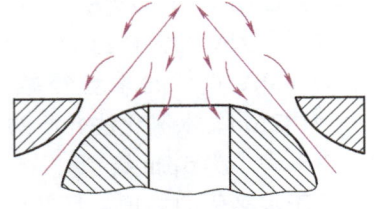

图 2-54 环缝喷嘴喷口旋涡流

由于环孔喷嘴的孔型加工困难，喷口大小不便调节，因此又研制了环缝喷嘴。环缝一般做成拉瓦尔型，可使气流出口速度超过声速，从而有效地将液滴破碎成细小颗粒。从切向进风的环缝喷嘴喷口出来的超声速气流会在风口处造成负压区（图 2-54）。形成的旋涡气流使金属液滴溅到喷口或喷嘴中心通道壁，可能堵塞喷口而破坏雾化工作的正常进行。

为了减少和防止堵塞现象，设计喷嘴时，可考虑采取以下措施：

1) **减小喷射顶角或气流与金属液流间的交角**。因减小气流与金属液流间的交角可使雾化焦点下移。降低了液滴溅到喷口的可能性。已有研究指出，气流压力在 0.4MPa 以上时，对于环孔喷嘴，喷射顶角 60° 是适宜的；对于环缝喷嘴，喷射顶角可降低到 20°。但是，喷射顶角太小，会降低雾化效率，故一般为 45° 左右。

2) **增加喷口与金属液流轴线间的距离**。同理，增加与金属液流轴线间的距离可提高雾化过程的稳定性。

3) **环缝宽度不能过小**。若小于 0.5mm 往往粘附严重，因此要求环缝宽度适当，环缝间隙均匀。

4) **金属液流漏嘴伸长超出喷口水平面外**，此时粉末略粗。

5) **增加辅助风孔和二次风**。采用辅助风孔和二次风的环缝喷嘴结构如图 2-55 所示。4 个或 8 个辅助风孔将一部分气流引向顺着中心的孔壁，向下形成二次风，这样可维持喷口附近气压平衡，从而尽可能不使金属液滴返回风口。

早期英国曾采用环缝喷嘴，以高压水来喷制铁合金及合金钢粉，水压可达到 14~21MPa，从喷口出来的水速高达 90~150m/s。

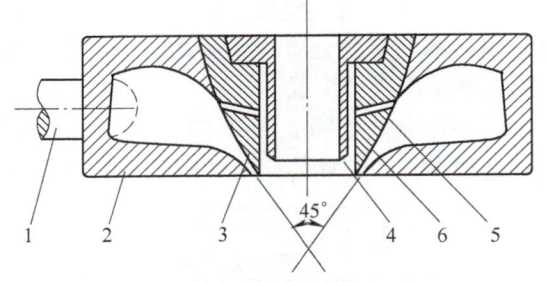

图 2-55 带辅助风孔和二次风的环缝喷嘴结构
1—进风管 2—喷嘴体 3—内环 4—导向套
5—辅助风孔 6—二次风环

由于金属液流容易堵塞喷口，往往不能正常作业。后来研制了高压水 V 形喷射，以两股交叉的 4.5MPa 水压的水柱，使其交点处的金属液流破碎，水量达 230L/min，所得粉末过 100 目筛（约 150μm）的实收率很高。由于水柱相交的面积很小，金属液流容易偏离雾化焦点，因此，现在又研制了两向板状流 V 形喷射，如图 2-56 所示，其效率很高，能喷制大多数超合金与合金钢。用水雾化时能喷制铁、合金钢和不锈钢粉末，用气体雾化时能喷制镍基和钴基超合金。

为了使雾化介质的能量集中，必须防止金属液流从板状流 V 形两侧的敞开面溅出，又研制了封闭式串联的板状流 V 形喷射,如图 2-57 所示。采用两对互成 90°的板状流组成的一个四面锥,称为四向塞式喷射(图 2-57a)。增加板状流的数目并组成圆锥,就成为所谓的环形喷射(图 2-57b)。环形喷射很少用于水雾化,多用于气体雾化,常用来喷制球形粉末。

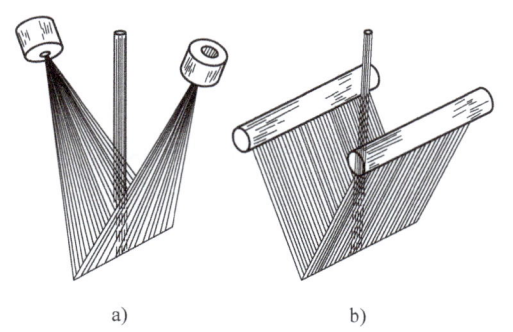

图 2-56　两向板状流 V 形喷射
a) 两向塞式喷射　b) 两向帘式喷射

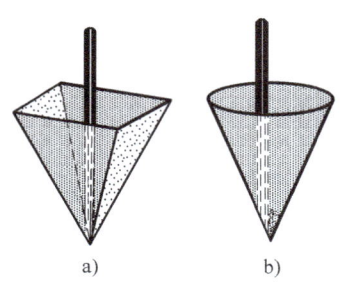

图 2-57　封闭式板状流 V 形喷射
a) 四向塞式喷射　b) 环形喷射

2.6.3　影响雾化粉末性能的因素

在讨论雾化机构的基础上,下面分析影响粉末性能(化学成分、粒度、颗粒形状、内部结构等)的因素。

1. 雾化介质

(1) 雾化介质类别的影响　雾化介质分为气体和液体两类。气体可用空气和惰性气体(氮、氩)等,液体主要用水。不同的雾化介质对雾化粉末的化学成分、颗粒形状和结构有很大的影响。

在雾化过程中氧化不严重或雾化后经还原处理可脱氧的金属(如铜、铁和碳钢等),一般可选择空气作为雾化介质。

采用惰性气体雾化可以减少金属液的氧化和气体溶解。防止粉末氧化对于喷制铬粉以及含 Cr、Mn、Si、V、Ti、Zr 等活性元素的合金钢粉或镍基、钴基超合金是十分重要的。使用氮气可以喷制不锈钢和合金钢粉。如果合金中含有 Ti、Zr 等元素或对于镍基、钴基超合金,则要使用氩气喷制。

用水作雾化介质,与气体相比有以下的特点:①由于水的比热容比气体大得多,对金属液滴的冷却能力强。因此,用水作雾化介质时,粉末多为不规则形状,同时,随着雾化压力的提高,不规则形状的颗粒越多,颗粒的晶粒结构越细,相反,气体雾化易得球形粉末。②由于金属液滴冷却速度快,粉末表面氧化大大减少,所以,铁、低碳钢、合金钢多用于雾化制粉。虽然在水中添加一些防腐剂可以减少粉末的氧化,但目前水雾化法只适于活性很大的金属与合金、超合金等。

(2) 介质压力的影响　实践证明,气体压力越高,所得粉末越细。中南大学(中南矿冶学院)徐润泽研究雾化铁粉所得粉末粒度组成与压缩空气压力之间的关系见表 2-28。

表 2-28 空气压力对雾化铁粉粒度组成的影响

压力/MPa	粒度组成（%）							
	+40目①	−40+60目	−60+80目	−80+100目	−100+120目	−120+140目	−140+160目	−160目
0.52	41.20	11.65	9.05	11.95	4.45	6.85	0.20	13.47
0.64	3.50	5.0	8.00	8.40	16.10	14.10	1.50	41.90

注：液体金属温度1300℃，漏嘴直径6mm，喷嘴环缝宽1.3mm。
① +40目表示40目筛不可通过，−40目表示40目筛可通过，余同。

古门逊（P. Gummeson）用水雾化青铜时，所得水压与粉末粒度组成的关系见表2-29。

表 2-29 水压对雾化青铜粉粒度组成的影响

水压/MPa	粒度组成（%）				
	−100+145目	−145+200目	−200+250目	−250+325目	−325目
4.9	24.7	23.8	15.4	17.9	18.2
5.4	22.3	22.1	15.7	19.1	20.8
5.9	18.6	19.3	15.9	19.5	26.8

雾化介质流体的动能越大，金属液流破碎的效果就越好。而流体的动能与运动的机械能一样，可用其速度和质量（对流体来说应是流量）两个参数来描述，即 $N=\frac{mv^2}{2}$。因此，要增大气体动能 N 可以增大流量也可提高流速，但因为 $N\infty v^2$，故提高流速的效果更为显著。用水作雾化介质时，由于水不可压缩，只有应用高压水（3.5~21MPa）才能获得高的流速，对于可压缩的气体，气流速度不仅取决于进气压力，还与喷管形状和气体温度有密切关系。

根据气体动力学原理，喷嘴出口处的气体速度可用下面公式计算：

$$v=\sqrt{\frac{2gK}{K-1}RT_2\left[1-\left(\frac{p_1}{p_2}\right)^{\frac{K-1}{K}}\right]} \quad (2-50)$$

式中，g 为重力加速度；R 为摩尔气体常数；K 为 $\frac{c_p}{c_V}$（压容比），对空气而言，$K=1.4$；T_2 为压缩气体进喷嘴前温度，单位为℃；p_1 为气流所流往处的介质（如大气）的压力；p_2 为使气体流出的压力。

雾化过程中，如果 T_2 保持不变，将 $p_1=0.1$MPa，$K=1.4$ 代入式（2-50），并与 g 和 R 等常数合成一个比例系数 k，则式（2-50）变为 $v^2=k(1-p_2^{-0.29})$。随着 p_2 值的增加，v 也随着增加，但到一定限度后即成为常数。

气体速度还与喷管形状有关。前已指出，应用收缩型喷管时，在气流临界压力时，气流出口的速度最大，约等于声速。空气的临界压力 $p_{临}=0.527p_2$。因而在用收缩型喷管时，如果不提高气流的温度，气流出口的速度是不能超声速的。而拉瓦尔型喷管，则可使气流出口速度超过声速。前面已指出，提高进气温度也可以增大气流出口速度。但大规模生产时难以实现，故一般仍采用常温气体。

气体压力不但直接影响粉末的粒度组成，同时，还间接影响粉末的成分。例如，纳赛尔（G. Naeser）用高碳生铁制雾化铁粉时，随着空气压力的增加，雾化铁粉半成品中的氧含量由于氧化而提高，碳含量由于燃烧而下降，但降低不多（图2-58）。斯莫尔（S. Small）用惰性气体雾化 Haynes Stellite-31 合金时，随着气体压力的增加，粉末氧含量增加。但是用水雾化时，随着雾化压力的增加，粉末氧含量降低，因为在同样条件下，水雾化比气体雾化冷却得快，其具体实验数据见表2-30。

表2-30　雾化压力对 Haynes Stellite-31 合金粉氧含量的影响

元　素	质量分数（%）			
	用氩喷射		用水喷射	
	2.1MPa	4.2MPa	5.6MPa	9.8MPa
O	1.6×10^{-2}	2.8×10^{-2}	0.745	0.574
N	7×10^{-3}	6×10^{-3}	5.9×10^{-2}	0.5×10^{-2}
H	1.1×10^{-3}	5×10^{-4}	2.8×10^{-3}	2.4×10^{-3}

2. 金属液流

（1）金属液的表面张力和黏度的影响　在其他条件不变时，金属液的表面张力越大，粉末呈球形的越多，粉末粒度也较粗；相反，金属液的表面张力小时，液滴易变形，所得粉末多呈不规则形状，粒度也减小。

金属液流形成流股或液滴，显然受表面张力大小的制约。有人曾做过实验，采用同一喷嘴，在相同的气流和液流条件下，观察不同液流的破碎情况：表面张力为 $2.3 \times 10^{-4} \mathrm{N/cm}$ 的乙醇，能生成明显的液滴，表面张力为 $7.3 \times 10^{-4} \mathrm{N/cm}$ 的水，只能生成粗的液滴，而表面张力为 $1.87 \times 10^{-3} \mathrm{N/cm}$ 的熔融钠，则根本不出现液滴。一般液体金属的表面张力要比水大

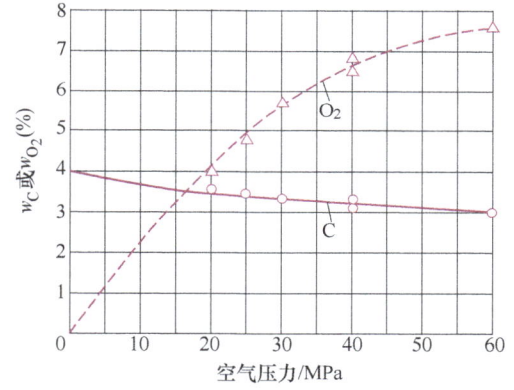

图2-58　雾化铁粉时空气压力对粉末半成品成分的影响

5~10倍，因此，雾化金属需要消耗较大的能量。液流破碎程度不仅取决于气流的速度，也与阻碍破碎的内力即液流的表面张力和黏度有关。所以在液流能破碎的范围内，表面张力越小，黏度越低，所得粉末颗粒越细。从热力学观点看，液滴形成球形是最容易的，因为表面自由能最小，故表面张力越小，颗粒形状偏离球形的可能性越大。

液体金属的表面张力受加热温度和化学成分的影响，如①所有金属，除铜、镉外，其表面张力都是随温度升高而降低的；②氧、氮、碳、硫、磷等活性元素会大大降低液体金属的表面张力。例如，熔融铁中氧的质量分数为0.06%时，则纯铁的表面张力降低1/3。同时在液滴表面形成氧化膜，大大提高金属液的黏度而阻碍形成球状颗粒。不过，氮、碳、磷虽会降低铁的表面张力，但不影响颗粒成球形，这与氧的作用不同。因为碳、磷是活性还原剂，能降低液体铁中的氧含量，因而减小金属的黏度，促进液滴球化。氮可以保护金属不受强烈氧化，因而也可促进液滴球化。

同样，液体金属黏度也受温度和化学成分的影响：①金属液流的黏度随温度升高而减小；②金属液强烈氧化时，黏度大大提高；③金属中若含有硅、铝等元素也会使黏度增加；

④合金熔体的黏度随化学成分变化的规律是，固态或液态下都互溶的二元合金，其黏度介于两种金属之间，液态合金在有稳定化合物存在的成分下黏度最大，共晶成分的液态合金的黏度最小。

（2）金属液过热温度的影响　在雾化压力和喷嘴相同时，金属液过热温度越高，细粉末产出率越高，越容易得球形粉末。金属液的不同过热温度对铁粉粒度组成的影响如图 2-59 所示。

金属熔体的黏度和表面张力，随着温度的降低总是增加的，因而会影响粉末的粒度和形状。黏度越低，越容易雾化得到细的粉末。温度高的液滴冷凝过程较长，表面张力收缩液滴表面的作用时间也较长，故容易得到球形粉末。特别是水雾化时，若增加过热温度，就会增加球状粉末的产量。生产上按金属与合金的熔点选择过热温度，低熔点金属（如锡、铅和锌等）为 50～100℃，铜合金为 100～150℃，铁及合金钢为 150～250℃。

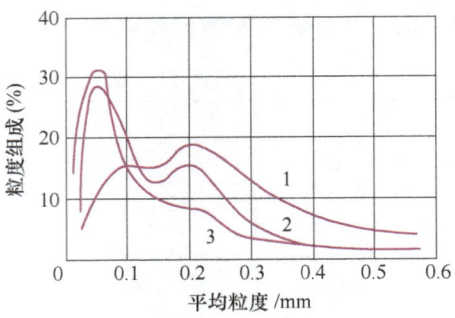

图 2-59　金属液的不同过热温度对铁粉粒度组成的影响
1—金属液温度 1570℃　2—金属液温度 1650℃
3—金属液温度 1720℃

在用铁碳合金喷制铁粉时，生铁液的温度对粉末半产品的氧和碳的含量有很大的影响。生铁液温度越高，含氧量也越高，生铁液温度对铁粉氧碳比的影响见表 2-31。因此，在喷制铁粉时，为了控制粉末半产品的氧碳比，也要注意选择适当的生铁液温度。

表 2-31　生铁液温度对铁粉氧碳比的影响

生铁液温度/℃	w_{O_2}（%）	w_C（%）	w_{O_2}/w_C
1370	5.04	3.24	1.56
1320～1300	4.37	3.67	1.18
1280	3.31	3.96	0.84

（3）金属液流股直径的影响　当雾化压力与其他工艺参数不变时，金属液流股直径越细，所得细粉末也越多。金属液流股直径对细粉产出率的影响如图 2-60 所示。

当其他条件相同时，金属液流股直径越小，单位时间内进入雾化区域的熔体量越小。所以，对于大多数金属和合金来说，减小金属液流股直径，会增加细粉产出率。除根据压缩空气的压力流量选择金属液流股的直径外，还要考虑熔点的高低，金属熔点低于 1000℃，金属液流股直径为 5～6mm；金属熔点低于 1300℃，金属液流股直径为 6～8mm；金属熔点高于 1300℃，金属液流股直径为 8～10mm。

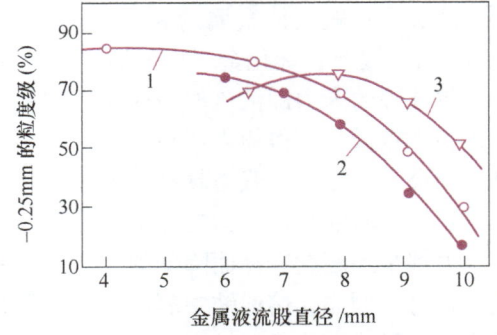

图 2-60　金属液流股直径对细粉产出率的影响
1—生铁　2—铁　3—铁铝合金

金属液流股直径过小还会引起：①雾化粉末生产率降低；②容易堵塞漏嘴；③使金属液流过冷，反而不易得到细粉末，或者难以得到球形粉末。

3. 其他工艺因素

为了控制粉末的粒度和形状，除了上述主要参数外，还要考虑下列其他工艺因素：

（1）**喷射参数的影响** 金属液流长度（金属液流从出口到雾化焦点的距离）短、喷射长度（气流从喷口到雾化焦点的距离）短、喷射顶角适当都能更充分地利用气流的动能，从而有利于雾化得到颗粒粉末。当然要以雾化过程顺利进行而不堵塞喷嘴为前提。对于不同体系，适当的喷射顶角一般都通过实验确定。水雾化时，较大的喷射顶角（60°）允许采用低限的水压（3.5MPa）；而较小的喷射顶角（40°），需要较高的水压（如7MPa）。

（2）**聚粉装置参数的影响** 液滴飞行路程（从雾化焦点到冷却水面的距离）较长，有利于形成球形颗粒，粉末也较粗。这是因为在缓慢冷却过程中，表面张力充分作用于液滴，使之聚成球形；同时，由于冷却慢，在途中颗粒互相黏结，因而粗粉多。因此，冷却介质的选择不仅影响粉末性能，也涉及雾化工艺是否合理。用水作冷却介质对喷制熔点高的铁粉、钢粉等是必要的，不然，粉末容易粘在聚粉桶壁上。

2.6.4 气体和水雾化的技术与工艺

1. 气体雾化技术

气体雾化技术可以在完全惰性的环境中进行，因而，可以保持高合金给料的纯度。微粒的形状是圆形的，尺寸大小差异很大。气体雾化工艺与许多操作参数有关，包括气体种类、合金类型、给料率、气压、气体喷出速度、喷嘴几何形状和气体温度。这些工艺参数可以控制粉末的特性以适应不同的需要。表2-32给出了气体雾化技术制备镍基超耐热合金粉末的典型参数。在实际生产中，气体雾化技术的生产速度可达到100kg/min。气压一般为5MPa，但在一些场合，气压可达到18MPa。这种技术可应用于制备铝、镍、镁、钴、铅、铜、铁、金、锡、锌和铍等合金。

表2-32 气体雾化技术制备镍基超耐热合金粉末的典型参数

参　　数	条　件
合金熔点温度	1400℃
熔点	1550℃
雾化气体	氩气
气体压力	2MPa
气体流动率	$8m^3/min$
气体喷出喷嘴速率	100m/s
气体与熔体冲击角度	40°
金属流动速率	20kg/min
平均微粒尺寸	120μm

在气体雾化技术中，传给金属流的能量越大，制备的粉末越细小。采用高速摄像技术研究了气体和金属流在喷嘴处的相互作用。观察到的雾化性状如图2-61所示，因为在气体膨胀区域的吸入压力，熔体流首先形成中空的薄片，然后形成带状、椭球状和球形。环绕流的膨

胀气体使熔化的金属流急剧减压和分解，图 2-62 证明了这一点。这些高速激光脉冲（间隔为 0.07s）照片显示了金属流在雾化过程中的形状，减小气体压力可使金属流从喷嘴喷出后破碎成圆锥体。薄的圆锥体因具有较高的比表面积而不稳定。假设熔体有足够高的过热度，可以阻止过早固化，液体流继续受到来源于高速气体的表面剪切力和冲击力作用。如图 2-63 所示，作用力使金属流破碎成系带形，随后变成小的球形。雾化颗粒尺寸的减小受熔化金属的速度和温度，以及它对加速压力的反应所限制。使金属过热以远高于金属的熔点的温度（液相线温度）而降低了金属流喷出后的速度并延长了雾化后的凝固时间。而较长的凝固时间可使颗粒变为球形。小滴的形状顺序依与喷嘴的距离不同而不同，依次为圆柱形-圆锥形-薄

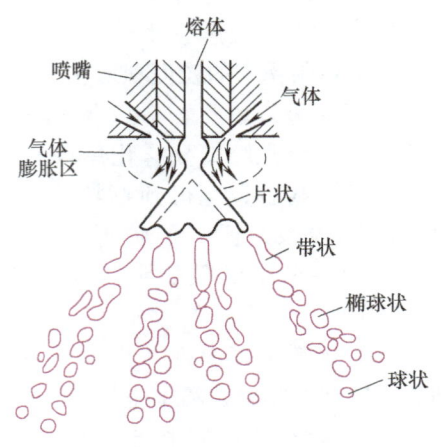

图 2-61　气体雾化法制备金属粉末涉及膨胀的高速气体使熔体流破碎

片形-系带形-球形。控制过热量和其他工艺参数可以使颗粒形成以上的任何形状。此外，喷嘴附近的振荡会使细小的颗粒又重新进入气体膨胀区域，导致已凝固的细小颗粒被带入熔化金属流的飞行路径，产生结块和附着。

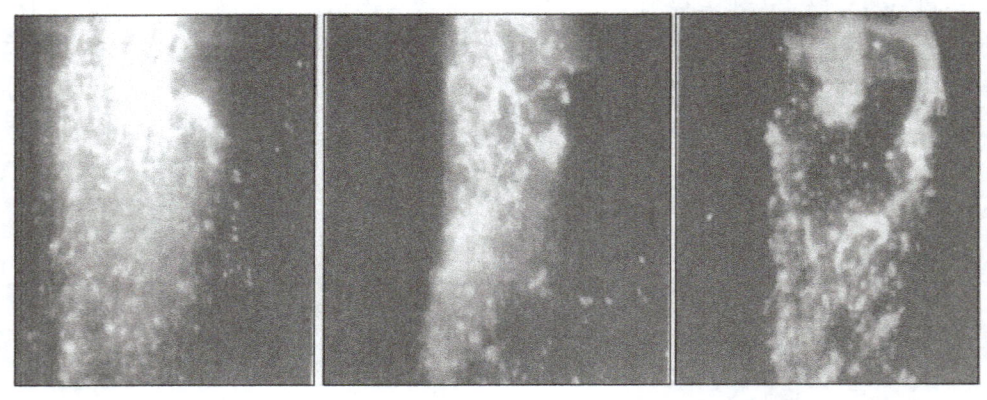

图 2-62　三张高速激光滤波摄像图显示了在不锈钢气体雾化过程中的扰动现象

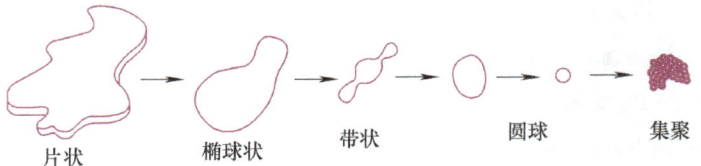

图 2-63　雾化过程中熔体流分解时的形状变化示意图

图 2-64 对比了气体雾化技术中由于振荡而产生的粉末团块和通过控制喷嘴附近的流动而产生的光滑表面的粉末颗粒。图 2-64a 显示粉末没有得到很好的控制，表现出薄片形、团聚和附着；与之对比，图 2-64b 中的粉末是在控制流动条件下制备的，没有附着物团聚。消除粉末颗粒团聚对于粉末具有良好的压缩性和流动性十分重要。

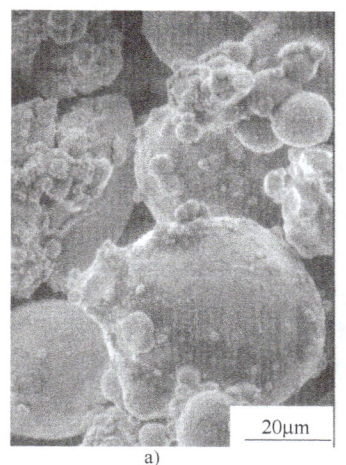
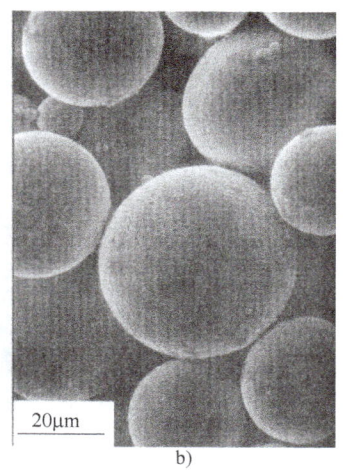

图 2-64 扫描电镜图像显示控制微粒重新进入雾化区域时的极大区别

工艺参数的影响由能量传递理论可以得到很好的解释。气体喷出时与金属流的距离越短，能量传递效果越好，越容易形成细小的粉末。气体喷出速度和熔体的过热度对最终形成的颗粒尺寸起主导作用。图 2-65 显示了在制备铝粉时，雾化气体压力和熔化温度（铝熔点约 660℃）对最终微粒尺寸分布的影响。当气体压力增大，能量增多，熔体过热度增大时，颗粒的尺寸分布趋向于小尺寸分布。

如图 2-61 所示，熔化的金属流被破碎成薄片形，并最终成为小滴。假定熔体有足够的过热量，最终的微粒尺寸将依赖于系带直径。反过来，系带直径 d_L 依赖于板形金属流的厚度 W 和气体喷出速度 V，即

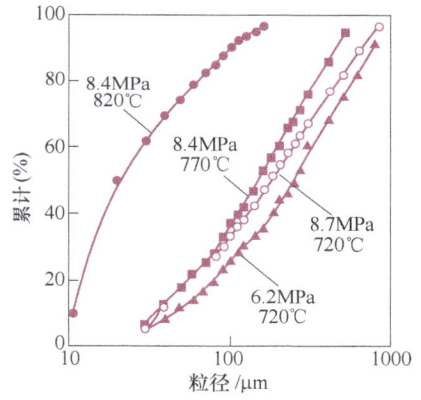

图 2-65 铝粉在不同的雾化气体压力和熔体温度下的粒径分布图

$$d_L = 3[3\pi\gamma W/(\rho_m V^2)]^{1/2} \tag{2-51}$$

式中，ρ_m 为熔体密度；γ 为表面能。

在雾化过程中，设带形圆柱体的熔体直径为 d，长度为 L，其中 L 远大于 d。初始时，体积和表面积分别为 $\pi L d^2/4$ 和 πdL（忽略边缘效应）。这些圆柱形金属在雾化过程中自动分解成球形。在这个过程中，系统能量不可增加，总体积也保持不变。假设表面能是唯一重要的能量，并且表面积与表面能成正比关系，如果雾化生成 N 个直径为 D 的球形微粒，可以建立两个含两个未知数的方程。首先，体积不变：

$$N\pi D^3/6 = \pi L d^2/4$$

第二个方程根据表面积（能）必须保持不变（或只能减小）可得

$$N\pi D^2 = \pi dL$$

联立这两个方程可以解出 N 和 D 为

$$D = 1.5d, \quad N = 4L/9d$$

因此，最终颗粒尺寸是初始带状微粒直径的 1.5 倍，每个带状分成球形微粒的数量取决于带状微粒的长度与直径比。即为了最终制备较小尺寸的微粒，需要使形成的带状微粒的直径尽可能的小。

2. 气体雾化法制取铜和铜合金粉末的工艺

气体雾化法制取铜合金粉的设备示意图如图 2-66 所示。金属液一般过热 100~150℃ 后注入预先烘烤到 600℃ 左右的漏包中。金属液流股直径为 4~6mm，空气压力为 0.5~0.7MPa。喷嘴可用环孔或环缝喷嘴，环缝喷嘴用于喷制青铜时，在相同工艺条件下，过 100 目筛（约 150μm）的粉末产出率一般比环孔喷嘴高 30%。雾化粉末喷入干式集粉器，下部有水冷套，粗粉末直接从集粉器下方出口落到振动筛上过筛，中、细粉末从集粉器内抽出，经集细粉器沉降。更细的粉末进入风选器，抽风机的出口处装有布袋收尘器。

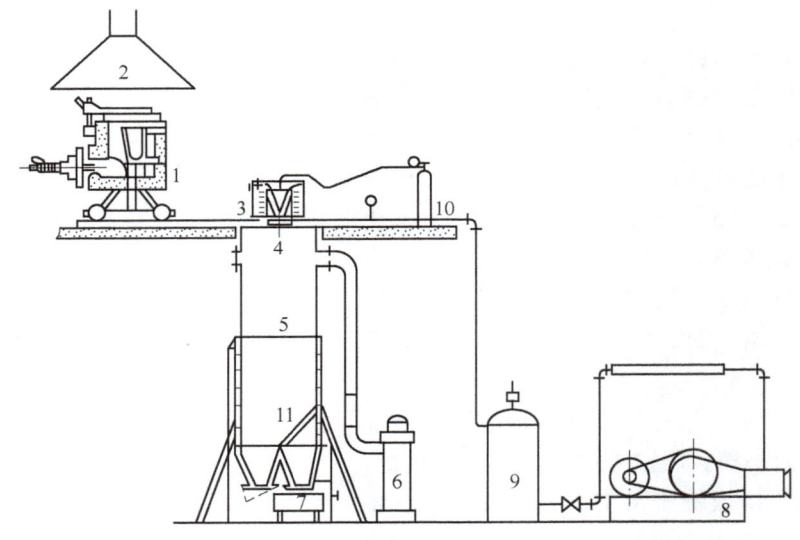

图 2-66　气体雾化制取铜合金粉的设备示意图
1—移动式可倾燃油坩埚熔化炉　2—排气罩　3—保温漏包　4—碰嘴　5—集粉器
6—集细粉器　7—取粉车　8—空气压缩容器　10—氮气瓶　11—分配阀

空气雾化铜或铜合金粉末，表面均有少量氧化，通常在 300~600℃ 范围内进行还原。为了制得球形铜合金粉，通常在熔化时加入 w_P 为 0.05%~0.1% 的磷铜，可降低粘度而增加流动性，这样，成球率大大增加。

3. 气体雾化法制取铁粉工艺

气体雾化法制取铁粉，通常不使用纯铁直接熔化，因为工业纯铁熔点高，加上过热铁液温度将高达 1650~1700℃，设备和操作都有困难；同时，纯铁易氧化，若采用氮气雾化则很不经济。德国纳赛尔提出用高碳生铁液进行空气雾化，将所得的一定程度氧化的高碳铁粉进行脱碳还原而得到所要求的铁粉，这就是所谓的 R-Z 法，德国曼勒斯曼公司首先用这种方法生产铁粉。以后美国、法国用气体雾化法生产铁粉，称为曼勒斯曼法。

有几种方案熔炼低硅生铁：①高炉铁液用转炉吹炼并通过碳塔增碳；②电炉熔化并同时

增碳；③化铁炉熔化废钢并增碳。铁液温度维持在 1300～1350℃，碳的质量分数控制在 3.2%～3.6%。金属液流股直径为 6～8mm，空气压力为 0.6～0.7MPa，一般用环缝喷嘴。

脱碳还原是雾化法制取铁粉工艺中很重要的一个阶段。雾化铁粉半成品是靠自身所含碳、氧的相互作用而脱碳还原的。可能的反应为

$$4Fe_3C + Fe_3O_4 = 15Fe + 4CO - 619kJ$$
$$O:C \approx 1.33:1$$
$$2Fe_3C + Fe_3O_4 = 9Fe + 2CO_2 - 300kJ$$
$$O:C \approx 2.97:1$$

在 950℃时，发生反应

$$10Fe_3C + 3Fe_3O_4 = 39Fe + 8CO + 2CO_2 - 1600kJ$$
$$O:C \approx 1.6:1$$

上述反应在 1000℃发生反应，20min 就可以完成；在 900℃发生反应，80min 也可以完成。如果氧含量或碳含量不够时，则采取配氧化铁或碳的办法使其达到所要求的氧碳比。一般选择脱碳还原的温度为 950～1100℃。如果还原时还通入氢或分解氨，则效果更好，此时，氧碳比可选为 1.7 或更大。

4. 水雾化法制取铁粉和合金钢粉的工艺

目前，水雾化法用来喷制铁、低碳钢及合金钢粉是有效的方法。水雾化生产不锈钢粉末的微观观察分析如图 2-67 所示。

熔化用电炉可以是感应电炉，也可以是电弧炉。水雾化所使用的水压通常为 3.5～10MPa，喷嘴以前用环形喷嘴，现在发展到使用板状流 V 形喷射的喷嘴。

水雾化时，控制好以下条件可以得到细粉末：水的压力高，流速快、流量大，金属液流股直径小，过热温度高，金属的表面张力和黏度小，金属液流长度短，喷射长度短，喷射顶角适当等。控制好以下条件可以得到球形粉末：金属表面张力要大，过热温度高，水的流速低，喷射顶角大，液滴飞行路程长等。如实践表明，水压为 1.7MPa 的水雾法生产钢粉时

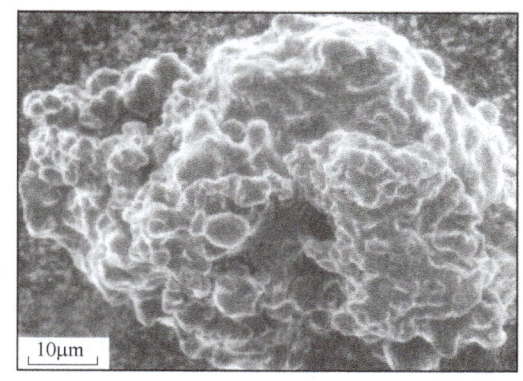

图 2-67 水雾化不锈钢粉末在氢还原和球磨后的形貌

得到粒径为 117μm 的粉末，水压增至 13.8MPa 时，粉末粒径为 42μm，水雾法压力达到 150MPa 时，粉末粒径为 5μm。

水雾化时，金属液过热温度低、水压高、水的流速大以及液滴飞行路程短可以得到显微组织较细并具有致密颗粒结构的粉末。

表 2-33 给出了水雾化生产不锈钢粉末的典型数据。实际生产中，雾化生产效率高达 400kg/min，零化介质即冷却液流速达到 230m/s。这可用于合金及预合金粉末的生产。水雾法获得碳的质量分数为 3.5% 的高碳钢粉末，经氧化、碾磨、脱碳、退火生产海绵坯体金

属，最后经研磨得到粉末，这种金属将用于生产钴和镍合金、贵金属、低熔点金属（铅、锡、锌合金）等。

表2-33 不锈钢水雾化条件

参　　数	条　　件
熔点	1365℃
熔化温度	1510℃
金属喷嘴直径	6mm
金属流率	22kg/min
水喷嘴最大角度	38°
水压	9MPa
水流速率	200L/min
出口水速率	110m/s
平均颗粒粒度	60μm

2.6.5 离心雾化法

离心雾化是利用机械旋转的离心力将金属液流击碎成细小的液滴，然后冷却凝结成粉末的过程，图2-68表示了各种离心雾化方法。最早出现的是旋转圆盘雾化，后来有旋转水流雾化、旋转电极雾化、旋转坩埚雾化，以及后来产生的快速冷凝技术、等离子体雾化技术等，下面分别加以介绍。

1. 旋转电极雾化

旋转电极雾化是离心雾化的一种方式，简单的旋转电极雾化示意图如图2-69所示。旋转电极法把要雾化的金属或合金作为旋转自耗电极，通过固定的钨电极发生电弧使金属和合金熔化，当自耗电极转速达到5000r/min快速旋转时，离心力使自耗电极靠近固定的钨电极或等离子弧，将逐渐熔化的金属或合金碎成细滴状飞出。电极的转动由一个高速旋转电动机驱动。随其熔化发生和雾化进行时，电极也由喂料机构缓慢向前推进。收集室先抽成真空，然后在喷制之前，充入氩或氦等惰性气体，熔滴在尚未碰到粉末收集室的器壁以前，就凝固于惰性气氛之中，凝固后的粉末落于器底。像气体雾法

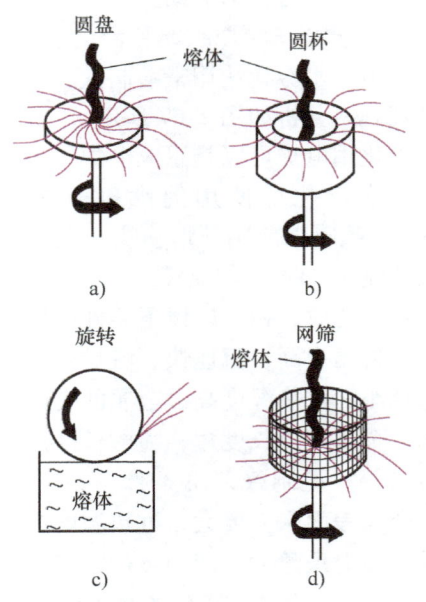

图2-68 各种离心雾化方法
a）旋转圆盘雾化 b）旋转杯雾化
c）旋转轮雾化（溶液吐丝） d）旋转屏雾化

一样，旋转电极离心雾化也是可在惰性气体保护下进行的，以避免粉末氧化。因此，该方法主要用来制备活性金属或合金粉末，如锆、钛、铌、镍等金属与合金等。旋转电极雾化法不仅可以制取高温合金、钛和镍耐热合金，而且可以制取难熔金属粉末。

旋转电极转速为5000~25000r/min，电流为400~800A。一般生产的粉末粒度为30~

500μm，大量生产过 325 目（约 45μm）的粉末尚有困难。由于旋转电极雾化不受熔化坩埚及其他杂质的污染，生产的粉末很纯，粉末形状一般为球形。此法已用于雾化无氧铜、难熔金属、铝合金、钛合金、不锈钢以及超合金等。旋转电极雾化法具有以下优点：粉末干净，球形度好，填实密度高，流动性好，无坩埚材料的污染。缺点则是生产效率低、设备昂贵、运行成本高，粉末颗粒较粗。

旋转电极离心雾化时金属液滴的形成过程如图 2-70 所示，由于温度的作用，在自耗电极的表面形成熔化层，由于自耗电极高速旋转，熔融金属因剪切作用而突破。表面张力，成为条带状液体离开自耗电极表面。假定离心力与自耗电极熔体表面张力平衡，可以推导得粉末粒径与过程参数有如下关系：

$$D = \left(\frac{A}{\omega}\right)\left(\frac{\gamma}{\rho_m}R\right)^{1/2} \tag{2-52}$$

式中，A 为独立常数；ω 为角速度；γ 为金属液体的表面能；ρ_m 为金属液密度；R 为自耗电极半径。

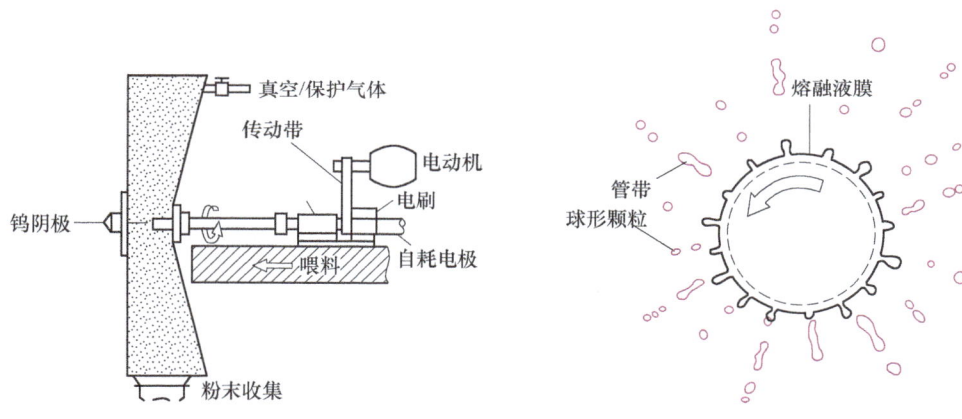

图 2-69　旋转电极雾化示意图　　图 2-70　旋转电极时金属液滴的形成过程

根据式（2-52）和图 2-71 可知，粉末尺寸大小与旋转速度大致成反比。因此，采用更高的旋转速度、更大旋转直径以及表面能低的金属或合金，即能得到颗粒尺寸更细小的粉末。在飞行中，条带收缩成液滴最后变成圆球形。如果金属液体过热度不够大，粉末在球化之前将凝固成条带状粉末。通常自耗电极雾化的粉末形状为球形，平均尺寸大约是 250μm。与式（2-52）相比，这里给出一个关于离心雾化粉末尺寸 D 与过程参数的经验公式，即

$$D = \frac{M_m^{0.12}}{\omega d^{0.64}}\left(\frac{\gamma}{\rho_m}\right)^{0.43}$$

式中，M_m 为熔化速度，为 $10^{-7} \text{m}^3/\text{s}$；$d$ 为电极直径；ω 为角速度；γ 为熔化金属液的表面能；ρ_m 为金属液密度。

根据离心雾化过程可变量包括功率、电压、电极直径、旋转速度及所涉及生产的材料。典型的金属熔化速度是 $10^{-7} \text{m}^3/\text{s}$。旋转速度为 2000～10000r/min，电极直径为 2～5cm。离心雾化系统设计必须避免形成共振。在高速旋转下共振会带来设备的损害和不安全因素。

如果用钨电极会给粉末带来污染，可选用等离子熔化技术来代替。

由于熔融的金属或合金液体从电极表面分离与电极旋转速度密切相关，电极旋转速度越快，离心作用越强，液滴越容易从电极表面脱离，所获得粉末也就越细小，如图 2-71 所示。

2. 旋转坩埚雾化

这是一种新的离心雾化形式，其装置如图 2-72 所示。

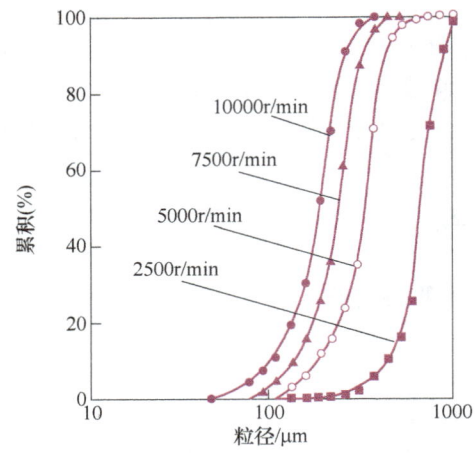

图 2-71　旋转电极工艺生产的不锈钢粉

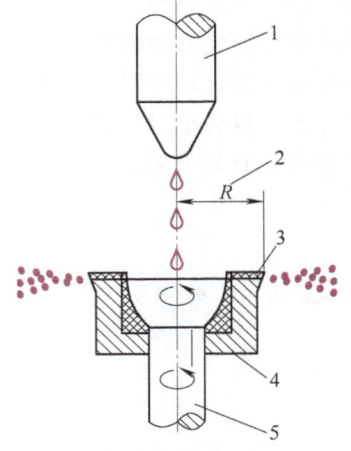

图 2-72　旋转坩埚雾化装置示意图
1—电极　2—雾化半径　3—雾化缘
4—旋转坩埚　5—电极

旋转坩埚雾化用一根固定电极和一个旋转的水冷坩埚，电极和坩埚内的金属之间产生电弧而使金属熔化，坩埚旋转速度为 3000～4000r/min，在离心力的作用下，金属熔体在坩埚出口处破碎成粉排出。整个熔化、雾化、凝固过程均在惰性气氛（氩、氦）的密封容器中完成。用于雾化钛合金、超合金等，粉末粒度为 150～1000μm，多呈球形。

3. 快速冷凝技术

快速冷凝技术（RST）是雾化技术的发展。快速冷凝技术的主要特点为

1）急冷可大幅度减少合金成分的偏析。
2）急冷可增加合金的固溶能力。
3）急冷可消除相偏聚和形成非平衡相。
4）某些有害相可能由于急冷而受到抑制甚至消除。
5）由于晶粒细化达微晶程度，在适当应变速度下，可能出现超塑性等。快速冷凝技术可制得非晶、准晶和微晶粉末，因此得到了飞速的发展。除了非晶软磁材料、微晶永磁材料外，在粉末冶金领域研制试用的有碳钢、不锈钢、高速钢、镍基高温合金，铝、钛及其合金等粉末。

4. 超声气体雾化法

超声气体雾化法是在一般气体雾化法的基础上发展起来的。高速气流利用频率为 60～120kHz，速度可超过 2Ma（马赫数）的激波管加速，高速气流波冲击金属液流而使金属液流碎化成细滴，通常可小于 30μm，其冷却速度大约为 10^5℃/s。

超声气体雾化法已经用来生产低熔点铝合金粉。对于像不锈钢、镍基和钴基高温合金等熔点较高的合金粉只是在实验室规模和试制规模生产。超声气体雾化法已发展到用于生产含铁、钴、钼的新的弥散强化铝合金粉。

5. 熔融爆炸法

熔融爆炸喷雾如图 2-73 所示。其原理是将溶有饱和氢的金属熔体引入真空室，由于脱氢反应使金属液体发生爆炸性膨胀，变成细小的粉末。在这一方法中，在金属液面上施以 1~3MPa 氢加压力，金属液体在氢气压力作用下通过一根直径细小的虹吸管进入一个大的真空室。由于高速和释氢作用，金属液进入真空室时爆炸成很小的液滴。这项技术已经用于生产耐热超合金粉末。

6. 等离子体雾化法

等离子体雾化法提供了一种制备金属与合金粉末的新型雾化技术，原料金属丝或金属粉末送进等离子火焰区，在这里金属或合金熔化形成等离子体高速喷出，形成粉末颗粒。高温高速等离子体过热度大，能够熔化大部分难熔金属，因此，等离子体雾化方法也可制造难熔金属粉末。形成液滴之后，如果在冷却前飞行的距离足够长，那么，得到的粉末通常为球形，特别是喂入的粉料直径在 30~80μm 时，所得的粉末球形度最好。为了获得更小的粒度，可让等离子体与一个靶标碰撞，进一步破碎成 10μm 的细小粉末。图 2-74 是由等离子雾化法获得的钨和碳化铪粉末扫描电镜图。

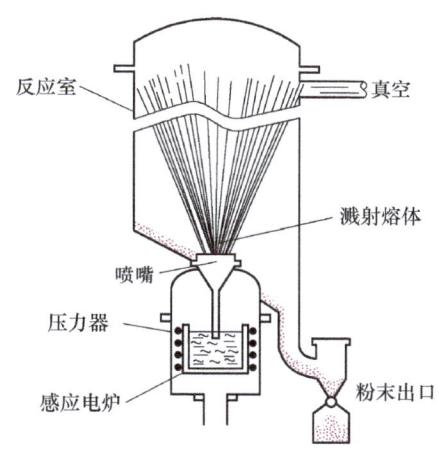

图 2-73 熔融爆炸喷雾技术形成球形粉末

图 2-74 等离子雾化法获得的钨和碳化铪粉末扫描电镜图

2.7 电解法制备粉末的原理与技术

许多导电性金属粉末可采用电解沉积法生产，如可制得高纯 Pd、Cu、Fe、Zn、Ni 和 Ag。与 Cu 和 Fe 有关的阳、阴极反应如图 2-75 所示，在阴极有纯金属细粉末生成。综合起来电解制粉既有粉末制备过程，又有金属粉末提纯过程。

电解方法制得的粉末常呈现树枝状或海绵状。这种特征取决于电解过程中离子析出结晶及随后晶粒的长大方式。图 2-76 所示为

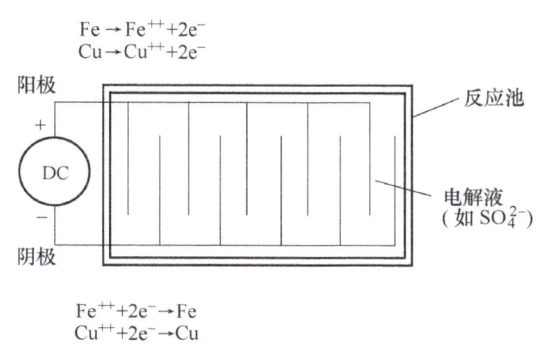

图 2-75 电解过程示意图

电解制得的铜粉的形貌,二者都是不规则多孔状和树枝状,其基本工艺参数见表2-34。

图 2-76　电解制得的铜粉扫描电镜图

表 2-34　电解方法制备铜粉的基本工艺参数

参　　数	主要条件
电解液中 Cu 含量	30g/L
电解液中 H_2SO_4 含量	150~250g/L
阳极电流密度	300~600A/m²
阴极电流密度	600~4000A/m²
电解温度	40~60℃
电解电压	1~2V
电极成分	$w_{pb}=88\%$,$w_{sb}=12\%$

电解法在粉末生产中占有重要的地位,其生产规模在物理化学法中仅次于还原法。不过,电解法耗电较多,一般来说成本比还原粉、雾化粉高。因此,在粉末总产量中,电解粉所占的比例是较小的。电解制粉又分为:水溶液电解、有机电解质电解、熔盐电解和液体金属阴极电解,其中用得较多的还是水溶液电解和熔盐电解,而熔盐电解主要用于制取一些稀有难熔金属粉末。下面主要讨论水溶液电解法,也简单介绍一下熔盐电解法。

2.7.1　水溶液电解法

水溶液电解法可生产铜、镍、铁、银、锡、铅、铬、锰等金属粉末,在一定条件下可使几种元素同时沉积而制得 Fe-Ni、Fe-Cr 等合金粉末。

从所得粉末特性来看,电解法有一个提纯的过程,因而所得粉末较纯;同时,由于电解结晶粉末形状一般为树枝状,压制性(包括压缩性和成形性)较好;电解还可以控制粉末粒度,因而可以生产超细粉末。

1. 水溶液电解的基本原理

(1) 电极反应　当电解质溶液中通入直流电后,将产生正负离子的迁移,正离子向阴极迁移,负离子向阳极迁移,在阳极上发生氧化反应,在阴极上发生还原反应,从而在电极上析出氧化产物和还原产物。这两个过程是电解的基本过程。因此，电解是一种借电流作用而实现化学反应的过程，也是由电能变为化学能的过程，以水溶液电解铜粉为例来分析电极反应。

电解铜粉时电解槽内的电化学体系为

$$(-)Cu(粉)/CuSO_4, H_2SO_4, H_2O/Cu(纯)(+)$$

电解质在溶液中电离或部分电离成离子状态，即

$$CuSO_4 = Cu^{2+} + SO_4^{2-}$$
$$H_2SO_4 = 2H^+ + SO_4^{2-}$$
$$H_2O = H^+ + OH^-$$

当施加外直流电压后，溶液中的离子担负起传导电流的作用，在电极上发生电化学反应，把电能转变为化学能。加入酸是为了降低溶液的电阻。

在阳极：主要是铜失去电子变成离子而进入溶液，电极反应为

$$Cu = 2e + Cu^{2+}$$
$$2OH^- - 2e = H_2O + 1/2O_2 \tag{2-53}$$

在阴极：主要是铜离子放电而析出金属，电极反应为

$$2e + Cu^{2+} = Cu$$
$$2e + 2H^+ = 2H = 2H_2 \tag{2-54}$$

铜电解时杂质金属的行为取决于它们自身的电位与电解液的组成。阳极铜的杂质可分为：①标准电位比铜更负的金属杂质，如 Fe、Ni 等；②标准电位比铜更正的金属杂质，如 Ag、Au 等；③标准电位与铜接近的金属杂质，如 Bi。

1）标准电位比铜更负的金属杂质。在阳极，这类杂质优先转入溶液；在阴极，这类杂质留在溶液中不还原或比铜后还原。铁离子的存在会增大电解液的电阻，降低溶液的导电能力，同时，溶液中的二价铁离子可能被溶于溶液中的氧所氧化（$2Fe^{2+} + 2H^+ + 1/2O_2 = 2Fe^{3+} + H_2O$），所生成的三价铁离子在阴极上将铜溶解下来（$2Fe^{3+} + Cu = 2Fe^{2+} + Cu^{2+}$），或者在阴极上得到电子而被还原（$Fe^{3+} + e = Fe^{2+}$）。这样，铁在溶液中反复进行氧化-还原反应，结果使电流效率降低。

镍离子的存在也会降低溶液的导电能力，还可能在阳极表面生成一层不溶性薄膜（如氧化镍）而使阳极溶解不均匀，甚至引起阳极钝化。

2）标准电位比铜更正的金属杂质。在阳极，这类杂质不氧化或后氧化。在阴极，这类杂质先还原。例如，银在阳极不溶解，而从阳极表面脱落进入阳极泥。如果少量的银以 Ag_2SO_4 形态转入溶液中，则在阴极会优先析出，造成银的损失。在电解含银的铜阳极时，需往溶液中加入 HCl，生成 AgCl 沉淀而进入阳极泥以便回收。

3）标准电位与铜接近的金属杂质。这类杂质在阳极与铜一道转入溶液中。当电流密度较高，阴极铜离子浓度降低时，它们便会在阴极上析出而使阴极产物中含有这类杂质。

（2）理论分解电压　电解过程是原电池的逆过程。在逆过程中，电解的热力学特性函数仍应符合。在电解时，应当在两个电极上加上一个电位差，此电位差不得小于由电解反应

的逆反应所生成的原电池电动势。这样的外加最低电位就是理论分解电压，它能够使电解质在两极继续不断地进行分解。显然，理论分解电压是阳极平衡电位 $\varepsilon_{阳}$ 与阴极平衡电位 $\varepsilon_{阴}$ 之差，即 $E_{理论}=\varepsilon_{阳}-\varepsilon_{阴}$。不同物质的理论电位不同，因而理论分解电压也不同。

（3）分解电位　实际电解时分解电压比理论分解电压要大得多。分解电压比理论分解电压超出的那一部分电位叫超电压。故 $E_{分解}=E_{理论}-E_{超}$。

（4）极化　在实际电解过程中，分解电压比理论分解电压大，而且电流密度越高，超越的数值就越大，就每一个电极来说其偏离平衡电位值也越多，这种偏离平衡电位的现象称为极化。根据极化产生的原因，极化有浓差极化、电阻极化和电化学极化，相应的超电压称之为浓差超电压、电阻超电压和电化学超电压。极化的详细内容可参阅物理化学有关章节，在此不作讨论。三种极化现象中，浓差极化和电阻极化可设法减弱，甚至尽量消除。只有增加外电压以克服电极过程的迟缓现象，才能使电解显著进行，故有时只把电化学极化所需增加的外电压叫超电压。但是电解制粉一般是在高电流密度条件下进行的，浓差极化和电阻极化不能忽视，在本节中所指的超电压包括三种极化现象，即 $E_{超}=E_{浓}+E_{阻}+E_{电化}$。

2. 电解制粉的定量定律

在电解过程中所通过的电量与所析出的物质的量之间有定量的关系。电解时，在任一电极反应中，发生变化的物质的量与通过的物质的量成正比，即与电量强度和通过电流的时间成正比，即法拉第一定律。在各种不同的电解质溶液中通过等量的电流时，发生变化的每种物质与它们的电化当量成正比，并且需要通过 $F=96500C$ 或 $96500（A·s）$ 的电量，才能析出一克当量（摩尔质量/化合价）的任何物质，即此法拉第二定律。此 $96500C$ 或 $96500A·s$ 称为法拉第常数，如果以 $A·h$ 为单位来表示，则等于 $26.8A·h$。所以电化当量为

$$q=\frac{W}{n96500C}=\frac{W}{n·26.8A·h} \tag{2-55}$$

式中，W 为物质的相对原子质量；n 为化合价。

电解产量等于电化当量与电量的乘积，用式表示为

$$m=qIt$$

式中，I 为电流，单位为 A；t 为电解时间，单位为 h。

一些金属的电化当量见表 2-35。

表 2-35　一些金属的电化当量

元素	相对原子质量	化合价	克当量	电化当量/[g·(A·h)$^{-1}$]
氢	1.008	1	1.008	0.0376
氧	16.0	2	8	0.2985
银	107.9	1	107.9	4.026
铜	63.54	2	31.8	1.186
铁	55.85	2	27.93	1.0420
镍	58.71	2	29.36	1.0953

3. 成粉条件

如前所述，铜、镍、铁、银均可以通过水溶液电解析出，但是要求阴极沉淀物呈粉末状

态，所以还需掌握电解时成粉的规律。电解实验证实：①阴极开始析出的是致密金属层，一直到阴极附近的阳离子浓度由原来的 c 降低到一定值 c_0 时才开始析出松散的粉末。在低电流密度电解时，c_0 值通常是达不到的，因为离子浓度的降低会不断靠扩散而得到补充；只有采用高电流密度时，阴极附近的阳离子浓度急剧下降，经过很短的时间就到达 c_0 值。所以，要形成粉末，电流密度和金属离子浓度起着关键的作用。②当通电时，只是在距离阴极表面距离 h 以内的阳离子于阴极析出。金属离子浓度与阴极距离的关系如图 2-77 所示。

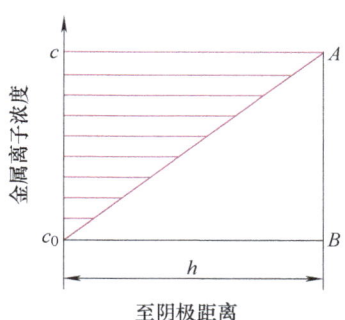

图 2-77　金属离子浓度与阴极距离的关系

c—溶液中阳离子的浓度
c_0—阳极表面阳离子浓度

从靠近阴极面积 A 的体积 Ah 内析出的阳离子数为

$$\frac{c-c_0}{2}Ah \quad (c \text{ 的单位为 mol/L})$$

根据法拉第定律应有下面的等式

$$\frac{c-c_0}{2}Ah = Q/nF \tag{2-56}$$

式中，Q 为通过面积 A 的电量，单位为 C；n 为离子化合价；F 为法拉第常数，即 96500C。

同时，浓度梯度与电流密度 i 的关系为

$$dc/dh = ki \tag{2-57}$$

式中，k 为比例常数。

将式（2-57）积分，得

$$\int_{c_0}^{c} dc = ki \int_0^h dh$$

$$c - c_0 = kih \quad 有 \ h = (c-c_0)/ki$$

将 h 值代入式（2-56），则得

$$\frac{(c-c_0)^2 A}{2ki} = \frac{Q}{nF} \tag{2-58}$$

用 $Q = I(A)t(s) = iAt$ 代入式（2-58），得

$$(c-c_0)^2 = \frac{2ki^2 t}{nF} \tag{2-59}$$

如果 $c_0 \ll c$ 可得一简单关系式

$$c = ait^{1/2} \tag{2-60}$$

式中，$a = (2k/nF)^{1/2}$。

在电流密度可保证析出的条件下，假定 1s 后开始析出粉末，式（2-60）成为 $c = ai$ 则 $I = c/a = Kc$，k 为系数。

多次实验表明，无论怎样的电流密度，开始析出粉末的时间是有一定的限度的。如果在 20～25s 内还未析出粉末，则在此种电流密度便不能再析出粉末。以 $t = 25s$ 代入式（2-60）

$$c = 25^{1/2} ai$$

$$i = c/5a = 0.2Kc$$

一些常用盐类的 a 值和 K 值见表 2-36。K 值在 0.5～0.9 之间，硫酸盐的 K 值都一样。

表 2-36　一些常用盐类的 a 值和 K 值

盐　类	a	K	盐　类	a	K
Ag_2SO_4	1.87	0.53	$CuCl_2$	1.11	0.90
$AgNO_3$	1.73	0.58	$Cu(NO_3)_2$	1.24	0.80
$CuSO_4$	1.87	0.53	$ZnSO_4$	1.87	0.53

因此，电解时要得到松散粉末，则选择 $i \geq Kc$；要得致密沉淀物，则选择 $i \leq 0.2Kc$。以横坐标表示浓度 c，以纵坐标表示电流密度 i，则得出一个 i-c 关系图（图 2-78）。图中 $i_1 = Kc$ 和 $i_2 = 0.2Kc$ 两根直线把整个图面分成三个区域：Ⅰ—粉末区域；Ⅱ—过渡区域；Ⅲ—致密沉淀物区域。

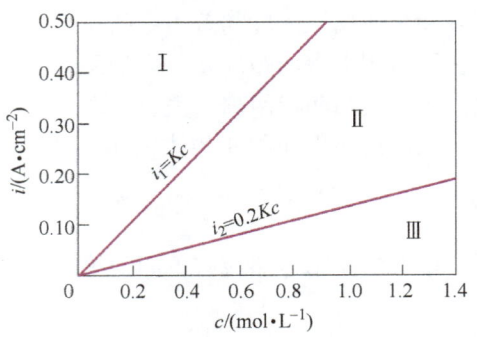

图 2-78　i-c 关系图

例如，用浓度为 50g/L 的 $CuSO_4 \cdot 5H_2O$ 的电解液电解制取铜粉时，电流密度值从图 2-78 中便可查出。浓度为 50g/L 的 $CuSO_4 \cdot 5H_2O$ 相当于 0.2mol/L，要得到粉末，则电流密度 i 要大于 $0.1A/cm^2$（相当于 $10A/dm^2$）。即采用 $[Cu^{2+}]$ 约为 13g/L，即 $CuSO_4 \cdot 5H_2O$ 的浓度为 50g/L 的电解液时，要得到粉末，则电流密度至少在 $10A/dm^2$ 以上。如果电流密度低于 $10A/dm^2$，则得到粉末和致密沉淀物的混合物或致密沉淀物。

4. 极化反应动力学

电极上发生的反应是多相反应，与其他多相反应有相似也有不同之处。不同的是有电流流过固－液界面，金属沉积的速度与电流成正比；而相似的是在电极界面上也有附面层，扩散过程便层叠加于电极过程中，因而电极过程也和其他多相反应一样，可能是由扩散过程控制的，也可能是由化学过程或中间过程控制的。

前面已经指出，根据法拉第定律，电解产量等于电化当量与电量的乘积

$$m = qIt = \frac{WIt}{96500n} \tag{2-61}$$

将式（2-61）变换形式，并以 mol/s 表示金属沉积速度，则

$$沉积速度 = \frac{m/W}{t} = \frac{I}{96500n} = \frac{I}{nF}$$

所以根据法拉第定律，金属沉淀的速度仅与通过的电流有关，而与温度、浓度无关。

由于阴极放电的结果，界面上金属离子浓度降低，这种消耗从溶液中扩散的金属离子所补偿，可得

$$扩散速度 = \frac{DA(c - c_0)}{\delta}$$

式中，D 为扩散系数；A 为阴极放入溶液中的面积；δ 为扩散层厚度。

在平衡时两种速度相等

$$\frac{I}{nF} = \frac{DA(c-c_0)}{\delta}$$

$$\frac{I}{A} = \frac{DnF(c-c_0)}{\delta} \tag{2-62}$$

这说明，随着电流密度（I/A）增大，$c-c_0$ 值将增大，因为界面上的金属离子迅速贫化。同时也可得出，在恒定的电流密度下，搅拌电解液使扩散层厚度 δ 减小，$c-c_0$ 值也相应减小，即 c_0 增大。

从图 2-79 可以看出，镍电解发生在电流密度为 $4A/dm^2$ 时，镍浓度降低，$c-c_0$ 为 0.8g/L，发生在电流密度为 $1A/dm^2$ 时，$c-c_0$ 仅为 0.3g/L。从图 2-80 可以看出，在同样电解条件下电解铜，用静止阴极，c_0 为 43.5g/L；用旋转阴极，c_0 为 47g/L。

金属沉淀物常为结晶形态，故电解沉淀时发生成核和晶体长大两个过程。晶体尺寸取决于这两个过程的速度比。如果成核速度远远大于晶体长大速度，形成的晶核数越多，产物粉末越细；反之，如果晶体长大速度远远大于成核速度，产物将为粗晶粒。

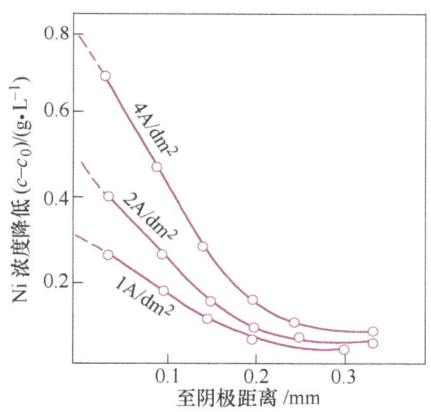
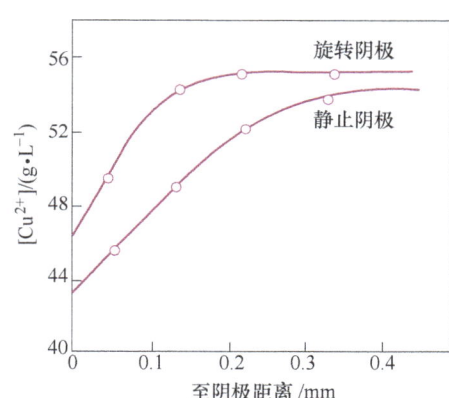

图 2-79　在不同电流密度下阴极扩散层中镍的浓度　　图 2-80　搅拌对阴极界面上铜浓度的影响

从动力学角度看，当界面上金属离子浓度 c_0 趋近于零，即电极过程为扩散过程控制时，则成核速度远远大于晶体长大速度，因而有利于沉淀出粉末；当电极处于化学过程控制时便沉积出粗晶粒。

5. 电流效率和电能效率

电流效率和电能效率是电解中两项重要的技术指标。在讨论此两项指标之前，对电解中的槽电压分析如下：

（1）槽电压　前面讨论了电解时的外加电压即分解电压。在电解过程中，除了极化现象所引起的超电压外，还有电解质溶液的电阻所引起的电压降，电解槽各接点和导体的电阻所引起的电压损失。因此，电解池的槽电压为这些值的总和，即

$$E_{槽} = E_{分解} + E_{液} + E_{接}$$

式中，E 为分解电压，即 $E_{分解} = E_{理论} + E_{超}$，而 $E_{超} = E_{浓} + E_{阻} + E_{电化}$；$E_{液}$ 为电解液电阻引起

的电压降；$E_{接}$ 为电解槽各接点和导体上的电压损失。

电解时使用高的槽电压，电能消耗增加，因此，必须设法降低，$E_{分解}$ 包括 $E_{理论}$ 和 $E_{超}$。理论分解电压是由电解质性质决定的。超电压 $E_{超}$ 包括 $E_{浓}$、$E_{阻}$ 和 $E_{电化}$，铜电解时 $E_{电化}$ 很小，$E_{阻}$ 一般也不大，通电后极化主要为 $E_{浓}$。对于 $E_{浓}$，可通过搅拌（图 2-80）和电解液循环来减少浓度差，也可通过提高电解液温度使速度增加，来减少浓度差。但温度升高，对粉末粒度有影响，促进粗粒沉积物生成。对于 $E_{阻}$，经常刷去金属粉末或及时除去气体以减少电阻极化，即可减小 $E_{阻}$。分解电压在整个槽电压所占的比例并不大，一般只占 2%～4%。影响槽电压大小的主要是 $E_{液}$ 和 $E_{接}$，$E_{液}$ 在槽电压中一般占 70%～80%。往电解液中加入酸就是为了降低其电阻，在电解中升高电解液温度，增加溶液的电导，在可能的范围内减小极间距离都可减小 $E_{液}$。$E_{接}$ 一般在槽电压中占 15%～20%，改善各接点的接触，采用导电性较好的导体都可以减小 $E_{接}$。

（2）电流效率　电流效率说明了电解时电量的利用情况。法拉第定律是最严格的科学定律之一，它不受温度、压力、电解质溶液的浓度、电极和电解槽的材料与形状等因素的影响。但是，在实际电解生产中，析出的物质的量往往与计算结果不一致，这是因为在电解过程中出现了副反应和电解槽漏电等缘故，因而有一个电流有效的问题，即电流效率问题。电流效率就是一定电量电解出的产物的实际质量与通过同样电量理论上应电解出的产物的质量之比，用公式表示为

$$\eta_i = \frac{M}{qIt} \times 100\% \tag{2-63}$$

式中，M 为电解产物的质量单位为 g；q 为电化当量单位为 g/(A·h)；I 为电流单位为 A；t 为电解时间单位为 h。

由于副反应多消耗了一部分电量，电流效率一般为 90%，工作好的情况下可达 95%～97%。为了提高电流效率减小副反应的发生，防止设备漏电等，影响电流效率的各种因素在以后将详细讨论。

（3）电能效率　电能效率说明电能的利用情况，它是技术和经济两方面的综合指标。

电能效率就是在电解过程中生产一定质量的物质在理论上所需的电能与实际消耗的电能之比，即

$$\eta_e = \frac{W_0}{W_e} \times 100\%$$

式中，W_0 为析出一定质量物质在理论上所需的电能，W_0 = 沉积物所需的电量（$I_0 t$）× 理论分解电压（$E_{理论}$）；W_e 为析出同样质量的物质实际消耗的电能，W_e = 通过电解槽的全部电量（It）× 槽电压（$E_{槽}$）。

所以

$$\eta_e = \frac{I_0 E_{理论} t}{I E_{槽} t} \times 100\% = \frac{I_0 E_{理论}}{I E_{槽}} \times 100\%$$

式中，I_0/I 为相当于电流效率；$E_{理论}/E_{槽}$ 为电压效率（η_v）。

因此，电能效率为电流效率和电压效率的乘积，即

$$\eta_e = \eta_i \times \eta_v \tag{2-64}$$

所以，为了提高电能效率，除提高电流效率外，还应该提高电压效率。降低槽电压是降低电

能消耗、提高电能效率的主要措施。在实际工作中,电能效率有时用生产单位质量(1kg,1t 等)的金属所消耗的电能(kW·h)来计算,例如,每吨铜粉的电能消耗为 2700~3500kW·h。

2.7.2 影响粉末粒度和电流效率的因素

通过对电解过程的分析可知,粉末形成是电极和电解液组成(如金属离子浓度、酸度等)发生内在变化的结果,而电流密度、电解液温度等工艺条件将影响电解过程的进步;另一方面,电流密度、电解液温度、金属离子浓度、酸度等都对粉末的粒度和电流效率有重要影响。

1. 电解液组成

(1)金属离子浓度的影响　电解制粉时电流密度较高,其金属离子浓度比电解精炼致密金属时低得多。电解铜时,铜离子浓度与粉末粒度关系的实验结果见表 2-37。

表 2-37　电解铜时铜离子浓度与粉末粒度的关系

铜离子浓度/(g·L^{-1})	8	10	12	16	20
平均粒度/um	94	110	124	160	205

注:其他条件:H_2SO_4 为 130g/L,电流密度为 18A/dm^2,温度为 56±1℃,电解时间为 20min。

由表 2-37 可以看出,在能析出粉末的金属离子浓度范围内,Cu^{2+} 浓度越低,粉末颗粒越细。因为,在其他条件不变时,Cu^{2+} 浓度越低,扩散速度越慢,为 Cu^{2+} 扩散速度所控制,即向阴极扩散的金属离子量越少,成核速度远远大于晶体长大的速度,故粉末越细;如果提高 Cu^{2+} 浓度,则相应地扩大了致密沉积物的区域(图 2-81),使粉末变粗。

图 2-81 所示为上述实验(电流密度为 14A/dm^2,H_2SO_4 为 140g/L,温度为 50℃)中 Cu^{2+} 浓度对电流效率的影响。随着 Cu^{2+} 浓度的增加,电流效率增大,因为 Cu^{2+} 浓度增加,有利于提高阴极的扩散电流,从而有利于铜的沉积,可提高电流效率。但是,综合考虑电流密度和金属离子浓度对粉末粒度和电流密度的影响可以得出:要得到细粉末,则电流效率降低;如果提高电流效率,则粉末变粗。因此,应根据要求综合考虑,适当控制有关条件。

(2)酸度(或 H^+ 浓度)的影响　一般认为,如果在阴极上氢与金属同时析出,则有利于得到松散粉末。从这个观点出发,凡是能降低氢的超电压的杂质,可促使粉末形成。但是,一些实验证明,形成粉末时并不都是有氢析出,或者,析出氢时得到的并不都是粉末。例如,在电解锌盐溶液时,在较低电流密度下,析出粉末并不析出氢;在电解氰络盐溶液时,析出银时有氢析出,但得到的是致密沉积物。因此,H^+ 浓度的影响是复杂的,要针对不同电解液和不同电解条件加以分析。

对于 H^+ 浓度对电流效率的影响,一般认为,提高酸度有利于氢的析出,电流效率是降低的。根据电解硫酸铜溶液制取铜粉的实验结果,随着 H^+ 浓度增大,析出致密沉积物区域扩大了。Cu^{2+} 浓度为 10g/L,电流密度为 14A/dm^2,温度为 50℃时,随着 H_2SO_4 浓度的增加,电流效率有所降低,如图 2-82 所示。

(3)添加剂的影响　电解过程中往往使用外加的添加剂,一般来说,添加剂可分为电解质添加剂和非电解质添加剂两类。

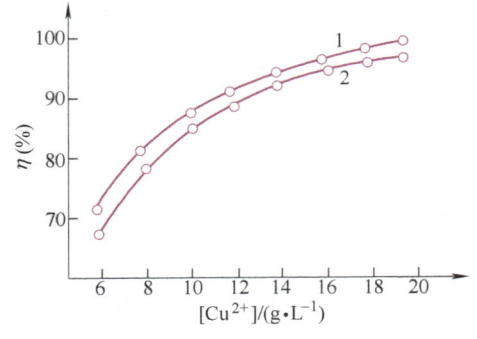
图 2-81　铜离子浓度对电流效率的影响
1—经过 30min 取粉　2—经过 20min 取粉

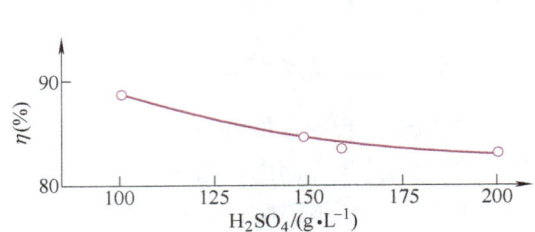
图 2-82　H_2SO_4 浓度对电流效率的影响

电解质添加剂的作用，主要是提高电解质的导电性或控制 pH 值在一定范围。例如，电解制镍粉时若溶液导电性不良，可以加入浓度为 10~12g/L 的 NH_4Cl 溶液。在电解制镍粉和铁粉时，如果 pH 值接近于 7，常常由于析出镍和铁的氢氧化物使电极与电解液隔离而导致溶液电阻增加。因此，电解镍时 pH 值一般控制在 5.5~6.5。加入 NH_4Cl 也具有调整 pH 值以减少氢氧化物析出的作用，但加入 NH_4Cl 过多会有不利影响，因为随着 NH_4Cl 的分解，电流效率会降低。同样，电解镍时加入 NaCl 也可以降低溶液的电阻率，例如，有一电解液组成：$NiSO_4 \cdot 7H_2O$ 为 50g/L，NH_4Cl 为 40g/L，pH 为 6.5，温度为 20℃，改变 NaCl 的量，电阻率也随着变化，NaCl 与溶液电阻率的关系见表 2-38。所以对这种电解液组成一般加入 NaCl 的浓度为 50~80g/L。

表 2-38　NaCl 与溶液电阻率的关系

NaCl/(g·L^{-1})	0	20	40	60	80	100
电阻率/Ω·cm	16.0	13.2	11.0	9.5	8.5	7.5

2. 电解制粉的条件

（1）**电流密度的影响**　金属离子浓度一定时，能不能析出粉末，电流密度是关键。电解制粉时的电流密度比电解精炼致密金属时的电流密度要高得多，主要规律在成粉条件中已详细讨论。前苏联的关于电流密度对铜粉粒度组成影响的实验结果如图 2-83 所示。

实践证明，在能够析出粉末的电流密度范围内，电流密度越高，粉末越细。因为在其他条件不变时，电流密度低则离子放电慢，过程由化学过程控制，晶粒长大速度远远大于成核速度，故粉末粗；相反，电流密度越高，在阴极上单位时间内放电的离子数越多，金属离子的沉积速度远远大于晶粒长大速度，在阴极上单位时间内放电的离子数目越多，粉末越细。

电解制铜粉时电流密度对电流效率的影响的实验结果如图 2-84 所示。随着电流密度的增加，电流效率降低。因为电流密度增加，槽电压升高，副反应增多而使电流效率降低。

（2）**电解液温度的影响**　提高电解液的温度后，扩散速度增大，晶粒长大速度也增大，所以粉末变粗。

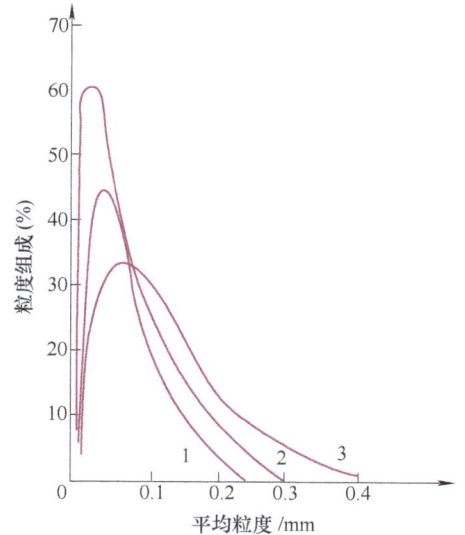

图 2-83　电流密度对铜粉粒度组成的影响
1—$i=18.2 A/dm^2$　2—$i=15.3 A/dm^2$
3—$i=10.5 A/dm^2$

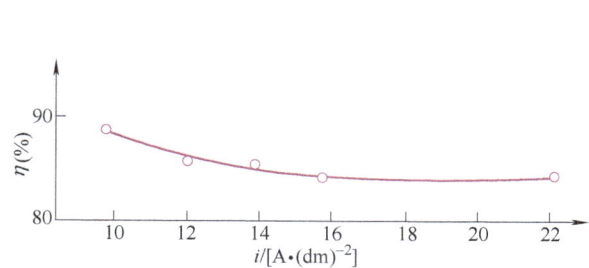

图 2-84　电解制铜粉时电流密度对电流效率的影响

电解液温度对电流效率的影响如图 2-85 所示，其条件为：Cu^{2+} 浓度为 $10g/L$，H_2SO_4 为 $140g/L$，电流密度为 $14A/dm^2$，随着电解温度的提高，电流效率稍微增加。

升高电解液温度可以提高电解液的导电能力，降低槽电压，减少副反应，从而提高电流效率；同时，提高温度可降低浓差极化，有利于 Cu^{2+} 的析出，这就相当于增加 Cu^{2+} 浓度，也对提高电流效率有利。升高温度还可以使阳极较均匀地溶解，减小残留率。

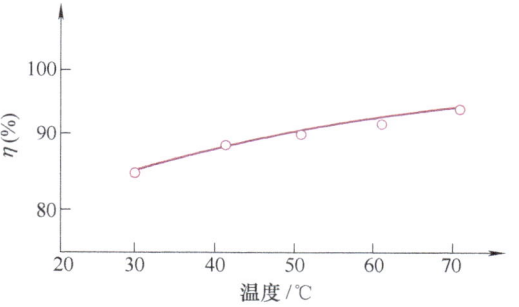

图 2-85　电解制铜粉时电解液温度对
电流效率的影响

(3) **电解时搅拌的影响**　电解过程中搅拌速度对粉末粒度也有影响，实验结果见表 2-39。可以看出，搅拌速度高，粒度组成中粗颗粒的含量增加。因为加快搅拌，扩散层的厚度减小，使得扩散速度增大，故粉末变粗。同时，加快搅拌，或者电解液循环，不仅可使扩散层厚度减薄而减少浓差极化，还可以促进电解液的均匀度，有利于阳极的均匀溶解和阴极的均匀析出。因此，在采用高电流密度时，还要注意电解液的循环。

在电解制镍粉时就要对中空的不锈钢阴极进行水冷。一般电解时，温度升高，粉末变粗；温度太低，溶液电阻大。为了既不增加溶液的电阻，也不降低粉末的产量，又能保证粉末有较细的粒度，可以采用水内冷阴极，而不降低电解液的温度。但是，因为结构复杂，水内冷阴极并不常用。只有像电解镍粉时，电解过程参数难以控制才使用。

表 2-39 搅拌速度对铜粉粒度的影响

搅拌速度/(r·min^{-1})	质量分数（%）			
	160~140um	112~140um	80~112um	<80um
300	9.7	12.2	20.6	40.5
600	21.6	16.2	27.4	41.5
900	23.3	18.8	31.5	24.5
1500	46.6	15.2	14.5	16.6
2200	43.0	18.9	20.6	14.8

3. 水溶液电解法制铜粉的工艺技术

电解法制取铜粉的工艺条件大致有高电流密度和低电流密度两种方案，前者电能消耗大，但生产率较高。两种方案可根据具体条件选用。两种方案的工艺条件和电解精炼致密铜的工艺条件见表 2-40。电解法制取铜粉的工艺流程如图 2-86 所示。

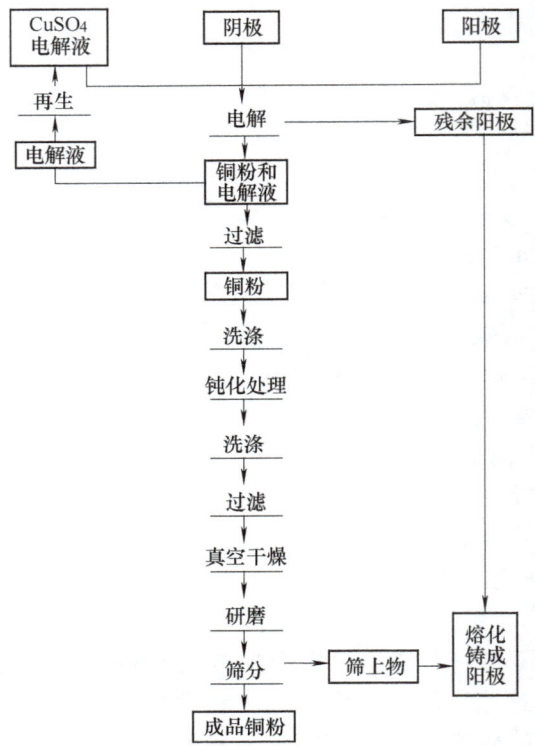

图 2-86 电解法制取铜粉的工艺流程

表 2-40 电解铜的工艺条件

工艺条件方案	铜离子浓度/(g·L^{-1})	H_2SO_4/(g·L^{-1})	电流密度/[A·(dm)$^{-2}$]	电解液温度/℃	槽电压/V
电解铜粉方案1	12~14	120~150	25	50	1.5~1.8
电解铜粉方案2	10	140~175	8~10	30	1.3~1.5
电解铜粉方案3	40~45	180~210	1.8~2.2	55~65	0.2~0.4

2.7.3 熔盐电解法

熔盐电解法可以制取 Ti、Zr、Ta、Nb、Th、U、Be 等纯金属粉末，也可以制取如 Ta-Nb 等合金粉末以及各种难熔化合物（碳化物、硼化物和硅化物等）粉末。

熔盐电解与水溶液电解没有本质区别。上述难熔金属由于与氧的亲和力大，因而在大多数情况下不能从水溶液中析出，必须使用熔盐作为电解质，并且在低于金属的熔点下电解，所以，熔盐电解比水溶液电解要困难得多。首先是温度较高，故操作困难，产物与熔盐的挥发损失增加，而且还会产生副反应和二次反应。其次是把产物与熔盐分开有很多困难，要采取多种办法。熔盐电解制取大多数金属粉末的电解质是氯化物，有些金属的电解质是氟化物。例如，熔盐电解法制取钽粉是用 Ta_2O_5 在 K_2TaF_7 + KCl + KF 的熔盐电解中。熔盐电解在量上也服从法拉第定律。由于熔盐电解过程中伴随有二次反应和副反应，因此电流效率较低。

影响熔盐电解过程和电流效率的主要因素有电解质成分、电解质温度、电流密度、极间距离等。

（1）**电解质成分** 电流效率与理论值产生偏差的主要原因之一是金属溶解于电解质中，接着被阳极气体氧化，即产生二次反应。因此，应该加入添加剂降低金属在电解质中的溶解度，同时降低熔盐的熔点。添加剂一般是碱金属和碱土金属的氯化物和氟化物，这些盐类比析出的金属具有更负电性的阳离子，它们能显著降低金属在熔盐中的溶解度，从而提高电流效率。

（2）**电解质温度** 随着电解质温度的升高，金属在熔盐中的溶解度增大，金属与熔盐的化学作用（如氧化、氯化）增强。有些反应生成的产物（低价金属化合物）的蒸气压高，随着温度升高，金属的挥发损失增加。要在尽可能低的电解质温度下进行电解，但温度降得太低，电解质粘度增大，会引起金属的机械损失。保持电解质的物理化学性质不变时，使副反应和二次反应尽可能少发生的温度是最适宜的温度。加入添加剂也是为了降低电解质的熔点。

（3）**电流密度** 电流效率随电流密度的增加而增加，当其他条件相同时，金属损失相同，电流密度增加使沉积速度增加，因而电流效率增加。但电流密度过高并不提高电流，反而增加了槽电压，使电能消耗增大。最适宜的电流密度应具有最高的电流效率。

（4）**极间距离** 熔盐电解时，极间距离增加，电流效率也增加。因为金属的损失有金属的溶解、金属由阴极转移到阳极而氧化等。当极间距离增加时，转移的距离增大，浓度梯度降低，金属损失减少。当然，极间距离有一定的限度，距离过大，则槽电压增加，增大了电能消耗。

例如，熔盐电解法制取钽粉时适宜的电解质为：Ta_2O_5 8.5%（质量分数，余同），K_2TaF_7 8.5%，KCl 60%，KF 23%。这种成分的电解质在 750℃ 时流动性最好。用厚壁石墨坩埚作为阳极，装入坩埚炉中，电流由镍条接触导入坩埚，用钼棒作阴极，在约 14A/dm² 的电流密度下电解。阴极析出的钽颗粒机械地粘着一层电解质并形成梨状物。周期性地把阴极和梨状物一起取出，换上新的钼棒。梨状物冷却后，经球磨、空气分离、精选、清洗和干燥，所得电解钽粉比钠热还原钽粉的纯度高（w_{Ta} 达 99.8%~99.9%），但颗粒较粗。

表 2-41 归纳了不同方法制备的金属粉末的特性,包括制取工艺、形状、松装密度、振实密度、流动时间等。可以看出,许多金属粉末可由多种方法制造。粉末制备方法的选择,取决于材料制备过程的成本核算、工艺要求和形成产品的性能要求。很明显,铁粉因其低成本和吸引人的烧结特性而使它在粉末冶金中占主导地位。

表 2-41 不同方法制备的金属粉末的特性

粉末	工艺	形状	$D_{50}/\mu m$	$O_2/\times 10^{-6}$	松装密度/$(g\cdot cm^{-3})$	振实密度/$(g\cdot cm^{-3})$	流动时间/s
铝	IGA	球形	30	6000	1.3	1.4	—
铝合金	空气雾化	圆形	65	11000	0.9	1.4	—
银	研磨	饼状	10	100	1.5	—	—
金	空气雾化	球形	130	50	7.8	11.9	—
黄铜	WA	不规则	38	800	2.7	3.3	3.5
青铜	空气雾化	球形	125	700	5.0	5.4	—
钴合金	IGA	球形	90	400	4.3	5.2	—
铜	WA+氧化还原	小瘤	62	3300	2.3	3.4	48
铜	电解	树枝状	40	1700	2.8	3.6	29
铁	WA+氧化还原	不规则	75	1100	2.9	3.4	26
铁	IGA	球形	66	1500	4.5	5.0	9
铁	羰基	球形	5	3800	2.7	4.3	—
铁	氧化还原	多孔	50	10000	1.9	3.0	35
铁	CA	球形	75	1000	4.7	5.0	14
铝	研磨	有角形	9	1200	4.2	6.5	—
钼	氧化还原	有角形	6	1200	2.0	3.1	—
铌	H-dH	有角形	10	3800	0.9	1.0	—
镍	湿法冶金	球形	1	4000	1.3	2.6	—
镍	羰基	长而尖	5	1500	2.5	3.3	—
Ni$_3$Al	反应合成	圆形	14	2000	3.1	3.8	—
铅	WA	系带	42	3000	5.2	—	24
锡	空气雾化	系带	18	7000	3.3	—	—
不锈钢	IGA	球形	12	1000	3.8	4.7	38
不锈钢	WA	不规则	60	2000	2.6	3.7	30
钽	H-dH	有角形	9	1700	3.7	5.8	50
钛	氯化物还原	海绵态	75	1500	2.0	2.5	—
TiAl	IGA	球形	180	800	2.2	2.4	30
钛合金	CA	球形	175	1300	2.6	2.9	28
工具钢	WA	小瘤	70	1000	1.8	2.4	50
WC-Co	超微研磨	有角形	0.7	800	2.5	4.3	—
钨	氧化还原	多边形	3	640	3.4	6.7	—

注:IGA=惰性气体雾化,WA=水雾化,CA=离心雾化,H-dH=氢化-脱氢。

问题与习题

1. 发展复合铁粉的意义有哪些?
2. 作为还原钨的原料,蓝钨比三氧化钨有什么优越性,其主要工艺特点是什么?
3. 还原法制取钨粉的过程机理是什么?影响钨粉粒度的因素有哪些?
4. 用气体雾化法制备合金粉末,雾化熔液金属温度略高于液相线,对于粒径为 $100\mu m$ 的颗粒,固化时间为 $0.04s$,计算在同样条件下 $10\mu m$ 粒径粉末颗粒的固化时间。
5. 采用水平雾化时,发现所得粉末颗粒太小,不适合后续工序,讨论通过改变过程参数以增大粒径的方法。
6. 在气体雾化时,如果颗粒尺寸随熔体粘度增加而增大,粒度对颗粒形状会有什么作用?高的过热温度是否有利于形成球形颗粒?
7. 离心雾化粉末通常有双峰形粒度分布曲线,讨论产生这种结果的原因。
8. 当用电解法制备合金粉末时(如"铜-锌合金"),会遇到什么困难?
9. 在旋转圆盘雾化时,首先形成长 $40\mu m$、直径 $5.3\mu m$ 的圆筒体,能形成几个等尺寸的球形颗粒。如果将该薄片圆筒体分开,能形成几个等直径的球形颗粒(设表面能维持不变)?
10. 为什么不能采用 H_2 还原氧化 Al 制备 Al 粉?
11. 球磨脆性粉末时,输入的总功与粉末粒径的 1/2 次方成正比,当粉末粒径由 $10\mu m$ 减少到 $1\mu m$ 时,能量变化有多大?
12. 为什么气体雾化时,如果平均粉末粒度减少,粒度分布区域将会变窄?
13. 在低压气体雾化制粉时,直径 $1mm$ 的颗粒,需要行走 $10m$ 和花去 $4s$ 进行固化,那么在同样条件下,$100\mu m$ 粒度颗粒需要多长时间固化?计算时需要作何种假设?
14. 金属间化合物比其对应的金属易于粉碎,关键原因是什么?
15. W-Cu 复合粉末在搅拌球磨机中以 $120r/min$ 的转速研磨 $4h$,如果要在 $1h$ 条件下也获得相同的粒径,那么速度应该是多少?
16. 在气体雾化时,选择雾化条件,哪一个参数对颗粒尺寸的影响最大,为什么?
17. 为什么非晶粉末难于成形(与多晶粉末比较)?
18. 一气体雾化粉末,平均粒径为 $40\mu m$(重量法),X 射线分析中 25% 为非晶粉末;该粉末经 400 目过筛(约 $38\mu m$),X 射线复检时发现过 400 目筛(约 $38\mu m$)的粉末中有 40% 的非晶粉末。
    1)过 400 目筛剩下的材料中非晶粉是多少?
    2)为什么会有大的非晶颗粒和结晶颗粒?
19. 机械合金化是如何制备非晶粉末的?需要何种相图条件和过程条件?
20. 硼常被用来产生非晶金属,为什么硼具有这种性质?
21. 合金冷却时,晶体形核速率与粘度成反比,粘度与过冷度的关系为:$\eta = 5 \times 10^{-5} e^{(3000/\Delta T)}$,粘度为 $1013 Pa \cdot s$,那么过冷度为多大时,能够冷却成玻璃相(非晶)?
22. 一粉末为 $40\mu m$,枝晶间距为 $1.9\mu m$,如果该颗粒直径减少到 $20\mu m$,枝晶间距是多少?
23. 对于共晶合金,枝晶间距大致与过冷度成反比,固液表面变化速度与过冷度的平方成正比,在大过冷度的条件下,哪种因素起决定作用,接下来会发生什么现象(或过程)?
24. 某金属的物理性质为:密度为 $8g/cm^3$,摩尔质量为 $50g/mol$,比热容为 $24J/(mol \cdot ℃)$,固化温度为 $1150℃$,熔解热为 $16kJ/mol$,用 $75℃$、导热系数为 $10^4 J/(m^2 \cdot s \cdot ℃)$ 气体进行雾化时,计算一个 $25\mu m$ 直径液滴($1300℃$)的固化时间(温度从 $1300℃ \to 75℃$)。
25. 在什么样的条件下球化时间小于固化时间?
26. 试解释为什么在同样组成的条件下非晶结构的耐蚀性能优于多晶体结构。
27. 对于粒径为 $1mm$ 的液滴,固化时间为 $4s$,且飞行 $10m$,在同样条件下,如果制备 $10\mu m$ 粒径的雾化粉末，冷却室的尺寸应设计为多大？计算应作何假设？

28. 设计一铁基多晶材料，晶界尺寸为 1.2nm，如果该材料有 20% 的原子处于晶界处，试计算晶粒尺寸。

29. 在超真空条件下发现金粉颗粒有团聚现象，为什么？

30. 试论述超细粉末的前景及应用。

参 考 文 献

[1] 刘彦如. 金属粉末技术进展 [M]. 北京：冶金工业出版社，1990.

[2] 松山芳治，等. 粉末冶金 [M]. 北京：科学出版社，1978.

[3] 杨海林. 机械化学法制备纳米碳酸钙 [J]. 粉末冶金材料科学与工程，2010，15 (5)：538.

[4] Davies H A. Processing, Properites and Applications Of Rapidly Solidified Advanced Alloy Powders [J]. Powder Met. Revs., 1985 (21).

[5] Hartpasad S. Microstructure Mechanical Properties of Dispersion Strengthened High-Temperature Al-8.5Fe-1.2V-1.7Si Alloys Produced by Atomized Melt Deposition Process [J]. Metall. Trans., 1992 (24A)：865.

[6] 宋文博，葛永能，林建国. 高能球磨工艺对 Ti50Ni22Cu25Sn3 组织演变的影响 [J]. 稀有金属材料与工程，2011，40 (5)：897.

[7] 陈维平，刘建锋，杨超. 机械合金化制备 TiCuNiSnTa 非晶粉末的研究 [J]. 热加工工艺，2010，39 (06)：61.

[8] Montinaro S, Concas A. Immobilization of Heavy Metals in Contaminated Soils Through Ball Milling with and Without Additives [J]. J. Chemical Engineering, 2008, 142 (3)：271.

[9] 欧阳鸿武，陈欣，余文焘. 气雾化制粉技术发展历程及展望 [J]. 粉末冶金技术，2007，25 (1)：53.

[10] Duangkhamchan W, Ronsse F, Depypere F, et al. Study of Droplet Atomisation Using a Binary Nozzle in Fluidised Bed Coating [J]. Chemical Engineering Science, 2012, 68 (1)：555.

[11] Okabe T H, Takashi Oda, Yoshitaka Mitsuda. Titanium Powder Production by Preform Reduction Process (PRP) [J]. Alloys and compounds, 2004, 364 (1-2)：156.

[12] Yu K, Kim D J. Dispersed Rodlike Nickel Powder Synthesized by Modified Polyol Process [J]. J. Materials Letters, 2003, 57 (24-25)：3992.

[13] 李凤生. 特种超细粉体制备技术及应用 [M]. 北京，国防工业出版社，2002.

[14] Ayllón J A, Cot L. Preparation of TiO_2 Powder Using Titanium Tetraisopropoxide Decomposition in a Plasma Enhanced Chemical Vapor Deposition (PECVD) Reactor [J]. J. Materials Science Letters, 1999 (18)：1319.

第3章 粉末结构与性能分析

粉末冶金材料性能及制备工艺与粉末的结构和性能有着密切的关系,因此,有必要深入了解粉末的结构与性能。总的说来,粉末冶金中所使用的粉末粒度大于烟尘($0.01 \sim 1\mu m$)小于沙子($0.1 \sim 3mm$),许多金属粉末在尺寸上与人的头发丝($15 \sim 75\mu m$)相近。有多种分析粉末尺寸和形貌的方法,如扫描电子显微镜是观察金属粉末具体特征最好的方法之一。图3-1中列出了几种不同粉末的扫描电镜分析照片。在这一系列的照片中,粉末颗粒形状从薄片状到球状变化。粒度改变从亚微米到毫米,说明粉末在较大的尺寸范围内所具有的分布特性。本章将重点讨论颗粒尺寸和粒径分布、颗粒形状和粉末粒度、粉末表面积、颗粒间摩擦、颗粒内部结构、成分组成、均一性和脏化、流动性和填充性等粉末性质。

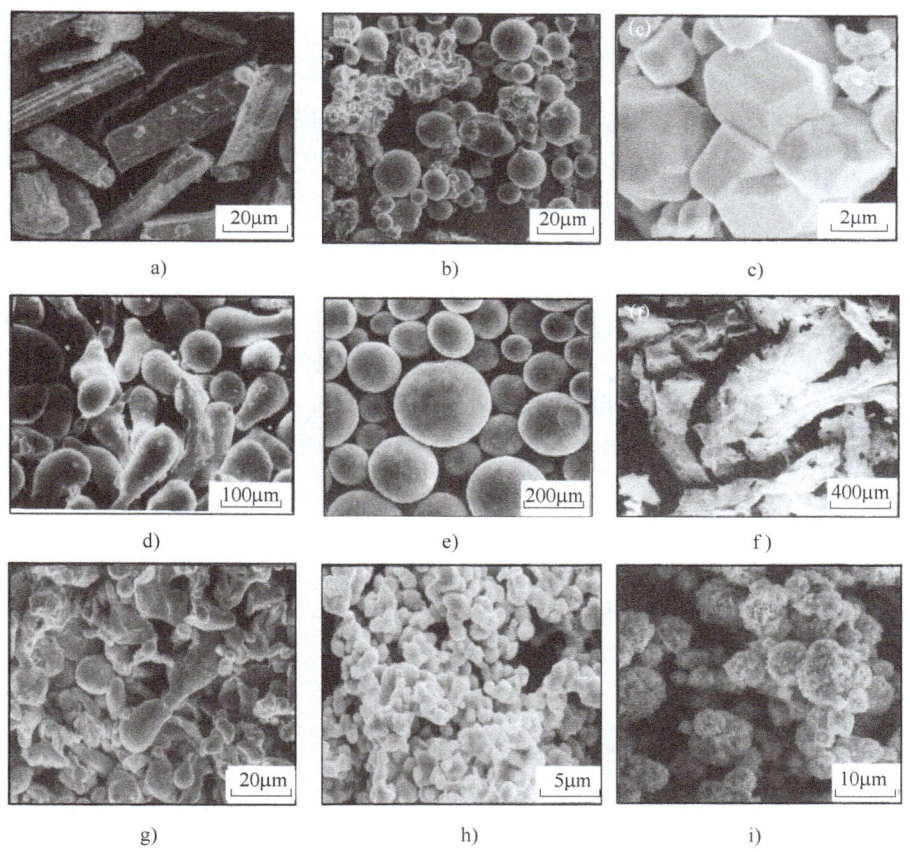

图3-1 不同形状和粒径的金属粉末

a) 碲、研磨、针状 b) 铁合金、氩气雾化、细颗粒聚集球形 c) 钨粉、气相还原、多边形聚集体
d) 锡、空气雾化、圆形和带状 e) 铁合金、离心雾化、球形 f) 锡、雾化退火、片状
g) 不锈钢、水雾化、圆形和不规则 h) 钯、电解、海绵状 i) 镍、羰基物分解、多孔和立方

图 3-1　不同形状和粒径的金属粉末（续）

j）铁基金属玻璃、带状压碎、多角板状　k）钛、钠还原和研磨、不规则　l）氢化镍、研磨、多角状

3.1　粉末及其性能

3.1.1　粉末体

粉末同制成的材料和制品一样属于固态物质，它们的化学成分和基本的物理性质（材料的熔点、密度和显微硬度）相似，但是就分散性和内部颗粒的联结性质而言，是不一样的。通常把固态物质按分散程度不同分成致密体、粉末体和胶体三类，即大小在 1mm 以上的称为致密体或常说的固体，$0.1\mu m$ 以下的称为胶体微粒，介于二者之间的称为粉末体。

粉末冶金用的原料粉末基本上在粉末体的范围内，随着纳米技术的日新月异，$0.1\mu m$ 以下的超细粉末的应用也日益增加。

粉末体，简称粉末，是由大量的粉末颗粒组成的一种分散体系，其中的颗粒彼此可以分离，或者说，粉末是由大量的颗粒及颗粒之间的空隙所构成的集合体。粉末体内，颗粒之间有许多的小空隙，颗粒与颗粒之间联结面很小，联结面上的原子间不能形成强的键合力。因此，粉末体不像致密体那样具有固定的形状，而表现为与液体相似的流动性；然而由于颗粒间相对移动时存在摩擦，粉末的流动性有限。

3.1.2　粉末颗粒

粉末中能分开并独立存在的最小实体称为单颗粒。多数场合下，颗粒与邻近的颗粒黏附，形成更复杂的形状。颗粒间的黏附力，据拉提（Latty）和克拉克（Clark）计算，比范德华引力大得多，而接近电荷的库仑引力。

单颗粒如果以某种方式聚集，就构成所谓的二次颗粒，其中的原始颗粒称为一次颗粒。有的单颗粒，虽然也可以按其中的晶粒划分为更小的单位，但与上述的二次颗粒不同。

图 3-2 描绘了由若干一次颗粒聚集成二次颗粒的情形。一次颗粒之间形成一定的黏结面，在二次颗粒内存在微小的空隙。一次颗粒或单

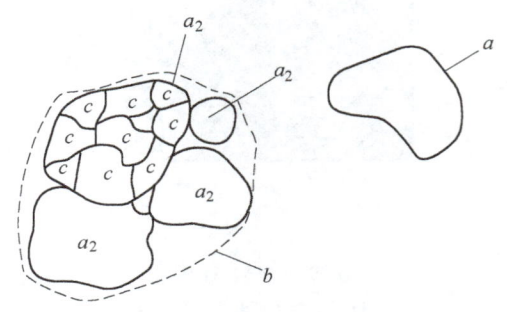

图 3-2　聚集颗粒示意图

a—单颗粒　b—二次颗粒　a_2—一次颗粒　c—晶粒

颗粒可能是单晶颗粒，而更普遍情况下是多晶颗粒，晶粒间往往不存在空隙。

粉末体中的二次颗粒可以由化合物的单晶体或多晶体经分解、焙烧、还原、置换或化合等物理化学反应并通过相变或晶型转变而形成；也可以由极细的单颗粒通过高温处理（如煅烧、退火）烧结而成。例如：由仲钨酸铵盐单晶体煅烧后得到的三氧化钨的颗粒团，还原时由于烧结作用，其中的单颗粒逐渐长大，彼此结合成为多晶体，从而使整个颗粒团聚，形成比较牢固的二次颗粒；超细钨粉通过高温炭化，由数个或数十个钨的单颗粒在转变成碳化钨晶体的同时烧结成一个较大的碳化钨二次颗粒。用液相沉积法制造粉末时，可以由离子或原子通过结晶直接转变为二次颗粒。

通过聚集方式得到的二次颗粒被称为聚集体或聚集颗粒。实际上，颗粒的聚集还有两种形式，即所谓的团粒和絮凝体。前者是由单颗粒或二次颗粒靠范德华引力黏结而成的，其结合强度不大，用研磨、擦碎等方法或在液体介质中就容易分散成更小的团粒或单颗粒，例如低温干燥得到的氧化物粉末或由金属盐类经低温煅烧得到的氧化物粉末，均属于这种聚集颗粒。絮凝体则是在粉末悬浊液中，由单颗粒或二次颗粒结合成的更松软的聚集颗粒。

颗粒的聚集程度对粉末的工艺性能影响很大。从粉末的流动性和松装密度来看，聚集颗粒相当于一个大的单颗粒，流动性和松装密度均比细的单颗粒高，而且压缩性也较好。但是，一次颗粒在压制过程中同样经受变形过程，也会影响压缩性和成形性；而在烧结过程中，一次颗粒所起的作用比二次颗粒显得更重要。

3.2 粉末微观结构与性能

3.2.1 粉末形貌

为了详细说明粉末的自然性质，通常采用定性和定量的方法来描述粉末的性质。在研究粉末时，不仅要研究单个粉末颗粒的性能，而且要研究粉末体的性能，一个单一颗粒的性能包括尺寸、形状、化学性质、微观结构、密度、硬度和表面特性。对于粉末体，特性还应该包括堆积性、流动性和其他工艺性质，如松装密度、压制性等。粉末颗粒或粉末性质的定量和定性描述都是必要的。如在图3-1中，部分粉末颗粒也可大体描述为球形，但实际是不规则的形状。相比之下，由于颗粒形状不规则，准确定义一个颗粒的粒度是困难的，其中一些粒度的测量已如图3-1中所示。差别很大的粒度，可能要依赖于尺寸参数和形状参数，由于颗粒很小，往往形状参数难以准确测量。颗粒形状主要是由粉末生产方法决定的，同时也与物质的分子或原子排列的结晶几何学因素有关。颗粒形状可以笼统地划分为规则形状和不规则形状两大类，前者是指颗粒的外形或结构，可用某种几何形状的名称近似地描述。

3.2.2 粉末微观结构

1. 粉末颗粒的结晶构造

金属及多数非金属的颗粒都是结晶体，但颗粒的外形却不总与其特定的晶型一致。因为除少数的粉末生产方法，如气相沉积和液相结晶能提供粉末晶体充分成长的条件之外，通常是在晶体生长不充分的情况下得到粉末的；而且原始粉末在经过破碎、研磨等加工后，晶体的外形通常已遭到破坏。

制粉工艺对颗粒的晶粒结构起着主要的作用。一般来说，颗粒具有多晶结构，而晶粒大小取决于工艺特点和条件。对于极细的粉末，可能出现单晶颗粒。但正如图3-2所示，即使由这样的单晶一次颗粒组成的二次颗粒，也仍然是多晶颗粒。

将粉末制成金相样品进行观察，会发现颗粒的晶粒内可能存在亚晶结构（即嵌镶组织）。进一步由金相磨片制成碳复膜在放大倍数更高的电子显微镜下观察，就更容易识别和测定颗粒内的亚晶结构。图3-3和图3-4分别显示了颗粒内的晶粒和亚晶粒结构。

 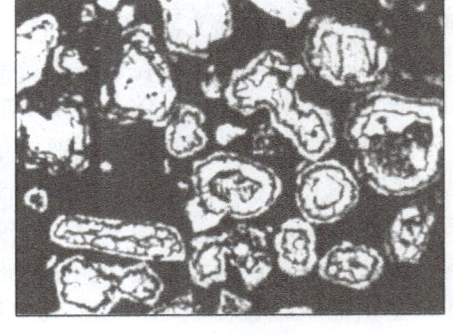

图3-3　中偏粗钨粉的断面结构（1000×）　　图3-4　粗碳化钨的断面结构（200×）

粉末颗粒实际结构的复杂性还表现为晶体的不完整性，即存在许多结晶缺陷，如空位、畸变、位错、夹杂等。从更微观的角度看，粉末晶体由于严重的点阵畸变，有较高的空位浓度和位错密度。因此，粉末总是储存了较高的晶格畸变能，具有较高的活性。

2. 表面状态

粉末颗粒细小，有非常发达的外表面；同时粉末颗粒的缺陷较多，内表面也相当大。外表面包括颗粒表面所有宏观的凸起和凹进的部分以及宽度大于深度的裂纹；而内表面包括深度超过宽度的裂纹、微缝以及与颗粒外表面连通的孔隙、空腔等，但不包括封闭在颗粒内的闭孔。多孔性颗粒的内表面常常比外表面大几个数量级，特别是二次颗粒和粉末经压制后的压坯，已有相当大的一部分外表面变成内表面。

粉末发达的表面积储藏着高的表面能，对于气体、液体或微粒表现出极强的吸附能力。因而，超细粉末容易自发地聚集成二次颗粒，并且在空气中极易氧化或自燃。

金属粉末长时间暴露在大气中，与氧或水蒸气作用，表面形成氧化膜，加上吸附的水分和气体（N_2、CO_2），使颗粒表面覆盖层可达到几百个原子厚度。超细铝粉（粒度为20~60nm）的比表面积高达700m^2/g（70m^2/g），其氧化膜层可占总质量的16%~18%。

3. 非晶与纳米结构

在气相中均质形核的颗粒可形成20~100nm不等尺度的细小颗粒。图3-5是在气相中成核形成的纳米铁粉颗粒的扫描电镜照片。图中显示纳米铁粉颗粒高度聚集，这和其他的纳米粉末一样，单位体积的粉末中具有很高的表面能。纳米级粉末单位体积较高的表面能可以加快烧结速度。同体积较大的晶体相比，纳米级颗粒的表面有不同的能量和性能。纳米粉末表现出与较大颗粒粉末本质不同的加工性能，例如在中低温度下具有的超塑性。

粉末的自由表面和颗粒的边界是缺陷的聚集地，表面的能量反映了表面上原子的不规则排列。通常原子不规则排列的厚度δ是2~5个原子层，显然随着颗粒尺寸的减少，在界面上不规则排列的原子数就会增加。图3-6示意出了颗粒边界的原子排列，表面原子占有相当的比例。粉末颗粒的尺寸 D 决定着粉末颗粒表面积的大小，其中不规则排列原子占据的体积 F_B 可用下面的公式表达：

$$F_B = \frac{6\delta}{D} \tag{3-1}$$

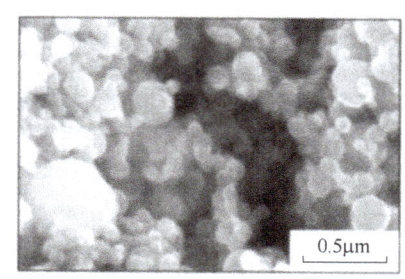

图3-5 气相沉积法制备纳米铁粉的扫描电镜图

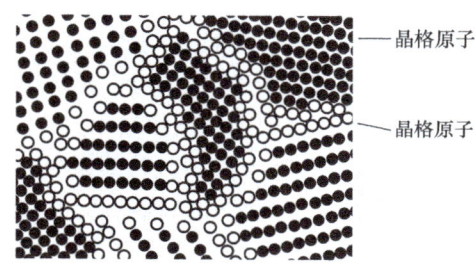

图3-6 纳米颗粒结构示意

由式（3-1）可知，随着颗粒尺寸的减少，不规则排列的原子数越多。纳米级颗粒界面上的原子形成了结构的一部分。当颗粒尺寸达到5nm时，将近一半的原子都在界面上呈不规则排列。如果颗粒的尺寸进一步减小，界面性能将作为材料主要的性能体现出来。在此基础上，具有纳米结构的材料期望具有新的性能，包括高的塑性、反应活性以及扩散能力。纳米级晶体也抑制了断裂行为，从而提高了材料的强度和硬度。以亚微结构的 WC-10% Co（质量分数）合金为例，将颗粒的尺寸从800nm降至200nm时，合金材料的维氏硬度从1600HV上升到1950HV。同样，当铜颗粒的尺寸减小时强度发生明显的增加。单晶铜的屈服强度是82MPa，但是当尺寸只有11nm时，强度增加到了220MPa。

多晶体金属材料的强度遵循 Hall-Petch 关系（尺寸-强度效应）：

$$\sigma_y = \sigma_o + \Gamma G^{-1/2} \tag{3-2}$$

式中，σ_y 为屈服强度；G 为晶粒尺寸；σ_o 和 Γ 为材料常数。

根据这一尺寸-强度效应，复合材料可以通过添加纳米级第二相粒子来增加强度。例如，运用粉末冶金技术制备铁颗粒质量分数为50%的复合材料，铁颗粒的尺寸为2.8μm时，材料的强度达到了186MPa，而未加铁颗粒的材料强度仅为12MPa。强度遵循 Hall-Petch 关系，表明具有小尺度微观结构的材料可以得到较高的强度。纳米级颗粒制备方法的发展，促使新一代超高强度的复合材料成为可能。

尽管具有纳米微观结构的材料引起了较大的关注，但是在材料合成、表征及处理方面还存在着若干的困难。颗粒间的作用力相当大，而且颗粒间存在广泛的团聚，纳米粉末的松装密度可能只有理论密度的1%。纳米粉末也不易成形。尽管存在这些困难，改进压制和烧结工艺得到新的超细晶粒结构促使了对纳米尺度粉末的研究更加深入。

3.3 粉末的性能

粉末是颗粒与颗粒间的空隙所组成的分散体系，因此在研究粉末体时，应分别研究属于单颗粒、粉末体以及粉末体的孔隙等的一切性质。

3.3.1 单颗粒的性质

1）由粉末材料所决定的性质。它包括：点阵构造、固体密度、熔点、塑性、弹性、电磁性质、化学成分。

2）由粉末生产方法所决定的性质。它包括：粒度、颗粒形状、有效密度、表面状态、晶粒结构、点阵缺陷、颗粒内气体含量、表面吸附的气体与氧化物、活性。

3）粉末的孔隙性质。它包括：总孔隙体积 P、颗粒间的孔隙体积 P_1、颗粒内孔隙的体积 $P_2 = P - P_1$、颗粒间的孔隙数量 n、平均孔隙大小 P_1/n、孔隙大小的分布、孔隙形状。

4）粉末体的性质。除了颗粒的性质外，还包括：平均粒度、颗粒组成、比表面积、松装密度、震实密度、流动性、颗粒间的摩擦状态等粉末体性质。

粉末颗粒性质的上述分类，使我们对粉末的性质有了一个全面的认识。但是在实际工作中不可能对它们进行逐一测定，通常按粉末的化学成分、物理性能和工艺性能进行划分和测定。

3.3.2 粉末的化学成分

粉末的化学成分应包括主要金属的含量和杂质的含量。杂质主要指：

1）与主要金属结合，形成固溶体或化合物的金属或非金属成分，如还原铁粉中的 Si、Mn、C、S、P、O 等。

2）从原料和从粉末生产过程中带进的机械杂质，如 SiO_2、Al_2O_3、硅酸盐、难熔金属或碳化物等不溶物。

3）粉末表面吸附的氧、水汽和其他气体（N_2、CO_2）。

4）制粉工艺带进的杂质包括水溶液电解粉末中的氢，气体还原粉末中溶解的碳、氮或氢，羰基粉末中溶解的碳等。

金属粉末的化学分析与常规金属的分析方法相同，即首先测定主要成分的含量，然后测定其他成分（包括杂质）的含量。

金属粉末的氧含量，除采用库仑分析仪测定全氧含量之外，还采用一种简便的氢损法，即测定可被氢还原的金属氧化物中的那部分氧的含量，这种方法广泛适用于工业铁、铜、钨、钼、镍、钴等粉末的生产（表3-1）。金属粉末的试样在纯氢气流中煅烧足够长时间（铁粉为 1150℃，1h；铜粉为 875℃，0.5h），粉末中的氧被还原生成水蒸气，某些元素（C、S）与氢生成挥发性化合物，与挥发性金属（Zn、Cd、Pb）一同排出，测得试样粉末的相对质量损失，称为氢损。氢损值按下面公式计算：

$$氢损值 = \frac{A-B}{A-C} \times 100\% \tag{3-3}$$

式中，A 为粉末试样（5g）加烧舟的质量；B 为在氢中燃烧后残留物加烧舟的质量；C 为烧舟质量。

氢损法是对金属粉末中可被氢还原的氧化物的氧含量的估计，但如果粉末中有在分析条件下不被氢还原的氧化物（SiO_2、CaO、Al_2O_3），测得的值将低于实际的氧含量；如果在分析条件下粉末有脱碳、脱硫反应及金属挥发时，测得的值将高于实际氧含量。氢损法测量氧含量范围为：Cu、Fe 粉中为 0.05%~3.0%（质量分数），W 粉中为 0.01%~0.5%（质量分数）。

表 3-1 氢损试验温度与时间参数

粉末种类	煅烧温度/℃	煅烧时间/min	烧舟材料
铁	1150±20	60	刚玉
合金钢	1150±20	60	刚玉
铜	875±20	30	石英
钴	1050±20	60	刚玉
镍	1050±20	60	刚玉
锡	550±10	30	刚玉
铜-锡合金	775±15	30	石英
铅	550±10	30	刚玉
铅-锡合金	550±15	30	刚玉
钨	1150±20	60	刚玉
钼	1100±20	60	刚玉

金属粉末的杂质测定还采用所谓的酸不溶物法。国内外对测定铜粉和铁粉中质量分数不高于 1% 的矿物酸不溶性杂质含量的方法均有标准。该方法的原理是：粉末试样用某种无机酸（铜用硝酸，铁用盐酸）溶解，将不溶物沉淀并过滤出来，在 980℃ 下煅烧 1h 后称重，再按下列公式计算酸不溶物含量：

$$铁粉盐酸不溶物质量分数 = \frac{A}{B} \times 100\% \tag{3-4}$$

式中，A 为盐酸不溶物的质量；B 为粉末试样的质量。

$$铜粉硝酸不溶物质量分数 = \frac{A-B}{C} \times 100\% \tag{3-5}$$

式中，A 为硝酸不溶物的质量；B 为相当于铜氧化物的质量；C 为粉末试样的质量。

此外，一些先进的仪器分析方法已被用于金属与合金粉末的化学分析中，包括发射光谱法、色谱法、X 荧光法及中子激活分析等。颗粒表面化学分析也日益受到重视，主要方法有俄歇电子能谱仪、X 射线衍射仪或电子能谱仪、质谱仪以及离子散射谱仪等，可以用来测定超微粉、活性粉、高温合金粉颗粒表面的化学组成及变化。

3.3.3 粉末的物理性能

粉末的物理性能包括：颗粒的形状与结构、大小与粒度组成、比表面积、密度、显微硬度，光学和电学性质，熔点、比热容、蒸气压等热学性质，由颗粒内部结构决定的 X 射线、电子射线的反射和衍射性质，磁学与半导体性质等。

实际上，粉末的熔点、蒸气压、比热容与同成分致密材料的差别很小，而光学、X 射线、磁学等性质与粉末冶金的关系不大，因此，这里仅介绍颗粒形状、粒度及粒度组成、比表面积、颗粒密度、粉末体密度的概念及其测定方法。

1. 颗粒形状

将粉末试样均匀分散在玻璃片上,用放大镜或各种显微镜观察,可以发现粉末的单颗粒具有类似的几何形状。颗粒形状与粉末生产方法的关系见表3-2。颗粒形状直接影响粉末的流动性、松装密度、气体透过性,另外对压制性与烧结强度也有显著影响。

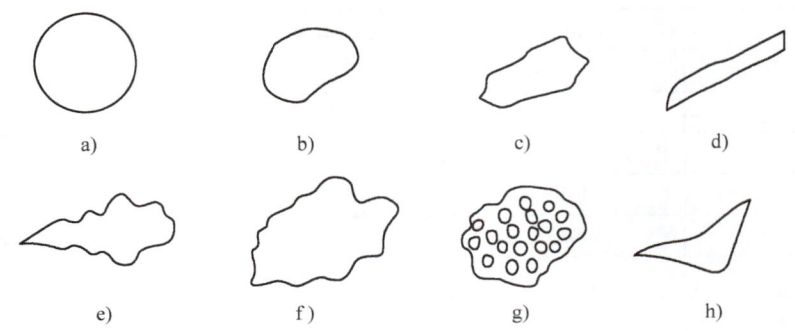

图 3-7 粉末颗粒的形状

a) 球形 b) 近球形 c) 多角形 d) 片状 e) 树枝状 f) 不规则形
g) 多孔海绵状 h) 碟状

表 3-2 颗粒形状与粉末生产方法的关系

颗 粒 形 状	粉末生产方法	颗 粒 形 状	粉末生产方法
球形	气相沉积,液相沉积	树枝状	水溶液电解
近球形	气体雾化,置换(溶液)	不规则形状	金属氧化物还原
多角形	塑性金属机械研磨	多孔海绵状	金属旋涡研磨
片状	机械粉碎	碟状	水雾化,机械粉碎,化学沉淀

观察和研究颗粒的形状和表面结构,可以采用光学显微镜、透射电镜与扫描电镜,特别粗的粉末也可以用肉眼或放大镜观察。但肉眼的分辨率仅约为 0.1mm。所以对更细的粉末,一定要用各种显微镜放大观察,各种显微镜的分辨率与有效放大倍率见表3-3。

表 3-3 各种显微镜的分辨率与有效放大倍率

显微镜种类	分辨率 δ/nm	有效倍率 M[①]
光学显微镜	$\delta_{最高} = 200$	$M = 1500$
	$\delta_{一般} = 400$	$M = 750$
透射电子显微镜	$\delta_{最高} = 0.15$	$M = 2 \times 10^6$
	$\delta_{一般} = 0.5$	$M = 4 \times 10^5$
扫描电子显微镜	$\delta_{最高} = 3$	$M = 1 \times 10^5$
	$\delta_{一般} = 30$	$M = 1 \times 10^4$

① 有效倍率 $M = \delta_{眼}/\delta = 0.3\text{mm}/\delta$。

显微镜分辨率 $$\delta = 0.61\lambda/n\sin\theta \tag{3-6}$$

式中,λ 为光波波长;n 为镜头与试样间介质的折射率;θ 为透镜的界角。

由此可见，波长 λ 越小，$n\sin\theta$ 越大，则分辨率越小，即分辨能力越高。一般来说，θ 不超过 70°，n 随介质而变化。选用油镜头时 $n\sin\theta = 1.4$，因此当可见光波长为 420nm 时，按上式计算 $\delta = 0.18\mu m$；用干镜头时，$n\sin\theta < 1$，则 $\delta = 0.4\mu m$。

透射电子显微镜使用比可见光波长短得多的电子射线，大大提高了分辨能力。例如当电子加速电压为 100kV 时，电子射线波长 $\lambda = 0.004nm$，为可见光波长的十万分之一，因此其分辨率 δ 的值为光学显微镜的 $1/1000 \sim 1/3000$，即 $0.5 \sim 0.2nm$，但实际上最便于应用的分辨能力为 $5 \sim 10nm$。使用透射电子显微镜观察粉末颗粒形状时，粉末颗粒只需适当加以分散，无需制作透明复膜；但作颗粒表面结构研究时，制备复膜是必不可少的。

扫描电子显微镜也可用于颗粒的观测。电子束扫描试样后，产生二次电子射线，在 Braun 管上显像。其分辨能力一般为 $50 \sim 100nm$，虽不及透射电子显微镜，但可显示其三维形貌和表面结构。

粉末颗粒的形状影响粉末的流动性和压制性能，它主要由粉末粒度和粉末生产方法决定。粒度是表示粉末颗粒尺寸的参数，如果粉末颗粒都有相同的简单几何形状，如球体、圆柱体或立方体，粒度就可用颗粒的直径（对球体）、直径和高度（对圆柱体）或边长（对立方体）以及类似的量表示。可是，实际的颗粒几乎总是很不规则的，仅用长、宽、高来表示是不准确的，但为了简化测量工作，仍以这种三维尺寸为基础，用某种形状因子将它们联系起来。目前主要采用下面几种形状因子：

1）**延伸度**。对于任意形状的颗粒，取其最大尺寸作为长度 l，从垂直于最稳定平面的方向观察到颗粒最大投影面上两切线间的最短距离作为宽度 b，而与最稳定平面垂直的尺寸作为厚度 t，则延伸度定义为 $n = l/b$。

延伸度越大，说明颗粒越细长，如针状、纤维状粉末；而对称性越高的粉末，延伸度就越小。延伸度显然不能小于 1。

2）**扁平度**。片状粉末用延伸度显然不能描述颗粒厚度方向的不对称性，因而又定义扁平度 $m = b/t$。此值越大，说明颗粒越扁。

3）**球形度**。与颗粒相同体积的相当球体的表面积和颗粒的实际表面积之比称为球形度。它不仅表征了颗粒的对称性，而且与颗粒的表面粗糙度有关。一般情况下，球形度均远小于 1。

4）**粗糙度（皱度系数）**。球形度的倒数称为粗糙度。颗粒表面的凹陷、缝隙和台阶等缺陷均使颗粒的实际表面积增大，这时皱度系数值也将增大。测定最精密的粗糙度的方法是用吸附法准确测定颗粒的比表面积。

以上形状因子大多数是应用显微镜方法测量粉末粒度时提出的。在应用其他粒度测定方法时，例如沉积法、吸附法和透过法等，常常使用名义直径或当量直径，这时的形状因子是表示实际粉末偏离球形程度的，包括表面形状因子、体积形状因子及两者的比值——比形状因子。

直径为 d 的均匀球体，其表面积和体积分别是 $S = \pi d^2$ 和 $V = \pi d^3/6$，其中的系数 π 和 $\pi/6$ 就称为球的表面形状因子和体积形状因子。对于任意形状的颗粒，其表面积和体积总可以认为是与某一相当球体直径的平方和立方成正比，而比例系数则与选择的直径有关。如果用投影面直径 d_a 表示，则表面积和体积为 $S = fd_a^2$ 和 $V = Kd_a^3$，式中的 f、K 也称为表面形状因子和体积形状因子，二者的比值 f/K 称为比形状因子。对于规则球状颗粒，$f = \pi$，$K = \pi/$

6，比形状因子 $f/K=6$，同样可算得规则正方体比形状因子也等于6。其他任何形状的颗粒，f/K 均大于6，而且形状越不规则，颗粒的表面积越大，则比形状因子就越大，金属粉末的形状因子见表3-4。

表3-4 金属粉末的形状因子

粉末名称	颗粒形状	f	K	f/K
雾化锡粉	球形	π（3.14）	π/6（0.524）	6.0
	近球形	2.90	0.4	7.3
不锈钢粉	多角形	2.65	0.36	7.4
钨粉	不规则角形	3.37	0.45	7.5
铝粉	长球形	2.75	0.32	8.6
铝-镁合金粉	多角形	2.67	0.25	10.7
电解铜粉	树枝状	2.32	0.18	12.9
电解铁粉	细长不规则形	2.73	0.18	18.2
铝箔	薄片状	1.60	0.02	80.0

测定体积形状因子时，先用严格分级方法制备粒度范围很窄的已知粒度的粉末试样，再由颗粒数 n、平均粒度 $d_\text{平}$、粉末质量 m 和颗粒的比重瓶密度 $\rho_\text{比}$ 计算一个颗粒的体积 $V=m/n\rho_\text{比}$，如果平均粒度是由投影面直径计算的体积平均径，则由前面的公式 $V=Kd_\text{平}^3=m/n\rho_\text{比}$ 可以计算得 $K=m/n\rho_\text{比}d_\text{平}^3$。虽然表面形状因子很难由小颗粒的外表面积直接求得，但可以根据几何相似原理由粗颗粒经测量和计算得到。

2. 颗粒密度

粉末材料的理论密度，通常不能代表粉末颗粒的实际密度，因为颗粒几乎都是有孔的。有的孔与颗粒外表面相通，叫做全开孔或半开口（一端相通）；颗粒内不与外表面相通的潜孔叫做闭孔。颗粒密度根据颗粒的体积是否计入这些孔隙的体积而有不同的值，一般来讲，有两种颗粒密度必须加以区别，即真密度和有效密度。

（1）**真密度** 颗粒质量与除去开孔和闭孔的颗粒体积相除得到的值即真密度。真密度实际上就是粉末的固体密度。

（2）**有效密度** 颗粒质量与包括闭孔在内的颗粒体积相除得到的值即有效密度。用比重瓶法测定的密度接近这种密度值，故又称为比重瓶密度。

测定颗粒有效密度的比重瓶如图3-8所示，它是一个带细颈的磨口玻璃小瓶，瓶塞中心有 0.5mm 的毛细管以排出瓶内多余的液体。当液面平齐塞子毛细管出口时，瓶内液体具有确定的体积，比重瓶一般有 5mL、10mL、15mL、25mL、30mL 等不同的规格。

测量时，粉末试样预先干燥后再装入比重瓶，其体积约占瓶内容积的 1/3～1/2，称量比重瓶与粉末试样的质量后再装满液体，塞紧瓶塞，将溢出的液体拭干后再称一次质量，然后按下式计算密度：

$$\rho_\text{比}=\frac{F_1-F_2}{V-\dfrac{F_3-F_2}{\rho_\text{液}}} \quad (3-7)$$

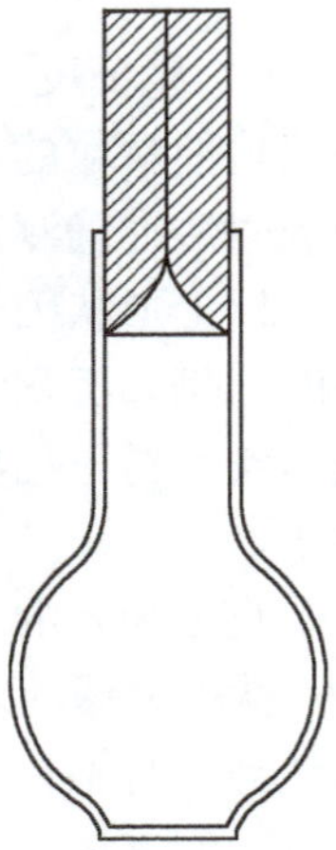

图3-8 比重瓶

式中，F_1 为比重瓶的质量；F_2 为比重瓶加粉末的质量；F_3 为比重瓶加粉末和充满液体后的质量；$\rho_{液}$ 为液体的密度；V 为比重瓶的规定容积。

液体要选择粘度和表面张力小、密度稳定、对粉末润湿性好、与粉末不起化学反应的有机介质，如乙醇、甲苯、二甲苯等。

如果先将装好粉末试样的比重瓶置于密封容器内抽成真空，再充入介质，就能保证液体渗透到颗粒内的连通小孔隙和微缝，使测得的结果更准确，更接近颗粒的有效密度。

3. 显微硬度

粉末颗粒的显微硬度，也是采用普通的显微硬度计测量金刚石角锥压头的压痕对角线长，再经计算得到的。先将粉末试样与电木粉或有机树脂粉混匀，在 100~200MPa 下制成小压坯，然后加热至 140℃ 固化。压坯按制备粉末金相样品的方法磨制并抛光后，在 20~30g 负荷下测量显微硬度。颗粒的显微硬度值，在很大程度上取决于粉末中各种杂质与合金组元的含量以及晶格缺陷的多少，因此间接代表了粉末的塑性。

用不同方法生产同一金属的粉末，显微硬度是不同的。粉末纯度越高，则硬度越低（参看表 3-5 中电解铁粉和用转化天然气还原铁粉的数据）。粉末退火消除加工硬化或减少氧、碳等杂质含量后，硬度也会降低。

表 3-5 各种铁粉的显微硬度值

粉　　末	显微硬度/MPa	粉　　末	显微硬度/MPa
转化天然气还原铁粉	1180~1440	退火旋涡铁粉	1240~1480
固体炭还原铁粉	1200~1620	退火电解铁粉	1220~1480

3.3.4 粉末的工艺性能

粉末的工艺性能包括松装密度、振实密度、流动性、压缩性与成形性。工艺性能也主要取决于粉末的生产方法和粉末的处理工艺（球磨、退火、加润滑剂、制粒等）。在标准中，除化学成分外，也对粒度组成和工艺性能作了明确的规定。

1. 松装密度和振实密度

在粉末压制操作中，常采取容量装粉法，即用充满一定容积的型腔的粉末量来控制压件的密度和单个质量，这就要求每次装满型腔的粉末有严格不变的质量。但是，不同粉末容积一定时其质量是不同的，因此规定用松装密度或振实密度来描述粉末的这种容积性质。

松装密度是粉末在规定条件下自然充满容器时，单位体积内的粉末质量，单位为 g/cm^3。测定松装密度的标准装置如图 3-9 和图 3-10 所示。振实密度为将粉末装于容器内，在规定条件下，经过振动后测得的粉末密度。

松装密度是粉末自然堆积的密度，它取决于颗粒间的黏附力、相对滑动的阻力以及粉末体空隙被小颗粒填充的程度。虽然敲击或振动会使粉末颗粒堆积得更紧密（如振实密度），但粉末体内仍存在大量的孔隙，其所占的体积称为孔隙体积。孔隙体积与粉末体的表观体积之比称为孔隙度 θ。显然，松装粉末的孔隙度比振实粉末的孔隙度高。粉末体的孔隙度包括颗粒之间空隙的体积和颗粒内更小孔隙的体积之和。如果以 ρ 代表粉末体的密度（松装密度和振实密度），以 $\rho_{理}$ 代表粉末材料的理论密度或颗粒的真密度，那么它们与粉末体孔隙度 θ 的关系将是 $\theta = 1 - \rho/\rho_{理}$，而 $\rho/\rho_{理}$ 称为粉末体的相对密度，用 d 代表，其倒数，即 $\beta = 1/d$

称为相对体积。因此孔隙度与相对密度和相对体积的关系应为 $\theta = 1 - d$ 和 $\theta = 1 - 1/\beta$。

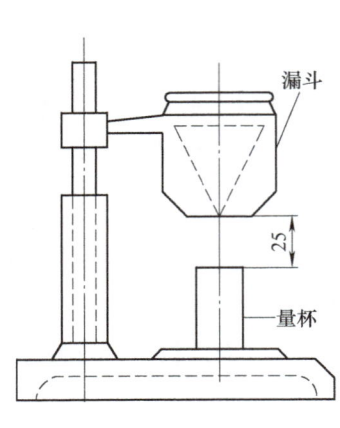

图 3-9 松装密度测定装置之一

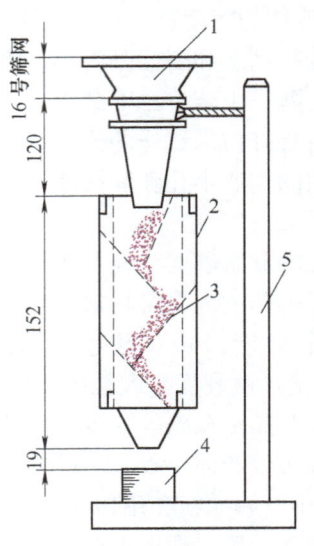

图 3-10 松装密度测定装置之二
1—漏斗 2—阻尼箱 3—阻尼隔板 4—量杯 5—支架

粉末体的孔隙度或密度是与颗粒的形状、颗粒的密度以及颗粒表面状态、粉末的粒度和粒度组成有关的一种综合性质。由大小相同的规则球形颗粒组成的粉末的孔隙度,可用几何学方法计算:最松散的堆积,$\theta = 0.476$;最紧密的堆积,$\theta = 0.259$。但实际上,由于颗粒间的粘附,阻碍颗粒运动,会使孔隙度提高。如果颗粒的大小不等,较小的颗粒填充到大颗粒的间隙中,孔隙度将降低;如果颗粒形状也不规则,那么,从理论上计算孔隙度就不可能。实验研究证明,实际粉末的孔隙度一般均大于理想值 0.259,例如球形粉末的松装密度最高,孔隙度最低,约为 50%;片状粉末的孔隙度可达 90%;而介于这两种形状之间的还原粉或电解粉,孔隙度则为 65% ~ 75%。表 3-6 为粒度和粒度组成大致相同的三种铜粉,由于形状不同,密度和松装时孔隙度相差很大。

表 3-6 三种颗粒形状不同的铜粉的密度和孔隙度

颗粒形状	松装密度/(g·cm^{-3})	振实密度/(g·cm^{-3})	松装时孔隙度(%)
片状	0.4	0.7	95.5
不规则形状	2.3	3.14	74.2
球形	4.5	5.3	49.4

钨粉的平均粒度对松装密度的影响见表 3-7。细粉末易"搭桥"和互相黏附,妨碍颗粒相互移动,故松装密度减小。

表 3-7 钨粉的平均粒度对松装密度的影响

费歇尔平均粒度/μm	松装密度/(g·cm^{-3})	费歇尔平均粒度/μm	松装密度/(g·cm^{-3})
1.20	2.16	6.85	4.40
2.47	2.52	26.00	10.20
3.88	3.67		

粒度组成的影响是：粒度范围窄的粗细粉末，松装密度都较低；当粗细粉末按一定比例混匀后，可获得最大的松装密度，见表3-8中数据。此时粗颗粒间的大孔隙可被一部分细颗粒所填充。

表3-8　粒度不同的不锈钢粉混合后的松装密度

质量分数(%)	-10+150目粉	100	80	60	40	20	—
	-325目粉	—	20	40	60	80	100
松装密度/(g·cm^{-3})		4.5	4.9	5.2	4.8	4.6	4.3

2. 流动性

粉末的流动性是指50g粉末从标准的流速漏斗流出所需的时间，单位为s/50g，简称流速。流动性采用前述测松装密度的漏斗来测定。标准漏斗（又称流速计）是用150目金刚砂粉末，在40s内流完50g来标定和校准的。美国标准还规定用孔径1/5in（英寸，1in=0.0254m）的标准漏斗测定流动性差的粉末。另外还可采用粉末自然堆积角（又称安息角）试验测定流动性。让粉末通过一组筛网自然流下并堆积在直径为1in的圆板上。当粉末堆满圆板后，以粉末锥的高度衡量流动性，粉末锥的底角称为安息角，也可作为流动性的量度。锥越高或安息角越大，则表示粉末的流动性越差；反之则流动性越好。

流动性和松装密度一样，与粉末体和颗粒的性质有关。一般来讲，等轴状（对称性好）粉末、粗颗粒粉末的流动性好；粒度组成中，极细粉末占的比例越大，流动性越差。但是，粒度组成向偏粗的方向增大时，流动性变化不明显。

流动性还与颗粒密度和粉末松装密度有关。如果粉末的相对密度不变，颗粒密度越大，则流动性越好；如果颗粒密度不变，相对密度的增大会使流动性提高。例如球形铝粉，尽管相对密度较大，但由于颗粒密度小，流动性仍比较差。

另外，流动性也同松装密度一样，受颗粒间粘附作用的影响，因此，颗粒表面如果吸附水分、气体或加入成形剂会降低粉末的流动性。粉末流动性直接影响压制操作的自动装粉和压件密度的均匀性，因此是自动压制工艺中必须考虑的重要工艺性能。

3. 压缩性与成形性

粉末的化学成分和物理性能，最终反映在工艺性能，特别是压制工艺和烧结性能上。所谓压制性是压缩性和成形性的总称。压缩性代表粉末在压制过程中被压紧的能力，在规定的模具和润滑条件下加以测定，用一定的单位压制压力（500MPa）下粉末所达到的压坯密度表示。通常也可以用压坯密度随压制压力变化的曲线图表示，或者用压坯的强度来衡量。成形性是指粉末压制后，压坯保持既定形状的能力，用粉末得以成形的最小单位压制压力表示，或者用压坯的强度来衡量。

影响压缩性的因素是颗粒的塑性或显微硬度。当压坯密度较高时，可以明显看到塑性金属粉末比硬、脆材料粉末的压缩性好；球磨的金属粉末，退火后塑性改善，压缩性提高。金属粉末内含有合金元素或非金属夹杂时，会降低粉末的压缩性，因此，工业用粉末中碳、氧和酸不溶物含量的增加必然使压缩性变差。颗粒形状和结构对压缩性也有明显的影响，例如雾化粉末多呈球形，比不规则形状的还原粉末的松装密度高，压缩性也好。可以说，凡是影响粉末密度的一切因素都对压缩性有影响。

成形性受颗粒形状的影响最为明显。颗粒松软、形状不规则的粉末，压紧后颗粒的联结增强，成形性就好。例如，还原铁粉的压坯强度就比雾化铁粉高。

在评价粉末的压制性时，必须综合比较压缩性与成形性。一般来说，成形性好的粉末，压缩性差；相反，压缩性好的粉末，成形性差。例如松装密度大的粉末，压缩性虽好，但成形性差；细粉末的成形性好，而压缩性却较差。

3.4 粉末粒度与粒度分布

3.4.1 粉末粒度

粉末粒度也称为颗粒粒度或粉末粒径，指颗粒占据空间的尺度。粉末粒度与测量技术、特殊的测量参数以及颗粒形状有关。粉末粒度分布可以通过几种方法进行测量，由于所选择测量参数不同，测量的数据也不尽相同。大多数粉末粒度分析仪只使用一个几何参数并设定为球形颗粒。分析的基础可能是任何一个几何值，例如表面积、投影面积、最大尺寸、最小横截面积或体积。

部分粉末的粒度参数如图 3-11 所示。对于一个球形颗粒（图 3-11a），粒度是单一的参数：直径 D。然而，随着颗粒形状变得复杂，仅使用一个粒度参数不能准确表示粉末颗粒的尺寸，例如一个圆盘状或薄片状（图3-11b）至少需要两个参数来表示：直径 D 和厚度 W。随着粉末形状不规则程度增加，需要的粒度参数也相应增加。对于图 3-11c 所示的圆形颗粒图形，粉末尺寸可用投影高度 H（任意）、最大长度 M、水平宽度 W、相等体积球的直径或具有相等表面积的球的直径 D 来表达。对于图 3-11d 所示的不规则形状颗粒，确定粉末粒度就相当困难。因为尺寸依赖于测量所用的参数。通常，假定粉末颗粒为球形颗粒，粒度依据单一参数——直径给定的。

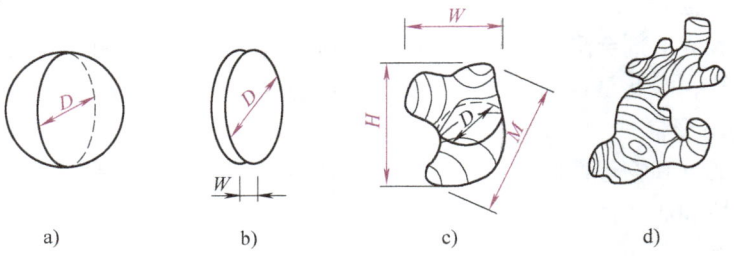

图 3-11 部分粉末的粒度参数
a) 球形 b) 片状 c) 圆角不规则形 d) 不规则形

有时使用粉末颗粒维度特性来表示，如图 3-12 所示，尺寸以几种形式例如投影横截面积或颗粒体积给出的当量球形直径表达。表 3-9 列出了几种不同测量技术结果的比较，最大的水平宽度 W 称为费雷特径。相似的直径是马丁径，即在水平二分线上的颗粒宽度。最大线长度 M 和高度 H 也是颗粒粒度的一种测量参数。对于非球形粉末，这些测量与颗粒的取向有关。当量球形直径可根据表面积、体积、投影面积或沉降速率来计算。例如，在图3-12

的颗粒投影面积 A,通过假定投影面积与圆的投影面积相等计算球形投影直径 D_A,即

$$A = \pi D_A^2/4 \qquad (3\text{-}8)$$

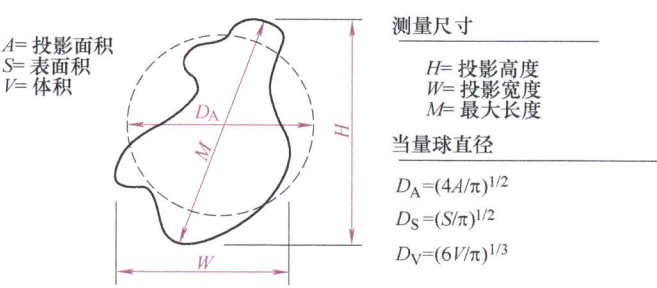

图3-12　不规则粉末投影,含三个投影尺寸和三个计算的当量直径

表3-9　在图3-12中显示的颗粒粒度定义的比较

测　　量	符　　号	值
线性测量		
投影高度	H	1.00
投影宽度	W	0.72
最大长度	M	1.03
相等的球形直径		
投影面积	D_A	0.76
表面积	D_S	1.45
体积	D_V	0.95

$$D_A = (4A/\pi)^{1/2} \qquad (3\text{-}9)$$

相似地,对于测量的体积 V,相等的球形体积直径 D_V 为

$$D_V = (6V/\pi)^{1/3} \qquad (3\text{-}10)$$

如果测量的外表面积为 S,则相等的球表面积直径 D_S 为

$$D_S = (S/\pi)^{1/2} \qquad (3\text{-}11)$$

组合以上数据来形成一个比例作为对于一定形状和尺寸的新参数。

例如,对于边长为 $1\mu m$ 的立方颗粒,利用投影面积、表面积和体积给出相等的球形参数:

$$A = 1\mu m \times 1\mu m = 1\mu m^2$$
$$S = 6A = 6\mu m^2$$
$$V = 1\mu m \times 1\mu m \times 1\mu m = 1\mu m^3$$

这样相等的球形颗粒尺寸计算如下:

$$D_A = (4A/\pi)^{1/2} = 1.13(\mu m)$$

$$D_V = (6V/\pi)^{1/3} = 1.38(\mu m)$$
$$D_S = (S/\pi)^{1/2} = 1.24(\mu m)$$

由于测量技术的不同，所得等轴粉末粒度数据的变化波动为22%，说明测量所用的参数对于准确表达粒度是重要的。

3.4.2 粒度和粒度组成

以 mm 或 μm 表示的颗粒的大小称为颗粒直径，简称粒径或粒度。由于组成粉末的无数颗粒一般粒径不同，故又用具有不同粒径的颗粒占全部粉末的百分含量表示粉末的粒度组成，又称粒度分布。因此严格来讲，粒度仅指单颗粒而言，而粒度组成则指整个粉末体，但是通常说的粉末粒度包含粉末平均粒度的意义，也就是粉末的某种统计性平均粒径。

粉末冶金用金属粉末的粒度范围很广，大致为 500~0.1μm，可以按平均粒度划分为若干级别，见表3-10。生产机械零件的粉末，大都在150目（104μm）以下，并有50%比325目（43μm）还细；硬质合金用钨粉则更细，靠近粒级的下限，所以钨粉或碳化钨粉的粒级划分要比表3-10中的级别窄得多，一般为 20~0.5μm；生产过滤器的青铜粉就偏向用粗粒级的粉末。随着技术的发展，所谓超细或超微粉末的应用将日益扩大。

表3-10 粉末粒度级别的划分

级　　别	平均粒径范围/μm	级　　别	平均粒径范围/μm
粗粉	150~500	级细粉	0.5~10
中粉	40~150	超细粉	<0.1
细粉	10~40		

粉末的粒度和粒度组成主要与粉末的制取方法和工艺条件有关。机械粉碎粉一般较粗，气相沉积粉极细，而还原粉和电解粉则可通过调节还原温度或电流密度，在较宽的范围内改变粒度组成。

粉末的粒度和粒度组成直接影响其工艺性能，从而对粉末的压制与烧结过程以及最终产品的性能产生很大影响。

3.4.3 粒径基准

用直径表示的颗粒大小称为粒径。规则球形颗粒用球的直径或投影圆的直径表示是一样的，也是最简单和最精确的一种情况。对于近球形、等轴状颗粒，用最大长度方向的尺寸代表粒径，其误差也不大。但是，多数粉末颗粒，由于形状不对称，仅用一维几何尺寸不能精确地表示颗粒真实的大小，所以最好用长（l）、宽（b）、高（t）三维尺寸的某种平均值来度量，称为几何学粒径。由于测量颗粒的几何尺寸非常麻烦，计算几何学平均径也较繁琐，因此又有通过测定粉末的沉降速度、比表面积、光波衍射或散射等性质，用当量或名义直径表示粒度的方法。可以采用下面四种粒径基准。

1. 几何学粒径 d_g

用显微镜按投影几何学原理测得的粒径称为投影径。球的投影像是圆，故投影径与球直径一致；但是正四面体和正六面体的投影像则因投影的方向而异（图3-13），这时很难由投影像决定投影径。一般要根据与颗粒最稳定平面垂直的方向投影所得的投影像来测量，然后取各种几何学平均径（图 3-13）。

1）二轴平均径：$\frac{1}{2}(l+b)$。

2）三轴平均径：$\frac{1}{3}(l+b+t)$。

3）几何平均径：$\frac{1}{6}(2lb+2bt+2tl)^{1/2}$。

4）体积平均径：$3lbt/(lb+bt+tl)$。

还可根据与颗粒最大投影面积（f）或颗粒体积（V）相同的矩形、正方体或圆、球的边长或直径来确定颗粒的平均粒径，称为名义粒径。

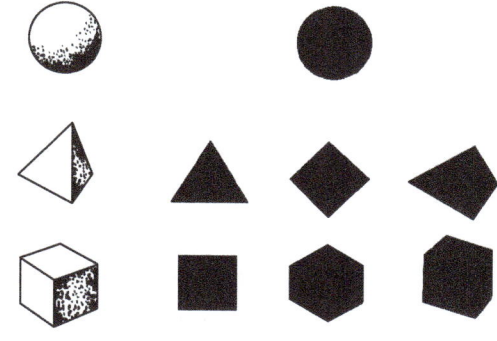

图 3-13　各种形体的投影像

2. 当量粒径 d_c

利用沉降法、离心法或水力学方法（风筛法、水簸法）测得的粉末粒度，称为当量粒径。当量粒径中有一种斯托克斯径，其物理意义是与被测粉末具有相同沉降速度且服从斯托克斯定律的同质球形粒子的直径。由于粉末的实际沉降速度还受颗粒形状和表面状态的影响，故形状复杂、表面粗糙的粉末，其斯托克斯径总是比按体积计算的几何学名义径小。

3. 比表面积粒径 d_{sP}

利用吸附法、透过法和润湿热法测定粉末的比表面积，再换算成具有相同比表面积值的均匀球形颗粒的直径，称为比表面积粒径。

因为球的表面积 $S=\pi d^2$，体积 $V=(\pi/6)d^3$，故体积比表面积 $S_v=S/V=6/d$。因此，由具有相同比表面积的大小相等的均匀小球的直径可以求得粉末的比表面积粒径 $d_{sP}=6/S_v$ 或 $d_{sP}=6/S_w\rho$，S_w 为克比表面积，ρ 为颗粒密度（一般可取比重瓶密度）。

4. 衍射粒径 d_{sc}

对于粒度接近电磁波波长的粉末，基于光与电磁波（如 X 光等）的衍射现象所测得的粒径称为衍射粒径。X 光小角度衍射法测定极细粉末的粒度就属于这一类。

3.4.4　粒度分布基准

粉末粒度组成是指不同粒径的颗粒在粉末总量中所占的百分数，可以用某种统计分布曲线或统计分布函数描述。粒度的统计分布可以选择四种不同的基准：

1）个数基准分布。又称频度分布，以每一粒径间隔内的颗粒粉数占全部颗粒总数 $\sum n$ 的百分数表示。

2）长度基准分布。以每一粒径间隔内的颗粒总长度占全部颗粒的长度总和 $\sum nD$ 的百分数来表示。

3）面积基准分布。以每一粒径间隔内的颗粒总表面积占全部颗粒的表面积总和 $\sum nD^2$ 的百分数来表示。

4）质量基准分布。以每一粒径间隔内的颗粒总质量占全部颗粒的质量总和 $\sum nD^3$ 中百分数表示。

四种基准之间虽存在一定的换算关系，但实际应用的是频度分布和质量基准分布。下面以频度分布为例讨论粒度分布曲线的具体作法，而粒径和颗粒数是用显微镜方法测量和统计的。

先根据所测粉末试样的粒径分布的最大范围和显微镜的测量精度，将粒径范围划分成若干个区间，统计各粒径区间的颗粒数量，再以各区间的颗粒数占所统计的颗粒总数的百分比（称颗粒频度）作纵坐标，以粒径（μm）为横坐标作成频度分布曲线。粒径范围划分越细，统计的颗粒频度越多，则作出的分布曲线越光滑、连续。实际上，一般取粒径区间 10~20 个，颗粒总数为 500~1000 就足够了。

参看表 3-11，以 1μm 为粒径间隔，将粉末分为 10 个粒级，统计各级的颗粒数为 n_i（$n_i = 1, 2, 3, \cdots, 1000$），颗粒总数 $N = 1000$。各粒级粉末的个数百分率 $f_i = (n_i/N) \times 100\%$ 称为频度。图 3-14 是按颗粒数与颗粒频度对平均粒径所作的粒度分布曲线，称为频度分布曲线。曲线峰值所对应的数径称为多数径。

如果用各粒级的间隔 $\Delta\mu$（表 3-11 中为 1μm）除以该粒级的频度 $f_i(\%)$，则得到所谓相对频度 $f_i/\Delta\mu$，单位是 $\%/\mu m$。以相对频度对平均粒径作图又可得到相对频度分布曲线（图 3-14）。在本例中，因粒级间隔取为 1μm，故相对频度在数值上与频度相等，两种分布曲线重合，但是纵坐标的单位与意义仍是不同的。

如果将颗粒数换成粉末质量进行统计，也能绘得质量基准的频度分布或相对频度分布曲线。

表 3-11 频度分布统计计算表

级别	粒级间隔/μm	平均粒径 d_i /μm	颗粒数 n_i	个数百分数，（频度）f_i（%）	累积百分数（%）
1	1.0~2.0	1.5	39	3.9	3.9
2	2.0~3.0	2.5	71	7.1	11.0
3	3.0~4.0	3.5	88	8.8	19.8
4	4.0~5.0	4.5	142	14.2	34.0
5	5.0~6.0	5.5	173	17.3	51.3
6	6.0~7.0	6.5	218	21.8	73.1
7	7.0~8.0	7.5	151	15.1	88.2
8	8.0~9.0	8.5	78	7.8	96.0
9	9.0~10.0	9.5	32	3.2	99.2
10	10.0~11.0	10.5	8	0.8	100
总计			$N = 1000$		

使用相对频度分布曲线比较直观和方便，可采用面积比较法求得任意粒径范围的颗粒数百分含量。因为相对频度的含义是在任一粒级内，粒径值每变化一个单位（μm）时，百分含量的平均变化率，如果粒级取得足够多，则光滑曲线上每一点的纵坐标就代表该粒径下百分含量的瞬时变化率，即曲线函数对粒径变量的微分，所以相对频度分布曲线又称为微分分布曲线。该曲线与粒径坐标之间所围成的面积就是微分曲线对整个粒度范围的积分，应等于 1，也就是全部颗粒的总百分含量为 100%。

粒度分布曲线的另一种形式是直方分布图，如图 3-15 所示。以各粒级间隔的横坐标长为底边，相应的频度（%）或相对频度（%/$\Delta\mu$）为高的小矩形群所组成的图形。显然，以相对频度做成的直方图的总面积也应等于1。

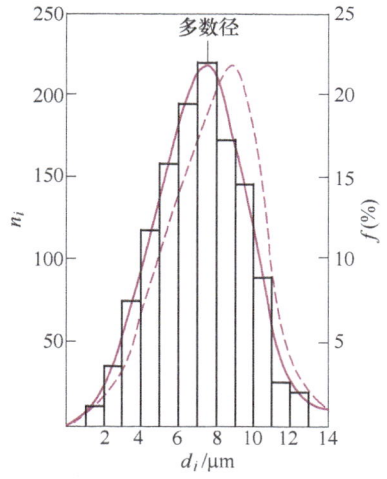

图 3-14　频度分布曲线

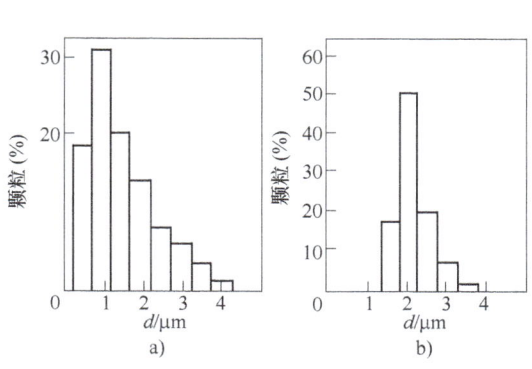

图 3-15　直方分布图
a）电子显微镜 $d_\text{平} = 1.45\mu m$　b）光学显微镜 $d_\text{平} = 2.13\mu m$

严格来讲，无论是按平均粒度作成的相对频度分布曲线还是按粒级间隔作成的直方分布图，均不是真正的微分分布曲线，只有当粒级取得无限多、间隔无限小和颗粒总数极大时，才接近理想的微分分布曲线。这时，可严格地用面积法求任意粒径范围的百分含量，即以曲线、横轴和任意两个粒径下横坐标的垂直线之间所围成的面积代表该粒径区间的粉末百分含量。如果要知道在某一粒径以上或以下的那部分粉末所占的百分含量，同样可按上述面积法求出。但是，为方便起见，可从表3-11最后一栏数据直接绘制所谓累积分布曲线，这是粒度分布的另一种表达形式，应用也很普遍。

表中累积百分数代表包括某一级在内的小于该级的颗粒数占全部粉末数 N（1000）的百分含量，以它对平均粒径作图就得到图3-16中实线所代表的"负"累积分布曲线；如果按大于某粒级（包括该粒级）的颗粒数百分含量进行累积和作图，则得到与之对称的另一条曲线（未画出），称为"正"累积分布曲线。

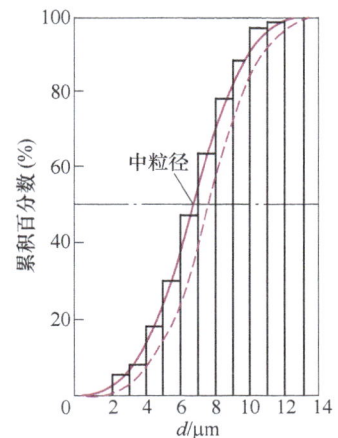

图 3-16　累积分布曲线

累积分布曲线在数学意义上是相对于微分分布曲线的积分曲线。因为在累积曲线上各点的斜率，即累积曲线函数对粒径变量的微分正好是微分曲线上对应点的纵坐标值。而且，微分分布曲线上的多数径正对应于积分分布曲线拐点的粒径，表示在该粒径附近，粒径变化一个单位（μm）时，颗粒数百分含量的变化率最大。累积分布曲线上对应50%的粒径称中位径。

3.4.5 粒度分布函数

粒度分布曲线若用数学式表达，就称为粒度分布函数。黑赤-乔特（Hatch-Choate）由正态分布函数导出计算粉末中具有粒径 d 的颗粒频度 n 的公式：

$$f(d) = n = \sum n / \sigma_a \sqrt{2\pi} \exp\left[1 - \frac{1}{2}(d - d_a / \sigma_a)^2\right] \tag{3-12}$$

式中，d_a 为算术平均粒径；σ_a 为标准偏差。

设 d_i 为各粒径的测量值，n_i 为对应 d_i 的颗粒数，则 $d_i - d_a$ 就是粒径偏差，则算术平均偏差 $m = \sum n_i (d_i - d_a) / \sum n_i$。均方根偏差即标准偏差为

$$\sigma_a = \left[\sum n_i (d_i - d_a)^2 / \sum n_i\right]^{1/2} = \frac{1}{N}\left[\sum n_i d_i^2 - d_a^2\right]^{1/2} \tag{3-13}$$

按正态分布函数式（3-12）作出的频度分布曲线是以算术平均为均值的，这时，算术平均径与多数径和累积分布曲线上的中位径是一致的，这是一种最理想的分布曲线。实测的粒度分布曲线常常比正态分布曲线复杂得多。如图 3-17 所示，其中图 3-17a 是标准的正态分布，只有一个峰值，而其他几种类型的曲线很难用数学函数描述。

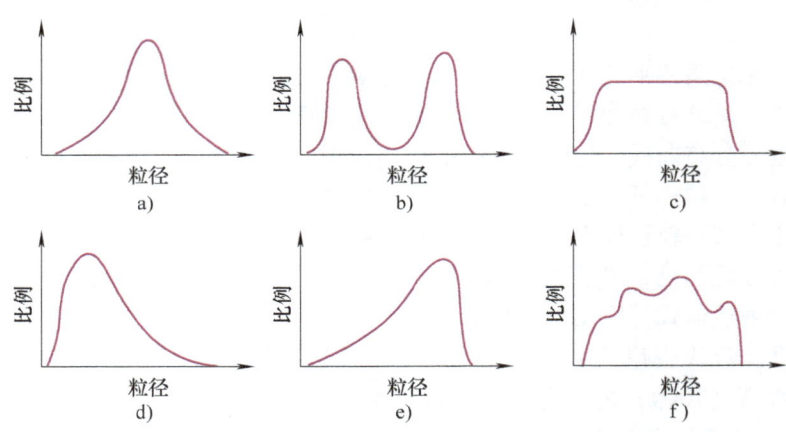

图 3-17　粒度分布曲线的几种类型

正态分布在粉末冶金中讨论粒度分布曲线非常重要，一般的粉末制备中不可能只形成单一尺寸（单分散性）的粉末颗粒。典型的粉末是多分散的，具有广阔的粒度范围。制备单一尺寸的粉末很困难，中值尺寸或平均尺寸以及颗粒的分散性是粉末具有的特性。粉末冶金中一般分布是在粒度分布的基础上抽取三点 D_{90}、D_{50}、D_{10}，与累计分布中的 90%、50% 及 10% 相对应。

大部分粉末在自然或未过筛时都遵循 log-normal 尺寸分布。当分布频率对颗粒尺寸作线性图时，log-normal 尺寸分布将呈现钟状曲线。这种分布可以用数学术语中的高斯函数描述。为可观察到的颗粒尺寸，用 $x = \ln(D)$ 描述，满足

$$P(x) = 2\pi\sigma_x - \frac{1}{2}\exp\left[-\frac{(x-U)^2}{2\sigma_x^2}\right] \tag{3-14}$$

式中，U 为平均尺寸的对数，σ_x 为该分布的标准偏差（在对数基础上），即

$$\sigma_x = \ln\left(\frac{D_{84}}{D_{50}}\right) = \ln\left(\frac{D_{50}}{D_{16}}\right) \tag{3-15}$$

图 3-18 为各种不同颗粒尺寸分布的比较示意图。曲线形状接近对数分布，线性段显示粒度呈斜线分布，而这种 log-normal 粒径尺寸分布为预料的钟状。累积分布 $F(x)$ 为 $P(x)$ 的积分。

$$F(x) = \int P(x)\,\mathrm{d}x \tag{3-16}$$

考虑标准偏差而不按百分比方式，标准偏差与特定的百分比相对应。举例来说，从零到平均尺寸的偏差段与平均尺寸相对应。

通过对筛分析法与显微分析法两种方法进行比较可知，筛分法是以质量为基础得到粒度数据，而显微分析法是从数量基础得到数据。对数型累积分布最基本的优点是这种数据的比较相对简单。如果已知分布的斜率和截距，通过转换可以得到其他分布。

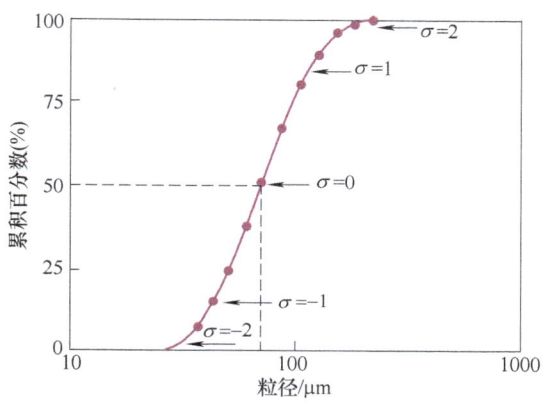

图 3-18 粒度累积分布曲线

3.4.6 平均粒度

粉末粒度组成的表示比较麻烦，应用也不太方便，许多情况下只需要知道粉末的平均粒度就可以了。由符合统计规律的粒度组成计算的平均粒径称为统计平均粒径，是表征整个粉末体的一种粒度参数。计算平均粒径的公式，见表 3-12。公式中的粒径可以按前述四种基准中的任一种统计。

表 3-12 粉末统计平均粒径的计算公式

名称	公式	说明
算术平均径	$d_a = \sum nd / \sum n$	n——粉末中具有某种粒径的颗粒数
长度平均径	$d_l = \sum nd^2 / \sum nd$	d——个数为 n 的颗粒径
体积平均径	$d_v = \sqrt[3]{\sum nd^3 / \sum n}$	ρ——颗粒密度
面积平均径	$d_s = \sqrt{\sum nd^2 / \sum n}$	S_w——粉末克比表面积
体面积平均径	$d_{vs} = \sum nd^3 / \sum nd^2$	K——粉末颗粒的比形状因子
重量平均径	$d_w = \sum nd^4 / \sum nd^3$	
比表面积平均径	$d_{sp} = K/\rho S_w$	

不同的粒度测定方法，均有相应的最简便的计算平均粒径的公式。例如，用显微镜法测得颗粒数百分含量，按算术平均径计算粒度时：

$$d_a = \sum n_i d_i / \sum n_i = \frac{n_1}{N} d_1 + \frac{n_2}{N} d_2 + \cdots + \frac{n_i}{N} d_i \tag{3-17a}$$

也就是
$$d_a = f_1 d_1 + f_2 d_2 + \cdots + f_i d_i = \sum f_i d_i \tag{3-17b}$$

f_i 和 d_i 分别为表 3-11 中的个数百分数和平均粒径。以体积或质量分数表示粒度组成，如筛分析、沉降分析等，实际上是按质量平均径计算平均粒度。

比表面积平均径是吸附法和透过法用以表示粒度的形式，它实质上就是表 3-12 中的体面积平均径。因为克比表面积 $S_w = \dfrac{K}{\rho} \sum nd^2 / \sum nd^3$，而 $\sum nd^2 / \sum nd^3 = 1/d_{vs}$，且 $d_{sp} = K/\rho S_w$，所以 $d_{sp} = d_{vs}$。

各种平均粒径之间遵循不等式：
$$d_a < d_s < d_v < d_e < d_{vs} < d_w$$

最大值与最小值可相差三倍以上。因此，究竟采用哪种平均粒径，要根据粉末的性质、用途以及粒度测试方法具体决定。

3.4.7 粒度测定原理

粉末粒度的测定是粉末冶金生产中检验粉末质量以及调节和控制工艺过程的重要依据。粉末颗粒形状的复杂性和粒度范围的扩大，特别是超细粉末的应用使得准确而方便地测定粒度变得很困难。目前测定方法已多达几十种，其中多数是为了测定亚筛级（<40μm）粉末而在最近 20 年内发展起来的。随着技术的进步，粒度测定装置越来越精密、可靠，并利用计算机控制，能做到快速测定、自动记录和直接显示。

3.5 粉末性能测定技术

3.5.1 粒度测定分类

根据粉末粒径的四种基准，可将粒度测定方法分成四大类，见表 3-13。其中并未列出所有的方法或每一种方法由于测试装置不同而出现的不同名称。这些方法中，除筛分析和显微镜法之外，都是间接测定法，即通过测定与粒度有关的颗粒的物理与力学性质参数，然后换算成平均粒度或粒度组成。

表 3-13 粒度测定主要方法一览表

粒径基准	方法名称	测量范围/μm	粒度分布基准
几何学粒径	筛分析	>40	质量分布
	光学显微镜	500~0.2	个数分布
	电子显微镜	10~0.01	同上
	电阻（库尔特计数器）	500~0.5	同上
当量粒径	重力沉降	50~1.0	质量分布
	离心沉降	10~0.05	同上
	比浊沉降	50~0.05	同上
	气体沉降	50~1.0	同上

续表

粒径基准	方法名称	测量范围/μm	粒度分布基准
当量粒径	风筛	40~15	同上
	水簸	40~5	同上
	扩散	0.5~0.001	同上
比表面粒径	吸附（气体）	20~0.001	比表面积平均径
	透过（气体）	50~0.2	同上
	润湿热	10~0.001	同上
光衍射粒径	光衍射	10~0.001	体积分布
	X光衍射	0.05~0.0001	体积分布

3.5.2 粒度测量技术

对于测量颗粒尺寸，一个广泛应用的技术就是使用肉眼在显微镜下观察分散的颗粒粒度。虽然显微镜测量可以获得相当精确的数据，但统计大量颗粒粒度的工作量是相当大的。因此，使用自动图谱分析仪要快捷得多。可通过光学显微镜（反射光或透射光）、扫描电子显微镜、透射电子显微镜来分析图像。通过显微镜对直径、长度、高度或面积的计数，记录被选颗粒的频度和颗粒粒度。

润湿性液体由于相对于粉末颗粒有很强的毛细管力，能引起细小颗粒的团聚。例如在颗粒和平面基体之间的毛细管力与润湿角和液体的数量有关，大约相当：

$$F_c = 5D\gamma \tag{3-18}$$

式中，F_c 为毛细管力；D 为颗粒直径（假定为球形）；γ 为液体的表面能。

当颗粒的黏附力 F_g 相当于地球引力时，颗粒将黏附在容器的上部，颗粒的地球引力是质量与重力加速度的乘积：

$$F_g = \frac{\pi}{6} D^3 g \rho_m \tag{3-19}$$

式中，g 为重力加速度；D 为颗粒直径；ρ_m 为颗粒密度。

将式（3-18）与式（3-19）两个方程组合，在毛细管力相当于地球引力的临界条件下，得出的颗粒尺寸为

$$D = \left(\frac{30\gamma}{\pi g \rho_m}\right)^{1/2} \tag{3-20}$$

如果液体是水，固体的密度是 $10g/cm^3$，表面能是 $0.07J/m^2$，得出临界的颗粒尺寸为 $1850\mu m$，颗粒粒度很大，表明当金属粉末中吸附有水时，颗粒难以分散。

在实际测试中，得到分散很好的样品是比较困难的。如图 3-19 所示，团聚或叠合经常发生，这使得区分实际颗粒的尺寸和形状产生困难。由体积分数为 40% 的萘和 60% 的樟脑互熔组成物混合液对于分散团聚的粉末具有比较好的效果。这个混合液在 32℃ 熔化，很容易与粉末混合在安装好的玻片上，随后，该混合液可以通过真空升华去除掉，留下分散好的颗粒用于观察。

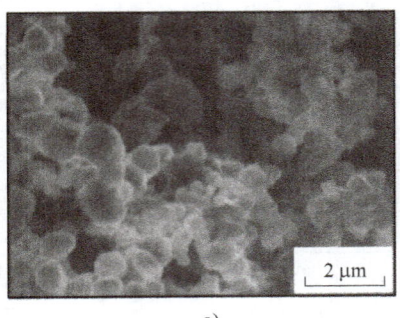 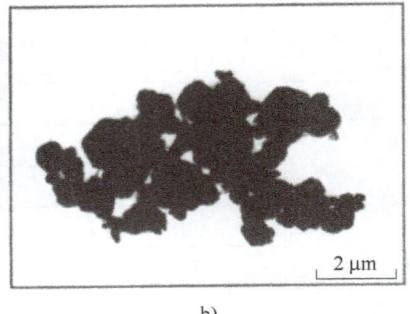

图 3-19　扫描电镜与透射电镜下团聚的钨粉

a）扫描电镜的结果　b）同样粉末的透射电镜结果

1. 筛分析法

对于快速分析颗粒粒度，筛分析法是一种常用的技术。筛分析的原理、装置和操作都很简单，应用也很广泛。筛分析适于 40μm 以上的中等和粗粉末的分级和粒度测定。筛分装置由一组筛孔尺寸由大至小的筛网组成，如图 3-20 中所示，筛孔尺寸最小的筛网在下面。粉末装载在最上面的筛上。筛网通过 15min 的振动，将使颗粒尺寸的分布更准确。当使用 20cm 直径的筛网时，100g 样品就足够了。在振动完后，对每个尺寸间的粉末称重，计算出每个尺寸的比例。可进行全自动操作。粉末通过筛网用"－"号标记，在筛网上部用"＋"标记。例如，-100/+200 表示粉末通过 100 目的筛网而没有通过 200 目的筛网，颗粒尺寸在 150μm 和 75μm 之间。并规定，在 45μm 下的粉末（-325 目）定义为亚筛粉。

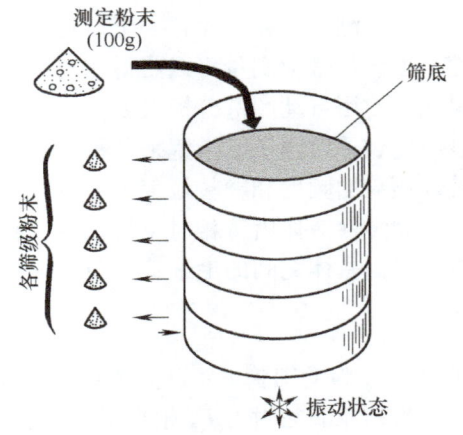

图 3-20　粉末筛分分级

筛分析法所用的筛网是由平均分布的线所组成的平方格子。筛网的目数是由每单位长度的线的数目决定的。孔的尺寸与筛网的目数成反比。目数大的筛网表明孔的尺寸小。一般规定每英寸距离内，筛网丝线的数目就是筛网的目数。例如，200 目筛网表明每英寸距离上有 200 根筛网丝线，或相邻筛网丝线中心距离为 127μm，对于这种筛网，丝线的直径为 52μm，剩下的孔的直径为 75μm。一般来说，要得到非常小的筛网网孔尺寸是很困难的，所以筛分技术一般只适用粒径大于 38μm 的颗粒。电刻筛可得到 5μm 的筛孔直径，但由于颗粒的团聚以及颗粒粘附在筛网上，更小的电刻筛并无实际用途。标准系列筛的孔的尺寸在表 3-14 中标出，筛系列相邻孔尺寸的比例为 1.19。

虽然筛分法是应用最广泛的粒度分析技术，其操作简便、快速，但也存在着一些问题。在制造精度方面，筛孔的平均尺寸有 3% ~ 7% 的可允许误差。一个在筛分析中经常产生的问题是过载，特别对于更小的筛孔，过载阻止了粉末有效地通过筛孔而使得粒度数据偏大。这个问题随着每单位筛网面积的粉末数量、细小颗粒的含量的增加以及筛孔尺寸的减小而增加。另一个问题是筛分技术的差异性。不同的操作方法会使筛分产生 8% 的误差。如果严格控制筛分过程，差异性可缩小到 1%。在筛分中的缺陷将允许大尺寸的颗粒通过；而且筛分时间过长将导致大颗粒碎分为小颗粒，筛分时间太短，由于筛网上的堆积，细小的颗粒没有足够的时间通过。因为这些原因，使用标准的测试方法是必要的。筛盘由金属丝编织的筛网加边框制成，直径为 200mm，高为 50mm。各国制定的筛网标准不同，网丝直径和筛孔大小也不一样。目前，国际标准采用泰勒（Taylor）筛制，而许多国家（包括我国，但不包括德国）的标准也同泰勒制大同小异。下面介绍泰勒筛的分度原理和表示方法。

表 3-14 标准筛尺寸

目 数	孔/μm	目 数	孔/μm
18	1000	100	150
20	850	120	125
25	710	140	106
30	600	170	90
35	500	200	75
40	425	230	63
45	355	270	53
50	300	325	45
60	250	400	38
70	212	450	32
80	180	500	25

习惯上以网目数（简称目）表示筛网的孔径和粉末的粒度。所谓目数是筛网 1 英寸长度上的网孔数，因目数都已注明在筛框上，故有时称筛号。目数越大，网孔越细。由于网孔是网面上丝间的开孔，每 1in 上的网孔数与丝的根数应相等，所以网孔的实际尺寸还与丝的直径有关。如果以 m 代表目数，a 代表网孔尺寸，d 代表网丝直径，则有下列关系式：

$$m = \frac{25.4}{a+d} \tag{3-21}$$

因为 1in = 25.4mm，故 a 与 d 的单位为 mm。

制定筛网标准时，应先规定丝径和网孔径，再按式（3-21）算出目数，列成表格就得到标准筛系列，简称筛制。泰勒筛制的分度是以 200 目的筛孔尺寸 0.074mm 为标准，乘以主模数 $\sqrt{2}=1.414$ 得到 150 目筛孔尺寸 0.104mm。所以，比 200 目粗的 150 目、100 目、65 目、48 目、35 目等的筛孔尺寸可由 0.074mm 乘 $(\sqrt{2})^n$（$n=1, 2, 3\cdots$）而分别算出；如果 0.074mm 被 $(\sqrt{2})^n$ 相除，则得到比 200 目更细的 270 目、400 目的筛孔尺寸。泰勒筛制还采用副模数 $\sqrt[4]{2}=1.1892$，用它去乘以或除以 0.074mm，就得到分度更细的一系列目数的筛孔尺寸。表 3-15 为泰勒标准筛制的目数与筛孔尺寸、网丝直径的对照表。显而易见，各相邻目数的筛孔尺寸之比均等于副模数 $\sqrt[4]{2}$，而相隔一个目数的筛孔尺寸之比均等于主模数 $\sqrt{2}$。

表 3-15 泰勒标准筛制

目数 m	筛孔尺寸 a /mm	网丝直径 d /mm	目数 m	筛孔尺寸 a /mm	网丝直径 d /mm
32	0.495	0.300	115	0.124	0.097
35	0.417	0.310	150	0.104	0.066
42	0.351	0.254	170	0.089	0.061
48	0.295	0.234	200	0.074	0.053
60	0.246	0.178	250	0.061	0.041
65	0.208	0.183	270	0.053	0.041
80	0.175	0.142	325	0.043	0.036
100	0.147	0.107	400	0.038	0.025

标准筛中最细的为 400 目，因此，筛分析的粒度适用范围的下限为 38μm。

筛分析粒度组成：当用筛分析法测定粒度组成时，通常以表格形式记录和表示，并不绘制粒度分析曲线。工业粉末的筛分析常选用 80 目、100 目、150 目、200 目、250 目、325 目等筛组成一套标准筛。各级粉末的粒度间隔是以相邻两筛网的目数或筛孔尺寸表示的，例如 -100 目 +150 目表示通过 100 目和留在 150 目筛网上的那一粒度级的粉末。某还原铁粉的筛分析粒度组成的实例见表 3-16。

表 3-16 某还原铁粉的筛分析粒度组成的实例

标 准 筛		质量/g	百分率（%）
目数	mm		
+80	≥0.175	0.5	0.5
-80 +100	0.175~0.147	5.0	5.0
-100 +150	0.147~0.104	17.5	17.5
-150 +200	0.104~0.074	19.0	19.0
-200 +250	0.074~0.061	8.0	8.0
-250 +325	0.061~0.043	20.0	20.0
-325	≤0.043	30.0	30.0

2. 显微镜法

显微镜除用于观察颗粒的形状、表面状态和内部结构以外，还广泛用于粉末粒度的测定。显微镜法具有直观、测量范围宽的特点。利用单色光测量可提高显微镜的分辨能力，如紫外光显微镜可将测量范围扩大到 1~0.1μm。普通光学显微镜的分辨能力，在低倍下是 1000~100μm，高倍下是 100~0.2μm，但一般来讲，主要用于 40μm 以下的粉末，而最佳测量范围是 20~0.5μm。显微镜法还用来校准或比较其他粒度测定方法。光学（生物、金相）显微镜、透射电子显微镜和扫描电子显微镜均可采用，它们的放大倍率和分辨能力可参看表 3-3。

光学显微镜借助带测微尺的目镜能在放大 200~1500 倍的状态下直接观测视场内颗粒的投影像尺寸，或在投影装置的荧光屏上测量，如图 3-21 所示；金相显微镜和电子显微镜也可在显微照片上观测。对总数量不少于 500 的颗粒逐一测量后，按粒径间隔计数，再以个数基准计算粒度组成和绘制粒度分布曲线。对粒度范围特别宽的粉末，可预先分级再分别测定，以减少误差。

显微镜法测量粉末粒度对粉末取样和制样要求较高。因粉末样一般不超过 1mg，故对较粗的粉末可直接用酒精、二甲苯等分散剂在玻璃片上制样；而粒径小于 5μm 的粉末，则需用较多的粉样先用分散剂调成悬浊液，必要时还要用超声波进行分散，然后将均匀的悬浊液滴在玻璃片上并烘干。

使用光学显微镜时，由于细微粉末的光散射效应，使分辨能力降低；而电子显微镜分辨率高，且透视深度大，可以区别单颗粒和聚集颗粒，所以，1μm 以下粉末特别适于采用电子显微镜测量。

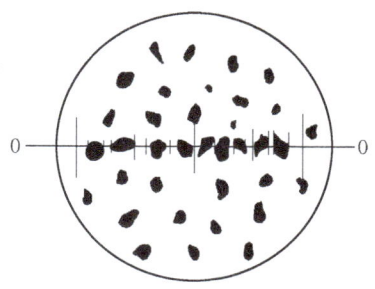

图 3-21　光学显微镜观察粉末颗粒定向定轴径

显微镜测定的是一种几何学统计粒径，至于采用哪一种几何学粒径和如何统计视场的颗粒数，尚无统一规定，目前习惯上选用两种统计粒径。

视场下颗粒总是处在具有最大投影面的最稳定方位，所以，显微镜法表示粒度可以采用属于几何学粒径中的圆名义径。如测出颗粒的长径和短径为 l 和 b，则可按公式 $d_{圆} = (4f/\pi)^{1/2} = (4lb/\pi)^{1/2}$ 计算圆名义径。再绘制成按个数基准统计的粒度分布曲线，通过换算，也可作出按体积或质量基准表示的粒度分布曲线。

显微镜的取样和计数对分布曲线上粗粒度一侧的影响十分明显，特别是按质量基准统计时更如此。因为计数时，粗颗粒虽不多，但所占质量百分比大，只要统计粗颗粒时有少量错误，就会给结果带来很大误差。因此，可以采用分步（多至三步）操作法，即先用低倍统计粗颗粒，再增大倍数统计细颗粒。这样，不仅可提高统计精确度，而且减少了每次统计颗粒的总数量。

显微镜法的最大缺点是操作繁琐和费力，一个操作熟练的人员，每小时仅可计数 500～1000，而对于粒度分布范围特别宽的粉末，要求统计的颗粒总数量常在一万以上，粒度窄的一般也有 1000 左右。此时采用光电计数器自动读数，可以大大缩短测试时间，例如 Reichert 显微镜就有这种自动计数装置。

20 世纪 60 年代出现了光扫描自动粒度分布测定装置，如图像分析计数仪和 Quantimet 粒度计。它们是用点光束或窄光带对粉末的试样或显微照片扫描，当光被颗粒遮断后，光强改变，其效应由电子计数器自动记录；测量颗粒大小则需要更复杂的电路，要重复扫描，并利用记忆装置跟踪光束被连续遮断的动作。

较简单的半自动计数装置是应用数字显示的测微目镜。只要将一只精密的绕线式电位器与普通测微目镜共轴连接，使目镜测微刻度的机械位移量（μm）转换为相应的电阻值，以改变输出电压，这样在数字电压表上显示的电压读数直接与颗粒的直径一一对应起来。当然，当进一步把电压读数直接换算成具体数值显示出来，就可以将目镜刻度的机械位移量运用电子外围设备显示而大大提高测试的自动化程度和缩短测试的时间。

3. 沉降法

对于细小粒度的粉末颗粒来说，采用沉降法分析颗粒粒度是最可靠的。分散在流体

(液体或气体) 中的颗粒达到的最终沉降速度依赖于流体的黏度和颗粒的粒度。在这个基础上，从速度可估计颗粒的粒度。根据颗粒的密度和形状，沉降技术适合于颗粒粒度在0.02～100μm 范围内的颗粒。由于离心力的应用，沉降法的分析范围可扩展到细颗粒，对于较大粒度的颗粒的分析则需要高的流体黏度。

使用沉降法进行颗粒粒度分析，需要一个预先设定好的高度，将分散的粉末放置在测试管的顶部。测试通常在水中进行，空气也可作为流体用来测试极细的颗粒。通过在设定时间内测量在管底的粉末数量然后计算颗粒粒度分布。显然，下落速度最快的颗粒是粒度最大的颗粒，而最小的颗粒下落的时间最长。用于沉降分析的自动设备可用光遮法、X 射线、重量或沉降粉块高度来决定粒度分布，在对于极细颗粒的测试时可用离心力法。

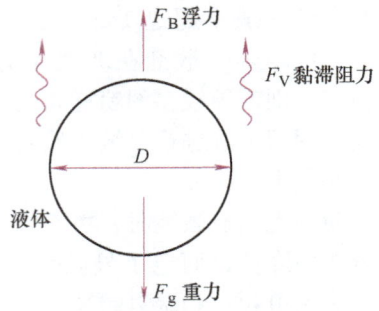

图 3-22 在粘性流体中的球形颗粒由于力的平衡有恒定的沉降速度

假定一个球形颗粒在黏性介质中的最终速度代表力的平衡，如图 3-22 所示，浮力和黏滞阻力阻止颗粒下沉，由于颗粒密度较大，地球引力引起颗粒下沉。在最终的速度下，力是平衡的，地球引力等于质量乘以加速度，即

$$F_g = \frac{\pi}{6} D^3 \rho_m g$$

式中，g 是重力加速度；D 为颗粒直径；ρ_m 是颗粒的密度。

浮力由颗粒排开的液体的体积决定：

$$F_B = \frac{\pi}{6} D^3 \rho_f g$$

其中，ρ_f 是流体的密度。最后，黏滞阻力按以下式子给出：

$$F_V = 3\pi D v \eta$$

其中，v 是最终速度，η 是流体黏度。对于沉降实验，速度可根据高度和时间来进行计算，组合方程式得到：

$$v = gD^2(\rho_m - \rho_f)/(18\eta) \tag{3-22}$$

式 (3-22) 即为描述颗粒粒径与沉降速度关系的斯托克斯定律，如果知道速度，对于一个设定的高度 H 后，可测定沉降时间 t，在这种情况下，颗粒粒度沉降时间按以下公式计算

$$D = \{18H\eta/[gt(\rho_m - \rho_f)]\}^{1/2} \tag{3-23}$$

例 3-1 使用沉降法分析一个圆形镍粉的颗粒粒度，估计颗粒粒度为 8μm，如果粉末分散在设定 100mm 高的水柱中，则设定的时间是多少？

解： 由斯托克斯定理可知

$$v = H/t = gD^2(\rho_m - \rho_f)/(18\eta)$$

式中，高度 $H = 0.1$m；g 为地球引力常数 $= 9.8$m/s^2；D 为颗粒直径 $= 8 \times 10^{-6}$m；ρ_m 为 Ni 粉密度 $= 8.9 \times 10^3$kg/m^3；ρ_f 为水密度 $= 10^3$kg/m^3；η 为水的黏度 $= 10^{-3}$kg/[m·s]。

最后计算出的速度为 2.8×10^{-4} m/s，对于设定高度为 0.1m 相应的时间是约 360s 或 6min，在为斯托克斯定理设定的范围内，雷诺系数为 2.2×10^{-3}。

对于斯托克斯定理有一些数学上的限制。首先认为黏度限制沉降，但当雷诺系数增加超过 0.2 时，沉降出现紊流，颗粒沉降受到紊流干扰，沉降的路线为非直线，走过的路线增长，沉降的时间增加，颗粒粒径加大后，沉降速度加快，也可能造成紊流在沉降参数中，雷诺系数按下式给出：

$$Re = \frac{VD\rho_f}{\eta} \tag{3-24}$$

发生沉降后，颗粒被认为很快达到最终速度，并进入层流状态，但是粒径、黏度等影响雷诺系数的因素通常会限制这个技术的适用范围在大约 60μm 以下的颗粒。例如，在空气中沉降的铝（密度为 2.7g/cm³）最大颗粒粒度为 35μm，对于钨（19.3g/cm³），在空气中大约 17μm。在沉降过程中，容器壁应不与颗粒发生反应，颗粒与颗粒之间也不能反应。通常情况下，浓度保持在 1%（体积分数）以下且没有团聚。最后，流体与粉末不能发生化学反应。因此，在水中沉降铁是不可行的。尽管存在这些缺点，沉降技术在几种粉末系统中得到应用，例如难熔金属。

对于粒度分布范围大的粉末粒度的测量，采用沉降法分析可能产生较大的误差。首先，虽然通过调节加速度和流体的黏度有一定的灵活性，但测量的粒度基本限制在狭窄的范围内。对于粒度小于 1μm 的颗粒，过慢沉降或速流过小，也会使所获得的数据不可靠。在热隔离室中离心已在一些实验室中得到成功运用，使得沉降技术的范围扩大到 0.01μm 大小的颗粒。此外，一些颗粒的特性是难以确定的，例如粉末中的孔隙减少了质量，引起较慢的沉降；对于不规则颗粒，因为沉降依赖于水的浮力作用面积。而且，不规则颗粒可能没有直垂下沉轨道，因此，不恒定的速度和不确定的路径长度使得难以准确地测量其尺寸。另外，在一些未知成分和结构的粉末中，要准确测量不同密度的混合粉末（例如铜和钨）或新合成的粉末的粒度参数是很困难的。因此，在进行沉降测试前，对待测粉末大致的粒度分布、颗粒密度、颗粒形状及混合粉末的大致组成都需要有一个初步的判断。

改变沉降技术提供了得到颗粒分布的其他方法，淘析就是沉降技术的一种变化。在淘析分析中，流体流向与地球引力相反的方向，而不是静止不动的，可将粉末分散成不同尺寸的比例。其中，流体流动的速率越大，流体带走的颗粒尺寸也越大。

沉降技术的另一种变化是空气分级。空气分级使用旋风或旋转圆盘（转速达到 12000r/min）和一个呈十字的空气流，如图 3-23 所示，将粉末分级成具有选择性的尺寸范围，离心力提供一个恒定的颗粒速度，由于斯托克斯定律的作用，空气流动使颗粒分级。如图 3-24 所示，

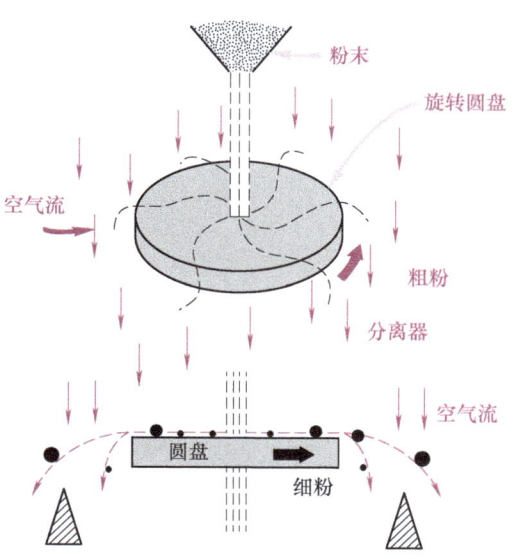

图 3-23 在重力和空气流的作用下小颗粒从大颗粒中分离出来

颗粒轨道在流体流动和拉力矢量之间。颗粒从圆盘中甩出，减速的差异主要是颗粒直径和质量的差别。因此，更轻或更小的颗粒通过气流偏转从大颗粒中分离出来。控制圆盘的旋转速度和空气流的速度可改变颗粒粒度分级，空气分级器一般适用的颗粒尺寸范围为 1~150μm，实际上，颗粒尺寸与材料密度的平方根成反比。

为了说明在空气中钨粉沉降分析限定的最大尺寸为 17μm，将斯托克斯定理与假定的最大允许的雷诺系数 0.2 组合起来解斯托克斯定理和雷诺系数的方程，然后使两个速度相等，得出：

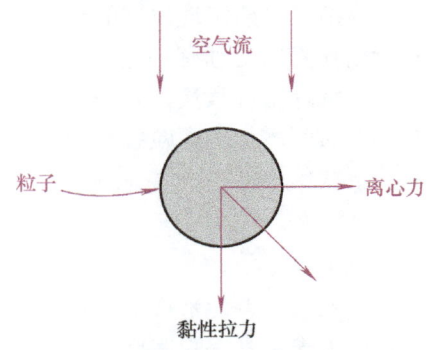

图 3-24 空气分级中的颗粒在离心力和黏性拉力的作用下运动轨道

$$D_{max} = \left[\frac{18Re\eta^2}{g\rho_f(\rho_m - \rho_f)} \right]^{1/3} \quad (3-25)$$

式中，D_{max} 为最大颗粒尺寸；Re 为雷诺系数（假定最小限制为 0.2）；η 为流体的黏度 $[1.8 \times 10^{-5} kg/(m \cdot s)]$；$g$ 为重力加速度（$9.8 m/s^2$）；ρ_f 为流体密度（$1.2 kg/m^3$）；ρ_m 为金属密度（$19.3 \times 10^3 kg/m^3$）。

解以上方程得出最大颗粒尺寸为 17μm，如果选择水 [黏度为 $10^{-3} kg/(m \cdot s)$，密度为 $10^3 kg/m^3$] 为流体，这样最大颗粒尺寸约为 27μm。

4. 光散射

采用粉末颗粒移动分析粉末粒度流动，颗粒分散在流动的液体中。粉末粒径的确定是由于颗粒使流体出现非连续性。当用光扫射含有粉末颗粒的这种流体时，光被干扰而不连续，不连续的时间或尺寸与颗粒尺寸相关。这类粒径测量设备多数是高度自动化的，因此通过流体流动来分析颗粒粒度是广泛和准确的。在测量最大粒径与最小粒径的范围方面，流动方法提供了一个很高的动态比例；最大和最小颗粒的比例能同时测量，如在具备多个探测头的现代化设备中，动态比例高达 8000，这样，最小的颗粒尺寸也能被探测到。

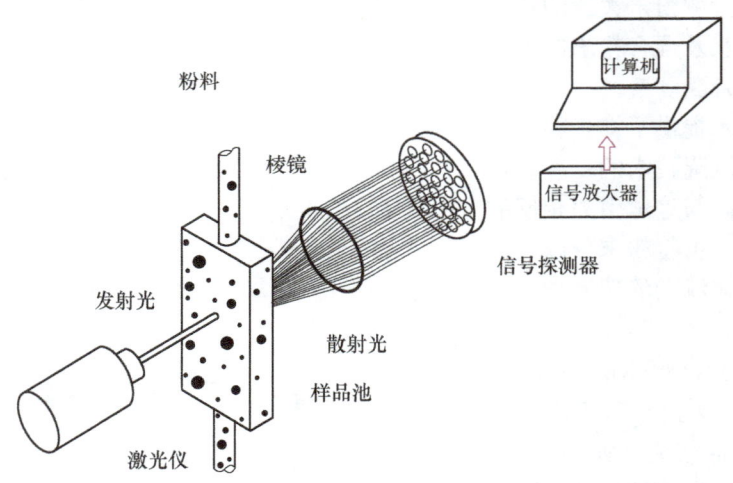

图 3-25 使用激光散射进行颗粒粒度分析的原理

可应用于颗粒粒度分析的全能的流动技术是在光散射的基础上产生的。低角度的夫琅和费（Frounhofer）光散射使用激光，自动粒度分析广泛应用于分散的颗粒。颗粒粒度影响散射的强度和角度，含有分散颗粒的流体有分散的颗粒在探测系统前通过，如图3-25所示，当散射发生时，粉末被分散并被嵌入样品池中，测量系统测量角密度并随后利用计算机计算颗粒粒度分布。与颗粒粒度相连的数据使用光电二极探测头接收。激光散射的角度与颗粒粒度成反比，小颗粒比大颗粒有更大的散射角，如图3-26所示。散射信号的强度随颗粒直径平方的变化而变化。计算机分析强度和角度数据将决定颗粒粒度的分

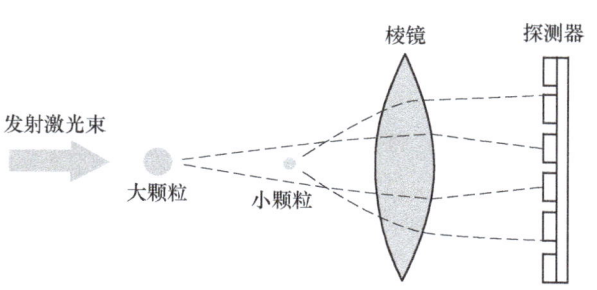

图3-26　用激光法测量颗粒粒度分布

布，依赖于仪器的设计，动态比例能在30~50的范围变化，远超过其他一些自动设备。夫琅和费提出的散射适应于1~20μm的范围。最小颗粒的粒度应该至少是探测光波长的2倍。至于其他颗粒粒度分析的方法，颗粒粒度设定为球形。探测团粒是困难的，但能通过正确的分散和超声波分散使团聚的程度降到最小。因为数据收集很容易，这种技术得到了广泛应用。

散射一般说来适合于颗粒粒度小于3μm的颗粒，与夫琅和费技术有些重合。这样，探测头安装在与入射光成90°的地方，因此，所有探测头都能合并到一个设备中以在分析过程中扩大动态比例。

另一个光散射技术是使用多普勒频率移动仪。对于大颗粒，样品分散在空气中，通过喷嘴加速到半真空中，首先在接近声速时推进颗粒。随着颗粒速度减慢，两个多普勒移动仪阅读记录飞行时间和计算颗粒尺寸。这个方法能测量的颗粒粒度为0.5~200μm，计数率达到10^5个/s。

对于更小的颗粒，热引起的随机运动称为布朗运动，为测量颗粒粒度提供足够的速度。斯托克斯-爱因斯坦方程给出的颗粒直径D和穿透散射率D_T的关系为：

$$D = kT/(3\pi\eta D_T) \tag{3-26}$$

式中，k是玻尔兹曼常数；T是热力学温度；η是流体的黏度。

在粒度分析技术中，定义为摄影光谱法。如图3-27所示，这个技术使用内部光束分离器进行校正。颗粒粒度的范围为0.005~5μm，由颗粒的反射得出了频率为1000~1Hz的移动，与颗粒粒度成反比。强度和频率信息在数分钟的范围内收集。这个输出的分析简化了从信号到颗粒粒度分布。为使用这个技术，首先必须知道流体和颗粒的光学性质、流体的黏度和温度。它的优点在于不需要对内在颗粒粒度分布进行假设就可测定非常小的颗粒。

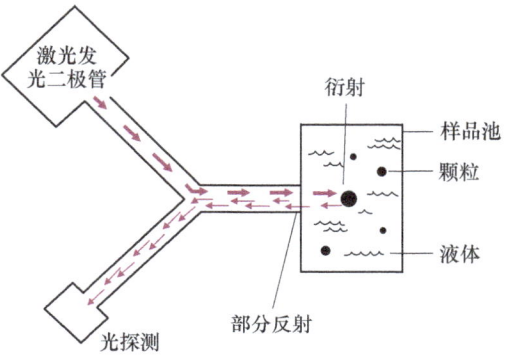

图3-27　非常小的颗粒在流体中进行布朗运动

目前使用的激光散射设备将各种不同的光源和探测技术得到的动态比例为 7000（0.1～700μm）或更大。依据颗粒的数量考虑这个范围，一个直径为 700μm 的球形颗粒的质量等于 3.4×10^8 个直径为 0.1μm 的颗粒的质量。根据熟悉的尺寸范围，比例为 7000 在长度上就相当于 14mm 比 1000m。一般的设备具有准确的动态比例为 300，即 1mm 在总尺寸上相当于 300mm。

5. 光遮法

利用光遮法测量颗粒粒度的基本原理是悬浮液中流动的粉末经过光波前，阻断光的衍射，使光信号发生变化，然后根据变化的效果，分析粒径的大小。如图 3-28 所示，一束光被分散的颗粒打断，光的信息会产生变化。当一个颗粒在窗口前通过时，会阻断一部分光到达信息识别装置。假如颗粒为球形，阻断的光的效果相当于圆形横截面积。这个技术的动态比例是 45，光能分辨的较小的颗粒粒度是 1μm，在流体中分散好颗粒以避免碰撞是必要的。在这些问题和限制上，光遮法和电区域感应法是相似的。

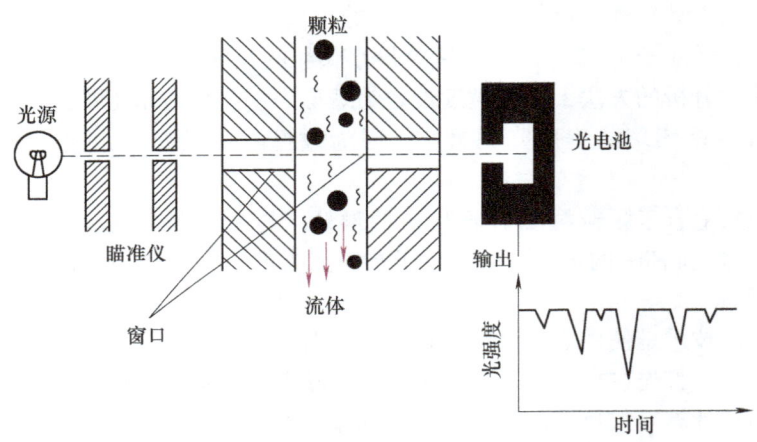

图 3-28　利用光遮法测量颗粒粒度及分布

6. X 射线技术

X 射线技术适用于非常小的颗粒的粒度分析。结晶材料衍射线的宽化有几个原因，包括应力和晶粒尺寸细化。

$$\lambda = 2d_{hkl}\sin\theta \tag{3-27}$$

式中，λ 是 X 射线的波长；d_{hkl} 是晶面间距；θ 是衍射角。

随着衍射晶体厚度减小，衍射峰的宽度增加。利用 X 射线来测定颗粒粒度最有效的方法是利用图 3-29 所示的最大强度峰的半高宽 B。在一定强度下衍射峰的宽化部分是由晶体中衍射的晶面数引起的。Scherrer 公式给出了晶面尺寸 D、衍射峰半高宽 B、衍射角 θ 和 X 射线波长的关系，即

$$D = 0.9\lambda/(B\cos\theta) \tag{3-28}$$

在高的衍射角（高指数晶面）和大的入射波长下测

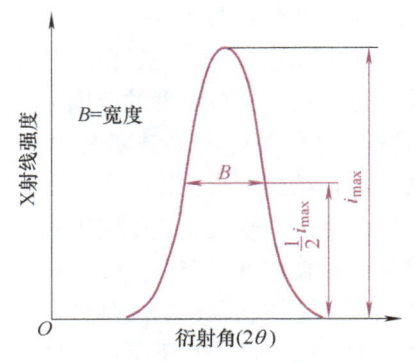

图 3-29　最强峰的半高宽

定晶粒粒度很容易。衍射峰越宽化，晶粒粒度越小。

在通过峰的宽化准确测定粉末粒度时，可通过分析宽化的程度与衍射角来完成，但应力引起的加工硬化影响必须剔除。此外，由于机械振动、光束散射和样品尺寸等因素引起的宽化必须剔除。在 X 射线宽化分析前粉末最好通过退火以消除应力或加工硬化。研磨后的金属粉末一般存在加工硬化而不能通过 X 射线宽化分析得到准确的结果。为了准确判断由于颗粒粒度原因引起的峰的宽化，必须有与测试粉末相关的不同衍射标准。通过使用大晶粒尺寸（大于 1μm）的标准，相似衍射角的宽化效应能予以测量。如果 B_T 是总的衍射宽度，颗粒粒度宽化 B 则可通过平方差进行计算：

$$B^2 = B_T^2 + B_S^2 \tag{3-29}$$

式中，B_S 是标样的峰宽化。这个技术适合于颗粒粒度为 50nm 左右的分析。在很好的实验条件下，X 射线峰的宽化能测定的粒度为 0.2μm（200nm）。然而，这个方法给出的是平均晶粒度，没有粒度分布和颗粒形状的信息。

第二种 X 射线衍射技术是小角度散射，如果知道颗粒形状，就可得出粒度分布的信息。小角度散射最适合测量粒度小于 50nm 的颗粒。这个方法假定颗粒分散得很好，没有颗粒间的作用。X 射线的强度和角度在 0~30 的范围内测量，来估计颗粒粒度分布或颗粒形状。

3.5.3 粒度分析技术的比较

颗粒粒度的分布依赖于颗粒对某些物理测试的反应。总的说来，假定颗粒为球形，但是这个假定可能引起测量中的错误。由于每种方法测量不同的物理特性以及颗粒为球形的假定，在一些粉末上，不同的粒度分析技术产生不同的结果。表 3-17 列出了几种颗粒粒度分析方法的比较，并给出了从大到小的粒度尺寸范围、动态比例、样品质量、相对分析速度以及分析技术依据（数量和重量）。

表 3-17 颗粒粒度分析方法的比较

分析方法		粒度尺寸范围/μm	动态比例	样品质量/g	相对分析速度	分析技术依据
显微镜	光学	>0.8	30	<1	S	P
	电子	0.01~400	30	<1	S	P
筛分	线筛	>38	20	100	I	W
	电刻筛	5~120	20	>5	S	W
沉降	重力	0.2~100	50	5	I	W
	离心力	0.02~10	50	1	S	W
光散射	夫琅和费	1~800	<200	<5	F	P
	布朗运动	0.005~5	1000	<1	I	P
	光遮法	1~600	45	3	I	P
X 射线	宽化	0.01~0.2		1	S	P
	小角度	0.001~0.05	—	1	S	P

注：S—慢（1h 或更多），I—中间（1/2h），F—快（1/4h 或更少），P—数量基础，W—质量基础。

3.5.4 粒度分析中存在的问题

粒度分析中存在许多问题。例如，在一个具有较大范围的粒度分布分析中要得到精确的分析数据相当困难。几乎所有的设备每一次能处理和分析的粒度范围都有限制。通常，该限制范围比设备标称范围要小。如果粒度分布比设备标称的大，则该方法不准确。另外，每种分析方法都有择优的范围。如筛分析，一般对于粒径大于 $38\mu m$ 的粉末，细粉粒度分布不能由过筛法描述；光学显微镜能用于观察粒径大于 $1\mu m$ 的颗粒；由于方法中物理原理的局限性，沉降法只能用于较窄的粒度范围。

图 3-30 为粗球形铁粉的粒度累计分布图。采用各种检测方法，与中值粒度至少存在 10% 的偏差。因此，不可能精确地得到粒度分布。

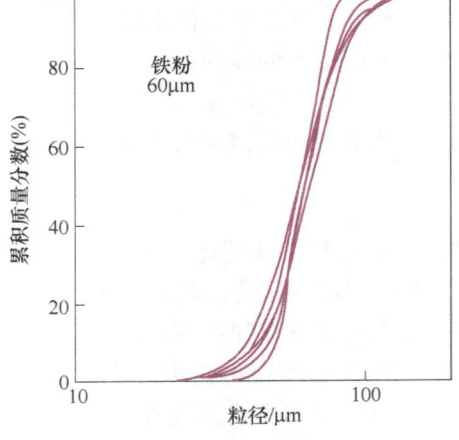

图 3-30 粗球形铁粉的粒度累计分布图

颗粒形状的定量、定性测量都比较困难，往往只能换算成尺寸因数来分析，在接下来的章节中对于不规则的形状粉末分析，更多的是采用颗粒尺寸参数描述。大部分测量方法都假定颗粒为球形。既然细粉具有大表面积和动力学反应，其尺寸就不容忽视。因为粉末粒径比为 25 时，15625 个最小颗粒的面积等于一个最大颗粒的面积。

3.6 颗粒形状表征

量化颗粒的形状比较困难，因此，经常定性地描述颗粒形状。图 3-31 列出了颗粒的形状及相应的描述符号。考虑图 3-32 所示的各种不规则的形状，不同的投影面积和投影尺寸，产生了多种不同的颗粒形状参数。颗粒形状也可用 D_O/D_A 表示，其中，D_O 为外圆直径，D_A 为投影部分的当量直径。至今为止，以形状描述符为基础的显微分析法是最易理解且相对容易从集合形状中获得的。

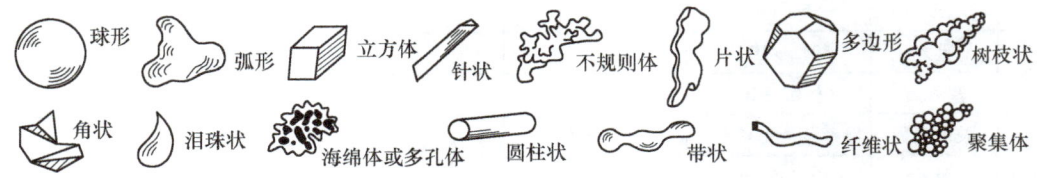

图 3-31 颗粒的形状及其相应的描述符号

一些更复杂的形状参数来自于对颗粒的轮廓分析。图 3-33a 中所示的颗粒如果从中心位置沿半径方向剖开，其表面轮廓可以用描点表示，如图 3-33b 所示。所有表面点的轨迹组成轮廓线。这种描述颗粒形状的方法可以和显微方法媲美。该方法在定性和简单量化方面相对

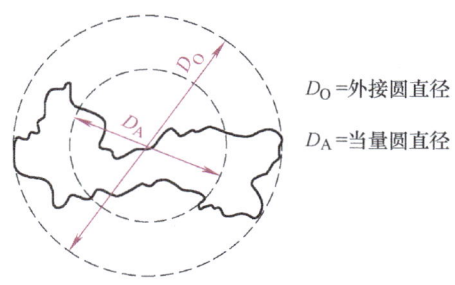

图 3-32 不规则颗粒的投影面积以及直径表达方式

详细一些,但存在另一方面的问题:每个颗粒都必须进行全面的轮廓分析,如果颗粒量大时信息量很大。通常,SEM 的简单定性描述方法是最有效的颗粒形状表征方法。

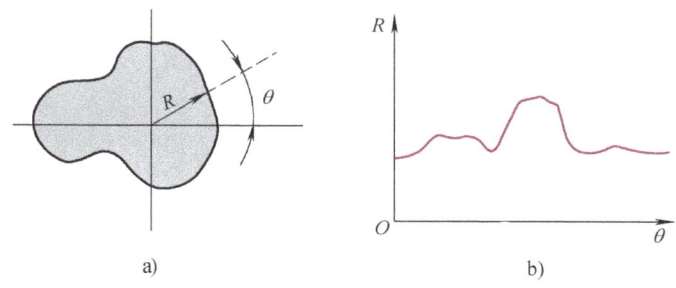

图 3-33 颗粒形状分析的二维剖面图

3.7 粉末比表面积分析

3.7.1 粉末比表面积

比表面积指单位质量粉末所具有的表面积(m^2/g)。分析粉末体表面积主要有气相吸附法和气相渗透法两种方法。

粉末比表面积属于粉末体的一种综合性质,是由单颗粒性质和粉末体性质共同决定的。同时,比表面积还是代表粉末体粒度的参数,同平均粒度一样,能给人以直观、明确的概念。所以用比表面积法测定粉末的平均粒度称为单值法,以区别上述分布法。比表面积与粉末的许多物理、化学性质(如吸附、溶解速度、烧结活性等)直接有关。

粉末克表面 S_w 定义为质量为 1g 的粉末所具有的总表面积,用 m^2/g 或 cm^2/g 表示;致密体的比表面积,也用 m^2/cm^3 单位,称体积比表面积 S_v。粉末比表面积是粉末的平均粒度、颗粒形状和颗粒密度的函数。测定粉末比表面积通常采用吸附法和透过法。1969 年比表面积测定国际会议推荐的方法有气体容量吸附法、气体质量吸附法、气体或液体透过法、液体或液相吸附法、润湿热法及尺寸效应法等。

3.7.2 形状因子

比表面积指单位质量的面积(m^2/g),对于单一尺寸的球状表面,球表面积 A 与体积 V 可由下式计算：

$$A = \pi d^2$$

$$V = \pi \frac{d^3}{6}$$

固体单位体积的面积为 $6/D$。固体颗粒的质量可以由颗粒体积和理论金属密度计算，即

$$W = \rho_m V$$

单位质量的面积（$S = A/W$）由下式可得

$$S = \frac{6}{D\rho_m} \tag{3-30}$$

式中，S 表示比表面积。对于粒度分布大的粉末而言，式（3-30）采用平均粒度。为了单位换算方便，尺寸、比表面积和密度单位分别采用 μm、m^2/g、g/m^3。

在用式（3-30）计算时，颗粒形状不同，得到的颗粒尺寸与比表面积的关系不同。总的可以下式表示：

$$S = \frac{k_s}{D\rho_m} \tag{3-31}$$

式中，D 为颗粒形状因子。通过比较粒度的不同测量方法和由计算比例常数 k_s 得到的比表面积，可以初步估计颗粒的形状。采用简单的模型确定单一形状粉末的形状。

所谓尺寸效应法是根据粉末组成和形状因子计算比表面积的一种方法，假若将粉末按粒径间隔 Δx 和平均粒径 x_1、x_2…分成若干级别，各粒级颗粒数为 ΔN_1、ΔN_2…那么，总表面积为 $f \sum x^2 dN$，总质量为 $\rho_e K \sum x^3 dN$。如以 f 为表面形状因子，K 为体积形状因子，ρ_e 为颗粒有效密度，则计算的比表面积等于

$$S_{计} = \left(\frac{f}{\rho_e K}\right) \sum x^2 dN / \sum x^3 dN$$

即

$$S_{计} = \left(\frac{f}{\rho_e K}\right) 10^4 / d_{vs} \tag{3-32}$$

式中，d_{vs} 为体面积平均径，单位为 μm。

因此，按式（3-32）由均匀球形颗粒比表面积计算的统计粒径就是表 3-12 中的体面积平均径。但如果是用透过法或氮气吸附法测定比表面积，再按式（3-32）计算平均粒径 d_{vs}，则由于透过法测得的比表面积包括颗粒的全部外比表面积，而氮气吸附法测得的更接近全比表面积（即包括内比表面积），所以，两者均比 $S_{计}$ 大，或者说，透过法得到的平均粒径和吸附法的平均粒径比计算平均粒径要小，特别是吸附法平均粒径更小，该测量方法常记做 BET（Brunauer，Emmett，Teller）表面分析。在平衡状态下，吸附气体分子数与脱附气体分子数相等。如图 3-34 所示的 BET 方法中，气体量必须充满粉末表

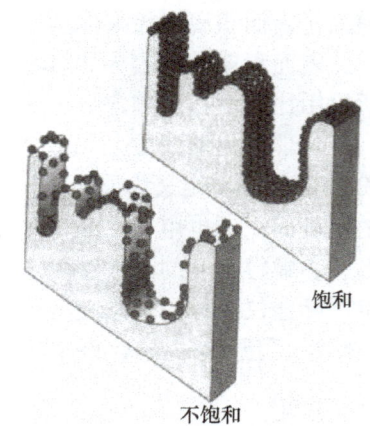

图 3-34 粉末颗粒表面的单分子层吸附

面。如果假定气体分子占据一定的表面积，则通过吸附气体的体积即可计算出粉末的表面积。

由吸附法或透过法比表面计算平均粒径并不反映颗粒的实际大小，更不能够反映粉末的粒度分布，因为计算中假定颗粒为均匀球形，有相同的平均直径。由式（3-32）和 $f/K = 6$ 可以直接得到透过比表面平均径和吸附比表面平均径为

$$d_{透} = (6/\rho_e)10^4/S_{透}(\mu m) \tag{3-33a}$$

$$d_{吸} = (6/\rho_e)10^4/S_{吸}(\mu m) \tag{3-33b}$$

3.7.3 空气透过法

空气透过法原理是由卡门（Carman）在1938年提出的。他推导了关于常压气体通过粉末床的流速、压力降与粉末床的孔隙率、集合尺寸及粉末的表面积等参数之间的关系式，以后经过修正又推广到低压气体。气体透过法已成为当前测定粉末及多孔固体的比表面积，特别是测定亚筛级粉末平均粒度的重要工业方法。空气透过法测定的粒度是一种当量粒径，即比表面平均径。这里主要介绍常压气体透过法和低压气体扩散法的原理和费歇尔微粉粒度分析仪。

1. 基本原理

在假定气流为黏性的条件下，气体通过多孔体结构的气相渗透性取决于表面积。Darcy方程表明，多孔材料中，气体流量 Q（m³/s）与气压降 $\Delta p = p_U - p_L$ 和气体黏度 η 存在如下关系：

$$Q = \Delta p \kappa A/L\eta \tag{3-34}$$

式中，试样长度 L 及横截面积 A 如图3-35所示；参数 κ 为渗透系数。从低压区渗透出的气体速率为

$$v = \Delta p \kappa/L\eta$$

其中，v 等于单位面积上的流速（Q/A）。在 Kozeng 和 Carman 的分析中，粉末体表面积与孔隙率 θ 有关，即

$$\theta = \frac{1}{\rho_m} \tag{3-35}$$

式中，ρ_m 为材料理论密度；θ 为总孔隙率。

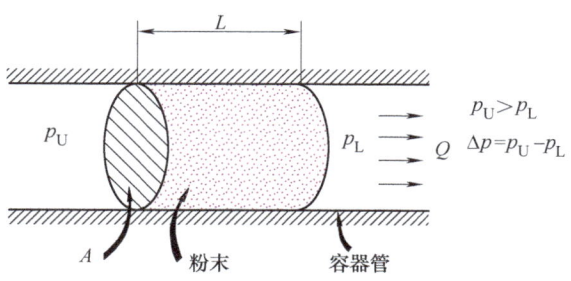

图 3-35　气体渗透法测定粉末表面积

Kozeng-Carman（柯青-卡门）方程是由泊肃叶黏性流动理论导出的，适用于常压液体或气体透过粗颗粒粉末床。目前测定粉末比表面的主要工业方法——空气透过法就建立在该

方程的基础上。常压空气透过法分两种基本形式：

稳流式：在空气流速和压力不变的条件下，测定比表面积和平均粒度，如费歇尔微粉粒度分析仪和 Permaran 空气透过仪。

变流式：在空气流速和压力随时间变化的条件下，测定比表面积或平均粒度，如 Blaine 粒度仪和 Rigden 仪。

柯青（Kozeng）假设，粉末床由球形颗粒组成，球形颗粒呈相互并联的毛细管通道，流体沿着这些毛细管流过颗粒床。毛细孔的平均半径 r_m 与颗粒间的孔隙体对孔隙的总表面积之比成正比。如进一步设孔隙度为 θ，可导出气体透过粉末床时，测量粉末表面积 S_0 的柯青-卡门公式如下：

$$S_0 = \sqrt{\frac{\Delta p g A \theta^3}{K_c Q_0 L \eta (1-\theta)^2}} \tag{3-36}$$

式中，K_c 为柯青常数；Δp 为粉末床两端气体压差；g 为重力加速度；A 为粉末床截面积；Q_0 为流经粉末床的气体流量；L 为粉末床的几何长度；η 为气体黏度；θ 为孔隙度。

式（3-36）称为柯青-卡门公式，将比表面积与平均粉径关系 $d_m = 6/S_0$ 代入得到

$$d_m = 6 \times 10^4 \times \sqrt{\frac{K_c Q_0 L \eta (1-\theta)^2}{\Delta p g A \theta^3}} \tag{3-37}$$

2. 费歇尔微粉粒度分析仪

费歇尔微粉粒度分析仪，又称费氏仪，全名是 Fisher Sub-Sive Siver，简写成 F. S. S. S.，已被许多国家列入标准。其计算粒度的原理是根据古登（Gooden）和史密斯变换柯青-卡门方程建立的公式。

1）用粉末床几何尺寸表示孔隙度：

$$\theta = 1 - \frac{W}{\rho_c AL} \tag{3-38a}$$

2）取粉末床的质量在数值上等于粉末颗粒的有效密度 ρ_c，$W = \rho_c$，故式（3-38a）变成

$$\theta = 1 - \frac{1}{AL} \quad (规定 A = 1.267 \text{cm}^2) \tag{3-38b}$$

3）Q_0 和 η 作常数处理。

4）对大多数粉末，柯青常数 K_c 取 5。

5）Δp 用通过粉末床前后的压力差 $(p-p')$ 表示。根据式（3-38b）去变化式（3-38）中包括孔隙度 θ 的项，即：

$$\frac{(1-\theta)^2}{\theta^3} = \frac{\left(\frac{1}{AL}\right)^2}{\left(\frac{AL-1}{AL}\right)^3} = \frac{AL}{(AL-1)^3}$$

$$\sqrt{\frac{K_c}{g}} = \sqrt{\frac{5}{980}} = \frac{1}{14}$$

根据透过率与颗粒表面积以及颗粒直径的关系，将上式代入式（3-37）经换算和整理得

$$d_m = \frac{6 \times 10^4 L}{14(AL-1)^{3/2}} \sqrt{\frac{Q_0 \eta}{\Delta p}} \tag{3-39}$$

设式 (3-39) 中 $Q_0 = kp'$ (k 为流量系数), 再用 $p'/(p-p')$ 代替 $p'/\Delta p$, 当 η 和 k 为常数可提到根号外与其他常数合并为一个新系数 $C = 6 \times 10^4 / 14(k\eta)^{1/2}$, 则式 (3-39) 比表面积换算成粉末平均粒径:

$$d_{\mathrm{m}} = \frac{CL}{(AL-1)^{3/2}} \sqrt{\frac{p'}{p-p'}} \tag{3-40}$$

式中, p 为流过粉末床之前的空气压力; p' 为流过粉末床之后的空气压力。

式 (3-40) 中 A 和 p 在实验中均为可维持不变的参数, 可变参数只剩下 L 和 p'。根据式 (3-38a), L 由粉末床孔隙度 θ 决定, 因此当 θ 固定不变时, 仅有 p' 或空气通过粉末床的压力降 $p-p'$ 才是唯一需要由实验参量的参数, 基于以上原理设计的费氏空气透过仪如图 3-36 所示。

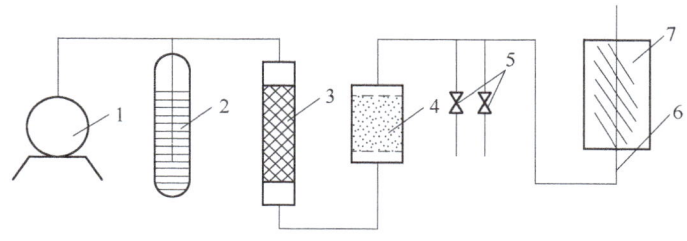

图 3-36 费氏仪测试原理
1—微型空气泵 2—压力调节管 3—干燥管 4—粉末试样管
5—针形阀 6—U 形管压力计 7—粒度曲线板

从微型空气泵 1 打出的空气通过压力调节管 2 获得稳定的压力, 经过 $CaSO_4$ 干燥管 3 除去水分。粉末试样管 4 中粉末的质量在数值上等于粉末材料的理论密度, 借助专门的手动机构将它压紧至所需要的孔隙度 θ。空气流速反映为 U 形管压力计 6 的液面差, 因而由粒度曲线板 7 与管 6 中液面重合的曲线可读出粉末的平均密度。

透过法测定粒度由于取样较多, 有代表性, 使结果的重现性好。对小规模的粉末, 同显微镜测定的结果相符合。空气透过法所反映的是粉末的外比表面积, 代表单颗粒或二次颗粒的粒度, 如果与 BET 法 (反映全比表面和一次颗粒的大小) 联合使用, 就能判断粉末的聚集程度和决定二次颗粒中一次颗粒的数量。

采用透过法时, 表面积测量适合于亚筛部分的粉末尺寸。已知质量的粉末置于已知流速的气流中, 测量压差以确定透过性。采用粉末孔隙度和理论密度, 由方程式 (3-40) 可以计算得到颗粒直径。总的来说, 该方法局限于 $0.5 \sim 50 \mu m$ 的粉末颗粒。通常, 计算得到的表面积转化为球状颗粒直径, 而不是表面积。由于透过法测粉末粒径相对简单, 因此硬质合金工业中使用比较普遍, 因为硬质合金粉末粒径分布为 $0.5 \sim 50 \mu m$。

3.7.4 气体吸附法

1. 基本原理

利用气体在固体表面的物理吸附测定物质比表面积, 其原理为: 测量吸附在固体表面上气体单分子层的质量或体积, 再由气体分子的横截面积计算 1g 物质的总表面积, 即得克比表面。

气体被吸附是由于固体表面存在剩余力场,根据这种力的性质和大小不同,分为物理吸附和化学吸附。前者是范德华力起作用,气体以分子状态被吸附;后者是化学键力起作用,相当于化学反应,气体以原子状态被吸附。物理吸附常常在低温下发生,而且吸附量受气体压力的影响较显著。建立在多分子层吸附理论上的 BET 法是低温氮气吸附,属于物理吸附。这种方法已广泛用于比表面积的测定。

描述吸附量与气体压力关系的有等温吸附曲线(图 3-37),横坐标 p_0 为吸附气体的饱和蒸气压力。图左起第一类适用朗格谬尔(Lamgmuir)等温式,描述了化学吸附或单分子层物理吸附;其余四类描述了多分子层吸附,也就是适用于 BET 法的一般物理吸附。朗格谬尔吸附等温式 $V = V_m bp/(1+bp)$ 可写成如下形式:

$$\frac{p}{V} = \frac{1}{V_m b} + \frac{p}{V_m} \tag{3-41}$$

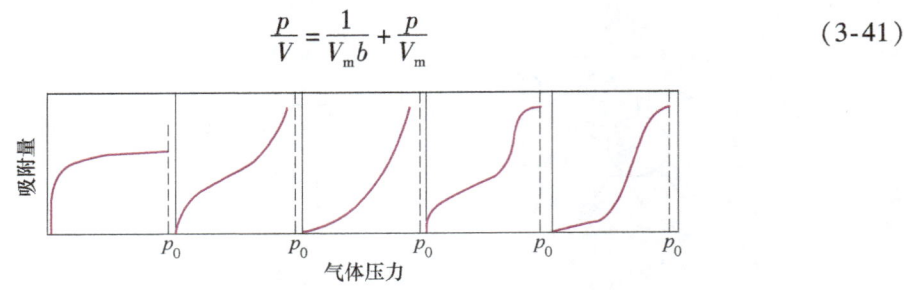

图 3-37 等温吸附曲线的几种类型

式中,V 为当压力为 p 时被吸附气体的容积;V_m 为全部表面被单分子层覆盖时的气体容积,称饱和吸附量;b 为常数。

式(3-41)表明 p/V 与 p 呈直线关系。由实验求得 $V-p$ 的对应数据,作出该直线,根据直线的斜率和纵截距求得式(3-41)中的 V_m,再由气体分子的截面积计算被吸附的总表面积和克比表面值。

一般情况下,气体不是单分子层吸附,而是多分子层吸附,这时式(3-41)就不能应用,应该用多分子层吸附 BET 公式

$$V = \frac{V_m Cp}{(p_0 - p)\left[1 + (C-1)\frac{p}{p_0}\right]}$$

改写成为 BET 二常数式

$$\frac{p}{V(p_0 - p)} = \frac{1}{V_m C} + \frac{(C-1)}{V_m C} \frac{p}{p_0} \tag{3-42}$$

式中,p 为吸附平衡时的气体压力;p_0 为吸附气体的饱和蒸气压;V 为被吸附气体的体积;V_m 为固体表面被单分子层气体覆盖所需气体的体积;C 为常数。

即在一定的 p/p_0 值范围内,用实验测得不同 p 值下的 V,并换算成标准状态下的体积。以 $p/[V(p_0-p)]$ 对 p/p_0 作图得到的应为一条直线,$1/(V_m C)$ 为直线的纵截距值,$(C-1)/(V_m C)$ 为直线的斜率,于是 $V_m = 1/(斜率+截距)$。因为 1mol 气体的体积为 22400mL,分子数为阿伏伽德罗常数 N_A,故 $V_m/22400W$ 为 1g 粉末试样(取样重 Wg)所吸附的单分子层气体的摩尔数,$V_m N_A/22400W$ 就是 1g 粉末吸附的单分子层气体的分子数。因为低温吸附是在

气体液化温度下进行，被吸附的气体分子与液体分子类似，以球形最密集方式排列，那么，用一个气体分子的横截面积 A_m 去乘以 $V_m N_A/22400W$ 就得到粉末的克比表面，即

$$S = V_m N_A A_m / 22400 W \tag{3-43}$$

表 3-18 为常用吸附气体的分子截面积。由直线的斜率和截距还可求得式（3-42）中的常数：

$$C = (斜率/截距) + 1$$

其物理意义为 $C = \exp\left(\dfrac{E_1 - E_L}{RT}\right)$

式中，E_1 为第一层分子的摩尔吸附热；E_L 为第二层分子的吸附热，等于气体的液化热。

表 3-18　吸附气体分子的截面积

气体名称	液化气体密度/(g/cm³)	液化温度/℃	分子截面积/0.01nm²
N_2	0.808	-195.8	16.2
O_2	1.14	-183	14.1
Ar	1.374	-183	14.4
CO	0.763	-183	16.8
CO_2	1.179	-56.6	17.0
CH_4	0.3916	-140	18.1
NH_3	0.688	-36	12.9
NO	1.269	-150	12.5
NO_2	1.199	-80	16.8

如果 $E_1 > E_L$，即第一层分子的吸附热大于气体的液化热，则为图 3-37 中第二类吸附等温线；如果 $E_1 < E_L$，则是第三类正常的吸附等温线。在上述两种情况下，BET 氮吸附的直线关系仅在 p/p_0 值为 0.05~0.35 的范围内成立。在更低压力或 p/p_0 值下，实验值按公式计算的结果偏高，而在较高压力下则偏低。在第四、五类的情况下，除仅在多分子层吸附外，还出现毛细管凝结现象，这时 BET 公式要经过修正后才能运用。

2. 测试方法

气体吸附法测定比表面的灵敏度和精确度最高。它分为静态法和动态法两大类，前者又包括容量法、单点吸附法、质量法。下面分别作简要介绍。

（1）**容量法**　根据吸附平衡前后吸附气体容积的变化来确定吸附量。实际上就是测定在已知容积内，气体压力的变化。BET 比表面装置就是采用容量法测定的。图 3-38 为 BET 装置原理图。连续测定吸附气体的压力 p 和被吸附气体的容积 V，并记下实验温度下气体的蒸气压 p_0，再按 BET 方程式（3-42）计算，以 $p/V(p_0-p)$ 对 p/p_0 作等温吸附线。

（2）**单点吸附法**　BET 法至少要测量三组 p-V 数据才能得到准确的直线，故称多点吸附法。

由 BET 二常数式 $\dfrac{p}{V(p_0-p)} = \dfrac{1}{V_m C} + \dfrac{(C-1)}{V_m C}\dfrac{p}{p_0}$ 所作直线的斜率 $S = \dfrac{(C-1)}{V_m C}$ 和截距 $I = 1/$

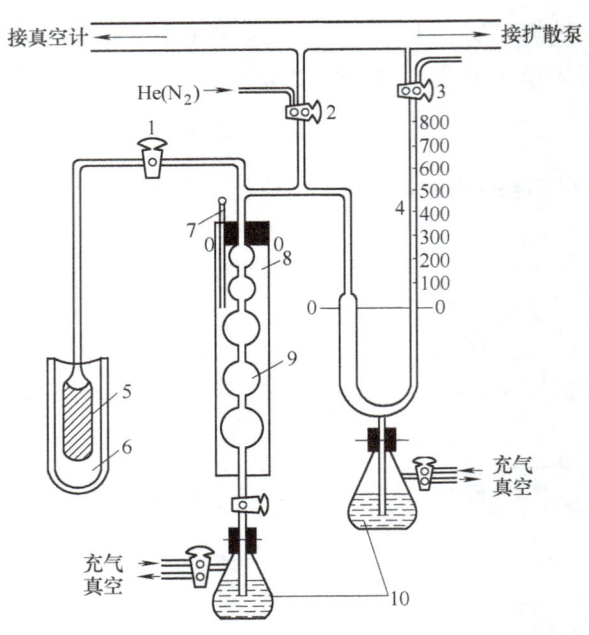

图 3-38　BET 装置原理图

1、2、3—玻璃阀　4—水银压力计　5—试样管　6—低温瓶（液氮）
7—温度计　8—恒温水套　9—量气球　10—汞瓶

(V_mC) 可以求得 $V_m = 1/(S+I)$ 和 $C = S/I + 1$。用氮吸附时，一般 C 值很大，I 值很小，即二常数式中的 $1/(V_mC)$ 项可忽略不计，而第二项中 $C - I \approx C$。最后，BET 公式可简化成

$$\frac{p}{V(p_0 - p)} = \frac{1}{V_m}\frac{p}{p_0} \tag{3-44}$$

式（3-44）说明：如以 $p/[V(p_0-p)]$ 对 p/p_0 作图，直线将通过坐标原点，其斜率的倒数就代表所要测定的 V_m。因此，一般就利用式（3-44），在 $p/p_0 \approx 0.3$ 的附近测一点，将它与 $p/[V(p_0-p)] - p/p_0$ 图中的原点连接，就得到图 3-39 的直线 2。单点法与多点法相比，当比表面在 $10^{-2} \sim 10^2 \mathrm{m^2/g}$ 范围时，误差为 $\pm 5\%$。根据式（3-43），将原子横截面积 $A_m = 1.62 \mathrm{nm}$，$N_A = 6.023 \times 10^{23}$ 代入克比表面积公式 $S = W_m N_A A_m / (2240W)$，可得到单点吸附法的比表面计算式

$$S = 4.36 V_m / W \tag{3-45}$$

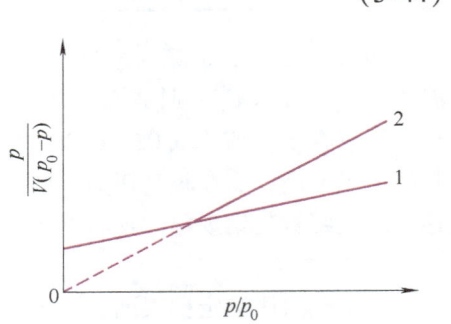

图 3-39　单点吸附与多点吸附
1—多点法　2—单点法

式中，W 为粉末试样的质量，单位为 g。

实验证明，单点吸附法的重复性较好，但在不同的 p/p_0 值下测量的结果会有偏差。如 p/p_0 偏大，所得比表面值偏高，故应控制 p/p_0 约为 0.1 最好。

(3) 质量法　质量法是用吸附秤直接精确称量粉末试样在吸附前后质量的变化来确定比表面积的方法，它能避免容量法测系统"死空间"的麻烦和消除由此带来的测量误差，因此更为简便实用。

问题与习题

1. 200gNi 粉测得的平均粒度为 120μm，估算在这一粉体样品中大约有多少颗粉末（$\rho_{Ni}=8.9\text{g/cm}^3$）。
2. 粉末颗粒有哪几种聚集形式？它们之间有什么区别？
3. 氢损法测定金属粉末氧含量的原理是什么？该方法用于怎样的金属？为什么说它测定的一般不是全部氧含量？
4. 什么叫当量球直径？今假定有一边长为 1μm 的立方体颗粒，试计算它的当量球体积直径和当量球表面直径。
5. 假定某一不规则形状颗粒的投影面积为 A，表面积为 S，体积为 V，请分别导出与该颗粒具有相等 A、S 和 V 的当量球投影面直径 D_A、当量球表面直径 D_S 和当量球体积直径 D_V 的具体表达式。
6. 试说明为什么粉末的振实密度对松装密度的比值越大时，粉末的流动性越好。
7. 用筛分析测量粉体粒度，粉末颗粒为椭球形，长径为 120μm，短径为 60μm，问哪个粉末的尺寸与筛网尺寸相符合。
8. 对于边长为 3μm 的立方体颗粒：
   (1) 它的当量球形表面直径是多少？
   (2) 它的当量球形体积直径是多少？
9. 筛分析铁粉成 −325 目和 −100/+200 目一个部分，粗粉部分的松装密度是 2.6g/cm^3，用 20%（质量分数）的细粉混合之后，松装密度达到了 2.8g/cm^3，为什么？
10. 空气透过长 1cm、横截面为 1cm² 的 Mo 粉样品（松装密度为 4.5g/cm^3），压降为 1atm（1atm = 0.1MPa，2 个 atm 降为 1 个 atm），流速为 0.15cm/s，问当量球体直径是多少？[空气黏度 = 1.8×10^{-4} g/(cm·s)，Mo 理论密度为 10.2g/cm^3]
11. 试述粉末的哪种性质会造成透过法测量表面积和吸附法测量表面积的差异。
12. 试解释当振实密度对松装密度的比值增加时，为什么会增加在 Hall 流速仪中测定的流经时间？（松装密度小，粉末形状复杂，振实密度相对于松装密度之比增加，所需流经的时间增加）。
13. Al 粉表面的氧化物可用来形成弥散强化质点，对于直径为 10μm 氧化层厚度为 25nm 的氧化物弥散质量的体积百分数大约为多少？
14. 用 Stokesian 法则测量粉末粒度时，为什么要求雷诺数略低于 1.0，对于球形 Al 粉分析，能分析的最大粒径为多少？（$\rho_{Al}=2.7\text{g/cm}^3$，$\rho_{水}=1.0\text{g/cm}^3$，水的黏度 = 10^{-2} g·s/cm）。
15. 振实密度与松装密度之比，包括形状因素，讨论粉末形状和粒度对该比值的影响。
16. 试建立一个测检进厂粉末的质量控制流程图，流程图中的步骤应包括最少的但是有效的部分，以确保粉末的重复性和可靠性，设粉末为 −100 目。
17. 一分散性良好的粉末用光学显微镜观察，平均粒度为 13μm，用沉降天平分析平均粒度为 28μm，讨论造成差别的原因。
18. 两实验小组采用同一样品进行筛分析，第一组测得平均颗粒粒径为 54μm，第二组为 75μm，试分析误差产生的原因。
19. 10g +325 −270 目铁粉，大约有多少个粉末颗粒，表面积有多大？（铁理论密度为 7.86g/cm^3）。
20. 计算一空气向上流动的速度为多少时，可使 10μm 直径的 Pb 粉维持一定高度（与重力平衡）。空气黏度 = 1.8×10^{-4} g/(s·cm)。空气密度 = 10^{-3} g/cm³，Pb 理论密度 = 11.4g/cm^3。
21. 如何将钢粉与锡粉混合之后再行分离？
22. 在水雾化制粉时，怎样获得球形颗粒？
23. 雾化青铜粉末经气流研磨成碟状。
    (1) 如何测试该碟状粉末的粒度？

（2）如何改变碟状粉末的厚度？
（3）哪些工艺参数有助于获得碟状粉末？

参 考 文 献

[1] Ruan J M, Zhou Z C. Hydroxyapatite-316L Stainless Steel Fibre Composite Biomaterials Fabricated by Hot Pressing [J]. Powder Metallurgy. 2006, 49 (1): 62.
[2] Cartellier A. Local Velocity and Size Measurements of Particles in Dense Suspensions: Theory and Design of Endoscopic Grating Velocimeter-granulometers [J]. Appl. Opt., 1992 (31): 3493-3505.
[3] Boyko C M, Le T H. Henein H. Ensemble and Single Particle Laser Probe Sizing Results for Gas Atomized Zinc Powders [J]. Part. Syst. Charact., 1993 (10): 266-270.
[4] Breña de la Rosa A, Sankar S V, Wang G, Bachalo W D. Particle Diagnostics and Turbulence Measurements in a Confined Isothermal Liquid Spray [J]. J. Engng. Gas Turb. Power, 1993 (115): 499-506.
[5] 格雷格 SJ. 固体表面化学 [M]. 胡为柏译. 上海：上海科学技术出版社，1974.
[6] Allen T. Particle Size Measurement [M]. 5th edition, Berlin: Springer, 1996.
[7] Yoshio Waseda. Morphology Control of Materials and Nanoparticles: Advanced Materials Processing and Characterization [M]. Berlin: Springer, 2010.
[8] M. J. Rhodes. Principle of Powder Metallurgy [M]. New York: Wiley, 1990.
[9] Durst F, Naqwi A Phase-Doppler Anemometry and Spray Measurements Springer [M]. Berlin: Springer, 1996.
[10] Durão D F G, Heitor M V. Modern Diagnostic Techniques for Combusting Flows: An Overview, Combusting Flow Diagnostics [M]. Netherlands: Kluwer Academic, 1992.

第 4 章　成形前粉末的预处理

4.1　概述

由于产品最终性能的需要或者改善粉末的成形过程的要求，粉末原料在成形之前要经过预处理。包括分级、合批、粉末退火、筛分、混合、制粒、加润滑剂、加成形剂等主要步骤。

混合一般是指将两种或两种以上不同成分的粉末混合均匀的过程。混合也是制备用于成形的粉末-黏结剂原料的第一步。混合物各组分质量的分布均匀至关重要，因为混料不均匀在后续工艺中是无法调整的。然而要制成均匀一致，特别是微观均匀的混合物存在一些困难。在粉末冶金成形中所有的混合物都要求粉末颗粒和黏结剂混合均匀。有时候，为了需要也将成分相同而粒度不同的粉末进行混合，这一过程称为合批。粉末混合的机制是扩散、对流、剪切。为了得到不同粒度分布的混合物，混合和合批是必需的步骤。烧结过程中不同成分的粉末将生成新的合金。添加润滑剂改善粉末压缩性能，添加黏结剂改善粉末成形性能等都需要经过混合或合批过程。

其他的成形工艺如粉浆浇铸、粉末注射，也要求将黏结剂均匀地混合到粉末中。混合有机物润滑剂的粉末较易实现注射工艺成形。对于部分硬度较高的粉末（如氧化物、碳化物或金属间化合物）混合黏结剂有利于增加压坯的强度，特别是在压制陶瓷粉末时，这种增加压坯强度的作用必不可少。粉末冶金中最重要的材料体系——硬质合金在成形时，就必须在粉末中加入成形剂，以保证压坯在转运操作或初加工时具有足够的强度。润滑剂和黏结剂一般在烧结过程中蒸发或分解。通常在制备粉末过程中超细粉末会发生团聚，因为小颗粒具有较大的比表面能，而且小颗粒之间具有较大的摩擦力，具有自动聚集成团的趋势，与此同时，流动性得到改进，因此，粉末团聚有利于自动机械装置的操作。

在粉末的制备和处理过程中有可能对粉末体造成污染或形成结构缺陷，导致粉末脏化或产生加工硬化。因此需要去除粉末表面污染和减少粉末结构缺陷。常采用的方法是还原表面氧化物和进行退火处理。在粉末还原退火时，为了避免颗粒之间发生烧结，一般采用较低的还原温度和还原能力较高的氢气进行还原退火。

上述是粉末压制前预处理的主要步骤，中间有些步骤是和粉末的制备过程同时进行的。

4.2　粉末退火

粉末的退火可使氧化物还原，降低碳和其他杂质的含量，提高粉末的纯度，同时还能消除粉末的加工硬化，稳定粉末的晶体结构。用还原法、机械研磨法、电解法、喷雾法以及羰基离解法所制得的粉末通常都要退火处理。退火温度根据金属粉末的种类不同而不同，通常为该金属熔点的 0.5~0.6 倍。有时为了进一步提高粉末的纯度，退火温度也可以超过此值。

一般来说,电解铜粉的退火温度约为 300℃,电解铁粉或电解镍粉约为 700℃,一般不会超过 900℃。退火通常在还原性气氛中进行,有时也可用惰性气氛或真空。在要求清除杂质和氧化物,即进一步提高粉末的纯度时,要采用还原性气氛(氢、分解氨、转化天然气或煤气等)或真空退火;为了消除粉末的加工硬化或者使细粉末粗化防止自燃时,就可以采用惰性气体作为退火气氛。

4.3 团聚粉末的分散

小颗粒因发生聚集而导致粉末冶金工艺难度提高。粉末表面对液体具有吸附力使得粉末容易发生聚集,这会增加粉末填充、流动、混合、压制和烧结的困难。避免粉末聚集可以通过研磨分散和表面处理来实现。对小粒度粉末来说,最好的选择是在颗粒之间添加极性分子层,使颗粒间产生排斥力。特别是纳米粉末,表面非常发达,表面静电作用会导致颗粒间相互结合,使颗粒实际粒度增加,使获得烧结纳米材料的困难增加。

粉末团聚的发生主要是因为粉末发达的表面积和弱的物理力的作用,物理力通常是指范德华力、静电作用、毛细管张力和磁场力。范德华力的作用范围一般是 100μm,对于粒度低于 0.05μm 的粉末颗粒有较强的作用力。采用球磨混合时,在颗粒的接触表面发生冷焊,易导致颗粒发生团聚。在退火过程中,小颗粒发生烧结性黏结也会导致粉末颗粒产生团聚。引起团聚发生的另一个不可避免的原因是粉末表面较高的蒸气压。

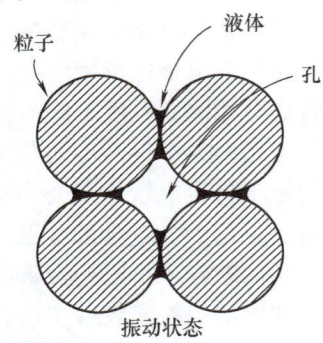

图 4-1 颗粒接触处液体作用产生粉末团聚

粉末颗粒表面润湿液体的量与大气的湿度以及粉末颗粒的曲率有关。在粉末颗粒的接触处,润湿液形成毛细管桥接,如图 4-1 所示。润湿液将粉末颗粒黏结起来形成团聚。颗粒间的相互吸引力 F 和润湿液的量关系不大,主要受气-液界面能 γ_{LV} 和颗粒直径 D 的影响,其关系式为

$$F = 5\gamma_{LV}D \tag{4-1}$$

但是颗粒的质量又取决于颗粒的尺寸,因此对小颗粒来说团聚力与质量的比值就很大。团聚强度 σ 可用下式表达:

$$\sigma = \frac{7S\gamma_{LV}(1-\theta)}{D\theta} \tag{4-2}$$

式中,S 是润湿液的饱和度;θ 是孔隙度;D 是颗粒的直径。因此毛细管张力对粒度在 100μm 以下的颗粒有明显的影响。

颗粒聚集时产生的聚集力一般都较小,但因为聚集力是作用在点上,所以应力非常高。这种聚集力的存在,使得联结应力能阻止滑移和变形。为了将粉末分开,必须克服颗粒间的聚集力。

颗粒剪切强度是影响粉末混合、流动性和填充性的关键因素。松装粉末在相对较低的剪切应力下流动,形成一个剪切面。可以通过松装粉末的自然坡度角大致测量粉末颗粒间的剪切强度。松装粉末的自然坡度角随黏附力的增加而增加,较小和不规则粉末颗粒的自然坡度

角比较大,球形粉末颗粒的自然坡度角比较小。较大的球状粉末颗粒的自然坡度角大约是30°,如果自然坡度角超过45°,那么可以认为该粉末具有较强的黏着性。

填充后的粉末强度取决于粉末的松装密度。液体会增加粉末颗粒间的黏附力,提高粉末颗粒间的剪切强度。粉末颗粒间的剪切强度可用粉末的松装密度和粒度来表达,即

$$\sigma = \frac{KfN_cF_c}{D^2} \tag{4-3}$$

式中,σ 是抗拉强度;K 是与颗粒形状有关的影响因子;f 是粉末的松装密度;N_c 是装填关联系数;F_c 是颗粒间的黏着强度;D 是颗粒的直径。松装密度是指粉末颗粒的实际密度与粉末材料理论密度的比值,随着松装密度增加,强度也随着增加。

粉末颗粒的粒径较小是产生团聚的主要原因,但如果粉末颗粒的粒度分布范围较宽,粒度较小的颗粒对大颗粒又有较明显的影响。

在干燥的气氛中对发生团聚的粉末颗粒进行适度研磨,是消除团聚的一种简单方法,如图 4-2 所示。采用球形、柱形和棒形的研磨体在合适的条件下对粉末进行研磨,目的是要产生足够的剪切力以破坏粉末颗粒间的团聚,而不会对粉末颗粒本身造成不必要的破碎和形变。破除团聚的速率取决于单位时间内研磨体的碰撞次数。

图 4-2　粉末颗粒研磨后发生明显的解团聚,形状发生改变

对较小的粉末颗粒来说,一种有效的手段是采用表面活性物质来增加粉末颗粒间的排斥力。常用的添加剂有聚乙烯醇、硬脂酸、甘油和油酸,通过增加粉末颗粒表面的润滑来减少粉末颗粒间的摩擦。通常粉末颗粒的流动和填充都需要添加适当的表面活性剂。为了增加亚微米级颗粒的流动性,可在粉末颗粒中添加极性分子层,以便于粉末分散,例如粉浆浇注方面的应用,一般都需要添加极性分子,以便充分分散粉末颗粒。

4.4　粉末混合

4.4.1　粉末混合的意义

如前所述,混合和合批是压制前两个常用的预处理步骤,它们的共同点是将粉末混合均匀。不同点是合批是指将成分相同而粒度不同的粉末或不同生产批次的粉末进行均匀混合,

保持产品的同一性；而混合是指将成分不同的粉末均匀混合，得到新成分的材料。通过合批可以达到控制粉末粒度分布的目的。如常将小颗粒和大颗粒混合以改善粉末的烧结性能，粗大的粉末颗粒具有较好的压缩性、较差的烧结强度。大小颗粒的适当搭配，改善了粉末的填充性质，提高了粉末的压缩性。

粉末混合后组成新的成分，在烧结过程中经过均匀扩散形成新的合金或各相组织分布均匀的假合金和复合材料，或者在粉末中添加陶瓷增强相、增强纤维等来改善制品的力学性能。由于预合金粉具有较高的硬度和加工硬化速率，所以预合金粉比单元素粉末混合粉难以破碎加工。如采用预合金粉制备铜合金，需要较大的压制压力，也可采用铜粉和锡粉的混合粉制备铜合金，这种铜锡混合粉的硬度较低，在压制时不会产生加工硬化，因此制备工艺较易实现。混合粉在烧结阶段完成均匀化过程。如 Fe-C-Cu-Ni 和 Al-Si-Mn-Co 等混合粉体系。

4.4.2　粉末形状、粒度和纯度调整

通过混合不同粒度的粉末颗粒得到较高的粉末松装密度在许多领域得到了应用。比如食品包装、煤炭运输、混凝土混合和粉末加工。粒度差异较大的粉末混合可以得到较大的充填密度，达到理想状态下的混合是困难的。McGeary 证明了自由充填的粉末松装密度理论上的最大值是 95%，如果颗粒尺寸比是 7∶1，则充分混合后的粉末具有较高的松装密度，单一粒度的球形粉末混合后的比例见表 4-1。

表 4-1　单一粒度的球形粉末混合后的比例

组元数	尺寸比	质量分数	松装密度
1		100	0.64
2	7∶1	73∶27	0.86
3	49∶7∶1	75∶14∶11	0.95
4	343∶49∶7∶1	73∶14∶10∶3	0.98

较宽的粉末颗粒分布可以提高粉末的松装密度，0.82~0.96 大致是松装密度的上限。这些值与具有大尺寸比的二元体系和三元体系的体积密度是一致的。粉末颗粒的粒度分布用 Andreasen 方程式表达时，松装密度最大。Andreasen 方程式为：

$$W = AD^q \tag{4-4}$$

式中，W 是粒径小于 D 的颗粒的质量分数，A、q 是经验常数，用来适应粉末粒度分布的调整。q 位于 0.5~0.67 之间时松装密度值最大。高比例含量的小颗粒有助于充填作为连续基体的大颗粒间的空隙。

每一种混合粉末都有一个最佳的混合比例，使粉末的松装密度达到最大。但粉末的松装密度达到最大时，最大的粉末颗粒形成骨架，较小的颗粒填充残留的空隙。未均匀混合的粉末结构会降低粉末的松装密度。因此在实践操作中很难得到理论松装密度。

4.4.3　混合物的均匀性

下面简单介绍检验粉末混合料均匀程度的方法。

物料的混合结果可以根据物料的工艺性能来检验，即检验粉末的粒度组成、松装密度、流动性、压制性和烧结性，测定烧结体的力学性能，或者用化学分析和微量化学分析等方法进行检验。实践中通常只是检验混合料的部分工艺性能，并且进行必要的化学分析。至今还没有方便而又快速的评价粉末料混合质量的可靠的检验方法。用仪器检测混合质量还处于研究阶段，尚未广泛使用。

检测混合好坏与否或不同粉末粒度区间样品的分散情况，可在不同时间取样进行成分变化分析，掌握分散程度。混合均匀性可进一步通过样品密度、比热容、电导性以及显微结构的检测来表征。如图4-3所示，均匀性分成三种水准，从分层混合物表现为大范围的分散，到部分均匀化的团聚结构，最后到理想的均匀分散结构，由此产生了混合物均匀性指数 M。均匀性指数基于样品之间的粉末质量分数变量 S^2，均匀混合的随机试样中的变量 S_r^2，初始分散混合物的变量 S_o，其关系式为

$$M = \frac{S_o^2 - S^2}{S_o^2 - S_r^2} \tag{4-5}$$

这里均匀性指数从0到1.0，用一致性来表征均匀混合物。用标准的统计方法确定均匀混合物的上述各个变量。它的准确度与选取用以计算分散程度样品数目的平方根不同而变化。取样数目越多，准确程度越高。粉末混合物完全分散体系变量可按下式计算：

$$S_o^2 = X_p(1 - X_p) \tag{4-6}$$

式中，X_p是主粉末组成的质量分数，最终充分混合的随机样品体系的变量应趋近于0，因而 $S_r^2 = 0$。因此，通常情况下式（4-5）可简化为

$$M = 1 - \frac{S^2}{S_o^2}$$

混合物不均匀主要以两种形式存在，黏结剂与粉末分离，以及在黏结剂中因颗粒粒度不同而产生的分离，因颗粒形状、密度引起的颗粒分散会使最终产品产生不均匀的密度分布和烧结件变形。为了达到均匀一致，小颗粒粉末和不规则形状颗粒粉末需要更长的混合时间，小颗粒存在团聚趋势，因此需要增加混合时间以形成均匀一致的混合物。出现团聚时，粉末则很难混合均匀，因此需要在颗粒表面涂覆上一层极性分子涂层，颗粒上的极性分子涂层所产生的排斥力可减少团聚和颗粒间的摩擦力，改善填充状态。这对于超微颗粒非常重要。

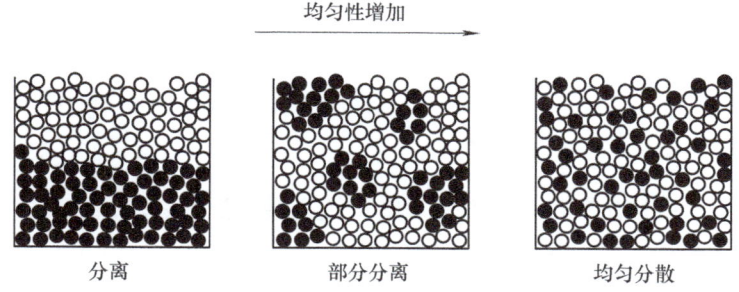

图4-3 粉末各组元的分散程度

拥有很宽粒度分布的粉末容易产生分散，尤其是当黏结剂的黏度很低时，在混合过程中产生不均匀会导致后续加工工艺困难。混合物的每部分都应当有同样的粉末浓度而且粉末应

具有相同的粒度分布。较差的混合体系需要较高的黏结剂黏度，因此黏度可能是控制均匀性的最直接措施。

粉末需要混合的一个理由是相同成分不同批次的粉末混合，以调节粒度或成分；另一个重要的理由是除去运输过程中引起的粒度偏析。粉末固有的沉积现象主要取决于粉末颗粒的尺寸。上层的大颗粒会导致压制和烧结过程中的不均匀性。颗粒的粒度、密度、形状三个因素都可以引起粉末偏析，但是粒度引起的偏析是主要的。如果小颗粒能够穿过大颗粒间的空隙，则会产生粒度偏析。产生偏析的一个结果就是粉末体的松装密度降低。粉末的偏析程度可用偏析因子 C_s 来计算，C_s 的计算方法如下：

$$C_s = \frac{X_T - X_B}{X_T + X_B} \tag{4-7}$$

式中，X_T 为容器上半部分中大颗粒的百分数；X_B 是容器下半部分中大颗粒的百分数。

不规则形状的颗粒可以抑制粉末发生粒度偏析。粒度在 $100\mu m$ 以下的粉末颗粒较少发生粒度偏析现象。粉末可以通过添加润湿剂减少粉末的粒度偏析。但是不均匀的润湿则又可能导致团聚从而引起偏析。

混合过程的重要性通常被理解得不够，许多粉末冶金产品性能在粉末原料配制混合时已经形成。混合或合批过程的参数包括材料的种类、粉末颗粒的粒度、混合器的类型、混合器的尺寸、粉末在混合器中的体积分数、混合时的速度、剪切以及混合时间等。此外环境因素如湿度也会影响粉末的混合。

混合时，最初是通过剪切力来击碎大的颗粒团，随着混合的不断进行，团聚的粒度减小而黏结剂分散到颗粒间的空隙中。

混合动力学的经验表明均匀度 M 与混合时间之间存在指数关系，即

$$M = M_0 + \exp(kt + c) \tag{4-8}$$

式中，M_0 是初始混合物的均匀度；t 是时间；c 和 k 是给定条件下的常数。

在混合过程中，同时分散会导致稳定态的均匀性比理想的均匀性要差；当混合率与分散率相同时均匀性最好，在混合初期均匀性提高很快，但是在黏结剂的黏度较小和粉末粒度分布较宽的情况下，由于在混合容器中的分散使得均匀性反而逐渐降低。

有时混合的目的是使颗粒表面均匀涂覆黏结剂，使得原料中的黏结剂和粉末颗粒均匀分布。对于热塑性黏结剂，混合在中温条件下进行，这时作用力主要是剪切作用。在过高温度下混合因混合物黏度过低而降低了黏结剂的作用或使粉末分散。为了保证操作过程的可重复性，黏结剂的质量和温度必须精确控制。

4.4.4 粉末混合方法

粉末混合方法有机械法和化学法两种。其中用得最广泛的是机械法，即用各种混合机械如球磨机、V 形混合器、锥形混合器、酒桶式混合器和螺旋混合器等将粉末或混合料机械地掺和均匀而不发生化学反应。机械法混料又可分为干混和湿混，干混在铁基制品生产和钨粉、碳化钨粉末的生产中被广泛采用，湿混在制备硬质合金混合料时常被采用。湿混时使用的液体介质常为酒精、汽油、丙酮、水等。为了保证湿混过程能顺利进行，对湿混介质的要求是：不与物料发生化学反应、沸点低、易挥发、无毒性、来源广泛且成本低廉。湿混介质

的加入量须适当,过多时料浆的体积增加,球与球之间的粉末相对减少,从而使研磨和混合效率降低;相反,介质过少时,料浆黏度增加,球的运动困难,球磨效率降低。

机械混合的均匀程度取决于下列因素:混合组元的颗粒大小和形状、组元的相对密度、混合时所用介质的特性、混合设备的种类和混合工艺(装料量、球料比、时间和转速等)。在生产实践中,混合工艺参数大都由实验方法选定。

在球磨机或振动球磨机中混料时,可以把混合和研磨工艺合并进行,在这些设备中,粉末可以得到比较强烈的混合,同时,粉末颗粒也会进一步粉碎,在硬质合金、结构材料和其他材料的生产中得到了广泛的应用。此时,软金属(如铜、钴、镍等)会把较硬的组元颗粒覆盖起来,使物料分布均匀。

在制备粉末-黏结剂混合物时,用来处理干粉的普通混合槽(双锥双面)的混合效果较差。黏结剂需要高剪切力使之在颗粒间产生分子级的分散。因此通常采用双行星磨、单旋挤压机、柱塞挤压机和双旋挤压机等。

化学法混料是将金属或化合物粉末与添加金属的盐溶液均匀混合,或者是各组元全都以某种盐的溶液形式混合,然后经沉淀、干燥、还原等处理方法而得到均匀分布的混合粉末,与机械法比较,化学法能使物料中的各组元分布得更加均匀,从而更有利于烧结的均匀化。而且,由于化学混料的结果,基体组元的每一个粉末表面都包覆了一层金属添加剂,这有利于烧结过程中的合金化,因此,所得的最终产品组织结构较理想,综合性能优良。在现代粉末冶金生产中,为了获得高质量的产品,已广泛采用化学法,如制造 W-Cu-Ni 高密度合金、Fe-Ni 磁性材料、Ag-CdO 触头合金等。化学混合法的缺点是操作较烦琐,劳动条件较差。

4.4.5　干燥粉末的混合

图 4-4 为粉末在螺旋混合器中的对流混合和叶片式混合机的剪切混合。对流混合是指邻近的粉末不断地从一个地点转移到另一个地点,蜗杆将小颗粒团不断运送到混合器中各个地点。剪切混合是指滑移面上粉末发生连续的分割和流动。大多数金属粉末的混合和合批是使用图 4-5 所示的混料器,混料器的内部结构决定了混合效率。在混料器中安装阻隔板、增强器、分离器等装置来提高粉末的混合效率。混料器中粉末所占的体积分数决定了混合的效率。如果混料器中装满粉末,粉末的相对运动就会受到限制。

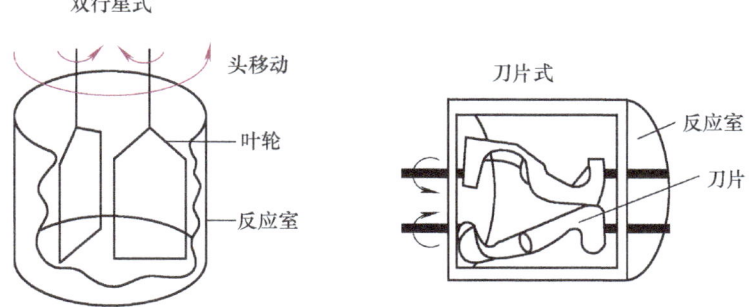

图 4-4　粉末在螺旋混合器中的对流混合和叶片式混合机的剪切混合

圆筒形混合器的合理转速 N_0（r/min）可以按下式估算：

$$N_0 = \frac{32}{\sqrt{d}} \tag{4-9}$$

式中，d 是圆筒的直径，单位为 m。

根据式（4-9），直径为 1m 的圆筒合理转速为 32r/min，较小直径的圆筒要求更快的转速以获得同样好的效果。混合率因粉末均匀性不同而有所不同。开始时混合很快，但逐渐减慢，因此，混合效果并不因时间延长而改善，尤其是当粉末分散的时候。

粉末混合或合批时也存在不利影响：金属颗粒随混合时间的延长而产生加工硬化，使其更难压制；混合过程也增加了粉末被污染的程度；设计不合理的混合周期可能会导致颗粒分散，在两种粉末之间因粒度、形状和密度不同而引起颗粒偏析等更多的问题；在混合过程中，由于粉末间的摩擦，因此，长时间的混合会导致小颗粒和圆形颗粒的产生。

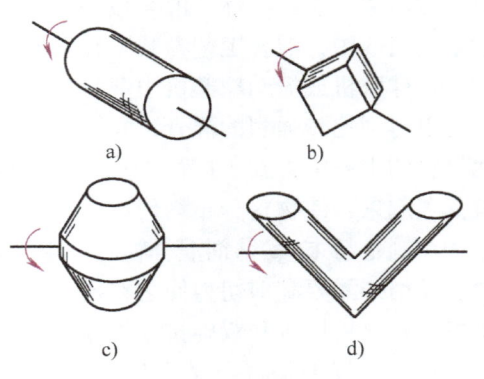

图 4-5 混料器
a）圆筒 b）立方体 c）双锥筒 d）V 形筒

工艺条件对混合速度的影响如图 4-6 所示。混料器转速和粉末在混料器中的填充量都会影响混合效率，过高或过低的填充量都将降低混合效率，混料器转速一般小于粉末研磨破碎时的临界转速。

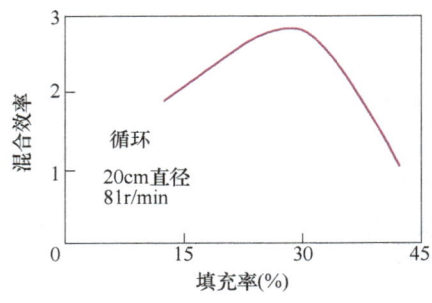 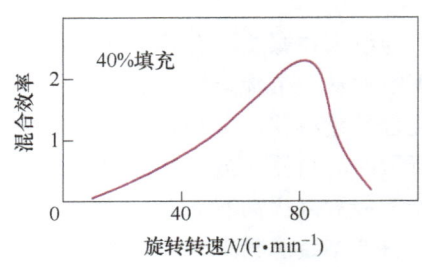

图 4-6 工艺条件对混合速度的影响

圆筒形混料器的临界转速代表离心力和重力的平衡。在临界转速 N_c 时，两种力处于平衡状态，以 d 表示混合槽的旋转直径，v 表示旋转速度，质量为 m 的颗粒在混合槽壁中的离心力 F_c 可表示为：

$$F_c = \frac{2mv^2}{d} \tag{4-10}$$

而重力 F_g 可表示为：

$$F_g = mg$$

混合槽的旋转速度 v 与旋转转速 N（r/min）和旋转直径 d 的关系可以表示为

$$v = \pi dN$$

在临界状态下 $F_c = F_g$,得出:

$$2m\pi^2 N_c^2 d = mg$$

或者

$$N_c = [g/(2\pi^2 d)]^{1/2} = \frac{42.3}{\sqrt{d}} \tag{4-11}$$

式中,直径 d 的单位是 m,而临界转速 N_c 单位是 r/min。当混合槽以大约 75% N_c 的速度运动时,粉末得到最佳混合,如式(4-9)N_c。

4.4.6 混合粉末的密度计算

混合后的粉末应当注意以下几点:避免振动已经干燥的粉末;装料时不要让干燥的粉末自由落下,因为这样易发生粒度偏析;对粉末-黏结剂的混合物来说,尽量减少粉末间不必要的剪切。分析两种粉末混合或一种粉末加黏结剂混合的混合物的理论密度,假设两种材料为 A 和 B,A 的质量为 W_A,B 的质量为 W_B,两种材料的理论密度已知为 ρ_A 和 ρ_B,混合物的密度是用总的质量除以总的体积,总的质量 W_T 是:

$$W_T = W_A + W_B$$

每种材料的体积用质量除以密度:

$$V_A = \frac{W_A}{\rho_A}$$

$$V_B = \frac{W_B}{\rho_B}$$

总的体积 $V_T = V_A + V_B$,因此混合物的理论密度是总的质量除以总的体积,即

$$\rho_T = \frac{W_T}{V_T} = \frac{W_A + W_B}{(W_A/\rho_A) + (W_B/\rho_B)} \tag{4-12}$$

运用混合法则计算所得理论密度与该法相比有明显的偏差(混合法则是两种组元成分的平均质量的合并)。比如 Fe 粉用 1%(质量分数)的硬脂酸锌润滑,用混合法则得到的理论密度应该是 7.79g/cm³ (0.99×7.86+0.01×1.09),而上述公式计算值是 7.40g/cm³。

4.5 粉末的充填

4.5.1 粉末充填的意义

充填粉末颗粒的结构是粉末成形的关键。粉末的充填密度直接关系到粉末的体积压实程度、黏结剂的含量和烧结时的收缩率。粉末的自由充填是大多数粉末冶金采用的工艺。体积密度位于 0.60~0.64 之间的单一粒度的球形粉末,有效密度取决于粉末体本身的特性,包括粉末的粒度、形状以及吸附的润湿剂。对常用的冶金用粉末,松装密度的范围一般是理论

密度的 30%~65%。不规则状和海绵状粉末的松装密度较低。

由于颗粒表面的不规则性，颗粒间存在着摩擦力。表面粗糙度越大，形状越不规则，则粉末的松装密度越低。粒度相同形状不同的粉末，松装密度随着形状偏离球形程度的加大而降低。图 4-7 表示的是粒度相同形状不同的粉末颗粒的体积密度，球形粉末颗粒的松装密度较大。随着颗粒的长径比增大，松装密度降低。图 4-8 中的曲线表明了松装密度与纤维长径比的关系，具有等轴形状的颗粒松装密度最大，自由填充的纤维体积密度低于 $0.10 g/cm^3$。显然，具有光滑表面、等轴形状的粉末有较好的填充性能。

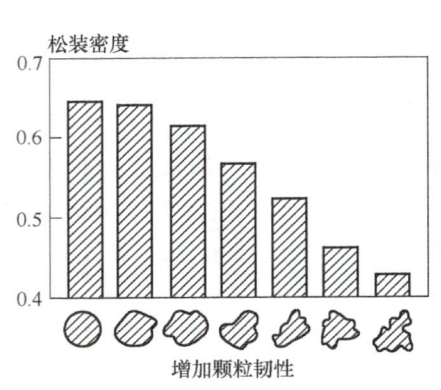

图 4-7　粉末的松装密度与颗粒形状的关系

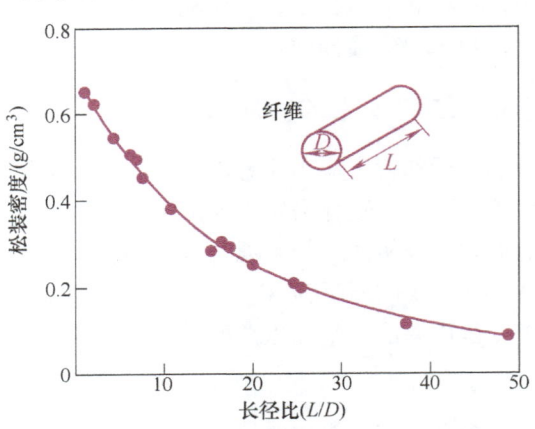

图 4-8　松装密度与纤维长径比的关系

4.5.2　改善粉末充填的技术

为了克服粉末充填时黏着力的限制，通过调整粉末的粒度分布以得到较高的松装密度是比较困难的。同种粉末不同粒度混合后的松装密度比单一粒度的粉末要高。改善粉末充填性能的关键是调整粉末中颗粒的尺寸比例。小颗粒可以填充大颗粒间的空隙而不会使大颗粒发生分离，甚至小颗粒可以填充残留空隙，而使松装密度有所提高。图 4-9 是由大小颗粒组成的混合粉的成分与粉末松装密度的关系，在粉末松装密度达到最大时，大颗粒形成紧密的充填，小颗粒充填在空隙里，大小粉末颗粒混合后的体积密度可以用一个函数来表达。在最高值时，大颗粒所占的比例比小颗粒要大，通过调整大小颗

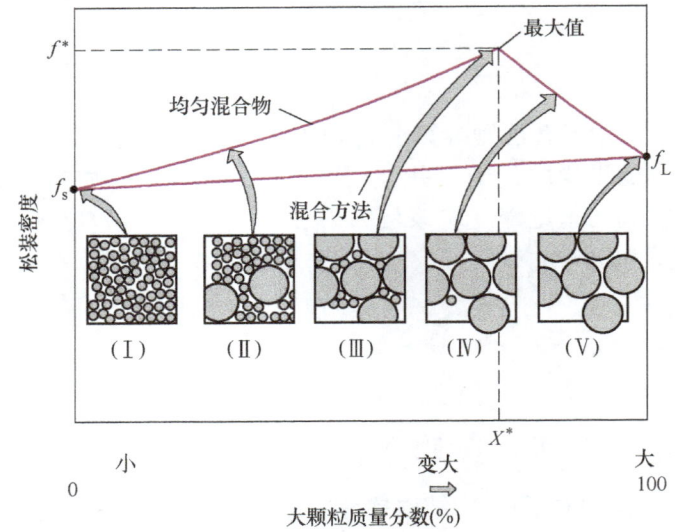

图 4-9　由大小颗粒组成的混合粉的成分与粉末松装密度的关系

粒的比例可以提高粉末的松装密度。在有限的范围内，颗粒的尺寸比越大，最大松装密度值就越大。

开始用大颗粒填充，随着小颗粒的加入，填充大颗粒间的空隙，松装密度变高，这与图 4-9 中右半部分一致。小颗粒逐渐充填完了大颗粒间所有的空隙，后加入的小颗粒会使大颗粒发生分离，这时粉末的松装密度不会再增加。相反，开始用小颗粒充填，然后再用大颗粒，此时小颗粒群和他们间的空隙会被大颗粒取而代之，因为大颗粒是密实的，多孔区域被密实的大颗粒取代后，松装密度变大，直至大颗粒间发生接触。图 4-9 左边部分表明了这种变化。最大的松装密度是两条曲线的交汇处。松装密度最大发生在大颗粒间相互接触，所有的空隙被小颗粒填充。大颗粒的最佳质量分数 X^* 取决于大颗粒间孔隙的体积（$1-f_L$，f_L 是大颗粒的松装密度）。

$$X^* = \frac{f_L}{f^*} \tag{4-13}$$

最佳的 f^* 用松装密度表示如下：

$$f^* = f_L + f_s(1-f_L) \tag{4-14}$$

式中，f_s 是小颗粒的松装密度。两种不同粒度的球形粉末混合，理想的密度是 0.637，相应的最大填充量的大颗粒的质量分数是 73.4%，小颗粒为 26.6%，预期的松装密度是 0.86。

图 4-10 所示的是颗粒粒径比对混合粉末松装密度的影响，随着颗粒尺寸比（大颗粒直径与小颗粒直径的比）的增加，松装密度逐渐增加。注意到在颗粒粒径比为 7∶1 时曲线有明显的变化，此时对应了一个颗粒填充了一个三角形的空隙。

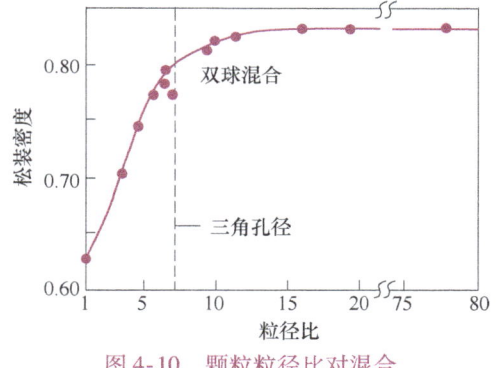

图 4-10　颗粒粒径比对混合粉末松装密度的影响

提高粉末混合的均匀度，可以相应地提高粉末的松装密度。根据实践经验，随机混合的粉末松装密度介于未混合和充分混合的粉末之间。未均匀混合的粉末有较低的松装密度。类似于球形粉末颗粒，混合相似形貌不同粒度的粉末颗粒时松装密度有所增加。表面粗糙度越大，形状越不规则，颗粒的纵横比越大，则粉末的松装密度越低。因此，尽管球形或非球形颗粒的相对密度接近，但非球形颗粒一开始堆积时的松装密度就较低，相应的所有非球形粉末颗粒混合物的松装密度都会较低。

将二元体系混合物扩展到多元体系，使用 7∶1 的颗粒尺寸比时，能得到较佳的填充密度，对三元体系来说相应的比值为 49∶7∶1。当尺寸比值越大时，松装密度增加值越大。

4.6　成形剂与润滑剂

4.6.1　成形剂

在成形前，粉末混合料中常常要添加一些改善压制过程的物质——成形剂或者添加在烧结中能造成一定孔隙的物质——造孔剂。

另外，为了降低成形时粉末颗粒与模壁和模冲间的摩擦、改善压坯的密度分布、减少压模磨损和有利于脱模，常加入一种添加物——润滑剂，如石墨粉、硫黄粉和下述的成形剂物质。

成形剂是为了提高压坯强度或为了防止粉末混合料偏析而添加的物质，有时也叫黏结剂，在烧结前或烧结时将该物质除掉，如硬脂酸锌、合成橡胶、石蜡等。

选择成形剂的基本条件是：

1）有较好的黏结性和润滑性能，在混合粉末中容易均匀分散，且不发生化学变化。
2）软化点温度较高，混合时不易因温度升高而熔化。
3）混合粉末中不至于因添加这些物质而使其松装密度和流动性明显变差，对烧结体特性也不会产生不利影响。
4）加热时，从压坯中容易呈气体排出，并且这种气体不影响发热元件、耐火材料的寿命。

粉末冶金铁、铜基零件中常加入硬脂酸锌作为成形剂，对其技术要求见表4-2。

表4-2 硬脂酸锌作为成形剂时的技术要求

金属锌	游离脂肪酸	水	粒度
10.2%~11.2%	<0.5%	<0.5%	−200目

石墨粉作成形剂时，对其的技术要求见表4-3。

表4-3 石墨粉作为成形剂的技术要求

灰 粉	硫	挥发物	夹 杂	溶于盐酸的铁	粒 度
<0.5%	<0.2%	<1%	<0.8%	<1.0%	−200目

硬质合金制造工艺中常用石蜡、合成橡胶作成形剂，此外，还有乙烯醇、乙二醇等。

成形剂通常在混料过程中以干粉末的形式加入，与主要成分的金属粉末一起混合，在某些场合（如硬质合金生产）也以溶液状态加入，此时，先将石蜡或合成橡胶溶于汽油或酒精中，再将它掺入料浆或干的混合料中。压制前，需将其中的汽油或酒精挥发。

4.6.2 润滑剂

压制过程的基本问题之一是模壁与粉末之间存在摩擦力，随着压制压力的增大，粉末压坯从模壁中挤压出来变得更加困难。因此，添加润滑剂可以降低模壁的摩擦而使粉末压坯容易脱模。润滑方法主要有模壁润滑和粉末润滑两种。理论上模壁润滑更好，但是它不容易与自动压制设备配合，因此，通常把润滑剂与金属粉末的混合作为压制前的最后一道工序。

常用润滑剂的添加量为0.5%~1.5%（质量分数）。对于金属粉末，经常采用Al、Zn、Li、Mg和Ca的硬脂酸盐作为润滑剂。硬脂酸分子链包括12~22个碳原子，这些碳链表面活性好，而且熔化温度相对较低，硬脂酸盐通常是雾化法制备的球形颗粒，粒度通常在 10~30μm 之间。部分常用润滑剂的特性见表 4-4，除硬脂酸盐以外，其他的润滑剂还包括石蜡和纤维素，在形变过程中，润滑剂组成的流体通过产生一层高黏度聚合物膜而降低了摩擦力。低黏度流体由于易被粉末压制时产生的高压排挤出摩擦接点而润滑效果不好。

表 4-4 一些常用粉末冶金润滑剂的特性

润滑剂	氧化物	质量分数（%）	软化温度/℃	熔化温度/℃	密度/(g·cm^{-3})
硬脂酸锌	ZnO	14	100~120	130	1.09
硬脂酸钙	CaO	9	115~120	160	1.03
硬脂酸锂	Li$_2$O	5	195~200	220	1.01

用水雾化法制备的 -100 目不锈钢粉的润滑效果如图 4-11~图 4-14 所示。这些粉末在一定混合时间内添加三种不同含量的硬脂酸锂。图 4-11 所示试验的条件是：双锥混合槽 60% 的填充率，转速 50r/min，硬脂酸锂的质量分数为 0.5%~1.0%，由图 4-11 可以看出润滑剂质量分数大的混合粉末的松装密度小，这是因为密度很低的润滑剂占据了较多的体积。从图 4-12 可以看出润滑剂质量分数大时流动时间（霍尔流量计，50g 样品）减少，添加润滑剂可能降低压坯强度。图 4-13 给出了还原铁粉在不同压制压力下，压坯密度随润滑剂质量分数的变化情况。压坯密度是压坯强度的重要因素，低的压坯密度意味着低的压坯强度。图 4-13 表明随着压制压力的增大，最大压坯密度对应于低的润滑剂添加量，这是因为尽管润滑作用增强了压力传输效果，但润滑剂占据了较多空间，降低了金属粉末的实际填充率。最后脱模压力与润滑剂用量的关系如图 4-14 所示，脱模压力（用以将粉末压块推出模腔的力）由于润滑剂的作用而显著降低，因此降低了模具的磨损。在实际生产中，润滑剂的用量要综合考虑颗粒间的摩擦力、压坯强度、压坯密度和脱模压力等多方面因素。如果粉末较硬或者模壁摩擦力较大（比如钨粉）就要增大润滑剂的用量。

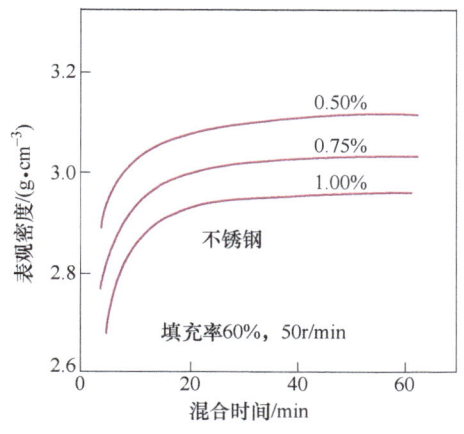

图 4-11 润滑后的水雾化不锈钢粉的松装密度与混合时间和润滑剂质量分数的关系

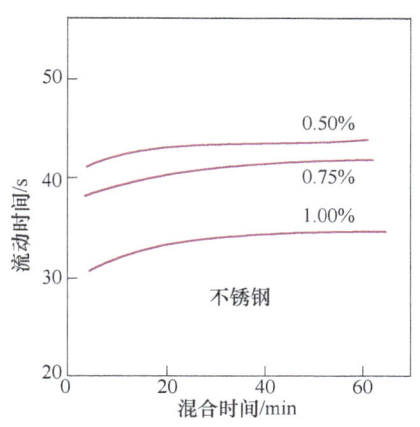

图 4-12 霍尔流量计测出的润滑剂对流动时间的影响

粉末压制中最终相对密度 f 决定了可添加润滑剂的最大用量。过多的润滑剂将占据压制

空间，从而妨碍获得所需密度，润滑剂的质量分数 W_L 就可以根据相对密度和理论密度计算出，即

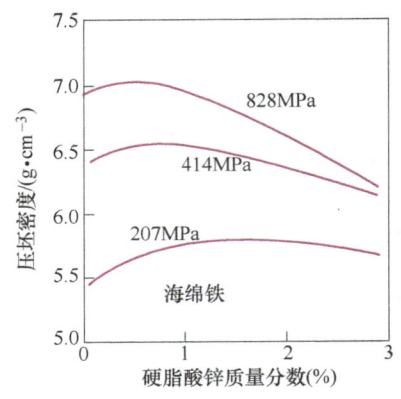

图 4-13　润滑剂含量对压坯密度的影响　　图 4-14　脱模压力与润滑剂用量的关系

$$W_L = \frac{(1-f)P_L}{P_L(1-f) + P_P f} \tag{4-15}$$

如，硬脂酸锌（密度为 1.09g/cm^3）被用作压制需达 85% 理论密度铜粉的润滑剂，那么最大润滑剂用量的质量分数为 2.1%。

4.7　筛分

筛分的目的是筛选出符合粒度要求的粉末颗粒。该过程一般是在振动筛系统或气体分离器上完成，为了得到高质量的制品，筛分过程可以除去粉末中的部分机械杂质，杂质主要集中分布在一个较小的粒度范围内而比较易于筛分去除。因此，这部分粒度范围外的粉末的纯度有所提高。在制备对孔隙尺寸有要求的过滤器或节流阀时，粉末筛分是不可缺少的重要步骤。因为制备过滤材料要求有均匀的孔隙通道，而通常只有粒度分布区域很窄的粉末原料才能达到这个要求，通过筛分可以得到符合粒度要求的粉末。而对于钨、钼等难熔金属的细粉或超细粉末则使用空气分级的方法。在硬质合金生产中，筛分（擦筛）也可以用来制粒。

4.8　粉末制粒

制粒是将小颗粒的粉末制成大颗粒或团粒的工序，常用于改善粉末的流动性。在硬质合金生产中，为了便于自动成形，使粉末能顺利充填型腔必须先制粒。小而硬的粉末如陶瓷（如 Al_2O_3）、金属间化合物（如 NiAl）、难熔金属（如 W 和 Mo）以及其他的化合物（如 WC，TiB_2）不能自由流动，而且具有较低的松装密度，这样的粉末是很难压制的，尤其是粒子间摩擦力大而颗粒细小使之处理起来更为困难。因此，需要制成大颗粒增加其流动性。方法是先将这样的粉末与有机试剂和易挥发试剂调制成料浆，然后制粒，其过程如图 4-15 所示。料浆经雾化或者离心雾化成细小液滴后，由于表面张力作用而形成球形颗粒，在自由

降落过程中加热，使易挥发试剂蒸发，得到硬而密实的颗粒。

聚乙烯醇、纤维素或聚乙二醇溶液是最常用的制粒材料。制粒后的粒度一般为 200μm。通常使用的制粒设备有圆筒制粒机、圆盘制粒机和擦筛机等，有时，也用振动筛来制粒。目前，较先进的工艺是喷雾干燥制粒。它是将液态物料雾化成细小的液滴后与加热介质（N_2 或空气）直接接触后液体快速蒸发而干燥制粒的过程。喷雾干燥常用于产量大的造粒设备，其缺点是有机黏结剂需在烧结过程中除去。图 4-16 所示为用喷雾干燥法制得的 Mo 颗粒的扫描电镜照片，低放大倍数的照片显示颗粒为近似球形，高放大倍数的照片显示为单个球形颗粒。这种粒径大且呈球形的颗粒流动性好。喷雾法将干燥和造粒相结合，它不是采用粉末-黏结剂浆料喷射的方法，而是通过不停地搅拌使易挥发试剂在加热过程中被除去。

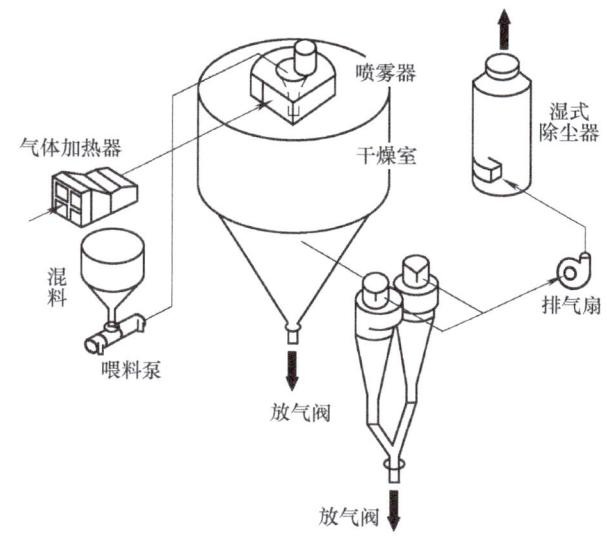

图 4-15　粉末制粒过程

 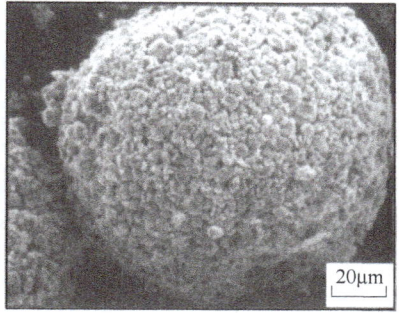

图 4-16　喷雾干燥钼粉的扫描电镜照片

硬质合金生产中由于需进行湿式研磨与混合，故比较广泛地采用了喷雾干燥制粒，该套装置如图 4-17 所示。

喷雾干燥制粒全过程是在密封系统中完成的，共分为四个阶段：①料浆的雾化；②液滴群与加热介质相接触;③液滴群干燥;④料粒与加热介质分离。这种工艺所制得的料粒形状规则,粒度均匀,流动性好,可减少压制废品的出现。

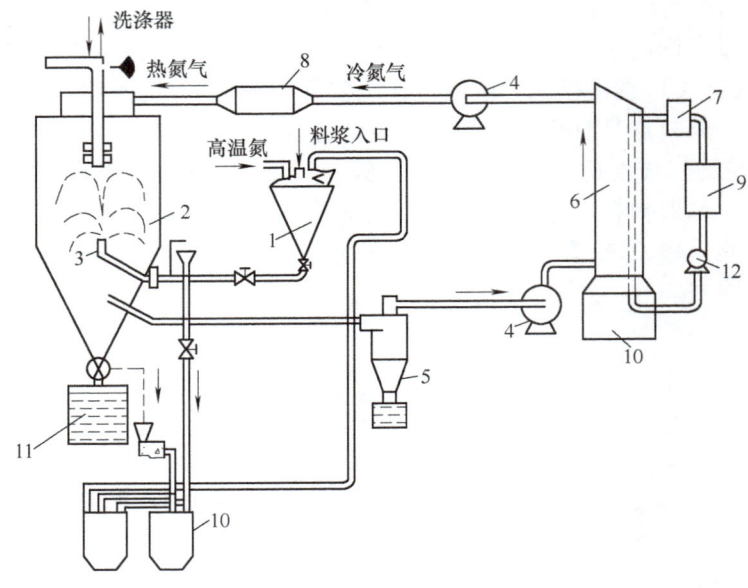

图 4-17　喷雾干燥制粒装置示意图
1—搅拌槽　2—雾化塔　3—喷嘴　4—鼓风机　5—旋风收集器　6—洗涤冷凝器
7—冷凝器　8—加热器　9—水槽　10—贮槽　11—料桶　12—泵

4.9　粉末操作安全与健康因素

对于经常接触粉末的人来说,粉末是有害身体的。因此要求采取一定的安全防范措施和净化空气的处理。人体吸入粉末会导致疾病和肺功能障碍。吸入人体的粉末沉积的部位很大程度上取决于粉末的粒度和材料的相对密度。粒度大于 $10\mu m$ 的大颗粒易黏附在呼吸道黏膜上,不会到达肺部,而粒度为 $0.01\sim10\mu m$ 的粉末可以达到肺部溶解进入人体内。粉末的化学性质决定了粉末的溶解程度。

粉末粒度越小,有害性越大,特别要注意的是粒度为 $0.01\sim10\mu m$ 的粉末。这些金属或化合物都有毒性(例如 As、Te、Be、Co、Pb、Ni 和 Cr),和这些粉末的接触程度应该降至最低,它们在空气中的最大浓度不能高于 $10^{-4}g/m^3$。尽量使用低毒性金属代替这些有害的金属材料,接触时建议使用防护设备,采用一些特殊的安全处理装置(如手套箱),此外自动机械装置也是一种减轻人与有毒金属接触的方法。要强调的是在处理像铜、铁、钢等常见金属时,危害性并不是很大。事实上这些金属还被有意识地作为维生素和矿物质添加到食物中。

有些金属粉末在与氧接触时因为热稳定性差而存在危险。超细金属粉末在空气中极易发生燃烧甚至爆炸,产生的压力可达到 2MPa。因此保持一个洁净的空气环境很有必要。有些金属(如铝、锆、钍、钛、镁)在空气中的浓度达到 $40g/m^3$ 时就会发生自燃。这种自燃在

200~700℃的低温下就能发生。减少自燃事件的发生，可以采取以下几个有效措施：加强通风，控制氧化反应（在一定条件下钝化金属粉末的表面），在粉末的表层覆盖有机物或其他物质，杜绝火星或热源。常见金属如铁、锌、锡和铜不易发生这种反应。

组成化合物的不同元素混合时还可能发生爆炸。例如，混合钛粉和石墨粉形成碳化钛的化合物，即使在惰性气体保护的环境下进行操作，伴随着大量热产生的反应也会发生，反应时，温度可能达到1000~2000℃。类似的体系有Ni-Al、Ni-Si、Ti-Al、Ti-B、Pt-Zr和Fe-Al。虽然这些反应不会产生所谓的爆炸冲击波，但热反应发生时产生的热量密封问题已引起了人们的注意。所以在处理混合粉末时，要充分考虑在固态下可能发生的反应，避免自燃现象发生，因为自燃时甚至可能熔化粉末处理装置。

问题与习题

1. 试区分成形剂和润滑剂的作用。
2. 试述添加润滑剂的有害作用。
3. -100目/+325目的铜粉松装密度、压坯密度（350MPa成形压力）随润滑剂含量变化的数据见表4-5。

表4-5 电铜粉松装密度、压坯密度随润滑剂含量的变化

润滑剂的质量分数（%）	松装密度/(g·cm^{-3})	压坯密度/(g·cm^{-3})
0.0	2.78	6.59
0.5	2.75	6.68
1.0	2.73	6.48
2.0	2.63	6.37

a）为什么松装密度会随着润滑剂质量分数增加而增加？
b）为什么压坯密度随润滑剂改变是非线性变化的？
4. 润滑剂对于离心雾化的粉末会产生何种影响？
5. 对于长45cm、中心直径为35cm的双锥形混料器，最高旋转速度是多少？
6. 试述软金属（锡）如果作为改进压坯密度的黏结剂会产生的问题。
7. 铁粉理论密度为7.86g/cm^3，松装密度为3.04g/cm^3，与质量分数为1%的硬脂酸锌均匀混合，问混合物的理论密度是多少？并估算松装密度。
8. 选择成形剂的原则是什么？成形剂的加入方式有几种？
9. 由混合方法准备Fe-2%Cu（质量分数）合金，铁粉由水雾化法制得，铁粉粒度组成为5%为+100目，20%为-325目，25%为-100+325目（质量分数）。铜粉由还原法制备，-100目56%，-325目44%。如果该混合料密度为6.8g/cm^3，问每个铜粉颗粒之间的平均间距有多大？
10. 在Fe-8%Ni合金中，如果每个Fe颗粒至少与一个Ni颗粒相邻（接触）的可能性为50%，假设颗粒接触相关数为8，那么，D_{Fe}/D_{Ni}的颗粒粒径比为多少？
11. 计算水分为0.11%的20μm不锈钢粉混合物的结合温度。该粉末的振实密度为5g/cm^3，理论密度为8g/cm^3，水的密度为1g/cm^3，水的表面能为0.073J/cm^2，请推出一个不会因手工搬动损坏的压坯尺寸。
12. 有一种干燥粉末，产生流动剪切应力只有表现应力的1/2，请问该粉末的自然堆积角是多少？
13. 添加硬脂酸作润滑剂后，理论密度等于2.6g/cm^{3}的银粉末被压制到85%的理论密度，如果孔隙饱和度小于75%，润滑剂加入的最大量是多少？
14. 如果以直径为20μm的球形颗粒排列成立方结构（每角一个球体），那么，在留下的间隙中，

能装下最大直径为多少的球形颗粒？如果该（20μm）球形颗粒随机排列，孔隙尺寸（孔隙度）可能有多少？

参 考 文 献

[1] Rawers J C. Ultrasound Treatment of Centrifugally Atomized 316 Stainless Steel Powder [J]. Metall. Trans., 1991 (22A): 3025.

[2] Sundrica J. Determination of the Optimal Rotational Speed for Powder Mixing [J]. Inter. J. Powder Met. Powder Tech., 1981 (17): 291.

[3] Bonin M P, Queiroz M. Local Particle Size, Velocity and Concentration Measurements in an Industrial-scale, Pulverized Coal-fired Boiler [J]. Combust. Flame, 1991 (121).

[4] Bonin M P, Queiroz M. A Parametric Evaluation of Particle-phase Dynamics in an Industrial Pulverised. Coal-fired boiler [J]. Fuel, 1996 (195).

第 5 章　粉体压制成形原理与技术

5.1　概述

　　成形是通过外加压力把粉末压制成所需几何形状且具有一定密度的过程。粉末成形时压力施加的方式、粉末特性和模具设计是决定最终密度的主要参数。在高硬度和脆性粉末成形时，加入成形剂是必要的。通常应根据粉末性能选择成形剂的成分。与此同时，像包括注射成形、连续成形、粉浆浇注、温压成形、挤压成形等特殊成形时，还须考虑粉末分散剂、混合物的均匀性、流变学行为以及成形过程中工艺变化的影响。用这些成形方法制得的产品包括充电电池、矫形用牙托架、高性能电容器、多孔过滤器和触媒转换器基体等。

　　成形也是粉末冶金工艺过程的第二道基本工序，是使金属粉末密实成具有一定形状、孔隙度和强度坯块的工艺过程。成形分普通模压成形和特殊成形两大类。前者是将金属粉末或混合料装在钢制压模内通过模冲对粉末加压，卸压后，压坯从阴模内压出。在这个过程中，粉末与粉末、粉末与模冲和模壁之间由于存在着摩擦，使压制过程中力的传递和分布发生改变，由于压力分布不均匀，造成了压坯各个部分密度和强度分布的不均匀，从而在压制过程中产生一系列复杂的现象。为了正确地制订成形工艺规范，合理地设计压模结构，计算压模参数等，有必要对这些现象进行详细的研究。

5.2　粉体压制成形

5.2.1　粉末压制现象

　　粉末在压模内的压制如图 5-1 所示。压力经上模冲传向粉末时，粉末在某种程度上表现为与液体相似的性质——向各个方向流动，于是垂直于压模壁的压力——侧压力产生。

　　粉末在压模内所受压力的分布是不均匀的，这与液体的各向均匀受压情况有所不同。因为粉末颗粒之间彼此摩擦、相互楔住，使得压力沿横向（垂直于压模壁）的传递比垂直方向要困难得多。并且粉末与模壁在压制过程中也产生摩擦力。因此，压坯在高度上出现显著的压力降，接近上模冲端面的压力，比远离它的部分要大得多，同时中心部位与边缘部位也存在着压力差。因此，压坯各部分的致密化程度也有所不同。

　　在压制过程中，粉末由于受力而发生弹性变形和塑性变形，压坯内存在着很大的内应力，当外力停止作用后，压坯便出现膨胀现

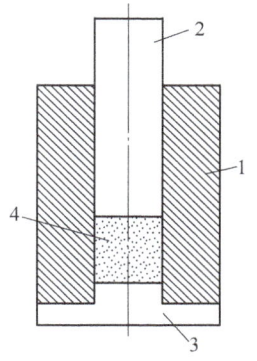

图 5-1　压制示意图
1—阴模　2—上模冲
3—下模冲　4—粉末

象——弹性后效。

5.2.2 粉末压制时的位移与变形

粉末在压模内经受压力作用后就变得较密实且具有一定的形状和强度,这是由于在压制过程中,粉末之间的孔隙度大大降低,彼此的接触面积显著增大。即粉末在压制过程中出现了位移和变形,如图 5-2 所示,起初,随着颗粒间拱桥的消失将发生颗粒重排,随着压制压力的提高,颗粒的弹塑性变形是主要的致密化机理。

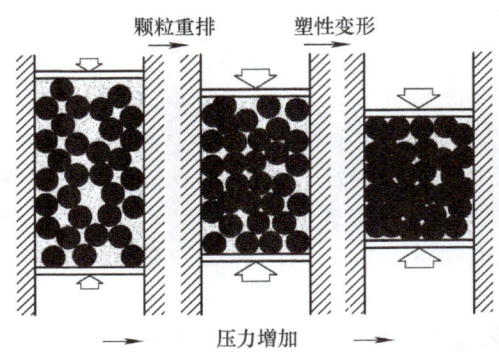

图 5-2 金属粉末压制过程中的简化阶段

(1) 粉末的位移 粉末在松装堆集时,由于表面不规则,彼此之间有摩擦,颗粒相互搭架而形成拱桥孔洞的现象,称为拱桥效应。粉末体具有很高的孔隙度,如还原铁粉的松装密度一般为 $2\sim3g/cm^3$,而致密铁的密度是 $7.8g/cm^3$;工业用中颗粒钨粉的松装密度是 $3\sim4g/cm^3$,而致密钨的密度是 $19.3g/cm^3$。当施加压力时,粉末体内的拱桥效应遭到破坏,粉末颗粒便彼此填充孔隙,重新排列位置,接触面积增大。现用两颗粉末来近似地说明粉末的位移情况,如图 5-3 所示。

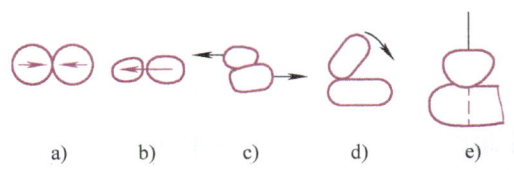

图 5-3 粉末位移的形式
a) 粉末颗粒的接近 b) 粉末颗粒的分离
c) 粉末颗粒的滑动 d) 粉末颗粒的转动
e) 粉末颗粒因粉碎而产生的移动

(2) 粉末的变形 如前所述,粉末体在受压后体积大大减少,这是因为粉末在压制时不但发生了位移,而且发生了变形。粉末变形可能有三种情况:

1) 弹性变形。外力卸除后粉末形状可以恢复原形。

2) 塑性变形。压力超过粉末的弹性极限,变形不能恢复原形。压缩铜粉的实验指出,发生塑性变形所需要的单位压力大约是该材质弹性极限的 2.8~3 倍。金属塑性越大,塑性变形也就越大。

3) 脆性断裂。单位压制压力超过强度极限后,粉末颗粒发生粉碎性的破坏。当压制难熔金属如 W、Mo 或其化合物如 WC、Mo$_2$C 等脆性粉末时，除有少量塑性变形外，主要是脆性断裂。

压制时粉末的变形如图 5-4 所示。由图可知，压力增大时，颗粒发生形变，由最初的点接触逐渐变成面接触，接触面积随之增大，粉末颗粒由球形变为扁平状，当压力继续增大时，粉末就可能碎裂。

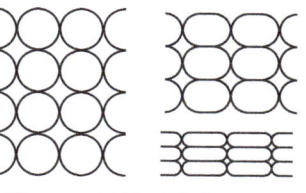

图 5-4 压制时粉末的变形

金属粉末压制时随着压力的增加，产生新的颗粒接触，堆积更加致密，孔隙减少。压坯孔隙度、颗粒接触点数以及接触点处面积与压制压力的关系如图 5-5 所示。由图 5-5 可知，球形铜粉随着相互接触的颗粒增多和颗粒面积的增大，孔隙度减少。颗粒接触点存在弹性变形，在压制中所有的接触点在压坯中存在残余弹性应变能。压制压力升高的时候，通过塑性变形来增大颗粒接触面积。因此，压制压力会造成接触区域局部变形，考虑到加工硬化和颗粒间孔隙消失的同时会产生新的颗粒接触，颗粒间为平面接触，投影轮廓为圆形。压坯密度 ρ 和圆形轮廓直径尺寸 X 的关系为

$$X = D[1 - (\rho_0 - \rho)^{2/3}]^{1/2} \tag{5-1}$$

式中，D 是颗粒直径；ρ_0 是初始密度（对应的 $X=0$）。

颗粒间黏接强度的大小取决于颗粒接触处的剪切力的大小。最大的切应力在接触处的中心产生，接触面中心区的切应力最大。在变形过程中，颗粒间接触处的冷焊和啮合有助于压坯强度的提高。

图 5-6 所示为塑性粉末与脆性粉末压制行为的不同之处，该图表示随着压制压力的提高，每个颗粒发生塑性变形部分的相对体积增加。在压力低的时候，塑性流动仅限于颗粒接触处。随着压力增大，均匀的塑性流动从颗粒接触处扩展到整个颗粒，整个颗粒发生加工硬化。开始阶段大孔隙消失，随着压力的增加，每个颗粒与相邻颗粒接触的配位数增加。最后，要进一步提高压坯密度就要消耗更多的外界能量。在松散的状态下，相邻颗粒间配位数在 6 到 7 之间。在压缩的过程中配位数 N_c 随残余孔隙度 ε 有如下变化：

$$N_c = 14 - 10.4\varepsilon^{0.38} \tag{5-2}$$

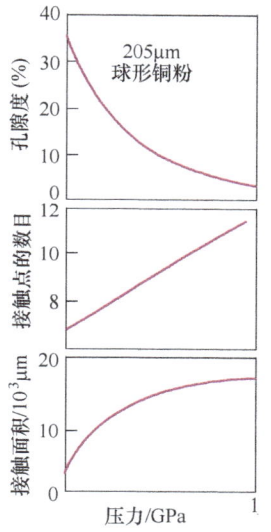

图 5-5 压坯孔隙度、颗粒接触点数以及接触点处面积与压制压力的关系

如图 5-7 所示，高密度压坯中，配位数达到 14，对应于一个十四面体是一种高效率的空间填充方式，表面积与体积的比值最小。在全致密体中配位数在 13.4～14.2 之间。图 5-8 是一个十四面体的示意图，由图可知十四面体是一个多面体形状的模型，代表压制到全致密后颗粒的最终形状，它由 8 个六边形和 6 个正方形组成的，有 36 条棱边，24 个顶点。这种模型对采用变形颗粒堆积的时候很有用。设多面体的棱边长是 L，体积为 V，表面积为 S，晶粒尺寸为 G，它们之间的关系如下：

$$V = (128)^{1/2} L^3 = 11.31 L^3$$
$$S = (432^{1/2} + 6) L^2 = 26.78 L^2$$
$$G = 8^{1/2} L = 2.83 L$$

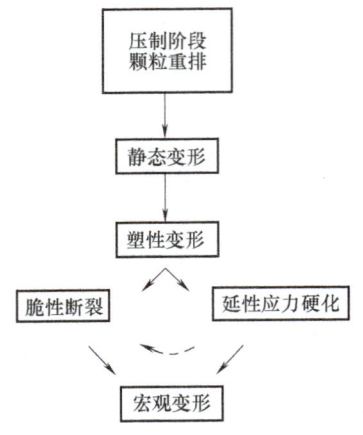

图 5-6　塑性粉末与脆性粉末压制行为的不同之处

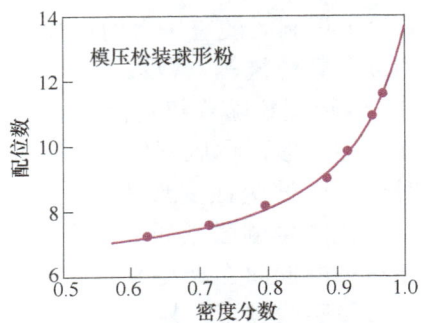

图 5-7　在压制的过程中，随着致密化程度的增加配位数的变化情况

对那些有显著的加工硬化或脆性的材料，致密化可以通过颗粒发生断裂来提高。由于断裂的产生，粉末总表面积增加。与此同时，由于颗粒尺寸变小，颗粒间的摩擦力增大而阻碍压缩，颗粒的加工硬化程度进一步提高，图 5-9 所示为压坯断口扫描分析，表示压制到全致密后的多面体颗粒的形状，即最初的球形颗粒变成了后来类似于十四面体的形状。

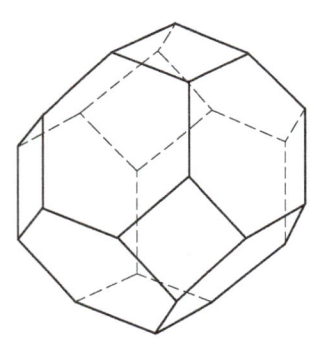

图 5-8　十四面体示意图

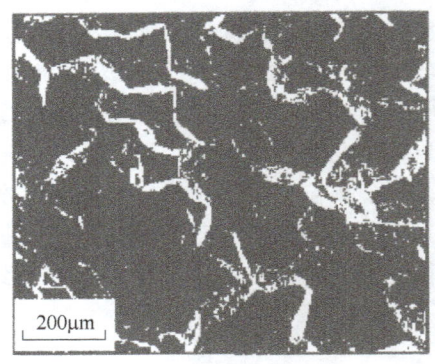

图 5-9　压坯断口扫描分析

在很高的压制压力下（超过 1GPa），粉末压坯在发生较大尺寸的变形后，只留下很低的孔隙度，这时，进一步增大压力已没有意义。材料的性能和其密度密切相关。压制完毕卸除压力后，由于压坯弹性后效会使材料储存的弹性内应力得到释放，发生弹性后效的压坯不可能把脱模后的压坯再放回原来的模腔。弹性后效随压制压力的平方而增加。如图 5-10 所示，模压过程中压坯密度随压制压力变化可大致分成粉末颗粒重排、弹塑性变形、均匀变形、整体压缩等三个阶段。

通常颗粒重排在压制压力小于 0.03MPa 的时候发生，颗粒重排带来的密度变化与颗粒的物理性质有关。开始阶段，孔隙减少 5%~10% 是由于颗粒重排造成的，压力增大的时候，塑性变形是金属粉末主要的致密化机制。在塑性变形阶段金属粉末表现为局部变形和均匀变形，在塑性流动阶段孔隙的减少小于 10%。大多数金属中的加工硬化在压制压力为 50~100MPa 时开始发生。由于加工硬化，要使压制密度达到理论密度的 90% 以上很困难。随着粉末加工硬化的提高，粉末加工硬化的能力减小，粉末颗粒会发生脆性断裂，这时粉末颗粒表现为整体压缩。颗粒的内在特性如结晶学、化学结合、摩擦力和表面状态决定了压缩的难易程度。粉末的外部因素，如晶粒尺寸和形状对粉末压制也有很大的影响。

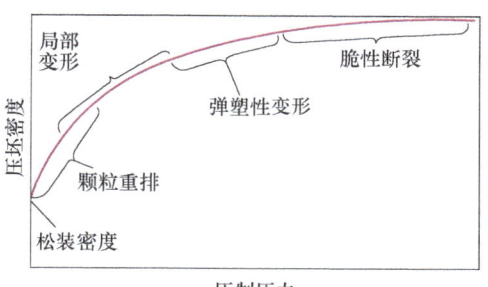

图 5-10　金属粉末压制过程中的压坯密度-压制压力图

5.2.3　金属粉末的压坯强度

在粉末成形过程中，随着成形压力的增加，孔隙减少，压坯逐渐致密化，由于粉末颗粒之间联结力作用，压坯的强度也逐渐增大。粉末颗粒之间的联结力大致可分为粉末颗粒之间的机械啮合力和粉末颗粒表面原子之间的引力两种。

1）粉末颗粒之间的机械啮合力。如前所述，粉末的外表面呈凹凸不平的不规则形状，通过压制，粉末颗粒之间由于位移和变形可以互相楔住和勾连，从而形成粉末颗粒之间的机械啮合，这是使压坯具有强度的主要原因之一。粉末颗粒形状越复杂，表面越粗糙，则粉末颗粒之间彼此啮合得越紧密，压坯的强度越高。

2）粉末颗粒表面原子之间的引力。在金属粉末处于压制后期，粉末颗粒受强大外力作用而发生变形，粉末颗粒表面上的原子就彼此接近，当进入引力范围之内时，粉末颗粒便由于引力作用而联结起来，于是，压坯便具有一定的强度，粉末的接触区域越大其压坯强度越高。

应当注意，上述两种联结力在压坯中所起的作用并不相同，还与粉末压制过程有关。对于任何金属粉末来说，压制时粉末颗粒之间的机械啮合力是使压坯具有强度的主要联结力。压坯强度是指压坯反抗外力作用而保持其集合形状和尺寸不变的能力，也是反映粉末质量优劣的重要标志之一。压坯强度的测定方法目前主要有：压坯抗弯强度试验法和测定压坯边角稳定性的转鼓试验法，此外还有圆柱形或轴套形压坯沿其直径方向加压测试破坏强度（压溃强度）的方法。

抗弯强度试验用压坯试样 ASTM 标注为：宽 12.7mm，厚 6.35mm，长 31.75mm（国家标准 GB/T 5319—2002：12mm×6mm×30mm）。在标准测定装置上测出破断负荷，根据下列公式计算

$$\sigma_{bb压坯} = \frac{3PL}{2bh^2} \tag{5-3}$$

式中，$\sigma_{bb压坯}$ 为压坯抗弯强度，单位为 MPa；P 为破断负荷，单位为 N；L 为试样支点间距

离，ASTM：25.4mm（中国：25mm）；b 为试样宽度，单位为 mm；h 为试样厚度，单位为 mm。

压溃强度的测试方法如图 5-11 所示。这种压溃强度是粉末冶金轴套类零件特有的强度性能表示方法。测定时，将轴套试样放在两个平板之间，逐渐增加负荷直到试样出现裂纹而负荷值不再上升为止。此时，所指的压力即为压溃负荷，按下列公式计算得的 K 值即为径向压溃强度：

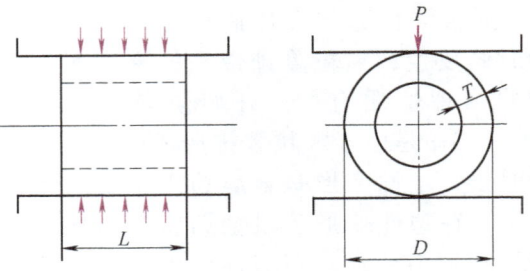

图 5-11　压溃强度测定示意图

$$K = \frac{P(D-T)}{LT^2} \tag{5-4}$$

式中，K 为压坯径向压溃强度，单位为 MPa；P 为压溃负荷，单位为 N；T 为试样厚度，等于 $\frac{外径-内径}{2}$，单位为 mm；D 为试样外径，单位为 mm；L 为试样长度，单位为 mm。

电解铜粉和还原铁粉压坯的抗弯强度与成形压力的关系如图 5-12 和图 5-13 所示。

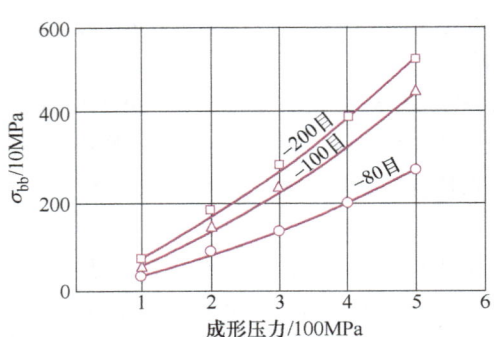

图 5-12　电解铜粉压坯的抗弯强度与成形压力的关系

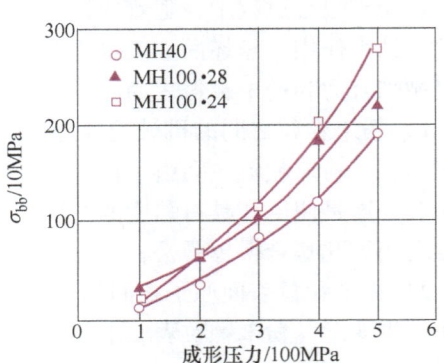

图 5-13　还原铁粉压坯的抗弯强度和成形压力的关系

测定边角稳定性的转鼓试验是将直径为 12.7mm、厚为 6.35mm 的圆柱状压坯装入 14 目的金属网制鼓筒中，以 87r/min 的转速转动 1000 转后，测定压坯的质量损失率来表征压坯强度，即

$$S = \frac{A-B}{B} \times 100\% \tag{5-5}$$

式中，S 为质量减少率；A 为试样的原始质量，单位为 g；B 为试样的最终质量，单位为 g。

在转鼓试验中，质量减少率越小，压坯的强度越好。电解铜粉与还原铁粉的转鼓试验结果如图 5-14 和图 5-15 所示。

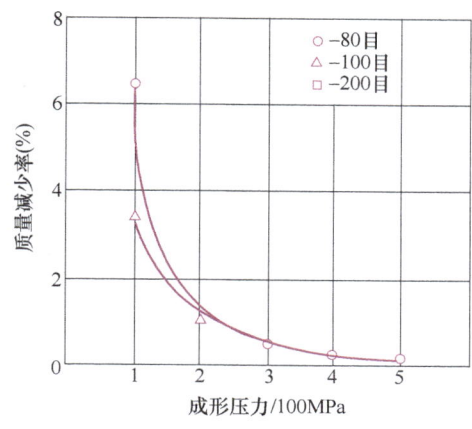
图 5-14　电解铜粉的转鼓试验压坯强度

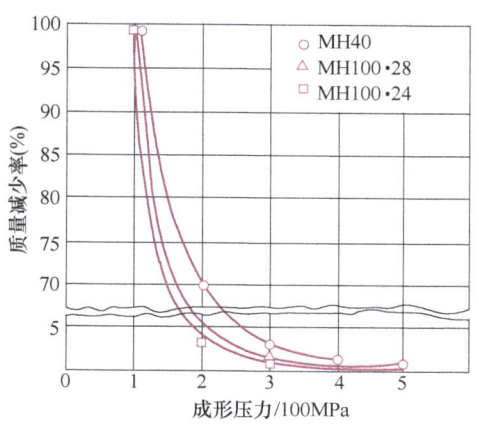
图 5-15　还原铁粉的转鼓试验压坯强度

5.3　普通压制成形过程

5.3.1　刚性模压制

传统的刚性模单向压制为沿一个轴的方向施加压力，采用如图 5-16 所示的刚性模压制。在压制过程中，模具的运动顺序如图 5-17 所示。粉末填装进入模具的凹模后，在凹模中对粉末施加轴向压力，达到成形的目的。在这种传统模压过程中，有上模冲和下模冲以成形压坯的上表面和下表面。在装粉的时候上模冲提升，下模冲在装粉的时候所在的位置就是所谓的装粉高度。按预先计算好的粉末量把粉末加入模腔。粉末从料斗中加入，粉末的流动性或粉末堆积的变化都会导致压坯质量的变化。在加压过程中装料位置随下模冲的位置而变化。下模冲的位置在装粉过程中的变化有助于粉末均匀填充模腔。装料结束后，下模冲下降到压制位置，上模冲进入到模腔。两个模冲都传递载荷以在粉体上产生压力。随着压制压力增加，压坯密度提高，到压制结束时，粉末及粉末颗粒产生最大的应变。随后，上模冲又退到原来的位置，下模冲使坯体脱出凹模。随着再一次的加料，又重复上面的循环。图 5-16 和图 5-17 的上模冲和下模冲都是简单的形状，真实的形状要复杂得多。通常在模冲上有一根芯杆以成形有内孔的坯体。在压制压力很高的时候，粉末与模腔摩擦是个很重要的问题，摩擦可以通过添加润滑剂来控制。模具通常是由工具钢或硬质合金制成的，以延长寿命。

当上、下模冲同时向粉末施加压力的时候，就形成双向压制，这种双向其实也是单轴压制。浮动凹模压制时，模冲和凹模有相对运动，两个模冲同时相对模具的中部运动。这种运动可以使粉末的压制更加均匀。

压坯密度和松装密度之比定义为压缩比。为了得到最终的高度和密度，这个比值对模具设计有重要参考价值。对铁粉，松装密度为 $2.4 \mathrm{g/cm^3}$，施加 335MPa 的压力，可得到 $4.8 \mathrm{g/cm^3}$ 的压坯密度。在这种情况下，压缩比为 2。因此，为得到一个最后高度为 1.5cm 的压坯，就要求装粉高度为 3.0cm。更高的压制压力（如 770MPa）能获得 $7.0 \mathrm{g/cm^3}$ 的压坯，相应的压缩比为 2.9，所以同样是 1.5cm 的压坯，装粉高度应达到 4.35cm。

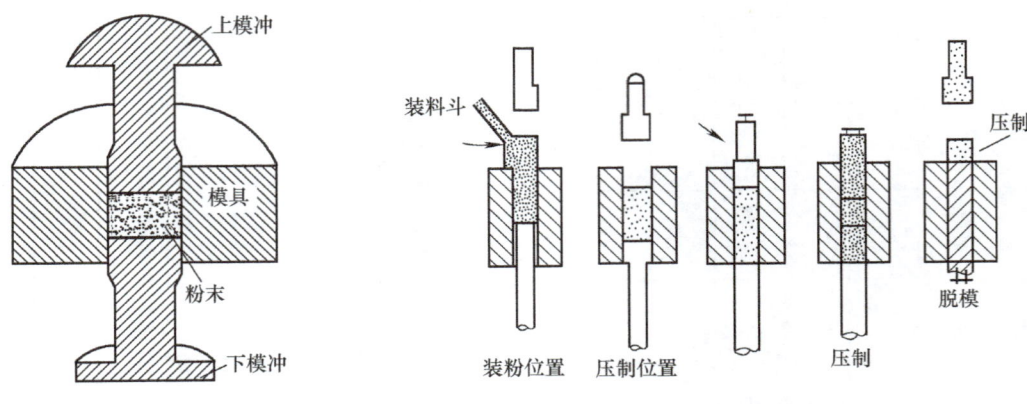

图 5-16 传统粉末压制工艺中的模冲和模具　　图 5-17 粉末压制过程中各部分的相对运动

压制结束后，坯体要从模具中脱出。使坯体脱出的力称为脱模压力。这时，粉末润滑的效果很显著。坯体中储存的残余内应力使坯体和模壁之间存在压力而造成模壁摩擦。随着润滑剂含量的增加，脱模压力减小。随着压制平面和压制方向的增多，压制方式也会改变，见表 5-1。有几种压制方式，相应就有几种类型的压机，包括液压机、机械式压机、回转式压机、等静压压机和冲压机等。在传统的压制中，模冲、模腔、装料斗和芯杆按一定的顺序运动。图 5-17 描绘了在压制圆柱形坯体时各部分的运动过程，这种运动可以由液压联动模冲或凸轮运动来产生。

表 5-1　粉末冶金零件的分类

零件种类	压制面/个	压制方向/个
1	1	1
2	1	2
3	2	2
4	>2	2

5.3.2　模压产品分类

就粉末产品压制的难易程度来说，可以将产品分为四类。表 5-1 对这四类产品作了简要的对比。第 1 类产品多具有较为简单的外形，无台阶结构，高径比较小，通常经过模具的一次动作即可压制成形。第 2 类产品多是通过双向压制生产的简单形状的产品，其与第 1 类产品的主要区别在于，该类产品的高径比较第 1 类产品要大，而且压制完成后还需要进一步的机加工处理。第 3 类产品指那些采用双向压制加工的两台阶产品。第 4 类产品指具有复杂形状且较难成形的产品。在压制多台阶产品时，常通过多组上下模冲的联合动作来完成压制过程，为确保充足的粉末装填量和多台阶结构压坯的顺利压制，上下模冲的动作一般采用独立控制方式，以保证整个模具动作的精确性。图 5-18 展示了这四类产品的典型外形结构。这些产品也集中体现了粉末冶金压制成形技术的整体水平。

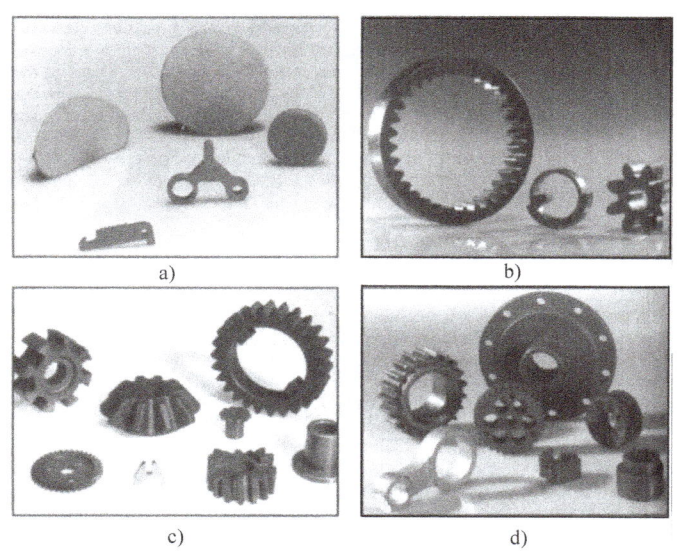

图 5-18 四类模压成形产品的外形结构示意图
a) 第 1 类产品　b) 第 2 类产品　c) 第 3 类产品　d) 第 4 类产品

5.4 压制过程中力的分析

粉末体在压模内是如何受到外力作用而成形的呢？前面所说的压制压力指的平均压力，实际上作用在压块断面上的力并非都是相等的，同一断面内中间部位和靠近模壁的部位，压坯的上、中、下部位所受的力都不一致，除了轴向应力之外，还有侧压力、摩擦力、弹性内应力、脱模压力等，这些力对压坯都将起到不同的作用。

5.4.1 应力和应力分布

压制压力作用在粉末上后分为两部分，一部分用来使粉末产生位移、变形和克服粉末的内摩擦，这部分力称为净压力，常以 P_1 表示；另一部分，是用来克服粉末颗粒与模壁之间外摩擦的力，这部分力称为压力损失，通常以 P_2 表示。因此，压制时所用的总压力为净压力与压力损失之和，即

$$P = P_1 + P_2$$

压模内模冲、模壁和底部的应力分布如图 5-19 所示。由图可知，压模内各部分的应力是不相等的。由于存在着压力损失，上部应力比底部应力大；在接近模冲的上部同一断面，边缘的应力比中心部位大；而在远离模

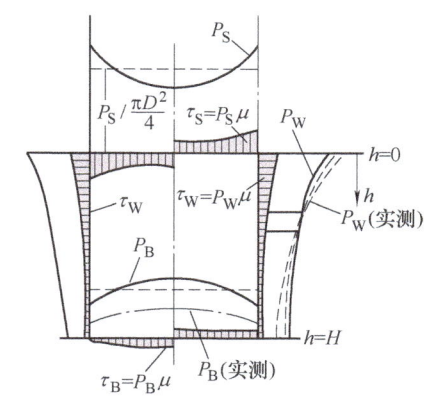

图 5-19 压模内模冲、模壁和底部的应力分布
P_S—模冲压力　P_W—模壁压力　P_B—底部压力
τ_S—模冲的剪切应力　τ_W—模壁的剪切应力
τ_B—底部的切应力　h—两断面间距离
H—最大距离　μ—摩擦因数

冲的底部，中心部位的应力比边缘应力大。

5.4.2 侧压力和模壁摩擦力

粉末在压模内受压时，压坯会向四周膨胀，模壁就会给压坯一个大小相等方向相反的作用力，压制过程中由垂直压力所引起的模壁施加于压坯的侧面压力称为侧压力。由于粉末颗粒之间的内摩擦和粉末颗粒与模壁之间的外摩擦等因素的影响，压力不能均匀地全部传递，传到模壁的压力将始终小于压制压力，即，侧压力始终小于压制压力。为了分析受力情况，取一个简单立方体压坯来进行研究，如图 5-20 所示。

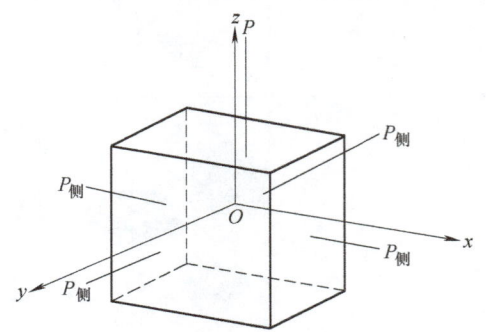

图 5-20 压坯受力示意图

当压坯受到正压力 P（z 轴方向）作用时，它力图使压坯在 y 轴方向产生膨胀。从力学可知，此膨胀值 Δl_{y1} 与材料的泊松比 ν 和正压力 P 成正比，与弹性模量 E 成反比，即

$$\Delta l_{y1} = \nu \frac{P}{E} \tag{5-6a}$$

在 x 轴方向的侧压力也力图使压坯在 y 轴方向膨胀 Δl_{y2}，即

$$\Delta l_{y2} = \nu \frac{P_{侧}}{E} \tag{5-6b}$$

然而，y 轴方向的侧压力对压坯的作用是使其压缩 Δl_{y3}，即

$$\Delta l_{y3} = \frac{P_{侧}}{E} \tag{5-7}$$

压坯在压模内由于不能侧向膨胀，因此在 y 轴方向的膨胀值之和（$\Delta l_{y1} + \Delta l_{y2}$）应等于其压缩值 Δl_{y3}，即

$$\Delta l_{y1} + \Delta l_{y2} = \Delta l_{y3}$$

$$\nu \frac{P}{E} + \nu \frac{P_{侧}}{E} = \frac{P_{侧}}{E}$$

$$\nu \frac{P}{E} = \frac{P_{侧}}{E}(1 - \nu)$$

$$\frac{P_{侧}}{P} = \xi = \frac{\nu}{1 - \nu}$$

$$P_{侧} = \xi P = \frac{\nu}{1 - \nu} P \tag{5-8}$$

在式（5-8）中单位侧压力与单位压制压力的比值 ξ 称为侧压系数。P 为垂直压制压力或轴向压力。

同理，也可以沿 x 轴方向推导出类似的公式。

侧压力的大小受粉末性能及压制工艺的影响，在上述公式的推导中，只是假定在弹性变形范围内有横向变形,既没有考虑粉体的塑性变形,也没有考虑粉末特性及模壁变形的影响。这样把仅使用于固体物体的胡克定律应用到粉末压坯上来,与实际情况是不尽相符的,因此,按照公式(5-8)计算出来的侧压力只能是一个估计值。

还应指出,上述侧压力是一种平均值。由于外摩擦力的影响,侧压力在压坯的不同高度上是不一致的,即随着高度的降低而逐渐下降。侧压力的降低大致具有线性特性,且直线倾斜角随压制压力的增加而增大。有资料介绍,高度为7cm的铁粉压坯试样,在单向压制时,试样下层的侧压力比顶层的侧压力小40%~50%。

目前还需要继续进行关于侧压力理论的和实验的研究。研究这个问题的重要性是,如果没有侧压力的数值,就不可能确定平均压制压力,而这种平均压制压力是确定压坯密度变化规律时必不可少的;此外,在压模设计计算时,也需要知道侧压力的数据。侧压系数的研究也吸引了不少学者,有人建议把侧压系数如同泊松比一样看待,其值取决于压坯孔隙度的大小。某些试验表明,泊松比随铁粉压坯孔隙度的增加而减少。即粉末的侧压系数与相对密度有如下关系:

$$\xi = \frac{P_{侧}}{P_{压}} = \xi_{最大} \times \rho \tag{5-9a}$$

式中,$\xi_{最大}$为达到理论密度的侧压系数;ρ为压坯相对密度。

有资料指出,与试验数据最相符的侧压系数公式是:

$$\xi = \tan^2\left(45° - \frac{\alpha}{2}\right) \tag{5-9b}$$

式中,α为摩擦角。

对铁粉所做的实验结果表明,当压力在160~400MPa范围时,侧压力与压制压力之间具有线性关系,$P_{侧} = (0.38 \sim 0.41)P$。用转化天然气还原氧化物所得的铁粉进行试验的结果见表5-2。

表5-2 侧压系数与压力及密度的关系

压块密度/(g·cm⁻³)	压力/MPa	侧压力/MPa	侧压系数 ξ
4.52	148.83	22.32	0.150
4.92	205.65	37.01	0.180
5.17	259.78	50.91	0.196
5.51	316.66	75.21	0.247
5.76	375.23	106.94	0.285
6.00	434.70	143.45	0.330
6.17	476.26	165.26	0.347
6.40	549.32	212.03	0.386
6.51	608.86	243.54	0.400
6.61	666.55	278.61	0.418
6.73	734.91	316.01	0.430
6.88	780.48	359.02	0.460
6.94	895.45	463.05	0.495

由表 5-2 可知，侧压系数 ξ 随侧压力的增加而增加，即当侧压力沿着压坯高度逐渐减小时，侧压系数也随之减小。它们三者与压坯密度的关系如图 5-21 所示。

由上述分析讨论可知，侧压力在压制过程中的变化是很复杂的。它对压坯的质量有直接的影响，而要直接准确地测定又有一定困难。国内外粉末冶金工作者在设计压模时，一般采用侧压系数 $\xi = 0.25$ 左右。

在单轴刚模压制过程中，粉末与模具模壁之间的摩擦会造成压坯密度沿压力方向分布不均，这主要是因为摩擦造成压制压力沿高度方向递减。通过圆柱体中沙漏现象的实验来研究模壁摩擦时就会发现，运动的粉末与模具模壁之间存在摩擦，由于模壁摩擦的作用会使压力沿高度方向递减。

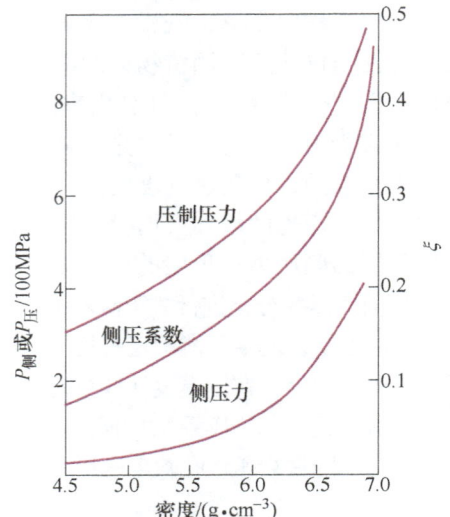

图 5-21 压制压力、侧压力、侧压系数与压坯密度的关系

消耗在粉末与模壁摩擦上的外摩擦力可以用测量模底压力的方法来测定，用于测定压力分布的压模如图 5-22 所示。根据小球在支持粉末用铁底座 3 和支持凹模用铜垫圈 5 上的压痕大小，借助校准曲线可以判断出所受的压力，即判断压制时应力的分布。此时，摩擦力与小球在垫圈 5 上的压痕大小成比例。

有资料指出，当其他条件一定时，粉末与模壁间的摩擦因数 μ 值有如下关系：在小于 100MPa 的低压区，μ 值随压制压力增大而增加；在高压区，对于塑性金属粉末，压力为 100~200MPa 时，μ 值便不随压制压力而变；对于较硬的金属粉末，当压力达 200~300MPa 时，μ 值也不随压制压力而变。并且实验证明，在很宽的压力范围内，ξ 与 μ 有如下关系：

$$\xi \times \mu = 常数$$

这种关系对可塑性金属粉末的误差是 ±5%，对较硬的金属粉末误差是 ±3%。

图 5-23 是压制不锈钢粉时，下模冲的压力 P' 与总压制压力 P 的关系。

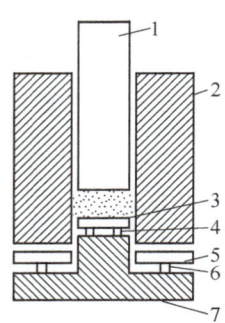

图 5-22 用于测定压力分布的压模示意图
1—模冲 2—凹模 3—支持粉末用铁底座
4、6—小球 5—支持凹模用铜垫圈
7—压模底座

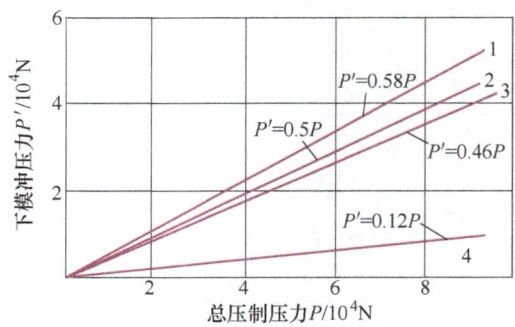

图 5-23 下模冲的压力 P' 与总压制压力 P 的关系
1—用硬脂酸润滑模壁 2、3—用二硫化钼润滑模壁
4—无润滑剂

由图 5-23 可知，在无润滑剂情况下进行压制时，外摩擦的压力损失为 88%；当使用硬脂酸四氯化碳溶液润滑模壁时，由于摩擦的减小，外摩擦的压力损失将会降低至 42%。在用 300~600MPa 的压力压制铁粉和铜粉时，也得出了 $P' = RP$ 的类似关系，R 为比例系数。因此，可以得出结论，外摩擦的压力损失是很大的，在没有润滑剂的情况下，损失可达到 60%~90%，这就是引起压坯密度沿高度分布不均匀的根本原因。

在一般情况下，外摩擦的压力损失取决于压坯、原料与压模材料之间的摩擦因数、压坯与压模材料间黏结倾向、模壁加工质量、润滑剂情况、粉末压坯高度和压模直径等。外摩擦的压力损失可用下面的公式表示：

$$\Delta P = \mu P_{侧}$$

式中，ΔP 为摩擦的压力损失；$P_{侧}$ 为总侧压力；μ 为摩擦因数。

外摩擦的压力损失 ΔP 与正压力 P 之比为：

$$\frac{\Delta P}{P} = \frac{\mu P_{侧}}{P} = \frac{\mu \xi \pi D \Delta H P}{\frac{\pi D^2}{4} P} = \mu \xi \frac{4 \Delta H}{D}$$

即

$$\frac{dP}{P} = \mu \xi \frac{4}{D} dH$$

积分整理后，可得

$$P' = P e^{-4\frac{H}{D}\xi\mu} \tag{5-10a}$$

式中，P' 为下模冲的压力；P 为上模冲的作用力，即总压制压力；H 为压坯高度；D 为压坯直径。

实验指出，如果考虑到消耗在弹性变形上的压力，则

$$P_1 = P e^{-8\frac{H}{D}\mu\xi} \tag{5-10b}$$

式中，P_1 即为考虑弹性形变后的 P'，并且由于压力沿高度有急剧的变化，所以式中的指数增加了一倍。

上述的经验公式，已为许多试验所证实，即沿高度的压力降和直径呈指数关系。

当压坯的截面积与高度之比一定时，压坯尺寸越大，压坯中与模壁不发生接触的颗粒越多，即不受外摩擦力影响的粉末颗粒的百分数越大。所以压坯尺寸越大，消耗于克服外摩擦所损失的压力越小。从压坯的比表面积概念也能说明这个规律，见表 5-3。

表 5-3 压坯尺寸与压坯比表面积的关系

压坯边长/cm	总表面积/cm²	体积/cm³	比表面积/cm⁻¹
1	6	1	6
2	24	8	3
3	54	27	2
4	96	64	1.5
5	150	125	1.2
⋮	⋮	⋮	⋮

由表 5-3 可知，随着压坯尺寸的增加，压坯的比表面积相对减小，即压坯与模壁的相对接触面积减小，因而消耗于外摩擦的压力损失便相应减小，所以对于尺寸大的压坯，所加的单位压制压力比小压坯的单位压制压力小。

式 (5-10a) 适用于单向压制，可以得出压制压力沿粉末高度方向减少。图 5-24 给出了铜粉压坯中的压力分布与压坯高度的关系。压坯底部的压力以使用的压力为标准，压坯的厚度以直径为标准。虽然数据分散，但是可以明显地看出随着压坯高度的增加，压力发生明显的衰减。

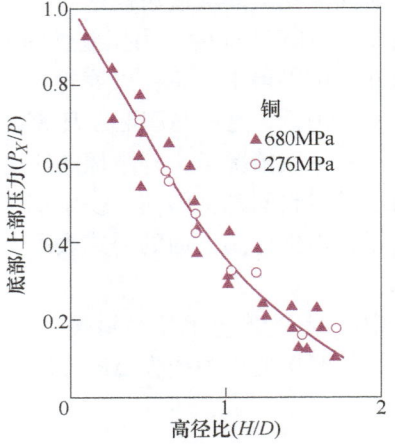

图 5-24　铜粉压坯中的压力分布与压坯高度的关系

图 5-24 也体现了式 (5-10a) 的变化规律，沿高度方向上，压制压力的减少是由于存在模壁摩擦力。实际压制的时候在模冲表面上也存在摩擦力，这会给压力施加一个轴向分量。双向压制会在上模冲和下模冲运动时因摩擦力的阻碍而导致粉末沿压制方向运动，在压制时形成对应压力等高线。式 (5-10a) 同样适用于双向压制。与单向压制相比，双向压制使压坯上压力的分布更加均匀。在单向和双向两种压制方式下，压力的衰减都取决于压坯的高径比。随着压坯直径的减小，压力随高度下降很快。所以，要得到密度均匀的压坯应使用小的高径比。单向压制通常只适用于几何形状简单的产品。

单向压制时平均压制应力为：

$$\sigma = 1 - 2\mu\xi\left(\frac{H}{D}\right) \tag{5-11a}$$

双向压制时平均压制应力为：

$$\sigma = 1 - \mu\xi\left(\frac{H}{D}\right) \tag{5-11b}$$

平均应力也取决于压坯高径比几何因子 (H/D)，轴向/径向压力比值，侧压系数 (ξ) 和模壁摩擦因数 (μ)。在压坯高度小、直径大，有模壁润滑的时候可以获得高的平均应力。模壁摩擦降低了压制效率。由于压坯密度很大程度上取决于压力的大小，模壁摩擦造成压坯的密度沿压坯高度方向分布不均匀。压坯的尺寸和形状也会影响密度分布，最重要的影响参数还是压坯的高径比。当压制长度较大的零件时，可以使用其他的一些方法，如冷等静压等，以避免模壁摩擦的问题。

外摩擦力造成了压力损失，使得压坯的密度分布不均匀，甚至还会因粉末不能顺利充填某些棱角部位而出现废品。为了减少因摩擦出现的压力损失，可以采取如下措施：①添加润滑剂；②减小模具的表面粗糙度和提高硬度；③改进成形方式，如采用双面压制等。

摩擦力对于压形虽然有不利的方面，但也可加以利用，来改进压坯密度的均匀性，如带摩擦芯杆或浮动模压的压制。

5.4.3　脱模压力

使压坯由模中脱出所需的压力称为脱模压力。它与压制压力、粉末性能、压坯密度和尺寸、压模和润滑剂等有关。

脱模压力与压制压力的比例，取决于摩擦因数和泊松比。除去压制压力之后，如果压坯不发生任何变化，则脱模压力应当等于粉末与模壁的摩擦力损失。然而，压坯在压制压力消除之后要发生弹性膨胀，压坯沿高度伸长，侧压力减小。铁粉压坯卸除压力后，侧压力降低35%。塑性金属粉末，因其弹性膨胀不大，所以脱模压力与摩擦力损失相近。铁粉的脱模压力与压制压力 P 的关系如下：

$$P_{脱} \approx 0.13P$$

硬质合金物料在大多数情况下 $P_{脱} \approx 0.3P$，如用图形来表示，则如图 5-25 所示。

由图 5-25 可知，脱模压力与压制压力呈线性关系。但是，也有研究结果指出，压制铁粉时，当压力从 50MPa 增加到 300MPa 时，脱模压力呈非线性增加。经过对 Fe、Co、Ni 与 ZrC、NbC、Mo$_2$C 等二元系压坯进行研究发现脱模压力与压制压力的关系也是非线性的，且随碳化物含量的增加而降低。

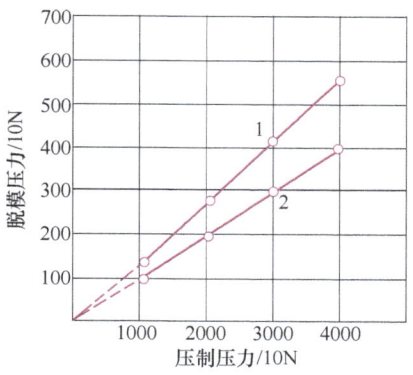

图 5-25　脱模压力与压制压力的关系
1—铁粉　2—添加质量分数为 2% 石墨的铁粉

脱模压力随着压坯高度增加而增加，在中小压制压力（小于 300 ~ 400MPa）的情况下，脱模压力一般不超过 $0.3P$。当使用润滑剂来压制铁粉时，可以将脱模压力降低到 $0.03 \sim 0.05P$。

5.4.4　弹性后效

在压制过程中，当除去压制压力并把压坯压出压模之后，由于内应力的作用，压坯发生弹性膨胀，这种现象称为弹性后效。弹性后效通常以压坯胀大的百分数表示，即：

$$\delta = \frac{\Delta l}{l_0} \times 100\% = \frac{l - l_0}{l_0} \times 100\% \tag{5-12}$$

式中，δ 为沿压坯高度或直径的弹性后效；l_0 为压坯卸压前的高度或直径；l 为压坯卸压后的高度或直径。

产生弹性后效现象的原因是：粉末在压制过程中受到压力作用，粉末颗粒发生弹塑性变形，从而在压坯内部聚集很大的弹性内应力，其方向与颗粒所受的外力方向相反，力图阻止颗粒变形。当压制压力消除后，弹性内应力松弛，改变颗粒的外形和颗粒间的接触状态，这就使粉末压坯发生膨胀。如前所述，压坯的各个方向受力大小不一样，因此，弹性内应力也不相同，所以，压坯的弹性后效就有各向异性的特点。由于轴向压力比侧压力大，因此，沿压坯高度的弹性后效比横向的要大一些。压坯在压制方向的尺寸变化可达 5% ~ 6%，而垂直于压制方向上的变化为 1% ~ 3%，不同方向上的弹性后效与压制压力的关系如图 5-26 和图 5-27 所示。

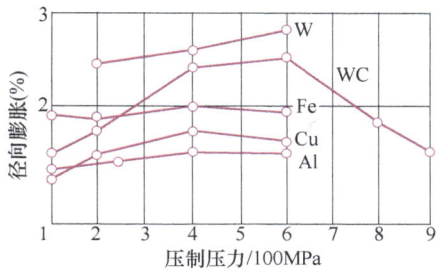

图 5-26　径向弹性后效与压制压力的关系

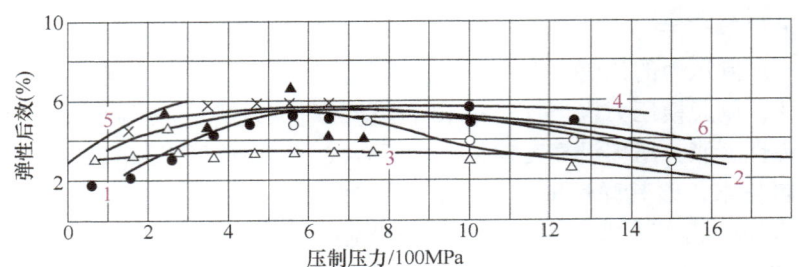

图 5-27 轴向弹性后效与压制压力的关系

1—雾化铝粉　2—研磨铬粉　3—旋涡铁粉　4—电解铁粉（$w_{FeO}=1.42\%$）
5—电解铜粉　6—电解铁粉（$w_{FeO}=25\%$）

5.5 压制压力与压坯密度的关系

5.5.1 金属粉末压制时压坯密度的变化规律

粉末体受压后发生位移和变形，在压制过程中随着压力的增加，压坯的相对密度出现有规律的变化，通常将这种变化假设为图 5-28 所示的三个阶段。

第Ⅰ阶段：在这个阶段内，由于粉末颗粒发生位移，填充孔隙，因此当压力稍有增加时，压坯的密度增加很快，所以，此阶段又称为滑动阶段。

第Ⅱ阶段：压力继第Ⅰ阶段施加后继续增加时，压坯的密度几乎不变。这是由于压坯经第Ⅰ阶段压缩后其密度已达到一定值，粉末体出现了一定的压缩阻力，在此阶段内，虽然加大压力，但孔隙度不减少，因此密度也就变化不大。

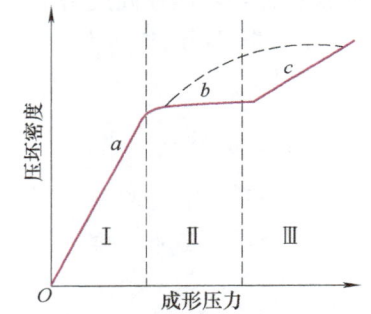

图 5-28 压坯密度与成形压力的关系

第Ⅲ阶段：当压力继续增大超过某一定值后，随着压力的升高，压坯的相对密度又继续增加，因为当成形压力超过粉末的临界应力后，粉末颗粒开始变形，由于位移和变形都起作用，因此，压坯密度又随之增加。

应当指出，上述三个阶段是为了讨论问题而假设的理想状态，实际情况是复杂的。在第Ⅰ阶段，粉末体的致密化虽然是以粉末颗粒的位移为主，但同时也必然会有少量的变形；同样，在第Ⅲ阶段，致密化是以颗粒的变形为主，而同时伴随着少量的位移。其次，第Ⅱ阶段的存在情况也是根据粉末种类的不同而有差异的。硬而脆的粉末，其第Ⅱ阶段较明显，曲线较平坦；而塑性较好的粉末，其第Ⅱ阶段则不明显。如压制铜、锡、铅等塑性很好的金属粉末时，第Ⅱ阶段基本消失，如图 5-29 所示。

5.5.2 压制压力与压坯密度关系的解析

在粉末冶金过程中，成形是仅次于烧结的一个主要工序，随着粉末冶金技术的不断

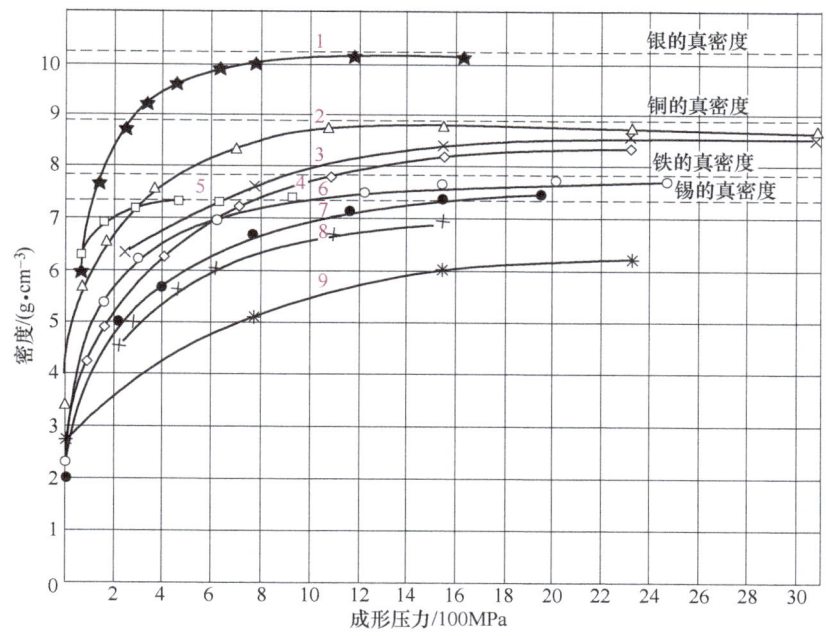

图 5-29　各种粉末的成形压力和压坯密度的关系
1—结晶银粉　2—粗电解铜粉（100 目）　3—析出细铜粉　4—电解细铜粉　5—喷雾锡粉
6—软纯电解铁粉　7—氢还原铁粉　8—纯铁粉　9—退火粉碎钢粉

发展，对成形工艺的研究也引起了人们的高度重视，尽管如此，有关粉末冶金成形的理论至今仍然众说纷纭并无定论。1923 年汪克尔（Walker）根据试验首次提出了粉末体的相对体积与压制压力的对数呈线性关系的经验公式。几十年来，许多科学家对成形问题进行了一系列的研究，并提出了许多压制的理论公式或经验公式，其中尤以巴尔申、川北、艾西（Athy）和黄培云方程式最为重要。现将几个有代表性的压制理论介绍如下。

1. 巴尔申压制理论

由胡克定律可知，对于致密金属，应力无限小的增量正比于变形无限小的增量，即

$$d\sigma = \frac{dP}{A} = \pm K dh \tag{5-13}$$

式中，P 为压力；A 为横截面积；σ 为应力 $= P/A$；dh 为物理高度变形无限小的增量；K 为比例常数。

当粉末的加工硬化忽略不计时，式（5-13）也可应用于塑性变形。

对粉末冶金压制过程应用胡克定律即可得出有关压制理论方程。如图 5-30 所示，将粉末装在圆柱形压模中，在压制压力 P 作用下，高度为 h_0，如增加压力 dP，高度减少 dh，压坯的接触横断面为 A'_H，则有

$$d\sigma = \frac{dP}{A'_H} = -k dh \tag{5-14}$$

式中，k 为常数。

式 (5-14)、式 (5-15) 中比例常数 K 及 k 与初始高度 h_0 有关，即

$$d\sigma = \frac{dP}{A'_H} = -k'\frac{dh}{h_0} \tag{5-15}$$

式中，k' 为比例系数，与加工硬化程度无关，在一定程度上相当于弹性模量。

h_0 是装粉高度，但它在经受压力之后变为最终产品高度 h_K（此时压坯孔隙度为零），于是可得出更接近实际的公式：

$$\frac{dP}{A'_H} = -k''\frac{dh}{h_K} \tag{5-16}$$

式中，k'' 为压缩模数。当压坯横截面积一定时，即 $S = S_K$，所以：

$$\beta = \frac{V}{V_K} = \frac{hS}{h_K S_K} = \frac{h}{h_K}$$

式中，β 为相对体积，即压坯体积 V 与致密金属体积 V_K 之比，$\beta > 1$。

$$d\beta = \frac{dh}{h_K} \tag{5-17}$$

将式 (5-17) 代入式 (5-16) 可得：

$$\frac{dP}{A'_H} = -k''\frac{dh}{h_K} = -k''d\beta \tag{5-18}$$

因为

$$A'_H = \frac{P}{\sigma}$$

所以

$$\frac{dP}{\frac{P}{\sigma}} = -k''dB$$

$$\frac{dP}{P} = \frac{-k''}{\sigma}d\beta = -ld\beta \tag{5-19}$$

式中，l 为压制因素。

压制过程中压坯体积的缩小仅仅是孔隙的缩小，特别是开始压制阶段，于是，有：

$$\frac{dP}{P} = -ld\varepsilon = -ld(\beta - 1) \tag{5-20}$$

式中，ε 为孔隙度系数，$\varepsilon = \beta - 1$。

如前所述，孔隙度 $\theta = 1 - d$（相对密度）$= 1 - \frac{1}{\beta}$，

$$d = \frac{\rho_{\text{压}}}{\rho_{\text{m}}}, \quad \beta = \frac{V_{\text{压}}}{V_{\text{m}}} = \frac{\rho_{\text{m}}}{\rho_{\text{压}}}$$

式中，$\rho_{\text{压}}$，ρ_{m} 分别是压坯和致密金属的密度。

所以

$$\beta = \frac{1}{1-\theta}, \quad \varepsilon = \beta - 1 = \frac{1}{1-\theta} - 1 = \frac{\theta}{1-\theta}$$

即孔隙度系数 ε 为孔隙体积与粉末颗粒的体积之比，对式 (5-20) 积分得：

$$\int \frac{dP}{P} = -l\int d(\beta - 1)$$

$$\ln P = -l(\beta - 1) + C$$

当 $\beta = 1$ 时，C 即相当于最大压紧程度时的最大压力的对数 $\ln P_{max}$，所以

$$\ln P = \ln P_{max} - l(\beta - 1) \tag{5-21}$$

利用 $\ln x = \dfrac{\lg x}{\lg e}$ 的关系，换成常用对数，得

$$\lg P = \lg P_{max} - L(\beta - 1) \tag{5-22}$$

$$L = \lg e \cdot l = 0.434l \tag{5-23}$$

根据方程式（5-23），可以作成如图 5-31 所示的理想压制图。

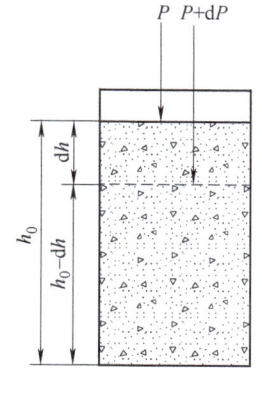

图 5-30　压制过程示意图

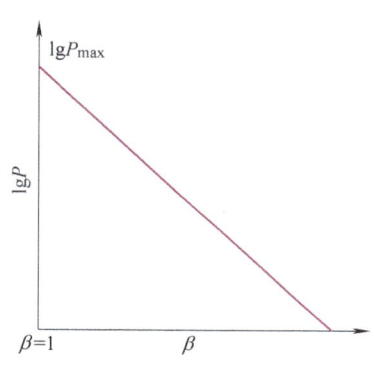

图 5-31　理想压制图

米尔逊为了简化推导，假设粉末塑性变形时既无加工硬化，又无接触区域的应力（σ）变化。在压制过程中，压坯总断面上的接触断面的增值 $A'_H/S_{压坯}$ 与相对密度 $d = \dfrac{1}{\beta}$ 有关，随着粉末的逐步压紧，当 $h \to h_K$ 时，β 与 $d \to 1$，即：

$$\frac{h}{h_K} = \beta = \frac{1}{d}$$

由于 $A'_H/S_{压坯}$ 的增加比 β 的降低（或相对密度的增加）要快得多，所以

$$\frac{A'_H}{S_{压坯}} = d^m = \frac{1}{\beta^m} \tag{5-24}$$

式中，m 为压缩因素。而

$$\frac{P}{A'_H} = \sigma_K = 常数$$

代入式（5-24）得

$$\frac{P}{\sigma_K} = \frac{1}{\beta^m}$$

两边取对数，得

$$\lg P - \lg \sigma_K = -m\lg \beta$$

所以
$$\lg P = \lg P_{\max} - m\lg\beta$$
$$P_{\max} = \sigma_K = HM \approx HBW \approx HV \quad (5\text{-}25)$$

式中，HM 为马氏硬度；HBW 为布氏硬度；HV 为维氏硬度。

巴尔申的压制方程已经过很多学者的实验检验，表明此方程仅在一定场合中是正确的，压制因素 l 与 m 都取决于粉末粒度和粒度组成。实际的压制曲线不等于直线，巴尔申本人也指出，当用松装密度 $1.42\mathrm{g/cm^3}$ 的电解铜粉制成直径 $9.25\mathrm{mm}$、高度 $2\mathrm{mm}$ 的试样进行试验时，得出的图形如图 5-32 所示。

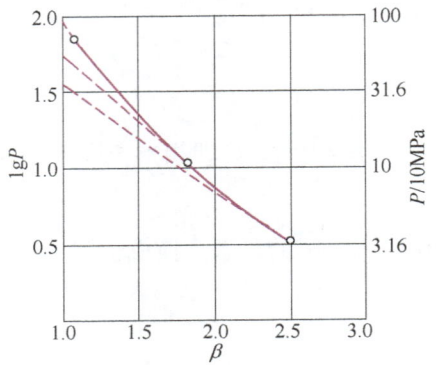

图 5-32 典型实际压制图

与图 5-32 相对应的数据见表 5-4。

表 5-4 临界应力 σ_K 与粉末压缩程度之间的关系

单位压制压力/MPa	粉末压缩程度特性		压制因素 L	σ_K/10MPa
	压坯相对体积	孔隙度（%）		
34	2.5	60	0.68	36
107	1.82	45	0.88	56
69	1.089	8	1.39	83

由图 5-32 和表 5-4 可知，随着压制压力的增加，压制因素也随之增加，σ_K 也发生了变化。

巴尔申方程曲线之所以与实际情况不一致是由于：①他将粉末体当做理想弹性体看待，运用胡克定律于压制过程。但是实际上，粉末体在压制过程中并不适用胡克定律。在压制初期，较小的压力就可使粉末发生很大的塑性变形；压制终了时，这种塑性变形可高达 70% 以上。因此，有不少人提出应把粉末当做弹塑性体看待。②假定粉末变形时无加工硬化现象，事实上，粉末在压制过程中必然产生加工硬化现象；并且粉末越软，压制压力越高，则加工硬化现象越严重。③未考虑摩擦力的影响，在压制中，粉末之间或粉末与模壁之间存在着摩擦，从而必然出现压力损失。④未考虑压制时间的影响。⑤只考虑了粉末的弹性性质，而未考虑或忽略了粉末的流动性质。⑥在公式推导过程中，未能将"变形"与"应变"严格区分开来。综上所述，巴尔申在推导其压制理论过程中所作的一些假设条件与实际情况有较大出入，因此，该压制理论仅在某些情况下才能应用，没有普遍意义。

2. 川北公夫压制理论简介

日本的川北公夫于 1956 年发表了关于各种粉末（大部分是金属氧化物）在压制过程中的行为研究报导。他在研究时采用的钢压模受压面积为 $2\mathrm{cm}^2$，粉末粒度 200 目左右，粉末装入压模后在油压机上逐步加压，最高压力达 0.1MN，然后测定粉末的体积变化，作出了各种粉末压力-体积曲线，并得出了一个经验公式。川北在研究压制过程中作了下述假设：

1) 粉末层内所有各点的单位压力相等。
2) 粉末层内各点的压力是外力和粉末内固有的内压力之和，产生这种内压力的原因虽然暂时还不清楚，但可以根据粉末的聚集力或吸附力来考虑，它和粉末的屈服值有密切关系。

3）粉末层各断面上的外压力与该断面上粉末的实际断面受的压力总和保持平衡。外压如增加，粉末便压缩，断面上粉末颗粒的实际接触断面积增加，于是又处于新的平衡状态。

4）每个粉末颗粒仅能承受它所固有的屈服强度的能力。

5）粉末压缩时的各个颗粒位移的几率 ω 和它邻接的孔隙大小成比例。如果没有孔隙，即使外压再大也不能产生压缩，因此，粉末层能承受极大的负荷，并且它所承受的负荷和 ω 成反比。

川北公夫在此五个假设的基础上考察了压制过程。设无压力和受外部单位压力 P 时的粉末的体积为 V_0 和 V，粉末固有的内部单位压力为 P_0，则粉末体各部分所受的力是 $P+P_0$，如粉末的断面面积为 S_0，则各层所受的全部负荷是 $(P+P_0)S_0$。

各层的粉末颗粒数为 n，各个颗粒的平均断面积是 s_0，颗粒固有的屈服强度是 π，粉末完全充填时的颗粒数为 n_∞，则

$$n_\infty = \frac{S_0}{s_0} \tag{5-26}$$

一个颗粒所邻接的孔隙几率 $\omega = \dfrac{n_\infty - n}{n_\infty}$，粉末体层各部分承受的负荷，根据假设条件 3）、4）、5）项可推得为 $\pi s_0 n/\omega$，在平衡状态时应等于 $(P+P_0)S_0$，所以

$$(P+P_0)S_0 = \pi s_0 n n_\infty / (n_\infty - n) \tag{5-27}$$

全部颗粒的实际体积以 V_∞ 表示，由几何学可知

$$\frac{ns_0}{S_0} = \frac{V_\infty}{V} \tag{5-28}$$

由式（5-26）、式（5-27）、式（5-28）可得

$$(P+P_0)(V-V_\infty) = \pi V_\infty = 常数 \tag{5-29}$$

当 $P=0$ 时，$V=V_0$。

由式（5-29）可得到粉末固有的内压力 P_0 和粉末颗粒的屈服强度 π 有如下关系：

$$P_0 = \pi V_\infty / (V_0 - V_\infty) \tag{5-30}$$

将式（5-29）代入式（5-30）得：

$$(V_0 - V)/V_0 = \frac{V_0 - V_\infty}{V_0} \times \frac{\dfrac{P}{P_0}}{1 + \dfrac{P}{P_0}} \tag{5-31}$$

设

$$a = \frac{V_0 - V_\infty}{V_0} \tag{5-32}$$

$$b = \frac{1}{P_0} = \frac{V_0 - V_\infty}{\pi V_\infty} \tag{5-33}$$

由式（5-32）、式（5-33）两式可得

$$\pi = \frac{a}{b(1-a)} \qquad (5-34)$$

所以

$$C = \frac{V_0 - V}{V_0} = \frac{abP}{1+bP} \qquad (5-35)$$

式中，C 为粉末体积减小率；P 为压制压力；V_0 为无压力时的粉末容积；V 为压力为 P 时的粉末容积。

式（5-34）中 π 与粉末性质的直接关系至今还不太清楚，需进一步研究。

表 5-5 列出了常用粉末的 a、b 和 π 值。

表 5-5 常用粉末的 a、b 和 π 值

名　称	a	b	π
Ni 粉	0.3571	0.164	—
Fe 粉	0.5263	0.079	
粗 Cu 粉	0.5882	0.171	
Sn 粉	0.6135	0.096	
细 Cu 粉	0.6536	0.153	—
锌白粉	0.5559	0.124	10.1
MgO	0.7307	0.228	11.9
SiO$_2$	0.7937	0.252	15.3

川北公夫对 10 种粉末进行压制，得到的粉末体积减小率与压力的关系如图 5-33 所示。

3. 黄培云压制理论简介

1964 年黄培云教授对粉末压形问题进行研究之后，考虑了粉末的非线性弹滞体的特征与压形时应变大幅度变化这些事实，根据理论推导和实验验证，提出了一种新的压制理论，其内容大致如下。

对于一个理想弹性体，根据胡克定律应有如下关系：

$$\sigma = E\varepsilon \qquad (5-36)$$

式中，σ 为应力；ε 为应变；E 为弹性模量。

式（5-36）对时间求导数，得

$$\frac{d\sigma}{dt} = E\frac{d\varepsilon}{dt} \qquad (5-37)$$

对一个同时具有弹性和黏滞性的固体，马克斯威尔（Maxwell）曾指出有如下关系：

$$\frac{d\sigma}{dt} = E\frac{d\varepsilon}{dt} - \frac{\sigma}{\tau_1} \qquad (5-38)$$

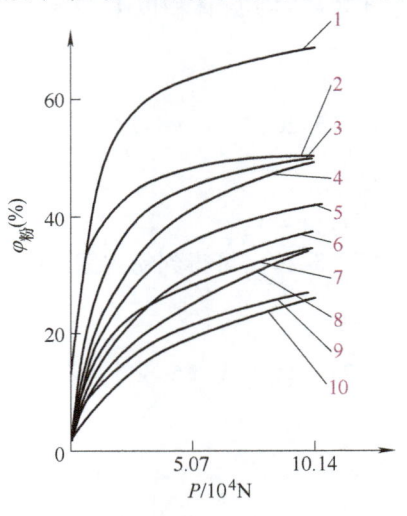

图 5-33 粉末体积减小率和压力之间的关系

1—氧化镁　2—滑石粉　3—硅酸铝　4—氧化锌
5—皂土　6—氯化钾　7—硅酸镁
8—糖　9—碳酸钙　10—糊精

在恒应变情况下，$d\varepsilon/dt=0$，则

$$\frac{d\sigma}{dt}=-\frac{\sigma}{\tau_1}$$

$$\frac{d\sigma}{\sigma}=-\frac{1}{\tau_1}dt$$

积分后得

$$\sigma=\sigma_0^{-\frac{t}{\tau_1}} \tag{5-39}$$

式中，σ_0 为 $t=0$ 时的应力；τ_1 为应力弛豫时间。

随后凯尔文（Kelvin）等人应用应变弛豫的概念，得出描述同时具有弹性与应变弛豫性质的固体（称为凯尔文固体）的方程为

$$\sigma=E\varepsilon+\eta\frac{d\varepsilon}{dt}=E\left(\varepsilon+\tau_2\frac{d\varepsilon}{dt}\right) \tag{5-40}$$

式中，η 为黏滞系数，$\eta=E\tau_2$；τ_2 为应变弛豫时间。

后来，阿夫雷（Alfrey）与多特（Doty）等人同时考虑了应力弛豫与应变弛豫的关系，引进标准线性固体的概念，并指出它服从以下关系：

$$\left(\sigma+\tau_1\frac{d\sigma}{dt}\right)=E\left(\varepsilon+\tau_2\frac{d\varepsilon}{dt}\right) \tag{5-41}$$

标准线性固体的概念尽管已广泛地应用于金属内耗的研究中，但不适用于粉末的压形研究，原因如下：①在应力与应变都已充分弛豫或接近充分弛豫的情况下，标准线性固体的应力与应变呈线性关系，而粉末则不然。②粉末体在压形时的变形程度比金属内耗或蠕变要大得多。此时，必然有粉末的加工硬化，所以粉末在压制时的应力应变关系不可能维持线性关系，而应有某种非线性弹滞体的特征。据此，粉末的压制应该用下述关系表示，即：

$$\left(\sigma+\tau_1\frac{d\sigma}{dt}\right)^n=E\left(\varepsilon+\tau_2\frac{d\varepsilon}{dt}\right) \tag{5-42}$$

式中，n 为系数，一般 $n<1$。

在压力为恒应力 σ_0 的情况下，$\frac{d\sigma}{dt}=0$，式（5-42）可简化为

$$\sigma_0^n=E\left(\varepsilon+\tau_2\frac{d\varepsilon}{dt}\right)$$

$$\frac{dt}{\tau_2}=-\frac{d\left[\left(\frac{\sigma_0^n}{E}\right)-\varepsilon\right]}{\frac{\sigma_0^n}{E}-\varepsilon}$$

积分后得

$$\varepsilon=\varepsilon_0 e^{-t/\tau_2}+\left(\frac{\sigma_0^n}{E}\right)\left[1-e^{-t/\tau_2}\right] \tag{5-43}$$

当粉末压制过程充分弛豫（即 $t\gg\tau_2$）时，$e^{-t/\tau_2}\to 0$，式（5-43）可简化为

$$\varepsilon = \frac{\sigma_0^n}{E} \tag{5-44}$$

$$\lg\varepsilon = n\lg\sigma_0 - \lg E \tag{5-45}$$

设粉末体在压制前的体积为 V_0，压坯体积为 V，相当于致密金属所占的体积为 V_m，压制前粉末体中孔隙体积为 V'_0，压坯中孔隙体积为 V'，实际上粉末在压制时的体积变化可用 V'_0-V' 来表征，致密金属所占的实际体积 V_m 没有变化或变化很小，所以只有孔隙体积发生了改变，可视为粉末在压制过程中所发生的应变。应用自然应变的概念，并用单位压制压力 p 代替恒应力 σ_0，可得

$$\lg\ln\frac{(\rho_m-\rho_0)\rho}{(\rho_m-\rho)\rho_0} = n\lg p - \lg M \tag{5-46}$$

式中，ρ 为压坯密度，单位为 g/cm³；ρ_0 为压坯原始密度（粉末充填密度），单位为 g/cm³；ρ_m 为致密金属密度，单位为 g/cm³；p 为单位压制压力，单位为 Pa；n 为硬化指数的倒数，$n=1$ 时，无硬化出现；M 为压制模量。

5.6 压坯密度对压坯强度的影响

粉末压制过程中的第二个问题是压坯强度问题。粉末压制时，压坯中的孔洞会降低有效压力载荷作用，因而随压坯横截面积的减小，压坯强度会随之降低。另外，压坯中的孔洞作为应力集中点，也是裂纹产生和扩展的起点。因而对于粉末压坯强度来说，期望能够获得仅低于全致密材料的强度值。

在粉末压制过程中还存在着压坯结构不均匀的问题，主要表现为粉末压坯开裂、分层、密度梯度分布、强度梯度分布以及加工性能差等缺陷和不足。粉末压坯强度随压坯密度发生变化。粉末材料的各种性质，如粒度分布、形貌及粉末间的摩擦因数是影响压坯强度的因素。润滑剂的加入及压制动作方式也会影响粉末压坯的性能。压坯强度与压坯相对密度的关系可以表述如下：

$$\sigma = C\sigma_0 f(\rho) \tag{5-47}$$

式中，σ 为压坯强度；C 为常数；σ_0 为全致密材料的强度；$f(\rho)$ 为与压坯密度相关的函数。

表 5-6 给出了一系列金属粉末压制时压坯强度与压坯密度的关系方程。

许多研究已经对 $f(\rho)$ 作了多种形式的分析，参见表 5-6。第一个近似方程表明，孔隙的存在直接减小了压坯的有效横截面积，因而 $f(\rho)$ 与压坯的相对密度相等。

然而，这种关系式忽略了压制行为的本质，即粉末间的接触区域实际上是构成压坯强度的因素。图 5-34 中的断裂行为表明，断裂是沿着粉末颗粒间的接触面进行的。因而，粉末颗粒间的接触面积和接触效果决定了粉末压坯的强度。对于尺寸大小一定的球形粉末来说，压坯强度与粉末颗粒的接触面积直接相关，而接触面积的大小则是由压坯密度决定的。通常，粉末压坯的强度随着压坯相对密度的变化而变化，因此有：

$$\sigma = C\sigma_0\rho^m \tag{5-48}$$

式中，C 为常数；$m \approx 6$。

表 5-6 金属粉末压制时压坯强度与压坯密度的关系方程式表

$$\sigma = A\rho^m - B$$
$$\sigma = A(\rho - \rho_0)/(1 - \rho_0)$$
$$\sigma = (A\rho + B)/(C - K\rho)$$
$$\sigma = A[(\rho - \rho_0)/(1 - \rho_0)]^2$$
$$\sigma = A\exp[K(\rho - 1)]$$
$$\sigma = A(1 - \rho)^{2/3}$$
$$\sigma = A - B(1 - \rho)^{2/3}$$
$$\sigma = A + B\rho^{2/3}$$
$$\sigma = (A + B\rho)\rho^{2/3}$$
$$\sigma = A(1 - \rho)^m \exp[K(\rho - 1)]$$
$$\sigma = A - B\exp(C\rho^m + K)$$

注：σ 为压坯强度，ρ 为压坯密度，ρ_0 为松装密度，A，B，C，K 和 m 为常数。

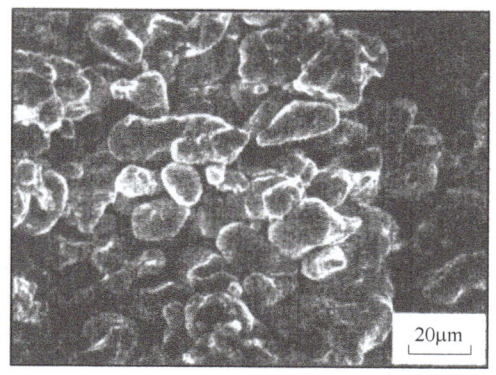

图 5-34 扫描电镜观察表明断裂发生在颗粒结合界面

在粉末压制过程中，增加粉末颗粒间的接触程度可以获得较高的压坯密度。由于粉末颗粒之间的啮合作用，增加粉末颗粒表面的粗糙度同样可以提高压坯强度。而且在压制压力一定时，减小粉末的粒度可以增加粉末颗粒间的接触面积，从而获得较高的压坯强度。另一方面，细颗粒粉末的压制性能是较差的，在使用细颗粒粉末进行压制时，为了促进粉末颗粒之间的冷焊效果，要求粉末颗粒表面要尽可能的光滑，没有氧化和夹杂。因此，润滑剂的加入通常会降低压坯强度，其在粉末颗粒之间形成的薄膜起到了负面作用。

5.7 压制压力对压坯强度的影响

上述讨论说明，压坯强度的提高依赖于压坯密度的提高，而压坯密度的提高又需要高的压制压力，这一强度-压力关系可以通过两种途径来实现。一种方法是将式（5-48）与表达孔隙度与压制压力的关系式 $\ln \dfrac{\varepsilon}{\varepsilon_0} = B - \theta p$ 建立联立方程，即可获得一个复杂的压坯强度与压力之间的关系模型。另外一种是由试验结果给出的简单关系方程，具体形式如下：

$$\sigma = \beta \sigma_0 p \qquad (5\text{-}49)$$

式中，σ_0 为全致密材料的强度；p 为压制压力；β 为与材料和粉末特性相关的常数。

随着压制压力的增加，压坯强度也不断增加。然而，在较高压制压力条件下，压坯强度提高的效果要低于式（5-49）所预计的数值。图 5-35 展示了在较高压制压力下水

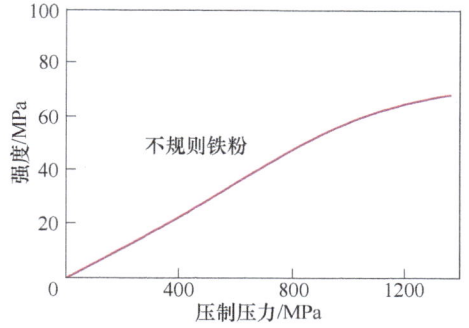

图 5-35 在较高压制压力下水雾化铁粉的强度与压制压力关系

雾化铁粉的压坯强度与压制压力的关系。对于铁粉来说，压制压力在小于1GPa之前，方程（5-49）所提供的强度-压力关系是有效的。

5.8 压坯密度的分布分析

5.8.1 压坯中密度分布的不均匀性

由于摩擦力的作用，压坯的密度分布在高度和横截面上是不均匀的。有学者研究过铁粉等压坯中密度和硬度的分布，压制后把压坯分成体积为 $1cm^3$ 的小立方体，然后测量密度和硬度。试验表明，密度和硬度的变化是类似的，如图 5-36 所示，图中压模直径为 $\phi72mm$，压制压力为 550~680MPa，图 5-36a 中粉末质量为 3kg，图 5-36b 中粉末质量为 1kg，左图为密度（g/cm^3），右图为硬度 HBW（×9.8MPa）。由图 5-36 可知，在与模冲相接触的压坯上层，密度和硬度都是从中心向边缘逐步增大的，顶部的边缘部分密度和硬度最大；在压坯的纵向层中，密度和硬度沿着压坯高度由上而下降低。但是，在靠近模壁的层中，由于外摩擦的作用，轴向压力的降低比压坯中心大得多，使压坯底部的边缘密度比中心密度低。因此，压坯下层的密度和硬度的分布状况和上层相反。

在压力 $P=700MPa$，凹模直径 $D=20mm$，高径比 $H/D=0.87$ 条件下，镍粉各部分的密度分布如图 5-37 所示。图 5-37 中所示的数据表明，靠近上模冲边缘部分的压坯密度最大，而靠近模底边缘部分的压坯密度最小。

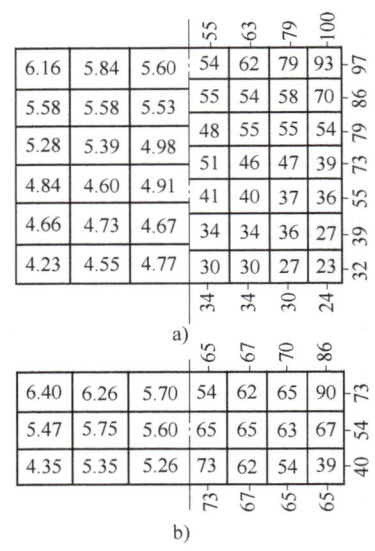

图 5-36 还原铁粉压坯中密度和硬度的分布状况

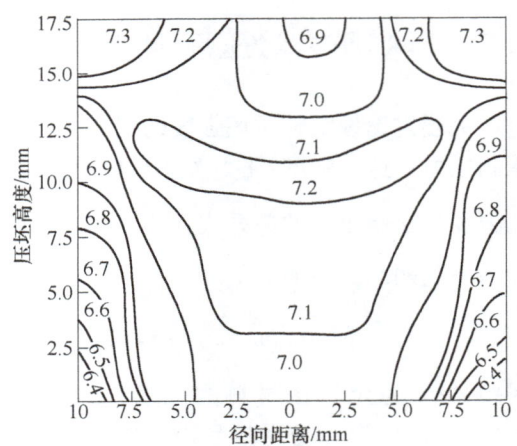

图 5-37 镍粉压坯的密度分布

5.8.2 影响压坯密度分布的因素

前面已经分析压制时所用的总压力为净压力与压力损失之和，而这种压力损失是在普通钢模压制过程中造成压坯密度分布不均的主要原因。实践证明，增加压坯的高度会使压坯各部分的密度差增加；而加大直径则会使密度分布更加均匀。即高径比越大，密度差别越大。为了减小密度差别，降低压坯的高径比是适宜的。因为高度减少之后压力沿高度的差异相对减少了，使密度分布得更加均匀。

采用模壁光洁程度很好的压模并在模壁上涂润滑油，能够减小外摩擦因数，改善压坯的密度分布。压坯中密度分布的不均匀性，在很大程度上可以用双向压制法来改善。在双向压制时，与模冲接触的两端密度较高，而中间部分的密度较低，如图5-38所示。电解铜粉压坯的密度分布情况如图5-39所示。

由图5-39可知，单向压制时，压坯中各截面平均密度沿高度方向直线下降（直线1）；在双向压制时，尽管压坯的中间部分有一密度较低的区域，但密度的分布状况已有了明显的改善（折线3）。

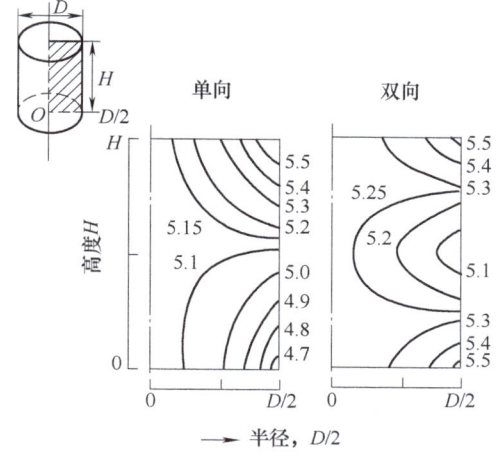

图5-38 单向压制与双向压制压坯密度沿高度方向的分布

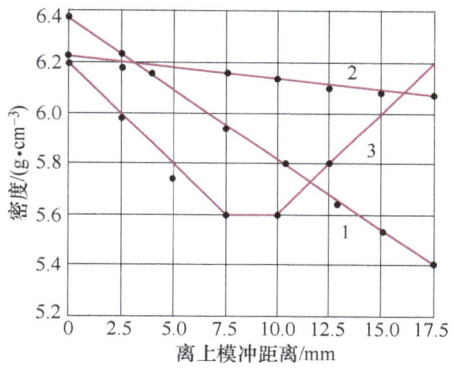

图5-39 电解铜粉压坯的密度沿高度的变化
1—单向压制 无润滑剂 2—单向压制，添加4%石墨粉 3—双向压制，无润滑剂

为了使压坯密度分布得更加均匀，除了采用润滑剂和双向压制外，还可采用利用摩擦力的压制方法。虽然外摩擦是密度分布不均的主要原因，但是许多情况下却可以利用粉末与压模零件之间的摩擦来减小这种密度分布的不均匀性。套筒类零件如汽车钢板销衬套、含油轴套、气门导管等，就是在带有浮动凹模或摩擦芯杆的压模中压制的。因为凹模或芯杆与压坯表面的相对位移可以引起与模壁或芯杆相接触的粉末层的移动，从而使得压坯密度沿高度方向分布得均匀一些，如图5-40所示。

用带摩擦芯杆的压模进行压制时，如只润滑可动芯杆，则出现压坯密度沿高度方向急剧

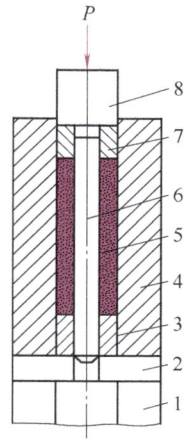

图5-40 带摩擦芯杆的压模
1—底座 2—垫板 3—下压环 4—凹模 5—压坯 6—芯杆 7—上压环 8—限制棒

降低的现象。这时,粉末由于与凹模壁的摩擦会引起压坯密度沿高度的降低,而经润滑后的芯杆因摩擦力极小不会引起粉末层的移动。

在压制横截面不同的复杂形状压坯时,必须保证整个压坯内的密度相同,否则在脱模过程中,密度不同的连接处就会由于应力的重新分布而产生断裂或分层。压坯密度的不均匀也将使烧结后的制品因收缩不一而急剧变形进而出现开裂或歪扭。

为了使具有复杂形状的横截面不同的压坯密度均匀,必须设计出不同动作的多模冲压模,并且应使它们的压缩比相等,如图 5-41 所示。

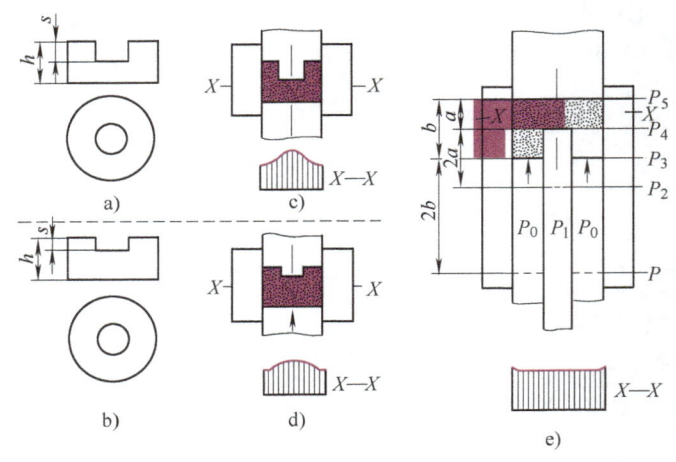

图 5-41 异性压坯的压制
a)、b) 单向压制 c)、d) 密度分布 e) 多模冲压制

为了使压坯密度分布尽可能均匀,生产上可以采取下列行之有效的措施:①压制前对粉末进行还原退火等预处理,消除粉末的加工硬化,减少杂质含量,提高粉末的压制性能。②加入适当的润滑剂或成形剂,如铁基零件的混合料中加硬脂酸锌、润滑油、硫等,硬质合金混合料中加入橡胶(石蜡)、汽油溶液或聚乙烯醇等塑料溶液等。③改进加压方式,根据压坯高度(H)和直径(D)或厚度(δ)的比值而设计不同类型的压模,当 $\frac{H}{D} \leq 1$,而 $\frac{H}{\delta} \leq 3$ 时,可采用单向压制;当 $\frac{H}{D} > 1$,而 $\frac{H}{\delta} > 3$ 时,则需采用双向压制;当 $\frac{H}{D}$ 为 4~10 时,需要采用带摩擦芯杆的压模或双向浮动压模、引下式压模等;当对压坯密度的均匀性要求很高时,则需等静压压制成形;对于很长的制品,则可以采用挤压或等静挤压成形。④改进模具构造或者适当变更压坯形状,使不同横截面的连接部位不出现急剧的转折;模具的硬度一般需要达到 58~63HRC;在粉末运动部位,模具的表面粗糙度应低于 $Ra0.3\mu m$,以便降低粉末与模壁的摩擦因数,减少压力损失,提高压坯的密度均匀性。

5.8.3 影响压制过程的因素

1. 粉末性能对压制过程的影响

(1) 金属粉末本身的硬度和可塑性 金属粉末的硬度和可塑性对压制过程的影响很大,软金属粉末比硬金属粉末易于压制,即为了得到某一密度的压坯,软金属粉末比硬金属粉末所需的压制压力要小得多。金属粉末的硬度与压制密度的关系见表 5-7。高硬度粉末难以在压制过程中获得较高的压坯密度，图 5-42 列举了四种不同硬度粉末的压力与压制密度关系曲线，其所用粉末的粒度分布都是 44~62μm，结果表明，在任何给定的压力条件下，粉末材料的硬度值越高，其所获得的压坯密度越低。因此，材料的屈服强度、粉末的硬度以及粉末的加工硬化行为等因素都不同程度地影响着粉末材料的压坯强度。在粉末压制性能提高的同时其压坯强度也得到了提高，就粉末粒度而言，在不提高压制压力的前提下，使用细粉的结构获得压坯强度较低的制品；在粉末形貌方面，使用形貌不规则的粉末很难获得较高的压坯密度，但是由于粉末间有较好的啮合效果，不规则粉末压坯却具有较高的压坯强度；而使用球形粉末的结果是获得高的压坯密度和较低的压坯强度。

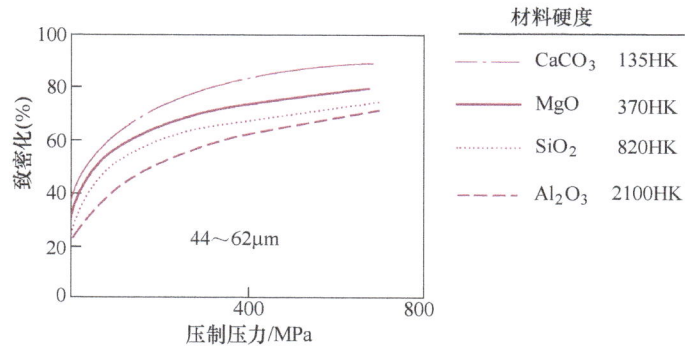

图 5-42 金属粉末的硬度与压制密度的关系

（2）金属粉末的摩擦性能　金属粉末的摩擦性能对压模的磨损影响很大，一般来说，压制硬金属粉末时模具的寿命较短。例如，压制银-氧化铜粉末混合料比压制铁制品零件对压模的磨损要小得多。而压制硬质合金粉末又比压制铁制品对压模的磨损要大，这是由于硬质合金粉末比铁粉硬度更大，更难于控制。为了保证得到合格的压坯和降低压模损耗，在压制时通常要添加润滑剂或成形剂。

表 5-7 金属粉末的硬度与压制密度的关系

金属粉末	松装密度/(g·cm⁻³)	硬 度		不同相对密度下的压制压力			
				80%		90%	
		HBW	标称单位	P/MPa	标称单位	P/MPa	标称单位
铅	3.98	35	1	0.25	1	0.631	1
锡	3.50	50	1.5	0.525	2.1	1.05	1.65
铜	3.51	490	14.5	2.25	9.0	3.80	6.0
铁	2.70	700	20.5	20.5	11.5	5.0	7.9

（3）粉末纯度（化学成分）的影响　粉末的纯度（化学成分）对压制过程有一定的影响，粉末纯度越高越容易压制。制造高密度零件时，粉末的化学成分对其成形性能影响非常大，因为杂质常以氧化物形态存在，而金属氧化物粉末多是硬而脆的，且存在于金属粉末表面，压制时使得粉末的压制阻力增加，压制性能变坏，并且使压坯的弹性后效增加，如果不使用润滑剂或成形剂来改善其压制性能，结果必然降低压坯

密度和强度。

(4) **粉末粒度及粒度组成的影响** 粉末的粒度及粒度组成不同时,在压制过程中的行为是不一致的。一般来说,粉末越细,流动性越差,在充填狭窄而深长的模腔时越困难,越容易形成搭桥。由于粉末较细,其松装密度就较低,在压模中的充填容积大,必然增加模腔高度尺寸。这样在压制过程中模冲的运动距离和粉末之间的内摩擦力都会增加,压制损失随之加大,影响压坯密度的均匀分布。

与形状相同的粗粉末相比,细粉末的压缩性较差,而成形性较好,这是由于细粉末颗粒间的接触点较多,接触面积增加的原因。对于球形粉末,在中等或大压力范围内,粉末颗粒大小对密度几乎没有什么影响。

非单一粒度组成的粉末压制性较好,因为这时小颗粒容易填充到大颗粒之间的孔隙中,因此,在压制非单一粒度组成的粉末时,压坯密度和强度增加,弹性后效减少,易于得到高密度的合格压坯。

粉末的粒度直接影响粉末颗粒间的摩擦效果、装填密度和孔隙尺寸。在较低压制压力下,大的孔隙比小的孔隙更容易塌陷,因此,粉末粒度越小越难于压制成形。同时,由于具有较大的位错滑移距离,大颗粒粉末可以延缓粉末颗粒加工硬化的发生,因而,大颗粒粉末具有较大的压缩比。具有内孔的海绵状粉末同样难于压制成形。因此,海绵状粉末在要求较高压制压力的同时,很难获得较高的压坯密度。另外,细粉、硬质粉末和海绵状粉末除了具有较大的弹性后效外,其压坯发生断裂的可能性也比较大。

(5) **粉末形状的影响** 粉末形状对压制过程及压坯质量都有一定的影响,具体反映在装填性能、压制性等方面。粉末形状对装填模腔的影响最大,表面平滑规则、接近球形的粉末流动性好,易于充填模腔,使压坯的密度分布均匀;而形状复杂的粉末充填困难,容易产生搭桥现象,使得压坯由于装粉不均匀而出现密度不均匀现象。这对于自动压制尤其重要,生产中所使用的粉末多是不规则形状的,为了改善粉末混合料的流动性,往往需要进行造粒处理。

粉末的形状对压制性能也有影响,不规则形状的粉末在压制过程中的接触面积比规则形状粉末大,压坯强度高,所以成形性好。例如,电解法粉末的成形性能比还原法、喷雾法粉末的成形性优越。

粉末形状对模具的磨损没有特别的影响。

(6) **粉末松装密度的影响** 粉末的松装密度是设计模具尺寸时所必须考虑的重要因素。松装密度小时,模具的高度及模冲的长度必须大,在压制高密度压坯时,如果压坯尺寸长,密度分布容易不均匀。但是,当松装密度小时,压制过程中粉末接触面积增大,压坯的强度高却是优点。松装密度大时,模具的高度及模冲的长度可以缩短,在压模的制作上较方便,也可节省原材料,并且,对于制造高密度压坯或长而大的制品有利。在实践中究竟使用多大的松装密度,需视具体情况来定。

(7) **材料及粉末组成的影响** 一些用于改善粉末压制性能的措施可能会降低粉末压坯的强度。粉末的强度越高,压制成形越难,图5-43给出了Ni、Cu、Fe及W粉末压坯的相对密度校准曲线,图中每种材料的压制曲线全部由该材料的屈服强度来校准。Cu是强度最低的材料,与其他材料相比,在各种压力条件下,Cu粉都可以获得最低的孔隙度。预合金化不锈钢粉末的加工硬化发生速度最快,其压坯的孔隙度也是最高的。在压制铁合金粉时也存在同样的问题。图5-44所示为在44MPa压力下，添加不同合金元素对铁合金粉末压坯性能的影响。碳元素的添加在有效提高铁合金粉末性能的同时也极大地降低了铁合金粉末的压制性能。与此相反，Cr的添加对铁合金粉的压制性能的影响相对而言小了许多。因此，对于预合金化粉末而言，可以通过添加单质合金元素的方法对其压制性能进行有效的改善。

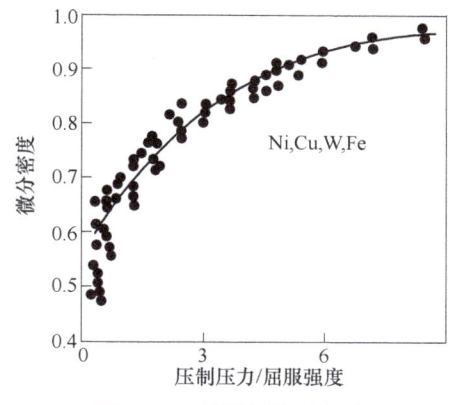

图5-43 材料屈服强度对粉末压坯密度的影响

采用混合单质元素粉末方式来制备合金或复合材料时，有利于压制过程。采用合金化的粉末将降低粉末的压制性能。当使用一软一硬两种粉末进行压制时，混合粉末的压制行为受硬质粉末接触程度好坏控制。硬质粉末之间的接触较少时，对混合粉末的压制性能影响较小，但是，一旦有足够的接触存在，硬质粉末会在模腔内形成一个连续的多孔骨架，并严重地降低混合粉末的压制性能，图5-45的例子说明了这一问题。在使用铅-钢混合粉末进行压制时，随着混合粉末中钢粉的体积分数从0增加到30%，粉末的压坯密度呈现出明显的下降趋势，而30%的钢粉含量正好是钢粉颗粒在混合粉末压制过程中形成刚性多孔骨架的含量。随着钢粉含量的继续增加，钢粉含量对压坯密度的影响程度明显下降。

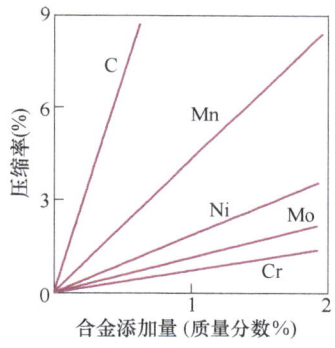

图5-44 添加不同合金元素对铁合金粉末压坯性能的影响

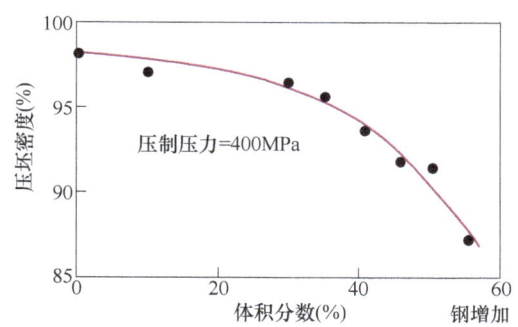

图5-45 铅-钢混合粉末的压坯密度曲线

2. 润滑剂和成形剂对压制过程的影响

金属粉末在压制时由于模壁和粉末之间、粉末和粉末之间产生摩擦出现压力损失，造成压力和密度分布不均匀，为了得到所需要的压坯密度，必然要使用更大的压力。因此，无论是从压坯的质量或是从设备的经济性来看，都希望尽量减少这种摩擦。

压制过程中减少摩擦的方法大致有两种：一种是采用较低表面粗糙度的模具或用硬质合金模代替工具钢模；另一种就是使用成形剂或润滑剂。成形剂是为了改善粉末成形性能而添加的物质，可以增加压坯的强度。润滑剂是为了降低粉末颗粒与模壁和模冲间的摩擦，改善密度分布，减少压模磨损和有利于脱模的一种添加物。

（1）润滑剂和成形剂的种类及选择原则　不同的金属粉末必须选用不同的物质作为润滑剂或成形剂。经常使用的润滑剂有硬脂酸、硬脂酸锌、硬脂酸钡、硬脂酸锂、硬脂酸钙、硬脂酸铝、硫黄、二硫化钼、石墨粉和润滑油等。硬质合金经常使用的成形剂有合成橡胶、石蜡、聚乙烯醇、乙二酯、松香等。粉末冶金用的润滑剂和成形剂一般应满足下列要求：

1）具有适当的黏性和良好的润滑性且易于和粉末料均匀混合。润滑剂的加入量还随压坯形状因素而变，如图5-46所示。由图中可知，润滑剂的加入量大致与形状因素成正比。

2）与粉末物料不发生化学反应，预烧或烧结时易于排除且不残留有害物质，所放出的气体对操作人员、炉子的发热元件和筑炉材料等没有损害作用。

3）对混合后的粉末松装密度和流动性影响不大，特殊情况（如挤压等）除外，其软化点应当高，以防止由于混料过程中温度升高而熔化。

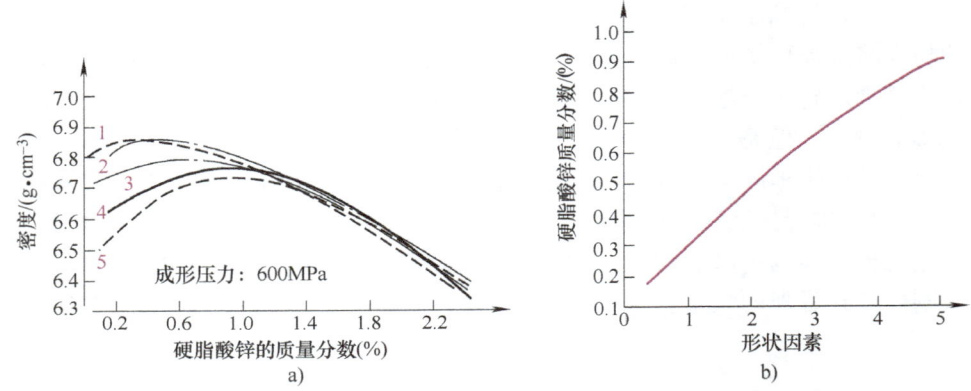

图 5-46　形状因素对润滑剂加入量的影响

形状因素：1—0.5；2—1.0；3—2.0；4—2.4；5—8.0

4）烧结后对产品性能和外观等没有不良影响。

（2）润滑剂和成形剂的用量及效果　大部分添加剂都是直接加入粉末混合料的，而且大都起着润滑剂的作用，这种润滑粉末的润滑剂虽然被广泛地采用，但也有下列不足之处：

1）降低了粉末本身的流动性。

2）润滑剂本身需占据一定的体积，实际上使得压坯密度减少，不利于制取高密度制品。

3）压制过程中金属粉末互相之间的接触程度因润滑剂的阻隔而降低，从而降低某些粉末压坯的强度。

4）润滑剂或成形剂必须在烧结前预烧除去，因而可能损伤烧结体的外观。此时排除的气体可能影响炉子的寿命，有时甚至污染空气。

5）当成形压力较低时，润滑粉末比润滑压模得到的压坯密度要高，然而在高成形压力时，情

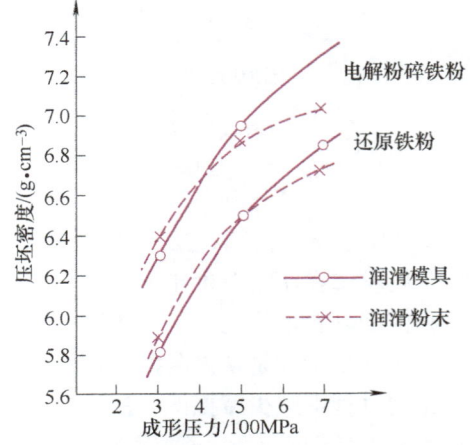

图 5-47　不同润滑方式对压坯密度的影响

况则相反，试验结果如图 5-47 所示。

(3) **润滑作用与脱模** 润滑剂的加入可以在加压和脱模过程中减小粉末与模壁之间的摩擦力，降低模具的损耗。图 5-48、图 5-49 所示为润滑剂硬脂酸锌的加入对铁粉的压坯密度和脱模压力的影响。通常，润滑剂对压坯密度和压制压力间有着多方面的影响。一方面，较低的润滑剂含量可以提高压坯密度，因为摩擦力的降低，使得粉末颗粒较易滑动。但是，随着压制压力的增加，润滑剂的含量应该适量地减少，因为润滑剂的存在会占据一定的体积空间，并在压制过程中阻碍粉末颗粒之间的接触，从而无法获得较高的压坯密度。另一方面，随着润滑剂含量的增加，脱模压力是不断减小的。实际上，对润滑剂加入量的选择就是在如何最大限度地降低摩擦力、减小载荷传递距离和如何实现最佳压坯性能之间的一种平衡。

在粉末压制成形过程中使用的润滑剂的类型是多种多样的。其中最为常见的是硬脂酸，一种低分子聚合物，从动物油脂中提炼而得，其分子式为 $CH_3-(CH_2)_{16}-CO_2H$。大多数硬脂酸盐的分子中都连接有金属氧化物离子，如 Zn、Li、Mg、Cu 等金属的氧化物，这使得硬脂酸盐具有一定的极性，使其能够较好地附着于金属粉末颗粒表面。在硬脂酸盐的使用过程中，其所含的金属成分会对粉末烧结制品造成污染，为此，石蜡成为一种较好的替代品，而石蜡的分子可以看作是由两个含有 N 和 C 的硬脂酸酯分子构成：

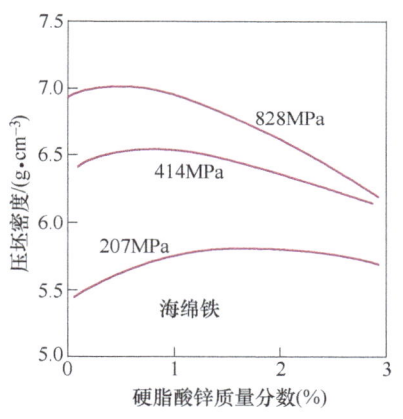

图 5-48 不同压制压力下，润滑剂添加量对压坯密度的影响

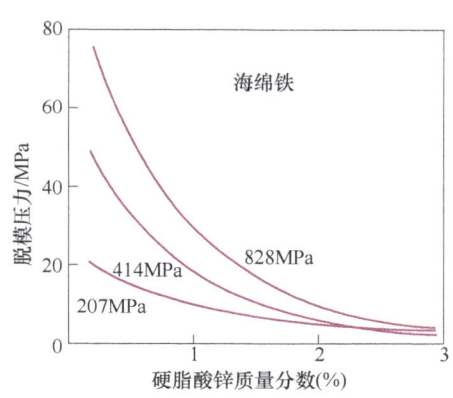

图 5-49 不同压制压力下，润滑剂对注射成形时脱模压力的影响

$$CH_3-(CH_2)_{16}-CO-NH-C=CH-NH-CO-(CH_2)_{16}-CH_3$$

通常在对杂质污染要求较高和较难压制成形的硬质材料的压制过程中使用石蜡。

具有较高压坯密度的粉末压坯，一般都具有较好的压坯性能。然而，随着压制压力的增加，粉末与模壁之间的自锁效应也不断增强，其脱模压力也随之增加，因此润滑剂的加入可以有效地降低脱模压力，减小对模具的磨损，延长模具的使用寿命。虽然如此，在脱模过程中产生的应力松弛现象会造成压坯的整体反弹，使压坯的实际尺寸要大于模壁、模腔的设计尺寸，这种弹性膨胀所造成的压坯尺寸变化量通常低于模具设计尺寸的 0.3%。另外，在脱模过程中，压坯中存在不同的应力应变差异，极易造成粉末压坯的破损，产生压坯分层和掉边、掉角等现象。为避免脱模过程中分层现象的发生，可以在脱模时对压坯施加一个不超过压制压力 1/3 的脱模压力来配合模具的脱模运动。脱模的最大应力值可由下式表述：

$$\sigma_{\mathrm{m}} = g\xi(1.27\xi + 1) \tag{5-50}$$

式中,系数 g 与压坯的外形尺寸相关,而 $z = \mu\xi H/D$。实际上,当 ξ 的值接近 0.1 时,分层现象就会出现。随着高径比的增加,脱模所用的 σ_{m} 值将会超出压坯的强度值,特别是采用单向压制方式压制大高径比的样品时,这种现象更为严重。

3. 压制方式对压制过程的影响

在压制过程中加压方式的不同,对压坯质量的影响也不同。下面仅就普通模压中的若干问题进行讨论,而有关特殊成形方法中的问题将在第 6 章中阐述。

(1) **加压方式的影响** 如前所述,在压制过程中由于存在压力损失,压坯中各处的受力不同导致密度分布出现不均匀现象,为了减少这种现象,可以采取双向压制及多向压制(等静压制)或者改变压模结构等措施,粉末压制过程中采用的加压类型对粉末的压制过程有着重要的影响。特别是当压坯的高径比较大时,单向压制会造成压坯一端的密度较高,并沿着压制方向形成一定的密度梯度。双向压制为粉末的压制提供了相对均匀的压力分布,可以获得压坯密度分布均匀的样品。对于高径比较小的样品来说,单向压制就足以满足要求了。但是在压坯的高径比较大的情况下,采用单向压制是不能保证产品的密度要求的。此时,上下密度差往往达到 0.1~0.5g/cm³,甚至更大,使产品出现严重的锥度。高而薄的圆筒压坯在成形时尤其要注意压坯的密度均匀问题。对于形状比较复杂的(带有台阶的)零件,压制成形时为了使各处的密度分布均匀,可采用组合模冲。

广泛采用的浮动凹模压制实际上就是利用双向压制来改善密度分布的方式之一。在粉末的压制过程中,压坯的高度是由粉末的装填量和压制压力的大小来确定的,因此为了控制压坯的最终高度,必须事先了解压坯要求的最终外形尺寸。如果压力的传递是通过由凸轮控制的机械压力机来实现的,那么压坯尺寸就成为一个主要的控制参数。由于机械压力机对模具行程的控制是相当精确的,因此任何粉末添装上的一点变化都会引起压坯密度的较大起伏。而采用液压机进行压制时,尽管压制的速度较慢,但是压坯的密度均匀性比较好。

(2) **加压保持时间的影响** 粉末在压制过程中,如果在某一特定压力下保持一定时间,往往可得到好的效果,这对于形状较复杂或体积较大的制品来说尤其重要。如在压制一个节圆直径 25mm、内径 12mm、齿数 8 的齿轮泵时,由于保压时间不同,压坯密度的差别如图 5-50 所示。又如,用 60MPa 压力压制铁粉时,不保压所得到的压坯密度为 5.65g/cm³,经 0.5min 保压后为 5.75g/cm³,而经 3min 保压后却达到 6.14g/cm³,压坯密度提高了 8.7%。

在压制 2kg 以上的硬质合金顶锤等大型制品时,为了使孔隙中的空气尽量逸出,保证压坯不出现裂纹等缺陷,保压时间有时长达 2min 以上。原因为:①使压力传递得充分,有利于压坯中各部分的密度分布;②使粉末体孔隙中的空气有足够的时间从模壁和模冲或者模冲和芯棒之间的缝隙逸出;③给粉末之间的机械啮合和变形以时间,有利于应变弛豫的进行。

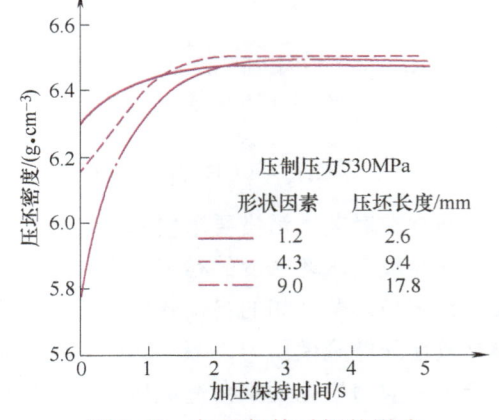

图 5-50 加压保持时间的影响

5.9 模具与压坯设计

5.9.1 模具设计

模具设计的基本要求不但应使模具具有较长的使用寿命，压制的产品还要具有较好的质量稳定性。为了延长模具的使用寿命，必须想办法来减少工作过程中磨损的发生。模具材料方面，由于工具钢的硬度较低，因而用工具钢加工出的模具的使用寿命比较短，在大规模工业生产中，采用硬度较高的金属陶瓷硬质合金材料制造模具可使模具的使用寿命得到大幅度提高。制造近净成形零部件产品是粉末冶金技术的重要特点，因而，为了获得符合技术要求的粉末冶金产品，就必须严格地控制模具的结构和尺寸精度。在考虑到压制压力受模具形状结构和模具材料限制的同时，还必须注意模冲的下压量、行程以及产品结构控制和模具表面粗糙度等问题。

在设计具有复杂动作的模具时，必须考虑到所压制粉末的特性以及所制备产品的结构要求，设计模具时还可以加入一些特殊的动作设计，如采用过量装填工艺，在上模冲进入模腔之前排除多余的粉料，这样可以获得性能较好的压坯，这种方法特别适用于用流动性较差的粉末压制小型零件的生产。与此相反，粉料的欠量装填工艺，可以用于具有结构复杂和易损上模冲的压制工艺中，欠量装填工艺可使外侧的模冲（特别是薄壁模冲）因得到模腔内壁的支撑而不易损坏。

通常，当粉末压坯具有较为复杂的形状结构时，如多台阶结构压坯或沿压制方向的厚度较大的压坯，为了满足压坯外形尺寸的要求，必须独立控制模冲的各个动作行程。例如，就图 5-51 中给出的双台阶压坯来说，如果下模冲设计为整体结构，会引起两个台阶部分的粉末分别承受不同的下压量，从而导致压坯密度的不均匀分布。压坯的密度 ρ_G 与松装密度 ρ_A、填充高度 H_0 以及下压量 H 密切相关，具体的关系为

$$\rho_G = \rho_A H_0 / H \tag{5-51}$$

下压量也可用填充高度 H_0 与高度变量 ΔH 之差来表示，即

$$H = H_0 - \Delta H \tag{5-52}$$

下压量的大小随着上下模冲之间的距离的变化而变化，因而可以得到压坯密度与上下模冲空间位置变化之间的简单关系，即

$$\rho_G = \frac{\rho_A H_0}{(H_0 - \Delta H)} \tag{5-53}$$

对于图 5-51a 中的两个图来说，模腔内的两个台阶部分具有不同的高度，由于下模冲是整体结构件，对于两部分来说，模冲的冲程和 ΔH 值是一样的，因而造成高低台阶两部分的压制密度不一致，矮台阶部分的密度明显高于高台阶部分的密度。如果将下模冲设计为分体结构，配合左右下模冲的独立控制运动就可以为高低两个台阶部分提供同样的压缩比，从而使压坯获得较为均匀的密度分布。

实际上，在压制多台阶结构件时，需要独立控制各个模冲的行程。自动化程度较高的压

力机还可以引入计算机来对各个模冲的行程进行精确控制。图 5-52 展示了压制双台阶齿轮的复杂工艺过程。图中，下模冲由芯杆以及内外两个套筒组成，上模冲中间留有一个孔以配合芯杆的运动。中间的图形描述了模具各个部分在压制过程中的配合情况。显而易见，压制多台阶结构零部件是一项复杂的工作，需要独立控制的压制动作较多，对模具的制造费用和制造精度要求也比较高。

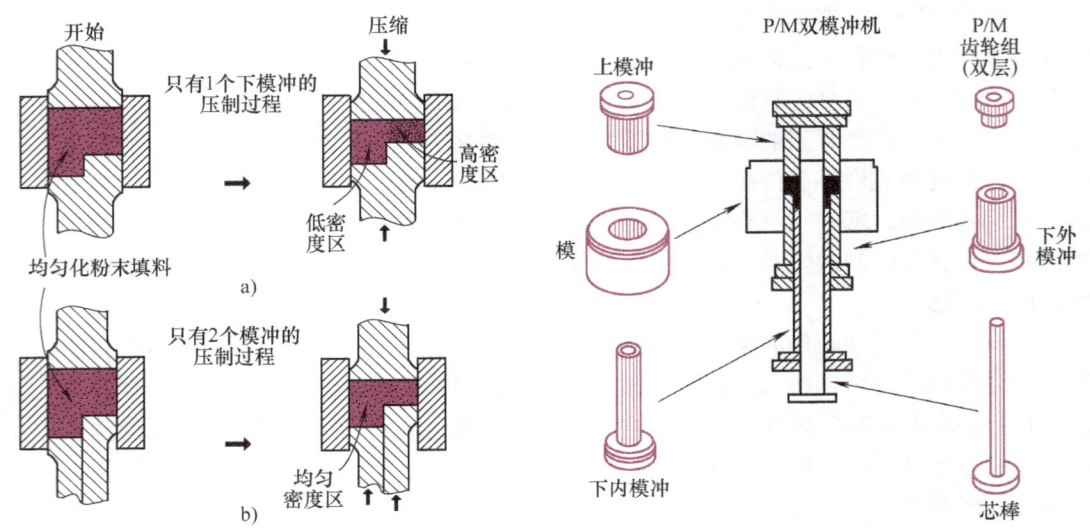

图 5-51　采用整体式和分体式下模冲结构压制双台阶结构

图 5-52　压制双台阶齿轮的复杂工艺过程

5.9.2　压制工艺设计

合理而实用的压制工艺设计和模具设计工作需要工程技术人员具有较为丰富的经验和坚实的理论基础。在设计工作中，必须详细了解各种粉末的性能、产品的性能以及产品的尺寸公差要求。优质的模具不仅要求其具有较长的使用寿命、较低的磨损量，而且还希望其能够在满足尺寸精度要求的前提下，可以在较高的压制压力（有时高达 700MPa）下工作，因而，在压制工艺设计中，对模具设计的要求是非常高的。在产品精度要求方面，目前多数粉末冶金制品允许的尺寸误差为 -0.07~0.07mm，但有些特殊制品对尺寸误差要求较高，有时可达 -0.01~0.01mm。

为确保产品的均匀性和尺寸精度，在产品和模具设计中必须遵循以下原则：①在模具轴向上尽量采用简单的结构设计；②尽管产品的几何形状较为复杂，但是要力争设计出结构最简单的模具；③设计模具时要尽量保证粉末较为容易地填充整个模腔和易于脱模；④对于不适合用同轴压制工艺生产的产品要尽量采用诸如等静压压制或分体式模压等工艺；⑤为了避免模具的开裂，要仔细考虑模具的强度，避免使用薄壁模具；⑥模具的模壁和上下模冲要尽量采用平滑设计。

问题与习题

1. 松装密度为 2.4g/cm³（理论密度为 8.9g/cm³）的铜粉成形后，压坯孔隙度为 20%，润滑剂最大量为 20%（体积分数），问若用硬脂酸作为润滑剂，能加入的最大量为多少？

2. 不锈钢粉松装密度为 $2.7g/cm^3$，压坯密度为 $6.5g/cm^3$，问压缩比是多少？当压坯高度为 4cm 时，粉末装填高度是多少？

3. 简述一种维持压坯密度不变、压坯强度提高的方法。

4. 一长方体压坯，尺寸分别为 20cm、1cm 和 0.2cm，为得到最佳压制性能，请画出模具简图并指出压制方向。

5. 球形粉末往往表现出较低的压坯强度，解释其原因并提出改进压坯强度的粉末处理方法。

6. 一粉末与黏结剂的混合体，黏度为 $50Pa \cdot s$，在 150℃，模压成形为长 32mm、宽 12mm、厚 6mm 的状压坯，如果最大填充时间为 0.2s，问最大脱模压力为多少？

7. 分别由合金钢粉和铁混合粉末成形时，哪种粉末易于成形？（其他条件相同）

8. 质量分数为 98% 的 Fe 粉与质量分数为 2% 的 Ni 粉（经由添加密度为 $0.95g/cm^3$ 的硬脂酸混合后）相对密度为 65%，Fe、Ni 和黏结剂的量各为多少？

9. 试述压坯中密度分布不均匀的状况及其产生的原因是什么。

10. 采用亚微米粉末模压成形，脱模后发现有分层裂纹，试分析其原因，改变何种粉末性质可以防止分层性裂纹？

11. 一具有两个台阶的压坯投影尺寸为 $25mm \times 25mm$，厚度分别为 1.2mm 和 12mm，如果使用模具压制成形，粉末相对密度为 52%，压制密度要达到 94% 的理论密度，问装粉高度应为多少？相对运动多大才能确保密度均一？该产品可用成形方法制备吗？

12. 如果要获得均一的密度分布，在压制多平台的产品时，可能会出现什么问题，该如何解决？

13. 由于空气的存在，压坯在压制过程中内部会产生压力，在压坯相对密度达到 75% 以前，随着压制压力的增加，这种压力也呈线形增加，试问在脱模过程中，内部压力是否会导致压坯产生裂纹？解释其原因。

14. 空气雾化粉末在相对较低的压力下即可实现较高的压坯密度和强度，如在 280MPa 的压制压力下，压坯密度可达到 90%，试讨论如果粉末外表形成一层氧化膜对压坯的密度、强度有何影响。

15. 对于直径为 5um 的钼粉，粉末与压模的摩擦因数 0.3，压坯高径比 0.5，压制成直径为 1cm，最终压坯高度为 2cm 的压坯，粉末松装密度 $2.8g/cm^3$，理论密度 $10.2g/cm^3$，压制压力 500MPa：

（1）画出单向压制时压坯沿高度方向的密度分布曲线；

（2）画出双向压制时压坯沿高度方向的密度分布曲线；

（3）画出单向压制时压坯沿高度方向的强度分布曲线。

16. 将 -200 目的不规则铜粉压制成压坯，分析压坯性能与压制压力的关系：

（1）选择一数学模型使其满足下表中压坯密度与压制压力之间的关系，并描绘压力-密度曲线；

（2）分析粉末原料特性对控制压制效果有何影响。

压力/MPa	密度（%）	强度/MPa
100	63	4.2
200	74	17.8
300	81	24.5
400	86	33.9
500	89	41.1
600	91	45.9
700	92	50.3
800	92.7	53.5

参 考 文 献

[1] 阮建明. 生物材料学 [M]. 北京：科学出版社，2004.
[2] 关绍康. 材料成形基础 [M]. 长沙：中南大学出版社，2009.
[3] 熊春林. 粉体材料成形设备与模具设计 [M]. 北京：化学工业出版社，2007.
[4] Bortzmeyer D. Fracture Mechanics of Green Products [J]. J Erop. Ceramic Soc.，1993，91（9）.
[5] Carrol M M, Kim K T. Pressure-Density Equations for Porous Metals and Metal Powders [J]. Powder Met.，1984，27：153.
[6] Easterling K E, Tholen A R. The Role of Surface Energy and Powder Geometry in Powder Compaction [J]. Powder Met.，1973，11（6）：112.
[7] Fischmeister H F, Arzt E. Densification of Powders by Particle Deformation [J]. Powder Met.，1983，1（26）：82.
[8] Khoei A R, et al. Simulation of Contact Friction in Powder Compaction [J]. Metal Powder Report，2008，29（6）：1199.
[9] Kim K T, et al. Densification of Iron Powder by Cold Stepped Compaction [J]. Metal Powder Report，2007，452：359.
[10] Wu Y C, et al. Simulation of Effect of Three Axial Compaction on Properties of PM Products [J]. Metal Powder Report，2008，21（2）：115.
[11] Kondo M. High Accuracy High Density Powder Compaction Technology [J]. Metal Powder Report，2007，54（7）：506.
[12] Lapovok R, et al. Shear Deformation With Hydrostatic Pressure for Enhanced Compaction of Powder [J]. Metal Powder Report，2008，58（10）：898.
[13] Lee S C, Kim K T. Densification of Nanocrystalline Titania during Cold Compaction [J]. Metal Powder Report，2008，86（1）：96.
[14] Petzoldt F, Campos M, Torralba J M. High-Density Inconel 718：Three-Dimensional Printing Coupled with Hot Isostatic Pressing [J]. Intern. J. Powder Metallurgy，2008，44（1）：48.
[15] Lin H, et al. Plastic Deformation and Yield Criterion for Compressible Sintered Powder Materials [J]. J. Mater. Process. Technol.，2006，180（1-3）：174.

第6章 特殊成形技术

随着粉末冶金制品对工业和科学发展的影响日益增加,对粉末冶金材料性能以及制品尺寸和形状提出了更高的要求。所以,人们除了不断改进钢模压制法外,还研究了各种非钢模压制成形法。这些成形法按其工作原理和特点分为等静压成形、连续成形、无压成形、注射成形、高能成形等,统称特殊成形。

6.1 等静压成形

6.1.1 等静压压制的基本原理

等静压压制是伴随现代粉末冶金技术兴起而发展起来的一种新的成形方法。通常,等静压成形按其特性分为冷等静压和热等静压。前者常用水或油作为压力介质,故有液静压、水静压或油水静压之称;后者常用气体(如氩气)作为压力介质,故有气体热等静压之称。

等静压压制法与一般的钢模压制法相比有下列优点:①能够压制具有凹形、空心等复杂形状的压件;②压制时,粉末体与弹性模具的相对移动很小,所以摩擦损耗也很小,单位压制压力比钢模压制法低;③能够压制各种金属粉末及非金属粉末,压制坯件密度分布均匀,对难熔金属粉末及其化合物尤为有效;④压坯强度较高,便于加工和运输;⑤模具材料是橡胶和塑料,成本较低廉;⑥能在较低的温度下制得接近完全致密的材料。

应当指出,等静压压制法也具有缺点:①对压坯尺寸精度的控制和压坯表面的光洁程度都比钢模压制法低;②尽管采用干袋式或集体湿袋式的等静压压制,生产效率有所提高,但一般来说,生产率仍低于自动钢模压制法;③所用橡胶或塑料模具的使用寿命比金属模具要短得多。

等静压压制过程可由几个工序构成:借助高压泵的作用把流体介质(气体或液体)压入耐高压的钢质密封容器内(图6-1),高压流体的静压力直接作用在弹性模套内的粉末上;在同一时间内粉末在各个方向上均衡地受压而获得密度分布均匀和强度较高的压坯。下面将按照上述次序,讨论压力与密度分布的关系。

(1)压力分布与摩擦力对压坯密度分布的影响 根据流体力学的原理,压力泵压入钢筒密闭容器内的流体介质,其压强大小不变并均匀地向各个方向传递。在该密闭容器内放置的物体同样受输入流体介质的压缩,其力的大小在各个方向是一致的。在钢模压制过程中,无论是单向压制还是双向压制都会出现压块密度分布不均的现象。图6-2

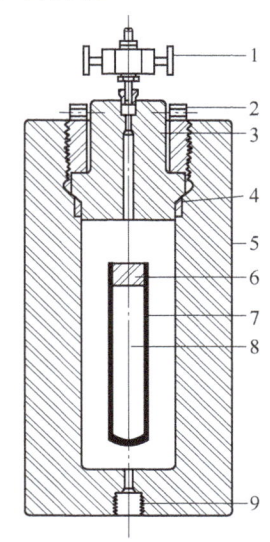

图 6-1 等静压制原理图

1—排气阀 2—压紧螺母 3—盖顶
4—密封圈 5—高压容器 6—橡皮塞
7—模套 8—压制料 9—压力介质入口

是单向和双向压制的压坯密度分布示意图。产生压坯密度不均匀的主要原因是粉末颗粒与钢模壁之间摩擦而引起压制压力沿压制方向的下降（即压力损失）。可是在等静压压制过程中则恰好相反，流体介质传递压力是各向相等的，弹性模套本身受压缩的变形与粉末颗粒受的压缩大体上是一致的。弹性模套与接触粉末之间不会产生明显的相对运动，实际上它们之间的摩擦力很小。压制时，由于各个方向压力相等，静摩擦力在压坯的纵断面上任一点都应相等，压坯密度分布沿纵断面是均匀的。但是沿压坯同一横向断面上，由于粉末颗粒间内摩擦力的影响，压坯的密度从外往内逐渐降低。等静压压制的直径为80mm的圆钼棒，其表层密度和心部直径20mm处的密度变化值为1.5%。图6-3所示为等静压下不同直径压坯的密度分布，由图中可以看出铜粉与铁粉在不同的等静压力下压制的圆盘压坯直径与横截面密度的变化关系。可以看出，横截面的密度分布从圆心向外是逐渐增加的，但变化不大。

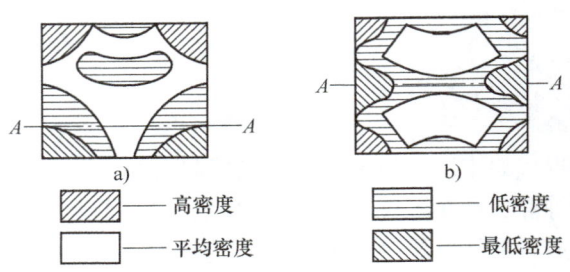

图6-2 单向和双向压制的压坯密度分布示意图
a) 单向压制 b) 双向压制

(2) 压制压力与压坯密度的关系　通常，粉末在钢模压制时常用图6-4所示的曲线定性地描述压制压力与压坯密度的关系。

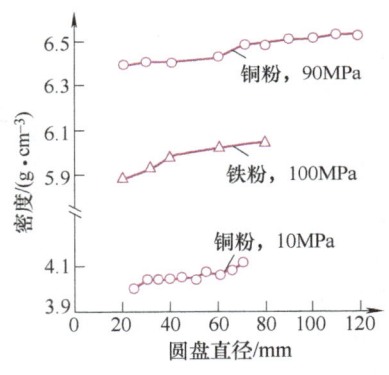

图6-3 在等静压下不同直径压坯的密度分布

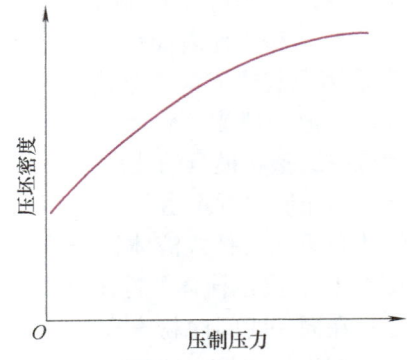

图6-4 压制压力与压坯密度关系

粉末在等静压力压制时，压制压力与压坯密度的变化关系可用黄培云的压制双对数方程来表示。例如用铜、钨、锡等金属粉末在实验型冷等静压机上进行压制，实验结果同理论推导的压制双对数方程的计算相吻合。这表明黄培云的压制双对数方程对软硬金属粉末都具有较大的适应性。图6-5和图6-6所示为压制压力为450MPa时，压制铜粉和钨粉的理论计算值与试验验证数据。

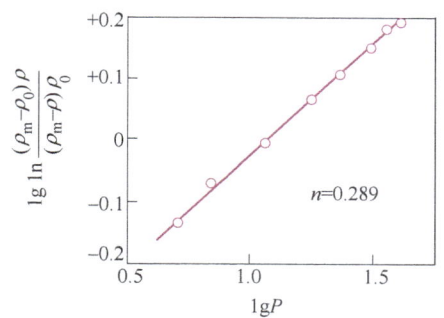
图 6-5　铜粉水静压制数据的双对数方程图

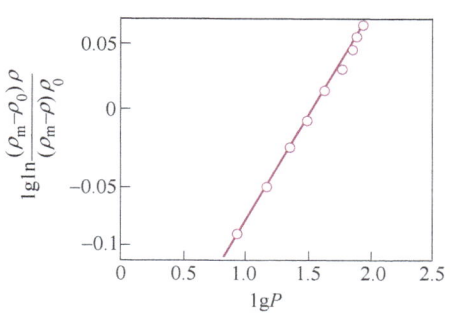
图 6-6　细钨粉水静压制数据的双对数方程图

6.1.2　冷等静压压制

冷等静压压制按粉料装模及其受压形式可分为湿袋式模具压制和干袋式模具压制。

1. 湿袋式模具压制

这一过程的压制装置如图 6-7 所示。把无需外力支持也能保持一定形状的薄壁软模 6 装入粉末料 8，用橡皮塞 5 塞紧密封袋口，然后套装入穿孔金属套 7，一起放入高压容器 9 中，使模袋浸泡在液体压力介质中，经受高压泵注入的高压液体压制。湿袋式模具压制的优点：能在同一压力容器内同时压制各种形状的压件；模具寿命长、成本低。湿袋式模具压制的主要缺点是：装袋脱模过程中消耗时间较多，难以实现装袋脱模过程自动化。

除了图 6-7 所示的湿袋式模具压制装置外，还有一种液压钢模等静压装置（图 6-8）也能进行湿袋模压。把高压容器 8 放置在大吨位压力机的工作台面上，压力机的上冲头将压力施加到高压容器的盖板，通过密封圈 7 与活塞 2 传递给容器内的液体 5，借以产生较大的静压力压缩模袋 6，从而把压力均匀地传递给模袋 6 中的粉末料 3 使其成形。活塞与容器之间的靠压盖与活塞之间的弹性密封垫圈（塑料或软金属）受压膨胀而将容器密封。

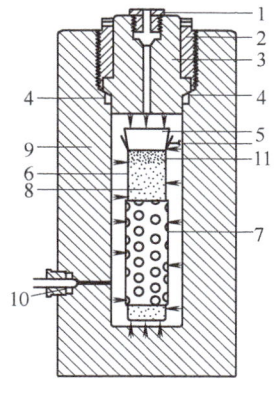

图 6-7　湿袋式模具压制
1—排气塞　2—压紧螺母　3—压力塞　4—金属密封圈
5—橡皮塞　6—软模　7—穿孔金属套　8—粉末料
9—高压容器　10—高压液体　11—棉花

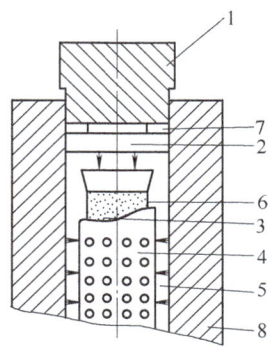

图 6-8　液压钢模湿袋式模具压制
1—压盖　2—活塞　3—粉末料　4—穿孔金属套
5—液压介质　6—模袋　7—密封圈　8—高压容器

2. 干袋式模具压制

干袋式模具压制方式如图 6-9 所示。干袋 8 固定在筒体 3 内，模具外层衬以穿孔金属护套板 7，粉末装入模袋内靠上层封盖密封。高压泵将液体介质输入容器内产生压力使软模内粉末均匀受压。压力除去后即从模袋中取出压坯，模袋仍然留在容器内供下次装料用。

干袋式模具压制的特点是生产率高，易于实现自动化，模具寿命较长，自动干袋模具压制生产率已达 10~15 个/min。直径较大的制品如直径为 ϕ150mm 的压制件的生产率达 300 件/h。

软模压制是一种在液压机上进行的特殊式压制，如图 6-10 所示。根据等静压压制原理，采用一种像流体一样的软质材料作模具。压形时，将粉料 5 装入塑料软模 4 内，然后将它装入钢模筒 2 内，就按一般钢模压制那样在普通压力机上进行压制。压制压力是由压力机冲头施加到钢模上冲，压缩装袋软模传递给粉末的。由于软模具材料具有流体般的特性，能使模内粉末均匀受压缩成形。受压完毕，卸去压力即可从钢模中的软模袋内取出压块。

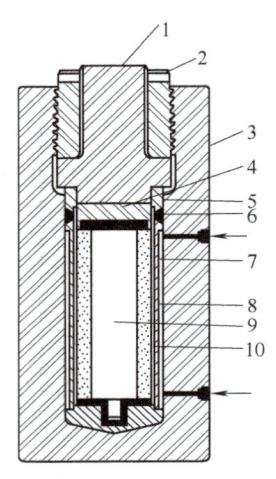

图 6-9　干袋式模具压制方式

1—上顶盖　2—螺栓　3—筒体　4—上垫
5—密封垫　6—密封圈　7—套板　8—干袋
9—模芯　10—粉末

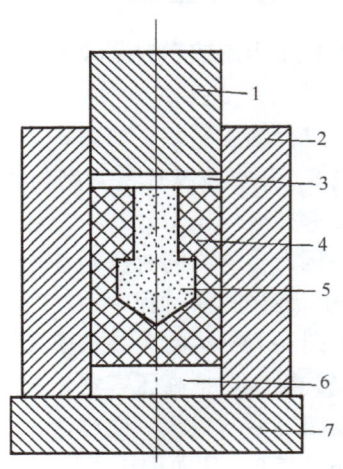

图 6-10　软模压制成形

1—钢模冲头　2—钢模筒　3—塑料垫片　4—塑料软模
5—粉料　6—下塑料垫片　7—钢模下垫

软模成形工艺过程的原理实质上与干袋式模具等静压制过程的原理一样，所不同的是软模起了模具和液体介质传压的作用。压坯的形状和尺寸的准确性取决于软模的结构和质量。通常采用聚氯乙烯塑料作为软模材料。加工模具所采用的弹性物有天然橡胶或合成橡胶（如氯丁橡胶、硅氯丁橡胶、聚氯乙烯、聚丙烯、聚氨基甲酸酯等）。这些材料中，天然橡胶和氯丁橡胶被广泛用于加工成湿袋式压制模具，而聚氨基甲酸酯、聚氯乙烯适于加工成干袋式压制模具。某些弹塑性材料的性质见表 6-1。

表 6-1　某些弹塑性材料的性质

名　称	硬度范围（HS）	室温拉伸强度/MPa	室温下延伸率（%）
天然橡胶	20~100	7~28	100~700
硅橡胶	20~100	3.4~8.2	50~800
聚丁二烯	30~100	7~21	100~700

(续)

名　称	硬度范围（HS）	室温拉伸强度/MPa	室温下延伸率（%）
聚异戊二烯	20~100	7~28	100~750
聚氯丁烯	20~90	7~28	100~700
聚异丁烯	30~100	7~22	100~700
聚氨基甲酸酯	62~95	7~57	100~700
聚氯乙烯	65~72	12~18	270

国内目前制作模具通用的一个典型配方是：聚氯乙烯树脂 100 份（质量）；苯二甲酸二辛酯（或苯二甲酸二丁酯）100 份；三盐基硫酸铅 3~5 份；硬脂酸 0.3 份。软模制作的工艺程序如下：先将三盐基硫酸铅、硬脂酸、聚氯乙烯树脂等粉末混合均匀，然后将混合料倒入苯二甲酸二辛酯（或苯二甲酸二丁酯）的溶液中搅拌成料浆，再将金属凹模或凸模置于电烘箱中预热至 140~170℃。根据凹模（或凸模）的尺寸来确定预热时间，一般小型模具的预热恒温时间为 3~5min，大件的预热恒温时间可扩大到 20~30min。然后，把料浆倒入凹模芯中或把凸模浸入料浆中进行搪塑或浸渍至所需要的厚度。若塑料层太薄，可把金属模具再放入电烘箱中加热至 160℃，进行第二次浸渍。随后，将黏附了料浆的金属模芯放入电烘箱内，在 160~180℃温度下保温 1~1.5h 进行塑化处理，塑化完成后取出放入冷水中冷却，冷却后随即从水中取出，将塑料模从金属模具上剥下来供使用。

6.1.3　冷等静压成形工艺

冷等静压工艺采用柔性模具装填粉末，用水或油作为压力传递介质，对模具施加各向均等的压力，其压力值可高达 1400MPa，但通常使用的压制压力不高于 350MPa。橡胶包套模可以设计成各种复杂的形状，考虑到压坯和软包套的收缩，包套模的设计多采用盈余尺寸设计。在图 6-11 所示的湿袋工艺中，装满粉末并密封的包套模被浸泡于充满液体的压室中，封闭压室后通过外部的液压装置对包套施加压力，压制完成后，将包套从压室中取出，解除包套密封后可获得均匀压制的压坯。干袋压制工艺的操作速度要比湿袋工艺快得多，因为，干袋工艺的包套是直接建立在压室中的，装粉、压制、出模等过程都不需要移动包套。干袋工艺通过上模冲直接插入包套内部来实现密封，之后经过液压装置施加压力即可完成干袋等静压压制过程。

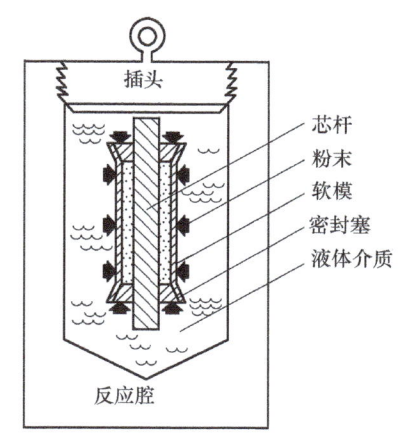

图 6-11　冷等静压湿袋工艺

利用等静压压制工艺压制金属粉末可以制备出外形尺寸较大、密度分布均匀的粉末压坯。与刚模压制相比，可以在相同的压力条件下获得具有更高压坯密度的样品。同时，等静压压制还允许制品具有较为复杂的外形结构，但是，其尺寸精度和制造效率较低。由于等静压制工艺使用软包套模承装粉末，为了保持软包套不变形，可采用多孔硬质套筒来固定软包套。此外良好的密封可以防止压制过程中漏油。由等静压压制工艺的特点可知，对那些模压工艺难以加工的具有较大长径比的管状结构零件，等静压压制工艺再合适不过，并且，等静压工艺在提供均匀压力的同时也为压坯提供了均匀的密度分布。

6.1.4 热等静压成形

热等静压是在一个内部加热的压力容器中对装满粉末的压模进行致密化压制成形，采用柔性压模从而实现各向同性的压制。热等静压工艺首要控制因素是压力、温度和时间。图 6-12 所示为热等静压工艺流程原理图。采用一种不透气的密封容器使疏松粉末成形，任何在致密化温度下可以变形的材料都可用来制作压模。根据最高使用温度的不同，常用的制模材料包括玻璃、钢、不锈钢、钛等。在热等静压之前，已

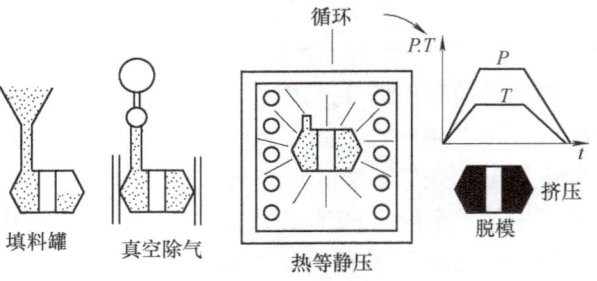

图 6-12 热等静压的工艺流程原理图

填充粉末的压模先要经过加热和真空抽气处理，这样可除去压模内的挥发性杂质。经过长时间的除气后再把容器密封。如果粉末的除气过程进行得不彻底，那么当粉末被置于高温环境时，那些藏有气体的位置形成孔隙，从而导致在最后的等静压产品中产生多孔结构。

热等静压通常使用高压气体，如 Ar 或 N_2，来对粉末进行压制，并把气体所带的热量传递给粉末，使粉末致密化。由于加压过程进行得很慢，所以粉末压坯的应变速率较低。热等静压所使用的温度可达 2200℃，压力可达 200MPa。经热等静压处理后，把压坯取出，并把容器从致密化压坯上剥下来。许多航空用合金（Ni 基超合金，Ti 和 Al）、化合物和工具钢都可通过热等静压工艺来生产。对于那些有全致密化要求，并且需要具备各向同性的大型构件的生产，使用热等静压工艺最合适。

1. 热等静压

把粉末压坯或把装入特制容器内的粉末体（称粉末包套）置于热等静压机高压容器中，如图 6-13 所示施以高温和高压，使这些粉末体被压制和烧结成致密的零件或材料。粉末体（粉末压坯或包套内的粉末）在等静压高压容器内经受高温和高压的联合作用，强化了压制与烧结过程，降低了制品的烧结温度，改善了制品的晶粒结构，消除了材料内部颗粒间的缺陷和孔隙，提高了材料的致密度和强度。

热等静压是消除制品内部残存微量孔隙和提高制品相对密度的有效方法。目前已有许多金属粉末或非金属粉末采用热等静压法获得接近理论密度值的制品和材料。热等静压工艺得到的一些材料的密度值见表 6-2。

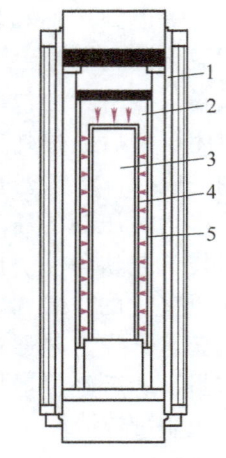

图 6-13 热等静压制原理
1—压力容器 2—气体压力介质
3—压坯 4—包套
5—加热炉

表 6-2 热等静压制工艺得到的一些材料的密度值

名 称	压制温度/℃	压制压力/MPa	相对密度（%）
铍（Be）	760~780	70~105	99.80
钼（Mo）	1350	100	99.90
工具钢	1100~1150	100	99.99~100
硬质合金（YG10）	1245~1360	100~150	99.9~99.999
Al_2O_3	1350	100	99.99
ZrC	1350	100	99.95
SiN	1700~1800	100	99.99

热等静压法与热压法压制一些材料的密度值的比较见表 6-3。从表中可看出，热等静压法制取的制品密度比热压法要高，尤其在压制难熔金属如钼时，差别更为明显。同一材料的热等静压法压制温度比热压法低，例如难熔金属及其化合物的热等静压制温度通常为其熔点的一半，而热压法为其熔点的 70%。考虑到低的压制温度有利于获得细晶粒的合金材料（如粉末高速钢），有利于制取一般方法难以制取的熔点相差悬殊的层叠复合材料，所以，热等静压材料性能普遍高于热压法制取的材料性能。

表 6-3 热等静压法与热压法压制制品密度比较

材 料	压制温度/℃		压制压力/MPa		相对密度（%）	
	热等静压法	热压法	热等静压法	热压法	热等静压法	热压法
铁	1000	1100	99.4	10	99.90	99.40
钼	1350	1700	99.4	28	99.80	90.00
钨	1485~1590	2100~2200	70~140	28	99.00	96~98.00
钨-钴硬质合金	1350	1410	99.4	28	99.999	99.00
氧化锆	1350	1700	149	28	99.999	98.00
石墨	1595~2315	3000	70~105	30	93.50~98.00	89.00~93.00

由于需要较长的烧结致密化的时间，热等静压工艺常用来制备陶瓷化合物。通过加入一定的粉末，热等静压可对化合物的性质进行控制，得到具备特殊性质的陶瓷化合物。由混合粉经热等静压处理得到的 Ni-TiC 化合物的性质见表 6-4。

表 6-4 混合粉经热等静压处理得到的 Ni-TiC 化合物的性质

TiC 含量（%）（体积）	0	35	60	80	100
热膨胀率/($10^{-6} \cdot ℃$)	17	16	16	11	8
热导率/[W/(m·K)]	90	37	29	27	12
强度/MPa	332	1260	1340	1100	332
弹性模量/GPa	181	229	319	364	334

在热等静压工艺中，还可使用经过烧结后的烧结压坯作为原料。烧结压坯仅具有闭孔结构，其密度超过理论密度的 92%。在这种情况下，压坯已经具备所需要的形状，压坯中的

闭孔是热等静压工艺所允许的。这种方法广泛用于生产渗碳化合物、包覆材料、钛基植入材料等。图 6-14 所示为一种典型的消除碳化物结构中微孔的热等静压工艺流程，流程处理时间为 6h。另一种方法是通过加热压力容器来促进致密化的进行，这种方法使用一种挥发性液体，利用液体的挥发产生一种瞬时压力，使其成为压力介质。如把液氮注入加热的热等静压容器内，在加热状态下短时间内形成高

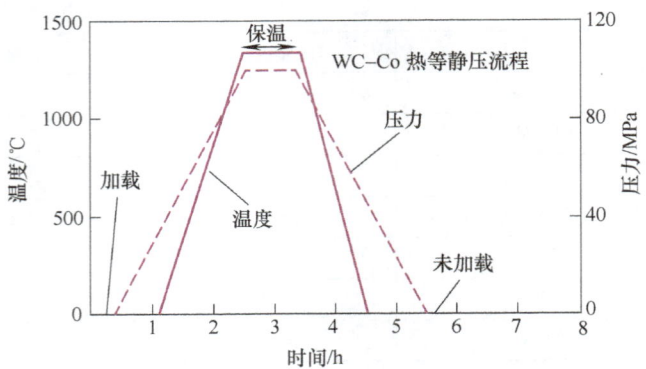

图 6-14 一种典型的消除碳化物结构中微孔的热等静压工艺流程

气压，使压制迅速进行。由于这种方法产生的压力大大超过材料的屈服强度，所以节省了对热等静压容器加压所需要的时间。这样，材料的致密化不是通过蠕变来实现，而是通过塑性流动来实现。图 6-15 对通过传统的热等静压工艺和快速热等静压工艺制备的铁基压坯的两种断裂面进行了比较。尽管两种压坯都达到了理论密度，但传统流程较低的压制压力和较长的处理时间导致压坯的最终性能较差，其微观结构也较为粗糙。而在快速气体热等静压处理过程中，压坯在高温下停留很短的时间，这使得其强度比经传统的热等静压处理的压坯强度要高很多，其断面上的韧窝更加细小。

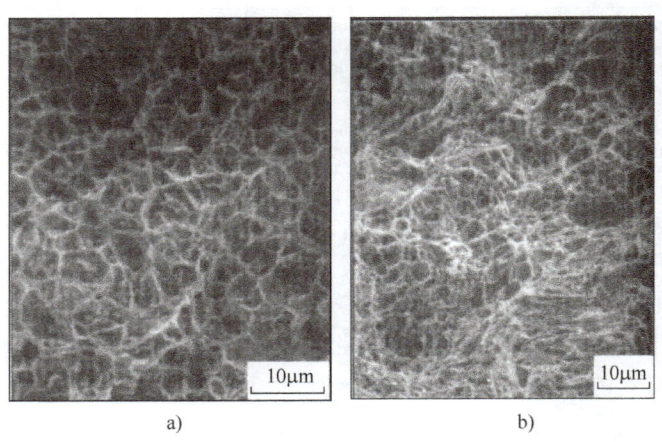

图 6-15 两种分别经过传统的热等静压处理和快速热等静压处理的铁基压坯
a）传统热等静压处理 b）快速热等静压处理

2. 脱蜡-烧结-热等静压

脱蜡-烧结-热等静压是把经模压或冷静压制的坯块放入热等静压机的高压容器内，分别进行脱蜡、烧结和热等静压压制，使工件的相对密度接近 100%。这是继常规热等静压压制技术后发展的一种先进工艺。图 6-16 为烧结-热等静压压制工艺过程的示意图。

脱蜡（或其他成形剂）和烧结可在真空状态下或在工艺确定的气体（如氢、氮氢混合气、甲烷）保护下进行。按照传统的烧结概念，液相和固相烧结都会促进烧结坯块内部孔

隙减少，并产生收缩和致密化。在这一过程中，烧结温度和时间是要准确控制的参数。热等静压压制能使烧结坯块密度进一步提高至接近理论密度值。

压块在同一炉体（压力容器）内进行烧结和热等静压压制，压块在烧结后期直接施加高压，这就避免了降温冷却、升温加热的附加操作，也避免了压块在移动时可能受到损坏，并保持烧结与热等静压压制时温度稳定。

脱蜡-烧结-热等静压过程中的热等静压压制阶段会使产品均匀收缩与致密化，温度、压力、时间三个工艺参数的相互关系示如图6-17所示。粉末的致密化是由材料的塑性变形、高温下蠕变和原子扩散速度所确定的。试验结果表明，液相烧结材料在低压下短时热处理可以完全致密化。固相烧结材料要完全致密化则需要更高的压力和更长的时间。

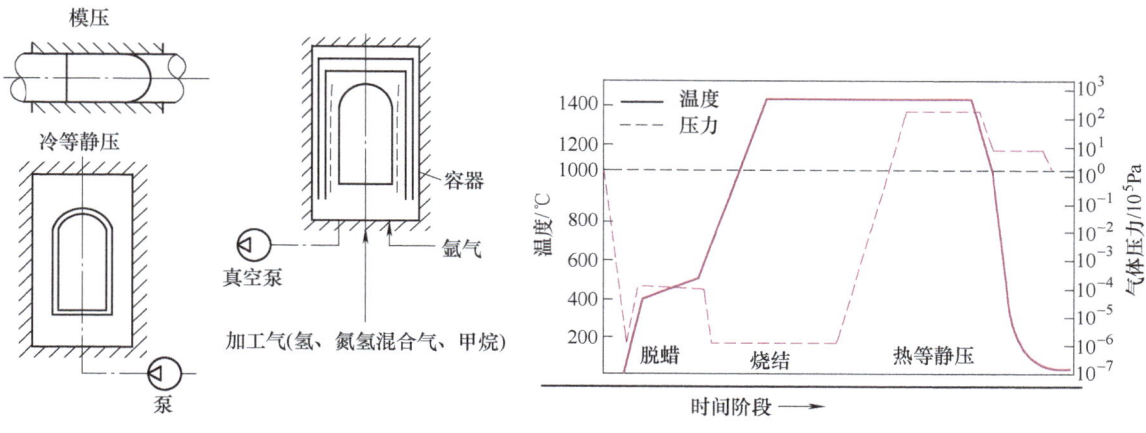

图 6-16　烧结-热等静压压制工艺过程示意图

图 6-17　脱蜡-烧结-热等静压时温度、压力及时间的关系

脱蜡-烧结-热等静压工艺方法的目标是使产品的相对密度接近100%。要达到此目的必须正确确定下列参数：

1）确定合理的烧结压力、温度及时间参数。
2）确定热等静压最大压力、温度及时间。

3. 准等静压

准等静压采用一种高温下具有流体特性的石墨颗粒作为传递压力介质以代替热等静压所用的惰性气体。当石墨颗粒受到外力作用时，它的流体特性将作用力均匀传递给粉末压块而使之成为相对密度接近100%的零件。这一过程习惯称之为准等静压压制。准等静压压制工艺过程如图6-18所示。

准等静压是通过固体介质或低熔点液体介质传导压力对预成形坯施加压力，提高密度的过程。通过低熔点液体、软金属或者粒状固体（铝或石墨）介质传递单轴压力，将单轴压力转变成准静压力，转变后的单位压力约为单轴压制压力的1/3，图6-19表示了通过加热和加压小球对粉末预成形坯施加准等静压的压制过程：坯块在进入致密化前被加热，如果小球是石墨，可直接通过电流进行加热。准等静压压制过程比热等静压所需时间较短，且能用于具有开孔坯体的压缩，因为小颗粒不能渗进小孔中。另外，因为单位压力大于屈服强度，

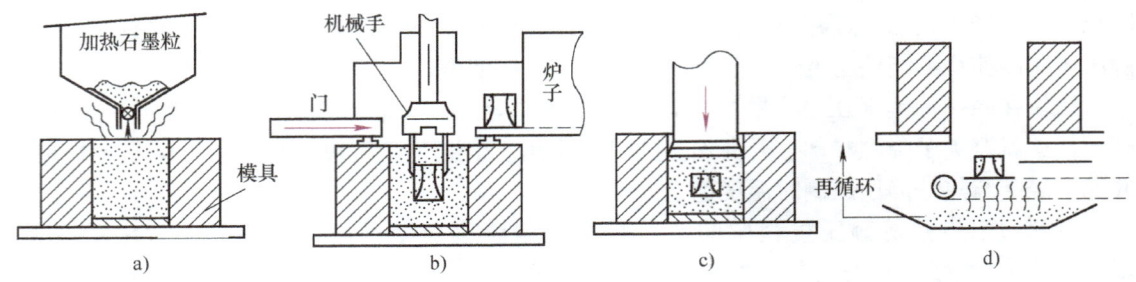

图 6-18　准等静压工艺过程

a) 热石墨粒装模　b) 用机械手把热的预成形坯插入石墨粒中
c) 用水压机冲头加压　d) 清理模具，石墨粒返回再循环使用，取出压坯

故准等静压的压缩程度比热等静压大。然而，由于压力传递并不是真正的等压，故部件的尺寸改变可能并不完全一致。

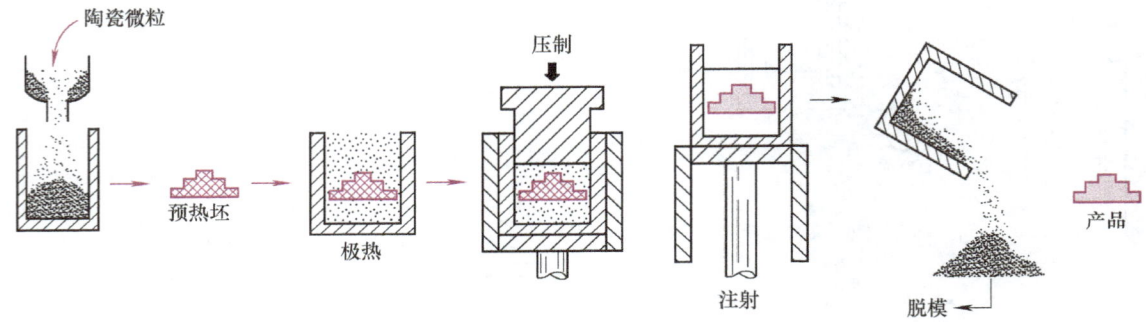

图 6-19　通过加热和加压小球对装有粉末预成形坯施加准等静压的压制过程

与此相似，在粉末压制过程中把粉末加热到液相线和固相线之间的温度，则可能形成液相。这时，压坯先经真空固相烧结到闭合孔隙状态，然后利用热脉冲形成液相，同时给热等静压炉内增加压力，采用液相和外部压力相结合的方法使坯体在瞬间发生致密化。一般来说，这种压制过程的坯体尺寸比较小，但其最终的力学性能非常接近于经铸造加工的合金。

热等静压后的压坯表面可能会被包套材料脏化，往往需采用化学溶解、机械加工或腐蚀等方法对压坯表面进行清理。由于压坯的致密化是通过流体静压力来实现的，在粉末颗粒表面几乎没有剪切现象发生，所以在经过热等静压处理后，晶界变得非常明显，它们总会弱化材料的微观结构，从而限制材料的力学性能。在有些产品的生产过程中，为了解决这个问题，有必要对经过热等静压处理的压坯进行变形处理。另一种解决的方法是使用惰性气氛制备的快速凝固雾化粉，这可使材料的微观缺陷降至最低。通过准确的过程控制，热等静压能够制备出近净成形的全致密坯件，并且坯件的微观缺陷被降至最低，均匀性能也很好。因此，对于大型复杂的高性能构件的生产，热等静压是理想的选择。

4. 反应性热等静压

一种新的热等静压工艺把热等静压和自蔓延反应结合在一起。这种新工艺被称为反应性热等静压工艺（RHIP）。通过这种方法，在对原料加热至热等静压温度的过程中，生成新的化合物,并进一步实施热致密化过程,得到所需成分和结构的产品。例如,用这一方法使用 Ti 和 B 的混合粉获得 TiB_2 化合物陶瓷。在这一过程中,混合的单质元素粉末先被封装在容器中,然后在低于 100MPa 的热等静压压力下被加热至 700℃。此时,把一根被加热的导线插入压坯从而引发放热反应。根据反应式 $Ti + 2B = TiB_2$,反应放热量为 293kJ/mol。相应地,压坯快速自我加热,在自我加热和外部加压的共同作用下,压坯发生致密化。通过 RHIP,能够制备出具有超高硬度的产品,并且其晶粒尺寸只有 5μm。

6.2 粉末无压成形

6.2.1 粉浆浇注

粉浆浇注是陶瓷工业中使用了 200 多年的成形技术。1936 年史敏斯(Siemens)等人首先报道了对金属粉末及碳化物、氮化物和硼化物采用粉浆浇注工艺成形的方法。随后从 1940~1954 年先后有用粉浆浇注成形硬质合金、钨钼坩埚和 TiC、TiN、ZrN 等硬脆材料的报道。1956 年出现用粉浆浇注法成形不锈钢的报道,这一方法已被认为是制取复杂形状大件粉末冶金制品的有效方法。

随着热等静压压制技术的发展,可以结合粉浆浇注法制取某些新型特殊性能的材料。例如涡轮喷气发动机上用的高温合金,就可用钨合金纤维作为骨架,然后浇注镍基高温合金粉浆,经热等静压压制,获得高密度(相对密度 99%)钨合金纤维镍基高温合金复合材料。用粉浆浇注法生产羰基铁粉制品,经过适当的烧结处理,其力学性能接近锻造材料的性能。

应当指出,虽然粉浆浇注法具有上述的许多特点,而且生产过程所用设备简单,不用压力机,只用石膏模具,生产费用低,但生产周期长,生产率低。所以,粉浆浇注技术的发展不是代替普通的粉末压制技术,实际上是扩大粉末冶金成形的技术。

1. 粉浆浇注基本工艺

粉浆浇注工艺原理如图 6-20 所示,其基本过程是将粉末与水(或其他液体如甘油、酒精)制成一定浓度的悬浮粉浆,注入具有所需形状的石膏模中。多孔的石膏模吸收粉浆中的水分(或液体)从而使粉浆物料在模内脱水固化并形成与模具相同的成形注件。待石膏模将粉浆中液体吸干后,拆开模具便可取出注件,粉浆浇注的工艺流程如图 6-21 所示。

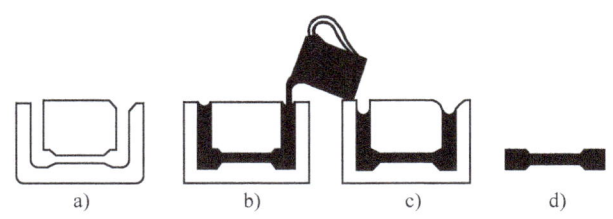

图 6-20 粉浆浇注工艺原理图
a)组合石膏模 b)粉浆浇注入模
c)吸收粉浆水分 d)成形注件

(1) **粉浆的制取** 粉浆是由金属粉末(或金属纤维、陶瓷粉末)与母液构成的。母液通常是加入各种添加剂的水。添加剂有黏结剂、分散剂、悬浮剂(或称稳定剂)、除气剂和滴定剂等。黏结剂的作用是把粉末体在固化干燥时黏结起来。生产上常用的黏结剂有藻朊酸钠、聚乙烯醇等。分散剂与悬浮剂的作用在于防止颗粒聚集,制成稳定的悬浮液,改善粉末与母液的润湿条件并且控制粉末的沉降速度。水是一种极佳的分散剂,但易使金属粉末氧化而难以获得稳定的悬浮液，故常需再加入一定数量的悬浮剂。常用悬浮剂有氨水、盐酸、氯化铁、硅酸钠等。藻肮酸钠也是一种优良的分散悬浮剂。除气剂的作用是促使黏附在粉末表面上的气体排除，常用的有正辛醇。滴定剂的作用是控制粉浆的酸碱度，调节粉浆的黏度。常用的滴定剂有苛性钠、氨水、盐酸等。粉浆的制取是将金属粉末与母液同时倒入容器内不断搅拌，直至获得均匀无聚集颗粒的悬浮液为止。悬浮粉浆需要除去吸附粉末表面上的气体。

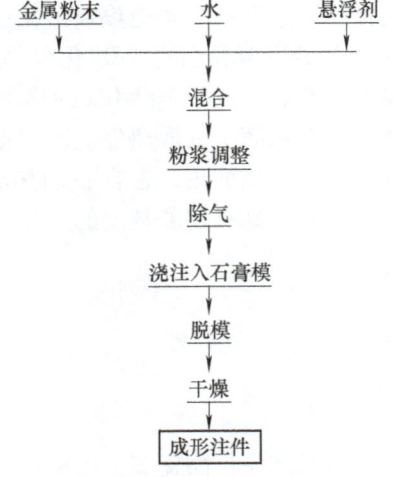

图 6-21　粉浆浇注工艺流程图

(2) **石膏模具的制造**　一般可按通常的石膏模制造工艺来制造，但应当重视石膏粉的粒度及其组成。石膏粉的粒度与制成模具的吸水能力有图 6-22 所示的关系。从图 6-22 中可以看出，提高石膏粉末的分散度有助于提高模具的吸水能力。石膏模的制造程序是，先将石膏粉与水按 1.5:1（质量比）的比例混合并加入 1% 尿素搅拌均匀浇入型箱中，待石膏稍干即可取出型芯，再将石膏模在 40~50℃ 干燥。干燥好了的石膏模轻轻敲击时可发出清脆的声音。

(3) **浇注**　为了防止浇注物黏结在石膏模上，浇注前应将涂料喷涂到石膏模壁上，这种涂料通常称为离型剂，常用的离型剂有硅油。此外，还可以在石膏模壁上涂一薄层肥皂水以防止粉末与模壁直接接触。同时，肥皂膜还可以控制石膏模吸收水分的速度，防止注件因收缩过快而产生裂纹。

(4) **干燥**　粉浆注入石膏模后，静置一段时间，石膏模即可吸去粉浆中的液体。实心注件在浇注 1~2h 后即可拆模。空心注件则视粉

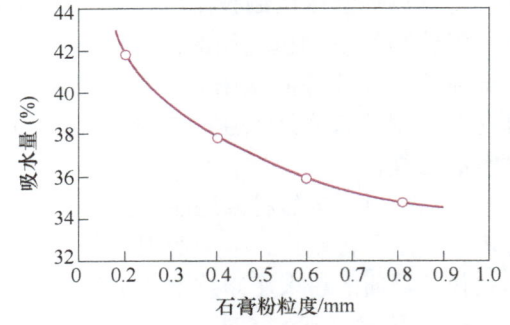

图 6-22　石膏粉粒度与模具吸水能力的关系

浆的沉降速度和由所需厚度确定的静置时间。注件取出后小心去掉多余料浆，将注件在室温下自然干燥或在可调节干燥速度的装置中进行干燥，其时间长短视零件的大小而定。

2. 影响粉浆浇注成形的因素

粉浆浇注过程的粉末沉降速度、石膏模吸水速度、粉浆的黏度及稳定性等都是直接影响浇注件质量的重要参数。上述参数的变化取决于粉末的粒度、液固比、粉浆的 pH 值、添加的分散剂及黏结剂、粉末吸附气体的量等因素。

(1) **粉末的粒度**　粉末在悬浮液中的沉降速度可按斯托克斯公式确定，即

$$v = KR^2 \left(\frac{\rho_P - \rho_W}{\eta} \right) g \tag{6-1}$$

式中，v 为沉降速度；K 为系数；R 为粉末颗粒半径；η 为液体的黏度；ρ_P 为粉末密度；ρ_W 为悬浮液的密度；g 为重力加速度。

式 (6-1) 表明，粉末在液体中的沉降速度 v 与粉末颗粒半径 R 的平方成正比。因此，用细粉末浇注是有利的。

(2) 液固比　液固比是指液体与金属粉末的质量比。液固比对浇注的影响主要是粉浆黏度对粉末沉降速度的影响。液固比越小，粉浆黏度越大。如其他条件相同，液固比由 0.30 增加到 0.40 时，黏度由 20Pa·s 降至 7.7Pa·s。粉浆黏度越大，粉末沉降速度越小。当 pH 值为 10 并加入质量分数为 0.5% 的藻朊酸钠及质量分数为 3% 的聚乙烯醇时，最佳液固比值受粉末粒度的影响，表 6-5 列出了不同粒度的不锈钢粉末的最佳液固比。

表 6-5　不同粒度的不锈钢粉末的最佳液固比

粒度/μm	<45	34~63	63~75	75~100	100~150
液固比	0.50	0.40	0.35	0.30	0.25

最佳的液固比还与分散剂的类型及其含量有关。例如，75~100μm 的不锈钢粉末在 pH 为 10 并加入质量分数为 0.5% 的藻朊酸钠及质量分数为 3% 的聚乙烯醇时，最佳液固比为 0.30；当加入质量分数为 1% 的藻朊酸钠和质量分数为 5% 的聚乙烯醇时，液固比值为 0.50~0.55。

(3) 粉浆 pH 值的影响　粉浆 pH 值的改变直接影响其黏度值和粉末颗粒的下沉速度。在一定的 pH 值下，粉浆流动性好，能防止粉末颗粒聚集结团，且颗粒下沉速度较小。粉浆这些性能对于制取形状复杂、断面积小的零件是非常重要的。例如，以水作为分散剂加入质量分数为 0.5% 的藻朊酸钠、质量分数为 0.5% 的正辛醇、质量分数为 3% 的聚乙烯醇配制成母液同不锈钢粉末（小于 43μm）按液固比为 0.50 混合调配成粉浆，用氢氧化钠和硝酸作为滴定剂来调整这一粉浆 pH 值，获得粉浆黏度与 pH 值的关系如图 6-23 所示。从图 6-23 可以看出，当 pH 值为 10 时粉浆黏度最低，流动性最佳，浇注条件最好。

(4) 分散剂及黏结剂的影响　以藻朊酸钠作为分散剂时，其含量明显地影响粉浆中粉末颗粒的沉降速度。图 6-24 所示为藻朊酸钠量与粉末沉降速度的关系。从图中可以看出，随着藻朊酸钠用量的增加，粉末沉降速度不断降低，但当藻朊酸钠量超过 1% 后影响就不明

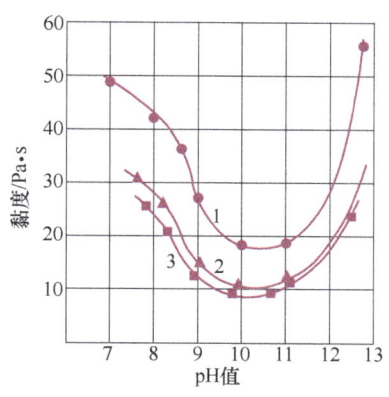

图 6-23　粉浆的 pH 值与其粘度的关系
1—粉浆相对密度 3.87±0.01，液/固 = 0.18
2—粉浆相对密度 3.79±0.01，液/固 = 0.19
3—粉浆相对密度 3.72±0.01，液/固 = 0.196

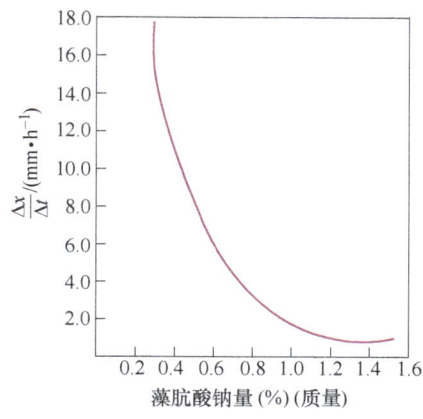

图 6-24　藻朊酸钠量与粉末沉降速度的关系

显了,这主要是由于粉浆黏度增加的结果。尽管用藻朊酸钠作为分散剂时所获得的浇注坯强度比较低,但若添加适量的聚乙烯醇作黏结剂即可提高浇注坯的强度,同时也影响粉浆中粉末颗粒的沉降速度。表6-6列出了粉浆液固比为0.30,pH值为10~11时,藻朊酸钠与聚乙烯醇综合加入量对不锈钢粉末(小于43μm)沉降速度的影响。

表6-6 藻朊酸钠与聚乙烯醇配比对不锈钢粉末沉降速度的影响

藻朊酸钠(%)(质量分数)	0.50	0.50	1	5
聚乙烯醇(%)(质量分数)	0.50	3	1	0
粉末沉降速度 $\Delta x/\Delta t/(\text{mm/h}^{-1})$	8.4	0	1.8	3.3

(5) 粉末吸附气体的量的影响 配制粉浆时由于粉末颗粒表面吸附一层气体而阻碍母液对粉末表面的润湿,浇注时可能造成气泡及颗粒分布不均等现象,导致注坯质量降低。因此,粉浆除气是浇注过程的一个重要工序。

通常,有静置除气、化学法除气以及真空除气三种除气办法。静置除气是将经搅拌的粉浆静置一定时间使空气由于密度差而不断逸出;化学除气法是在母液中添加除气剂促进吸附在粉末表面上的气体排除,如在母液中添加质量分数为0.5%的正辛醇除气;真空除气法是将粉浆置入真空系统内,使粉浆中气体逸出,这种方法除气效果最好。

图6-25所示为粉浆浇注工艺流程图,粉末和黏度低的黏结剂混合并浇注到多孔模中,多余的黏结剂在坯体干燥过程中被吸收。粉浆浇注法虽然慢,但是模具的成本不高,能够制备较大的坯体。尺寸公差可以控制在0.1%左右,但是坯体的结构受重力的影响很大,会造成最终的尺寸不均匀。典型的黏结剂体系是水、藻酸盐和表面活性剂的混合物,其他的黏结剂体系是纤维素或聚乙烯酸、乙醇的水溶液,或者是将聚合物溶于普通的溶剂而得。后一种黏结剂的一个例子是乙酸聚合物溶解在氯化烃中,如四氯化碳。所有黏结剂中都含有表面活性剂,以使颗粒分散,避免团聚。在水基黏结剂体系中,一般通过控制酸度来降低浆料的黏度。成形过程中黏度最好控制在10Pa·s。

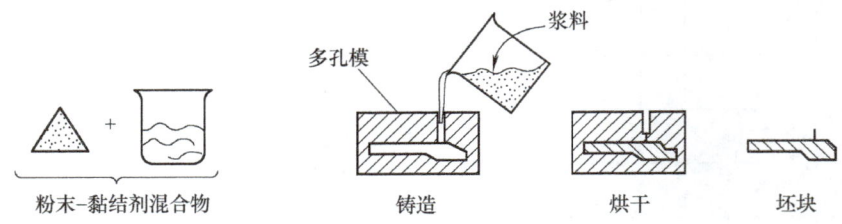

图6-25 浇注法工艺流程图

流涎法是对粉浆浇注法的一种改进,一般采用流涎法来制备长、薄的结构件,如过滤管和催化基板。在流涎法中,把粉末-黏结剂浆料喂到运动的纸板或塑料板上,如图6-26所示。使用机械刮刀平整浆料,以形成连续的薄板。然后使黏结剂的一种组分挥发,残留的黏结剂可赋予坯体足够的强度,便于烧结前坯体和基板的分离。流涎法使用的黏结剂是丙烯酸酯、石蜡和聚乙烯醇。这些浆料成形工艺中都要使用分散剂以减少粉末团聚。产品尺寸和形状会影响工艺的选择。黏结剂和粉末的许多特性的要求和粉末注射成形工艺一样,如成形后的脱酯和烧结程序。

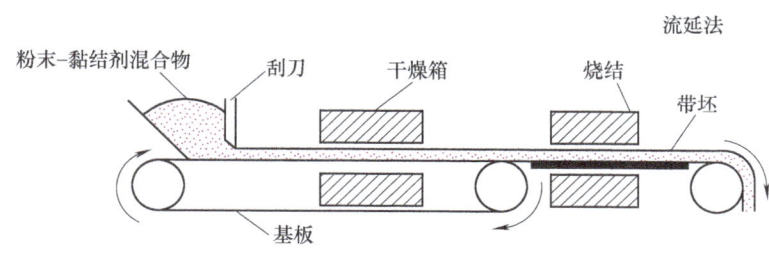

图 6-26 流涎法制备构件

6.2.2 冻干铸造法

冻干铸造法使用水基黏结剂与粉末混合，浇注于型模获得所需形状的成形坯。成形之后，混合物在模套中用真空干燥或冷冻干燥来去除水分。冻干可以使水分直接升华，不会因体积的改变而产生裂纹。冻干后残留的黏结剂组分可以起到固定颗粒的作用，便于坯体的后续处理。冻干过程应避免因温度的剧烈变化而导致裂纹的产生，特别是混合料中没有有机物来保证颗粒间的结合强度时。冻干过程中坯体有一定的结构强度有助于保持坯体的形状，防止裂纹的产生。这个方法的缺点是模具冷却速度慢，用来蒸发水分的时间长。

6.2.3 喷射成形

1. 液体喷射

喷射成形过程就是利用气体雾化产生颗粒喷雾，沉积到一个移动的垫托物上，形成快速的致密化，从而产生几乎全致密的结构。喷射成形采用惰性气体保护的喷雾器，且衬底紧靠雾化喷嘴下方放置。如图 6-27 所示，喷雾喷到衬底模上经快速变形后迅速致密化。同时，热量的迅速排出形成了微结构的各向同性。在某些情况下，产品的密度足够大，可以直接使用。另一方面，产品需要经过进一步的热轧、挤压或锻造，消除成形件中的孔隙。一般来说，沉积率为 0.5～2kg/s，冷却率大约在 10^4℃/s 左右。这个方法当前用于镍、铜和铝合金制造。

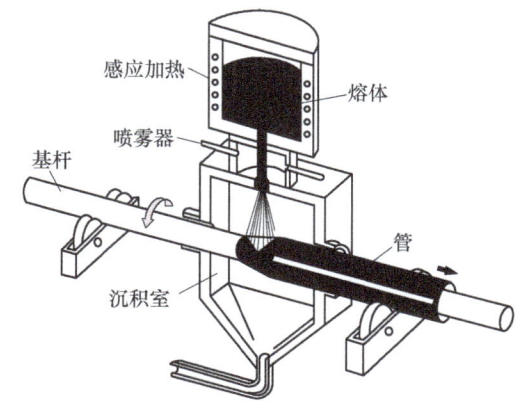

图 6-27 喷射成形的装置

（1）喷射沉积成形工艺的原理及特点 喷射沉积成形是将喷射沉积与成形技术结合起来将金属或合金加工成半成品或成品的新工艺。它是将雾化液态微粒先沉积为预成形实体，然后进行各种形式的冷热加工，制成板、带、棒、管材。喷射沉积技术是英国人 A. R. E. Singer（辛格）于 1969 年发明的，1972 年取得英国专利。随后 Osprey 公司进行中间性试验和工业生产。

喷射沉积成形工艺过程如图 6-28 所示，熔融金属被高压惰性气流粉碎成雾化液态微粒并沉积在转动的衬底上，多余的雾化液态微粒经旋流器回收。

金属流体经雾化形成的微粒在气流压力或离心力的作用下，形成一股高速雾化液态微粒流直接喷射在低温的衬底表面上。这些液态微粒流立即被撞扁成薄片状物，经积集、聚结、凝固成沉淀物，如图 6-29 所示。喷射成形是借助气体介质压力或离心力将雾状液态微粒流连续均匀地充填入特殊设计加工的衬底模腔内，冷凝沉积后形成所要求的预成形坯块，沉积物是具有细晶或准晶结构且各向同性的材料。控制沉积物的冷却速度还可以制得非晶态物质。

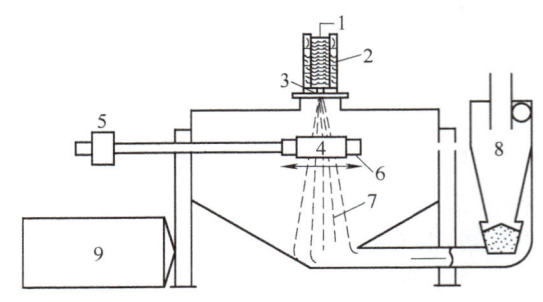 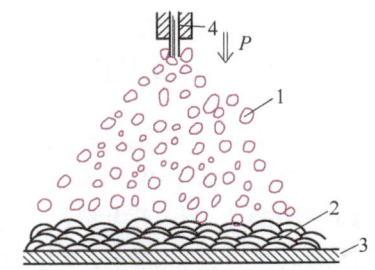

图 6-28　喷射沉积成形工艺过程图
1—熔融金属　2—熔埚（坩埚）　3—Osprey 气体喷嘴
4—沉积物　5—转动轴　6—转动轴套　7—多余的雾化微粒
8—旋流器　9—动力矩

图 6-29　喷射沉积成形原理示意图
1—雾化液态微粒流　2—沉积物　3—衬底
4—金属液流

喷射沉积成形的工艺特点如下：①能够制成各种板、带、管、筒等异形半成品或成品，能很容易使沉积层的冷却速度达到 10^4℃/s 以上，进行热轧或温轧可使制品具有细晶粒、结构均匀、致密、无偏析、氧含量低和无原始颗粒边界等特性。②调节喷射成形工艺参数可以制成准晶或非晶态物质制品。③能够制造多层单质金属或合金的复合材料及制品，如层状铝-铜-铝复合材料；还能制造层状金属或合金与颗粒复合材料，如（Al-4% Si + 1% Cu）基体金属及 SiC 颗粒的复合摩擦材料，其摩擦因数远远大于铁基、石棉及铜基摩擦材料，如图 6-30 所示。④能够制造出一般方法难以制造的合金钢和高温合金钢锻件。Osprey 公司用喷射成形法已制出多种合金和高温合金工件。这些工件具有细晶结构和各向同性，并具有优良的热加工性能和力学性能。

（2）喷射沉积成形工艺　喷射沉积成形技术根据不同的加工方式可分为喷射轧制、喷射锻造、离心喷射沉积及喷射涂层四种。

1）喷射轧制成形的工艺过程如图 6-31 所示。喷射沉积物随移动台架（或轧辊）构成连续的板带半成品，再经热轧成板或带材。

2）喷射锻造是喷射成形领域中较早期发展的工艺之一，其工艺过程如图 6-32 所示。被雾化的金属液态微粒直接喷入一定形状和尺寸的模腔中制成预成形坯，通过操纵器可使预成形坯的孔隙度达 1%，随后将预成形坯在空气中进行冷锻造或热锻造，即可得到全致密的制品。

3）离心喷射沉积的工艺过程如图 6-33 所示。熔融金属或合金注入离心雾化机内，产生雾化液态微粒，微粒流以高速射到冷的衬底上碰扁成薄片，积聚冷却凝固成沉积物，再将其从衬底上脱出即可获所需的板、带、片等材料。

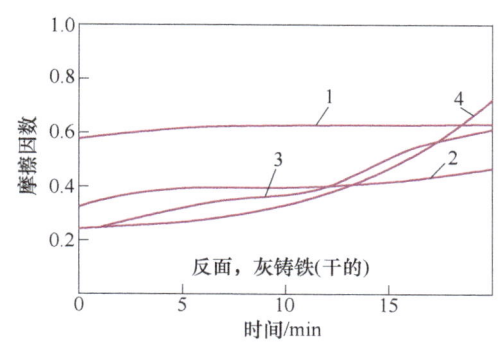

图 6-30 喷射金属与颗粒复合材料的摩擦因数
1—（Al-4%Si+1%Cu）+SiC 颗粒复合材料
2—石棉基摩擦材料 3—铁基摩擦材料 4—铜基摩擦材料

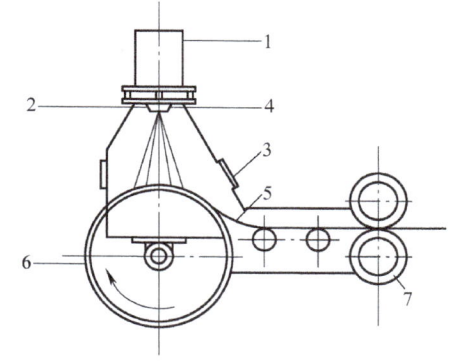

图 6-31 喷射轧制成形的工艺过程
1—保护炉 2—氮气 3—观察孔 4—喷嘴
5—沉积带材 6—转动衬板 7—轧辊

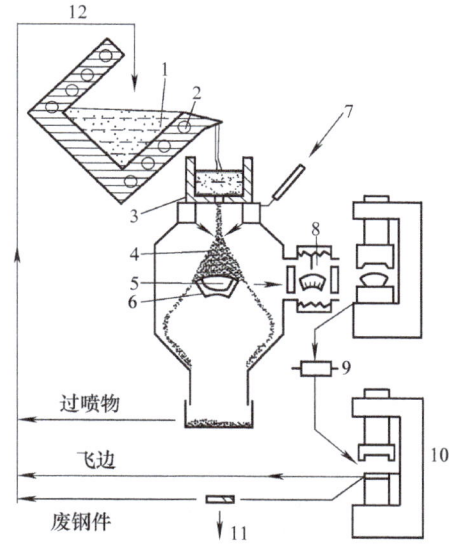

图 6-32 喷射锻造工艺过程示意图
1—废料及铸件 2—感应炉 3—漏包 4—喷雾
5—预成形坯 6—模腔 7—氮气 8—调温炉
9—锻造 10—剪切 11—产品 12—返回料

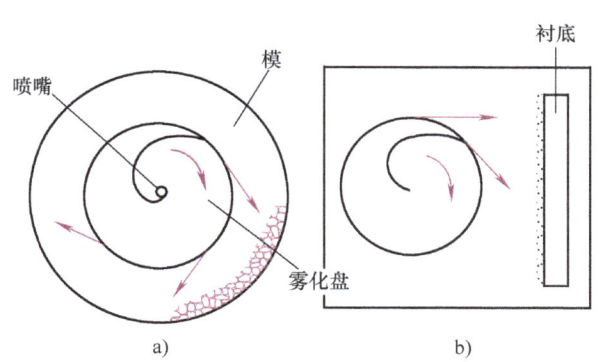

图 6-33 离心喷射沉积的工艺过程示意图

4）喷射涂层工艺过程如图 6-34 所示。熔融金属通过喷嘴将金属液流喷射成雾状液态微粒涂积在基底上，相互结合一起形成一层薄的涂层。也可以进行多次喷涂以获得多层涂层。

喷射成形的首次应用过程就是制造用于潜舰中的 Ni-21Cr-9Mo-4Nb 合金管，该沉积作用直接形成了管状预制件，然后将它挤压成直径为 10～20cm 的最终形状。其结构具有小的颗粒尺寸且探测不到裂纹。其力学性能比用其他方法制造的材料更高，屈服强度在 490～560MPa 之间，具有 30% 的伸长率，抗拉强度超过 1000MPa。

2. 等离子喷射

与喷射成形相似的方法就是使用等离子喷枪沉积致密涂层，粉末运送到等离子弧中被迅速地加热形成雾化成沉积所需的熔化小滴。等离子喷射的装置如图 6-35 所示，等离子体由电极之间的电势差产生，其温度高于 5000℃，理论限制温度为 30000℃。电极之间高压气流使等离子弧延长，并使通过弧的粉末加速，从而使金属粉末熔化在颗粒的外表面，使颗粒如同一个小液滴。图 6-36 显示了小液滴在到达基体时冷却形成的层状结构。如果小液滴在飞行中固化，它们将弹起，而半熔化的小滴会粘在基体上并固化。例如，图 6-37 所示为 Ni 和 Al 的等离子喷射沉积横截面的扫描电镜图，图中的流线形结构是由于含氧化物夹杂的半熔化状颗粒的连续沉积造成的，这是在同一个操作中 Ni 粉和 Al_2O_3 粉的混合物共同喷射所致。

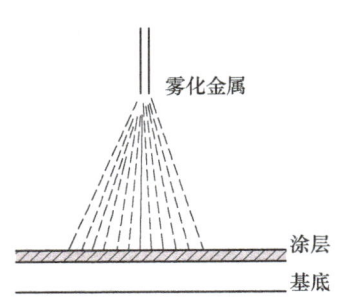

图 6-34 喷射涂层工艺过程示意图

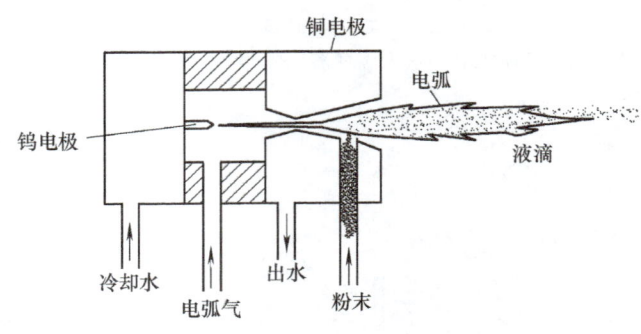

图 6-35 等离子喷射的装置

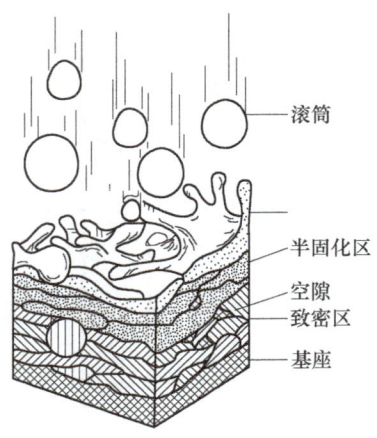

图 6-36 等离子喷射沉积中的结构进展

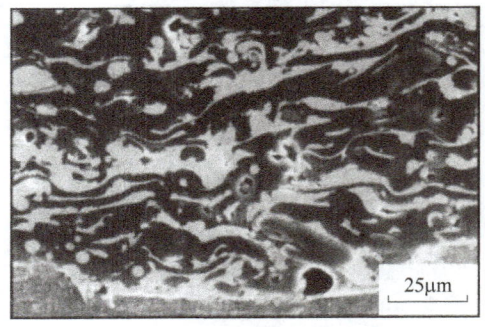

图 6-37 Ni 和 Al 的等离子喷射沉积横截面的扫描电镜图

为了获得高致密的涂层，粉末的热传递是关键因素。粉末必须吸收熔化热，从而获得满足热性能所必需的热量。随着材料熔化焓和密度的增加，其熔化的难度也随之增加。考虑到颗粒在等离子弧中停留的时间短，其颗粒必须小到允许充足的热量传递。通常来说，颗粒尺寸在 40~80μm 之间的比较好，但对于高熔点金属而言，则需要更细小的尺寸。在一个大气压下，基质上涂层的沉积密度大约是理论密度的 85%，如果喷射在真空中进行，沉积密度可达到理论密度的 95%~99%。

等离子喷涂一般有两个用途，在工作部件上形成保护层是其主要的应用。在这些应用中，涂层主要用于耐蚀、氧化或者基体的热保护。另外一种用途就是制造薄壁制品，即经过喷涂后把喷射涂层从基体拿下来。在以上两种用途中，材料经常是坚硬的、难加工的金属或者类金属间化合物、铍族元素、钨或各种氮化物的混合物。

6.3 粉末挤压成形

粉末挤压成形工艺结合了粉末注射成形工艺和粉浆浇注法的原理和优点。它基于挤压工艺，结合压力成形和传统模塑成形工艺的优点。挤压法最适合于制备长、薄的结构件，例如管、棒材料。粉末挤压成形工艺如图 6-38 所示，粉末-黏结剂的混合料装在挤压筒中，混合料在压力的作用下通过挤压嘴。在加工过程中黏结剂起固定颗粒、保持产品形状的作用，烧结前把黏结剂去除。挤压成形在是在较高的压力下进行的，有冷挤压和热挤压两种形式。

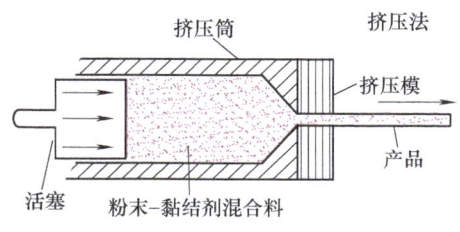

图 6-38 粉末挤压成形工艺

6.3.1 粉末挤压成形的原理

1．概述

金属粉末或预合金粉末在高温下的挤压是另一种实现全致密的方法，预合金粉末采用高的挤压变形可获得设计的性能。挤压工艺是金属压力加工中常用的一项加工技术。这项技术在现代电器陶瓷、塑料、橡胶工业中也获得广泛应用。挤压工艺在粉末冶金中的应用已有 50 多年历史，硬质合金管材最早就是用此法生产的。应用在粉末冶金中的挤压技术通常称为挤压成形。

2．粉末挤压的原理

粉末挤压成形是指粉末体或者粉末压坯在压力的作用下，通过规定的挤压模成为坯块或制品的一种成形方法。按照挤压条件的不同，可分成冷挤法和热挤法。粉末冷挤压是把金属粉末与一定量的有机黏结剂混合在较低的温度下（40~200℃）挤压成坯块。所以，通常又将粉末冷挤法称为增塑粉末挤压成形。挤压坯块经过干燥、预烧和烧结制成粉末冶金制品。粉末热挤压是指金属粉末或压坯装入包套内加热，在较高温度下挤压。热挤压法能够制取形状复杂、性能优良的制品和材料。近年来，人们特别重视高温合金、弥散强化材料等的热挤压成形。

粉末挤压成形的示意图如图 6-38 所示。挤压筒中的杆压头直接挤压粉末，用挤压过程参数 C 表示粉末发生塑性变形难易程度，挤压力和挤压过程参数关系如下：

$$F = CA\ln(R) \qquad (6-2)$$

式中，A 为进料的横截面积；C 为过程参数；R 为断面收缩率，断面收缩率是产品横截面和挤压筒横截面积之比。

尽管材料的固有性能对挤压的难易程度有所影响，但挤压温度则是主要的过程控制因素。温度过高，可能损坏产品的微结构，缩短挤压设备的寿命。反之，低温情况下因为过高的应力使得挤压困难。一般而言，挤压温度设定在材料熔化温度的 2/3 左右，产生挤压变形的初始挤压应力应高于随后正常挤压时的维持应力，且随颗粒尺寸的减小而增大。

挤压成形广泛应用于快速冷凝粉末、多成分复合粉末以及氧化物弥散强化合金粉末中。例如氧化物弥散强化铜、铝和镍基超合金。同时，挤压成形也能应用于具有有限塑性变形的材料，如铍、锆和超导材料 Nb_3Sn 等。因为挤压成形需要相对较低的温度，为了获得全致密化材料，必须使挤压坯形成高的平面剪切应变。对某些合金和混合物而言，相对于微结构的控制和最终性能来说，应该将挤压温度和剪切应变两个参数相结合加以考虑。通常的挤压成形方法并不适用于制造特殊结构的复合材料，如考虑由 SiC 晶须和 Al 粉所制造的 Al-SiC 复合材料，挤压坯中的剪切应变决定着晶须在产品中的弥散分布，由于不同结构的粉末具有不同形式的流变性质，挤压时可能使晶须破碎或聚集。

粉末挤压具有如下特点：能挤压出壁很薄直径很小的微形管（如厚度仅为 0.01mm，直径 1mm 的粉末冶金制品）；能挤压形状复杂、物理力学性能优良的致密粉末材料（如烧结铝合金及高温合金）；在挤压过程中压坯横断面不变，因此在一定的挤压速度下制品纵向密度均匀，在合理控制挤压比时，制品的横向密度也是较均匀的；挤压制品的长度几乎不受挤压设备的限制，生产过程具有高度的连续性；挤压不同形状的异形制品有较大的灵活性，在挤压比不变的情况下可以更换挤压嘴；增塑粉末混合料的挤压返料可以继续使用。

另一种制备一维大尺寸粉末冶金制品的重要方法是粉末轧制技术，如图 6-39 所示，轧制产品为板材或箔材。

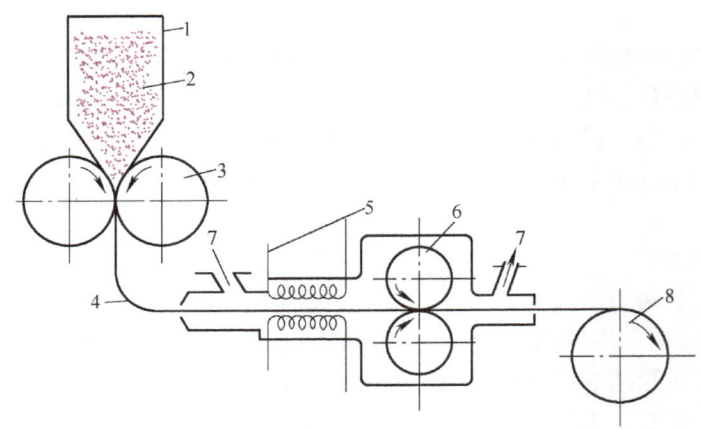

图 6-39　粉末冷热轧制工艺过程
1—漏斗　2—粉料　3—冷轧机　4—冷轧带坯　5—电热体　6—热轧机　7—保护气体　8—卷绕带机

6.3.2　金属粉末的增塑挤压

粉末增塑挤压成形的过程是将具有一定黏结力和良好塑性的有机物与金属粉末组成的混合料在挤压模内经受压力的作用，使物料通过规定几何形状的模嘴挤出管材和棒材。

挤压增塑粉末混合料同挤压致密金属的过程大体相似。挤压增塑粉末混合料的受力状态如图 6-40 所示。压力 P 通过冲头挤压混合料，产生挤压侧压力，其值由下式确定：

$$P_{侧} = \xi P_{挤压} \tag{6-3}$$

式中，ξ 为混合料的侧压系数；$P_{挤压}$ 为单位面积压力。

挤压时混合料与模壁间的相对位移产生的摩擦力，其方向与挤压压力方向相反，其值等于侧压力 $P_{侧}$ 与混合料同模壁间的摩擦因数 μ 的乘积，即：

$$P_{摩} = \mu P_{侧} \tag{6-4}$$
$$P_{摩} = \mu \xi P_{挤压}$$

从式（6-4）可以看出，挤压的摩擦力与挤压压力及侧压力的相互关系。由此可见挤压时混合料在挤压模中的受力状态是挤压方向受压，四周膨胀，向下方挤压。物料被挤压出的必要条件是，挤压压力大于挤压混合料对挤压圆筒模壁和挤压嘴模壁产生的摩擦阻力。摩擦力的方向始终与挤压料运动的方向相反。在挤压时，混合料在筒内流动而形成三个区域，如图 6-41 所示。图中 V_3 区内的挤压料受到一个拉力向模嘴流出；而 V_2 区内挤压料则受摩擦力的作用向上回流，在挤压应力的作用下又流入 V_3 区内；V_1 区内的挤压混合料由于冲头的摩擦阻力在挤压初期及中期不产生流动，只当挤压后期冲头靠近模嘴时才流入 V_3 区。这三个区域的大小及形状受挤压料的塑性、模具结构、挤压料受热温度的影响。随着挤压高度下降变化，V_3 区不断扩大，V_1 区随之渐渐缩小。

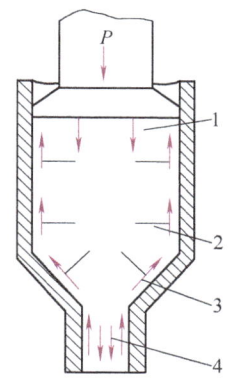

图 6-40　挤压时混合料的受力状态

1—轴向压力　2—径向压力
3—模壁摩擦力　4—拉力

挤压过程中，由于挤压料与模壁之间有摩擦，挤压压力沿高度下降且分布不均匀。靠近冲头的挤压料受力最大，随着远离冲头受力逐渐减小。在挤压筒的径向上，越靠近模壁受阻力越大，越接近中心受阻力越小。使中心部位挤压物料的流动速度比外层挤压物料的流动速度快，这种现象称为超前现象。

随着挤压断面的减小，挤压物料中心部位的流动速度随之增大。当物料进入挤压嘴时，由于物料流动断面的突然减小，超前现象更为严重。中心部位的挤压物料流动快（相对地靠近模壁），靠嘴壁层的挤压物料流动慢，结果在挤出制品中出现一个剪切拉应力，如图 6-42 所示。这个力称为附加内应力。降低挤压模嘴的表面粗糙度，改善挤压物料与模壁的摩擦因数，设计合理的挤压模嘴角度都有助于降低附加内应力。

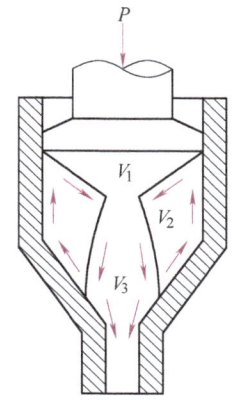

图 6-41　挤压混合料的流动状态

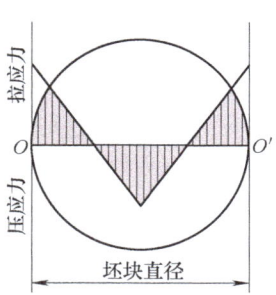

图 6-42　坯块中的轴向附加应力

6.3.3 增塑粉末挤压成形工艺

1. 增塑成形剂的选择

增塑成形剂的物理化学性质对挤压过程以及最终制品的性能影响是十分明显的。增塑剂应具有较佳的可塑性质,具有较强的黏结能力,不与金属粉料起化学作用,在制品的烧结温度下能全部挥发除去。

表 6-7 列出了各种增塑成形剂的灼烧状况。从表中可看出,石蜡汽油及石蜡在空气中灼烧后全部挥发除去。所以,生产上常优先选用石蜡作为增塑剂。为了改善挤压粉末与增塑剂之间的接触,提高颗粒之间的黏结能力,常常加入少量表面活性剂(如硬脂酸)和黏结剂(如聚乙烯醇)组成混合增塑成形剂。

表 6-7 各种增塑成形剂的灼烧状况

种 类	在空气中灼烧温度/℃	残渣质量分数(%)	碳的质量分数(%)	与溶剂的比例
淀粉	450	2.45	6.7~6.8	4∶1
树脂	450	0.58	1.1~1.2	4∶1
橡胶汽油溶液	200	0.94	1.5~1.6	10∶1
石蜡汽油	260	0	0	2∶1
石蜡	400	0	0	—
酚醛树脂汽油溶液	430	—	5.0~5.2	10∶1

2. 硬质合金与多孔材料的挤压工艺

WC-Co 硬质合金及镍、蒙乃尔合金、不锈钢粉末等多孔材料的挤压工艺如图 6-43 所示。

WC-Co 类合金常采用石蜡作增塑剂,其用量同合金料的牌号及挤压嘴的孔径大小有关,一般为 6.0%~8.5%(质量分数)。增塑剂的作用在于使粉料混合均匀,以获得具有良好塑性的混合料。WC-Co 料与石蜡混合的操作程序为把石蜡溶于汽油中并用 300 目滤网过滤,然后倒入已预热至 40~50℃ 的 WC-Co 粉料内,反复拌和,直至混合料不呈现颗粒物为止;也可以把石蜡加热熔化或将石蜡切碎成粉状投入预热的粉料,进行反复拌和。混合均匀的混合料应呈油黑色。

混合料预压的作用是使增塑剂与颗粒表面充分接触,消除其中夹杂的气体,使混合料密度均匀。预压的操作程序是将混合料装入圆筒压模内,在压力机上以一定压力压实;或把混合料直接装入挤压筒内,密封挤压嘴,施以一定压力把混合料挤压密实。

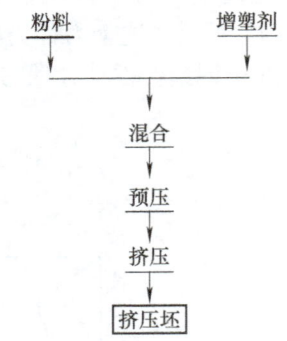

图 6-43 增塑混合料挤压工艺流程

增塑粉末料的挤压可在油压机或专用挤压机上进行。图 6-44 所示为一种高效能真空挤压机工作示意图。物料进入料仓 1 后,真空系统 6 将料内气体抽除,蜗杆 2(水平向)将物料传送到挤压套筒3，蜗杆2（垂直）将物料挤压入模筒4内，通过挤压嘴5获得所需的制品。蜗杆、压套及挤压模可通过电子控制的加热元件加热或冷却（可交替加热达95℃或200℃）。

混合料的挤压温度一般控制为40～50℃。为使挤压过程中混合料保持一定的温度，可在模筒外壁装上加热器。

挤压速度可在较大的范围内选择，以实际挤压坯不出现缺陷为限。

挤压法生产镍、蒙乃尔合金、不锈钢多孔过滤器的工艺过程为：以石蜡作增塑剂，用量为4%～11%（质量分数），首先将石蜡加热熔化，而后加入粉末，混合均匀；混合料放入已预热至35～45℃的挤压模筒内以30～35MPa的压力预压，使挤压筒内物料充填密实；然后进行挤压，挤压压力通常在300MPa以下。

试验数据表明：热粉末挤压的缩减率

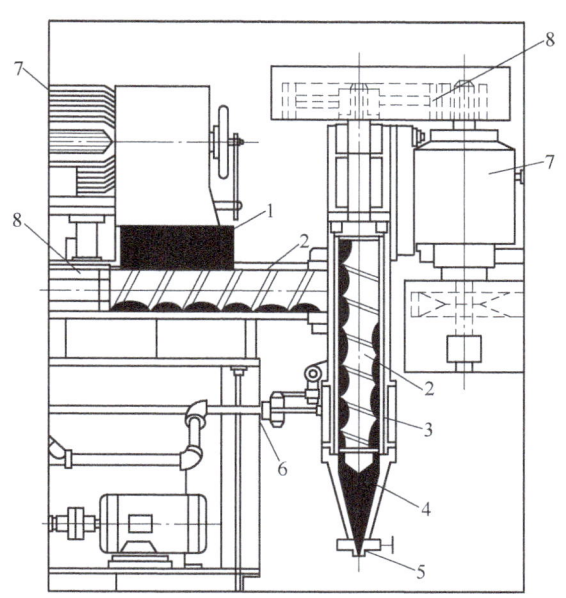

图6-44 高效能真空挤压机工作示意图
1—料仓 2—蜗杆 3—挤压套筒 4—模筒 5—挤压嘴
6—真空系统 7—电动机 8—传动齿轮

必须高于10%才能获得足够的致密化且没有裂痕的产品。实际中，有一些粉末冶金产品挤压成形的缩减率高达25%，一般挤压应力在50～500MPa间变化，且随温度的升高而降低，随挤压应变率的增加而增加。低熔点合金有较低的挤压应力。例如，铝（660℃熔点）在200℃时的挤压常数为180MPa，而不锈钢（熔点1400℃）在1000℃时挤压常数为350MPa，钼（熔点2610℃）在1400℃下的挤压常数为480MPa。

3. 影响挤压过程的主要因素

（1）**石蜡的加入量** 石蜡的加入量明显地影响挤压压力和颗粒间的结合力。石蜡加入量过多可降低挤压压力，如图6-45所示，但粉末颗粒之间的结合力会减弱而使压坯强度下降。同时也使后续处理，如预烧和烧结发生困难。石蜡加入量过少，粉末颗粒表面仅包覆一层薄的石蜡膜，甚至一些粉末颗粒还处于直接接触状态，挤压时颗粒间的接触面扩大，粉末与模壁直接接触，会产生较大的摩擦阻力，从而增大挤压压力。随着挤压压力的增加，附加内应力也增加，使压坯产生横向裂纹和分层。

应当指出，石蜡的用量与粉末粒度有关。一般来说，粉末粒度越细，需要石蜡量越多。此外，石蜡用量还同挤压制品的形状、截面大小有关。压坯形状越复杂，壁越薄，石蜡用量越多。

（2）**预压压力** 预压的作用在于尽可能除去挤压前混合料中的气体，扩大粉末表面与增塑料的接触，使混合料组分分布均匀，物料初步致密化。预压压力与挤压压力有关。图6-46为石蜡质量分数为8%的WC-Co混合料在挤压温度为42℃、挤压速度为750mm/min时，预压压力与挤压压力的关系。

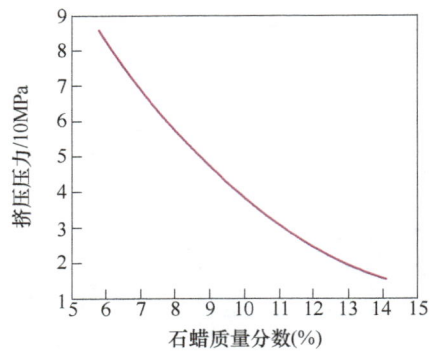
图 6-45 石蜡量对挤压压力的影响

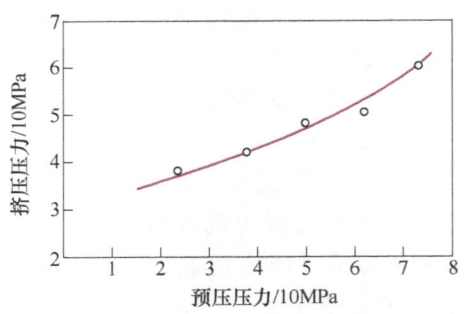
图 6-46 预压压力与挤压压力关系图

(3) 挤压温度 挤压物料的塑性受温度的影响。一般来说，挤压物料温度升高，塑性变好。如图 6-47 所示，石蜡在 35~45℃时，塑性最佳，但其强度显著降低。因此，挤压温度不宜过高，否则石蜡的强度和黏结能力大幅度下降，导致挤压压力急剧下降，压坯软化，难于保持挤压坯的形状。挤压温度低，物料塑性差，需要增加挤压压力，又导致压坯分层和横向裂纹。

(4) 挤压速度 挤压速度是指单位时间内挤出坯料的长度，一般用 mm/min 表示。挤压速度过快，压坯易发生断裂，其原因有两种解释：①认为中心部位的混合料与外层混合料由于流速差过大而引起料层间剧烈的摩擦，由摩擦产生的热造成局部石蜡熔化，减弱颗粒间的黏结而造成断裂；②由于挤压速度过快，中心部位混合料流动的超前现象变得更严重，造成较大的剪切应力而使压坯断裂。

挤压速度受挤压压力的影响。当含蜡量及物料挤压温度不变的情况下，挤压压力与挤压速度有如图 6-48 所示的关系。由图可以看出，当压力增加到一定值时，才能挤出压坯，随着压力的增加，挤压速度相应增加。当挤压速度达到某一值以后，稍微提高压力，挤出速度急剧增加。这种现象可以解释为：挤压初期，挤压压力大部分用于物料间的相互位移阻力，当挤压压力达到某一定值后，除了用于克服物料本身的内摩擦及变形阻力和挤压嘴之间的摩擦力外，尚有部分压力推动物料向外挤出；当挤压压力增大到某一临界值后，继续增加的压力几乎全部用于推动物料向外挤压，故挤压速度急剧增加。

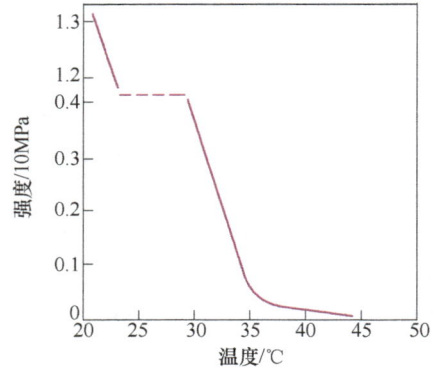
图 6-47 温度对石蜡强度的影响

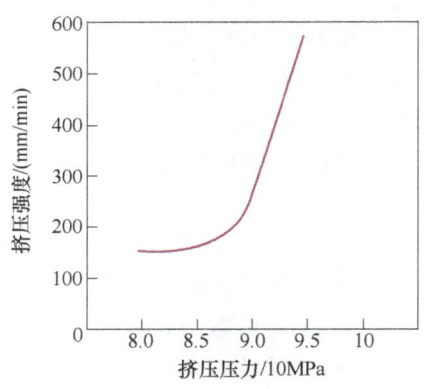
图 6-48 挤压压力与挤压速度关系

4. 粉末热挤

随着温度的升高，金属或合金的变形阻力降低，塑性提高。利用此特性，将金属粉末或压坯加热通过模具进行挤压成形的过程称为粉末热挤。挤出的坯件尺寸及形状完全由模具嘴的尺寸或型腔来控制。按挤压金属特性和挤压零件形状，热挤法可分成非包套热挤和包套热挤两种形式。

粉末热挤是把成形与烧结、热加工处理结合在一起，从而直接获得物理力学性能较佳的制品。热挤法能够准确地控制制品的成分和合金的内部组织，例如热挤压粉末高速钢可获得很细的碳化物（1μm 以下），且分布均匀。热挤压粉末高速钢与熔炼高速钢相比，前者的高温硬度、耐磨性能都有明显的提高，切削寿命可提高 4～5 倍。填充坯料挤压能够生产厚度为 0.76mm 的复杂形状的型材。

粉末热挤的早期研究是从纯金属粉末如铝、镁、铍和弥散强化材料开始的。图 6-49 是热挤压制取烧结铝粉制品的工艺流程示意图。

热挤压烧结铝粉材料具有很高的高温极限强度和蠕变性能。因为在挤压加工过程中，铝粉颗粒表面的氧化薄膜在热机械力的作用下被撕裂成超微（0.1～0.01μm）的氧化铝粒子，这些细的粒子阻碍了位错的滑移，有效阻碍了高温下再结晶过程的发生和载荷的变形。

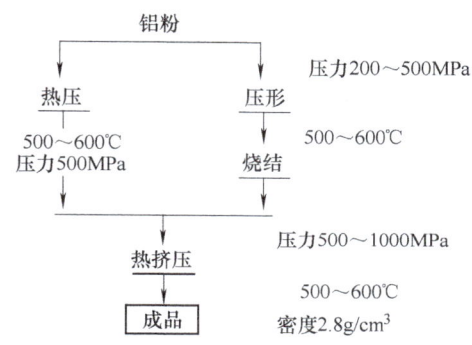

图 6-49　热挤压制取烧结铝粉制品的工艺流程示意图

用粉末直接加热或用压坯加热挤压粉末高速钢或高温合金挤压件时，为防止挤压料的氧化，粉末或压坯都要装入包套内，经过抽气密封再进行热挤压。包套材料应具有如下特点：有较好的热塑性，与挤压材料相适应；不与挤压材料形成合金或低熔相；挤压之后易于用物理或化学方法剥离；来源方便，成本低廉。挤压高温合金及粉末高速钢常用低碳钢板或不锈钢板作为包套材料；挤压有色金属选用黄铜作为包套材料。近年来有研究表明，用陶瓷作为包套在技术和经济上都有明显的优点。

近年来，研制出一种填充坯料挤压工艺。这是制取复杂断面或凹形的高温合金材料的一种重要方法，其工艺过程如图 6-50 所示。

1）包套空腔的准备。包套空腔（或型腔）用软低碳钢或不锈钢加工而成。空腔的尺寸按需要的最终制品尺寸加上放大挤压系数来确定。

2）装套。将已确定好的包套空腔放入碳钢盒内，把粉末装入空腔中并经振动摇实（球形粉末振实密度可达理论密度的 60%～62%）。

3）包套的抽空、排气和密封。装入包套内经振动密实的粉末在加热挤压前，必须经过室温除气。除气装置如图 6-51 所示。真空泵接上排气管抽气，为了完全抽尽空腔内的气体，须经真空检测后才能将包套加热，随后切断抽气管焊接密封尾端。

4）挤压。把密封包套的坯料放入炉内加热，然后按一定的挤压比装入模内进行分段挤压。例如热挤 Inconel 718（美国牌号）高温合金，挤压温度为 1149℃，挤压比为 12∶1。挤压包套的厚薄以及挤压方式都会影响挤压制品的质量。图 6-52 所示为因挤压方式不适宜所

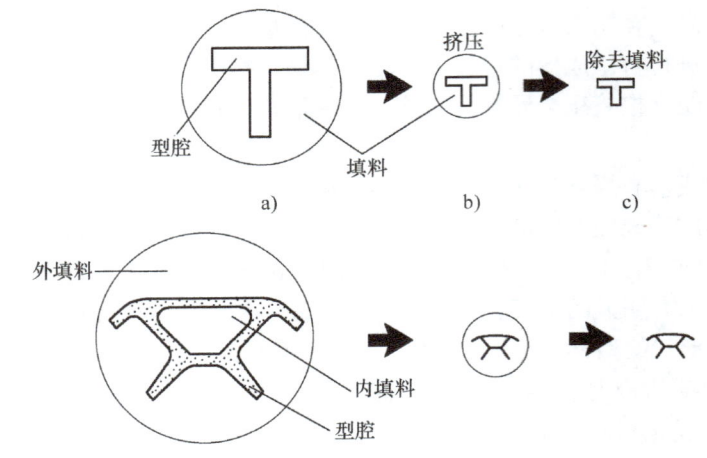

图 6-50 填充坯料挤压工艺流程

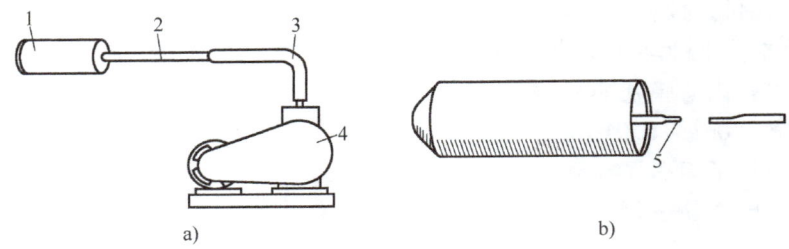

图 6-51 除气装置
a) 抽气　b) 加热焊接密封
1—坯料　2—排气管　3—真空软管　4—真空泵　5—切断并密封

造成的包套弯曲皱叠现象。为了避免套壁弯曲、皱叠而造成压坯质量下降，可提高包套壁厚同套长的比值或采用图 6-53 所示的穿透技术。

5) 剥套处理。挤压出的坯料如图 6-54 所示，剥去包套，即可获得致密的型材。

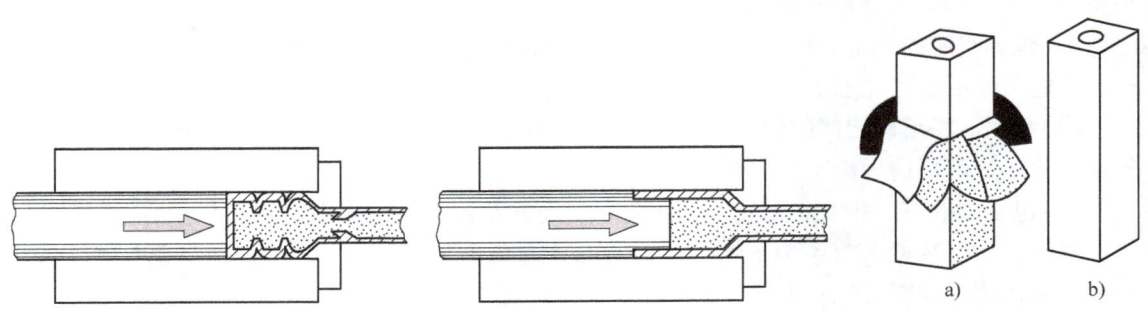

图 6-52 金属包套与松散装填粉末皱叠

图 6-53 用穿透技术避免包套皱叠

图 6-54 挤出的坯料
a) 剥套　b) 型材

6.4 粉末热压成形

热压是金属粉末致密化工艺中重要的工序之一。如图 6-55 所示，在一个刚性模中，采用单轴压制的方式进行热压处理。压模材料通常为石墨，以利于热量从外部传入。其他常用压模材料包括高温金属及它们的合金；在较低压力下，有时也使用金属陶瓷，例如铝或碳化硅等。如果压坯与压模的热胀系数不同，在冷却的过程中会出现断裂。如果会出现这种情况，最好在较高的温度下就取出压坯。最初，压制是通过颗粒重排和塑性流动（在接触点位置的颗粒屈服）来实现的。随着致密化过程的进行，晶界迁移和体积扩散成为致密化的主导因素。致密化温度是一个关键因素，并且细粉有利于致密化的进行。

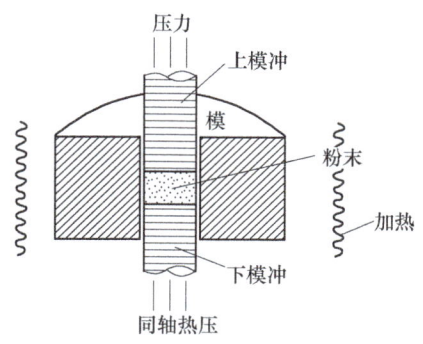

图 6-55 单轴热压的剖视图

由于在处理过程中产生大量的热，单轴热压进行得很慢，因此，不能对加热阶段和冷却阶段进行很好的控制。单轴热压所采用的最高温度和最大压力分别为 2200℃ 和 500MPa。为了最大限度地控制污染，通常在真空气氛中进行单轴热压。压模和压制过程所用设备比较昂贵，尤其是单轴热压过程采用真空气氛时更是如此。然而，单轴热压广泛用于单一组成材料的制备中，也应用于那些没有找到可靠的替代方法的研究过程中。单轴热压在商业上的最大应用是生产金刚石-金属化合物刀具。

6.4.1 热压致密原理

热压又称为加压烧结，是把粉末装在模腔内，在加压的同时使粉末加热到正常烧结温度或更低一些，经过较短时间烧结成致密而均匀的制品。热压可以将压制和烧结两个工序一并完成，可以在较低压力下迅速获得冷压烧结所达不到的密度，从这个意义上说，热压是一种强化烧结。原则上，凡是用一般方法能制得的粉末零件，都适用于热压方法制造，尤其适于制造全致密难熔金属及其化合物等材料。

热压不同阶段的致密化进程如图 6-56 所示，最初的热压件密度提高是通过颗粒重排和塑性流动（在接触点位置的颗粒屈服）来实现的。随着致密化过程的进行，晶界滑移和体积扩散成为致密化的主导因素。热压过程中致密化温度是一个关键因素，并且细粉有利于致密化的进行。在压缩时晶界间形成梯度应力的作用下，空位发生定向流动，此时发生的体扩散由应变速率控制：

$$d\varepsilon/dt = \frac{13.3 D_V \Omega \sigma_e}{kTG^2} \tag{6-5}$$

式中，D_V 为体扩散系数；Ω 为原子体积；σ_e 为有效应力；G 为晶粒尺寸；T 为热力学温度。

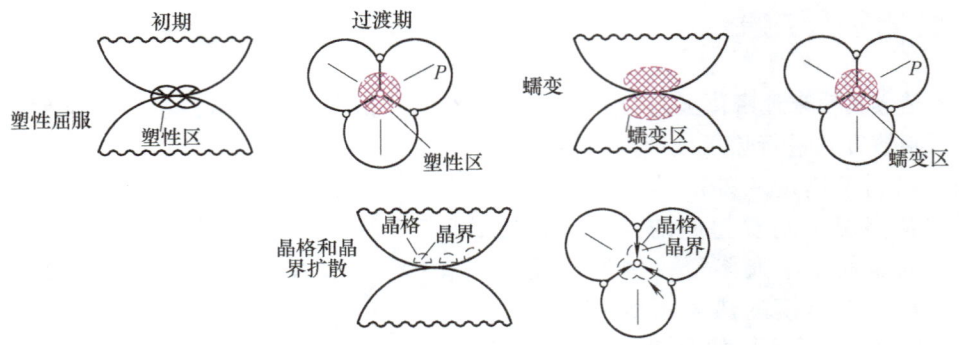

图 6-56 热压不同阶段的致密化进程

这时致密化速度随着蠕变应变速率增加而提高。由于式（6-5）中的扩散系数对温度非常敏感，因此温度是热压致密最重要的控制因素。如果只考虑晶界扩散为控制致密化程度的重要原因，扩散流沿晶界发生，那么方程式（6-5）可以变化成如下形式：

$$\frac{d\varepsilon}{dt} = \frac{47.5 D_b \delta \Omega \sigma_e}{kTG^3} \tag{6-6}$$

式中，D_b 为晶界扩散系数；δ 为晶界厚度。

在更高的温度下，加大热压件的变形应力，致密化速率将取决于与位错攀移相关的扩散速度，相应的蠕变方程是：

$$\frac{d\varepsilon}{dt} = \frac{CbUD_V(\sigma_e/U)^n}{kT} \tag{6-7}$$

式中，C 为与热压粉末材料相关的常数；b 为柏格斯矢量；U 为剪切模量；n 为与应力敏感性相关的指数。

式（6-7）表明在热压的最后阶段，颗粒之间的滑移不再发生，最后的致密化靠位错运动实现，与室温刚模压制相同，热致密化程度与剩余的孔隙度有关，因为孔隙度影响有效应力。由蠕变和位错攀移促成的孔隙闭合和孔隙消失，提高致密化速度的作用可表达如下：

$$\frac{d\rho}{dt} = \frac{A d\varepsilon}{dt [f(1-f)/\{1-(1-f)1/m\}^m]} \tag{6-8}$$

式中，f 为相对密度；A 为几何常数；m 为加工硬化系数，约等于 3。

图 6-57 给出了工具钢粉末热等静压过程中密度与温度及热压压力的关系，使用平均粒径为 50μm 的工具钢粉末，图中数据和曲线形式表明，温度对致密化的作用大于热压压力。

6.4.2 热压工艺的特点

热压法的最大优点是可以大大降低成形压力和缩短烧结时间，另外可以制得密度极高和

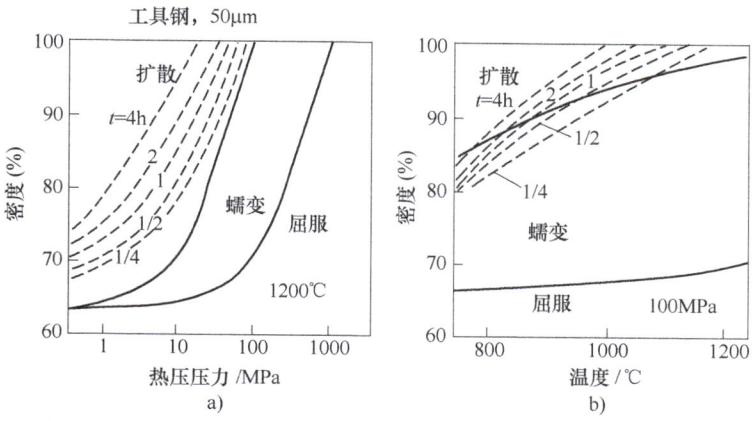

图 6-57 工具钢粉末热等静压过程中密度与温度及热压压力的关系

晶粒极细的材料，其应用主要有：①制造硬质合金拉丝模、压制模、精密轧辊及其他耐磨材料；②热压压力仅为冷成形压力的1/10，可以压制大型制件；③热压时，粉末热塑性好，可以压成薄壁管、薄片以及带螺纹的异型制品；④粉末粒度、硬度对热压过程影响不明显，因此可以压制一些硬而脆的粉末。然而，热压法也有明显的缺点，主要为：①对压模材料要求高，难以选择，而且压模寿命短、耗费大；②单件生产、效率低；③电能和压模耗费多，效率低，制品成本高；④制品表面较粗糙，精度低，一般需要清理和机械加工。

热压模可以选用高速钢及其他耐热合金，但是使用温度应在800℃以下。当温度更高（1500~2000℃）时，应该采用石墨材料，但是承压能力又降到70MPa以下。所以一般对于低温、高压的操作，可以选择金属或硬质合金模；高温、低压操作则选石墨模。

热压加热的方式分为电阻直热式、电阻间热式和感应加热式三种。采用第一种方式时，由于电流主要通过压模材料发热，使得与上下模冲和模腔接触的部位比其他部位的温度高。采用感应加热式时，由于粉末坯块重涡流的大小与坯块密度有关，在热压后期密度升高，电阻降低，涡流发热也减少，使温度不好控制。因此，热压模的设计，除保证温度外，要特别考虑热压坯均匀加热。

6.5 粉末注射成形

6.5.1 粉末注射成形的基本原理

粉末注射成形是粉末冶金技术同塑料注射成形技术相结合的一项新工艺，其过程是将粉末与热塑性材料（如聚苯乙烯）均匀混合成为具有良好流动性能（在一定温度条件下）的流态物质，而后把这种流态物质在注射成形机上经一定的温度和压力，注入模具内成形。这种工艺能够制出形状复杂的坯块。所得到的坯块经溶剂处理或专门脱除黏结剂的热分解炉后，再进行烧结。通常粉末注射成形零件经一次烧结后，制品的相对密度可达95%以上，线收缩率达15%~25%，而后根据需要对烧结制品进行精压、少量加工及表面强化处理等工序，最后得到产品。

粉末注射成形的工艺流程如图 6-58 所示。注射成形常用的粉末颗粒一般为 $1 \sim 20\mu m$，粉末形状多为球形（如羰基镍、羰基铁粉等）。在工业生产中也有采用 $30 \sim 100\mu m$ 的合金粉末。据报道，用 $200\mu m$ 以下的 316 不锈钢粉末也能制出很好的制品。粉末的粒度与零件的复杂程度及表面粗糙度有关。一般来说，细粉末能制造出几何形状复杂、薄壁、尖棱和表面光滑的零件，除金属粉末外，陶瓷粉末（如氧化铝、氧化锆、碳化物、硅化物、硼化物等）都可以用注射成形的方法制造耐高温、耐蚀、耐磨性好的零件和工具。

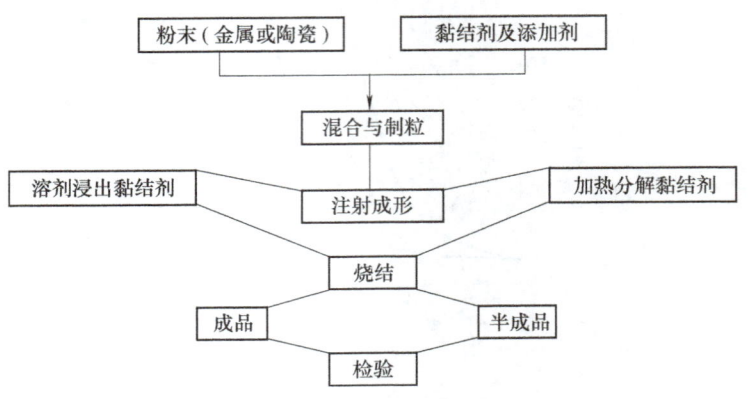

图 6-58　粉末注射成形工艺流程图

粉末注射成形机一般由注射成形喂料器、模具、液压系统及控制器四部分组成，其外貌如图 6-59 所示。注射成形机的模具和喂料机构如图 6-60 所示。

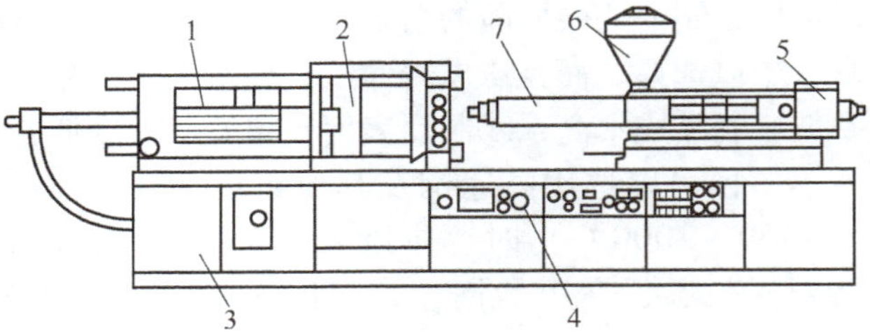

粉末与热塑性黏结剂在混合器内混合均匀并制成粒状。黏结剂的体积分数为 40%～60%，黏结剂有聚丙烯、聚苯乙烯等热塑料，有时也和石蜡混合。将粒状料装入注射成形机的料斗中加热至 220℃ 以下，在 $69 \sim 270 MPa$ 的压力下注入模具内使之成形。

图 6-59　粉末注射成形机
1—电器开关　2—模具　3—液压系统
4—控制器　5—电动机
6—装料斗　7—输料管

获得形状复杂的产品是粉末注射成形（PIM）的优势，成形后，去除黏结剂并保留粉末结构，接着，产品通过热处理或机械加工，进一步致密化烧结后的坯片具有与注射成形塑料一样的形状和精度。粉末冶金注射成形设备与高分子聚合物注射成型一样。粉末冶金注射成形的主要操作流程如图 6-61 所示。

成形设备由夹紧模组成，电动机驱动往复式螺旋杆搅拌原料

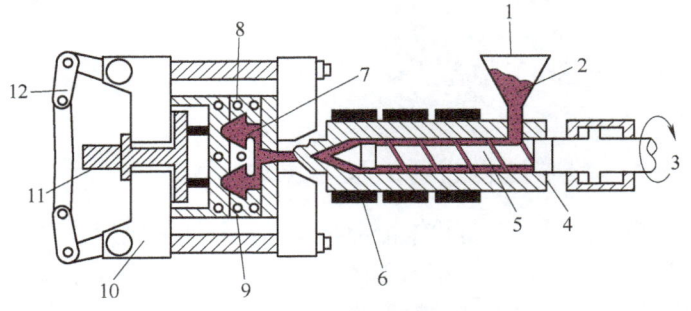

图 6-60　注射成形机的模具和喂料机构
1—装料斗　2—注射混合料　3—转轴
4—圆筒　5—螺旋器　6—加热器
7—压块　8—冷却套　9—模具
10—夹具　11—喷射器　12—弓形卡

以维持混合物的均匀性并且产生填充模的压力,从加料斗加入的粒料在通过圆筒时加热至高于黏结剂的熔化温度。熔化后的粉末-黏结剂混合物被迅速充填到冷模中。在冷却过程中保持注射压力以尽量减少空洞形成。充分冷却后,坯片被挤压出来后再次重复这一生产过程,图 6-62 是一个周期粉末注射成形的连续过程。

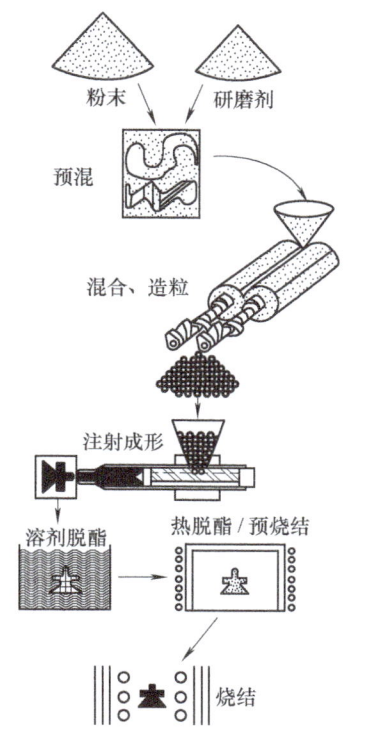

图 6-61 粉末冶金注射成形的主要操作流程

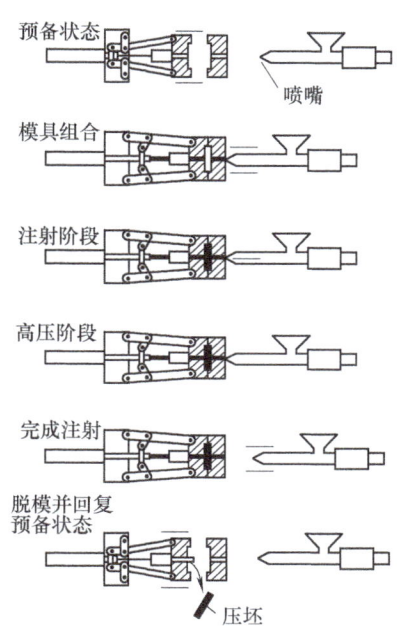

图 6-62 一个周期粉末注射成形的连续过程

粉末注射成形工艺生产的一个具有代表性的零件是猎枪扳机安全罩。这种曲线形的零件是用低合金 Fe-Ni 钢做成的,单件重约 40g。成形过程中,成形机上挤出嘴的温度是 175℃,模具的温度为 40℃。最大的注射压力为 20MPa,充填压力为 8MPa。而在制备扳机时,填充模具的时间相对较短,但是注射成形坯冷却的时间需要用 18s,整个生产周期需要 37s。

注射成形的坯块需要除去黏结剂后才能进行烧结,黏结剂要通过脱酯工艺来去除。脱酯有几种方法,包括热脱酯、溶剂脱酯和毛细管萃取。对于金属,用得最多的是热脱酯,坯块在空气中被缓慢加热到 600℃ 以使黏结剂分解,这个过程需要几个小时甚至数十个小时,可同烧结在一起进行。另一种办法是把注射成形坯块浸在溶剂中(常用三氯乙烷),除去部分黏结剂使生坯孔隙敞开,剩余留下的黏结剂对颗粒起固定作用,如图 6-63 所示。烧结增强了颗粒间

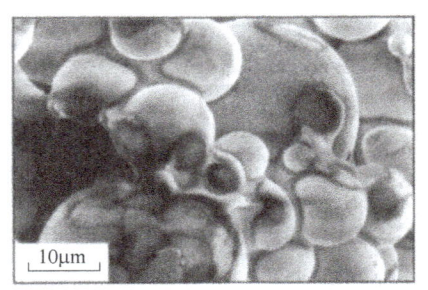

图 6-63 脱酯初期金属表面的黏结剂

的结合力，孔隙可通过致密化来消除。如果粉末成形时，各向同性的填充模腔能获得所期望的均匀收缩，所以最初的坯体比最终的产品的尺寸要大。烧结后，产品的强度高、微观结构均匀，比许多其他工艺路线制备的产品的性能都要优异。

6.5.2 粉末-黏结剂混合物

尽管粉末注射成形工艺在实践过程中有很多变化，但它的基本条件是相同的。采用小颗粒使烧结致密化，通常使用平均粒径为 $0.5\sim15\mu m$ 的近球形羰基粉末、还原粉末和气体雾化粉末，黏结剂通常是热塑性的聚合物。典型黏结剂的配方是质量分数为 70% 的石蜡加 30% 的聚丙烯，再添加一定量的润滑剂或增塑剂以提高黏结剂的黏度。一般要求黏结剂在 150℃ 完全熔化，黏结剂用量依粉末的堆积性能大概为混合物体积的 40% 左右；注射成形钢粉一般采用质量分数为 6% 的黏结剂。为了充分填充粉末之间的孔隙和在成形过程中改善粉末的流动性，需要添加足够的黏结剂。混合物的黏度取决于黏结剂的黏度、混合物的湿度、剪切率、固体含量和黏结剂中表面增湿剂的类型，混合物黏度低于 $100\mathrm{Pa\cdot s}$ 最为理想。混合物黏度 η_m 与粉末含量 ϕ，固体装载量 ϕ_c 和黏结剂黏度 η_b 有关：

$$\eta_m = \eta_b\left(1-\frac{\phi}{\phi_c}\right)^{-2} \tag{6-9}$$

式（6-9）中，ϕ_c 是临界装载量，通常它很接近粉末的振实密度，在接近于临界状态的高固体装载量情况下，组分很小的波动都会引起黏度很大的变化。图 6-64 所示为粉末-黏结

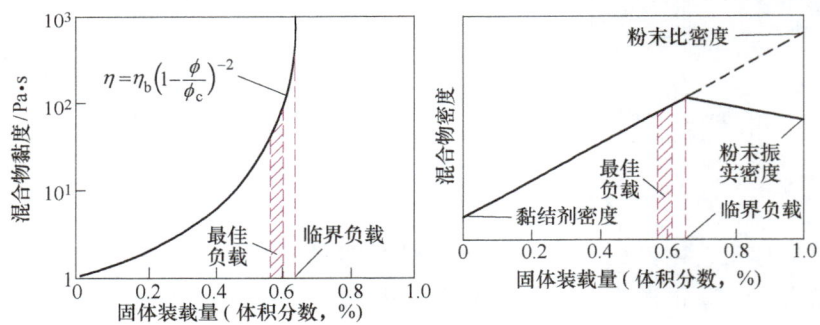

图 6-64 粉末-黏结剂原料密度及黏度与固体装载量的关系

剂原料密度及黏度与固体装载量的关系。在临界固体装载量时粉末处于无润滑黏结剂的临界点，进一步提高固体含量将没有足够的黏结剂来填充所有的孔隙，因此降低了混合物的密度。为了保证工艺过程的进行，混合物需要有良好均匀性，因为黏度性能对混合物组成很敏感，任何的不均匀都会阻碍其在模腔中的流动。通常，黏结剂需稍微过量以保持系统的黏度在要求的范围内。注射成形原料的黏度与温度和剪切密度的关系，如图 6-65 所示，在混合物中用剪切速率测量位移的有效率。

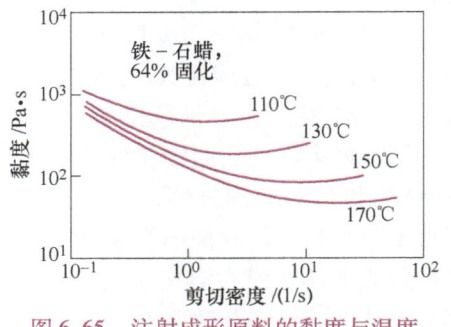

图 6-65 注射成形原料的黏度与温度和剪切密度的关系

6.5.3 注射成形工艺

注射成形包括原料加热和压制过程，工艺过程要求控制模填充率、最大压力、混合物温度和压制压力下的停留时间等参数。混合物在注射成形机的加热筒中预热到 130~190℃。注射成形时，在螺杆向前的牵引力作用下将预定体积的熔融原料注入到模腔中。原料通过喷嘴、流槽和浇口注入模腔，如图 6-66 所示。模具温度一般低于原料温度，因此在充填过程中原料黏度增大。在模腔被充满之前，填充过程中不断增加的阻力需要充填压力不断增加。图 6-67 所示为在将原料压向模腔的过程中螺杆的位置，同时也表示了液压系统中对应的螺杆位置。实际成形压力取决于成形模的几何形状、黏结剂和粉末性能，成形压力可高达 30MPa。

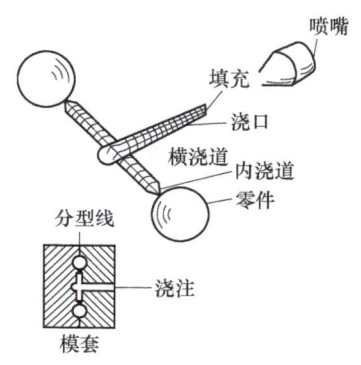

图 6-66 注射成形工艺中浆料的流动路径图

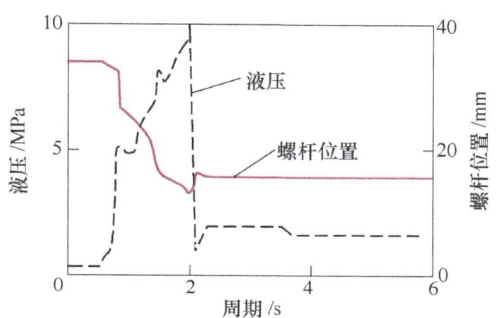

图 6-67 成形过程中螺杆的位置及系统液压和成形周期的关系

在填充成形过程中，物料的流动率 Q 与所用压力 P 和混合物黏度 η_m 的关系如下：

$$Q = \frac{P}{(\eta_m K)} \tag{6-10}$$

式（6-10）中，流体阻力 K 与模具的几何形状有关。对于圆筒形模：

$$K = \frac{127L}{\pi d^4} \tag{6-11}$$

式中，长为 L，直径为 d。而对于宽为 W，高为 t 的矩形模，流体阻力 K 为

$$K = \frac{L}{Wt^3} \tag{6-12}$$

直径小或厚度薄的样品在填充模具的时候最困难，要求填充压力较高和浆料黏度较低。因为注射压力受成形设备的限制，并且温度决定黏度的大小。因此温度和压力是注射成形技术中最基本的控制参数。

剪切速率很高时，粉末有从密度低的黏结剂中分离的倾向，使黏度快速增大。由于模腔的填充取决于混合料的黏度，粉末从黏结剂中分离不利于制备密度均匀的零件。与此同时，如果原料混合物在成形的过程中冷却，黏度会快速增大，导致不能合理地填充模腔。从图 6-68 可以看出当混合物冷却、内浇道凝固时，在压力的作用下粉料虽然填满模腔，但形成收缩缺陷。增加注射成形压力，使更多的粉料进入模腔，能补偿这种收缩，从而确保得到无

缺陷的零件。

随着粉料从浇道填充模腔，空气经通气口排出模腔，因此通气口将成为最后被填充的部分。图6-69是模腔的填充顺序。使用计算机模拟和控制技术能有效避免成形过程中缺陷的产生。因注射成形使用了大量成形剂，在发生烧结前除去成形剂是一个重要步骤，最常用的方法是将注射坯体缓慢升温至600℃，使成形剂挥发脱除。另一种方法是将注射成形坯体浸没于溶剂中，溶解掉黏结剂的某些成分，保留部分有机聚合物，以固定烧结前坯体中颗粒的位置，如图6-70所示。

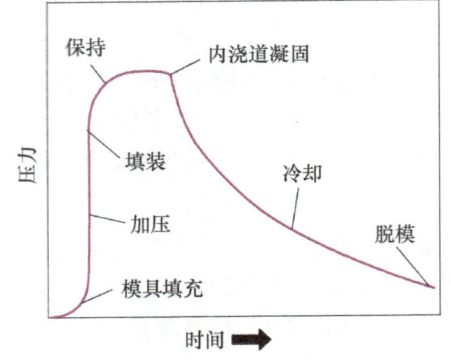

图6-68　PIM工艺中的压力-时间图

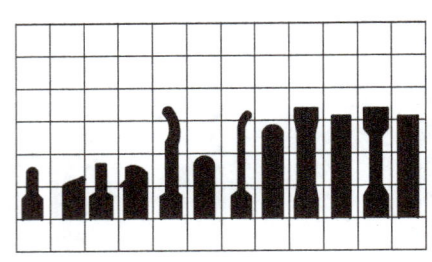

图6-69　非连续式成形过程中简单零件的模具填充顺序

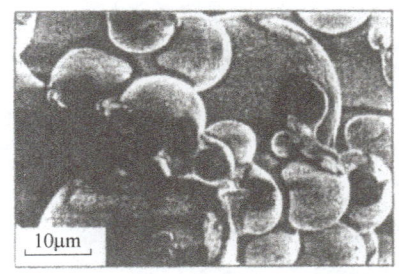

图6-70　脱酯早期颗粒间接触处黏结剂的扫描电镜图

6.5.4　粉末冶金注射成形技术的特点

粉末冶金注射成形一般（PIM）用于制备形状复杂、性能要求高的产品。图6-71的维恩图强化了这个概念，三个基本的考虑因素用三个相互重叠的圆来表示，三个因素分别是形状复杂性、低成本和高性能。三个圈重叠的部分是PIM工艺最适合的区域。烧结密度高的产品适合于高性能方面的应用。图6-72所示为采用PIM工艺制备的形状复杂的零件。PIM中粉料受水静压成形的特点能减小密度梯度分布，得到密度分布均匀的烧结产品。一般说，PIM适合于成形能用塑料注射成型工艺制备的所有形状，特别是几何形状复杂的小件。

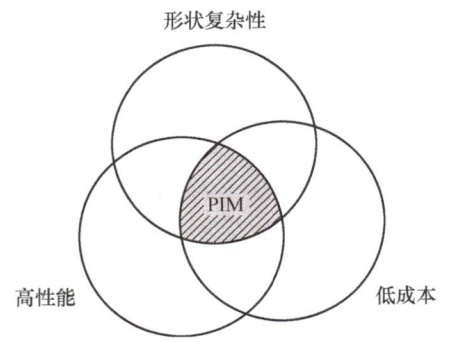

图6-71　最适合PIM工艺应用的领域的维恩图

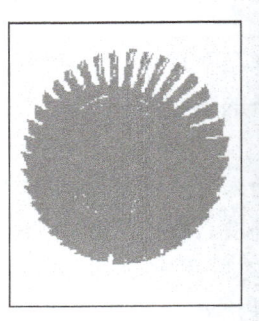
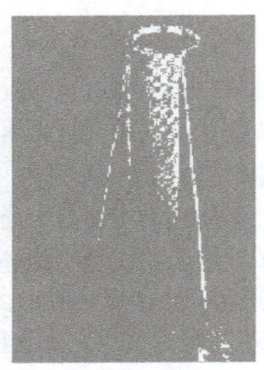

图6-72　采用PIM工艺制备的形状复杂的零件

增加模腔数目是提高粉末注射成形的生产效率的重要方法。在部分注射成形工艺中，一个模套中有多于 40 个模腔。为保证每一个模腔都能被均匀填充，每个模腔离注射口的距离要相等。模腔沿径向分布能达到这个目的。与之相关的设计以及软件的优化都要考虑到成本因素，虽然模腔多能提高效率，但是过于复杂的模腔又会增加成本，要设法使设备和产品的总成本降到最低。

目前，粉末冶金注射成形零件截面尺寸为 25～50mm，长度可达 150mm，单件质量在 0.10g～150g 之间，实际上最经济的是在 1～25g 范围内。研究结果表明，对于外形尺寸为 0.4mm×2.5mm×1.3mm 的小产品，在经济上是合算的。所以，粉末冶金注射成形适宜于生产批量大、外形复杂、尺寸小的零件。

注射成形坯块的烧结是在气氛控制烧结炉内或真空烧结炉内进行的。带脱黏结剂的烧结炉一般多为间歇式烧结炉，也可采用连续式烧结炉或真空炉。文献资料显示，注射成形坯块烧结后产品尺寸公差一般能保持在 -0.3%～0.3% 范围内，如果生产过程控制得好可保持在 -0.1%～0.1% 以内。与一般粉末冶金材料相同，粉末注射成形烧结材料的力学性能随密度的增大而增加，注射成形坯块受压过程是均匀等静压压制过程，所以材料的力学性能是各向同性的。

6.6 温压成形

普通室温刚性模压制技术通常能制造密度低于 7.1g/cm³ 的铁基零件。为了满足汽车工业对铁基粉末冶金零件日益增长的需要，必须拓展铁基粉末冶金零件在汽车上的使用量。而低密度通常使铁基粉末冶金零件的综合力学、物理性能较低，难以满足服役条件苛刻的汽车零件使用要求。基于汽车用铁基粉末冶金零件的高性价比要求，提高零件密度是一有效的技术途径。

20 世纪 80 年代中后期，意大利 Nuova Merisinter 公司在铁基扩散黏结剂粉末制备技术的基础上开展了铁基粉末在加热条件下的压制技术研究。研究发现，压坯密度比室温压制有一定程度的提高。但由于使用硬脂酸锌作为润滑剂，当温度超过其熔点后铁基粉末的流动性很差而难以实现压制自动化。直至 1992 年美国赫格纳斯公司取得了第一项专利，即 Ancordense™ 工艺，预示着温压技术的工业应用趋于成熟，并于 1994 年向工业界展示了以 Starmix 粉末为基础的、利用温压技术制备的、密度高达 7.2～7.4g/cm³ 的铁基零件。随后，瑞典赫格纳斯公司和加拿大魁北克金属公司分别推出了受专利保护的 Densmix 和 Flowmet 商用粉末。这些商用温压粉末的推出，标志着温压工艺作为一种先进成形技术成功地应用于高性能铁基粉末冶金零件的工业制造中。

6.6.1 温压工艺

温压是指铁基粉末与模具被加热到 150℃ 左右的一种刚性模压制技术。温压与普通压制技术相比，主要存在两方面的差异。首先，温压粉末采用的是一种专用铁基粉末，即由压缩性能优异的铁基粉末与在温压温度下具有良好润滑效果的新型聚合物润滑剂组成。其次，粉末压制温度通常在 110～130℃ 之间，且模具的温度略高于粉末温度。图 6-73 为温压工艺的基本流程。温压工艺流程与普通压制基本相同。因此，在现有粉末压力机上添加粉末与模具加热附件就能够实现温压。

6.6.2 温压技术的特点

温压工艺与普通压制技术相比，具有如下主要特点。

（1）**低成本制造高性能 P/M 零部件** 经测算，若温压的相对制造成本为 1，则普通压制烧结技术的相对制造成本为 0.8，复压-复烧工艺为 1.3，渗铜工艺为 1.5，粉末锻造的相对制造成本为 1.8。这主要与采用温压工艺导致零件加工工序少、模具寿命长与制造的零件形状复杂程度提高有关。

（2）**压坯密度高** 研究发现，采用专用粉末经温压后压坯相对密度可提高 2%～6%，即孔隙度降低 2%～6%。若结合复压工艺，铁基零件的密度可达到 7.6g/cm³。另外，高的压坯密度也对降低零件的表面粗糙度有利。

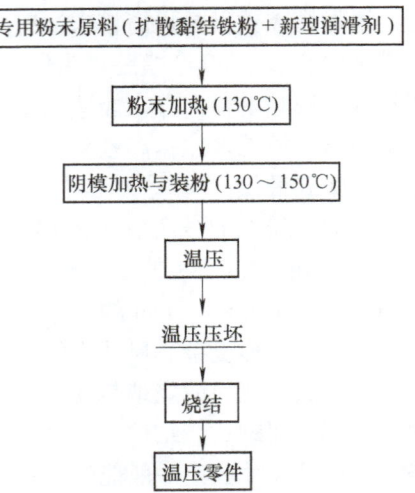

图 6-73 温压工艺的基本流程

（3）**便于制造形状复杂的零部件** 在刚性模压制造技术中，粉末压坯几何形状的复杂程度不仅取决于压制装备，如压力机的动作功能、模架与模具结构，而且与被成形坯件的本身所固有的特性有关。这些特性包括：压坯强度与脱模力大小。研究表明，温压坯件的强度比普通压制获得的压坯提高 25%～100%。造成这一现象的主要原因是：温压增加了颗粒间的有效接触面积，增强了颗粒之间的结合强度，因密度分布均匀性提高（密度差减小 0.1～0.2g/cm³）而减小了坯件中的残余应力。这些因素对压坯强度具有积极的贡献。研究还发现，相同密度下，温压坯件的脱模压力降低了 30% 左右。温压过程中，颗粒通过局部的滑动与转动实现了颗粒重排，且进行得更加充分，导致弹性后效下降 50%；同时温压粉末中润滑剂的高效润滑特性，大幅度减小了粉末颗粒与模壁之间的摩擦力。

（4）**零件力学性能大幅度提高** 同材质、同密度温压零件的极限抗拉强度提高 13.5%，并获得了烧结态达 1200MPa 的样件；屈服强度提高 11%，冲击韧度提高 33%；疲劳强度提高 10%，特别是温压成形产品，若经过复压，温压件的疲劳强度与粉末锻件相当。

（5）**零件精度高** 温压密度提高可降低烧结过程中可能出现的变形和收缩，便于精度控制。

（6）**压制压力降低** 获得相同的压坯密度时，温压所需的压制压力比普通压制降低 140MPa，这有利于提高压力机容量，为吨位较低的压力机压制大尺寸零件提供了可能。

因此，温压工艺既保持了传统模压的高效、高精度优势，又提高了铁基零部件的性能，是铁基粉末冶金零件制造领域中的一个重大技术进展。

6.6.3 温压工艺的核心技术与温压技术的致密化机理

温压工艺的核心技术包括粉末原料与粉末加热系统。 粉末加热系统相对较为容易实现。而温压粉末原料的设计与生产则为温压工艺中最关键的核心技术，是温压工艺获得高密度铁基粉末压坯的技术基础。温压粉末原料的制造技术主要包括**基粉（base material powder）制造技术和新型聚合物润滑剂的设计**。

国际上大型金属粉末公司如瑞典赫格纳斯公司、美国赫格纳斯公司和加拿大魁北克金属粉末公司制造的商用温压粉末，一般都采用压缩性能优异的部分预合金化铁粉作基粉，这是温压粉末原料的基石。制备压缩性能优异的部分预合金化粉末的关键在于部分预合金化工艺及合金化程度的控制。研究发现，除铁粉本身的特性如铁粉颗粒形貌、粒度及其合理搭配与纯度以外，铁粉颗粒与合金元素颗粒之间的适度合金化有助于铁粉塑性的改善，即由于未合金化区域中的间隙元素的原子（O、C、N）在扩散处理过程中发生了向合金化区域的定向迁移，导致铁颗粒的纯化和软化，粉末压缩性提高。

由于温压通常在130℃左右进行，传统的硬脂酸锌已处于液态，不能作为温压粉末的润滑剂，而必须设计新的润滑剂体系。严格地讲，温压用润滑剂应具备两大功能，即润滑功能与为确保润滑效果最大化的黏结作用。后者能确保润滑剂膜均匀地包覆在铁基合金粉末颗粒表面上，使润滑剂的减摩作用能最大程度地发挥。选择具体润滑剂组元时应考虑其耐压能力，即在高压力下应保持润滑膜的连续性。据资料报道，聚酰胺、聚酰亚胺、聚醚亚胺、聚醚、聚砜、纤维素酯、热塑性酚醛树脂、聚乙二醇、聚乙烯醇、阿克蜡等及其上述物质的组合物可作为温压粉末中的润滑剂。温压用润滑剂的选择应考虑以下技术要求：①熔点应高于温压温度；②低的摩擦因数，即优异的润滑效果；③润滑作用具有明显的温度效应，即随着温度的升高，摩擦因数下降；④较宽的分解温度范围，避免导致烧结体膨胀与开裂；⑤洁净环保。

温压的致密化机理与普通压制工艺基本相同，两者之间的差异在于，温压时粉末颗粒重排与塑性变形进行得更加充分。因此，温压工艺能获得更高的压坯密度。一方面，在温压温度下，铁颗粒的加工硬化速度和加工硬化程度降低，铁粉颗粒的塑性变形能力得到改善，即降低了塑性变形阻力。另一方面，润滑剂对温压致密化的贡献主要通过两个途径实现。首先，优异的润滑作用能有效地降低颗粒之间的内摩擦使颗粒重排易于进行，便于获得紧密堆积结构；其次，润滑剂能大幅度降低粉末颗粒与模壁之间的摩擦，减小了施加的外压损失。温压过程中颗粒之间的内摩擦与模壁摩擦的降低相对地提高了作用在粉末体上的有效压制压力，有利于压坯密度的提高。

6.7　粉末连续成形

6.7.1　粉末轧制成形

粉末轧制技术采用连续供粉方式，通过轧辊的滚压来制备具有较低密度的带状压坯。图6-74所示为粉末轧制的操作过程。

将金属粉末通过一个特制的漏斗喂入传动的轧机辊缝中，即可轧出具有一定厚度和连续长度且有适当强度的板带坯料。这些坯料经过烧结炉的预烧结和烧结处理，再经过轧制加工、热处理

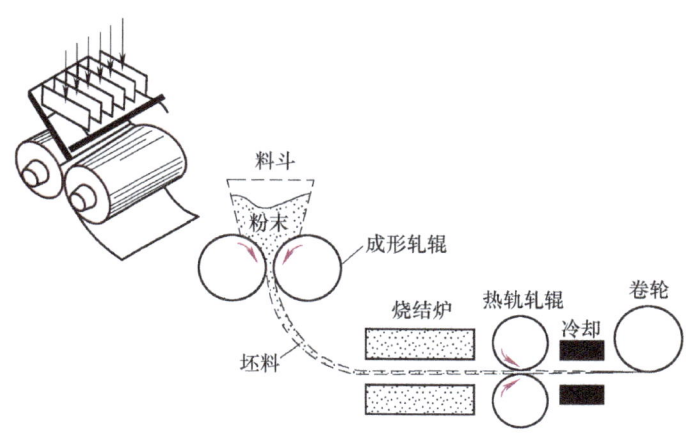

图6-74　粉末轧制的操作过程

等工序即可制成有一定孔隙度或致密的粉末冶金板带材。

6.7.2 粉末轧制法的特点和分类

与熔铸轧制法相比,粉末轧制法的优点是:

1) 能够生产一般轧制法难于或无法生产的板带材,如各种双金属或多层金属带材、难熔金属及其化合物的板带材、磁性材料、减摩材料、多孔过滤材料、电触头材料、粉末超导材料等的带材。

2) 能够轧制出成分比较准确的带材,如粉末轧制的 Ag-W70、Ag-W60 合金,并且成分易于控制,组分均匀。而熔铸轧制法难免存在成分偏差和组分偏析。

3) 粉末轧制的板带材料具有各向同性。对于许多应用领域来说,这一特性是很重要的。

4) 工艺过程短,节约能源。如图 6-75 所示,不锈钢的粉末轧制法比熔铸轧制法少几道工序。无疑,这将节约大量热能,降低生产成本。

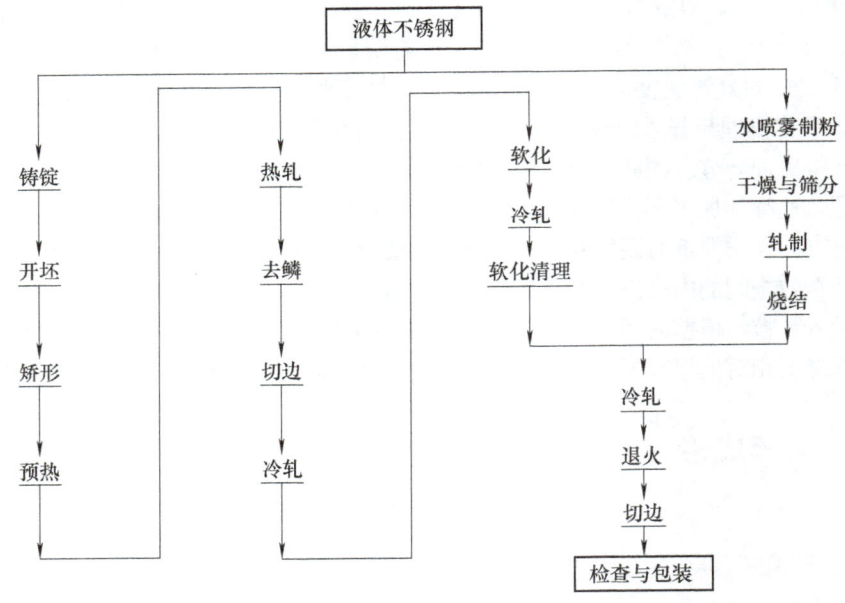

图 6-75 不锈钢熔炼轧制与粉末轧制比较图

5) 粉末轧制法成材率比熔铸轧制法高。粉末轧制法成材率一般可达 80%~90%,而熔铸轧制法仅为 60%,对于难变形的金属及其合金只有 30% 左右。

6) 不需要大型设备,减少了大量投资。据估计,一个年产 15000t 的粉末轧制铜带材厂与同样生产能力的普通轧制厂相比,建设投资仅为后者的 1/4。

粉末轧制作为一种成形方法,与模压法比较也具有许多优点:①制品的长度原则上不受限制,这是一般模压法无法实现的;②粉末轧制制品密度比较均匀,而模压成形制品的密度均匀性较差;③对压制和轧制同一材料来说,粉末轧机的电动机功率比压力机要小。

应当指出,粉末轧制法生产的带材厚度受压辊直径限制(一般不超过 10mm),宽度也受到压辊宽度的限制;其次,粉末轧制法只能制取形状较简单的板、带材及直径与厚度比很大的衬套等。

6.7.3 粉末轧制原理

粉末轧制的实质是将具有一定轧制性能的金属粉末装入一个特制的漏斗中，并保持一定的料柱高度，当轧辊转动时，由于粉末与轧辊之间的外摩擦力以及粉末体内摩擦力的作用，使粉末连续不断地被咬入变形区内受轧辊的压轧。相对密度为20%～30%的松散粉末体被轧制成相对密度达50%～90%，并具有一定抗张、抗压强度的带坯。如图6-76所示，Ⅰ区为粉末在重力作用下流动自由区；Ⅱ区为喂料区，该区域内的粉末受轧辊的摩擦被咬入辊缝内；Ⅲ区为压轧区，粉末在轧辊压力的作用下，由松散状态转变成具有一定密度和强度的带坯。由此可见，金属粉末的

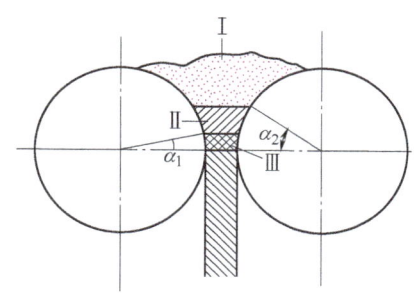

图 6-76 粉末轧制过程示意图
Ⅰ区—粉末自由区 Ⅱ区—喂料区 Ⅲ区—压轧区

轧制过程可以看成是粉末连续成形过程。它开始于粉末被咬入的截面，结束于两压辊中心连线的带坯轧出的断面。

粉末轧制也与致密金属轧制一样，要使粉末被咬入轧辊缝内，必须使摩擦因数 μ 与侧压系数 ξ 之和大于咬入角的正切值，即：

$$\tan\alpha < \mu + \xi \tag{6-13}$$

式中，μ 为粉末体与轧辊之间的摩擦因数；ξ 为金属粉末在轧制时产生的侧压力与垂直压力之比。

式（6-13）中 μ 值的变化，主要取决于粉末的表面状态、轧辊表面粗糙度和轧辊的转速。ξ 值与粉末的塑性、化学成分、颗粒形态和比表面积大小、轧制气氛、轧制温度等因素有关。显然，要全面考虑这些因素并推导计算出 ξ 值的方程式是十分困难的，直接测量也不容易。巴尔申曾导出一个计算 ξ 值的简化公式，即：

$$\xi = \tan^2\left(45 - \frac{\varphi}{2}\right) \tag{6-14}$$

式中，φ 为粉末的自然堆积角。

若没 ξ' 为致密金属被压缩时的侧压系数，d 为粉末体的相对密度，则粉末体的侧压系数 ξ 为 ξ' 与 d 之积，即：

$$\xi = \xi' d$$

按照巴尔申的意见，普通金属粉末体松散状态时的相对密度 d 值一般为10%～20%，致密金属的 ξ' 值为0.54，粉末侧压系数 ξ 值仅为0.05～0.1左右，远远小于摩擦因数 μ 的值。因此，粉末被咬入主要是靠粉末与轧辊表面之间的摩擦作用，靠粉末体颗粒间的内摩擦而连续咬入。

粉末能够被咬入轧辊缝中是轧制过程的必要条件。众所周知，粉末轧制成形的目的主要是获得具有一定强度、密度和尺寸（宽与厚）的带坯。因此，还必须进一步研究粉末被咬入变形区的情况。图6-77所示为粉末轧制时咬入区与变形区的状况。粉末体在 H_α 截面开始被压紧并发生变形，密度有显著的增加。横截面 H_α 为咬入宽度（或称为咬入厚度），从该

截面开始至两轧辊中心水平线上的交角 α 被称为咬入角。相应的轧辊弧长为咬入区。

若轧制带坯的厚度为 δ_R，轧辊直径 $D=2R$，从图 6-77 可知：

$$H_\alpha - \delta_R = 2R(1-\cos\alpha)$$
$$H_\alpha = D(1-\cos\alpha) + \delta_R \qquad (6\text{-}15)$$

应当指出，粉末轧制同致密金属轧制不一样。致密金属轧制前后，金属体积和密度保持不变。而粉末轧制时，尽管金属颗粒的体积和密度没有变化，但粉末体占据的体积却发生变化，如果孔隙度显著减小，相对密度则明显提高。

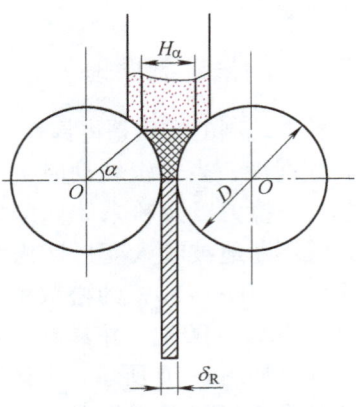

图 6-77 粉末轧制时咬入区与变形区的状况

设轧制前粉末松装密度为 $\rho_\text{松}$，粉末料柱宽度为 B，轧制时进料速为 $v_\text{进}$，轧制得到的带坯密度为 $\rho_\text{压}$，厚度为 δ_R，宽度为 b，带坯的轧出速度为 $v_\text{轧}$，则由轧制前和轧制后质量不变的原理可得：

$$\rho_\text{松} H_\alpha v_\text{进} B = \rho_\text{压} \delta_R v_\text{轧} b \qquad (6\text{-}16)$$

实际粉末轧制时带坯宽展很小，因此 $B \approx b$。

由此
$$\rho_\text{松} H_\alpha v_\text{进} = \rho_\text{压} \delta_R v_\text{轧}$$
$$\rho_\text{压} = \frac{v_\text{进} H_\alpha \rho_\text{松}}{\delta_R v_\text{轧}}$$

令 $\dfrac{v_\text{轧}}{v_\text{进}} = \eta$，即 $v_\text{轧} = \eta v_\text{进}$，$\eta$ 为延伸系数。

故
$$\rho_\text{压} = \frac{H_\alpha \rho_\text{松}}{\eta \delta_R} \qquad (6\text{-}17)$$

$$\delta_R = \frac{H_\alpha \rho_\text{松}}{\eta \rho_\text{压}} \qquad (6\text{-}18)$$

将式（6-15）代入式（6-17）、式（6-18）得：

$$\rho_\text{压} = \frac{\rho_\text{松}}{\eta}\left[1 + \frac{D(1-\cos\alpha)}{\delta_R}\right] \qquad (6\text{-}19)$$

$$\delta_R = \frac{D(1-\cos\alpha)}{\eta z - 1} \qquad (6\text{-}20)$$

式中，z 为粉末压紧系数，$z = \dfrac{\rho_\text{压}}{\rho_\text{松}}$。

粉末轧制的延伸系数 η 与致密金属轧制的 μ 相似，可用轧制时的前滑值 s 和后滑值 s' 表示，则 η 值由下式确定，即：

$$\eta = \frac{v_\text{轧}}{v_\text{进}} = \frac{1+s}{1-s'} \qquad (6\text{-}21)$$

粉末轧制时延伸系数 η 的准确值很难测定，根据经验常取 $\eta = 1.00 \sim 1.02$。

从式（6-19）看出，带坯的密度 $\rho_\text{压}$ 与粉末松装密度 $\rho_\text{松}$ 成正比，与延伸系数 η 成反比。

式 (6-20) 表明，带坯的厚度 δ_R 与轧辊直径 D 成正比。

按照式 (6-19)、式 (6-20)，可以控制一定的轧制参数来计算轧制的带坯的密度和厚度。但为确保粉末被咬入，粉末颗粒不应大于咬入厚度 H_α，即

$$d_{\max} \leq D(1-\cos\alpha) + \delta_R \tag{6-22}$$

$$d_{平均} = \frac{D(1-\cos\alpha) + \delta_R}{n} \tag{6-23}$$

式中，$d_{\max}$ 为粉末颗粒最大尺寸；$d_{平均}$ 为粉末颗粒平均尺寸；n 为咬入宽度 H_α 断面上的颗粒数目。

轧辊直径直接影响带坯的厚度和密度，通常轧辊直径与带坯厚度的比值为 (100～300):1。粉末的松装密度、流动性、颗粒形状等因素都明显影响轧制带坯的质量。因此，在轧制时这些因素都要严格控制。

粉末的密度越大，轧制过程中轧制比（厚度减小）越大，最终密度越大。经过第一次轧制后生坯的密度可达到理论密度的 60%～90%，致密化的效率随着采用更大的轧辊压力而增大。经过一个单程的辊压操作后，可获得密度为理论密度 99.8% 的轧制产品，但更常见的是多程轧制。在用辊压致密化粉末过程中，主要的技术问题就是原材料的滑移和破碎。对一给定的最终密度，必要的辊压力对粉末初始密度来说，是必不可少的。最终产品受限于几何形状，故粉末只能轧制成形片状产品。粉末轧制成形技术可应用于锻造铁、铜、铝、镍、钢、不锈钢、Mo-Cu、Ni-Ti、Co-Te、Cu-Pb，其复合材料的应用范围从电池电极到磨损面。

6.7.4 金属粉末的轧制工艺

热轧能够得到压缩量小的无孔带材，并且能够减少设备的数量。一般情况下，这种轧制必须采取防氧化措施，因为大多数粉末都具有较高的氧化趋向。所以热轧的粉末都是在包套（抽真空）或保护气氛中进行的。

图 6-78 所示为粉末直接轧制示意图—一种自然式轧制方法，振动器将漏斗内的粉末振动摇实，粉末靠低频加热器加热。图 6-79 是一种用电阻烧结法直接热轧金属粉末的示意图，闸口 1、2、3 控制粉末的喂料速度，滚筒 5 匀速转动，将粉末均衡喂入轧制轧辊 6 中，轧出厚度为 0.5～1.0mm 的带坯。带坯 10 又通过一对石墨轧辊 8，在保持电流密度为 2～4A/mm² 及电压为 5～10V 的条件下被加热烧结。烧结的带坯 11 随即喂入轧辊 9 热轧成高密度的带材。图 6-80 是一种在保护气氛下用电炉间接加热粉末轧制焊接钢带的方法示意图。

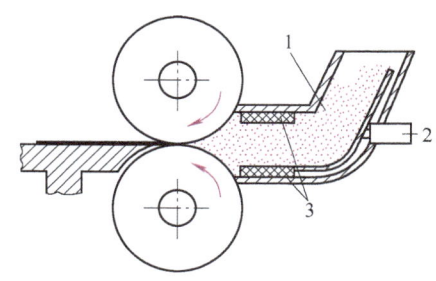

图 6-78 粉末直接加热轧制
1—装料漏洞 2—振动器 3—低频加热器

粉末冷轧带坯需要进行烧结处理，以获得一定的物理力学性能，如抗张强度和伸长率等。对于需要致密度很高的材料还要经过冷轧加工及中间退火等工序。至于多孔带材、减摩材料用的带材，大部分都不必再补充致密化。粉末带坯的烧结工艺原理及设备与其他粉末制

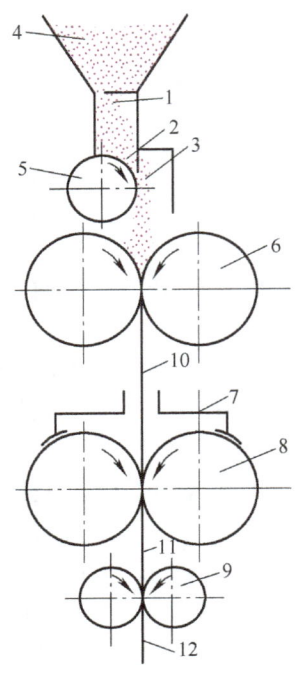

图 6-79　电阻烧结法热轧

1、2、3—闸口　4—粉末　5—滚筒　6—轧制轧辊
7—导电接线　8—石墨轧辊　9—热轧轧辊
10—轧制带坯　11—烧结带坯　12—热轧带坯

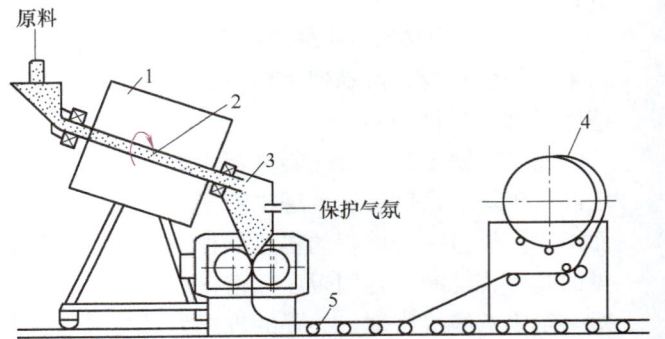

图 6-80　粉末间接加热轧制焊接钢带

1—电加热炉　2—回转炉管　3—中间容器
4—卷圈机筒　5—辊道

品大体上是一致的,但其所需要的烧结时间比一般制品要短得多,因为带坯厚度较薄,在高温下受热很快均匀。众所周知,烧结过程是金属原子的扩散、流动和物理化学反应综合作用的过程,因此,带坯的烧结质量同烧结温度、烧结时间有着密切的关系。铁基带坯的烧结温度一般在 1000~1300℃,烧结时间可由几分钟到几小时。一般情况下带坯在保护气氛或惰性气氛中进行烧结,也有在真空中进行烧结的。某些粉末金属及合金轧带坯的烧结工艺见表 6-8。

表 6-8　某些粉末金属及合金轧带坯的烧结工艺

带坯材料	烧结气氛	烧结温度/℃	保温时间/min
钛	真空,Ar,He	1100~1300	5~66
不锈钢	真空,高纯氢气	1100~1400	40~120
铁	H_2	1100~1200	120
Ag-W50	H_2	1000~1050	120~180
Cu-W60	H_2	1000~1050	120~180
Ni-Fe-Mo 合金	H_2	1200~1300	数小时
钴	H_2	800~900	60~120

6.8 粉末锻造成形

6.8.1 粉末锻造致密化机理

粉末锻造通常是将烧结的预成形坯加热后在闭式模中锻造成零件，是将传统的粉末冶金和精密模锻结合起来的一种新工艺，它兼有粉末冶金和精密模锻两者的优点，可以制取相对密度在 98% 以上的粉末锻件，克服了普通粉末冶金零件密度低的缺点；可获得较均匀的细小晶粒组织，并可显著提高强度和韧性，使粉末锻件的物理力学性能接近、达到甚至超过普通锻件水平，粉末锻钢、烧结钢和普通锻钢热处理后的疲劳试验曲线如图 6-81 所示。锻造是一种高应变率的变形过程，粉末锻造是获得高密度和提高力学性能的重要方法。具有 10%～25% 孔隙度的烧结粉末可以通过简单锻造来实现致密化。如果毛坯的质量在锻造前能够准确计算，这种方法可以得到与最终形状非常接近的产品。锻造操作是否成功与毛坯的形状和密度有很大关系。

预成形坯塑性流动的特征是粉末锻造中的关键问题。一个简单的粉末冶金锻造变形如图 6-82 所示，粉末锻造过程中致密化和成形同时产生，密度随空洞的压实而增大。粉末锻造明显比铸造材料产生更大的加工硬化，这主要是由孔隙的坍塌和致密化造成的。加工硬化指数根据实际的锻造应力-应变图定义如下：

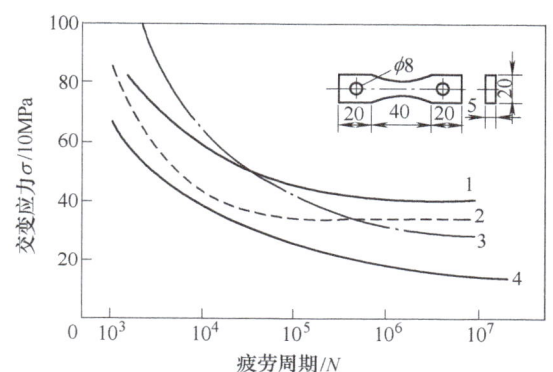

图 6-81　粉末锻钢、烧结钢和普通锻钢热处理后的疲劳试验曲线

1—粉末锻钢 Fe-2Ni-0.5C　2—粉末锻钢 Fe-0.5C
3—普通锻钢 1045　4—烧结钢

$$\sigma_t = \sigma_0 \varepsilon_t^N \tag{6-24}$$

式中，σ_t 是实际锻造应力，ε_t 是实际应变，σ_0 是一个和强度系数有关的比例常数，N 是加工硬化指数，它随孔隙率的增大而增大，如图 6-83 所示。对海绵铁而言，加工硬化指数取决于相对密度 $f = \rho/\rho_T$，其表示如下：

$$N = 0.31 f^{1.91} \tag{6-25}$$

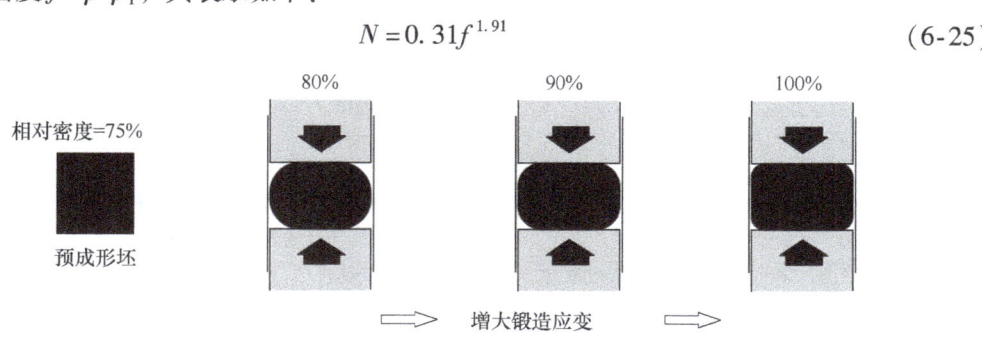

图 6-82　简单的粉末冶金锻造变形

对于致密铁,加工硬化指数接近0.31,如同式(6-25)所示,这个值的减小与锻造过程中孔隙坍塌所需的能量有关。尽管在锻造过程中物质总量保持不变,但锻造坯的体积随孔隙的坍塌而减小。致密化程度和加工硬化指数随泊松比的增大而增大。起始密度较低时,泊松比值约为0.3,随着致密化的进程,泊松比值接近0.5,泊松比ν取决于相对密度,即:

$$\nu = 0.5 f^n \tag{6-26}$$

式中,对应锻压和热锻两种情况,指数 n 在 1.92 ~ 2.00 之间变化。变形温度较低时,材料的加工硬化程度大。因此,在粉末锻造过程中,密度、加工硬化率和泊松比都随变形度的变化而变化。

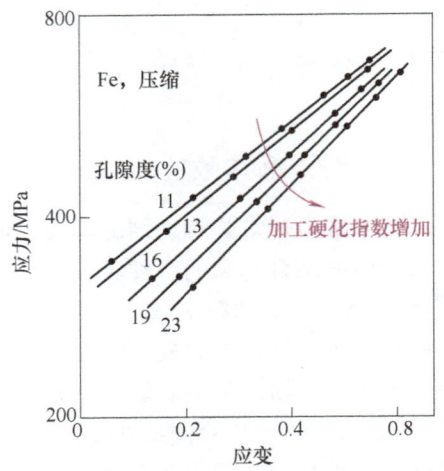

图 6-83 不同孔隙率下多孔铁的压制变形的数据

粉末锻造是在单轴力作用下粉末通过塑性流动实现致密化的,不同于热等静压中,在压力条件下形成的孔隙坍塌。图6-84所示为热压和热等静压中孔隙坍塌的对比,该图表明:相对于热等静压中孔隙变形的一致性而言,粉末锻造过程中孔隙的剪切变形更大,粉末锻造中有更多的剪切变形和颗粒间黏合。粉末锻造致密化程度和应变 ε 有关:

$$d\rho = \rho(1-2\nu)d\varepsilon \tag{6-27}$$

式中,ρ 是密度;ν 是泊松比,这两者都是径向应变的函数。

润滑剂对改进锻造坯密度均匀分布具有重要作用。没有润滑,锻造粉末时会因为模壁的阻力而产生低密度区,当塑性流动在模腔中出现时,摩擦会形成周围的张应力,这可能会导致图6-85所示的开裂现象。未经润滑的模具在破碎前只有较低的应变。坯体沿直径方向的变形和垂直变形如图6-86所示,表明了压制过程中压制失效的状态,对初始预制件的密度影响不大。

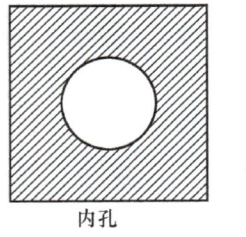
内孔

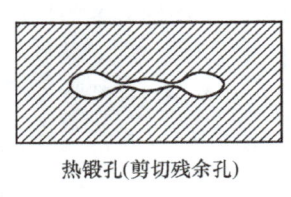
热锻孔(剪切残余孔)

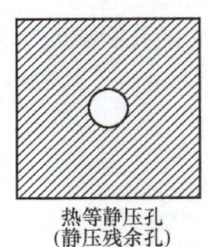
热等静压孔(静压残余孔)

图 6-84 热压和热等静压中孔隙坍塌的对比

室温下粉末锻造到全致密需要的压力远大于实际应力,在高温下,因为更低的屈服强度和工作强度使得金属变形更容易。尽管热锻到完全致密是困难的,但最终孔隙的消除却增强了材料的性能,大多数高应变(一般超过50%)消除了孔隙并使颗粒相互黏结良好。但是锻造也必须有适当的润滑才能阻止锻造坯径向凸起、裂纹和低密度区的产生。预成形的粉末总量必须足够用于零件形状的全致密。产生裂纹的边界条件与总应变有关，且取决于润滑。从这些限制条件所得的压制过程如图 6-87 所示，较大的初始高径比会形成凸起，因此，预成形坯具有一个初始高径比的上限值。

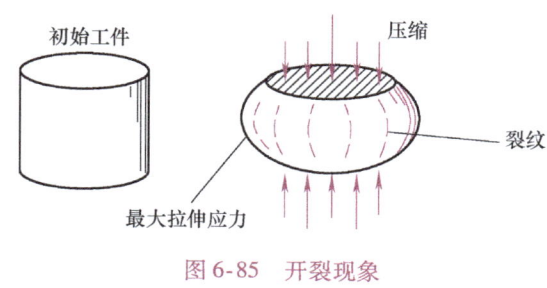

图 6-85 开裂现象

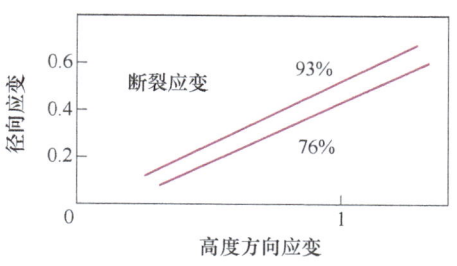

图 6-86 压制过程中压制失效的状态

形成致密化时的锻造压力与温度密切相关，典型的铁粉锻造时，其温度并不超过 1200℃，大多数接近 800℃。锻造温度设定在合金的固相线温度与液相线温度之间，这样可以形成半固相，这个方法已被成功用于 Al-SiC 复合体的结合。预制件的尺寸和密度取决于模具的侧向约束。粉末锻造所得产品的性能具有实际应用意义。利用粉末锻造所得产品的强度明显较高，尽管韧性减少，但其力学性能经常优于铸造加工产品。问题是粉末锻造即使实现全致密，夹杂物也会严重降低产品的性能，夹杂物来自于预成形坯在多孔状态下的氧化、孔隙所带的污染物和锻造润滑模具所需的润滑剂。当前，汽车的连杆是通过粉末预成形压坯热锻而成的，锻造产品具有 100% 的密度，少于 0.2% 的体积夹杂物和少于 300×10^{-6} 的氧成分。图 6-88 所示为夹杂物的尺寸和体积对锻造性能的影响。该图显示了含 20μm 和 100μm 铝夹杂物的冲击性能对比曲线。在给定相同体积含量夹杂物情况下，20μm 的夹杂物的数目是 100μm 夹杂物的 125 倍。因此，夹杂物的数目也是决定性能的一个因素。

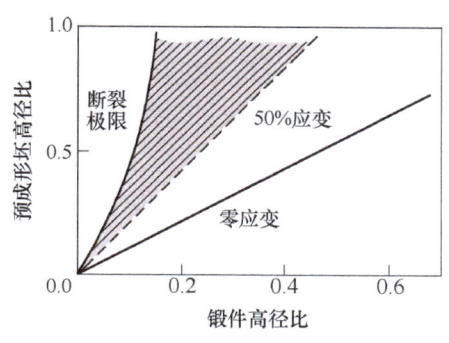

图 6-87 预成形坯与锻件高径比关系

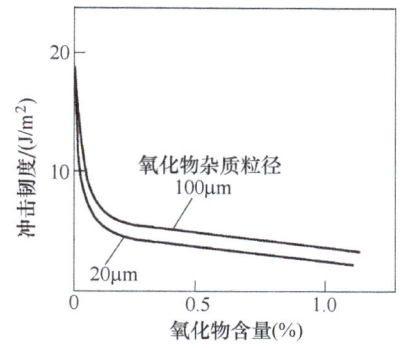

图 6-88 夹杂物的尺寸和体积对锻造性能的影响

6.8.2 粉末冷锻成形

1. 影响粉末锻件质量的主要原因

松散的粉末和烧结的粉末冶金预制件都能进行冷锻加工以实现完全致密化。图 6-89 是高压力冷锻工具钢粉末的曲线图，要获得 95% 的相对密度要加的压力超过 2GPa，而要获得

98%的相对密度则所加的锻造压力应超过3GPa。这样大的锻造压力很少在粉末压制中使用，因为它易造成模具的严重磨损并有可能损坏工具。要获得100%的相对密度所需的实际锻造压力一般是材料屈服强度的5或8倍，而能接受这么大的应力的模具非常昂贵，也很难获得。故高压力冷压或冷锻经常应用于低强度材料，或者压制经热处理后的具有最小强度和最大延展性的材料。

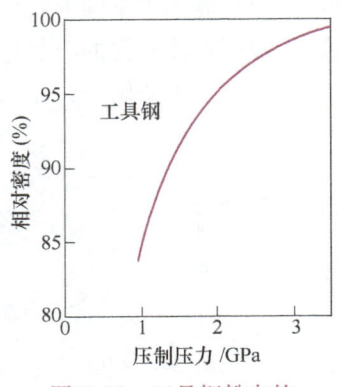

图6-89 工具钢粉末的冷锻曲线图

粉末锻造的关键技术问题有：粉末原料的选择、预成形坯的设计、锻模的设计和使用寿命、锻造工艺条件和热处理工艺等。

粉末原料的选择是关系到锻件性能和成本的重要问题，包括粉末锻件材质的选择、粉末类型、杂质含量和粒度分布以及预合金化程度等。预合金钢粉末锻件比混合粉末锻件具有更好的综合性能，参见表6-9。粉末原料中的杂质，主要是氧含量和氧化物形态及其分布，即使在氧化物易于还原的镍钼钢中，对锻件性能的影响也是很大的，$w_O=0.02\%$的锻件，其断裂韧度K_{IC}的最高值为$64.5MPa/m^{1/2}$；而$w_O=0.1\%$的锻件，其断裂韧度K_{IC}的最高值只有$39.6MPa/m^{1/2}$。氧含量还会使粉末锻钢的淬透性显著降低。因此，减少预合金粉末的氧化夹杂十分重要。采用高性能、低杂质、低成本的粉末原料是粉末锻造的一项基本要求。

表6-9 预合金钢粉末锻件与混合粉末锻件力学性能的比较

粉末类型	材 质	屈服强度/MPa	抗拉强度/MPa	伸长率(%)	硬度(HRC)
混合物	1.85Ni-0.5Mo-0.5C	1472	1973	4.4	46
雾化预合金钢粉	1.85Ni-0.5Mo-0.5C	1515	1970	4.9	49

注：预成形坯密度为$6.5g/cm^3$，锻件相对密度为98%。

锻造过程中材料的致密、变形和断裂主要取决于预成形坯的设计，包括预成形坯的形状、尺寸、密度和质量的设计。设计时应综合考虑预成形坯的可锻性、零件形状和复杂程度、锻造时的变形特性、锻模磨损、锻件性能和制造成本等。预成形坯的形状大体上分为两种类型：①预成形坯形状极为简单，零件的主要轮廓在锻造过程中成形。②预成形坯形状和锻件形状相似，锻造时主要是轴向压缩，材料的横向流动很小，故锻模的磨损较少。实践中要根据具体对象来进行选择，对于有利于材料横向流动的零件，如锥齿轮，可选择形状简单的预成形坯；对于不利于材料横向流动的零件，如圆柱直齿轮和连杆，可选用相似形状的预成形坯。一般认为，粉末锻钢预成形坯的相对密度以70%~85%为宜。粉末热锻铝合金预成形坯的相对密度以90%为宜。生产精密的无飞边锻件时，预成形坯的质量必须控制在±0.5%的范围内。

按照多孔预成形坯的形状和锻模结构，可将粉末热锻分为三种方式：热复压、有限飞边模锻和无飞边闭式模锻。热复压采用形状与锻件极为相似的预成形坯，是一种横向流动很小的纯压缩致密过程，可认为是粉末热压和冷复压工艺的发展。有限飞边模锻采用形状简单的预成形坯，可认为是现代精密模锻的发展。无飞边闭式模锻是一种新发展起来的粉末锻造工艺，综合了粉末冶金和精密模锻的优点，预成形坯的质量必须严格控制，预成形坯的形状与锻件不必很相似，要保证一定的材料流动和变形，以获得形状完整的高性能锻件。

影响粉末锻造的工艺因素，除多孔坯的可锻性以外，还有锻造压力、锻造温度、锻模温度、润滑及冷却等。盖斯特（T. L. Guest）等研究了粉末镍钼钢的密度与锻造压力的关系并指出：锻造初期由于多孔坯易于变形，锻件密度增加很快；锻造后期由于部分孔隙封闭，金属流动阻力增大，锻造压力迅速增大，若要排除锻件中的残留孔隙，则需要非常高的锻造压力。

为了进一步提高粉末锻件的性能和精度，可进行必要的后续处理，包括锻件的烧结、精整、机加工和热处理等。

2. 粉末锻造过程的颗粒间变形机构

在致密金属多晶体中，晶粒间的结合力很强，常温下晶界对塑性变形有显著的阻碍作用，在晶界附近形成一个难变形区，使常温下的晶界强度高于晶内，所以塑性变形先从晶内开始，当温度升高时，晶界对塑性变形的阻碍作用减弱，接近熔点时，晶界强度比晶内低，塑性变形先从晶界产生。在多孔预成形坯中，晶界特性比较复杂，包括原始颗粒内的晶界和原始颗粒间晶界两种。原始颗粒内晶界，首先是在制粉过程中形成的，类似于致密金属多晶体的晶界，但往往存在较多缺陷，特别是可能存在许多微孔。原始颗粒间晶界存在大量缺陷和夹杂物，特别是由于含有大量孔隙而严重地削弱了晶界强度，使常温下原始颗粒间晶界强度比晶内要低得多。所以，在常温下进行塑性变形时，晶界容易产生塑性变形和脆性断裂。因此，常温下多孔坯的原始颗粒间晶界不是难变形区，而是易变形区。高温下，在这种原始颗粒间晶界上，畸变晶格原子由于获得较大的能量，当受外力作用时，会出现晶界塑性流动。同时，在原始颗粒间晶界上，可能存在较多的易熔杂质，使晶界的熔点比晶内低。因此，无论在常温下还是在高温下，当多孔预成形坯进行塑性变形时，原始颗粒间晶界是容易产生滑移和塑性流动的区域。

粉末锻造过程中，塑性变形和致密化的微观机构，应该包括孔隙变形、晶体塑性变形、颗粒间位移和变形，但由于基体金属晶体的塑性变形是有限的，所以孔隙变形、颗粒间位移和变形的影响将是主要的，而孔隙的变形也依赖于颗粒间的位移和变形。因此，可动性的颗粒间变形机构成为多孔坯锻造过程塑性变形和致密化的主要机构。由于孔隙周围的颗粒形状和位向是不同的，颗粒间的联结强度又很低，所以在外力作用下，每个颗粒所处的应力状态不同，使每个颗粒的变形和颗粒间晶界的滑移也不同，从而引起颗粒间多种形式的相对移动、转动和变形，造成孔隙的倒塌、闭合和拉伸。如图 6-90b 所示，在水静压应力和切应力同时作用下的孔隙闭合和拉伸是显而易见的；而处在水静压应力状态下（图 6-90a）孔隙的变形也不难理解。当整个预成形坯中某一个包含孔隙的区处

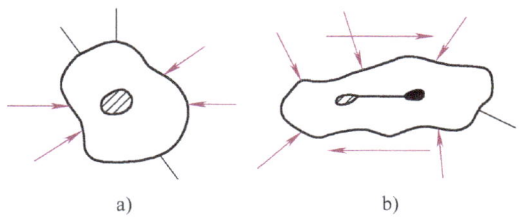

图 6-90　孔隙变形与应力状态的关系

于水静压应力状态时，作用到每一个颗粒上时则不一定保持水静压应力状态。只有当三个方向大小相等的水静压应力汇交于一点时，才能保持水静压应力状态，这时颗粒不产生塑性变形和移动。但颗粒的形状和位向极不规则，要求处于水静压应力状态下的孔隙周围颗粒保持

水静压应力状态是很困难的,因而,在水静压应力状态作用下的孔隙区,同样会引起颗粒间的相对移动、转动和变形,造成孔隙变形。然后在原孔隙周围形成较小的孔隙,小孔隙又变成更小的孔隙,直到高密度时,所有残留的小孔隙近似为球形为止。这是因为原来位错密度较高的颗粒界面和孔隙周边,在变形过程中由位错塞积所产生的位错"钉扎"现象,造成高的局部应力,使位错继续运动困难,从而阻碍了颗粒间晶界的继续滑移和变形。同时,可以预见,从上述可动性的颗粒间变形机构出发,在粉末锻造过程中,通过获得微细结晶的超塑性状态,有可能发展超塑性锻造和固液相锻造方法。

6.9 其他成形技术

其他成形技术如爆炸压制和冲击压制。爆炸压制中高的应变率和瞬间热对固结某些材料是行之有效的,这些专门技术为部分难加工粉末提供了全致密的方法。如图 6-91 所示,爆炸压制使用具有一定形状的爆炸料包围粉末块,从而在爆炸时产生冲击波,使粉末压制成形。冲击压制就是用一个加速块高速撞击粉末产生冲击波。这两种方法的相似之处就是过程非常快,且伴随高压冲击。在爆炸压制时,炸药的数量和形状对最终密度起主要作用。随着炸药量和粉末量比例的增加,压坯的密度也随之增大。炸药和粉末的比例可以进一步增加,从而能处理具有高固有强度的材料。然而,用冲击压制法是难以压制小颗粒粉末的。对脆性材料而言,压制之前必须加热压坯,从而减少其脆性破碎。一般来说压制波速率在 6km/s 范围内,其冲击力为 30GPa。但是冲击持续时间仅仅几微秒,故产品的形状相对简单。

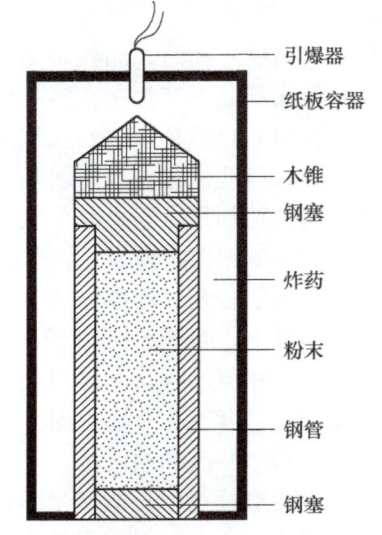

图 6-91 松散粉末爆炸压制的典型装置

快速的固结技术破坏了表面氧化,使颗粒之间形成了良好的黏性,冲击波在相互压实的颗粒之间产生绝热熔化,从而减少了固化烧结的需要,甚至固化热可能在压制点上形成液体薄层。可能出现晶化温度的时间是非常短的,无定性粉末能利用快速的压制技术进行致密化,并能产生高达 10^6℃/s 的自动淬火率,这样高的冷却率保证了材料的无定形态。然而,许多技术难于处理并产生坯体破碎,这主要归因于二次冲击波通过致密化坯体产生回波现象。

问题与习题

1. 采用亚微米粉末模压成形,脱模后发现有分层裂纹,问:
   1) 改变何种粉末性质可以防止分层性裂纹?
   2) 何种润滑剂最合适?
   3) 采用冷等静压是否可以消除分层裂纹?
2. 对于一给定的粉末,为何等静压的密度会高于模压密度?
3. 就成形简单形状的产品来说,粉末连续成形具有明显优势,连续成形或致密化过程的方法及过程有何特点，在致密化之前粉末有何特性要求，工艺参数主要有哪些，基本过程是什么？

4. 如果压制一薄壁杯形产品，列举有哪些限制条件并说出解决措施和制备方法。

5. 对于给定的粉末，等静压的压制方式制得的压坯密度分布均匀性好于单轴模压的压制方式，解释其原因。

6. 连续粉末成形工艺在生产简单形状的零件时具有低成本的优点，试描述一种适合连续粉末成形的工艺技术，以及粉末所应具有的特性，简述粉末预处理对产品性能的影响。

7. 球形粉末一般用于制造高密度器件，对于热等静压过程来说，什么因素影响了颗粒形状的选择？

8. 粉末冶金技术用于成形具有连续基体的高密度产品（例如用空气雾化不锈钢粉末形成的管状材料），粉末的什么特征是最重要的？

9. 对热等静压而言，试结合烧结和压制的基础方程式给出取决于时间的致密化现象模式。

10. 与精加工制得的材料相比，热等静压凝聚材料样品的力学性能变化更小，请给出其一致性得以提高的基本原因。

11. 热等静压用于制备全致密材料，镍基超合金中，压力对密度有如下的影响（在时间为3h，温度1150℃，球形粉末，颗粒尺寸为120mm，起始密度为理论密度62%的情况下）：0.1MPa时密度为理论密度的65%，1MPa时为80%，10MPa时为90%。在相同的时间、温度条件下获得99%的理论密度估计需要多大的压力？

12. 圆柱形压块在压模中加压到固定的压力，然后以5℃/min的速率慢慢加热进行热压实验，假设致密化过程由扩散决定，画出所期待的密度和时间的特征略图。

13. 对一个最初具有75%的相对密度，而且取决于高应变的粉末压制而言，本章中用什么模式去预测其密度？

14. 在热压之前，如果粉末预制件被加热，最终的力学性能偏低，为什么出现这个情况？在实际中如何避免这个问题？

15. 在恒定的20MPa的压力下，变化温度和时间，平均尺寸为40μm的纯镍粉用热等静压法压制可使62%的生坯密度达到98%的理论密度。在1100℃时所用时间为0.25h，在1000℃时所用时间为1h，在900℃时所用时间为多少？

16. 假设某企业需要一批 $\Phi 40mm \times 1000mm$、$\Phi 60mm \times 1000mm$ 的 YG 类硬质合金轧辊，要求材料的孔隙度接近0%，试提出一套成形工艺。

17. 与一般的冷压烧结后再进行热等静压制法比较，烧结-等静压压制工艺有什么特色？

参 考 文 献

[1] 李月珠. 快速凝固技术与材料 [M]. 北京：国防工业出版社，1993.

[2] 熊春林. 粉体材料成形设备与模具设计 [M]. 北京：化学工业出版社，2007.

[3] Yoshida M, Grant N J. Liquid Dynamic Compaction of Aluminum Alloy 7175 [J]. Inter. J. Powder Met, 1993 (29)：149.

[4] Wakil D. Extrusion of P/M Composites in the Semi-Solid Stage [J]. Inter. J. Powder Met [J]. 1992 (28)：175.

[5] Dube R K. Metal Strip Via Roll Compaction and Related Powder Metallurgy Routes [J]. Inter. Mtater. Revs., 1990 (35)：253.

[6] M Trunec, et al. Warm Pressing of Zirconia Nanoparticles by Spark Plasma Sintering [J]. Scripta Mater, 2008, 59 (1)：23.

[7] Zhang Wen, et al. Sinter Hardening of Warn Compacted Low Alloy Stell with Die Wall Lubrication [J]. PM Industry, 2007, 17 (6)：9.

[8] Shanmugam S, et al. Ring Rupture Strength and Hardness of Sintered and Hot Forged Molybdenum Steel [J]. J. Mater. Process. Technol., 2009, 209 (7): 3426.

[9] Ohtaka O, et al. Hot Isostatic Pressing of Silicon Cardide-diamond-Use in High Pressure/Temperature [J]. Metal Powder Report, 2007, 54 (3): 152.

[10] Ray Guo, et al. Improvements in PM Parts by use of Warm Compaction and Die Wall Lubrication [J]. Metal Powder Report, 2006, 24 (3): 227.

[11] Mitra R, et al. Structure and Properties of Reactively Hot Pressed Ternary and Quaternary Molybdenum alloys [J]. Metal Powder Report, 2006, 14 (12): 1461.

[12] Kang Y S, et al. Injection Moulding of Iron-nickel Net Shape Nanomaterials [J]. Metal Powder Report, 2006, 53 (9): 769.

[13] Monteverde F. Hot Pressing and Spark Plasma Sintering of Hafnium Boride-silicon Carbide Materials [J]. Metal Powder Report, 2007, 428 (2): 197.

[14] Eakins D E. Thadhani, N N. Shock compression of nickel-aluminium powder mixtures [J]. Metal Powder Report, 2008, 56 (7): 1496-1510.

[15] Li Liya, et al. Shock compaction for PM [J]. Metal Powder Report, 2006, 24 (5): 373-378.

[16] Li Shujie. A New Compaction Eqution Powder Materials [J]. PM technology, 2006, 24 (1): 3.

[17] Olevsky E A, et al. Densification of Porous Bodies in a Granular Pressure Transmitting Medium [J]. Acta Mater, 2007, 55 (4): 1351.

[18] Simchi A, Veldt G. Behaviour of Metal Powders During Cold and Warm Compaction [J]. Powder Metall, 2006, 49 (3): 281.

[19] Qin X Y. Zhu X G. Compression Behavior of Bulk Nanocrystalline Ni-Fe [J]. Scripta Mater, 2006, 46: 611.

第7章 粉体材料烧结致密化原理与技术

7.1 概述

烧结是粉末冶金生产过程中最基本的工序之一，对最终产品的性能起着决定性的作用。烧结是粉末或粉末压坯，在适当的温度和气氛条件下加热所发生的一系列复杂的现象或过程。烧结的结果是颗粒之间发生黏结，烧结体的强度增加，多数情况下，密度得到提高。如果烧结条件控制得当，烧结体的密度和其他物理性能及力学性能可以接近或达到相同成分致密材料的性能。

由粉末烧结方法可以制得各种纯金属、合金、化合物及复合材料。烧结体系按粉末原料的组成可以分成：①由纯金属、化合物或固溶体组成的单元系烧结；②由金属与金属，金属与非金属，金属与化合物组成的多元系烧结。为了反映烧结的主要过程和特点，通常按烧结过程有无明显的液相出现和烧结系统的组成进行分类：

(1) 单元系烧结 纯金属（如难熔金属和纯铁软磁材料）或稳定成分化合物（Al_2O_3，B_4C，BeO，$MoSi_2$ 等），在其熔点以下的温度进行固相烧结过程。

(2) 多元系固相烧结 由两种或两种以上的组分构成的烧结体系，在其低熔组分的熔点以下温度所进行的固相烧结过程。根据系统组元之间在烧结温度下有无固相溶解存在，又分为：

1) 无限固溶系。在合金状态中有无限固溶区的合金体系，如 Cu-Ni、Fe-Ni、Cu-Au、Ag-Au、W-Mo 等。

2) 有限固溶系。在合金状态中有有限固溶区的合金体系，如 Fe-C、Fe-Cu、W-Ni 等。

3) 完全不互溶系。组元之间既不互相溶解又不形成化合物或其他中间相的体系，如 Ag-W、Cu-W、Cu-C 等所谓的"假合金"。

(3) 多元系液相烧结 以超过系统中低熔组分熔点的温度所进行的烧结过程。由于低熔组分同难熔固相之间互相溶解或形成合金的性质不同，液相可能消失或始终存在于全过程，故又分为：

1) 稳定液相烧结系统。如 WC-Co、TiC-Ni、W-Cu-Ni、W-Cu、Fe-Cu（$w_{Cu}>10\%$）等。

2) 瞬时液相烧结系统。如 Cu-Sn、Cu-Pb、Fe-Cu（$w_{Cu}<10\%$）、Re-Co 合金等。

熔浸是液相烧结的特例，这时，多孔骨架的固相烧结和低熔金属浸透骨架后的液相烧结同时存在。

对烧结过程的分类，目前并不统一。盖彻尔（Goetzel）把金属粉末的烧结分为：①单相粉末（纯金属、固溶体或金属化合物）烧结；②多相粉末（金属-非金属或金属-金属）固相烧结；③多相粉末液相烧结；④熔浸。他把固溶体和金属化合物这类合金粉末的烧结看作单相烧结，认为在烧结时组分之间不再熔解，故不同于组元间有熔解反应的多元系固相烧结。

7.2 烧结过程的热力学基础

在高温下，粉末颗粒被加热，颗粒之间发生黏结，就是我们常说的烧结现象。严格意义上讲，烧结是指在高温下粉末颗粒间发生冶金结合的过程，通常在主要成分组元的熔点下进行，并经由原子定向运动完成物质迁移。通过微观结构观察，可以发现颗粒之间的接触颈长大，并因此导致性能变化。图7-1给出了烧结球之间形成烧结颈的扫描电子显微照片。

发生烧结时，颗粒通过原子迁移运动降低了因粉末颗粒细小而具有的高比表面积，进而消除粉末的高表面能。因为单位质量物质具有的表面能与颗粒直径成反比，具有高表面积的

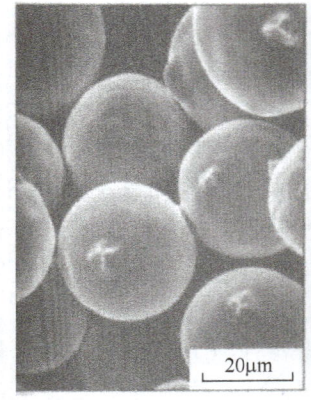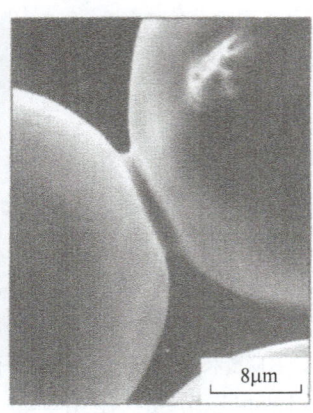

图 7-1　烧结球之间形成烧结颈的扫描电子显微照片

较小颗粒粉末具有更大的体系能量，因此，平均直径越小的粉末更易发生和完成烧结。然而，不是所有的表面能都用于烧结。对于晶体，几乎每个颗粒接触面都将发展成一个具有晶界能的晶界。晶界对原子移动很重要，是原子迁移的重要通道。烧结机理就是研究烧结过程中原子运动的路径和方式。对金属粉末而言，烧结通常是原子在颗粒表面或沿着晶界以及通过晶格点阵进行的扩散。

7.2.1 烧结的基本过程

粉末压坯经烧结后，烧结体强度增加是因为颗粒间的联结强度增大，即联结面上原子间的作用力增大。在粉末或粉末压坯内，颗粒间接触面上能达到原子引力作用范围的原子数目有限。但是在高温下，由于原子振动的振幅加大，发生扩散，接触面上才有更多的原子进入原子作用力的范围，形成黏结面，并且随着黏结面的扩大，烧结体的强度也增加。黏结面进一步扩大就形成了烧结颈，原来的颗粒界面形成晶界，随着烧结的继续进行，晶界可以向颗粒内部移动，导致晶粒长大。烧结体的强度增大还反映在孔隙体积和孔隙总数的减少以及孔隙形状变化方面，图7-2中球形颗粒的烧结模型表示孔隙形状的变化。由于烧结颈增大，颗粒间原来互相连通的孔隙逐渐收缩成封闭孔隙，然后逐渐球化。在烧结的最后阶段，在孔隙性质和形状发生变化的同时，孔隙的大小和数量也在改变，即孔隙个数减少，而平均孔隙尺寸增大，此时小孔隙比大孔隙更容易缩小和消失。

颗粒黏结面的形成，通常不足以导致烧结体的收缩，烧结体的强度增大是烧结发生的明显标志。随着烧结颈的长大，总孔隙体积减小，颗粒间距离缩短，烧结体的致密化过程才真正开始。粉末的等温烧结过程，按时间大致可以划分为黏结、烧结颈长大以及闭孔隙球化和缩小三个界限不十分明显的阶段：

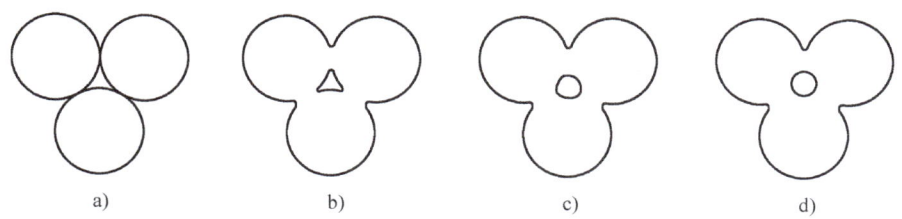

图 7-2 球形颗粒的烧结模型

a）烧结前颗粒的原始接触 b）烧结早期的烧结颈长大 c）、d）烧结后期的孔隙球化

（1）**黏结阶段** 烧结初期，颗粒间的原始接触点或面转变成晶体结合，即通过成核、结晶长大等原子过程形成烧结颈。在这一阶段中，颗粒间的晶粒不发生变化，颗粒外形也基本未变，整个烧结体不发生收缩，密度变化不显著，但烧结体的强度和导电性由于颗粒结合面增多而有明显的增加。

（2）**烧结颈长大阶段** 原子向颗粒结合面大量迁移，使烧结颈扩大，颗粒间的距离缩小，形成连续的孔隙网络；同时由于晶粒长大，晶界越过孔隙移动，而被晶界扫过的地方，孔隙大量消失。烧结体收缩、密度和强度增加是这个阶段的主要特征。

（3）**闭孔隙球化和缩小阶段** 当烧结体密度达到 90% 以后，多数孔隙被完全分隔，闭孔数量增加，孔隙形状趋近球形并不断缩小。在这个阶段，整个烧结体仍可以缓慢收缩，但主要靠小孔的消失和孔隙数量的减少来实现。这一阶段可以延续很长时间，但是仍残留少量的闭孔隙不能消除。

7.2.2 烧结的热力学问题

前面已提到，高温烧结过程有自发的趋势。从热力学观点看，粉末烧结是系统自由能减小的过程，即烧结体相对于粉末体在一定条件下处于能量较低的状态。

烧结系统自由能的降低，是烧结过程中驱动力作用的结果，包括下述几个方面：

1）由于颗粒结合面（烧结颈）的增大和颗粒表面的平直化，粉末体的总比表面积和总表面自由能减小。

2）烧结体内孔隙总体积和总表面积减小。

3）粉末颗粒内晶格畸变逐渐消除。

总之，烧结前存在于粉末和粉末坯内的过剩自由能包括表面能和畸变能，前者指同气氛接触的颗粒和孔隙的表面自由能，后者指颗粒内由于存在过剩空位、位错及内应力所造成的能量增高。表面能比晶格畸变能小，如极细粉末的表面能为几百焦耳每摩尔，而晶格畸变能高达几千焦耳每摩尔，但是，对于烧结过程，特别是早期阶段，主要作用来自于粉末颗粒表面能。

在烧结温度为 T 时，烧结体的自由能、焓和熵的变化分别用 ΔZ、ΔH 和 ΔS 表示，根据热力学公式：

$$\Delta Z = \Delta H - T\Delta S$$

如果烧结反应前后物质不发生相变，比热容变化忽略不计（单元系烧结时不发生物质变化），ΔS 就趋近于零，因此 $\Delta Z \approx \Delta H (\approx \Delta U)$，$\Delta U$ 为系统内能的变化。因此，根据烧结前后焓或内能的变化可以估计烧结的驱动力。用电化学法测定电动势或测定比表面积均可计算自由能的变化。例如，粒度为 $1\mu m$ 和 $0.1\mu m$ 的金粉的表面能（即比致密金属高出的自由能）分别为 155J/mol 和 1550J/mol，说明粉末越细，表面能越高。

烧结后颗粒的晶界转变为晶界面，由于晶界能更低，故总的能量仍是降低的。随着烧结的进行，烧结颈处的晶界可以向两边的颗粒内移动，而且颗粒内原来的晶界也可以通过再结晶或聚晶长大发生移动并减少。因此晶界能进一步降低就成为烧结颈形成与长大后烧结继续进行的主要动力，这时烧结颗粒的联结强度进一步增加，烧结体密度等性能进一步提高。

烧结过程中，不管是否使总孔隙度降低，但孔隙的总表面积总是减小的。闭孔隙形成后，在孔隙体积不变的情况下，表面积减小主要靠孔隙的球化，而球形孔隙继续收缩和消失能使总表面积进一步缩小。因此，孔隙表面自由能的降低，始终是烧结过程的动力。

7.2.3　烧结驱动力的计算

前面定性地讨论了烧结过程的驱动力，然而，由于烧结系统和烧结条件的复杂性，要从热力学计算它的具体数值几乎是不可能的。下面将应用库钦斯基的简化烧结模型，推导烧结驱动力的计算公式。

根据理想的两球模型，烧结颈模型如图 7-3 所示。从烧结颈表面取单元曲面 $ABCD$ 使得两个曲率半径 ρ 和 x 形成相同的张角 θ（处于两个互相垂直的平面内）。设指向球体内的曲率半径 x 为正号，则曲率半径 ρ 为负号。表面张力 γ 所产生的力为 F_x 和 F_ρ，作用在单元曲面上并与曲面相切，故由表面张力的定义可以计算得：

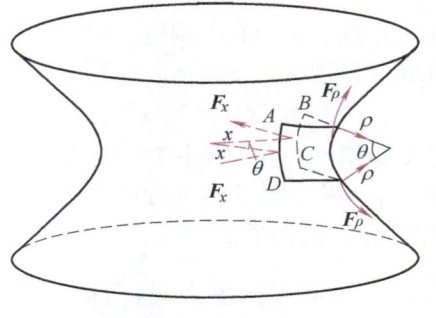

图 7-3　烧结颈模型

$$F_x = \gamma \overline{AD} = \gamma \overline{BC}$$
$$F_\rho = \gamma \overline{AB} = \gamma \overline{DC}$$

而
$$\overline{AD} = \rho \sin\theta$$
$$\overline{AB} = x \sin\theta$$

但由于 θ 很小，$\sin\theta \approx \theta$ 故可得

$$F_x = \gamma \rho \theta$$
$$F_\rho = -\gamma x \theta$$

所以垂直作用于 $ABCD$ 曲面上的合力为

$$F = 2(F_x + F_\rho) = 2(F_x \sin\theta/2 + F_\rho \sin\theta/2) = \gamma \theta^2 (\rho - x)$$

而作用在面积 $ABCD = x\rho\theta$ 上的应力为

$$\sigma = \frac{F}{x\rho\theta^2} = \frac{\gamma \theta^2 (\rho - x)}{x\rho\theta^2}$$

所以
$$\sigma = \gamma \left(\frac{1}{x} - \frac{1}{\rho} \right) \tag{7-1}$$

由于烧结颈半径 x 比曲率半径 ρ 大得多，$x \gg \rho$，故

$$\sigma = -\frac{\gamma}{\rho} \tag{7-2}$$

负号表示作用在曲颈面上的应力 σ 是张应力,方向朝烧结颈外(图7-4),其作用是使烧结颈扩大。随着烧结颈($2x$)的扩大,负曲率半径($-\rho$)的绝对值也增大,烧结的动力 σ 也相应减小。

为了计算表面应力 σ 的大小,假定颗粒半径 $a=2\mu m$,颈半径 $x\approx0.2\mu m$,则 ρ 将不超过 $0.01\sim0.001\mu m$;已知表面张力 γ 的数量级为 J/m^2(对表面张力不大的非金属的估计值),那么烧结动力 σ 的数量级约为 $10MPa$,这个应力是很可观的。

式(7-1)或式(7-2)表示的烧结动力是表面张力产生的一种机械力,它垂直作用于烧结颈曲面上,使颈向外扩大,最终形成连通的孔隙网。这时孔隙中的气体会阻止孔隙收缩和烧结颈进一步扩大,因此连通孔隙中气体的压力 P_V 与表面张应力之差才是连通孔隙生成后对烧结起推动作用的有效作用力。

$$P_s = P_V - \frac{\gamma}{\rho} \tag{7-3}$$

显然,P_s 仅是表面张应力($-\gamma/\rho$)中的一部分,因为气体压力 P_V 与表面张应力的符号相反,当孔隙与颗粒表面连通即开孔时,P_V 可以为 $0.1MPa$,这样,只有当烧结颈 ρ 增大,表面张应力减小到与 P_V 平衡时,烧结的收缩过程才停止。

对于形成闭孔隙的情况,烧结收缩的动力可用下述方程描述:

$$P_s = P_V - \frac{2\gamma}{r} \tag{7-4}$$

式中,r 为孔隙半径。

式(7-4)中,$-2\gamma/r$ 代表作用在孔隙表面使孔隙缩小的张应力。如果张应力大于气体压力 P_V,孔隙就能继续收缩。当孔隙收缩时,气体如果来不及扩散出去,P_V 大到超过表面张应力,不连通孔隙就停止收缩。所以在烧结第三阶段烧结体内总会残留很少一部分隔离的闭孔,仅靠延长烧结时间是很难消除的。

在以后讨论烧结机构时将会知道,除表面张力引起烧结颈处的物质向孔隙发生宏观流动外,晶体粉末烧结时,还存在靠原子扩散的物质迁移。按照近代的晶体缺陷理论,物质扩散是由扩散浓度梯度造成化学位的差别所引起的。下面讨论用理想球体的模型,计算烧结体系内引起扩散的空位浓度差。

由式(7-2)计算的张应力 $-\gamma/\rho$ 作用在图7-5所示的烧结颈曲面上,局部地改变了烧结球内原来的空位浓度分布,因为应力使空位的生成能改变。

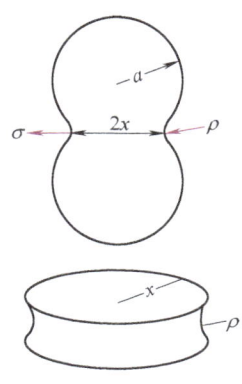

图7-4 两球模型

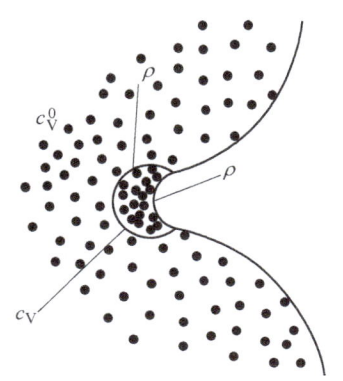

图7-5 烧结颈曲面下的空位浓度分布

按照统计热力学计算,晶体内的空位热平衡浓度为:
$$c_V = \exp(S_f/k)\exp(-E_f'/kT) \tag{7-5}$$
式中,S_f 和 E_f 分别表示空位形成时的振动熵和空位形成能。

由式(7-2)可知,张应力 σ 对生成一个空位所需的能量的改变应等于该应力对空位体积所做的功,即 $\sigma\Omega = -\gamma\Omega/\rho$($\Omega$ 为一个空位的体积),负号表示张应力使空位生成能减小。因此晶体内凡受张应力的区域,空位浓度将高于无应力作用的区域;相反,凡受压应力的区域,空位浓度将低于无应力的区域。因此,在应力区域形成一个空位实际所需的能量应是
$$E_f' = E_f \pm \sigma\Omega \tag{7-6}$$
式中,E_f 为理想完整晶体(无应力)中的空位生成能,将式(7-6)代入式(7-5)得到受张应力 σ 区域的空位浓度为:
$$c_V = \exp(S_f/k)\exp[-(E_f'-\sigma\Omega)/kT] = \exp(S_f/k)\exp(-E_f'/kT)\exp(\sigma\Omega/kT)$$
因为无应力区域的平衡空位浓度 $c_V^0 = \exp(S_f/k)\exp(-E_f'/kT)$,所以
$$c_V = c_V^0 \exp(\sigma\Omega/kT)$$
同样可得到受压应力 σ 区域的空位浓度为:
$$c_V' = c_V^0 \exp(-\sigma\Omega/kT)$$
因为 $\sigma\Omega/kT \ll 1$,$\exp(\pm\sigma\Omega/kT) \approx 1 \pm \sigma\Omega/kT$,因此上两式可写成:
$$c_V = c_V^0(1 + \sigma\Omega/kT)$$
$$c_V' = c_V^0(1 - \sigma\Omega/kT) \tag{7-7}$$

如图 7-5 所示,在无应力作用的球体积内的平衡空位浓度为 c_V^0,如果烧结颈的应力仅由表面张力产生,则按式(7-7)可以计算两处的平衡空位的浓度差——过剩空位浓度,即
$$\Delta c_V = c_V - c_V^0 = c_V \sigma\Omega/kT$$
将式(7-2)代入,则得:
$$\Delta c_V = c_V^0 \cdot \gamma\Omega/kT\rho \tag{7-8}$$
假定具有过剩空位浓度的区域仅在烧结颈表面下以 ρ 为半径的圆内,那么当发生空位扩散时,过剩空位浓度的梯度就是:
$$\Delta c_V/\rho = c_V^0 \gamma\Omega/kT\rho^2 \tag{7-9}$$
式(7-9)表明:过剩空位浓度梯度将引起烧结颈表面下微小区域的空位向球体内扩散,从而使原子朝相反方向迁移,使烧结颈得以长大。因此,式(7-9)就是烧结动力学的热力学表达式,是研究烧结机构所需的基本公式。

烧结过程中还可能发生物质由颗粒表面向空间蒸发的现象,同样对烧结致密化孔隙的变化产生直接影响。因此,烧结动力也可以从物质蒸发的角度来考虑,即用饱和蒸气压的差表示烧结动力。曲面的饱和蒸气压与平面的饱和蒸气压之差,可以用吉布斯-凯尔文方程计算:
$$\Delta p = p_0 \gamma\Omega/kTr \tag{7-10}$$

式中，r 为曲面的曲率半径；p_0 为平面的饱和蒸气压。

根据图 7-3 所示的烧结颈模型，颈曲面的曲率半径 r 按照下式计算：

$$\frac{1}{r} = \frac{1}{x} - \frac{1}{\rho} \tag{7-11}$$

因为 $\rho \ll x$，故 $1/r \approx -1/\rho$，代入式（7-10）得：

$$\Delta p_{球} = -p_0 \gamma \Omega / kT\rho \tag{7-12}$$

同样，对于球表面，曲率 $1/r = 2/a$（a 为球半径），代入式（7-10）得：

$$\Delta p_{球} = p_0 2\gamma \Omega / kTa \tag{7-13}$$

从式（7-12）和式（7-13）可知：烧结颈表面（凹面）的蒸气压应该低于平面的饱和蒸气压 p_0，其差由式（7-12）计算；颗粒表面（凸面）与烧结颈表面之间将存在更大的蒸气压力差，将导致物质向烧结颈迁移。因此，烧结体系内，各处的蒸气压差就成为烧结通过物质蒸发转移的驱动力。

烧结期间材料最明显的结构变化与原子迁移机理产生的接触颈长大相关，物质的迁移主要靠扩散过程。原子扩散需要进行热激活，只有当原子获得的能量等于或大于其激活能，才能使其从现有位置移动到另一个位置。原子空位的总数和具有足够的能量移到这些空位的原子数量之间满足阿累尼乌斯温度关系：

$$N/N_0 = \exp(-Q/RT) \tag{7-14}$$

式中，N/N_0 为原子空位数或激活原子数与总原子数之比；Q 为活化能；R 为摩尔气体常数；T 为热力学温度。

高温时烧结反应加快是由于活化原子和原子空位数目增加了。

烧结期间，粉末的表面积从初始值 S_0 快速下降，可用无量纲参数 $\Delta S/S_0$ 测量烧结的程度。另一个表现烧结的方法是测量烧结颈变化值 X/D，其定义为颈部直径大小与颗粒直径大小之比，如图 7-6 所示。除了颈部长大外，烧结体发生收缩，密度也随之提高。不同温度下伴随颈部长大的变化可用图 7-7 中的参数来描述。收缩率 $\Delta L/L_0$、烧结件密度 ρ_S 以及压坯密度 ρ_G 之间满足关系式：

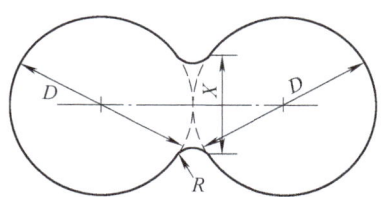

图 7-6 颈部直径为 X 的两球形颗粒的烧结剖视图

$$\rho_S = \frac{\rho_G}{(1 - \Delta L/L_0)^3} \tag{7-15}$$

致密化参数 Ψ 指烧结密度变化与需要达到无孔固体的密度变化之比，即

$$\psi = \frac{\rho_S - \rho_G}{\rho_T - \rho_G} \tag{7-16}$$

式中，ρ_T 为理论密度。烧结时孔洞的消除过程与致密化、最终密度、颈部尺寸、表面积以及收缩等因素都有关系。

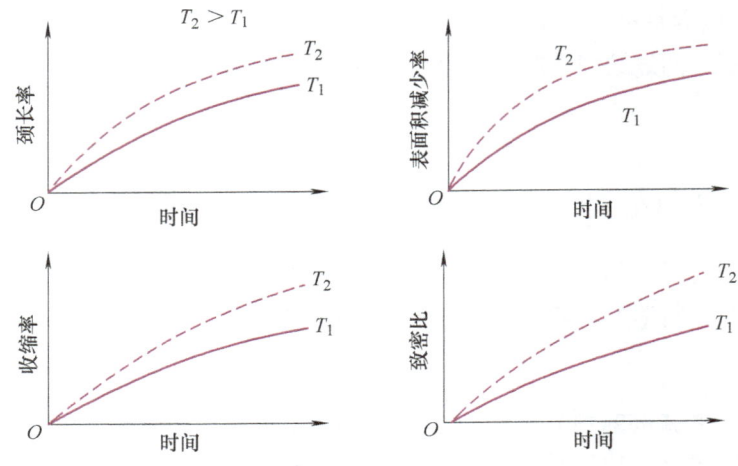

图 7-7　不同温度下烧结时间对烧结颈大小、表面积减小率、
收缩率和致密化的影响

7.3　烧结理论与物质迁移

7.3.1　烧结的基本概念

假设两个球形颗粒互相接触，如图 7-8a 所示。粉末压制时，每一个颗粒之间有许多这样的接触点。当烧结发生后，颗粒间相互接触的烧结颈长大，接触点处都会形成晶界，代替粉末颗粒固-气界面。长时间的烧结会导致两个颗粒合并成一个单一的球形颗粒，其最终直径为原始颗粒的 1.26 倍，如图 7-8d 所示。

烧结的开始阶段表现为烧结颈的快速长大。在烧结中期，孔隙表面逐渐光滑相互连接形成圆柱形连通孔隙。在烧结中期的后半段，伴随颗粒或晶粒的长大，颗粒或晶粒总数量减

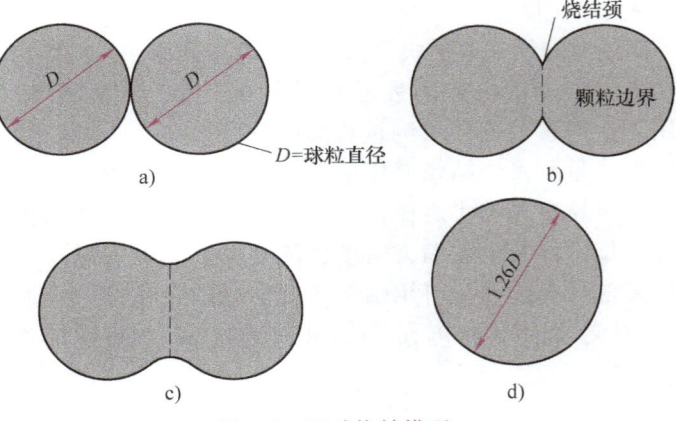

图 7-8　两球烧结模型
a) 初始点接触　b) 早期烧结颈长大
c) 后期烧结颈长大　d) 完成合并或球体，烧结完成

少，即平均晶粒尺寸增大。这期间常伴随着形成相互隔离的孔隙，烧结速率降低。

当孔隙率减少到大约 8%（相对密度达到理论密度的 92%）时，连通的孔隙消失，闭孔的出现意味着烧结到了后期，致密化减缓。孔隙中的气体阻碍进一步致密化，限制最终密度；相应地，只要金属不蒸发，真空烧结可以提高最终密度。

烧结阶段间没有明显的区别，烧结的初始阶段烧结颈长大和收缩率都很小，原始颗粒的尺

寸几乎不变化。在烧结中期，密度显著增加，达到理论值的 70%～92%。烧结中期的后半段，孔隙变得光滑，晶粒显著长大。到了烧结后期，孔隙变为球形并成为互不连通的封闭孔隙，晶粒的长大显而易见。图 7-9 所示为实际烧结行为的显微照片。这些照片显示了烧结时的密度、晶粒大小、孔隙结构特性的变化。图 7-9d 的扫描电子显微照片显示了压坯烧结到最后阶段断裂沿着晶界展开。球形孔洞存在于断裂的晶界处，在烧结后期需进一步致密化消除。

拉普拉斯方程给出了应力与曲面的关系，即

$$\sigma = \gamma(R_1^{-1} + R_2^{-1}) \tag{7-17}$$

式中，γ 为表面张力；R_1、R_2 为曲面的曲率半径。

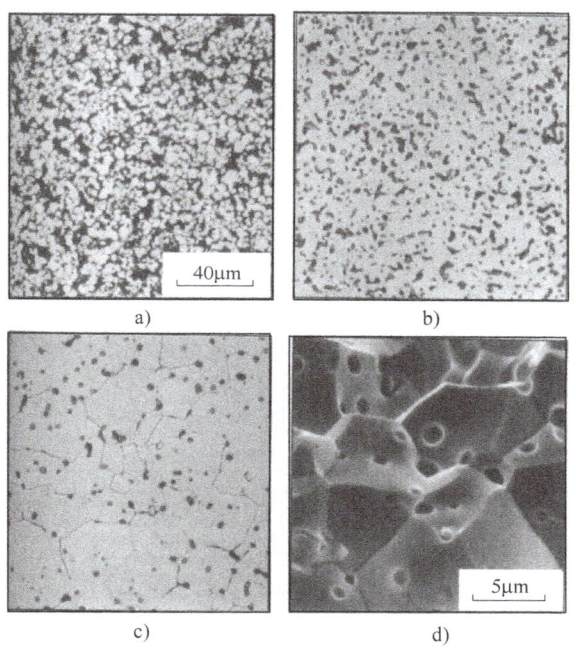

图 7-9　实际烧结行为的显微照片
a) 烧结初期　b) 烧结中期　c) 烧结中后期　d) 烧结末期

图 7-10 描述了一个微小曲面，当半径 R_1、R_2 位于表面内部时，其符号取正值；因此，凹面取负值。平面不受应力，所以烧结时，任何具有尖锐拐角和曲面的表面有最终变得扁平的趋势。

以烧结初期作为拉普拉斯方程应用的一个例子，颗粒接触颈部可简化为图 7-6 所示的剖面图，而原子尺度以图 7-11 中的尺度为例。若将原子排列无序的表面和晶界区域视为缺陷，原子最有可能沿表面或晶界迁移，从颈部到沿着表面的距离，其曲率不变，R_1、R_2 均等于球的半径 $D/2$；这样，根据方程式（7-17）得到

$$\sigma = 4\gamma/D \tag{7-18}$$

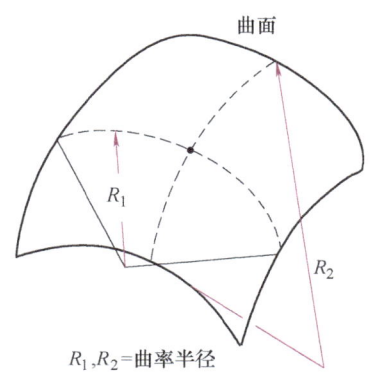

图 7-10　根据曲面上的两个主曲率半径点得到的曲率

用一个半径为 R 的圆来近似代表颈的形状，R 约等于 X^2/D，X 为烧结颈半径，则接触颈的曲率与应力的关系如下：

$$\sigma = \gamma \left(\frac{1}{X} - \frac{D}{X^2} \right) \qquad (7\text{-}19)$$

比较方程式（7-18）和式（7-19），可以看出在接触颈部半径存在应力梯度，特别是当烧结颈半径很小时，尽管应力大小不变，其应力梯度也可能很大。因此，在一个很小的距离内，有很强的驱动力促使物质向颈部流动。随着烧结颈的长大，曲率半径增大，应力梯度减小，该过程速度减慢。在烧结中期，沿圆柱形孔周围曲面的曲率提供驱动力。在烧结后期，球形孔球面周围的曲率选择性地使物质迁移，驱使颗粒收缩。

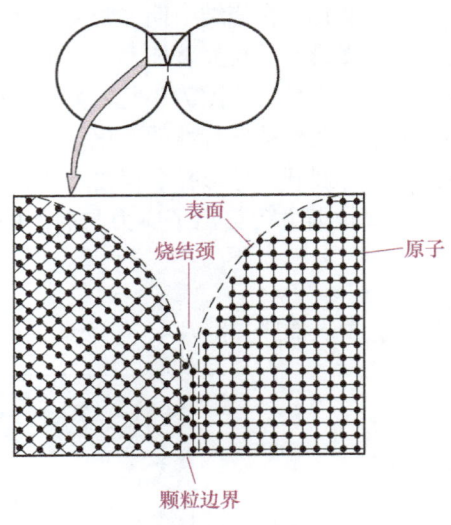

图 7-11　颗粒间烧结黏结的原子级观察

7.3.2　物质迁移机理

在烧结过程中，颗粒接触面上发生的量与质的变化以及烧结体内孔隙的球化与缩小等过程都是以物质迁移为前提的。烧结机构就是研究烧结过程中各种可能的物质迁移方式以及速率的。

烧结初期颗粒间的黏结具有范德华力的性质，不需要原子作明显的迁移，只涉及颗粒接触面上部分原子排列的改变或位置的调整，过程所需要的激活能是很低的。因此，即使在温度较低、时间较短的条件下，黏结也能发生，这是烧结早期的主要特征，此时烧结体的收缩不明显。烧结时物质迁移的各种可能过程见表 7-1。

表 7-1　烧结时物质迁移的各种可能过程

1	不发生物质迁移	表面扩散
2	发生物质迁移，并且原子移动较长的距离	黏结
		晶格扩散（空位机制）
		晶格扩散（间隙机制）
		晶界扩散
		蒸发与凝聚
		塑性流动（小块晶体的移动）
		晶界滑移（小块晶体的移动）
3	发生物质迁移，但是原子移动较短的距离	回复或再结晶

晶格扩散、蒸发与凝聚、流动等，因原子移动的距离较长，过程的激活能较大，只有在足够高的温度或外力的作用下才能发生。它们将引起烧结体的收缩，而使性能发生明显的变化，这是烧结主要过程的基本特征。

值得指出，烧结体内虽然可能存在回复和再结晶，但是只有在晶格畸变严重的粉末烧结时才容易发生。回复和再结晶首先使压坯中颗粒接触面上的应力得以消除，因而促进烧结颈的形成。由于粉末中的杂质和孔隙会阻止再结晶过程,所以粉末烧结时的再结晶晶粒长大现象不像致密金属那样明显。

由理论上推导烧结速度方程,可以采用如图 7-12 所示的两种基本几何模型:假定两个同质的均匀小球半径为 a,烧结颈半径为 x,颈曲面的曲率半径为 ρ,图 7-12a 为两球相切,球中心距不变,代表烧结时不发生收缩;图 7-12b 为两球相贯穿,球中心距减小 $2h$,表示烧结时有收缩出现。由图示 7-12 所示几何关系不难证明,在烧结的任一时刻,颈曲面半径与烧结颈半径的关系是:两球相切时为 $\rho = x^2/2a$;两球相贯穿时为 $\rho = x^2/4a$。

下面分别按各种可能的物质迁移机构,找出烧结过程的特征速度方程式,并最后对综合作用烧结理论作简单的介绍。

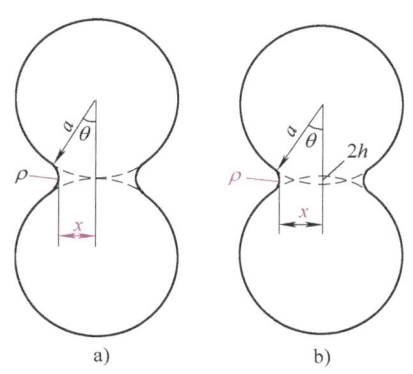

图 7-12 两球几何模
a) $\rho \approx x^2/2a$ b) $\rho \approx x^2/4a$

1. 黏性流动

1945 年,弗伦克尔最早提出一种称为黏性流动的烧结模型(图 7-13),并模拟了两个晶体粉末烧结早期的黏结过程。他把烧结过程分为两个阶段:第一阶段,相邻颗粒间的接触表面积增大,直到孔隙封闭;第二阶段,这些残留闭孔逐渐缩小。

第一个阶段,类似两个液滴从开始的点接触,发展到互相聚合,形成一个半径为 x 的圆面接触。为简单起见,假定液滴仍保持球形,其半径为 a。晶体粉末烧结早期的黏结,即烧结颈长大,可以看作在表面张力 γ 作用下,颗粒发生类似黏性液体的流动,使系统的总表面积减小,表面张力所做的功转换成对外减少的能量。弗伦克尔由此导出烧结颈半径相匀速长大的速度方程:

$$\frac{x^2}{a} = \frac{3}{2}\frac{\gamma}{\eta}t \tag{7-20}$$

式中,γ 为粉末材料的表面张力;η 为黏性系数。

库钦斯基采用同质材料的小球在平板上的烧结模型(图 7-14),用实验证实弗伦克尔的黏性流动速度方程,并且由黏性流动的流动方程出发,推导出本质上与此相同的烧结颈长大的动力学方程。

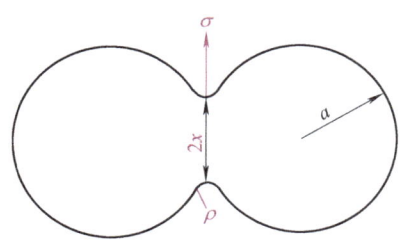 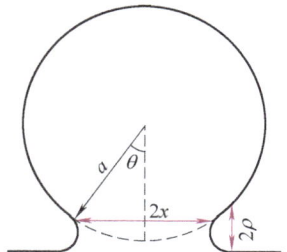

图 7-13 弗伦克尔球—球模型　　图 7-14 库钦斯基烧结球—平板模型

纯黏性流动方程 $\tau = \eta d\varepsilon/dt$ 中的剪切变形速率 $d\varepsilon/dt$ 与烧结颈半径的长大速率 dx/dt 成正比,而切应力 τ 与颗粒的表面应力 σ 成正比,因此上式变为

$$\sigma = K'\eta \frac{d\varepsilon}{dt} = K'\eta \frac{dx}{dt} \tag{7-21}$$

由式（7-2），$\sigma = -\gamma/\rho$，并根据图 7-12a，$\rho = x^2/2a$，将二式代入式（7-21），积分后，可得到

$$\frac{x^2}{a} = K\frac{\gamma}{\eta}t \tag{7-22a}$$

系数 K 由式（7-21）中的比例系数 K' 决定，在确定适当的 K' 值以后，$K' = 3/2$，因而式（7-22a）可变为：

$$\frac{x^2}{a} = \frac{3}{2}\frac{\gamma}{\eta}t \tag{7-22b}$$

该式与弗伦克尔方程式（7-20）的形式完全相同。

弗伦克尔认为晶体的黏性流动是靠体内空位的自扩散来完成的，黏性系数 η 与自扩散系数 D 之间的关系为：

$$\frac{1}{\eta} = \frac{D\delta}{kT} \tag{7-23}$$

式中，δ 为晶格常数。

后来证明，弗伦克尔的黏性流动实际上适用于非晶体物质。皮涅斯（B. R. Iliiec）由金属的扩散蠕变理论证明，对于晶体物质上面的关系式（7-23）应修正为：

$$\frac{1}{\eta} = \frac{D\delta^3}{kTL^3}$$

式中，L 为晶粒或晶块的尺寸。

弗伦克尔由黏性流动出发，计算了由于表面张力 γ 的作用，球形孔隙随烧结时间减小的速度为：

$$\frac{dr}{dt} = -\left(\frac{3}{4}\right)\frac{\gamma}{\eta} \tag{7-24}$$

可见，孔隙半径 r 是以恒定速度减小的，而孔隙封闭所需的时间将由下式决定：

$$t = \frac{4}{3}\eta\frac{r_0}{\gamma}$$

式中，r_0 为孔隙的原始半径。

库钦斯基用玻璃毛细管进行烧结实验，证明基于黏性流动机构，闭孔隙收缩应符合关系式：

$$r_0 - r = \frac{\gamma}{2\eta}t \tag{7-25}$$

库钦斯基用 0.5mm 的玻璃球在玻璃平板上于 575~743℃ 下进行烧结的实验研究，测定了烧结颈半径 x 随时间的变化，证明 $\ln(x/a)$ 与 t 成直线关系。假定在该温度下玻璃的表面能 $\gamma = 0.31\text{J/m}^2$，这样由各种温度下烧结的实验直线计算得到的 η 值与已知数据是一致的。

金捷里－博格将半径为 49μm 的玻璃球放在玻璃平板上烧结。他测定 x/a 与 t 的关系后得到如图 7-15 所示的直线（对数坐标），并由直线斜率均约等于 2 证明 $\ln(x/a)$ 与 t 成线性关系。取 $\gamma = 0.31\text{J/m}^2$，计算 η 值：725℃ 时为 72MPa·s，750℃ 时为 8.8MPa·s。

2. 蒸发和凝聚

由方程式（7-12）可知，烧结颈对平面饱和蒸气压的差 $\Delta p = -p_0\gamma\Omega/kT\rho$，当球的半径 a 比烧结颈曲率半径 ρ 大得多时，可以认为球表面蒸气压 p_a 对平面蒸气压的差 $\Delta p' = p_a - p_0$ 与 Δp 相比，可以忽略不计，因此，球表面的蒸气压与颈表面（凹面）蒸气压的差可近似地写成：

$$\Delta p_a = (\gamma\Omega/kT\rho)p_a \tag{7-26}$$

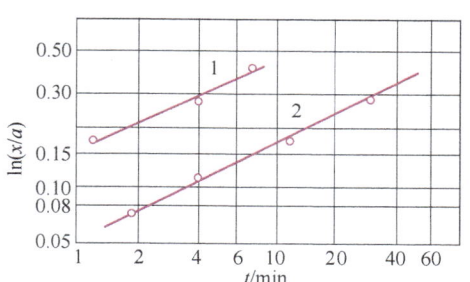

图 7-15　玻璃球—平板烧结实验
1—750℃，直线斜率 = 2.1
2—725℃，直线斜率 = 2.1

蒸气压差 Δp_a 使原子从球的表面蒸发，重新在烧结颈凹面上凝聚下来，这就是蒸发与凝聚物质迁移模型，由此引起烧结颈长大的烧结机构称为蒸发与凝聚。烧结颈长大的速率随 Δp_a 蒸气压差的增加而增大，当 ρ 与蒸气相中原子的平均自由程相比很小时，物质转移即凝聚速率可用单位面积上、单位时间内凝聚的物质的量 m 表示，近似地应用南格缪尔公式计算：

$$m = \Delta p_a (M/2\pi RT)^{1/2} \tag{7-27}$$

式中，M 为烧结物质的相对原子质量；R 为摩尔气体常数。

烧结颈长大速率用颈体积 V 的增大速率表示时，有下面连续方程式成立：

$$\frac{\mathrm{d}V}{\mathrm{d}t} = \frac{m}{d}A \tag{7-28}$$

式中，A 为烧结颈曲面的面积；d 为粉末的理论密度。

由图 7-12a 所示模型的几何关系 $\rho = x^2/2a$，$A = 4\pi x\rho$，$V = \pi x^2\rho = \pi x^4/a$，代入式（7-28）得到

$$\left(\frac{x^2}{a}\right)\frac{\mathrm{d}a}{\mathrm{d}t} = \frac{m}{d}\rho$$

再将式（7-24）与式（7-25）代入，并注意到 $\Delta p_a = p_a\gamma\Omega/kT\rho$，$k = R/N_A$ 和 $N\Omega d = M$（N_A 为阿伏伽德罗常数），则积分后，有：

$$\frac{x^3}{a} = 3M\gamma\left(\frac{M}{2\pi RT}\right)^{1/2}\frac{p_a}{d^2 RT}t \tag{7-29}$$

将所有常数合并为 K'，则式（7-29）简化为

$$x^3/a = K't \tag{7-30}$$

式（7-29）和式（7-30）说明，蒸发与凝聚机构的速度方程是烧结颈半径 x 的三次方与烧结时间 t 呈线性关系。

金捷里-博格用氯化钠小球（半径为 60～70μm），于 700～750℃ 烧结，测量小球间烧结颈半径 x 随 t 的变化，以 $\ln(x/a)$ 对 $\ln t$ 作图，得到如图 7-16 所示的三条直线，其斜率分别为 3.3、3.4、2.8。

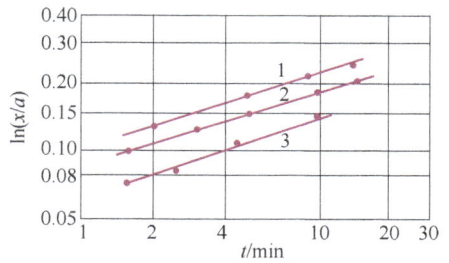

图 7-16　氯化钠小球烧结实验
1—750℃，直线斜率 = 3.3
2—725℃，直线斜率 = 3.4
3—700℃，直线斜率 = 2.8

3. 体积扩散

在研究粉末烧结的物质迁移机构时，人们早就注意和重视扩散所起的作用，许多研究工作详细阐述了烧结的扩散过程，并应用扩散方程导出烧结的动力学方程。扩散学说在烧结理论的发展史上长时间处于领先地位。

弗伦克尔把黏性流动的宏观过程最终归结为原子在应力作用下的自扩散。其基本观点是，晶体内存在超过该温度下平衡浓度的过剩空位，空位浓度梯度就是导致空位或原子定向移动的动力。

皮涅斯认为，在颗粒接触面上空位浓度高，原子与空位交换位置，不断向接触面迁移，使烧结颈长大，而且烧结后期，在闭孔周围的物质内，表面张力使空位的浓度变大，不断向烧结体外扩散，引起孔隙收缩。皮涅斯用空位的体积扩散机构描绘了烧结颈长大和闭孔收缩这两种不同的致密化过程。

由式（7-2）可知，烧结颈的凹曲面上，由于表面张力产生垂直于曲颈向外的张应力 $\sigma = -\gamma/\rho$，使曲颈下的平衡空位浓度高于颗粒的其他部位。根据图 7-12a 的模型，以烧结颈作为扩散空位"源"，而由于存在不同的吸收空位的"阱"，空位体积的扩散可以采取图 7-17 所示的几种途径或方式。

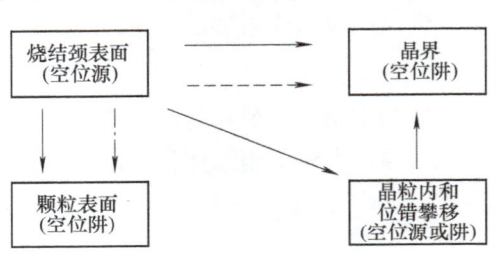

图 7-17　烧结时空位扩散途径

实际上，空位源远不只是烧结颈表面，还有小孔隙表面、凹面及位错；相应地，可以称为空位阱的还有晶界、平面、凸面、大孔隙表面、位错等。颗粒表面相对于内孔隙或烧结颈表面，大孔隙相对于小孔隙都可以成为空位阱，因此，当空位由内孔隙向颗粒表面扩散以及空位由小孔隙向大孔隙扩散时，烧结体就发生收缩，小孔隙不断消失，平均孔隙尺寸增大。

下面用模型推导体积扩散烧结机构的动力学方程式。

应用图 7-12a 的模型，空位由烧结颈表面向邻近的球表面发生体积扩散，即物质沿相反途径向颈迁移。因此单位时间内物质的转移量应等于烧结颈的体积增大量，即有连续方程式：

$$\frac{dV}{dt} = J_V A \Omega \tag{7-31}$$

式中，J_V 为单位时间单位面积通过颈上流出的空位个数；A 为扩散断面积；Ω 为一个空位（或原子）的体积。

根据扩散第一定律

$$J_V = D'_V \nabla c_V = D'_V (\Delta c_V/\rho)$$

式中，D'_V 为空位自扩散系数；Δc_V 为空位浓度差；∇c_V 为颈表面与球面的空位浓度梯度，$\nabla c_V = \Delta c_V/\rho$。

因而式（7-31）变为：

$$dV/dt = A D'_V c_V^0 \Omega (\Delta c_V/\rho) \tag{7-32}$$

体积表示的原子自扩散系数 $D_V = D'_V c_V^0 \Omega$，由图 7-12a 的几何关系：$\rho = x^2/2a$，$A = (2\pi x)$

$(2\rho) = 2\pi x^3/a$, $V = \pi x^2 \rho = \pi x^4/2a$, 故 $dV = (2\pi x^3/a)dx$。又根据式 (7-9), $\Delta c_V/\rho = \Delta c_V^0$ $(\gamma\Omega/kT\rho^2)$。将所有上述关系式代入 (7-32) 式, 化简后可得到:

$$dx/dt = D_V(\gamma\Omega/kT)(4a^2/x^4)$$

积分后得
$$x^5/a^2 = (20D_V \cdot \gamma\Omega/kT)t$$

或
$$x^5/a^2 = (20D_V \cdot \gamma\delta^3/kT)t \tag{7-33}$$

金捷里-博格基于图 7-12b 的模型, 认为空位是由烧结颈表面向颗粒接触面上的晶界扩散的, 单位时间和单位长度上扩散的空位流 $J_V = 4D'_V \Delta c_V$。由几何关系 $\rho = x^2/4a$ 得 $V = \pi x^4/2a(=2\pi x^2\rho)$, 故将这些关系式一并代入连续方程 (7-31), 可以得到:

$$dV/dt = 2\pi x J_V \Omega$$

积分后
$$x^5/a^2 = (80D_V \cdot \gamma\Omega/kT)t$$

或
$$x^5/a^2 = (80D_V \cdot \gamma\delta^3/kT)t \tag{7-34}$$

将式 (7-34) 与式 (7-33) 比较, 仅系数相差四倍, 形式完全相同。因此, 按照体系扩散机构, 烧结颈长大应服从 $x^5/a^2 - t$ 的直线关系。如果以 $\ln(x/a)$ 对 $\ln t$ 作图, 可以得到一条直线, 对纵坐标的斜率应接近 5。

4. 表面扩散

通过颗粒表面层原子的扩散来完成物质迁移, 可以在较低的温度下发生。事实上, 烧结过程中颗粒的相互联结, 首先是在颗粒表面进行的, 由于表面原子的扩散, 颗粒黏结面增大, 颗粒表面的凹处逐渐被填平。在较低和中等烧结温度下, 表面扩散作用十分明显, 而在更高温度时, 逐渐被体积扩散所取代。烧结的早期, 有大量的连通孔存在, 表面扩散使小孔不断缩小与消失, 而大孔隙增大, 其结果就像小孔被大孔所吸收, 所以总的孔隙数量和体积减小, 同时有明显收缩出现; 然而在烧结后期, 形成隔离闭孔后, 表面扩散只能促进孔隙表面光滑, 孔隙球化, 而对孔隙的消失和烧结体的收缩不产生影响。

原子沿着颗粒或孔隙的表面扩散, 按照近代的扩散理论, 空位机制是最主要的, 空位扩散比间隙式或换位式扩散所需的激活能低得多。因位于不同曲率表面上原子的空位浓度或化学位不同, 所以空位将从凹面向凸面或从烧结颈的负曲率表面向颗粒的正曲率表面迁移, 而与此相对应的, 原子朝相反方向移动, 填补凹面和烧结颈。

库钦斯基根据图 7-12a 的模型, 推导了表面扩散的速度方程式。烧结颈表面的过剩空位浓度梯度, 按式 (7-9) 为 $\Delta c_V/\rho = c_V^0 \gamma\Omega/kT\rho^2$。假定表面扩散是在烧结颈一个原子厚的表层中进行的, 则扩散断面积 $A = 2\delta x\pi$, 又 $V = \pi x^4/2a$, $\rho = x^2/2a$, 原子表面扩散系数 $D_s = D'_s c_V^0 \Omega$ (D'_s 为空位表面扩散系数)。将上述关系式一并代入连续方程 (7-31), 得

$$dV/dt = (2A \cdot \Delta c_V/\rho)D'_s\Omega$$

得
$$(x^6/a^3)dx = (8\gamma\delta^4/kT)D_s dt$$

积分后
$$x^7/a^3 = (56D_s\gamma\delta^4/kT)t \tag{7-35}$$

该式表示烧结颈半径的 7 次方与烧结时间成正比。

粉末越细, 比表面积越大, 表面的活性原子数越多, 表面扩散就越容易进行。图 7-18 是由烧结各种粒度铜粉的实验所测定的自扩散系数 D_V 与温度的关系曲线, 当温度较低时,

测定的数据与按体积扩散预计的直线关系发生了很大偏离，即实际的扩散系数偏高，这说明低温烧结时，除体积扩散外，还有表面扩散起作用。

用 $3\sim15\mu m$ 的球形铜粉于铜板上在 600℃ 进行低温烧结实验，测定 $\ln(x/a)$ 与 $\ln t$ 的关系直线，求得斜率为 6.5，与式（7-35）中 x 的指数 7 接近。并且由 $(\ln D_s-1)/T$ 的关系直线可以测定表面扩散激活能 $Q_s=235kJ/mol$，$D_s^0=10^7 cm^2/s$，可见，铜的 Q_s 与 Q_V 相近，而 D_s^0 比 D_V^0 大 10^5 倍之多。这说明，当以表面扩散为主时，活化原子的数目大约是体积扩散时的 10^5 倍。

5. 晶界扩散

前已述及，空位扩散时，晶界可作为空位"阱"，晶界扩散在许多反应或过程中起着重要的作用。晶界对烧结的重要性有两个方面：①烧结时，在颗粒接触面上容易形成稳定的晶界，特别是细粉末烧结后形成许多网状晶界与孔隙互相交错，使烧结颈边缘和细孔隙表面的过剩空位易通过邻接的晶界进行扩散或被它吸收；②晶界扩散的激活能只有体积扩散的一半，而扩散系数大 1000 倍，而且随着温度降低，这种差别增大。

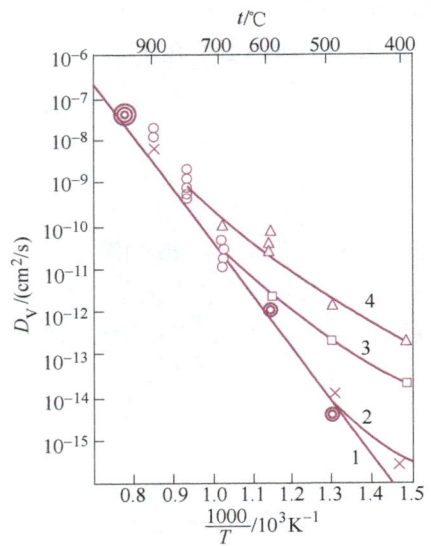

图 7-18　烧结铜粉的自扩散系数与温度的关系
1—$40\sim50\mu m$　2—$2\sim30\mu m$
3—$10\sim15\mu m$　4—$3\sim5\mu m$

晶界对烧结颈长大和烧结体收缩所起的作用，可以用图 7-19 的模型来说明。如果颗粒接触面上未形成晶界，空位只能从烧结颈通过颗粒内向表面扩散，即原子由颗粒表面填补烧结颈区。如果有晶界存在，烧结颈边缘的过剩空位将扩散到晶界上消失，结果使颗粒间距缩短，收缩发生。

伯克以图 7-20 的模型说明晶界对收缩的作用。图 7-20a 代表孔隙周围的空位向晶界（空位阱）扩散并被吸收，使孔隙缩小，烧结体收缩；图 7-20b 代表晶界收缩，孔隙周围的空位沿晶界（扩散通道）向两端扩散，消失在烧结体之外，也使孔隙缩小，烧结体收缩。

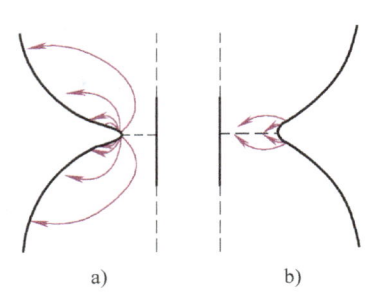

图 7-19　空位从颗粒接触面向颗粒表面或晶界扩散的模型
a）无晶界　b）有晶界

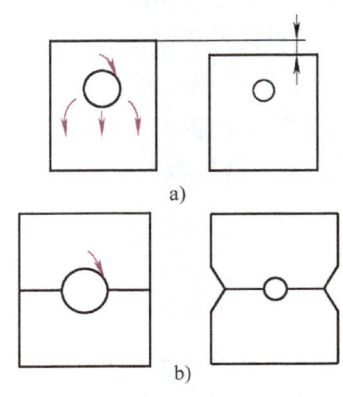

图 7-20　晶界、空位与收缩的关系模型
a）晶界成为空位阱　b）晶界成为空位扩散通道

库钦斯基实验证明了晶界在空位自扩散的作用,颗粒黏结面上有无晶界存在对体积扩散特征方程 ($x^5/a^2 - t$) 中 t 前面的系数影响很大,有晶界比无晶界时要大 2 倍。

根据两球模型,假定在烧结颈边缘上的空位向接触面晶界扩散并被吸收,采用与体积扩散相似的方法,可导出晶界扩散的特征方程:

$$\frac{x^6}{a^2} = (960\gamma\delta^4 D_b/kT)t \tag{7-36}$$

如果用半径为 a 的金属线平行排列制成烧结模型,这时扩散层假定为一个原子厚度[式 (7-36) 为 5 个原子厚度],则晶界扩散的速度方程为

$$\frac{x^6}{a^2} = (48\gamma\delta^4 D_b/\pi kT)t \tag{7-37}$$

库钦斯基由球-平板模型推导的晶界扩散方程为

$$\frac{x^6}{a^2} = (12\gamma\delta^4 D_b/kT)t \tag{7-38}$$

式中,D_b 为晶界扩散系数。

由两球模型导出的收缩动力学方程为:

$$\Delta L/L_0 = [3\gamma\delta^4 D_b/a^4 kT]^{1/3} t^{1/3} \tag{7-39}$$

式中,$\Delta L/L_0$ 是用两球中心距靠拢来表示线收缩率。

6. 塑性流动

烧结颈的形成和长大可以看做是金属粉末在表面张力作用下发生塑性变形的结果。塑性流动与黏性流动不同,外应力 σ 必须超过弹塑性材料的屈服应力 σ_y 才能发生。塑性流动的特征方程可以写成:

$$\eta d\varepsilon/dt = \sigma - \sigma_y \tag{7-40}$$

与纯黏性流动的特征方程 $\sigma = \eta (d\varepsilon/dt)$ 比较,仅差一项代表塑性流动阻力的 σ_y。

塑性流动理论的最新发展是将高温微蠕变理论应用于烧结过程。皮涅斯最早提出烧结与金属的扩散蠕变过程相似的观点,并根据扩散蠕变与应力作用下空位扩散的关系,找出代表塑性流动阻力的黏性系数与自扩散系数的关系式 $1/\eta = D\delta^3/kTL^2$。20 世纪 60 年代末期,勒尼尔和安塞尔用蠕变理论定量研究了粉末烧结的机构,总结出相应的烧结动力学方程式。

金属的高温蠕变是在恒定的低应力下发生的微变形过程,而粉末在表面应力(约 0.2~0.3MPa)作用下产生缓慢流动,和微蠕变极其相似,所不同的只是表面张力随着烧结的进行逐渐减小,因此烧结速度逐渐变慢。勒尼尔和安塞尔认为在烧结早期,表面张力较大,塑性流动可以靠位错的运动来实现,类似蠕变的位错机构;而烧结后期,以扩散流动为主,类似低应力下的扩散蠕变,或称纳巴罗-赫仑微蠕变。扩散蠕变是靠空位自扩散来实现的,蠕变速度与应力成正比;而高应力下发生的蠕变是以位错的滑移或攀移来完成的。

以上讨论的烧结物质迁移机构,可以用一个动力学方程通式描述

$$x^m a^n = F(T)t \tag{7-41}$$

$F(T)$ 仅仅是温度的函数,但是在不同烧结机构中,包含不同的物理常数,例如扩散系数

(D_s、D_l、D_b)、饱和蒸气压 p_0、黏性系数 η 以及许多方程共有的比表面能 γ，这些常数均与温度有关。各种烧结机构特征方程的区别主要反映在指数 m 与 n 的不同搭配上，其不同表达式见表7-2。

表7-2 $x^m a^n = F(T)t$ 的不同表达式

机 构	研 究 者		m	n	$m-n$
蒸发与凝聚	库钦斯基		3	1	2
	金捷里-伯格		3	1	2
	皮涅斯		7	3	4
	霍布斯-梅森		5	2	3
表面扩散	库钦斯基		7	3	4
	卡布勒拉		5	2	3
	斯威德	$\pi\rho \geq y_s$	5	2	3
		$\pi\rho \leq y_s$	3	1	2
	皮涅斯		6	2	4
	罗克兰		7	3	4
体积扩散	库钦斯基		5	2	3
	卡布勒拉		5	2	3
	皮涅斯		4	1	3
	罗克兰		5	2	3
晶界扩散	库钦斯基，罗克兰		6	2	4
黏性流动	弗仑克尔，库钦斯基		2	1	1

注：$y_s = D_s' \tau_s$，D_s' 为吸附原子的表面扩散系数，τ_s 为吸附原子为了达到平衡浓度的弛豫时间。

迁移机理决定质量流如何响应驱动力。迁移机理可分为颗粒表面迁移和体积迁移，两种迁移方式如图7-21两球模型所示。表面迁移机制通过从表面源的物质移动供给颈部长大（E-C 为蒸发-凝聚，SD 为表面扩散，VD 为体积扩散）。体积迁移过程从内部的质量源供给颈部长大（PF 为塑性流动，GB 为晶界扩散，VD 为体积扩散）。随着颗粒的靠近，只有体积迁移机制产生收缩。

表面迁移可能促使烧结颈部长大，但颗粒大小不变（没有发生收缩或致密化），这是由于质量流起源于和中止于颗粒表面。表面扩散和蒸发-冷凝是表面迁移时控制烧结的两个主要因素。包括铁在内的多数金属在低温烧结时表面扩散占主导地位。蒸发-凝聚作用不是很大，但对于像铅之类易挥发的金属烧结时，蒸发-凝聚作用是物质迁移的主导机制。

相反，原子在晶粒或颗粒内部的体积迁

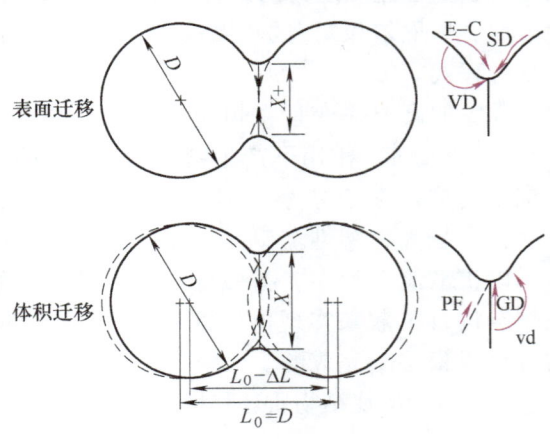

图 7-21 运用于两球形烧结模型的烧结机理的分类

移将引起烧结时发生收缩。原子自晶粒或颗粒内部迁移并沉积在颈部。体积迁移机理包括体积扩散、颗粒内部晶界扩散、塑性流动和黏性流动。高温条件下，经塑性流动造成物质的迁移十分重要，特别在粉末压坯中的初始位错密度大的情况下，表面张应力一般还不足以形成新的位错，这样，粉末烧结温度高于回火温度后，位错密度下降，其塑性流动下降。相反，非晶材料，例如玻璃和塑料等是通过塑性流动烧结的，其颗粒连接的速率由颗粒大小和材料黏性决定。黏性流动也可能发生在出现液相时的金属晶界上。对大多数晶体材料而言，晶界扩散对其致密化有较大作用，如在普通金属的烧结致密化中，晶界扩散对其致密化占主导作用。表面扩散和体积扩散过程都促使烧结颈长大，但出现在不同的烧结时期或不同的致密化阶段。一般地，体积扩散是高温烧结时物质迁移的主要机构。

7.3.3 烧结初期

曲率方程式（7-17）应用于烧结初期时，可以估算在不同的气压、空位浓度和烧结颈下的应力。例如，烧结颈部负的凹曲度，使得物质原子在颈部的蒸气压低于平面蒸气压，而物质原子在凸曲率表面处蒸气压高于平面蒸气压，导致一个净质量流流到颈部区域。同时，在曲面上的空位浓度 c 取决于其曲率，即：

$$c = c_0 [1 - (\gamma \Omega / kT)(R_1^{-1} + R_2^{-1})]$$

式中，c_0 为平衡空位浓度；γ 为表面能；Ω 为原子体积；k 为玻耳兹曼常数；T 为热力学温度。

表面弯曲得越大，空位浓度偏离平衡浓度越大。对于凹面，其空位浓度大于平衡浓度；对于凸面，其空位浓度小于平衡浓度。烧结初期通过测量烧结颈长大 X/D 可用与公式（7-41）相近方程表达：

$$(X/D)^n = Bt/D^m \tag{7-42}$$

式中，X 是烧结颈直径；D 是颗粒直径；t 是等温烧结时间；B 是与材料、过程相关的常数。数值 n、m 和 B 取决于物质的迁移机制，见表 7-3。一般地，式（7-42）描述的模型对颈长率小于 0.3 的颗粒起作用。要注意的是，扩散系数取决于参数 B 以及方程式（7-14）的阿累尼乌斯方程温度。一些普通材料的频率因子和活化能与表面、体积（或晶格）和晶界扩散有关的附录 B 中。

表 7-3　烧结初期方程：$(X/D)^n = Bt/D^m$

机　制	n	m	B
黏性流动	2	1	$3\gamma/(2\eta)$
塑性流动	2	1	$9\pi\gamma b D/(kT)$
蒸发-凝聚	3	1	$(3p\gamma/\rho^2)(\pi/2)^{1/2}[M/(kT)]^{3/2}$
晶格（体积）扩散	5	3	$80 D_V \gamma \Omega/(kT)$
晶界扩散	6	4	$20 \delta D_b \gamma \Omega/(kT)$
表面扩散	7	4	$56 D_s \gamma A^{4/3}/(kT)$

注：γ—表面能，D_V—体积扩散率，η—黏度，D_s—表面扩散率，b—伯格斯矢量，D_b—晶界扩散率，k—玻耳兹曼常数，p—压力，T—绝对温度，M—相对分子质量，ρ—理论密度，Ω—原子体积，δ—晶界宽度。

方程式（7-42）虽然不是很精确，仍然是重要的烧结过程方程。由于烧结过程物质迁移方式对颗粒尺寸倒数的高度敏感性，使得小颗粒烧结得更快。尽管烧结时金属粉末中晶格扩散（体积扩散）很常见，但是由于降低了颗粒大小，表面扩散和晶界扩散作用更为突出。

如果温度出现在指数项中，意味着较小的温度变化对烧结过程将产生重大影响。与温度和颗粒尺寸相比，烧结时间的影响比较小。

在弗伦克尔和库钦斯基的早期工作之后，Herring 提出了一种测量烧结的法则。如果是在烧结时间 t_1 内，直径为 D_1 的颗粒得到的烧结颈长为 X_1，那么根据已知的烧结机制可以预测颗粒变化的影响。则在烧结时间 t_2 内，直径为 D_2 的颗粒，得到的烧结颈长率（$X_1/D_1 = X_2/D_2$）有如下关系：

$$t_1/t_2 = (D_1/D_2)^m \tag{7-43}$$

式中，m 随表 7-3 中烧结机制的不同而改变。这样，对于晶界扩散主导的烧结，若颗粒大小增加两倍，则达到同样的烧结程度（强度相同）时要求烧结时间增加 15 倍。

当烧结颈发生长大时，体积迁移过程引起颗粒间位置的改变，是粉末致密化收缩的结果，如图 7-21 所示。颗粒靠近导致压坯收缩与烧结颈尺寸相关，见下式：

$$\Delta L/L_0 = (X/D)^2 \tag{7-44}$$

式中，$\Delta L/L_0$ 为线收缩率（烧结坯长度变化值与压坯烧结前尺寸之比）。

烧结初期的收缩遵循与方程(7-43)相似的动力法则，即：

$$(\Delta L/L_0)^{n/2} = Bt(2^n D^m) \tag{7-45}$$

式中，$n/2$ 的典型值为 2.5~3；D 为颗粒直径；t 为等温烧结时间。方程（7-42）和(7-45)中的参数 B 与温度有关：

$$B = B_0 \exp(-Q/RT) \tag{7-46}$$

式中，R 为摩尔气体常数；T 为热力学温度；B_0 为材料参数的集合因素（表面能、原子大小、原子振动频率、系统几何形状）。活化能 Q 衡量原子迁移运动时的难易程度。

一般来说，观察烧结的收缩方法只适合于体积迁移过程。样品在不同的时间下加热到不同的温度时，其收缩量很容易测量，膨胀仪或直接成像技术可连续地记录加热期间的收缩。常用技术是用恒定的升温速度去加热压坯，例如 5℃/min 或 10℃/min，直至烧结完成，这样可以分析整个烧结过程和收缩过程以及样品长度变化或收缩量与温度的函数关系，能够比较容易确定烧结的重要阶段。

烧结过程中，表面积的测量适用于小颗粒，特别是催化剂粉末。在烧结初期，参数 $\Delta S/S_0$ 可用来确定烧结机制：

$$(\Delta S/S_0)^v = C_s t$$

式中，$\Delta S/S_0$ 为表面积的变化值与原始表面积之比；C_s 为过程常数；t 为烧结时间；v 近似为 $n/2$ 的指数，n 的取值参见表 7-2。

一些精密部件烧结时希望不让材料烧结体收缩，因为如果收缩能够消除，压坯尺度能维持很高的精度。根据材料密度和强度的关系，如烧结过程不发生收缩，那么要求压坯具有相应的高密度，使用高的压制压力，可使材料在烧结时的尺度变化达到最小。这给压制过程和烧结过程都带来困难。因为一方面压制高密度压坯需要大吨位压力机和精密模具，另一方面要严格控制烧结温度和烧结时间，因为在烧结时，压坯很容易发生收缩，并且高温烧结会产生热变形。相应地，采用较短的烧结时间并低温烧结，可以比较准确控制收缩变形。

7.3.4 烧结中期

方程式（7-45）所表示的烧结初期模型仅适用于小的收缩量。烧结中期对烧结体性能有很重要的影响，这阶段的特征有孔隙形状趋于球形、致密化程度显著提高和晶粒长大。

假定位于晶界边缘的圆柱孔在几何学上近似为图 7-22 中的理想孔。晶粒形状假定为十四面体，致密化速率取决于远离于孔隙的空位扩散。因此，致密化率 $d\rho/dt$ 可表示为：

$$\frac{d\rho}{dt} = JAN\Omega \qquad (7-47)$$

式中，J 为扩散通量（单位时间内单位面积上流出的原子数）；A 为扩散面积；Ω 为原子体积；N 为单位体积中孔隙的数目。

随着孔隙的"塌陷"（空位消失处），假设孔隙消失的过程是原子沿着晶界的体积扩散所致，结合扩散第一定理，孔隙的几何形状如图 7-22 所示。再根据方程（7-17），可得到如下结果：

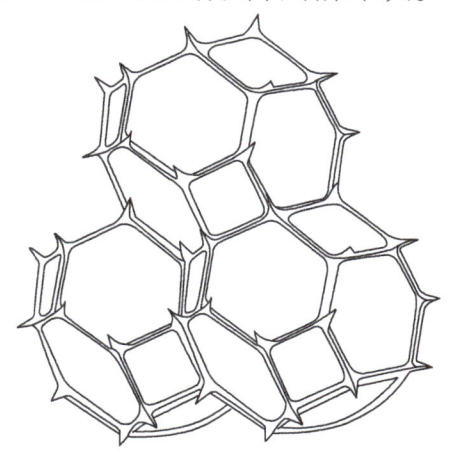

图 7-22 烧结中期位于晶界边缘的圆柱孔

$$\rho_s = \rho_i + B_i \ln(t/t_i) \qquad (7-48)$$

式中，ρ_s 为烧结密度；ρ_i 为烧结第二阶段开始时的烧结体密度；t_i 为烧结中期某一点的时间；t 为等温烧结时间（大于 t_i）；B_i 根据方程（7-46）取值，一般，B_i 与晶粒大小的立方成反比，反映了烧结中晶界参数的重要性。根据这一关系，阻止晶界长大和增加扩散可提高烧结体的致密化程度，一般通过控制温度和颗粒的微观结构来达到这一目的。

烧结时平均晶粒大小 G 随时间的增加可用下式表达：

$$G^3 = G_0^3 + \kappa t \qquad (7-49)$$

式中，G_0 为原始晶粒大小；κ 为与因数 B 类似的热活化参数。假设晶粒形状为十四面体，对于这种晶粒几何形状，在占据晶粒边缘的孔隙半径为 r，晶粒大小为 G，孔隙率 θ 之间存在如下关系：

$$\theta = 4\pi(r/G)^2 \qquad (7-50)$$

假定晶界依附在孔隙结构上，则该关系表明当孔隙闭合（r 增加）或孔隙率减小（θ 减小）时，晶粒尺寸将增加。

烧结中期的致密化伴随着体积和晶界的扩散。位于晶界的孔隙比孤立孔隙消失得更快。在此阶段，原子表面迁移很活跃，当晶粒长大时，孔隙的球化和沿着晶界的孔隙移动很明显。然而，表面迁移过程并不会引起显著的致密化或收缩。

当颗粒的有效性能或密度改变时，就应使烧结时间长一些。扩散速率、晶粒长大和孔隙移动都需要热激活过程，且还与材料的某些特定形态如晶粒大小、孔径和孔隙间距有关。当材料微观结构连续变化时，温度对烧结作用是一个综合的影响。

7.3.5 烧结末期

烧结末期是一个很慢的过程，此时，烧结体中孤立的球形孔通过体积扩散机制不断缩小。在烧结末期，孔隙在晶粒边角上孤立，其结构可用图 7-23 表示。图 7-24 中扫描电子显微镜分析表明材料在烧结末期，近似球形的孔隙位于晶界上。对于晶界上的孔隙，晶界能和固气表面能的平衡能促使孔隙形成二面角的晶界沟。晶界破坏后，球形孔便形成。然后，孔隙必须把空位扩散到远处的晶界，使烧结体收缩得以继续进行，这个过程需要很长的时间。而且，随着时间的延长，孔隙的数目减少，孔隙的粗化将引起平均孔径增大，而孔隙曲率的不同将导致大孔隙长大，小孔隙逐渐消失。如果孔隙中存在气体时，则气体在烧结体中的溶解度将对孔隙的消除具有影响。因此，采用真空烧结，有利于孔隙消失。

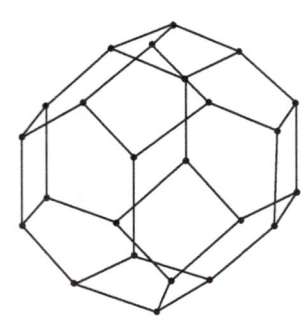

图 7-23　烧结末期孔隙的微观结构

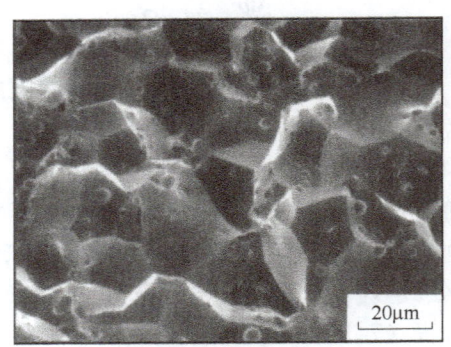

图 7-24　烧结末期时断裂样品的扫描电子显微照片

烧结末期时，孔隙的消失速率与两个因素有关，即表面能 γ 和孔隙气压 P_g。这时的致密化速率方程如下：

$$\frac{d\rho}{dt} = \frac{12D_V\Omega}{kTG^3}\left(\frac{2\gamma}{r} - P_g\right) \tag{7-51}$$

式中，ρ 为密度；t 为时间；Ω 为原子体积；D_V 为体积扩散率；k 为玻耳兹曼常数；T 为热力学温度；G 为晶粒大小；γ 为固气表面能；r 为孔隙直径；P_g 为孔隙中的压力。

方程（7-51）表明，当孔隙中存在气体时，致密化速率将在所有气孔消失前达到零。因此，不用真空烧结是不可能达到全致密的。表征孔隙率和烧结时间 t 关系的真空烧结的方程为：

$$\frac{d\theta}{dt} = \theta_f - B_f \ln\left(\frac{t}{t_f}\right) \tag{7-52}$$

式中，θ_f 和 t_f 对应于孔隙闭合处（烧结中期结束时）的数值；B_f 是一个材料常数的集合因子［见方程 (7-46)］。在图 7-25 中，核燃料元素二氧化铀的烧结数据表明了开孔和闭孔（密封孔）的变化与总的孔隙率的关系。下式给出了长度为 l，半径为 r 的圆柱孔不稳定性的计算关系，这是圆柱孔崩溃的条件：

$$\frac{l}{r} \geq 2\pi \tag{7-53}$$

这与雾化中提出的条带液滴的瑞利（Rayleigh）不稳定条件是一致的。对于像图 7-22 中的位于晶界边缘的圆柱形孔隙而言，当其孔隙率大约达到 8% 时，孔隙结构失稳，不稳定性便出现了。接下来，进一步烧结过程使孔隙通过表面迁移过程完成球化，其最终半径为 $1.88r$。当孔隙转变为球形后，直径增加，这可作为烧结到末期的标志。如果闭孔的移动能与晶界结构相连接，那么就可以发生连续地收缩。

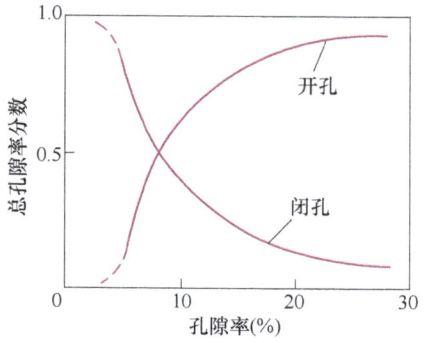

图 7-25 二氧化铀在 1400℃ 烧结时，开孔和闭孔的变化与总的孔隙率之间的关系

在大多数材料中，粒径的分布和颗粒排列方式决定在烧结末期孔径的分布。烧结时观测的孔径取决于多个因素的联合作用，例如，颗粒的粗化、相邻颗粒数和烧结收缩。由于区域空位浓度取决于孔隙半径的倒数，因此长时间的烧结会引起孔径粗化。小孔隙能产生比大孔隙更多的空位，由图 7-26 中孔隙随时间的粗化数据可以看出。该图是羰基铁粉在 200MPa 压力压制后于 870℃ 烧结得出的烧结时间与孔隙率、孔径、晶粒之间的关系。尽管孔隙率下降，但与方程 (7-49) 所预测的一样，单个孔径会增加以及晶界尺寸会变大。烧结末期，有几个因素会阻止最终的孔隙消失，孔隙中的气体会阻止烧结体的致密化。在致密化终止的临界点，弯曲球形孔的表面能与内部气压达到平衡，即

$$\frac{2\gamma_{SV}}{r} = P_g \tag{7-54}$$

式中，γ_{SV} 为气固表面能；r 为孔隙半径；P_g 为孔隙中的压力。如果压坯在氩气气氛中烧结，假设压力为 P_1，孔隙率达到 8% 时孔隙闭合的半径为 r_1。最小孔隙率可通过孔隙中气体的质量守恒来计算。如果孔隙的数目和温度不变，并且形状为球形，那么

$$P_1 V_1 = P_2 V_2$$

孔隙的最终半径 r_2 可用下式来估算：

$$r_2 = \left[\frac{r_1^3 P_1}{2\gamma_{SV}}\right]^{1/2} \tag{7-55}$$

若 $r_1 = 10\mu m$，$P_1 = 0.1MPa$，$\gamma_{SV} = 2J/m^2$，那么可算出 $r_2 = 5\mu m$。即，无论材料烧结多长时间，孔隙的最终半径维持在 $5\mu m$。

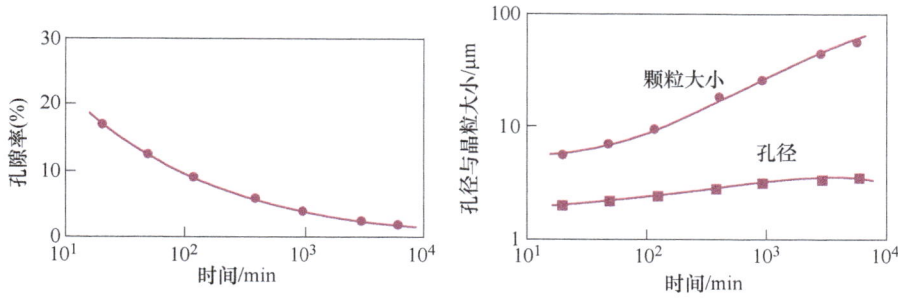

图 7-26 烧结时间与孔隙率、孔径、晶粒之间的关系。

7.3.6 数据分析

对于各种烧结模型，从时间、温度、粒度、压制压力和烧结气氛等方面单独研究了各自的影响。烧结模型可由金属丝、球和球板等几何形状组成。有代表性的测量包括烧结颈直径、表面积、致密化程度或烧结体收缩等。一般地，可以用一个非特殊的烧结参数 y 表达任何一个测定烧结进程的参数。如对于等温烧结，以 $\lg(y)$ 对应于 $\lg(t)$ 的绘图可表达一个反映烧结进程测量参数与时间指数的关系。图 7-27 所示为球形银粉颗粒在 800℃ 下通过晶格扩散主导的烧结数据，颈长数据 X/D 连线的斜率对应于体积扩散。从不同温度的烧结试验中，还可推算出活化能。在图 7-28 中，给出了大小为 2.2μm 的钼粉烧结 1h 后，其收缩率的对数与热力学温度的倒数之间的阿累尼乌斯方程标绘图，通过图中的斜率计算出扩散需要的活化能值为 405kJ/mol。最后，图 7-29 为归一化的表面积减少 $\Delta S/S_0$ 值与两种粒径的铜粉在 1010℃ 烧结时的烧结时间之间的双对数关系。数据表明，较小粉末的总表面积变化加快。对这些结果的分析基本能够确定压坯的烧结是由表面扩散所控制的。

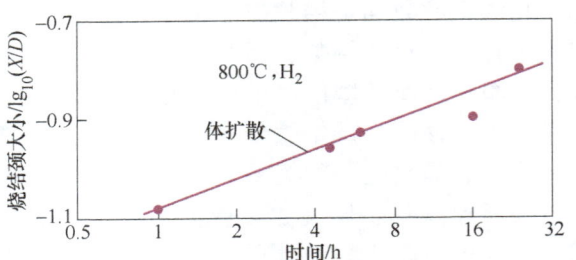

图 7-27 球形银粉颗粒在 800℃ 下通过晶格扩散主导的烧结数据

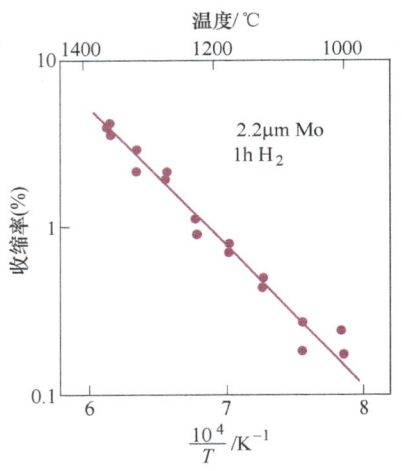

图 7-28 钼粉在不同温度下烧结的收缩率的对数与热力学温度倒数的关系

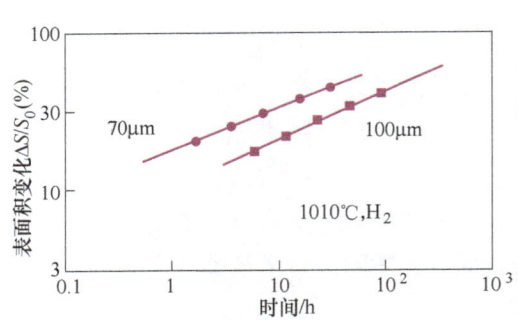

图 7-29 归一化的表面积减少 $\Delta S/S_0$ 值与两种粒径的铜粉在 1010℃ 烧结时的烧结时间之间的双对数关系

由烧结理论推断并对固态烧结的数据分析后发现，根据烧结系统的特性，可以预测材料的行为，进而了解材料的性能。为了取得最优化的性能，可以对烧结周期作必要的修正。

烧结过程中的致密化程度 Ψ，烧结体密度 ρ_S，相对密度为 ρ_G，线收缩率 $\Delta L/L_0$ 之间满足下式：

$$\rho_S = \frac{\rho_G}{(1-\Delta L/L_0)^3} \tag{7-56}$$

$$\psi = \frac{\rho_S - \rho_G}{\rho_T - \rho_G} \tag{7-57}$$

这样，相对密度为 68% 的压坯经烧结后能达到 87%，由式（7-56）可计算出其净线收缩率为 7.9%，其致密化程度为 59%。

$$L_T = \frac{L_F}{1-\Delta L/L_0}$$

式中，当烧结线收缩率为 $\Delta L/L_0$ 时，L_T 为最终尺寸 L_F 的测量尺寸。

7.3.7 烧结图

烧结图用来表示烧结行为是很有用的。烧结图给出了密度或烧结颈尺寸与等温烧结温度在不同时间下的关系，反映了不同阶段的烧结行为和物质迁移方式。烧结图将几种烧结机制结合在一起，利用变化的平面几何图展示了主要过程参数的影响。因为这种分析比较复杂，往往需要利用计算机模拟得到的数据进行绘制。图 7-30 给出了 4μm 钨粉的烧结图。图示说明了采用四种不同的烧结时间，相对密度与等温烧结温度的对比关系，由图可知，烧结初期主要是表面扩散效应，烧结后期主要是晶界扩散。虽然表面扩散对所有的物质迁移都有贡献，但致密化主要由晶界和体积扩散所控制。从图中我们可以看出各种主要过程变量间的相互作用。

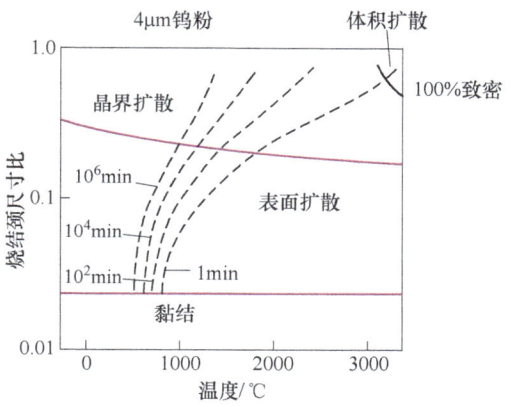

图 7-30　4μm 钨粉的烧结图

因为多数烧结过程都包含不止一种烧结机制，所以在计算中需要考虑多种机制的影响，而且，好几种物质迁移在同一烧结阶段都发挥作用，而有利于整个烧结速度的增加，对金属粉末来说，这是一个相当普遍的现象。如在 1050℃ 下，125μm 的铜粉烧结就是表面扩散和体积扩散的混合形式。所以，单一烧结机制的模型必须加以修改，要考虑多种相互作用机制。

在烧结图中，相邻两种机制边界具有相等的烧结速度。通常，在金属中以晶界扩散和表面扩散机制为主，特别是当粉末颗粒尺寸减小时，两种机制表现出对颗粒尺寸存在很强的依赖关系，见表 7-3。另一方面，改变颗粒尺寸不会替换晶界扩散对比表面扩散的相对优势。然而，当颗粒尺寸增大时，烧结偏向于体积扩散。

7.4　烧结孔隙结构的变化

7.4.1　烧结孔隙的结构

图 7-31 所示为烧结时孔隙结构变化的示意图（其变化从颗粒间的接触点开始）。

烧结初期，颗粒间的接触点长大成烧结颈；烧结初期之后，由晶界和孔隙结构来控制烧结速率；烧结中期的开始阶段，孔隙的几何外形是高度连通的，并且孔隙位于晶界交汇处。随着烧结的进行，孔隙的几何外形改变成圆柱形状，这时，随着孔隙半径的减小，烧结体致密化程度提高。这种微观结构变化如图 7-32 所示。图中显示了不同烧结阶段的钯光学显微观察，值得注意的是，晶粒大小、数目和孔径的改变，同样会引起总孔隙率的下降。

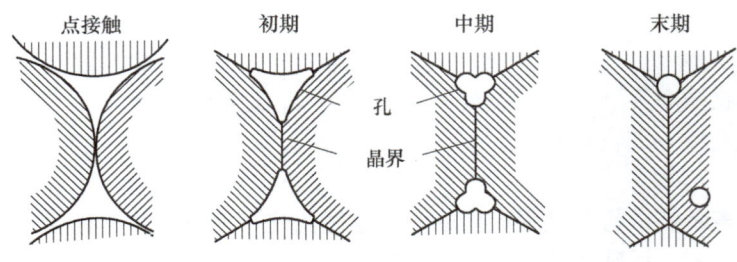

图 7-31　烧结时的孔隙结构变化示意图（其变化从颗粒间的接触点开始）

图 7-32　微结构随烧结温度不同而改变
a) 774℃下烧结的微观图　b) 950℃下烧结的微观图　c) 1400℃下烧结的微观图

在烧结后期，孔隙和晶界的相互作用有三种形式：①孔隙能阻碍晶粒生长；②在晶粒生长过程中，孔隙会被移动的晶界改变形状；③晶界与孔隙脱离，使孔隙孤立地残留在晶粒内部。在多数设定的烧结温度下，许多材料表现出中等或较高的晶粒生长速度。当温度升高时，晶界移动速度增大。如图 7-33 所示，因为孔隙迁移或孔隙消失比晶界移动得慢，晶界和孔隙发生脱离。在较低温度下，晶粒生长速度很慢，孔隙依附着晶界并妨碍它长大。在移动晶界的张力作用下，孔隙通过体积扩散、表面扩散或蒸发-凝聚而迁移。但在较高温度下，晶粒生长速度增大到一定值后，晶界与孔隙发生脱离。

考虑如图 7-34 所示的两种可能的孔隙-晶粒边界结构，孔隙能占据晶粒边界或内部的位置。孔隙占据晶粒边界，系统的能量较低，因为孔隙减少了总的晶界面积（能量），如果孔隙和边界分离，系统能量将随新的界面面积成比例地增加。结果，孔隙和晶界有随孔隙度增加的结合能。这样，在烧结中期开始，边界和孔隙分离的情况很少，当致密化过程进行后，孔隙缓慢移动和对晶界钉扎力的消失导致晶界和

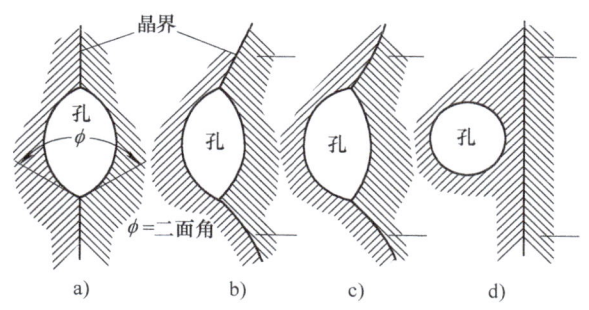

图 7-33 烧结后阶段孔隙孤立和球状化过程图

a）孔隙在晶界呈现平衡的固-气晶界沟　b）、c）随着孔隙的拖曳晶界增长
d）孔隙由于晶界的脱离而孤立

孔隙的脱离。

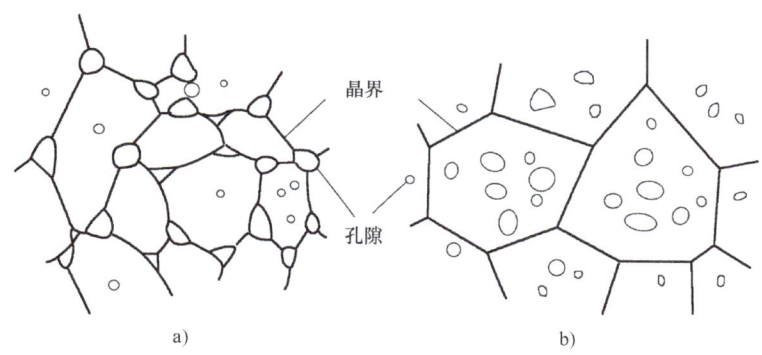

图 7-34 烧结过程中两种可能的孔隙-晶粒边界结构

a）致密化后孔隙位于晶粒边界位置　b）未致密化时孔隙孤立的情况

孔隙和晶界的分离限制了烧结的最终密度。所以，对于需要高的烧结密度的粉末冶金产品，在烧结时应尽量避免孔隙与晶界脱离。如图 7-35 所示，大的孔隙尺寸和大的晶粒尺寸将导致晶粒生长过程中孔隙和晶界的脱离，理想的烧结路径能通过在较低温度下保持孔隙收缩而抑制晶粒长大，避免孔隙与晶界脱离。烧结初期，大的孔隙不能移动并钉扎在晶粒边界上，使晶粒尺寸较小。烧结后期，由于孔隙收缩，剩下为数不多的孔隙都较小，而晶粒相对较大。

7.4.2 烧结中的压制压力效应

很多情况下，粉末在烧结前进行了压制。与此相反，当需要高孔隙度结构（如过滤器材料）时，往往采用松装粉末烧结。烧结前粉末压制成形虽然减少了孔隙度，却增加了粉末晶体的位错数。较高的位错密度使得初始烧结速度较快。因此，压制使强度、密度、显微硬度增大。

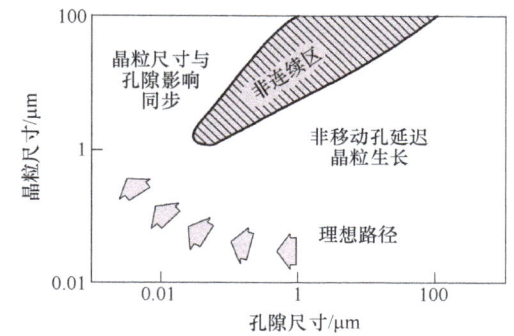

图 7-35 烧结过程中晶粒大小与孔隙大小关系图

图 7-36 给出了直径为 63μm 的球状铜粉在烧结中的压制效应。烧结在 1020℃下，纯的氢气中进行 2h，图 7-36a 中的曲线表明烧结颈尺寸随压制压力的增大而增大。较高的压制压力导致压坯密度和颗粒间接触尺寸增大，而降低烧结颈长大的速度。图 7-36b 表明较高的压制压力导致较大的净烧结颈尺寸。最后，图 7-36c 说明，随着压制压力的增大，线烧结收缩率减小。烧结颈尺寸决定着材料的特性，如强度和延展性。因而，增大压制压力将得到更好的尺寸精度控制、较小的线烧结收缩率和较高的产品性能。

在烧结过程中，粉末压制中的位错能与空位相互作用导致物质迁移速率增加。Schatt 分析了这一过程并得出结论：由于位错数增多，位错由富集孔隙释放出的空位形成的定向迁移使得致密化速度增大。在位错处空位湮灭的总效果是使位错移到一个新的滑移平面。一旦位错密度超过 $2 \times 10^8 cm^{-2}$ 时，在加热到烧结温度的初始阶段时，将导致烧结初期物质迁移成十倍甚至成百倍地增长。

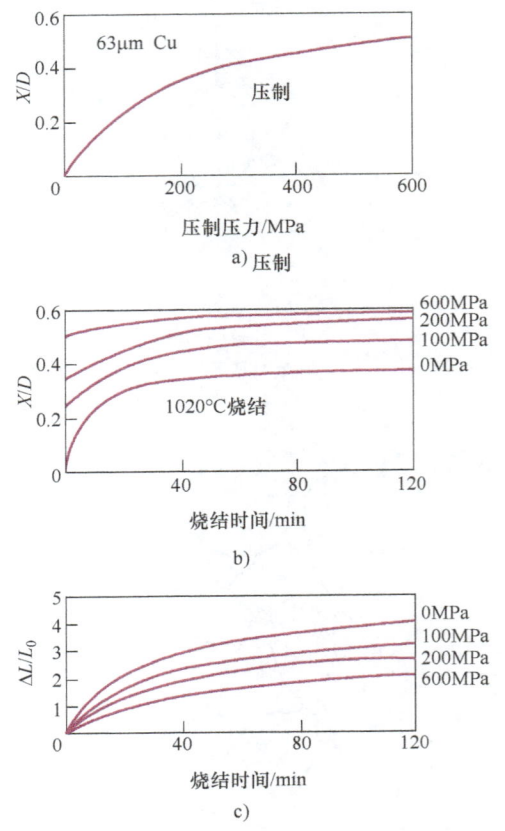

图 7-36　63μm 球状铜粉在烧结中的压制压力效应

在产品设计和制造过程中，烧结体尺寸控制非常重要。通常，部件尺寸和压坯模尺寸应该是相同的，或成比例的。为减少尺度改变和形状变化，应使烧结体具有一致的线收缩率。在烧结过程中，收缩率与未压坯密度成反比。由于这种原因，密度梯度分布导致收缩率不均匀，如图 7-37 所示。由模壁摩擦引起的压坯密度差导致在烧结后的尺寸偏差，若采取刚模压制，较大的粉末颗粒、高的压坯压力、低的烧结温度、短的烧结时间、小的压制高度和产品一致几何尺寸将使烧结后产品的尺度变化最小。与此对应，图 7-37 给出的粉末模压成形产品与等静压成形产品收缩比较，后者表现出一致的烧结收缩率。如在烧结一个粉末注射成形件时，线性收缩率能达到 16%，但是变形量可能很小。

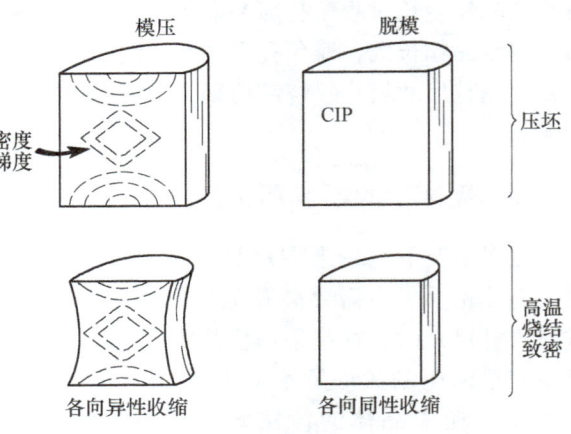

图 7-37　模压和等静压成形的烧结收缩效应对比

7.5 固相烧结

7.5.1 单元系粉末烧结

单元系粉末烧结是指纯金属或有固定化学成分的化合物或均匀固溶体的粉末在固态下的烧结,过程中不会出现新的组成物或新相,也不发生凝聚状态的改变(不出现液相),故也称为单相烧结。单元系粉末烧结除产生致密化及纯金属的组织变化之外,不存在组元间的溶解,也不形成化合物,对研究烧结现象与过程最为方便。因此,最早的烧结理论和模型都是研究纯金属或金属氧化物材料。

1. 烧结温度与烧结时间

单元系烧结的主要机构是扩散和流动,它们与烧结时间和温度的关系极为重要。莱茵斯用图 7-38 所示的模型描述粉末烧结时二维颗粒接触面和孔隙的变化。图 7-38a 表示粉末压坯中,颗粒间原始的点接触;图 7-38b 表示在较低温度下烧结,颗粒表面原子的扩散和表面张力所产生的应力,使物质向接触点流动,接触逐渐扩大为面,孔隙相应缩小;图 7-38c 表示高温烧结后,接触面继续长大,孔隙继续缩小并趋近球形。

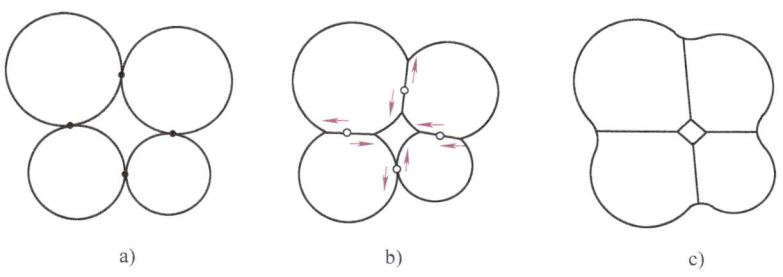

图 7-38 烧结过程接触面和孔隙形状、尺寸的变化模型

无论扩散还是流动,当温度升高后均会加快进行。因单元系烧结是原子扩散,当温度低于再结晶温度时,扩散很慢,原子移动的距离也不大,因此颗粒接触面的扩大很有限。只有当温度超过再结晶温度使自扩散加快后烧结才会明显地进行。如果流动是一种塑性流动(变形),温度升高也是有利的;虽然引起变形的表面应力也随温度升高而降低,但材料的屈服极限降低得更快。

单元系粉末烧结存在最低的起始烧结温度,即烧结体的某种物理或力学性质出现明显变化的温度。金斯通-许提以发生显著致密化的最低温度指数 α(烧结的热力学温度与材料熔点之比)代表烧结起始温度,并测定出 Au 为 0.3,Cu 为 0.35,Ni 为 0.4,Fe 为 0.4,Mn 为 0.45,W 为 0.4 等,大致遵循金属熔点越高,α 指数越低的规律,但是如果以另外的性能作为标准,则烧结起始温度改变。因此,准确的测定一种粉末的烧结起始温度是比较困难的。

金斯通-许提测定了电解铜粉的压坯在不同温度下烧结后的各种性能,作成如图 7-39 所示的曲线。从图中可以看到,在密度基本不增加的温度范围内,抗拉强度和电导率有明显的变化。电导率反映了颗粒间的接触,在低温烧结阶段的变化十分明显,特别是判断烧结程度和起始温度的主要标志。低温烧结时，孔隙特征不变化，致密化未发生变化。利用热膨胀仪来研究和测定烧结体的收缩也是一种有效的方法。

实际的烧结过程都是连续烧结，温度逐渐升高达到烧结温度后保温，因此各种烧结反应和现象也是逐渐出现和完成的，大致上可以把单元系烧结划分成三个温度阶段。

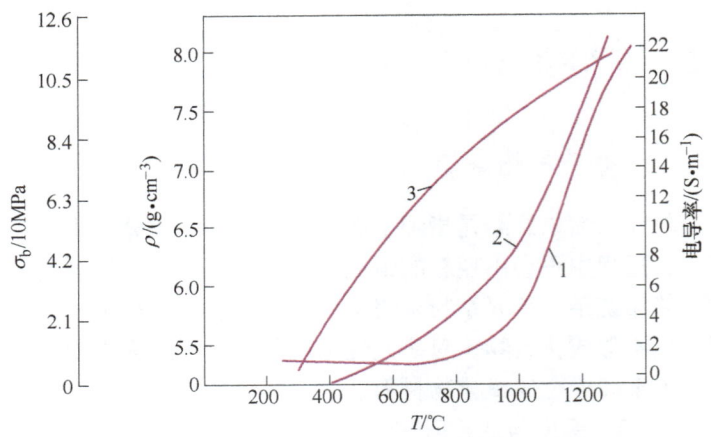

图 7-39 烧结温度对电解铜粉烧结的各种性能
1—密度 2—抗拉强度 3—电导率

1) 低温预烧阶段（$\alpha \leqslant 0.25$）。此阶段主要发生金属回复，吸附气体和水分蒸发，压坯内成形剂的分解和排除。由于回复消除了压制时的残余弹性应力，颗粒接触反而相对减小，加上挥发物的排除，故压坯体积收缩不明显。在这个阶段，密度基本维持不变，但是因为颗粒间金属接触增加，导电性有所改善。

2) 中温升温烧结阶段（$\alpha = 0.4 \sim 0.55$）。此阶段开始出现再结晶，首先在颗粒内，变形的晶粒得以恢复改组为新晶粒；同时颗粒表面氧化物被完全还原，颗粒界面形成烧结颈，故电阻率进一步降低，强度迅速提高，密度增加较缓慢。

3) 高温保温完成烧结阶段（$\alpha = 0.5 \sim 0.85$）。此阶段烧结的主要过程（如扩散和流动）充分进行并接近完成，形成大量闭孔，并继续缩小，使得孔隙尺寸和孔隙总数均有减少，烧结体密度明显增加。

通常说的烧结温度，是指最高烧结温度，即保温时的温度，一般是熔点温度的 $2/3 \sim 4/5$，温度指数 $\alpha = 0.67 \sim 0.80$，其下限略高于再结晶温度，其上限主要从技术及经济上考虑，而且与烧结时间同时选择。

烧结时间指保温时间，温度一定时，烧结时间越长，烧结体性能也越高。但是时间的影响不如温度的影响大，仅在烧结保温的初期，密度随时间变化较快，从图 7-40 中可以看到这一点。实验也证明，通过延长烧结时间是难以达到相同密度的，而且延长烧结时间会降低生产率，故多采用提高温度，并尽可能缩短时间的工艺来保证产品的性能。当然过高的烧结温度也会给生产设备和操作带来困难。

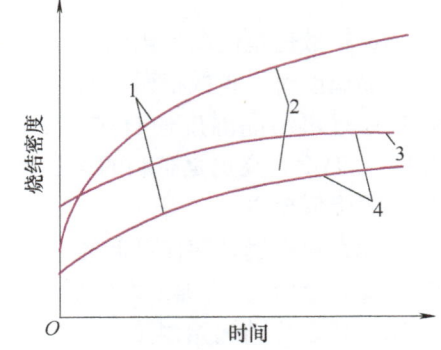

图 7-40 烧结密度-时间关系示意图
1—相同压坯密度 2—升高烧结温度 3—提高压坯密度 4—相同烧结温度

2. 烧结密度与尺寸的变化

控制烧结件密度和尺寸的变化对生产粉末零件极为重要，而从某种意义上来说，控制尺寸比提高密度更困难。因为密度主要靠压制控制，而尺寸不仅靠压制，还要靠烧结控制，零件烧结后各方向的尺寸变化（收缩）往往又是不同的。

在烧结过程中，多数情况下压制件总是收缩的，但有时也会膨胀。造成膨胀和密度降低的原因有：①低温烧结时压制内应力的消除，抵消一部分收缩，因此，当压力过高时，烧结后会胀大；②气体与润滑剂的挥发阻碍产品的收缩，因此升温过快，往往使产品鼓泡胀大；③闭孔中气体的压力可以增至很大，甚至超过引起孔隙收缩的表面张应力，这时孔隙收缩停止；④烧结时间过长或温度偏高，造成聚晶长大会使密度略降低；⑤同素异晶转变可能引起比体积改变而导致体积胀大。

3. 烧结体显微组织的变化

粉末在适宜的条件下经压制、烧结可以获得与致密金属接近的性能。但是对于一般的有孔烧结材料，显微组织中的孔隙变化、再结晶和晶粒长大对性能的影响最大，下面分别加以讨论。

(1) 孔隙变化　尽管在某些情况下，烧结后的密度或尺寸变化不大，但是孔隙的形状、大小和数量的改变总是十分明显的。烧结过程中，孔隙随时都在变化，由孔隙网络逐渐形成隔离的闭孔，孔隙球化收缩，少数闭孔长大。连通孔隙的不断消失与隔离闭孔的收缩是贯穿烧结全过程的组织变化特征。前者主要靠体积扩散和塑性流动，表面扩散和蒸发-凝聚也起一定的作用；闭孔生成后，表面扩散和蒸发-凝聚只对孔隙球化有作用，但是不影响收缩，塑性流动和体积扩散才对孔隙收缩起作用。

-300目雾化铜粉压制后于1000℃烧结，其烧结体的总孔隙度与开孔隙度及闭孔隙度的变化关系如图7-41所示。总孔隙度>10%时，以开孔隙为主；总孔隙度为5%~10%时，大部分为闭孔隙。但是在一般的粉末烧结材料中，由于孔隙度均超过10%，所以大多数的孔隙为开孔隙。

闭孔的球化进行得很缓慢，所以在一般的烧结粉末制品中多数孔隙仍为不规则状。因为粉末表面吸附的气体或其他非金属杂质对表面扩散和蒸发-凝聚过程阻碍极大，只有极细粉末的烧结和某些化学活化烧结才能加快孔隙的球化过程。

莱因斯等人用铜粉在氢、氩、真空等气氛下烧结后，在显微镜下测定孔隙大小和数量。图7-42是在1000℃氢气下烧结，烧结时间对铜烧结体内孔隙分布的影响。可以看出，随着烧结时间的延长，总孔隙数量减少，而孔隙平均尺寸增大；最后孔隙消失，而大于一定临界尺寸的孔隙长大并合并。烧结温度越高，上述过程进行得越快。烧结后期，有些孔隙已大大超过原来的尺寸，而且在接近烧结体表面形成无孔的致密层。

(2) 再结晶与晶粒长大　粉末冷压成形后烧结，同样发生回复、再结晶及晶粒长大等组织变化。回复使弹性内应力消除，主要发生在颗粒接触面上，不受孔隙的影响，在烧结保温阶段前，回复就已基本完成。再结晶与烧结的主要阶段即致密化过程同时发生，这时原子重新排列、改组，形成新晶核并长大，或者借助晶界移动使晶粒合并，总之是以新的晶粒代替旧的，并常伴随晶粒长大。粉末烧结材料的再结晶，有两种基本方式：

1) 晶粒内再结晶。冷压制后变形的颗粒，在超过再结晶温度时烧结，可以发生再结晶，转变为新的等轴晶粒。但是由于颗粒变形的不均匀性，颗粒间接触表面的变形最大，再结晶成核也最容易，因此，再结晶具有从接触面向颗粒内扩散的特点。只有压制压力很高，颗粒变形程度极大时，整个颗粒内才可能同时进行再结晶。例如，用700MPa的单位压制压力压制电解铜粉，在600℃加热16h后作金相观察，整个颗粒外形仍未起变化。

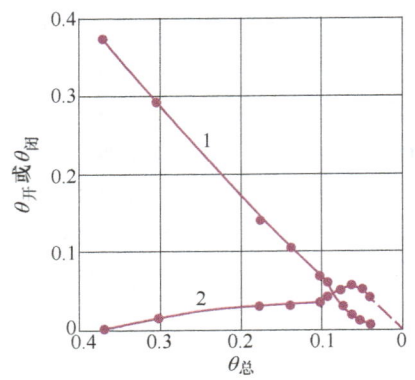

图 7-41 开孔隙度 $\theta_\text{开}$ 与闭孔隙度 $\theta_\text{闭}$ 随总孔隙度 $\theta_\text{总}$ 的变化

1—开孔隙度 2—闭孔隙度

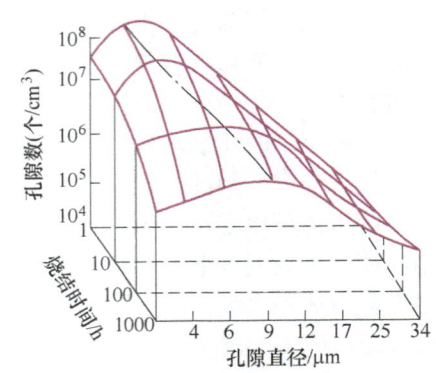

图 7-42 烧结时间对铜烧结体内孔隙分布的影响

2）**颗粒间聚集再结晶**。烧结颗粒间界面通过再结晶形成晶界，而且向两边颗粒内移动，这时颗粒合并，称为颗粒聚集再结晶。当粉末由单晶颗粒组成（如极细粉末）时，聚集再结晶就通过颗粒间的合并而发生，晶粒明显长大。$\alpha = 0.75 \sim 0.85$ 后，结晶就剧烈长大，这时颗粒内和颗粒间的原始晶界都变成新的晶界。无法区别。

烧结体中孔隙与存在的杂质等因素对晶粒长大具有阻碍作用：

① 孔隙的影响。孔隙是阻止晶界移动和晶粒长大的主要障碍。

图 7-43 为孔隙阻止晶界移动示意图，表示晶界上如有孔隙，晶界长度（实际为晶界表面积）将减小，晶界要移动到无孔的新位置去，就要增加晶界面和晶界自由能，所以晶界移动困难。特别是大孔隙，靠扩散很难消失，常常残留在烧结后的晶界上，造成晶界的钉扎作用。

但是，晶界一般是弯曲的，曲率越大，晶界总长度也越大。晶界就像绷紧的弦一样，力图伸展变直，以求降低晶界总能量，造成晶界向曲率中心方向移动的趋势。因此，某些曲率较大的晶界，有可能挣脱孔隙的束缚而移动，使晶界曲率减小，晶界总能量降低，以致可以补偿晶界跨越孔隙所增加的那部分晶界能量。金相照片显

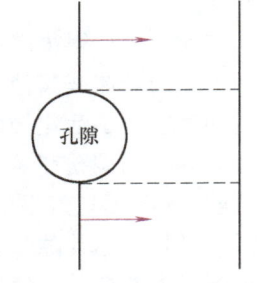

图 7-43 孔隙阻止晶界移动示意图

示了晶界扫过晶粒面上的无数小孔隙向前移动的情形：在晶界扫过的后面留下一片无孔隙的区域，显然是那些小孔隙被晶界吸收而消失的结果；但是留在晶界后面的大孔隙由于离晶界更远，空位扩散的路径更长，因而难以消失，这说明，烧结后的残留孔隙大都分布在距离晶界较远的晶粒内部。

由于孔隙对晶界移动的阻碍作用，烧结时晶粒长大总是发生在烧结后期，即孔隙数量和大小明显减小以后。

② 第二相的作用。图 7-44 所示为晶界移动通过第二相质点。当原始晶界（图 7-44a）移动碰到第二相质点如杂质时，晶界首先弯曲，晶界线拉长（图 7-44b），但这时杂质相的原始界面的一部分也变为晶界，使系统总的相界面和能量仍维持不变。但是，如果晶界继续移动，越过杂质相（图 7-44c），基体与杂质相的那部分界面就得

以恢复，系统又需增加一部分能量，所以晶界是不容易挣脱质点的障碍向前移动的。当晶界的曲率不大，晶界变直所减小的能量不足以抵消这部分增加的能量时，杂质对晶界的钉扎作用就强，只有弯曲度大的晶界才能越过杂质移动。

第二相的体积分数越大，对再结晶和晶粒长大的阻力越强，最后得到的晶粒就越细；如果杂质体积分数不变，质点尺寸越大，对再结晶总的阻力相对减弱，因而晶粒也越大。甄纳提出下面公式计算再结晶后晶粒的大小：

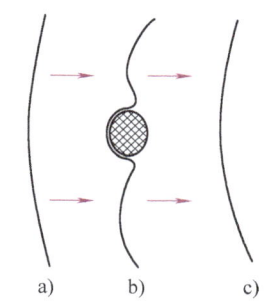

图 7-44 晶界移动通过第二相质点

$$d_\mathrm{f} = \frac{d}{f} \tag{7-58}$$

式中，d_f 为新晶粒直径；d 为第二相质点的平均直径；f 为第二相体积分数。

式（7-58）也可以用来估计孔隙度对再结晶晶粒大小的影响，即计算能防止晶粒长大的最低孔隙度。假定晶粒完全不长大，即新晶粒直径 d_f 与原始晶粒直径 d_0 相等，通常 $d = d_0/10$，那么利用式（7-58），则有：

$$\frac{d}{d_0} = \frac{d}{d_\mathrm{f}} = f = 0.1$$

式（7-58）表示烧结后，当剩余孔隙度降到 10% 以下时，晶粒才能开始长大，证明晶粒长大基本上只发生在烧结后期。

③ 晶界沟的影响。在多晶材料内露出晶体表面的晶界形成所谓的晶界沟（图 7-45）。它是晶界和自由表面上两种晶界张力 γ_b 和 γ_s 相互作用达到平衡的结果。晶界沟的大小用二面角 ψ 表示，根据力平衡原理，有下面方程式成立：

$$\cos\left(\frac{\psi}{2}\right) = \frac{\gamma_\mathrm{b}}{2\gamma_\mathrm{s}} \tag{7-59}$$

当晶界沟上的晶界移动时（图7-46），晶界面将增加，使系统界面自由能增高，因此，晶界沟能阻止晶界移动或晶粒长大。在致密材料内，晶界沟的阻碍作用不是很强，但是粉末烧结材料的晶粒细，并且粉末在高温烧结后形成许多类似金属高温退火的晶界沟，因此阻碍作用比较明显。

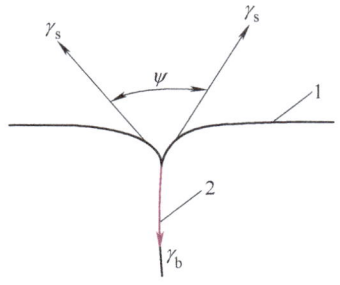

图 7-45 晶界沟的形成
1—晶体自由表面 2—晶粒界面

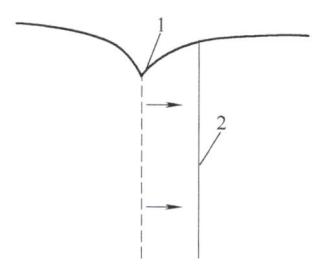

图 7-46 晶界沟上的晶界在晶粒内的移动
1—晶界沟 2—移动后的新晶界

4. 影响烧结过程的因素

（1）**粉末活性**　粉末活性包括颗粒的表面活性与晶格活性两方面，前者取决于粉末的粒度和形状，后者由晶粒大小、晶格缺陷和内应力等决定。在其他条件相同时，粉末越细，两种活性同时增大。费道尔钦科用 Fe、Ni、Cr 及氧化物粉末研究了粉末的比表面与烧结活性之间的关系。粉末粒度减小将使烧结的起始温度降低，使收缩率增大（图 7-47、图 7-48、图 7-49）。一般来说，低温还原和低温煅烧金属盐类得到的金属和氧化物粉末，具有较细的粒度和较高的烧结活性。

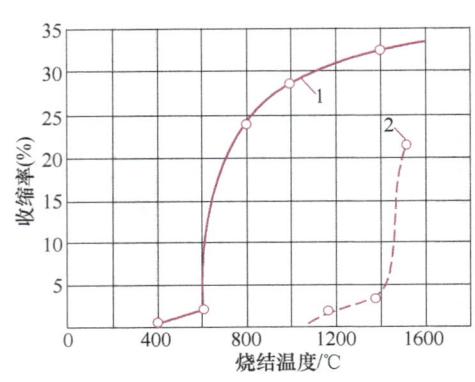

图 7-47　铁粉粒度对压坯烧结收缩率的影响
1—孔隙体积分数 10%，细粉（1μm）
2—孔隙体积分数 25%，粗粉（50μm）

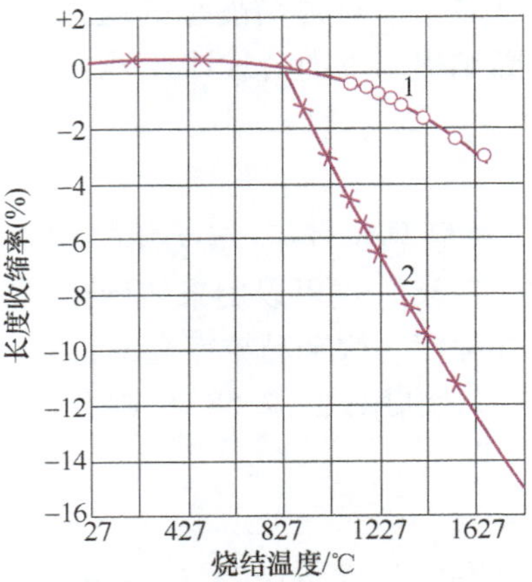

图 7-48　压制钨坯在不同温度烧结的收缩值
1—粗粉末　2—细粉末

颗粒内晶粒大小对烧结过程也有相当大的影响。晶粒细，晶界面就多，对扩散过程有利，因此由单晶颗粒组成的粉末，烧结时晶粒长大的趋势小，而多晶颗粒组成的粉末则晶粒长大的倾向大。

（2）**外来物质**

1）**粉末表面的氧化物**。如果在烧结过程中粉末表面的氧化物能被还原或溶解在金属中，当氧化层小于一定厚度时（铜粉、铁粉的这个厚度分别为 40~50nm 和 40~60nm），其对烧结有促进作用。因为氧化膜很快被还原成金属时，原子的活性增大，很容易烧结。许多实验已经证明预氧化烧结过程的

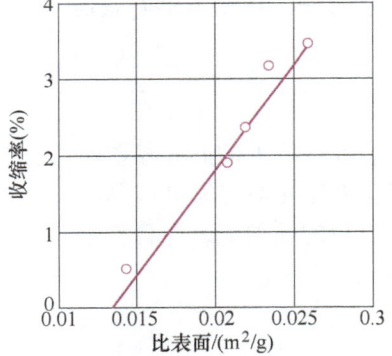

图 7-49　铁粉压坯烧结收缩率和粉末比面的关系

激活能可以降低，但是如果表面氧化物层太厚或不能被还原，反将阻止烧结进行（扩散的障碍）。例如，铝粉的氧化膜在普通气氛下不被还原，很难烧结致密；不锈钢粉中由于含有 Cr，在露点较高或含碳的气氛下烧结性能差；低熔点金属如 Sn、Zn 等粉末，即使氧化物层很薄也会对烧结造成很大阻碍。

2）**烧结气氛对不同粉末的影响**。难还原的金属粉末烧结需强还原性气氛（氧分压低，湿度低），真空烧结对于多数金属的烧结都有利，但真空烧结使金属的挥发损失增大，成分改变，而且容易造成产品变形。烧结气氛中添加活性成分能活化某些粉末的烧结。气氛中氧

的分压对氧化物材料的烧结影响最明显。在湿氢或氮、氩等惰性气体中烧结氧化物能降低烧结温度。如在水蒸气存在下烧结氧化铀，只需要 1300℃ 就能获得极高的密度。许多氧化物，在超过正常化学当量的氧含量下，如 UO_2 的 O/U 比值为 2.05～2.15 时，烧结性能最好，只是烧结后还需在干氢中退火以去掉残余氧。变价 CuO 粉末，当离解压与气氛中氧的分压相等时，烧结进行得最快。

(3) **压制压力** 压制工艺影响烧结过程，主要表现为压制密度、压制残余应力、颗粒表面氧化膜的变形或破坏以及压坯孔隙中气体等的作用。利尼尔发现，铜粉压坯的残留应力仅在烧结的低温（210～400℃）阶段对烧结有影响，因高温烧结前，内应力早已消除。许多金属粉末的烧结都有类似现象。如压制压力很高，烧结时由于内应力急剧消除使密度反而降低（因高压下，压坯密度已经很高），图 7-50 为不同压制压力下，烧结密度随温度变化的示意曲线。由图可知压力极高时，烧结后密度降低。

皮涅斯等人测定了铜粉压坯在升温和保温过程的收缩曲线，如图 7-51 所示，压坯原始孔隙度（6 种不同孔隙度）越低，压坯内气体阻碍收缩的作用越强，当孔隙度低于 14% 后，烧结后根本不收缩，$\Delta L/L_0$ 出现负值（膨胀）。而且，粉末越细，膨胀越明显。缓慢升温，使压坯内气体容易在孔隙封闭前排出，可以减少压坯的膨胀。

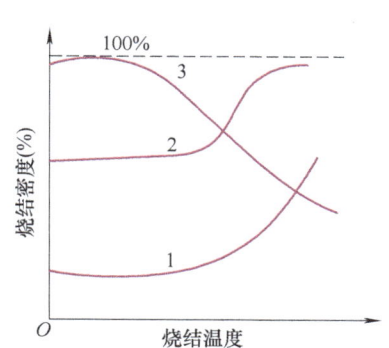

图 7-50 不同压制压力下，烧结密度
随温度变化的示意曲线
1—低压力 2—中等压力 3—高压力

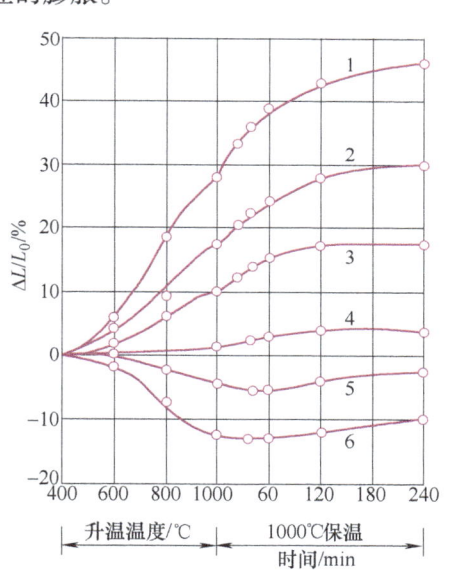

图 7-51 压坯孔隙度对烧结收缩或膨胀的影响
1—$\theta=60\%$ 2—$\theta=40\%$ 3—$\theta=26\%$ 4—$\theta=18\%$
5—$\theta=14\%$ 6—$\theta=8\%$

7.5.2 多元系粉末烧结

混合粉末有三种可能的烧结组织：不同粒径微粒混合体、固溶体和化合物。第一种情况由相同组分但不同尺寸的粉末混合物组成，会导致较高的填充密度，当微粒的平均尺寸增大时，烧结密度降低。第二种情况经由扩散实现均匀化。第三种情况存在两相烧结。粉末混合物表现出最大的密度和最小的尺度改变。低温短时烧结，颗粒大小的组合效应突出，此时烧结收缩小、密度高。高温长时烧结，颗粒平均直径效应占主导地位，当微粒平均尺寸最小时，烧结密度可达最大。图 7-52 所示为两种铁粉混合构成烧结效应图，由图中可以看出，烧结收缩率随着微粒平均尺寸的增大而降低，当粉末平均尺寸增大时烧结收缩率减小。

多数粉末冶金材料是由几种成分（元素或化合物）的粉末烧结而成的。烧结过程不出现液相的称为多元系固相烧结，包括组分间不互溶的两类，单相或均匀合金粉末，如果在烧结过程中不改变成分或不发生相变，也可与纯金属粉末一样看作单元系烧结。

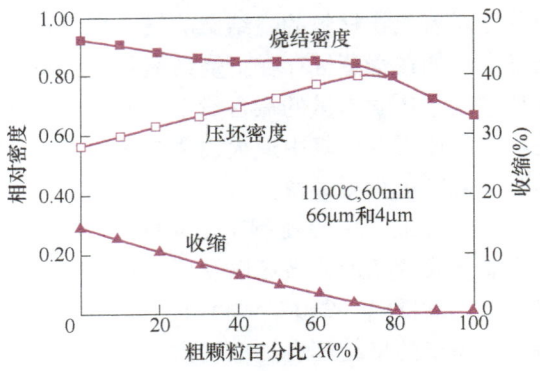

图 7-52 两种铁粉混合构成烧结效应图

多元系固相烧结比单元系固相烧结复杂得多，除了同组元或异组元颗粒间的黏结外，还发生异组元之间的反应、溶解或均匀化等过程，而这些都是靠组元在固态下的互相扩散来实现的，所以，通过烧结不仅要达到致密化，而且要获得所要求的相或组织组成物。扩散、合金均匀化是极为缓慢的过程，通常比完成致密化需要更长的烧结时间。

1. 互溶系固相烧结

组分互溶的多元系固相烧结有三种情况：①均匀（单相）固溶体粉末的烧结；②混合粉末的烧结；③烧结过程固溶体分解。第一种情况属于单元系烧结，基本规律同 7.5.1 节讲的相同。吐姆勒用低浓度的单相固溶体（Fe-Sn、Fe-Ni、Cu-Sn）的合金丝缠绕在同成分的合金棒上进行模拟烧结实验，与单纯的基体金属的烧结对比后发现，合金的烧结性及最终达到的性能取决于固溶体的物理和热力学性质。第三种情况较少出现，仅在文献中报道过铜汞齐的烧结实验，发现在 750～900℃时汞齐的分解对烧结有促进作用。下面只讨论混合粉末的烧结。

混合粉末烧结时在不同组分的颗粒间发生的扩散与合金均匀化过程，取决于合金热力学和扩散动力学。如果组元间能生成合金，则烧结完成后，其平衡相的成分和数量大致可以根据相应的相图确定。但是由于烧结组织不可能在理想的热力学平衡条件下获得，要受到固态下扩散动力学的限制，而且粉末烧结的合金化还取决于粉末的形态、粒度、接触状态以及晶体缺陷、结晶取向等因素，所以比熔铸合金化过程更复杂，也难以获得平衡组织。

烧结合金化中最简单的情况是二元系固溶体合金。当二元混合粉末烧结时，一个组元通过颗粒间的联结面扩散并溶解到另一个组元的颗粒中，如 Fe-C 材料中石墨溶于铁中，或者二组元互相溶解（如铜和镍）产生均匀的固溶体颗粒。

假定有金属 A 和 B 的混合粉末，烧结时在两种粉末的颗粒接触面上，按照相图反应生成平衡相 A_xB_y，以后的反应将取决于 A、B 组元通过反应产物 AB（形成包覆颗粒表面的壳层）的互扩散。如果 A 能通过 AB 进行扩散，而 B 不能，那么 A 原子将通过 AB 相扩散到 A 与 B 的界面上再与 B 反应，这样 AB 相就在 B 颗粒内滋生。通常，A 和 B 都能通过 AB 相进行扩散，那么反应将在 AB 相层内发生，并同时向 A 与 B 的颗粒内扩展，直至所有颗粒成为具有同一平均成分的均匀固溶体为止。

假如反应产物 AB 是能溶解于组元 A、B 的中间相（如电子化合物），那么界面上的反应将复杂化。例如 AB 溶于 B 形成有限固溶体，只有当饱和后，AB 才能通过成核长大重新析出，同时，饱和固溶体的区域也逐渐扩大。因此，合金化过程将取决于反应生成相的性质、生成次序和分布，取决于组元通过中间相的扩散，取决于一系列反应层之间的物质迁移和析出反应。但是，扩散是决定合金化的主要动力学因素，因而凡是促进扩散的一切条件，均有利于烧结过程及获得最好的性能。扩散合金化的规律可以概括为以下几点：

1）金属扩散的一般规律是：原子半径相差越大，或在元素周期表中相距越远的元素，互扩散速度也越大；间隙式固溶的原子扩散速度比替换式的要大得多；温度相同和浓度差别不大时，在体心立方点阵相中，原子的扩散速度比在面心立方点阵相中快几个数量级。在金属中溶解度最小的组元，往往具有最大的扩散速度（表 7-4）。各种元素在铁中的扩散系数（表 7-5）和溶解度（表 7-6），对于烧结铁基制品中合金元素的选择有一定参考价值。可以看到，在 α-Fe 与 γ-Fe 中溶解度大的元素，扩散系数反而小。

表 7-4 元素在银中的扩散系数和溶解度

项 目	元 素						
	Sb	Sn	In	Cd	Au	Pd	Ag(自扩散)
扩散系数（760℃）/(10^{-9} cm²/s)	1.4	2.3	1.2	0.95	0.36	0.24	0.16
最大溶解度（%）（原子分数）	5	12	19	42	100	100	100

表 7-5 元素在铁的低浓度固溶体中的扩散系数　　（单位：cm²/s）

元 素	α-Fe, 800℃	γ-Fe, 1100℃
H	2.1×10^{-4}	2.8×10^{-4}
B	2.3×10^{-7}	9.0×10^{-7}
N	1.3×10^{-6}	6.5×10^{-8}
C	1.6×10^{-6}	6.3×10^{-7}
Fe	4.0×10^{-12}	9.0×10^{-12}
Si	7.5×10^{-11}	4.0×10^{-10}
Co	1.9×10^{-12}	3.4×10^{-12}
Cr	0.5×10^{-12}	5.1×10^{-12}
W	1.0×10^{-12}	3.9×10^{-12}
Cu	1.1×10^{-12}	—
Ni	—	8.0×10^{-12}
Mn	—	2.0×10^{-11}
Mo	7.0×10^{-12}	4.0×10^{-11}

表 7-6 元素在 α-Fe 与 γ-Fe 中的溶解度

元素	在 α-Fe 中的溶解度（质量分数）	在 γ-Fe 中的溶解度（质量分数）
Al	36%	1.1%（含碳时稍高）
B	约为 0.008%	0.018~0.026%
C	0.02%	2.06%
Co	76%	无限
Cr	无限	12.8%（w_C=0.5% 时为 20%）
Cu	700℃ 时 1%，室温时 0.2%	8.5%（w_C=1% 时为 8%）
Mn	约为 3%	无限
Mo	37.5%（低温时降低）	约为 3%（w_C=3% 时为 8%）
N	0.1%	2.8%
Nb	1.8%	2.0%
Ni	约为 10%（与碳含量无关）	无限
Si	18.5%（含碳时溶解度仍很高）	约为 2%（w_C=0.35% 时为 9%）
P	2.8%（与碳含量无关）	0.2%
Ti	约为 7%（低温时降低）	0.63%（w_C=0.18% 时为 1%）
V	无限	约为 1.4%（w_C=0.2% 时为 4%）
W	33%（低温时降低）	3.2%（w_C=0.25% 时为 11%）
Zr	约为 0.3%	0.7%

根据表 7-5，在 α-Fe 和 γ-Fe 中扩散系数不同的元素可以分为四种类型：①H 在 α-Fe 与 γ-Fe 中扩散系数最大，属于间隙扩散；②B、C 和 N 在铁中也属于间隙扩散，但是其扩散系数较小（仅为氢的 1/600）；③Ni、Co、Mn、Mo 在铁中形成替换式固溶体，扩散系数仅为间隙式固溶体元素的万分之一到十万分之一；④O、Si、Al 等元素介于间隙式和替换式固溶体之间，由于缺乏扩散系数的可靠依据，尚不能作结论。

2）在多元系中，由于组元的互扩散系数不相等，产生柯肯德尔效应，证明是空位扩散机制起作用。当 A 和 B 元素互扩散时，只有当 A 原子与邻近的空位发生换位的几率大于 B 原子自身的换位几率时，A 原子的扩散才比 B 原子快，因而通过 AB 相互扩散的 A 和 B 原子的互扩散系数不相等，在具有较大互扩散系数原子的区域内形成过剩空位，然后聚集成微孔隙，从而使烧结合金出现膨胀。因此，一般说在这种合金中，烧结的致密化速率要减慢。

3）添加第三元素可以显著改变元素 B 在 A 中的扩散速度。例如，在烧结铁中添加 V、Si、Cr、Mo、Ti、W 等形成碳化物的元素会显著降低碳在铁中的扩散速度和增大渗碳层中碳的浓度；添加质量分数为 4% 的 Co 使碳在 γ-Fe（1% 的碳原子浓度）中的扩散速度提高一倍；而添加质量分数为 3% 的 Mo 或质量分数为 1% 的 W 时，扩散系数减小一半。第三元素对碳原子在铁中扩散速度的影响，取决于其在周期表中的位置，靠铁左边属于形成碳化物的元素，降低扩散速度；而靠右边属于非碳化物形成元素，增大扩散速度。黄铜中添加质量分数为 2% 的 Sn，使锌的扩散系数增大 9 倍；添加质量分数为 3.5% 的 Pb 时，扩散系数增大 14 倍；添加 Si、Al、P、S 均可以增大扩散系数。

4）二元合金中，根据组元、烧结条件和阶段的不同，烧结速度同两组元单独烧结相比，可能快也可能慢。例如铁粉表面包覆一层镍时，由于柯肯德尔效应，烧结显著加快。Co-Ni，Ag-Au 系的烧结也是如此。

许多研究表明，添加过渡族元素（Co，Ni），对许多氧化物和钨粉的烧结均有明显的促进作用，但是，Cu-Ni 系烧结的速度反而减慢。因此决定二元合金烧结过程的快慢不是由能否形成固溶体来判断，而取决于组元互扩散的差别。如果偏扩散所造成的空位能溶解在晶格中，就能增大扩散原子的活性，促进烧结进行；相反，如果空位聚集成微孔，反而将阻止烧结过程。

5）烧结工艺条件（温度、时间、粉末粒度及预合金粉末的使用）的影响将在下面进一步予以说明。

2. 无限互溶系

属于这类的有 Cu-Ni、Co-Ni、Cu-Au、Ag-Au、W-Mo、Fe-Ni 等。对其中的 Cu-Ni 系研究得最成熟，现讨论如下：

Cu-Ni 具有无限互溶的简单相图。用混合粉烧结（等温），在一定阶段发生体积增大现象，烧结收缩随时间而变化，主要取决于合金均匀化的程度。图 7-53 所示的烧结收缩曲线表明，Cu 粉或 Ni 粉单独烧结时收缩在很短时间内就完成；而它们的混合粉末烧结时，未合金化之前，也发生较大收缩，但是随着合金均匀化的进行，烧结反出现膨胀，而且膨胀与烧结时间的方根（$t^{1/2}$）成正比，使曲线直线上升，到合金化完成后才又转为水平。因为柯肯德尔效应符合这种关系，所以，膨胀是由偏扩散引起的。图 7-54 为 Cu-Ni 混合粉末烧结均匀化程度对试样长度变化的影响。

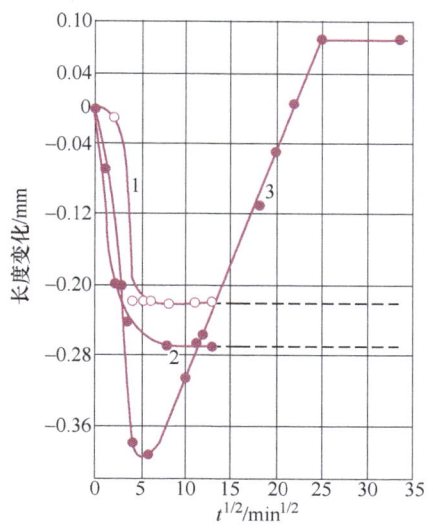

图 7-53 Cu 粉、Ni 粉及 Cu-Ni 混合粉烧结的收缩曲线（950℃）

1—纯 Cu 粉　2—纯 Ni 粉　3—41%Cu+59%Ni 混合粉

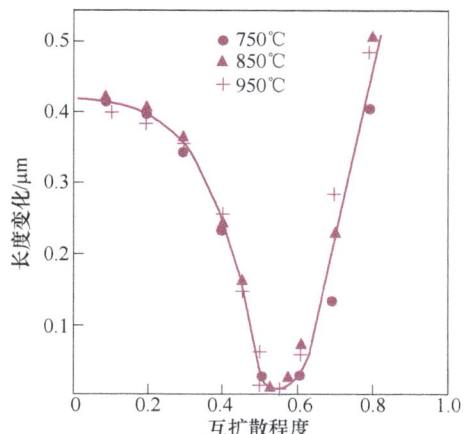

图 7-54 Cu-Ni 混合粉末烧结均匀化程度对试样长度变化的影响

可以采用磁性测量、X射线衍射和显微光谱分析等方法来研究粉末烧结的合金化过程。图7-55是采用X射线衍射法测定Cu-Ni烧结合金的衍射光强度分布图，衍射角分布越宽的曲线，表明合金成分越不均匀。根据衍射强度与衍射角的关系，可以计算合金的浓度分布。

通过测定激活能数据（43.1～108.8kJ/mol）证明，Cu-Ni合金烧结的均匀化机构以晶界扩散和表面扩散为主。Fe-Ni合金烧结也是表面扩散的作用大于体积扩散。随着烧结温度升高和进入烧结后期，激活能升高，但是有偏扩散存在和出现大量扩散空位时，体积扩散的激活能也不可能太高。因此，均匀化也同烧结过程的物质迁移那样，也应该看作是由几种扩散机构同时起作用。

费歇尔-鲁德曼和黑克尔等人应用"同心球"模型（图7-56）研究形成单相固溶体的二元系粉末在固相烧结时的合金化过程。该模型假定A组元的颗粒为球形，被B组元的球壳完全包围，而且无孔隙存

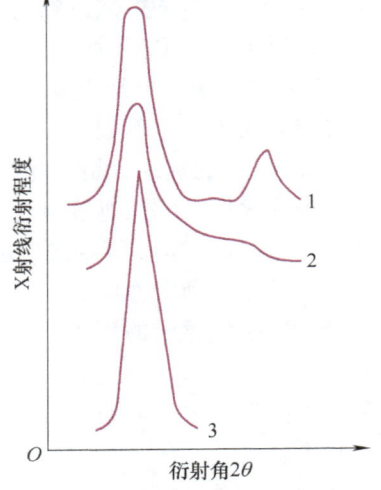

图7-55　X光衍射法测定Cu-Ni烧结合金的衍射光强度分布图
1—未烧结混合粉　2—烧结1h　3—烧结3h

在，这与密度极高的粉末压坯的烧结情况是接近的。用稳定扩散条件下的菲克第二定律进行理论计算，所得到的结果与实验资料较为符合。按照同心球模型计算，并由扩散系数及其温度的关系可以制成算图，借助图算法能方便地分析各种单相互溶合金系统的均匀化过程并求出均匀化所需的时间。

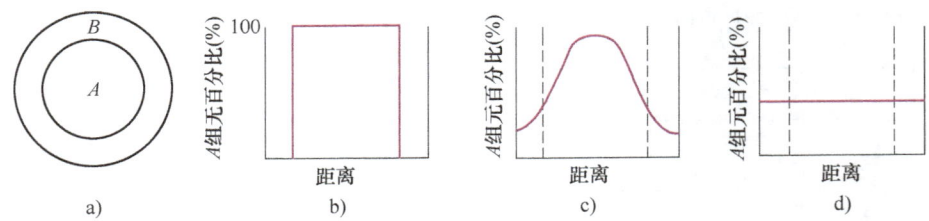

图7-56　烧结合金化模型
a）同心球模型横断面　b）$t=0$时浓度分布　c）t时刻浓度分布　d）$t=\infty$时浓度分布

描述合金化程度，可以采用均匀化程度因数：

$$F = \frac{m_t}{m_\infty} \tag{7-60}$$

式中，m_t为在时间t内通过界面的物质迁移量；m_∞为当时间无限长时，通过界面的物质迁移量。

F值在0～1之间变化，$F=1$相当于完全均匀化。表7-7列举了Cu-Ni粉末烧结合金在不同工艺条件下测定的F值，从中可以看出影响Cu-Ni混合粉末压坯的合金化过程的因素有：

表7-7 粉末和工艺条件对 Cu-Ni 混合粉末在烧结时均匀化程度因数 F 值的影响

混合料粉末类型	粉末粒度/目	单位压制压力/100MPa	烧结温度/℃	烧结时间/h	F 值
Cu 粉 + Ni 粉	-100 +140	7.7	850	100	0.64
		7.7	950	1	0.29
		7.7	950	50	0.71
		7.7	1050	1	0.42
		7.7	1050	54	0.87
	-270 +325	7.7	850	100	0.84
		7.7	950	1	0.57
		7.7	950	50	0.87
		7.7	1050	1	0.69
		7.7	1050	54	0.91
		0.39	950	1	0.41
Cu-Ni 粉① Cu-Ni 预合金粉②	-100 +140	7.7	950	50	0.71
		7.7	950	1	0.52
Cu 粉 + Cu-Ni 预合金粉③	-270 +325	7.7	950	1	0.65
Cu 粉 + Cu-Ni 预合金粉④	-270 +325	7.7	950	1	0.80

① 所有试样中 Ni 的平均质量分数为 52%。
② 预合金粉成分为 70% Cu + 30% Ni（质量分数）。
③ 预合金粉成分为 31% Cu + 69% Ni（质量分数）。
④ 以 Ni 包 Cu 的复合粉末，预合金粉成分为 30% Cu + 70% Ni（质量分数）。

1）烧结温度。烧结温度是影响合金化最重要的因素。因为原子互扩散系数是随温度的升高而显著增大的，如表中数据表明，烧结温度由 950℃ 升至 1050℃，即提高了 10%，F 值提高了 20% ~ 40%。

2）烧结时间。在相同温度下，烧结时间越长，扩散越充分，合金化程度也越高，但是时间的影响没有温度大。如表中数据表明如果 F 值由 0.5 提高到 1，时间需要增加 500 倍。

3）压坯密度。增大压制压力，将使粉末颗粒间接触面增大，扩散界面增大，加快合金化过程，但是作用不是十分明显，如压力提高 20 倍，F 值仅增加 40%。

4）粉末粒度。合金化的速度随着粒度减小而增加。因为在其他条件相同时，减小粉末粒度意味着增加颗粒间的接触界面并且缩短扩散路程，从而增加单位时间内扩散原子的数量。

5）粉末原料。采用一定数量的预合金粉末或复合粉末同完全使用混合粉末相比，达到相同的均匀化程度所需时间将缩短，因为这时扩散路程缩短，并可减少要迁移的原子数量。

6）杂质。由表 7-7 可知，Si、Mn 等杂质阻碍合金化，因为存在于粉末表面或在烧结过程中形成的 MnO、SiO_2 杂质阻碍颗粒间的扩散进行。

烧结 Cu-Ni 合金的物理-力学性能随烧结时间的变化如图 7-57 所示。烧结尺寸 ΔL 的曲线表明，烧结体的密度比其他性能更早的趋于稳定；硬度在烧结一段时间内有所降低，以后又逐渐升高；强度、伸长率与电阻的变化可以持续很长的时间。

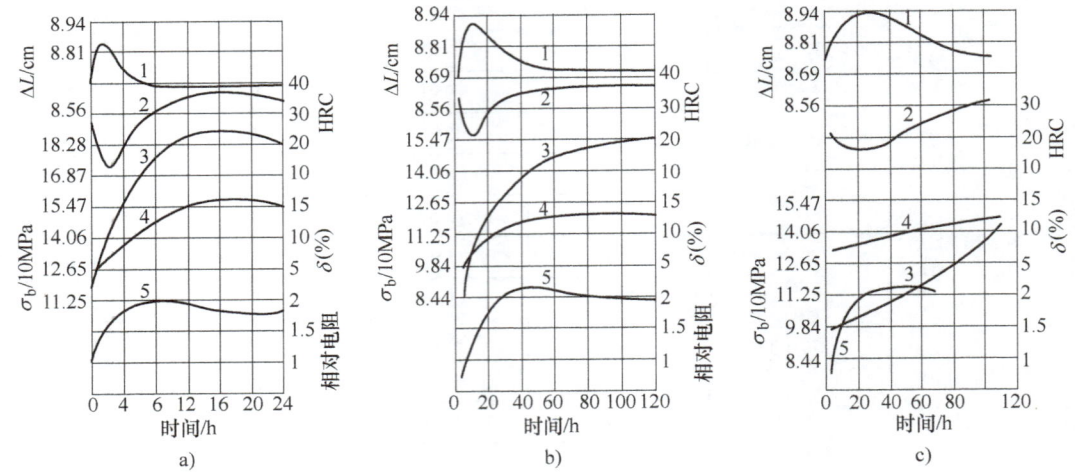

图 7-57　Cu-Ni 合金的物理力学性能随烧结时间的变化
a) 325 目　b) 250~325 目　c) 150~200 目
1—长度变化（ΔL）　2—硬度（HRC）　3—抗拉强度　4—伸长率　5—相对电阻

3. 有限互溶系

有限互溶系的烧结合金有 Fe-C、Fe-Cu 等烧结钢，W-Ni、Ag-Ni 等合金，它们与 Cu-Ni 无限互溶体合金不同，烧结后得到的是多相合金，其中有代表性的是烧结钢。它是用铁粉与石墨粉混合，压制成零件，在烧结时，碳原子不断向铁粉中扩散，在高温中形成 Fe-C 有限固溶体（γ-Fe）。冷却下来后形成主要由 α-Fe 与 Fe_3C 两相组成的多相合金，它比烧结纯铁有更高的硬度和强度。

碳在 γ-Fe 中有相当大的溶解度，扩散系数也比其他合金元素大，是烧结钢中使用得最广而又经济的合金元素。随着冷却速度不同，将改变含碳 γ-Fe 的第二相（Fe_3C）在 α-Fe 中的形态和分布，因而得到不同的组织。通过烧结后的热处理工艺还可以进一步调整烧结钢的组织，以得到更好的综合性能。同时，其他合金元素（Mo、Ni、Cu、Mn、Si 等）也影响碳在铁中的扩散速度、溶解与分布，因此，同时添加碳和其他合金元素，可以获得性能更好的烧结合金钢。

下面对 Fe-C 混合粉末的烧结以及冷却后的组织与性能作概括性说明。

1）Fe-C 混合粉末碳的质量分数一般不超过 1%，故同纯铁粉的单元系一样，烧结时主要发生颗粒间的黏结和收缩。但是随着碳在铁颗粒内的溶解，两相区温度降低，烧结过程加快。

2）碳在铁中通过扩散形成奥氏体，扩散得很快，10~20min 内就溶解完全（图 7-58）。石墨粉的粒度和粉末混合的均匀程度对这一过程的影响很大。当石墨粉完全溶解后，留下孔隙；由于 C 向 γ-Fe 中继续溶解，使铁晶体点阵常数增大，铁粉颗粒胀大，使石墨留下的孔隙缩小。当铁粉全部转变成奥氏体后，碳在其中的浓度分布仍不均匀，继续提高温度或延长烧结时间，发生 γ-Fe 的均匀化，晶粒明显长大。烧结温度决定了 α 至 γ 的相变进行得充分与否，温度低，烧结后将残留大量的游离石墨，当低于850℃时，甚至不发生向奥氏体的溶解，如图7-59所示。

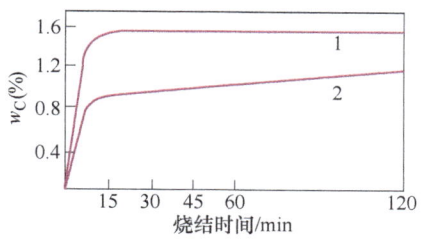

图7-58　Fe-C混合粉烧结钢中含碳量与烧结时间的关系

1—w_C=3%　2—w_C=1.5%

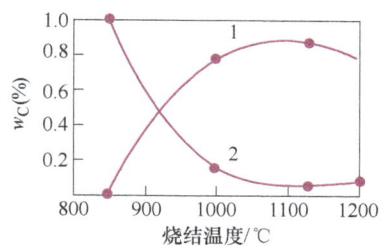

图7-59　烧结温度对电解铁粉加1%石墨粉烧结后化合碳与游离碳含量的影响

1—化合碳　2—游离碳

3）烧结充分保温后冷却，奥氏体分解，形成以珠光体为主要组成物的多相结构。珠光体的数量和形态取决于冷却速度，冷却越快，珠光体弥散度越大，硬度和强度也越高。如果冷却缓慢，由于孔隙与残留石墨的作用，有可能加速石墨化过程。石墨化与两方面因素有关：由于基体中Fe_3C内的碳原子扩散而转化成石墨，铁原子从石墨形核并长大的地方离开，石墨的生长速度与分布形态将不取决于碳原子的扩散，而取决于比较缓慢的铁原子的扩散。所以在致密钢中，冷却阶段的石墨化是相当困难的，但是在烧结钢中，由于在孔隙中石墨的生长与铁原子的扩散无关，因此石墨的生长加快。

4）烧结碳钢的力学性能与合金组织中化合碳的含量有关。一般来说，当接近共析钢（w_C=0.8%）成分时，强度最高，而伸长率总是随碳含量的提高而降低，详见图7-60和图7-61。但是，当化合碳含量继续升高，冷却后析出二次网状渗碳体，化合碳质量分数达到1.1%时，渗碳体连成网络，使强度急剧降低。

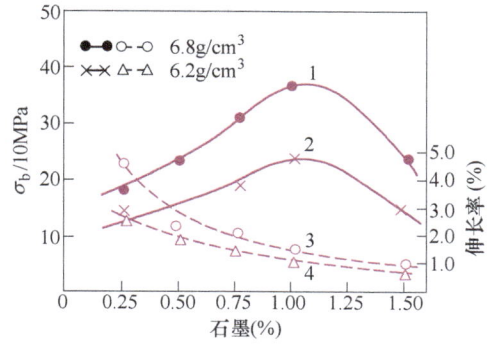

图7-60　烧结Fe-C合金抗拉强度及伸长率与石墨添加量的关系（1125℃烧结1h）

1，2—抗拉强度　3，4—伸长率

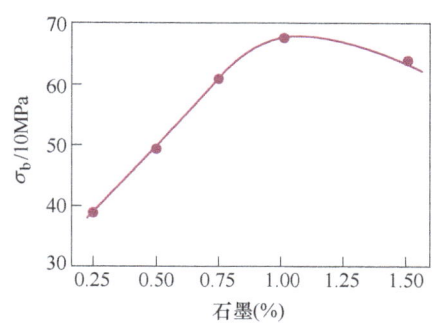

图7-61　烧结Fe-C合金热处理后抗拉强度与石墨添加量的关系

单位压制压力900MPa；1125℃烧结1h；油淬

4. 互不溶系固相烧结

粉末烧结法能够制造熔铸法所不能得到的"假合金"，即组元间不互溶且不发生反应的合金，粉末固相烧结或液相烧结可以获得的"假合金"包括金属-金属、金属-非金属、金属-氧化物、金属-化合物等，最典型的是电触头合金（Cu-W、Ag-W、Cu-C、Ag-CdO 等）。

（1）烧结热力学 不互溶的两种粉末能否烧结取决于系统的热力学条件，而且同单元系或互溶多元系烧结一样，也与表面自由能的减小有关。皮涅斯认为，互不溶系的烧结服从不等式：

$$\gamma_{AB} < \gamma_A + \gamma_B$$

即 A-B 的比界面能 γ_{AB} 必须小于 A、B 单独存在的比表面能（γ_A、γ_B）之和。如果 $\gamma_{AB} > \gamma_A + \gamma_B$，虽然在 A-A 或 B-B 之间可以烧结，但是在 A-B 之间却不能。在满足上式的前提下，如果 $\gamma_{AB} > |\gamma_A - \gamma_B|$，那么在两组元的颗粒间形成烧结颈的同时，它们可以互相靠拢至某一个临界值；如果 $\gamma_{AB} < |\gamma_A - \gamma_B|$，则开始时通过表面扩散，比表面能低的组元覆盖在另一组元的颗粒表面，然后同单元系烧结一样，在类似复合粉末的颗粒间形成烧结颈。只要烧结时间足够长，充分烧结是可能的，这时得到一种成分均匀包裹在另一成分的颗粒表面的合金组织。不论是上述情况中的哪一种，γ_{AB} 越小，烧结动力就越大，即使烧结不出现液相，但是两种固相的界面能也将决定烧结过程。而在液相烧结时，由于有湿润性问题存在，不同成分的液-固界面能的作用就显得更重要。

（2）性能-成分的关系 皮涅斯和古狄逊的研究表明，互不溶系固相烧结合金的性能与组元体积含量之间存在着二次方函数关系；在烧结体系内，相同组元颗粒间的接触（A-A、B-B）同 A-B 接触的相对大小决定了系统的性质。若二组元的体积含量相等，而且颗粒大小与形状也相同，则均匀混合后，按照统计分布规律，A-B 颗粒接触的机会是最多的，因而对烧结体性能的影响也最大。皮涅斯用下式表示烧结体的收缩值：

$$\eta = \eta_A c_A^2 + \eta_B c_B^2 + 2\eta_{AB} c_A c_B \tag{7-61}$$

式中，η_A、η_B 为组元在相同条件下单独烧结时的收缩值，分别是 c_A 和 c_B 平方的函数；η_{AB} 为全部为 A-B 接触时的收缩值；c_A、c_B 为 A、B 的体积浓度。

如果
$$\eta_{AB} = \frac{1}{2}(\eta_A + \eta_B) \tag{7-62a}$$

则烧结体的总收缩服从线性关系。

如果
$$\eta_{AB} > \frac{1}{2}(\eta_A + \eta_B) \tag{7-62b}$$

则为凹向下抛物线关系，这时混合粉末烧结的收缩大。

而如果
$$\eta_{AB} < \frac{1}{2}(\eta_A + \eta_B) \tag{7-62c}$$

得到的是凹向上抛物线关系，这时烧结的收缩小。因此，满足式（7-62a）条件的体系处于最理想的混合状态。式（7-61）所代表的二次函数关系也同样适用于烧结体的强度性能。这已被 Cu-W、Cu-Mo、Cu-Fe 等系的烧结实验所证实。这种关系，甚至可以推广到三元系。

如果系统中 B 为非活性组元，不与 A 起任何反应，并且在烧结温度下本身几乎也不产生烧结，那么 η_B 与 η_{AB} 将等于零。这时当该组元的含量增加时，用性能变化曲线外延至孔隙度为零的方法求强度，发现强度值降低。图 7-62 为 Cu-W（或 Mo）系假合金的抗拉强度与成分、孔隙度的关系曲线。可以看到，随着合金中非活性组元 W（或 Mo）的含量增加（从直线 1 至 4），强度值降低，并且孔隙度越低，强度降低的程度也越大。

（3）烧结过程的特点

1）互不溶系固相烧结几乎包括了用粉末冶金方法制造的一切典型的复合材料——基体强化（弥散强化或纤维强化）材料和利用组合效果的金属陶瓷材料（电触头合金，合金-塑料）。它们是以低熔点、塑性（韧性）好、导热性强且烧结性好的成分（纯金属或单相合金）为黏结相，同熔点和硬度高、高温性能好的成分（难熔金属或化合物）组成的一种机械混合物，因而兼有两种不同成分的性质，常常具有良好的综合性能。

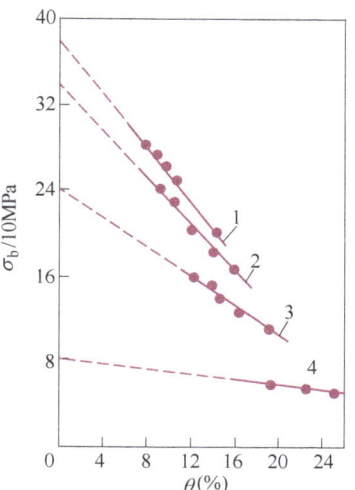

图 7-62 Cu-W（或 Mo）假合金的抗拉强度与成分、孔隙度的关系

1—纯 Cu　2—Cu+5%W（或 Mo）
3—Cu+20%W（或 Mo）
4—Cu+46%W（或 Mo），含钨或钼量均为体积分数

2）互不溶系的烧结温度由黏结相的熔点决定。如果是固相烧结，温度要低于其熔点，如果该组分的体积分数不超过 50%，也可以采用液相烧结。例如，Ag-W40 可以在低于 Ag 熔点的 860~880℃烧结，而 Cu-W80 则要采用特殊的液相烧结（浸渍）法。

3）复合材料及假合金通常要求在接近致密状态下使用，因此在固相烧结后，一般采用复压、热压、烧结锻造等补充致密化或热成形工艺，或采用烧结-冷挤、烧结-熔浸以及热等静压、热轧、热挤等复合工艺以进一步提高密度和性能。

4）当复合材料接近完全致密时，有许多性能同组分的体积分数之间存在线性关系，称为"加加"规律。图 7-63 清楚地表明了这种加和性，即在相当宽的成分范围内，物理与力学性能随组分含量的变化呈线性关系。根据加加规律可以由组分含量近似地确定合金的性能，或者由性能估计合金所需的组分含量。

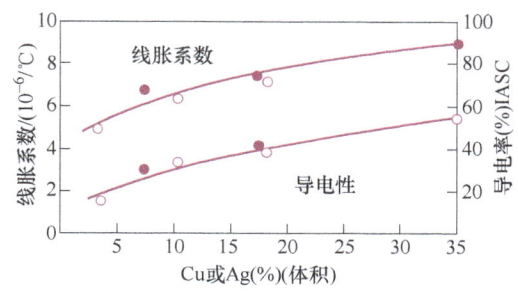

图 7-63 材料性能与组元体积关系

5）当难熔组分含量很高，粉末混合均匀有困难时，可以采用复合粉或化学混料法。制备复合粉的方法有共沉淀法、金属盐共还原法、置换法、电沉积法等，这些方法在制造电触头合金、硬质合金及高比重合金中已得到实际应用。

6）互不溶系内不同组分颗粒之间的结合界面，对材料的烧结性及强度影响很大。固相烧结时，颗粒表面上微量的其他物质生成的液相，或添加少量元素加速颗粒表面原子的扩散以及表面氧化膜对异类粉末的反应都可能提高原子的活性和加速烧结过程。氧化物基金属陶瓷材料的烧结性能，因组分间有相互作用（润湿、溶解、化学反应）而得到改善。有选择地加入所谓中间相（它与两种组分均起反应）可促进两相成分的相互作用。例如 Cr-Al_2O_3 高温材料，如有少量 Cr_2O_3 存在于颗粒表面可以降低 Cr 粉表面轻微的氧化，获得极薄的氧化膜。在 Al_2O_3 内添加少量不溶的 MgO 对烧结后期的致密化也有明显的促进作用，这是 MgO 分散在 Al_2O_3 的晶界面上，阻止 Al_2O_3 晶粒长大的后果。

烧结时合金均质化是不同于直接使用预合金化粉末成形制造合金产品的另一种方法。利用混合粉末替代预合金化粉末有以下优点：①容易改变组元；②由于粉末的强度、硬度和工作硬度小，易于加压；③较高的未烧结密度和强度；④可能形成独特的微结构；⑤提高致密化。考虑最后一项，混合粉末的组元梯度加强了对烧结有利的扩散流动。两相之间的接触面有助于空位产生而阻碍晶粒的生长。

混合物烧结需要控制时间和温度以确保均质化。混合物烧结最好利用细小直径的粉末原料，在烧结时只需较小的扩散距离就可完成烧结。如果两种组分的扩散速度相差很大，那么由于不均等的扩散率将导致孔隙的形成。结果，膨胀将发生，特别是当组元的熔点相差很大时，例如，铝添加到铁中，当铝熔化时将引起膨胀。如果由于烧结过程不能恰当控制，烧结体中将出现一些有害相如脆性金属间化合物。

最经典的混合粉烧结应用是用铜和锡的混合物制备多孔的青铜粉末冶金产品。图 7-64 所示为铜和锡的混合粉末烧结过程中的显微组织。锡是铜锡混合物中的低熔点成分（熔化温度为 232℃，而铜的熔点为 1083℃）。在加热过程中，锡熔化并湿润铜，留下孔隙。在 232℃，当锡熔化时，会发生很小的尺度变化，大约到 700℃时，烧结体明显发生膨胀。膨胀表明锡快速地扩散到铜里面，并留下很多孔隙。因为铜-锡合金在温度接近 800℃时是固态，初始出现的液态维持短暂的时间。在烧结温度超过 800℃时，收缩发生，液相形成。延长保温时间，合金实现均质化，形成如图 7-64c 所示的单一相烧结材料。通常，在混合相烧结过程中，均质化过程控制着物质迁移，均质化后接着就是致密化。

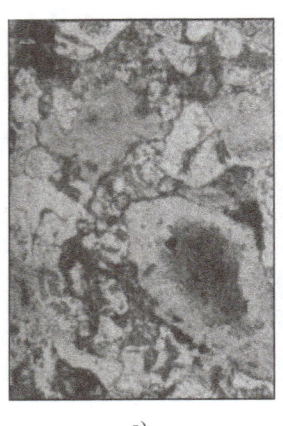 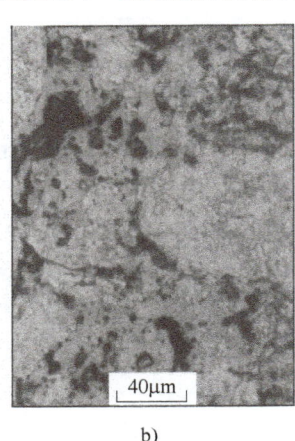 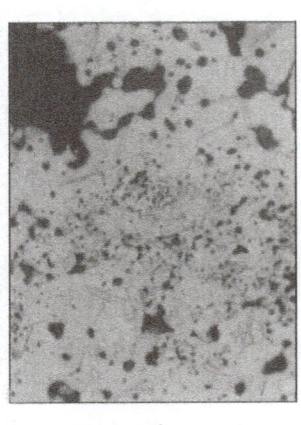

a) b) c)

图 7-64 铜和锡的混合粉末烧结过程中的显微组织

a) 加热到280℃（锡熔化后）　b) 加热到600℃的烧结产品　c) 加热到810℃后的烧结产品

合金相图展示了混合相烧结过程中可能的反应。对一定尺寸的微粒，扩散速度决定了均质化的速度。图 7-65 所示为二元混合模型，球形微粒 B 已完全固溶扩散到基体 A 中。在扩散初始，存在很大成分的浓度梯度，随着时间的延长，梯度变得平缓并达到一个常数值。通常，较小的微粒尺寸、较高的烧结温度和较长的烧结时间将提高合金均质化。均质化程度 H 被定义为成分均匀性，它随扩散速度和微粒尺寸变化的关系如下：

$$H \sim D_V t / Y^2 \tag{7-63}$$

式中，Y 是成分偏析度；D_V 是扩散系数；t 是时间。

成分偏析度 Y 主要依赖于粉末的微粒尺寸、溶解度和显微结构。图 7-66 给出了 Cu-Ni 系统的均质化行为，表明较小的微粒尺寸、较长的烧结时间和较高的烧结温度都有利于均质化。尽管温度被包含在扩散系数中的指数部分，但起着主要的作用。如果两种组元的扩散速度相差很大，膨胀将会发生。均质化程度可以采用定性的金相图、X 射线衍射或显微成分探测技术进行测量。对那些在均质化过程中形成中间相物质的系统，均质化过程是相同的。

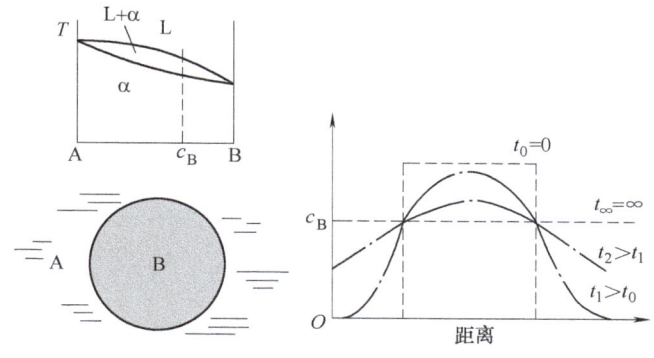

图 7-65 具有平均成分 c_B 的单元二相系混合粉末的均质化

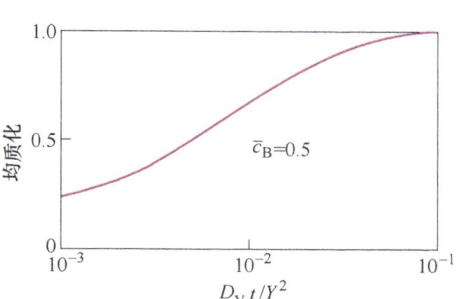

图 7-66 Cu-Ni 混合粉末均质化与对应变量参数 $D_V t/Y^2$ 的函数关系图

7.6 液相烧结

7.6.1 液相烧结的基本条件、过程和机构

在液相烧结系统中，如果满足一定的条件，液体可以为物质提供另外一种迁移方式，从而加快烧结。烧结过程中形成液相的系统有 WC-Co、W-Cu、Cu-Sn、W-Ni-Fe、Fe-P、TiC-Ni 和 Fe-Cu-C。液体必须在固相周围形成薄膜，因此润湿是液相烧结的首要条件。液体润湿固体的程度，由平衡态的表面能决定：

$$\gamma_{SV} = \gamma_{SL} + \gamma_{LV}\cos\theta \tag{7-64}$$

式中，γ_{SV} 是固-气表面能；γ_{SL} 是固-液表面能；γ_{LV} 是液-气表面能。小的接触角（θ）说明液体将覆盖固体的整个表面。固体在液体中必须是可溶的。在液相烧结中，致密化速度比固相烧结要快得多，在最高温度下，15min 内就能达到完全致密。

粉末压坯仅通过固相烧结难以获得很高的密度，在烧结温度下，低熔组元熔化或形成低熔点共晶物，那么由液相引起的物质扩散比固相扩散快，而且最终液相将填满烧结体内的孔隙，因此可获得密度高、性能好的烧结产品。液相烧结的应用极为广泛，如制造各种烧结合金零件、电触头材料、硬质合金及金属陶瓷材料等。

液相烧结可以得到具有多相组织的合金或复合材料，即由烧结过程中一直保持固相的难熔组分的颗粒和提供液相（一般体积分数占 13%~35%）的黏结相所构成。固相在液相中不溶解或溶解度很小时，称为互不溶系液相烧结，如假合金、氧化物-金属陶瓷材料。另一类是固相在液相中有一定的溶解度，如 Cu-Pb、W-Cu-Ni、WC-Co、TiC-Ni 等，但是烧结过程仍自始至终有液相存在。特殊情况下，通过液相烧结也可以获得单相合金，这时，液相量有限，又大量溶解于固相形成固溶体或化合物，因而烧结保温的后期液相消失，如 Fe-Cu (w_{Cu}<8%)、Fe-Ni-Al、Ag-Ni、Cu-Sn 等合金，称为瞬时液相烧结。

1. 液相烧结的基本条件

液相烧结能否顺利完成（致密化进行彻底），取决于同液相性质相关的三个基本条件。

(1) 润湿性　液相对固相颗粒的表面润湿性好是液相烧结的重要条件之一，对致密化合金组织与性能的影响极大。润湿性由固相、液相的表面张力（比表面能）γ_S、γ_L 以及两相的界面张力（界面能）γ_{SL} 所决定。如图 7-67 所示，当液相润湿固相时，在接触点 A 用杨氏方程表示平衡的热力学条件为：

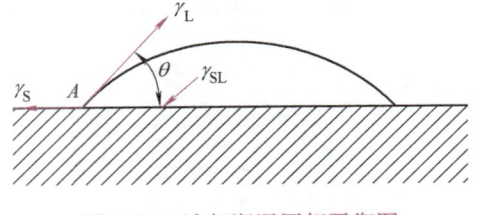

图 7-67　液相润湿固相平衡图

$$\gamma_S = \gamma_{SL} + \gamma_L \cos\theta \tag{7-65}$$

式中，θ 为润湿角或接触角。

完全润湿时，$\theta = 0$，式（7-65）变为 $\gamma_S = \gamma_{SL} + \gamma_L$；完全不润湿时，$\theta > 90°$，则 $\gamma_{SL} \geq \gamma_L + \gamma_S$。图 7-67 表示介于前两者之间的部分润湿的状态，$0 < \theta < 90°$。

液相烧结需满足的润湿条件就是润湿角 $\theta < 90°$；如果 $\theta > 90°$，烧结开始时液相即使生成，也会很快跑出烧结体外，称为渗出。这样，烧结合金中的低熔点组分将大部分损失掉，使烧结致密化过程不能顺利完成。液相只有具备完全或部分润湿的条件，才能渗入颗粒的微孔和裂隙甚至晶界，形成如图 7-68 所示的状态。此时，固相界面张力 γ_{SS} 取决于液相对固相的润湿。平衡时，$\gamma_{SS} = 2\gamma_{SL}\cos(\psi/2)$，$\psi$ 称为二面角。可见二面角越小时，液相渗进固相界面越深。当 $\psi = 0°$ 时，$2\gamma_{SL} = \gamma_{SS}$，表示液相将固相界面完全隔离，液相完全包围固相。如果 $\gamma_{SL} > 1/2(\gamma_{SS})$，则 $\psi > 0°$；如果 $\gamma_{SL} = \gamma_{SS}$，则 $\psi = 120°$，这时液相不能浸入固相界面，只产生固相颗粒间的烧结。实际上，液相与固相的界面张力 γ_{SL} 越小，即液相润湿固相越好时，二面角才越小，才越容易烧结。

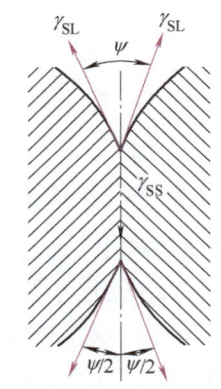

图 7-68　与液相接触的二面角形成

影响润湿性的因素是复杂的。根据热力学分析，润湿过程是由所谓黏着功决定的，可由下式表示：

$$W_{SL} = \gamma_S + \gamma_L - \gamma_{SL}$$

将（7-65）式代入上式得到：

$$W_{SL} = \gamma_L(1 + \cos\theta) \tag{7-66}$$

说明，只有当固相与液相表面能之和（$\gamma_S + \gamma_L$）大于固-液界面能 γ_{SL} 时，即黏着功 $W_{SL} > 0$ 时，液相才能润湿固相表面。所以，减小 γ_{SL} 或减小 θ 将使 W_{SL} 增大，对润湿有利。往液相内加入表面活性物或改变温度可以影响 γ_{SL} 的大小。但是固、液本身的表面能 γ_S 和 γ_L 不能

直接影响 W_{SL} 的大小，因为它们的变化也会引起 γ_{SL} 的改变。所以增大 γ_S 并不能改善润湿性。实验证明，随着 γ_S 增大，γ_{SL} 和 θ 也同时增大。

1）温度与时间的影响。升高温度或延长液-固接触时间均能减小 θ 角，但是时间的作用是有限的。基于界面化学反应的润湿热力学理论，升高温度有利于界面反应，从而改善润湿性。金属对氧化物润湿时，界面反应是吸热的，升高温度对系统自由能降低有利，所以 γ_{SL} 降低，而温度对 γ_S 和 γ_L 的影响却不大。在金属-金属体系内，温度升高也可能降低润湿角（图7-69）。根据这一理论，延长时间有利于通过界面反应建立平衡。

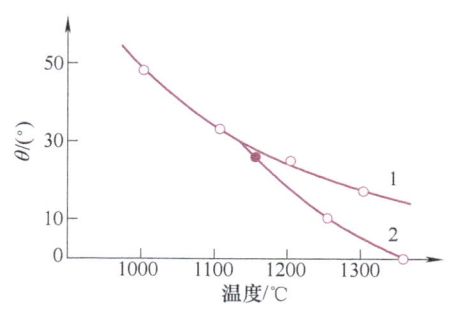

图 7-69　润湿角与温度的关系
1—W-Ag　2—W-Cu

2）表面活性物质的影响。铜中添加镍能改善许多金属或化合物的润湿性，表7-8是铜中含镍对 ZrC 润湿性的影响。

另外，镍中加少量钼可以使它对 TiC 的润湿角由 30°降到 0°，二面角由 45°降到 0°。

表 7-8　铜中含镍对 ZrC 润湿性的影响

$w_{Ni}(\%)$	$\theta/(°)$
0	135
0.01	96
0.05	70
0.1	63
0.25	54

表面活性元素的作用并不表现为降低 γ_L，只有减小 γ_{SL} 才能使润湿性改善。以 Al_2O_3-Ni 材料为例，在 1850℃ 时，Ni 对 Al_2O_3 的界面能 $\gamma_{SL}=1.86\times10^{-4} J/cm^2$；于 1475℃ 在 Ni 中加入质量分数为 0.87% 的 Ti 时，$\gamma_{SL}=9.3\times10^{-5} J/cm^2$。如果温度再升高，$\gamma_{SL}$ 还会更低。

3）粉末表面状态的影响。粉末表面吸附气体、杂质或有氧化膜、油污存在时，均会降低液体对粉末的润湿性。固相表面吸附了其他物质后，表面能 γ_{SL} 总是低于真空时的 γ_0，因为吸附本身就降低了表面自由能。两者的差 $\gamma_0-\gamma_{SL}$ 称为吸附膜的"铺展压"，用 π 表示（图7-70）。因此，考虑固相表面存在吸附膜的影响后，式（7-65）就变成：

$$\cos\theta = [(\gamma_0-\pi)-\gamma_{SL}]/\gamma_L \tag{7-67}$$

因 π 与 γ_0 方向相反，其趋势将是使已铺展的液体推回，液滴收缩，θ 角增大。粉末烧结前用干燥氢气还原，除去水分和还原表面氧化膜，可以改善液相烧结的效果。

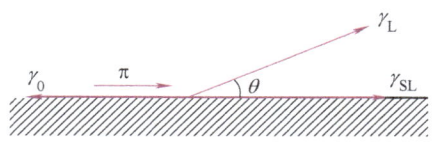

图 7-70　吸附膜对润湿的影响

4）气氛的影响。表7-9列举了铁族金属对某些氧化物和碳化物的润湿角的数据。由表可见，气氛会影响 θ 的大小，原因不完全清楚，可以从粉末的表面状态因气氛不同而变化来考虑。多数情况下，粉末有氧化膜存在，氢和真空对消除氧化膜有利，故可以改善润湿性，但是，无氧化膜存在时，真空不一定比惰性气氛对润湿性更有利。

表 7-9　液体金属对某些化合物的润湿性

固体表面	液态金属	温度/℃	气　氛	润湿角 $\theta/(°)$
TiC	Ag	980	真空	108
	Ni	1450	H_2	17
	Ni	1450	真空	30
	Co	1500	H_2	36
	Co	1500	真空	5
	Fe	1550	H_2	49
	Fe	1550	真空	41
WC	Co	1500	H_2	0
	Co	1420	真空	~0
	Ni	1500	真空	~0
	Ni	1380	真空	~0
NbC	Co	1420		14
	Ni	1380		18
TaC	Co	1420		14
	Ni	1380		16
WC/TiC(30:70)	Ni	1500	真空	21
WC/TiC(50:50)	Co	1420	真空	24.5

(2) 溶解度　固相在液相中有一定的溶解度是液相烧结的又一条件，因为：①固相有限溶解于液相可以改善润湿性；②固相溶于液相后，液相数量相对增加；③固相溶于液相，可以借助液相进行物质迁移；④溶在液相中的成分，冷却时如果能再析出，可以填补固相颗粒表面的缺陷和颗粒间隙，从而增大固相颗粒分布的均匀性。

但是，溶解度过大会使液相数量太多，也对烧结过程不利。例如形成无限互溶固溶体的合金，液相烧结因烧结体解体而根本无法进行。另外，如果固相溶解对液相冷却后的性能有不好的影响（如变脆）时，也不利于采用液相烧结。

(3) 液相数量　液相烧结应以液相填满固相颗粒的间隙为限度。烧结开始，颗粒间孔隙较多，经过液相烧结后，颗粒重新排列并且有一部分小颗粒熔解，使孔隙被增加的液相所填充，孔隙相对减小。一般认为，液相量以不超过烧结体积的 35% 为宜。超过时不能保证产品的形状和尺寸；过少时烧结体内将残留一部分不被液相填充的小孔，而且固相颗粒也将因直接接触而过分烧结长大。

2. 液相烧结过程和机构

液相烧结的动力是液相表面张力和固-液界面张力。液相烧结的过程和机构，在勒尼文和古蓝德-诺顿的早期著作中已有详细记载,金捷里在一系列论文中也系统地讨论了这个问题。

(1) 烧结过程　液相烧结过程大致可以划分为二个界限不十分明显的阶段:

1) 液相流动与颗粒重排阶段。固相烧结时,不可能发生颗粒的相对移动,但是在有液相存在时,颗粒在液相内近似悬浮状态,受液相表面张力的推动发生移动,因而液相对固相颗粒润湿和有足够的液相存在是颗粒移动的重要前提。颗粒间孔隙中液相所形成的毛细管力以及液相本身的黏性流动,使颗粒调整位置、重新分布以达到最紧密的排布,在这个阶段,烧结体密度迅速增加。

2) 固相熔解和再析出阶段。固相颗粒表面的原子逐渐熔解于液相,熔解度随温度和颗粒的形状、大小而改变。液相对于小颗粒有较大的饱和熔解度,小颗粒先溶解,颗粒表面的棱角和凸起部位(具有较大的曲率)也优先熔解,因此,小颗粒趋向减小,颗粒表面趋向平整光滑。相反,大颗粒的饱和熔解度降低,使液相中一部分过饱和的原子在大颗粒表面析出,使大颗粒趋于长大,这就是固相熔解和再析出,即通过液相的物质迁移过程,与第一阶段相比,致密化速度减慢。

(2) 烧结机构　主要有颗粒重排机构、溶解-再析出机构和骨架烧结机构。

1) 颗粒重排机构。液相受毛细管力驱使流动,使颗粒重新排列以获得最紧密的堆积和最小的孔隙总表面积。因为液相润湿固相并渗进颗粒间隙必须满足 $\gamma_S > \gamma_L > \gamma_{SS} > 2\gamma_{SL}$ 的热力学条件,所以固-气界面逐渐消失,液相完全包围固相颗粒,这时在液相内仍留下大大小小的气孔。由于液相作用在气孔上的应力 $\sigma = -2\gamma_L/r$(r 为气孔半径)随孔径大小而异,故作用在大小气孔上的压力差将驱使液相在这些气孔间流动,称为液相黏性流动。另外,如图 7-71 所示,渗进颗粒间隙的液相由于毛细管张力 γ/ρ 而产生使颗粒相互靠拢的分力(如箭头所示)。由于固相颗粒在大小和表面形状上的差异,毛细管内液相凹面的曲率半径(ρ)不同,使作用于每一个颗粒及各方向上的毛细管力及其分力不相等,使得颗粒在液相内漂动,颗粒重排得以顺利完成。

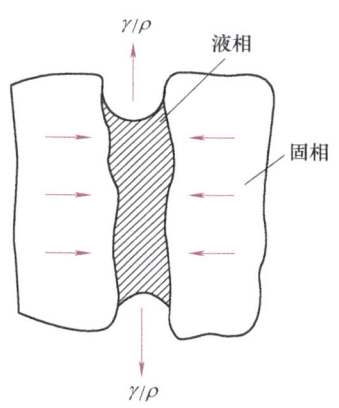

图 7-71　液相烧结颗粒靠拢机构

基于以上机构,颗粒重排和气孔收缩的过程进行得很迅速,致密化很快完成。但是,由于颗粒靠拢到一定程度后形成搭桥,对液相黏性流动的阻力增大,因此,颗粒重排阶段不可能达到完全致密,还需通过下面两个过程才能达到完全致密化。

2) 溶解-再析出机构。因颗粒大小不同、表面形状不规整,各部位的曲率不同造成饱和溶解度不相等,引起颗粒之间或颗粒不同部位之间的物质通过液相迁移时,小颗粒或颗粒表面曲率大的部位熔解较多,相反,溶解物质又在大颗粒表面或具有负曲率的部位析出。同饱和蒸气压的计算一样,具有曲率半径 r 的颗粒,它的饱和溶解度与平面(r 为无穷大)上的平衡浓度之差为:

$$\Delta L = L_r - L_\infty = \frac{2\gamma_{SL}\delta^3}{kT}\frac{1}{r}L_\infty \tag{7-68}$$

即 ΔL 与 r 成反比,因而小颗粒先于大颗粒溶解。溶解和再析出过程使得颗粒外形逐渐趋于球形,小颗粒减小或消失,大颗粒逐渐长大。同时,颗粒依靠形状适应而达到更紧密堆积,促进烧结体收缩。

在这一阶段,致密化过程已明显减慢,因为这时气孔已经基本消失,而颗粒间距离更小,使液相流进孔隙变得更加困难。

3) **骨架烧结机构**。液相烧结有时还出现第三阶段:颗粒互相接触、黏结并形成连续的骨架。当液相不完全润湿固相或液相数量较少时,这阶段表现得非常明显,结果是大量颗粒直接接触,不被液相所包裹。这个阶段满足 $\gamma_{SS}/2 < \gamma_{SL}$ 或二面角 $\Psi > 0$ 的条件。骨架形成后的烧结过程与固相烧结相似。

(3) 烧结合金的组织 液相烧结合金的组织,即固相颗粒的形状以及分布状态,取决于固相物质的结晶学特征、液相的润湿性或二面角的大小。

当固相在液相中有较大的溶解度时,液相烧结合金通过溶解和再析出,固相颗粒发生重结晶长大,冷却后的颗粒多呈卵形,紧密地排列在黏结相内,如重合金(W-Cu-Ni)组织具有这种明显的特征。但是 WC-Co 硬质合金,由于 WC 的非等轴晶特征和溶解度较小,故烧结后的合金组织中 WC 保持多边形状。

再看液相烧结合金组织与二面角的关系。根据液相对固相的烧结理论,二面角是由固-固界面张力 γ_{SS} 和固-液界面张力之比决定的。$\cos(\psi/2) = 1/2(\gamma_{SS}/\gamma_{SL})$。$\gamma_{SS}/\gamma_{SL} = 1$ 时,$\psi = 120°$;$\gamma_{SS}/\gamma_{SL} = \sqrt{3}$ 时,$\psi = 60°$;如 $\gamma_{SL} > \gamma_{SS}$,则 $\psi > 120°$,这时液相呈隔离的滴状分布在固相界面的交汇点上(图 7-72b)。当 γ_{SS}/γ_{SL} 值大于 $\sqrt{3}$,即 $\gamma_{SL} \ll \gamma_{SS}$ 时,$\psi < 60°$,液相就沿固相界面散开,完全覆盖固相颗粒表面如图 7-72a 所示。

图 7-73 进一步描述了在液相烧结合金组织中,合金组织与二面角的关系,这是当液相数量足够填充颗粒所有的孔隙而且没有气体存在的理想情况下得到的。①当 $\Psi = 0$ 时,烧结初期液相浸入固相颗粒间隙,引起晶粒细化,再经过溶解-析出颗粒长大阶段,固相连成大的颗粒,被液相分隔成独立的小岛;当 $0 < \Psi < 120°$ 时,液相不能浸蚀固相晶界,固相颗粒黏结成骨架,称为不被液相完全分隔的状态;②当 $\Psi > 120°$ 时,固相充分长大,使液相被分割成孤立的小块镶嵌在骨架的间隙内。

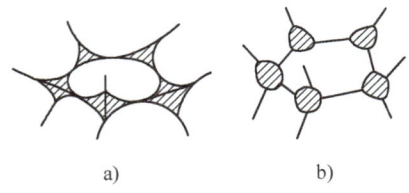

图 7-72 液相在固相界面上的分布状态
a) $\psi < 60°$ b) $\psi = 135°$

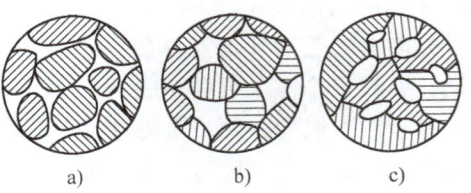

图 7-73 合金组织与二面角的关系
a) $\psi = 0$ b) $0 < \psi < 120°$ b) $\psi > 120°$

以上是从热力学的观点讨论液相烧结合金的显微组织的形成和特点,实际上,前述三个阶段烧结的相对快慢(动力学问题)也影响合金的最终组织。科特内研究了液相烧结过程中颗粒合并长大及对合金组织的影响。他认为固相颗粒在液相内发生类似分子布朗运动的位移和重排,因而造成颗粒之间的直接接触,同时在颗粒间发生黏结,融合成更大的颗粒。如果颗粒合并的速度快,就形成彼此隔离的分布;相反,当颗粒互相接触的速度较高,则形成连续的骨架。同时,固相的体积比越大,则越容易生成隔离组织;固相数量越少,越趋向于形成连续骨架。

（4）致密化规律　液相烧结的典型致密化过程如图 7-74 所示，由液相流动、溶解和析出、固相烧结三个阶段组成，它们相继并彼此重叠地出现。致密化系数为

$$\alpha = (烧结体密度 - 压坯密度)/(理论密度 - 压坯密度) \times 100\%$$

首先定量描述了致密化过程的是金捷里。他根据液相黏性流动使颗粒紧密排列的致密化机构，提出第一阶段收缩动力学方程：

$$\frac{\Delta L}{L_0} = \frac{1}{3}\frac{\Delta V}{V_0} = Kr^{-1}t^{1+x} \tag{7-69}$$

式中，$\Delta L/L_0$ 为线收缩率；$\Delta V/V_0$ 为体积收缩率；r 为原始颗粒半径。

式（7-69）表明，由颗粒重排引起的致密化速率与颗粒大小成反比。当 $x \ll 1$，即 $1+x \approx 1$ 时，与烧结时间的一次方成正比。收缩与时间近似呈线性函数关系是这一阶段的特点。随着孔隙的收缩，作用于孔隙的表面应力 $\sigma = -2\gamma_L/r$ 也增大，使液相流动和孔隙收缩加快，但是由于颗粒不断靠拢对液相流动的阻力也增大，收缩维持一个恒定的速度。因此，这一阶段的烧结动力虽与颗粒大小成反比，但是液相流动或颗粒重排的速率却与颗粒的绝对尺寸无关。

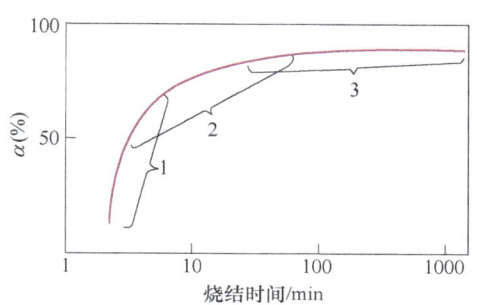

图 7-74　液相烧结的典型致密化过程
1—液相流动　2—溶解-析出　3—固相烧结

金捷里描述第二阶段的动力学方程式为：

$$\frac{\Delta L}{L_0} = \frac{1}{3}\frac{\Delta V}{V_0} = K'r^{-3/4}t^{1/3} \tag{7-70}$$

式（7-70）是在假定颗粒为球形，过程被原子在液相中的扩散所限制的条件下导出的。图 7-75 是不同成分和粒度的 Fe-Cu 混合粉末压坯在 1150℃ 进行液相烧结时的致密化动力学曲线。直线转折处对应烧结由初期过渡到中期。转折前，收缩与时间的 1.3~1.4 次方成正比；转折后收缩与时间的 1/3 次方成正比，从而由实验证明了式（7-69）与（7-70）的正确性。

目前，尚未有人对第三阶段提出动力学方程，不过这阶段相对于前两个阶段，致密化的速率已经很低，只存在晶粒长大和体积扩散。液相烧结有闭孔出现时，不可能达到 100% 的致密度，残余孔隙度为

$$\theta_r = (p_0 r_0/2\gamma_L)^{3/2} \cdot \theta_0$$

式中，θ_0 为原始孔隙度；p_0 为闭孔中的气体压力；r_0 为原始孔隙半径。

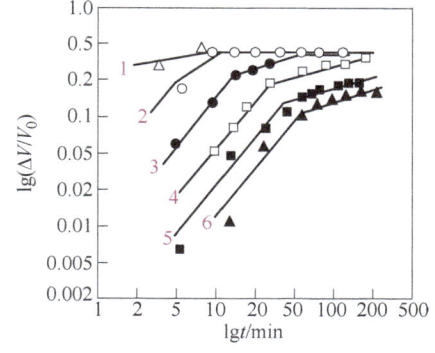

图 7-75　不同成分和粒度的 Fe-Cu 混合粉末压坯液相烧结时的致密化动力学曲线
1—$w_{Cu}=43\%$，9.4μm　2—$w_{Cu}=22\%$，3μm
3—$w_{Cu}=22\%$，9.4μm　4—$w_{Cu}=22\%$，15.8μm
5—$w_{Cu}=11.3\%$，9.4μm　6—$w_{Cu}=22\%$，33.1μm

（5）影响液相烧结过程的因素　前面讨论液相烧结的三个基本条件，实际上也是基本影响因

素,此外,压坯密度、颗粒大小、粉末混合的均匀程度、烧结温度、时间和气氛等也是基本因素。

图 7-76 是 W-Cu 合金在 1310℃液相烧结时,烧结时间、成形压力和气氛对致密化的影响。压力大,致密化系数反而低。因为压坯密度高,颗粒的原始接触面大,妨碍液相流动,在致密化曲线上看不到流动引起的高致密化速率阶段,相反,固相烧结的特征显著。真空烧结有利于气体排除和孔隙收缩,因而致密化系数较高。

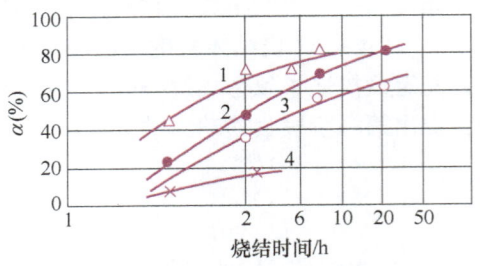

图 7-76 W-Cu 合金烧结时间、成形压力和气氛对致密化的影响

1—w_{Cu} = 10%,78MPa,真空 2—w_{Cu} = 15%,78MPa,H_2
3—w_{Cu} = 10%,78MPa,H_2 4—w_{Cu} = 10%,156MPa,真空

Fe-Cu 系在烧结后期液相消失。铜形成液相后向铁中扩散,大量溶解于固相颗粒内,而且在原来铜粉存在的地方留下一些微孔,故烧结体出现膨胀。铜含量达到 γ—Fe 的饱和溶解度(w_{Cu} = 8%,1150℃)时,膨胀达到最高值,如图 7-77 所示。这时铜完全溶于固相骨架,形成固溶体,液相完全消失。当铜含量超过饱和溶解度后,随着铜含量的增加液相也增加,所以变成典型的液相烧结,收缩值又重新增大。烧结时间不同,收缩值也不同。

研究外力对液相烧结收缩的影响证明:①外力促进液相流动,加快颗粒重排致密化过程;②外力会增大颗粒接触面上原子的扩散与溶解速度;③外力引起固相烧结阶段颗粒内的塑性流动。因此,外力对于液相烧结过程是有利的。

晶界沟代表了界面能之间的平衡。在固-液平衡状态,从金相截面图的晶界沟可以估算表面能比值 $\gamma_{SS}/\gamma_{SL} = (1/2)\cos(\varphi/2)$。如果晶界沟是 20°,那么表面能比为 γ_{SS}/γ_{SL} = 0.492 或 $\gamma_{SL} = 2.03\gamma_{SS}$。注意,当晶界沟趋近 0°时,表面能比值没有意义。

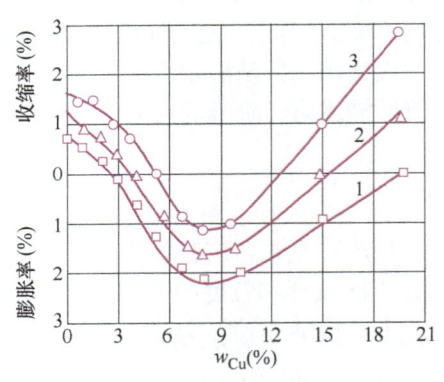

图 7-77 Fe-Cu 系烧结收缩与 Cu 浓度的关系曲线
1—烧结 15min 2—烧结 60min 3—烧结 180min

图 7-78 是液相烧结中的致密化示意图,在烧结过程中,基体粉末保持为固态,而添加粉末担负起形成液态的作用。最初,颗粒重新排列以有利于致密化,随着加热继续,固相在液相中溶解,液体的体积增加,直到固体组分在液体中饱和,随后溶解-析出达到平衡。在溶解-析出的过程中,液相成了固相原子迁移的载体,小的晶粒溶解后在大晶粒表面再析出。固体晶粒的溶解度与晶粒尺寸大小成反比。这样,小晶粒在液相中先溶解,一段时间后,晶粒总的数目减少,剩下晶粒的尺寸增大。图 7-79 说明了通过较小晶粒溶解后在较大晶粒上析出的晶粒生长的溶解-再析出过程。除晶粒生长外,该过程给出了依次考虑固体更好的压紧和释放液体,充满残留的孔隙的晶粒形状的调整,此过程不会明显地改变固体或液体的总量。

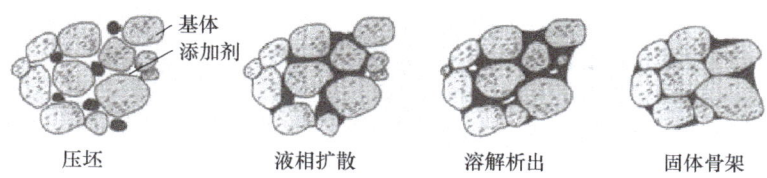

图 7-78 液相烧结中的致密化示意图

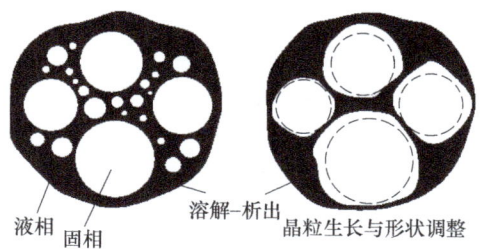

图 7-79 通过较小晶粒溶解后在较大晶粒上析出的晶粒生长的溶解-再析出过程

与润湿角一样,晶界沟由表面能平衡决定:

$$\gamma_{SS} = 2\gamma_{SL}\cos(\Psi/2) \tag{7-71}$$

γ_{SS} 是固-固接触面能(晶界能)。平衡时,固态颗粒形状调整成与相邻晶粒接触的扁平表面,以便颗粒之间更加紧密地靠拢,并为液体填充孔隙提供空间。图 7-80 是重合金($w_W = 95\%$,$w_{Ni} = 3.5\%$,$w_{Fe} = 1.5\%$)在液相烧结后的微观结构,表现了圆形的钨颗粒及周围的润湿相组织结构。依据液体的体积分数和晶界沟的情况,存在几种不同的晶粒-液体结构。通常,晶界沟较小,在 20°~40° 之间,液体的体积比在 15% 以下。如图 7-81 所示,最后的结构由固态晶粒和交联的液相连接而成。图中固体颗粒部分已被蚀刻(镂蚀)掉,留下的三维结构代表固化的液相,与烧结中间阶段预期的孔隙结构相似。

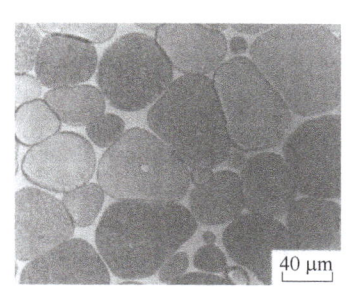

图 7-80 重合金($w_W = 95\%$,$w_{Ni} = 3.5\%$,$w_{Fe} = 1.5\%$)在液相烧结后的微观结构

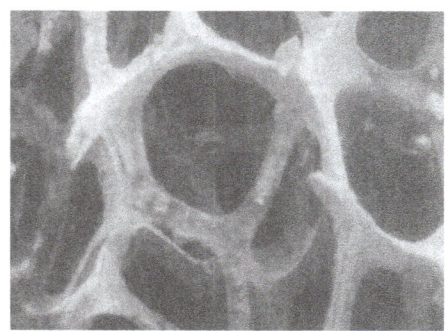

图 7-81 固态晶粒溶解消去后液相呈现明显的三维连通性

随着液体的体积分数增加,致密化也更容易,但是液体过多会导致烧结体变形。图 7-82 给出了致密度与液体体积分数之间的关系图,展示了一系列可能的步骤。如果没有液体,烧结就是固态过程。另外,当液体过量时(体积分数约超过/35%),一旦液体形成,微粒间所有孔隙空间被充满。当然,混合物可能太易流动而不能保持压坯的形状。在液体体积分数

约为50%时,能保持压坯的形状,但可能没有充足液体来填充固态晶粒间的孔隙。在这种情况下,烧结首先是由在粉末混合物中化学浓度梯度引起并加强,烧结经常在加热时在固相颗粒之间进行。温度升高,一旦液体形成,液体表面张力促使颗粒重排,紧接着溶解-析出并对应晶粒形态的调整,完成致密化。

烧结体最终的致密化依赖于固态骨架的烧结。在液相烧结的三个阶段,压坯收缩率 $\Delta L/L$ 与烧结时间 t 成比例,即:

$$\Delta L/L_0 \sim t^M \qquad (7-72)$$

在重排阶段,指数 M 是 1,在溶解—再析出阶段 M 是 1/3。如果粉末被压制到高密度并慢速加热,那么压制将阻碍颗粒重新排列。

在液相出现时,短的烧结时间内由于液体的表面张力,采用细颗粒粉末有助于致密化。当微粒质量减小时,液体每个细颗粒的作用力将增加。足够多的液体含量和固相在液体中具有高溶解度也有利于致密化。后一种效应在比较 Fe-Cu 和 W-Cu 的烧结密度时得到了验证,如图7-83所示。铁在液态铜中可固溶而钨不可固溶,所以前一种合金虽然液相含量低但却能实现致密化。

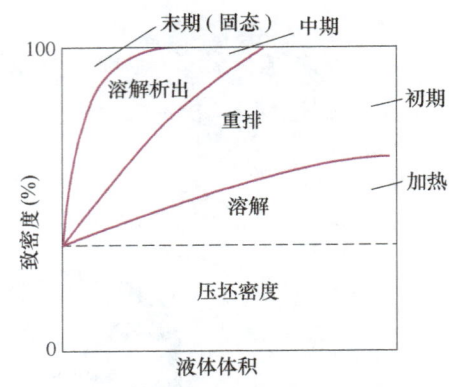

图 7-82　致密度与液体体积分数之间的关系图

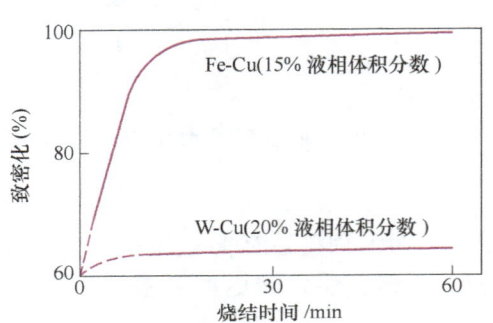

图 7-83　液相烧结过程中,溶解度在致密化的作用

7.6.2　晶粒粗化

液相烧结过程中,固相将以一定的速度粗粒化,这样晶粒的平均尺寸 G 随时间的 1/2 次幂或 1/3 次幂长大,图 7-84 中给出了 W-Ni-Fe 烧结体粗化的数据,可以看出颗粒大小的对数与烧结时间的对数呈线性关系,斜率为 1/3,即平均晶粒大小与 $t^{1/3}$ 成比例。通常,圆形晶粒与 $t^{1/3}$ 及溶解-再析出的动力学因素相关。与此对比,如图 7-85 所示的 WC-Co 中的棱状碳化钨晶粒,晶粒粗化速率受有效的表面反应位置的限制,粗粒大小与 $t^{1/2}$ 成比例。在以溶解-析出控制的粗粒化过程中,当液体的量减小时,由于促成晶粒长大的原子迁移只有较小的扩散距离(液体层很薄),晶粒尺寸和粗化速度都将增大。晶粒长大规律与固相烧结中介绍的方程(7-49)有相同的形式,动力学项 K 与溶解度及固体体积之间的关系为

$$K = \frac{0.9\gamma_{SL}\Omega SD_L}{kT(1 - V_s^{1/3})(1 - \sqrt{C})} \qquad (7-73)$$

式中,γ_{SL} 为固-液表面能;Ω 为原子体积;S 为液体中固体的溶解度(它随温度和组分变化);D_L 为固体在液体中的扩散系数;C 为相邻颗粒配位数;k 为玻耳兹曼常数;T 为热力学温度;V_s 为固体的体积分数(它也随温度变化)。

相邻颗粒配位数可以理解为固态颗粒表面与相邻接触晶粒表面的百分比。注意方程式（7-73）中的扩散系数、溶解度、表面能和固体体积分数都是随温度变化的。这样，晶粒粗化速率随温度变化非常敏感，温度升高时，晶粒生长变快。

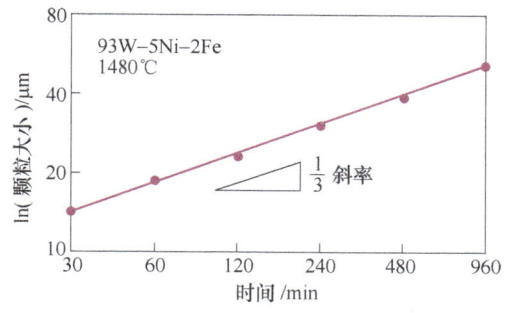

图 7-84　W-Ni-Fe 合金晶粒颗粒大小与烧结时间对数值关系

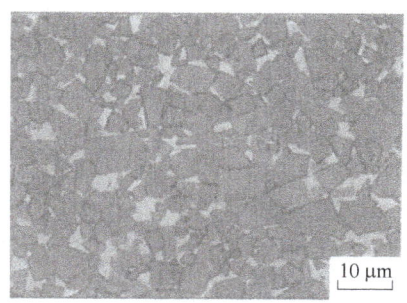

图 7-85　液相烧结 WC-Co 成分扫描电子显微图

7.6.3　液相烧结举例

1. WC-Co 硬质合金

WC-Co 硬质合金是液相烧结的典型例子，因为：①Co 对 WC 完全润湿（θ 趋近于 0°）；②WC 在 Co 中部分溶解；③烧结温度超过 Co 的熔点，而液相在 WC 中不溶解，故保温阶段始终存在液相。图 7-86 是 W-Co-C 三元相图的 WC-Co 纵截面（WC 中 w_{Co} 为 6.1%），称 WC-Co 为二元系相图。

工业合金中 w_{Co} 为 3%～25%，因此，合金成分处于伪二元相图共晶点 E（$w_{WC}=52.5\%$）的右方，在过共晶相区。

烧结温度随合金中 Co 含量增高而降低，一般在 1350～1480℃范围内，超过了共晶点温度（1320℃）。WC 在 Co 中的溶解度随温度而增大，在 700～750℃之间，以 Co 为基的 γ 固溶体中含 WC 为 1.5%（原子分数），共晶温度下约 10%（原子分数）（质量分数为 22%），而 Co 在 WC 中溶解度极低。

合金烧结时，混合料中常有少量游离碳存在，所以烧结温度下还形成 WC+γ+C 三元共晶，其熔点比 WC+γ 二元共晶熔点更低，约为 1280℃。因此，WC-Co 合金的烧结总会有二元或三元共晶的液相出现。现在根据图 7-86 所示相图，观察合金烧结的全过程以及组织的变化。

（1）预烧及升温阶段　此阶段为低于共晶温度的固相烧结。超过 500℃以后，在 Co 颗粒之间以及 Co 与 WC 颗粒之间开始发生烧结，压坯强度有所增加；约 1000℃时，WC 开始向 Co 中迅速扩散，并随着温度继续升高而加快，使 γ 相中 WC 的浓度沿着 $a''a'$ 线增加，至共晶温度时达到最大。

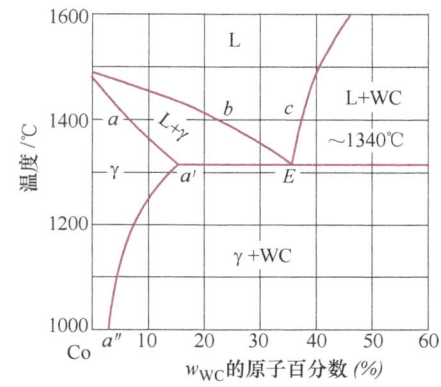

图 7-86　W-Co-C 相图沿 WC-Co 线的垂直截面

(2) 达到共晶温度　γ相与WC发生共晶反应,生成液相,如充分保温达到完全平衡,γ相应完全进入液相,但是仍有大量WC固相存在。

(3) 继续升温到烧结阶段　超过共晶温度继续升温,有更多WC溶解到液相中,液相数量剧增,而液相的成分将沿Ec线变化,达到c点即烧结温度后,系统才又趋于平衡。但是如果升温过程中有一部分Co来不及转变为γ相,而且γ相的成分在共晶温度下也达不到a'点,不能全部进入液相,那么剩下的这部分γ相在超过共晶点继续升温时还会继续溶解WC,转变为液相,其成分将沿着Eb变化。这样,在达到烧结温度(1400℃)时,整个液相的平均成分将不是c点,而是介于b与c之间的某一点。同时,还可能残留一部分WC含量小于a'点的γ相固溶体,这部分γ相还可以在保温阶段继续溶解WC,使成分沿ab变化,达到b点后又转变为液相。

(4) 烧结保温阶段　WC继续溶解到液相中,使液相平均成分由b点向c点变化,这时一直未溶解完的WC颗粒才与c点的液相达到真正的平衡。继续保温只发生WC通过液相的溶解和再析出过程,WC晶粒逐渐长大,而两相的成分和比例都维持不变。保温时,液相的数量随合金钴含量的增高而增高,如W-Co6合金中液相数量为14%(体积分数),W-Co15中液相数量为32%,W-Co30中液相数量为58%。

(5) 保温完成后冷却　从液相中析出WC(沿cE线),液相数量减少,至共晶温度时,液相成分又回到E点,开始析出γ相(a'点成分),同时结晶处共晶。

(6) 低于共晶温度冷却　共晶中γ相的成分由a'向a''变化,不断析出二次WC晶体,有些附在原来的WC初晶颗粒上。冷至室温后,合金组织应由原始未熔解的WC初晶加冷却过程中从液相或γ相中析出的二次WC晶体以及共晶(WC+γ)所组成。因为二次WC晶体有的附在WC初晶上,而且共晶中的WC也不是单独结晶,因此,合金仍为WC+γ的两相组织。所以有人将原始WC颗粒称为α相,冷却过程析出的WC称为$α_1$相,但是通常是难以区分的。

合金的收缩主要发生在液相出现之后。由液相流动引起WC颗粒重排与溶解-析出等过程使合金收缩显著,并且导致WC颗粒长大。保温时间越长,WC晶粒越粗并且越不均匀。烧结保温的后期,还发生WC的聚晶长大,它与通过液相的重结晶长大不同,是发生在WC骨架形成之后。但是帕里克和休姆尼克认为,WC晶粒主要是靠聚晶长大。他们用实验证明,在液相完全润湿固相的情况下,晶粒不会长大,而只有在润湿不良的情况下,才靠颗粒彼此接触、聚晶长大。他们比较了WC-Co和WC-Cu两种液相烧结合金,于1340℃烧结24h后发现,虽然WC可以溶解于Co,但是长大不多,而WC由于不溶于Cu,反而明显长大。这与溶解和析出颗粒长大的早期观点是矛盾的。因为在1340℃时,Cu对WC的润湿角为20°,而Co对WC的润湿角为0°。在金相组织中也发现,由于铜液相层厚而不连续,才使大量的细WC聚集长大成为颗粒。

2. W-Cu-Ni合金

这也是一种典型的液相烧结合金,Cu、Ni或Cu-Ni合金对W的润湿角都接近于0°,W几乎不溶于Cu,但是在Ni中溶解度很大,1510℃时达到50%。把细钨粉与适量的镍和铜粉混合,压制后在1350~1500℃烧结,可以得到接近完全致密的合金,密度在17g/cm³以上,故称为重合金。以Ni-Fe、Ni-Cr、Ni-Cu-Mo、Fe-Cu为黏结相的重合金也有人研究,并已经获得应用。重合金的强度与钢接近,易机械加工,因此主要用于制造精密仪器(如陀螺仪）的平衡锤、自动钟表摆锤、防放射性辐射的屏蔽材料以及电触头材料等；W-Fe-Ni 合金还被用于制造炮弹芯。

高密度的合金，含钨常在 90% 以上。但是由于纯钨粉烧结性不好，即使在接近熔点的温度，也难以达到理论密度，而且钨性质脆。最初选择 W-Ni 二元合金，但是烧结温度高，后来选用 W-Cu-Ni 系，以降低生成液相（Cu-Ni 合金）的温度，就能在较低温度（1400℃）下烧结成致密状态。

Ni 在 W 中的固溶度很小，但是 W 在 Ni 中的固溶度很大，600℃ 为 30%，高温（970℃）下为 39%。加入铜以后，W 在 Cu-Ni 相中的固溶度有所降低，1420℃ 时，当 $\frac{w_{Ni}}{w_{Cu}}=2$ 时，固溶度约 17%，而且 Cu-Ni 也几乎不固溶于 W 中。

合金烧结过程：W-Cu-Ni 粉末压坯在升温过程中，Cu 与 Ni 粉在较低温度下就互相扩散固熔，同时发生 W 与 Ni 之间的扩散，但是 W 粉尚未烧结。当温度升到 Cu 的熔点（1083℃）时，一部分 Cu 与 Ni 生成合金先熔化；随着温度继续升高，液相逐渐增多；达到 Cu-Ni 状态图的液相线时，液相量最多；但是烧结温度一般仍选择比液相线低一些。当超过 1350℃ 时，Cu-Ni 全部熔化，这时熔解的 W 达到 18%。烧结后保温 15min，W 颗粒开始长大，并长成球形。这时 W 通过液相发生溶解和再析出过程或再结晶过程，造成细的 W 颗粒溶解，大的 W 颗粒更大。重合金烧结未发现 W 颗粒直接联结长大的现象。高温烧结时间越长，钨颗粒越粗大，由接近卵形的钨颗粒与呈网状分布的 Cu-Ni 黏结相形成特有的重合金结构。

3. Cu-Sn 合金

烧结青铜或石墨-青铜是应用最早的多孔减摩材料，其中 Sn 的质量分数为 10%，有时添加质量分数为 1%~3% 的石墨或小于 3% 的 Pb 以进一步提高抗卡性和减磨性能。混合粉末或雾化预合金粉经过压制后在保护气氛（还原气体或固体炭填料）中于 800~850℃ 的温度范围内烧结，制得有 20%~30% 孔隙度的多孔零件。

与前述两类合金不同，Cu-Sn 系在烧结后期液相消失。Cu 与 Sn 能相互熔解，形成一系列中间相（电子化合物）和相应的有限固溶体，其相图如图 7-87 所示。

现在以 $w_{Sn}=10\%$（α 相区）的合金为例说明混合粉的烧结过程。升温过程中，Sn 粉达到 232℃ 就熔化，并流散在 Cu 粉压坯的孔隙内。Cu 在 Sn 的液相中熔解，经过共晶反应，生成 η 相（$w_{Sn}=60\%$）。继续升温，液相又不断熔解铜；达到 415℃ 时，发生包晶反应，生成 ε 相（$w_{Sn}=38\%$），这时液相又增加。所以升温过程中铜仍可以溶解，直至再熔反应温度（640℃），ε 相转变为 γ 相，液相才开始减少。再升温至 755℃ 时，包晶反应又使 γ 相转变为 β 相，又出现少量液相。因为烧结温度已经超过另一个包晶反应温度（798℃），所以 β 相又分解，最后得到以铜为基的高温 α 相固溶体。由相图中临界点知道，$w_{Sn}=10\%$ 的合金粉末，只有当烧结温度超过 850℃ 才有稳定的液相出现；当 Sn 含量更高时，在较低温度下也有液相出现，冷却后的合金，如果按照平衡成分应该得到 α+ε 相组织，但是在实际上当使用混合粉，且扩散不充分时，得到的室温组织可能由不均匀的 α 相和少量高温 δ 相组成。

Cu 在液态 Sn 中溶解得很迅速，特别是当 Cu 粉很细（<15μm）时，Sn 熔化几分钟后，就能达到饱和浓度。随着温度升高，由于 γ 相的出现，液相很快地减少或消失。但是在液

相消失之前，由于铜的溶解，烧结过程进展很快，密度一直增大。当 γ 相出现后，烧结基本在固相下进行，而在包晶反应温度（798℃）以上烧结，主要是通过少量液相完成 α 相的均匀化。

在包晶反应温度 798℃ 以上烧结，体积急剧膨胀，以 820℃ 时最明显，再升高温度体积又开始收缩。原因是包晶反应（β→α + 液相）后液相向 α 相中扩散继而又消失，在凝固过程中，液相内溶解的气体（如在 Cu 中溶解度较大的氢）急剧排除，在合金中留下许多气孔。为此，可以在包晶温度下保温，使扩散充分进行，让液相缓慢凝固，这时在超过包晶温度下烧结体积就不致胀大。

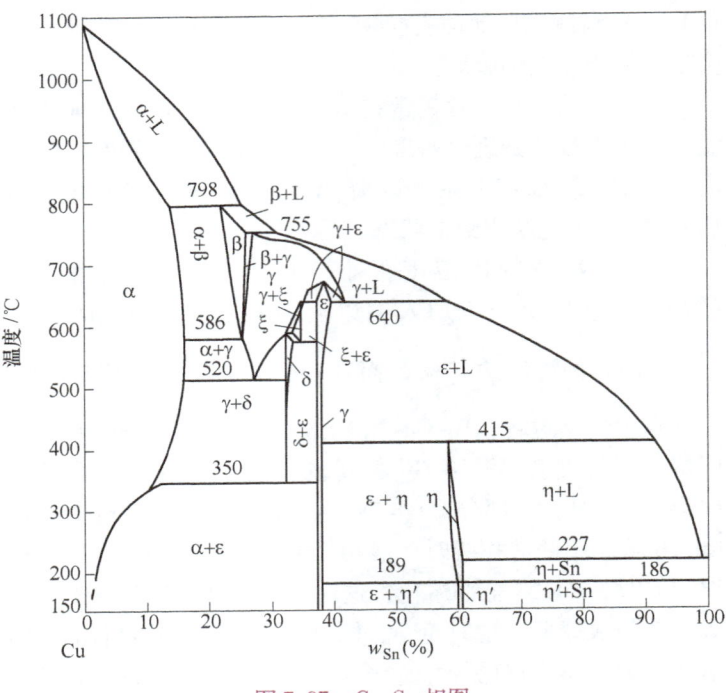

图 7-87 Cu-Sn 相图

7.6.4 熔渗

将粉末坯体与液体金属接触或浸在液体金属内，让坯块内孔隙为金属液填充，冷却下来就得到致密材料或零件，这种工艺称为熔渗。在粉末冶金零件生产中，熔渗可以看成是一种烧结后处理，而当熔渗与烧结合为一道工序完成时，又称为熔渗烧结。

熔渗过程中，依靠外部金属液润湿粉末多孔体，在毛细管力作用下，液体金属沿着颗粒间孔隙或颗粒内孔隙流动，直到完全填充孔隙为止。因此，从本质上说，它是液相烧结的一种特殊情况。所不同的只是致密化主要靠易熔成分从外面去填满孔隙，而不是靠压坯的本身收缩，因此，熔渗的零件，基本上不产生收缩，烧结所需时间也短。熔渗作为工艺方法主要用于生产电触头材料（Cu-W、Ag-W）、Fe-Cu 机械零件以及金属陶瓷材料或复合材料。

熔渗所必须具备的基本条件是：①骨架材料与熔渗金属的熔点相差较大，不致造成零件变形；②熔渗金属应能很好地润湿骨架材料，同液相烧结一样，应满足 $\gamma_S - \gamma_{SL} > 0$ 或 $\gamma_L \cos\theta > 0$，由于 γ_L 总是大于 0，所以 $\cos\theta > 0$，即 $\theta < 90°$；③骨架与熔渗金属之间不互溶或溶解度不大，因为如果反应生成熔点高的化合物或固溶体，液相将消失；④熔渗金属的量以填满孔隙为限度，过少或过多均不宜。

熔渗理论研究内容之一是计算熔渗速率。莱茵斯和塞拉克详细推导了金属液的毛细上升高度和时间的关系。假定毛细管是平行的，则一根毛细管内液体的上升速率可以代表整个坯体的熔渗速率，对于直毛细管，有：

$$h = \left(\frac{R_c \gamma \cos\theta}{2\eta} t \right)^{1/2} \tag{7-74}$$

式中，h 为液柱上升高度；R_c 为毛细管半径；θ 为润湿角；η 为液体黏度；t 为熔渗时间。

由于压坯的毛细管实际上是弯曲的，所以必须对式（7-74）进行修正。如果假定毛细管是半圆形的链状，对于高度为 h 的坯块，平均毛细管长度就是 $(\pi/2)h$，约 1.5 倍坯体高度，因此，金属液上升的动力学方程为：

$$h = \frac{2}{\pi}\left[\frac{R_c\gamma\cos\theta}{2\eta}t\right]^{1/2} \tag{7-75}$$

或

$$h = K t^{1/2} \tag{7-76}$$

式（7-76）表示，液柱上升高度与熔渗时间呈抛物线关系。但是要指出，式中 R_c 是毛细管的有效半径，并不代表孔隙的实际大小，最理想的是用颗粒表面间的平均自由长度的 1/4 作为 R_c。

熔渗液柱上升的最大高度按照下式计算：

$$h_\infty = 2\gamma\cos\theta/R_c\rho g \tag{7-77}$$

式中，ρ 为液体金属密度；g 为重力加速度。

在考虑坯块总孔隙度及透过率（代表连通孔隙率的多少）后，渡边优尚提出熔渗动力学方程即：

$$V = KS\phi^{1/4}\theta_r^{3/4}[\gamma\cos\theta/\eta]^{1/2}t^{1/2} \tag{7-78}$$

式中，V 为熔渗金属液的体积，单位为 cm^3；S 为熔渗断面积，单位为 cm^2；ϕ 为骨架透过率，单位为 cm^2；θ_r 为骨架孔隙度；γ 为金属液表面张力，单位为 N/cm；K 为系数。

因为式（7-78）中 $V/S = h$（坯块高度），所以与式（7-77）形式基本一样，只是考虑了孔隙度对熔渗过程有很大影响。温度对熔渗过程的影响，要看 $\gamma\cos\theta/\eta$ 项是如何变化的。

熔渗有三种工艺如图 7-88 所示。最简单的是接触法，即把金属压坯或碎块放在被浸零件的上面或下面，送入高温炉中，这时需要根据压坯孔隙度计算熔渗金属量。在真空或熔渗件一端形成负压的条件下，可以减小孔隙气体对金属液流动的阻力，提高熔渗质量。

在毛细压力的作用下熔融金属进入烧结压坯开孔的熔渗序列示意图如图 7-89 所示，对具有多孔结构的材料进行熔渗处理是提高材料强度的一种技术。如用熔融铜对铁进行熔渗烧结，对于可润湿的液相烧结体系，液相毛细压力 ΔP 与固相微孔的孔径 d 成反比：

式中，γ 表示液相的表面能，θ 表示润湿角。由于微孔孔径很小且液相铜与固相铁之间的润湿角很小，所以液体铜在固相铁粉颗粒孔隙中发生毛细虹吸现象。图 7-90 所示为对多孔 Fe-Ni 合金进行熔渗处理时，其上部为微观结构剖面图，证明毛细压力使液相流

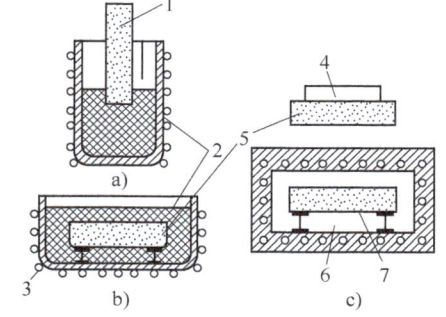

图 7-88 熔渗方式
a）部分熔渗法 b）全部熔渗法 c）接触法
1、5—多孔体 2—熔融金属 3—加热体
4—固体金属 6—加热炉 7—烧结体

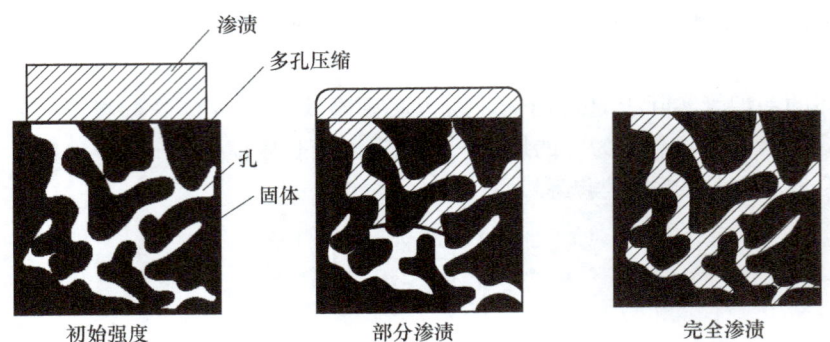

图 7-89　在毛细压力的作用下，熔融金属进入烧结压坯开孔的熔渗序列示意图

$$\Delta P = 2\gamma\cos\theta/d \tag{7-79}$$

进开孔的烧结材料，该图显示了液相在多孔坯件接触锋面的熔渗现象。尽管熔渗只能在烧结材料表面进行才使得液相浸入微孔，但毛细作用促使液体流进微孔的流动是定向的，因而有可能对材料表面造成腐蚀，如发生冶金反应，还可导致坯件膨胀。由于这个原因，熔渗时间不宜过长，以保证坯件形变率不超过2%。此外，由于毛细压力与微孔孔径成反比，所以熔渗对较大的微孔并没有很好地填充。而大孔决定着材料的性能，所以必须采取措施使大孔也被熔渗，这样才可能得到最好的效果。

理想的熔渗处理应该保证坯件中全部微孔都得到彻底地填充，液相在微孔结构中具有良好的流动性和润湿性，熔渗处理后不留残渣。用含有 Ni、Mn、Al、C 或 Zn 的液体铜对铁基坯件进行熔渗可以获得令人满意的性能。熔渗处理可大大地提高材料的强度。如图 7-91 所示，具有这种微观结构的材料的冲击硬度值超过了 300J。熔渗处理后材料的冲击能将增加 10 倍或更多。熔渗的一般应用包括电触头材料、汽车用结构件、金属基化合物等。20 世纪 50 年代，熔渗用于制备金属陶瓷（金属基陶瓷化合物）。通过粉浆浇注使得陶瓷初步成形，再进行烧结处理，得到孔隙度大约为 50% 的坯件，然后用高温合金对多孔坯件进行熔渗得到化合物。这种称为"烧结铸造"的工艺最初被用于制备 Fe-TiC 陶瓷。为了使无润湿性的液态金属渗入微孔结构，又发展了压力熔渗工艺。这种工艺称为"压力铸造"，被应用于无润湿性熔渗处理中。

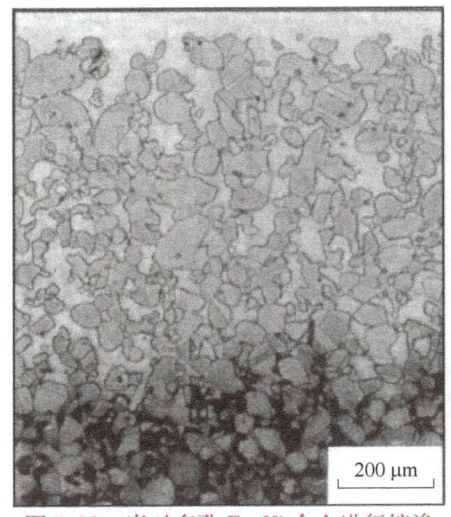

图 7-90　当对多孔 Fe-Ni 合金进行熔渗处理时，其顶上部的微观结构剖面图

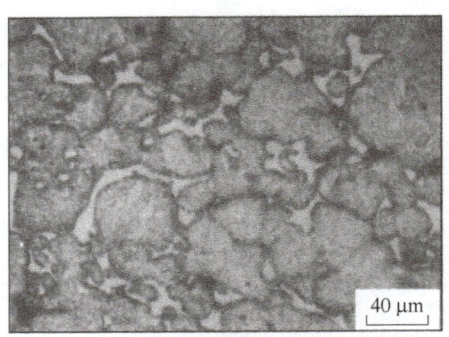

图 7-91　一种经过熔渗处理的高硬度钢的微观结构示意图

7.7 活化烧结

7.7.1 活化烧结的概念与条件

活化烧结是一种通过降低活化能来降低烧结温度、缩短烧结时间或提高烧结性能的烧结技术，包括使用活性添加物、附加外电场等来实现活化烧结。混合相烧结也是一种活化烧结，用过渡族元素处理钨粉末进行的烧结是一种典型的活化烧结。如图 7-92 所示，用 Ni，Pd 或 Pt 表面包覆处理过的 W 粉，在烧结时收缩比没有处理的粉末收缩要大得多。在活化烧结中，活化剂的量是很重要的，活化剂的最佳量一般少于 0.3%（质量分数）。在相同烧结条件下，未经处理的钨粉的收缩率约为 2%，由图中的水平虚线标出。

成为活化剂必须满足一些重要条件。首先，活化剂必须是金属或合金，在烧结过程中形成低温熔解相。其次，母体金属在活化剂中必须有较大的熔解度，而活化剂在基体金属中有较低的熔解度。在烧结过程中，活化剂应分散在颗粒界面，以隔离颗粒。这样的隔离层给快速烧结提供了一个高扩散率的途径。低熔点保证扩散需要较低的活化能，而溶解度保证活化剂不会溶解在基体金属中。通常活化剂能减少基体金属中液相线和固相线间距，并使颗粒接触面保持隔离。图 7-93 是活化烧结系统的理想相图。在温度稍高于活化烧结的区间，液相形成。

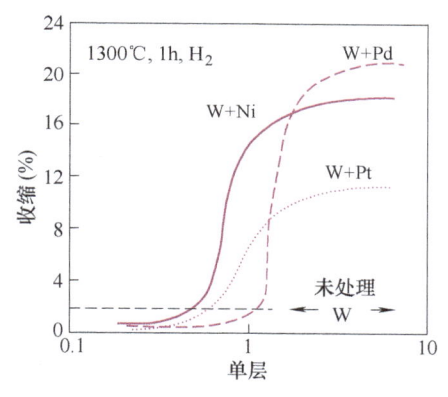

图 7-92 0.6μm 钨粉和不同剂量、不同种类的活化剂作用的烧结收缩率

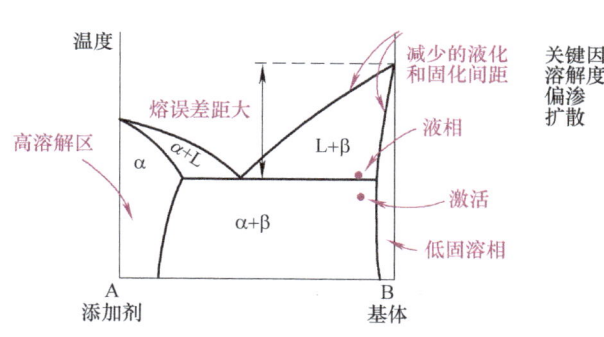

图 7-93 活化烧结系统的理想相图

活化烧结从方法上可以分为两种：①依靠外界因素活化烧结过程，如在气氛中添加活化剂，使烧结过程循环地发生氧化-还原或其他反应，往烧结填料中添加强还原剂（如氢化物），循环改变烧结温度，施加外应力等；②提高粉末的活性，使烧结过程活化，例如粉末或粉末压坯的表面预氧化，使粉末颗粒产生较多晶体缺陷或不稳定结构，添加活化元素以及使烧结形成少量液相等。

活化烧结的动力学因素则依赖于活化剂的扩散速度。较厚的活化层提供了重要的扩散流。在活化烧结体系中，引起收缩的活化能值跟活化剂中的自扩散能位很接近。因为这个过程对扩散来说有低的活化能，所以温度是一个很重要的控制参数。这个过程很像控制烧结的晶界扩散，所以最初收缩率与时间成 1/3 次幂关系。致密化导致阻碍晶界运动的孔隙的减少，这样，延长烧结时间导致晶粒长大，将降低材料的性能。

对活化烧结来说，添加化学活化剂最为有效。辐射处理也有一定效果，但效果不明显，所有的活化烧结处理可归结为改变与烧结相关的热力学因素或动力学因素。辐射因产生过量的空位而改变了烧结体系的动力学因素。另一方面，通过循环热处理材料，如铁，经多形态的面心立方向体心立方转变，其产生在烧结体内部形成热应压力，提高了烧结驱动力。

7.7.2 烧结活化能

烧结与任何物理化学过程一样，当烧结过程被活化而加速时，活化能必定降低。尽管烧结过程十分复杂，但是总是受流动、扩散、蒸发-凝聚所限制，只要使这些过程的活化能降低，就能加快烧结反应，这就是活化烧结的热力学本质。

设 K 代表烧结反应的速度常数，它与烧结过程活化能 Q 的关系为：

$$K = A\exp(-Q/RT)$$

或

$$\ln K = \ln A - Q/RT \tag{7-80}$$

以 $\ln K$ 对 $1/T$ 作图，$\ln K$ 与 $1/T$ 呈线性关系。只要测定直线的截距和斜率，就可以求得式（7-80）中的 A 与 Q 值。例如铜粉烧结的活化能为 234.4kJ/mol，与铜的自扩散激活能相近。

实际上，按照上述方法测定金属粉末的烧结活化能的数据不多，因为在较宽的温度范围内，难以准确求得上述线性关系，也就难以测定斜率和截距。根据式（7-80），要加快烧结反应，有三种途径：

1) 降低烧结活化能 Q，使式（7-80）中 $\exp(-Q/RT)$ 值增大，从而使 K 值增大。通常所指活化烧结，都是 Q 降低的过程。

2) 升高烧结温度 T，也能使 K 值增大，但是对一般的烧结过程都适用，所以不算活化烧结。

3) 在 Q 与 T 均不变的情况下增大 A 值，也能使 K 值增加，从而加快烧结过程。A 值包括所谓反应原子碰撞的"频率因素"，因而在固相烧结反应中，改善烧结粉末的接触情况往往能促进反应，但是不涉及活化能的改变，严格来说，也不属于"活化"，可以称作"强化"。

7.7.3 钨的活化烧结

活化烧结最重要的应用是通过添加 Ni 等过渡族金属的钨粉活化烧结。液相烧结的机构表明，当固相的原子溶解于液相（黏相）时致密化速度增加，烧结所需时间较短，从这个意义上说，能在烧结温度下形成液相的就可以用作活化烧结的添加元素。但是对于 W-Cu-Ni 重合金，当铜与镍的质量比为 1:2.5 时，合金在低于 Cu-Ni 相熔点的 1350℃下烧结，同样可以看到钨颗粒形成明显的卵状结构，并有明显的收缩。这说明，有液相出现并不是产生活化烧结的唯一条件，在固相烧结时，也可以通过添加合金元素促进烧结制品收缩，改善其性能。

钨粉活化烧结时，镍加入量一般为 0.1%~0.5%（质量分数），由于加入量很少，为了使镍在钨粉中分散均匀，可以采用下述几种方法制备 W-Ni 复合粉。

1) 将 WO_3 粉与 $Ni(NO_3)_2$ 水溶液混合，在 150℃下干燥或煅烧，再于 600~800℃的氢气中共还原得到 W-Ni 复合粉。

2) 采用气相沉积法使 $Ni(NO_3)_2$ 直接包覆在 W 粉颗粒表面，然后在氢气中还原得到 W-Ni 包覆粉。

3) 将 WO_3 或 W 粉与镍盐的含铵溶液混合，用高压氢还原直接获得 W-Ni 包覆粉。

4) 将 $NiCl_2 \cdot 6H_2O$ 溶于酒精或丙酮，再用预烧结钨粉压坯浸渍上述溶液，然后在低于 130℃的温度中干燥，使溶剂挥发，再于 600℃氢气中还原。

镍添加量对钨粉压坯烧结密度的影响如图 7-94 所示。平均粒度为 0.56μm 的超细钨粉，当 Ni 加入量为 0.1%~0.25%（质量分数），在 1300℃经过 16h 烧结后，密度达到 18.78g/cm^3，即达到理论密度的 98%。用镍活化烧结方法制造钨接点，以 1150~1200℃烧结 1h，密度可以达到 18.5~18.8g/cm^3，维氏硬度为 4000~4200MPa。

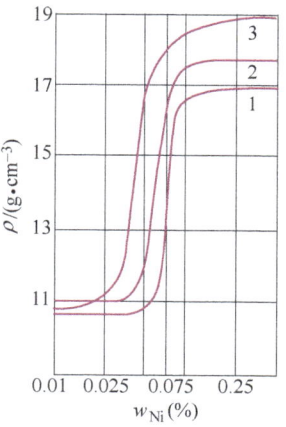

图 7-94　镍添加量对钨粉压坯烧结密度的影响
1—1100℃　2—1200℃
3—1300℃

7.7.4　电火花烧结

电火花烧结可以看成是一种物理活化烧结，又称电火花压力烧结。这是利用粉末间火花放电所产生的高温而且同时受外应力作用的一种特殊烧结方法。

电火花烧结机的原理如图 7-95 所示。通过一对电极板和上下模冲向模腔内的粉末通入高频或中频交流和直流的叠加电流。压模由石墨或其他导电材料制成。加热粉末靠火花放电产生的热和通过粉末与模冲的电流产生的焦耳热。粉末在高温下处于塑性状态，通过模冲加压烧结并且由于高频电流通过粉末形成机械脉冲波的作用，致密化过程在极短的时间（1~2s）就可以完成。

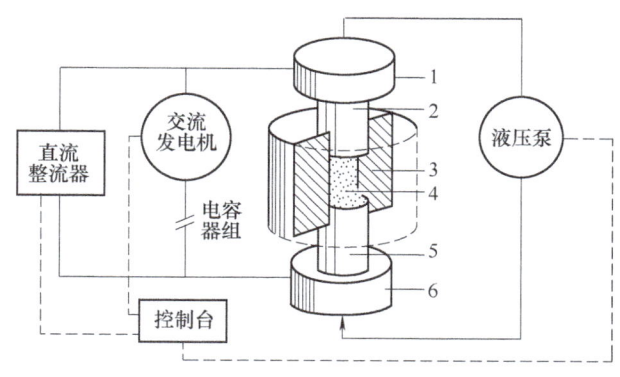

图 7-95　电火花烧结机的原理
1、6—电极板　2、5—模冲　3—压模　4—粉末

火花放电主要在烧结初期发生，此时预加负荷很小，达到一定温度后控制输入功率并增大压力，直到致密化完成。从操作看，这与一般电阻烧结或热压烧结很相近，但是有区别：①电阻烧结和热压烧结仅仅依靠粉末本身的电阻发热，通入的电流极大；②热压所用的压力

高达几十兆帕,而电火花烧结所用的压力低得多(几兆帕)。

电火花烧结的零件即可做成接近致密(一般为理论密度的98%~100%),也可以有效地控制孔隙度,如制造大型自发汗冷却的火箭鼻锥。用电火花烧结制成的铍制件可以重达7.7kg,制造形状复杂的铜制件,压制面积可以达到426cm²。

7.8 强化烧结

强化烧结,或广义的活化烧结,按照现代的观点可以包括热压、液相烧结、活化烧结以及相稳定或混合相烧结。对烧结过程来说,表面能通常是较小的驱动力。为了得到密度更高的材料或部件,经常使用强化烧结来提高密度。熔渗和液相烧结一般都是不施加外部压力的全致密化工艺。图7-96所示为热致密化工艺与传统的先压制后烧结工艺的不同之处。传统的工艺流程先在低温下进行压制或成形,然后再进行烧结处理;热致密化工艺把粉末的压制与烧结过程合二为一。虽然,压制与烧结合二为一增加了加工成本与设备结构的复杂性,但提高了材料的性能。

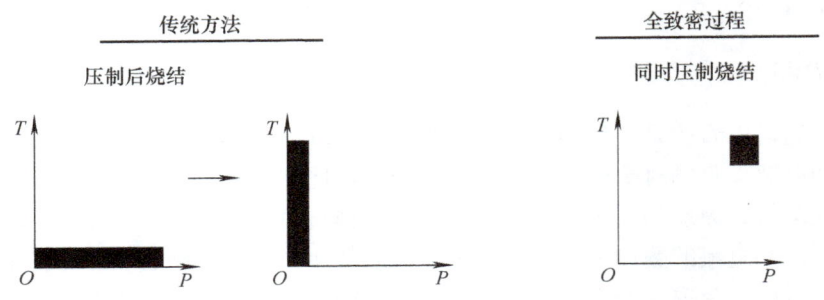

图7-96 热致密化工艺与传统的先压制后烧结工艺的不同之处

温度、压力、应变和应变率是热致密化工艺的四个要素。当温度低于熔点的1/2时,全致密化工艺很难达到致密化效果。通常热致密化温度为材料熔点温度的70%~85%。由于材料微孔处存在应力集中,所以材料内部粉末颗粒之间的作用力高于外部施加的名义压力。在粉末颗粒接触位置发生的流动与变形对于颗粒之间联结的质量至关重要。大的剪切应变会破坏粉末颗粒的表面膜,加压烧结时,应变速率也是提高致密化速率的因素。加压烧结产生的高应变率允许对材料或部件随后进行更多的去应力退火处理,从而提高材料的塑性,减少材料断裂。低应变率则允许对具有较高最终密度的压坯进行更多的塑性变形处理。当温度较高且压力较小时,扩散对工艺的影响具有决定性。应变程度决定了材料的加工硬化与变形率。在热致密化处理的不同阶段,效果都依赖于压力和晶粒大小。由扩散控制工艺控制的过程对压力具有较低的敏感性,并且当晶粒尺寸较小时效果较好;由位错控制的过程对压力具有高的敏感性,并且当晶粒尺寸较大时效果较好。

随着温度的升高,材料的屈服强度下降,有利于材料的致密化。图7-97显示了在晶粒大小为10μm的纯镍的致密化工艺中,温度和压力对变形率的影响。该图显示了位错滑移、超塑性流动以及扩散流动各自发生的区域。在这些区域交界的位置,相邻的两种机制对材料致密化作用的效果相等,图中虚线表示致密化的程度。快速致密化需要较高的温度与压力。图7-98所示为球状粉末在外力作用下的致密化示意图,主要包括塑性屈服、蠕变及晶格与晶界扩散,三种机制对材料中微孔的消除至关重要。在热压和热等静压工艺中,扩散性蠕变机制对最终微孔的消除起决定作用。当有效压力超过材料对应于处理温度的屈服强度时,就会发生塑料性变形,致密化过程迅速进行。当压力较小时,沿着晶界或穿过晶格的塑性流动与压力共同作用使材料的致密化过程进行,这种机制与蠕变机制很相似。

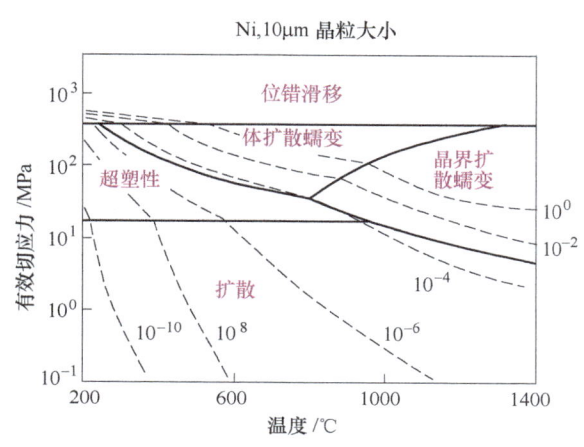

图 7-97 晶粒大小为 10μm 的镍基压坯的变形示意图

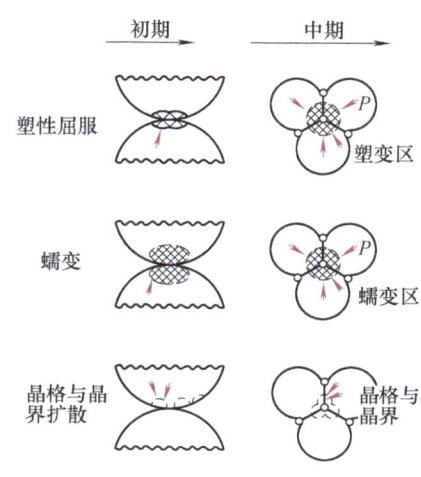

图 7-98 球状粉末在外力的作用下的致密化示意图

如果晶界受到拉应力和压应力的作用而出现应力梯度,应力梯度会促使空穴流动,从而发生了 Nabarro-herring 蠕变。扩散应变率 $d\varepsilon/dt$ 由扩散体积控制,如下式所示:

$$d\varepsilon/dt = \frac{13.3 D_V \Omega \delta_e}{kTG^2} \tag{7-81}$$

式中,T 为热力学温度;k 是玻耳兹曼常数;Ω 是原子体积;D_V 是晶格扩散系数;G 是晶粒尺寸,δ_e 是有效应力。

随着扩散应变率的增加,致密化程度得到提高。由方程式(7-81)可以看出,扩散系数对温度非常敏感,这就为控制致密化程度提供了一条路径。图 7-99 显示了另外一个蠕变机制,其特征为扩散流动是沿着晶界进行的。在这种情况下,扩散应变率的表示如下:

$$d\varepsilon/dt = \frac{47.5 \delta D_b \Omega \delta_e}{kTG^3} \tag{7-82}$$

式中,δ 是晶界宽度;D_b 是晶界扩散系数。

当压力和温度很高时,致密化程度取决于位错攀移的扩散率。对应的蠕变方程如下:

$$d\varepsilon/dt = CbUD_V(\delta_e/U)\frac{n}{kT} \tag{7-83}$$

式中,b 是 Burger 矢量;C 是材料常数;U 是剪切模量;n 是表示压力敏感性的指数因子。方程式(7-83)具有一定的经验性,但能够成功地解释一些实验数据。

在热致密化的最后阶段，没有颗粒滑移现象发生。式 (7-81) 和式 (7-83) 解释了这个阶段的加压致密化行为。像冷压一样，由于受到有效压力的影响，热致密化也依赖于坯件剩余微孔的数量。综合考虑由扩散导致的闭孔率，和由式 (7-81) 和式 (7-83) 所表示的蠕变过程对致密化的影响，从而得出了一般的致密化方程:

$$\frac{d\rho}{dt} = A \frac{d\varepsilon}{dt} \{ f(1-f)/[1-(1-f)^{1/M}]^M \} \tag{7-84}$$

式中，$f = \rho/\rho_T$ 为相对密度；A 为几何常数；M 表示与闭孔周围压力增大有关的加工硬度。

对 M 而言，一般 A 值在 3 附近。在绝大多数情况下，几种致密化机制同时作用，由各个独立机制的致密化率的线性组合得到材料的总致密化率。致密化过程中温度不变，压力与密度的关系如图 7-99a 所示。致密化过程中压力不变，温度与密度的关系如图 7-99b 所示，图中体现了各种致密化机制发挥作用的范围，其中图 7-99a 显示了在 1200℃ 时对应于不同压力的材料密度；图 7-99b 显示了在压力为 100MPa 时温度对密度的影响。保温时间分别为 1/4h、1/2h、1h、2h 和 4h 时（如图中虚线所示），对应于不同压力的不同材料密度，致密化过程由扩散控制。

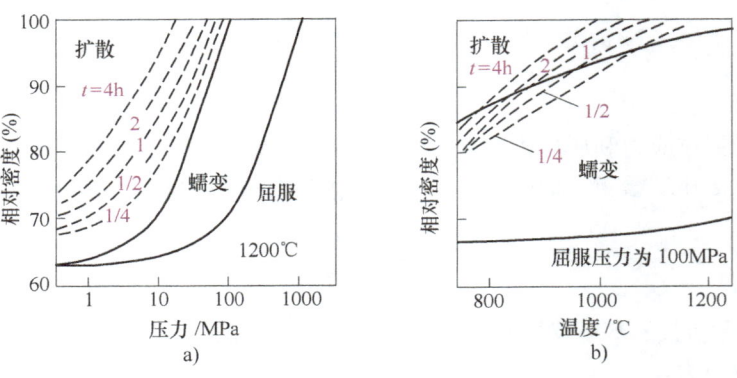

图 7-99　粒径为 50μm 的工具钢粉末在热等静压过程中的致密化图

较低的初始压坯密度会导致较高的有效应力。不同区域的不同情况依赖于材料的性质，也依赖于由方程 (7-82) 和 (7-84) 给出的应力因素。从图 7-99 或相似的致密化示意图出发，对压力与温度之间的相互作用进行评估，从而促进致密化的进行。图中显示了时间线和各种致密化机制控制的范围。例如，从图 7-100 可以看出在两种不同粒度的工具钢粉末的致密化过程中，欲使材料的最终密度达到理论密度的 99%，需要怎样选择温度与压力。变化温度比变化压力更能影响致密化效果。密度与温度呈线性关系，而与压力呈对数关系。同样，材料的不同性质依赖于不同的粉末致密化条件。图 7-101 表明一种经热等静压处理的马氏体时效钢，对应于不同致密化温度的材料的强度、塑性和硬度，较低的致密化温度使致密化过程不够充分，从而导致较低的材料力学性能。图 7-101 中的数据进一步表明，作为对全致密化粉末冶金材料的一个检测，硬度对全致密化粉末冶金材料的密度有很高的敏感性。

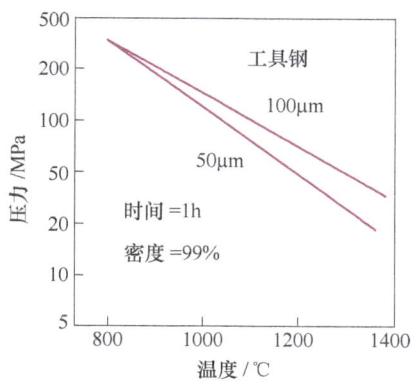

图 7-100　两种不同密度的工具钢粉末的致密化过程

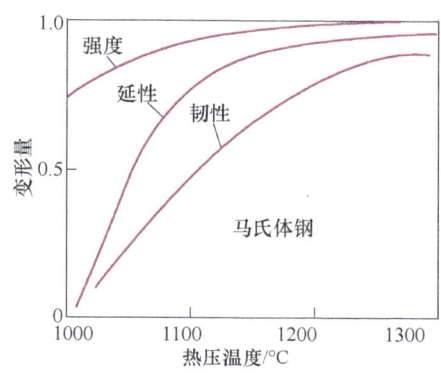

图 7-101　热等静压处理的马氏体钢的热压温度与性能的关系

7.9　烧结气氛

7.9.1　气氛的作用与分类

烧结气氛的作用是控制压坯与环境之间的化学反应和清除润滑剂的分解产物，具体来说有 3 个方面：

1）防止和减少周围环境对烧结产品的有害反应，如氧化、脱碳等，从而保证烧结顺利进行和产品质量稳定。

2）排除有害杂质，如吸附气体、表面氧化物或内部夹杂。净化后通常可以提高烧结的动力，加快烧结速度，而且能改善烧结制品的性能。

3）维持或改变烧结材料中的有用成分，这些成分常常能与烧结金属生成合金或活化烧结过程，例如烧结钢的碳控制、渗碳和预氧化烧结等。

烧结气氛，按照其功能可以分为 5 种基本类型：

1）氧化气氛。包括纯氧、空气和水蒸气。可以用于贵金属的烧结、氧化物弥散强化材料的内氧化烧结、铁或铜基零件的预氧化活化烧结。

2）还原气氛。对大多数金属能起还原作用的气体，如纯氢、分解氨（氢、氮混合气体）、煤气、碳氢化物的转化气（H_2、CO 混合气体），使用最广泛。

3）惰性或中性气氛。包括活性金属、高纯金属烧结用的惰性气体（N_2、Ar、He）及真空；转化气对某些金属（Cu）也可以作为中性气氛；CO_2 或水蒸气对铜合金的烧结也属于中性气氛。

4）渗碳气氛。CO、CH_4 及其他碳氢化物气体对于烧结铁或低碳钢是渗碳性的。

5）氮化气氛。NH_3 和用于烧结不锈钢及其他含 Cr 钢的 N_2。

上述分类不是绝对的，因为同一气氛对不同金属来说，可以是中性或还原性甚至是氧化性的，也可以是渗碳性或中性、脱碳性的。例如二氧化碳、水蒸气对铜是中性的，但是对含碳烧结钢则是氧化性或脱碳性的；氮气对大多数金属是中性的，但是对 Cr、V、Ti、Ta 等则可以形成氮化物；此外，转化 C-H 化物混合气的成分变化很大，对某些金属可能是氧化性或还原性的，对另一些金属可能是渗碳性或脱碳性的。

目前，工业使用的烧结气氛主要有氢气、分解氨气、吸热或放热型气体以及真空（表7-10）。近20年来，氮气和氮基气体（表7-11）的使用日趋广泛，它们适用于大多数粉末零件的烧结，如铁、铜、镍和铝基材料等。纯氮中的氧极低，水分可以减少至露点 -73℃，是一种安全而廉价的惰性气体，而且可以根据需要添加少量氢以及有渗碳或脱碳作用的其他成分，使其使用范围更大。

表7-10 粉末冶金烧结气氛

气氛种类	应用比例	实际应用
吸热型气体	70%	碳钢
分解氨气体	20%	不锈钢，碳钢
放热型气体	5%	铜基材料
H_2，N_2，真空	5%	铝基材料及其他

表7-11 普通烧结气氛的成分

成分比例	吸热型气体	放热型气体	分解氨	氮基气体
N_2(%)	39	70~98	25	75~97
H_2(%)	39	2~20	75	20~2
CO(%)	21	2~10	—	—
CO_2(%)	0.2	1~6	—	—
$O_2/10^{-6}$	10~150	10~150	10~35	5
露点/℃	-6~10	-25~-45	-30~-50	-50~-75

7.9.2 还原性气氛

烧结最常采用含有氢气、一氧化碳成分的还原性或保护性气体，它们对大多数金属在高温下均具有还原性。

还原能力由金属的氧化-还原反应的热力学决定。当使用纯氢时，其还原平衡反应为

$$MeO + H_2 \rightleftharpoons Me + H_2O$$

平衡常数为：

$$K_p = p_{H_2O}/p_{H_2} \tag{7-85}$$

7.9.3 真空烧结

真空熔炼在高纯和优质金属材料的制取方面应用很广泛，但是真空烧结在粉末冶金中使用的历史并不长，主要用于活性或难熔金属 Be、Th、Ti、Zr、Ta、Nb 等以及含 TiC 硬质合金、磁性合金与不锈钢等的烧结。

真空烧结实际上是最低压烧结，真空度越低，越接近中性气氛，即与材料不发生任何化学反应。真空度通常为 $1.3 \times 10 \sim 1.3 \times 10^{-3}$ Pa。

真空烧结的主要优点是：

1）减少气氛中的有害成分（水蒸气、氧气、氮气）对产品的玷污，例如电解氢的含水量要求降到 -40℃ 露点极为困难，而真空度只要达到 13Pa 就相当于含水量为 -40℃ 露点，

而获得这样的真空度并不困难。

2) 真空是最理想的惰性气氛,当不适于用其他还原性或惰性气体时(如活性金属的烧结),或者对容易出现脱碳、渗碳的材料均可以采用真空烧结。

3) 真空可以改善液相烧结的润湿性,有利于收缩和改善合金的组织。

4) 真空有利于 Si、Al、Mg、Ca 等杂质或其氧化物的排除,起到提纯金属的作用。

5) 真空有利于排除吸附气体(孔隙中残留气体以及反应气体产物),显著促进烧结后期的收缩作用。

真空下的液相烧结,黏结金属的挥发损失是个重要问题,它不仅改变和影响合金的最终成分和组织,而且对烧结过程本身也起阻碍作用。黏结金属在液态时的挥发速度与金属的蒸气压和真空度有关,而金属蒸气压又与温度有关:

$$\lg p = \frac{-L}{RT} + C \tag{7-86}$$

式中,p 为金属蒸气压;L 为液态金属的挥发潜热;C 为常数。

当然,黏结性金属的挥发损失量还与保温时间有关。经计算,钴的蒸气压在 1400℃ 时约为 130Pa,在 1460℃ 时约为 160Pa。为了减少钴的损失,硬质合金不能在太高的真空度中烧结,一般维持炉内剩余压力为几千帕。即使这样,在 1400~1450℃ 的高温中烧结,钴的损失仍不可避免,因而需要在压制的混合料中配入适量(质量分数为 0.5%)的钴粉。在更高的温度下烧结 T15 合金,控制炉内剩余压力不低于 1300Pa,钴不致明显挥发。例如在 130Pa、1550℃ 烧结 T15 合金 1h,合金钴的质量分数由 6% 降到 4%,而在 130Pa 下,只降到 5%。

真空烧结时黏性金属的挥发损失,主要是在烧结后期即保温阶段。因此在可能的条件下,缩短烧结时间或在烧结后期关闭真空泵,使炉内压力适当回升或充入惰性气体或氢气以提高炉内压力。

7.9.4 烧结气氛的选择

金属粉末的烧结在选择气氛时有几个关键点。大多数金属需要防止氧化,因为氧化和其他污染阻碍了扩散途径和性能的提高。适当的气氛可以使压坯在压制时无需用润滑剂和黏结剂。还原气氛不但可以避免进一步的氧化,还能够减少已存在的氧化。另外气氛还可以控制烧结材料中气孔的含量。例如:铁中碳的含量可以由气氛中碳的含量来控制。

金属粉末在烧结过程中会有 1.5% 质量百分比的损失。很明显,质量的损失是由于氧含量的减少。例如,固体 Fe_2O_3 在高温氢气下会减少,发生如下反应:

$$Fe_2O_3(s) + 3H_2(g) \rightarrow 2Fe(s) + 3H_2O(g) \tag{7-87}$$

式中,s 代表固体,g 代表气体(对于普通金属都有类似的反应)。由氧的减少而产生的水是气体,气体很容易被排除。烧结如果想达到最高的性能,完全排除表面的氧化是很必要的。图 7-102 中的曲线表示了露点温度对金属氧化物中氢气减少的平衡曲线。从图中可以确定获得纯净金属表面所需的温度和气氛中相对水含量。同时,在图 7-102 中显示了许多金属氧化物氢气还原时的露点与温度的关系。根据这个关系可以确定在何种温度和水蒸气条件下，得到无氧化的烧结产品。

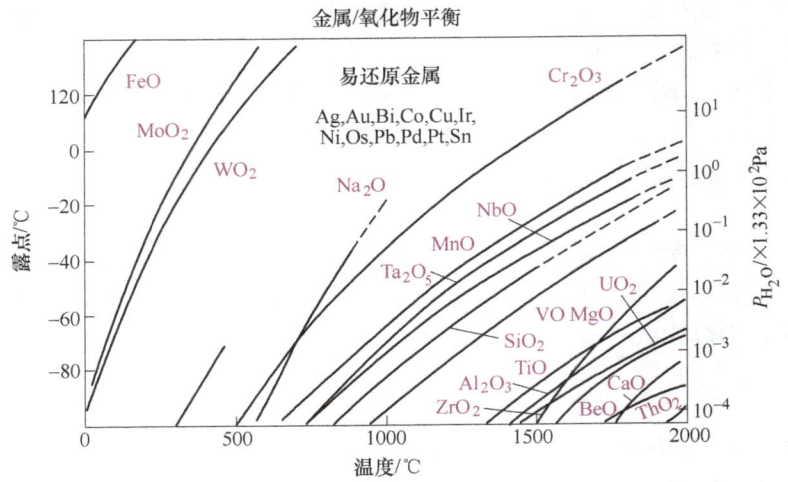

图 7-102　在还原性气氛中金属和氧含量的平衡条件

露点能够衡量水和氢气的分压比，并能显示出水蒸气凝固的温度。露点还是测量水分减少的一种普通的测量方法。7℃的露点对应于气氛中 1% 体积的水含量，而 -42℃ 的露点对应于 0.01% 体积的水含量。图 7-103 中显示了当材料中的一种组分被加热到烧结温度，因为孔隙中存在的空气，这种组分处于会发生氧化的区域。当处于高温烧结时，它会进入到一种还原性气氛中。

烧结开始发生在较低的温度和露点下，在烧结过程中原子迁移穿过氧化减少的边界。在最高温度处，氧化进一步减少。但在降温过程中，氧化又会增加。粉末冶金烧结坯的质量依赖于在降温冷却过程中氧化发生的温度。但在冷却过程中，压坯会再次通过氧化-还原区，从而在冷却过程中被氧化。如果氧化发生在更高的温度下，压坯表面会改变颜色，并且容易碎裂。因此，在烧结温度降温冷却过程中，气氛的质量控制仍很重要。

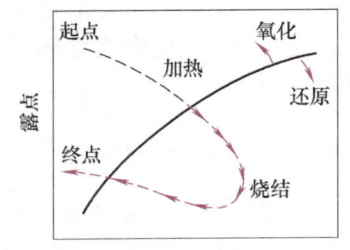

图 7-103　烧结过程中典型的露点和温度的曲线

露点 T_{DP} 和水的体积分数 V_{H_2O} 之间的关系可以用下面的关系式来表示：

$$\lg V_{H_2O} = -0.273 + 0.0336 T_{DP} - 1.74 \times 10^{-4} T_{DP}^2 + 5.05 \times 10^{-7} T_{DP}^3 \tag{7-88}$$

烧结中通常使用的有 6 种气氛：氢气、分解氨、惰性气体、以氮气为基的气体、真空和以天然气为基的气体。在所有这些气氛中，主要需要考虑的是反应物的反应分压和在烧结温度下的平衡产物。氧、氮、碳（一氧化碳和甲烷）的分压和水会影响烧结的难易程度和性能的获得。一氧化碳和二氧化碳的分压比为碳的反应提供了一个参考。考虑到钢与水蒸气在高温下的反应：

$$(Fe + 溶解的\ C)(s) + H_2O(g) \rightarrow Fe(s) + CO(g) + H_2(g)$$

当露点提高（即水和氢气分压比提高）时，在不同的温度和吸热环境中钢的脱碳量会提高,如图7-104所示。发生在碳和氢气之间生成甲烷的反应也可能脱碳,但是这个反应较慢并且不是很重要。因此,在含铁成分的烧结件中,较低的露点能够使氧脱除和控制碳含量。

一些气氛的成分列于表7-12中。吸热性气氛主要是源于天然气和空气转换成混合氢气、氮气和一氧化碳的放热。这对于铁、钢和各种铁合金的烧结很重要,对于铜镍压坯的烧结也很重要。放热性气氛主要是来源于空气和天然气燃烧的混合物。这种气氛中空气和天然气组成比为65:1(体积分数),适用于铁、钢和铜基合金的烧结。但是对于含易氧化的成分(如铬和锌)的金属或合金不适用。无论是吸热性气氛还是放热性气氛都会有一小部分的甲烷存在。甲烷会与水蒸气反应生成一氧化碳和氢气,从而破坏烧结件碳含量的控制。

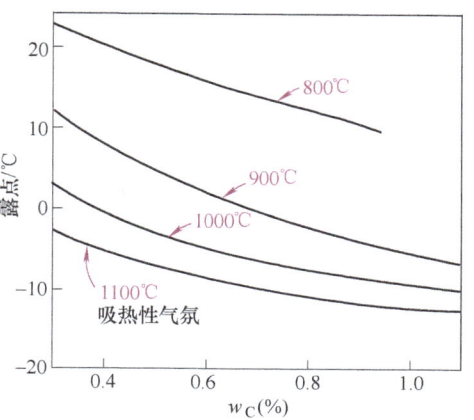

图7-104 露点和温度之间的交互作用对烧结钢中碳水平控制的影响

表7-12 烧结气氛中的组分

影响因素	吸热量	放热量	离解氨	氮气
$N_2(\%)$	39	70~98	25	75~97
$H_2(\%)$	39	2~20	75	2~20
$CO(\%)$	21	2~10	—	—
$CO_2(\%)$	0.2	1~6	—	—
$O_2/10^{-6}$	10~15	10~150	10~35	5
露点/℃	-16~-10	-45~-25	-50~-30	-75~-50

由于分解氨相对来说是一种较低廉的气氛,常被用来代替纯氢气体,氨分子能分解成氢气和氮气,氢气能降低烧结体的氧含量。这种气氛对于很多材料的烧结都很适用,但是对于与氮能够反应生成氮化物的材料的烧结是有害的。少量的氢气或甲醇加入到低水含量的氮气中,能形成一种较弱的还原性气氛。

真空烧结适用于很多金属材料的烧结。因为对于很多金属来说,较低的氧分压能够使氧化减少。例如,在1050℃的真空中还原FeO需要氧分压为10~14的气氛。另外,多数材料和发热元件都适用于使用真空气氛。对于容易反应的材料(钛、钽、铍)、高温材料(工具钢和摩擦材料)、氢化元素(铀)和耐蚀材料(不锈钢)等,真空是最可靠的气氛。

对于还原性材料,纯氢气氛是最适用的。但是纯氢气氛中的湿气降低了还原氧的能力,并且使以铁为基的材料脱碳。除发生氮化反应外,氮气被认为是适用性较强的气氛。惰性气体(如氩气和氦气)若很干燥,则一般不会发生反应。大多数金属都需要低于平衡态的氧分压,以保持稳定,即使是中性气氛也具有一定的还原性。分解氨时,气氛同时具有还原性和氮化性,这主要依赖于处在此气氛中的材料。放热性气氛不易使材料氧化,因此可以用来控制炭化、还原和脱碳。最后,吸热性气氛也能够具有还原、炭化和脱碳的能力。

气氛所需的费用在烧结过程中也是值得考虑的因素。相对来说,放热性气氛较低廉,而吸热性气氛为放热性气氛所需费用的两倍。氢气在还原性气氛中最贵。以氢气费用为1表示，各种烧结气氛的相对氢气的费用如下：

氢气=1；氮气为基的气体=0.6；分解氨=0.4；吸热性气氛=0.2；放热性气氛=0.1。虽然真空不需要直接的气体费用，但是设备和工作时所需的费用较高。

对气氛的适当控制和处理为粉末冶金制品在烧结过程中提供了改变烧结程度和控制材料化学成分的机会。值得强调的是，在烧结过程中气氛不是一成不变的。压坯进入烧结炉时可能会带有一定的污染物（如氧、碳或其他气体）。当压坯加热时，污染物的反应会使气氛发生变化。因此不仅仅气氛重要，生产流程、烧结温度、材料类型以及污染也很重要。另外，还有一些情况是烧结气氛比减少氧化更重要。烧结过程中卤化物的加入有助于表面运输，气孔形状可由此获得改变。在这种情况下，烧结产品可获得较高的强度。表7-13给出了HCl对在氢气中烧结铁性能的影响。氢气中加入体积分数为1%的HCl会使性能得到提高。HCl的主要作用是使由$FeCl_3$传输的蒸气相加快和增加。因此，有可能获得单纯在烧结气氛中控制氧和碳含量所不能获得的独特性能。

表7-13 HCl对在氢气中烧结铁性能的影响

温度/℃	时间/min	φ_{HCl}/(%)	密度/(g/cm³)	强度/MPa	伸长率（%）
950	30	0	6.2	131	6
950	30	1	6.3	159	10
950	120	0	6.3	138	6
950	120	1	6.3	159	10
1375	30	0	7.0	193	11
1375	30	1	7.2	234	20
1375	120	0	7.5	234	17
1375	120	1	7.8	283	25

7.9.5 烧结设备

烧结炉在烧结过程中能控制时间和温度。另外，它还包括对烧结气氛的使用，以及必要的气氛组成的调节，能够除去润滑剂和黏结剂，控制热处理过量。适当的冷却路径，能使粉末冶金产品获得高的强度和硬度。图7-105所示的成分为Fe-3Ni-C钢（$w_{Ni}=3\%$，$w_C=0.06\%$）的显微组织。烧结过程中碳的部分脱除能使压坯获得高的硬度。

在批量或连续式生产中，烧结炉能起到上述作用。对批量式生产炉，一次性装入需烧结的材料后直接升温到烧结温度。连续式烧结炉需要控制压坯在烧结炉中的位置。图7-106是典型的烧结处理的时间-温度循环过程。炉子类型的不同主要在于炉子温度的控制或压坯相对于时间的位置。在连续式烧结炉中，用传送带把坯件移至炉子的

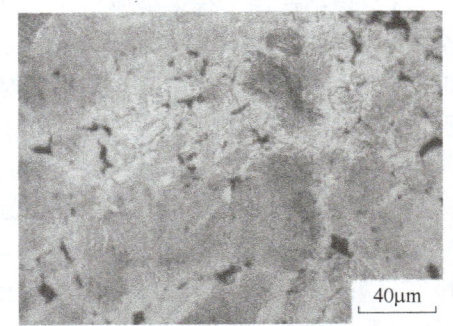

图7-105 通过控制烧结气氛和冷却过程制得Fe-Ni-C钢的显微组织

不同受热部位。在多数情况下，传送带用钢丝网制成。一些系统中已经开始用陶瓷带，陶瓷由于脆性大而较容易损坏，因此，陶瓷带使用并不普及。

不同的加热元件能够产生不同的加热温度。表7-14列出了加热元件的最高工作温度以及它们所能适用的气氛。需要使用还原性气氛的

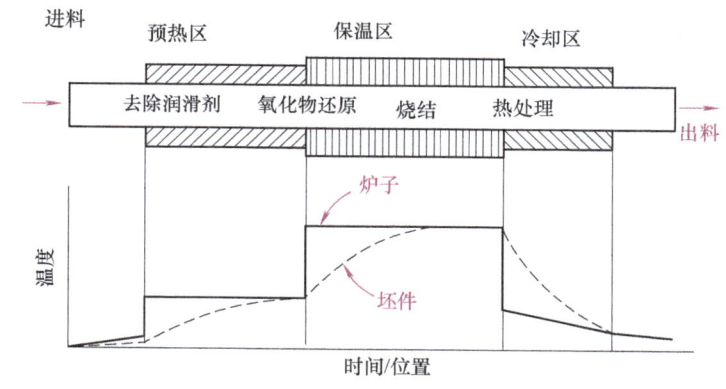

图 7-106　烧结处理的时间-温度循环过程

表 7-14　烧结加热元件及使用条件

加热元件	最高工作温度/℃	气　氛
Ni-Cr	1150	1，2，3，4，5，6
Fe-Al-Co	1300	1，3，4，6
Fe-Si-Al	1600	1，3
SiC	1600	1，3
Mo	1800～2200	2，3，4，5，6
Ta	1900	3，4
W	2600	4，2，3
C	>2200	3，4，5
ZrO_2	2200	1，3，4
$MoSi_2$	17	1，3

注：1—氯化气氛；2—还原性气氛；3—惰性气氛；4—真空；5—碳化性气氛；6—脱碳性气氛。

元件可以使用氢气。另外炉子的加热元件还需处在气氛之外，通过炉套散热。炉子的结构取决于产量、烧结材料、运行成本、气氛的种类和烧结后所需的冷却速度。大多数烧结过程是把压坯放在器皿上，器皿通过已设置温度曲线的炉子。这一生产过程有较高的生产率和良好的可重复性。间歇烧结过程较慢，能耗高，难以再生产。间歇生产技术对于特殊的烧结循环和限量生产循环最有实用性。

快速烧结方法包括微波、感应、等离子体和直接电流加热烧结。较快的加热速度可以促进间歇烧结过程，提高烧结性能。而且快速升温到高的烧结温度也可以缩短烧结时间，加快烧结过程，取得好的效果。其中烧结温度对材料的性能起着决定作用，如图7-107所示。

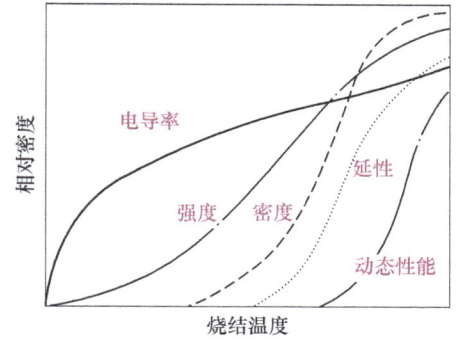

图 7-107　烧结温度对烧结件性能的影响

7.10 烧结后处理

烧结后处理通常包括表面处理、浸渍处理、阳极化处理、喷砂与摩擦抛光处理、探伤检查等工艺技术过程，目的是进一步提高烧结产品的性能，提高产品的尺寸精度。

7.10.1 表面处理

烧结后表面处理过程能够用于改善材料的外观、表面状况及提高材料的性能。烧结后表面处理包括去飞边、涂层、喷镀、涂漆上包、磨光、清洗、阳极处理、电镀、密封和激光等。

去飞边就是去除尖角、毛刺、熔熘或其他的不规整的表面。去飞边一般将部件与磨料一起滚动、振动或表面喷砂的方法来实现。图7-108为一种简单的去飞边的方法，粉末冶金零件和研磨剂以及液体一起放入滚筒中滚动而去除飞边，同时又不损伤零件。另外，在去飞边过程中，通常在零件表面涂上一层防腐剂，去飞边后，清洗掉表面的污垢。

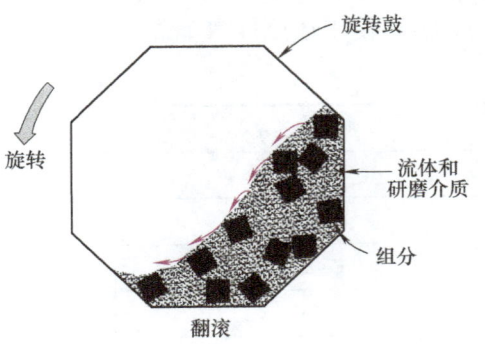

图7-108 P/M零件与研磨剂及液体一起在滚筒中滚动去除尖角和飞边

涂层用于改善耐磨性和耐蚀性。对于粉末冶金零件，有多种涂层方式，其中最典型的是镀层。通过零件与锌粉、玻璃细珠一起翻滚，可在零件表面形成冷的锌焊层，这一过程称为机械喷镀。电镀适用于相对密度大于93%的零件。但是如果电镀过程中电镀液进入了这些孔洞，就会出现腐蚀的问题。因此，涂层形成后进行彻底的清洗至关重要。

7.10.2 浸渍处理

浸渍是使产品孔隙中含有油类液体，以达到自润滑的作用，或在孔洞中充满聚合物来改善耐蚀性和加工性。对后一种情况，浸渍后部件具有密封的表面。通常浸渍是在真空条件下加热零件，以便使液体浸透进去。浸渍过程是由液固相之间的接触角控制的。接触角就是固-液-气三相的平衡角度 θ，如图7-109中的 θ，代表着表面能的平衡，即

$$\gamma_{SV} = \gamma_{SL} + \gamma_{LV}\cos\theta \tag{7-89}$$

式中，γ_{SV} 是固气表面能；γ_{SL} 是固液表面能；γ_{LV} 是液气表面能；θ 是接触角。

接触角为零时，熔渗液体将最终充满全部敞开的孔洞。孔洞越大，填充过程的阻力越小，因此大孔洞填充得最快。但是，在时间和液体不充足的情况下，由于表面张力或毛细管的作用，小孔洞将优先被填充。

图7-109中 θ 为固体、液态、气态三者的界面平衡接触角。接触角越小，润湿性越好，易于使液体近乎自发地渗入孔隙中。在考虑毛细管作用而将重力作用忽略的条件下，熔渗的

深度 h 取决于孔洞直径 d、液体黏度 η 和填充时间 t，即：

$$h^2 = \frac{\gamma_{LV} t d}{4\eta} \tag{7-90}$$

通过式（7-90）可以看出，高黏度的液体和小孔洞需要更多的浸渍时间。在有外加压力的条件下，浸渍的速率将加快，式（7-90）将变成下式：

$$h^2 = \frac{d^2 t}{16\eta}\left(\frac{4\gamma_{LV}}{d} + P_f\right) \tag{7-91}$$

式中，P_f 为熔渗液体上所施加的压力。有效的压力确保了所有孔隙均匀、快速地填充。

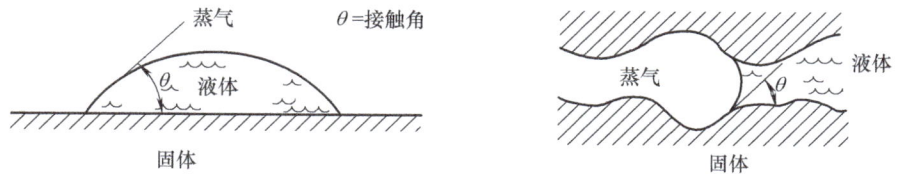

图 7-109　气、液、固三相间的界面平衡

由于实际的粉末冶金零件存在孔隙分布、尺寸和形状的变化，式（7-91）仅是一个近似方程。最大的孔隙填充得最快，被填充孔隙的平均深度 h 可表达成经验参数抛物线方程的形式，即：

$$h^2 = At + B \tag{7-92}$$

式中，参数 A、B 取决于孔洞的尺寸和液体的密度，与液体黏度成反比关系。

水能快速地渗入多孔的零件中。水的黏度在室温下约为 $10^{-3}\text{Pa}\cdot\text{s}$，表面能是 0.074J/m^2，对于一个直径为 $10\mu\text{m}$ 的孔洞，渗入 10mm 深的时间可通过公式（7-90）计算出：

$$t = 4\eta h^2/(\gamma_{LV} d)$$

计算出时间是 0.54s。加上一个外加的大气压力（假定排空了空气的孔洞），则时间减少到 0.12s。注意到时间与液体的黏度成比例关系。因此，改用黏度为 $1\text{Pa}\cdot\text{s}$ 的聚合物将使熔渗时间增加到 120s，前提是假定表面能是恒定的。

7.10.3　阳极化处理

阳极化处理是在零件表面形成稳定的氧化物，例如氧化铝、氧化钛、氧化锌和氧化铬。阳极化处理的目的是上色，起到改善部件外观的作用。阳极化处理后的表面由于氧化层中的着色剂而呈现出颜色。目前，氧化处理后形成的氧化钛的颜色是广泛应用的颜色。

7.10.4　喷砂与摩擦抛光处理

提高（粉末冶金）疲劳寿命的一种重要方法是对材料进行喷砂处理，经硬质小球长时间撞击，对材料表面将产生压应力。图 7-110 所示为喷丸处理的过程，高速度的硬粒反复碰撞材料的面，硬粒撞击后留下的压痕表明在材料表面作用了压应力，从而在表面产生一片冷加工区，延长了零件的疲劳寿命。大量硬粒撞击后，使材料表面平整，且压应力分布均匀。

由于大多数多孔 P/M 材料表现出表面疲劳断裂模式，这种应力大大地阻碍了疲劳裂纹的扩展。例如，一种烧结制成的粉末冶金钢材在密度为 $7.1g/cm^3$，$w_C = 1.5\%$ 的情况下，疲劳极限为130MPa。喷丸处理后，材料疲劳极限强度提高到150MPa。尽管喷丸处理提高了疲劳寿命，但喷丸处理使材料表面粗糙，降低了尺寸精度。

摩擦抛光是一种利用剪切力的工艺，大于屈服强度的剪切力使材料表面形状发生变化。

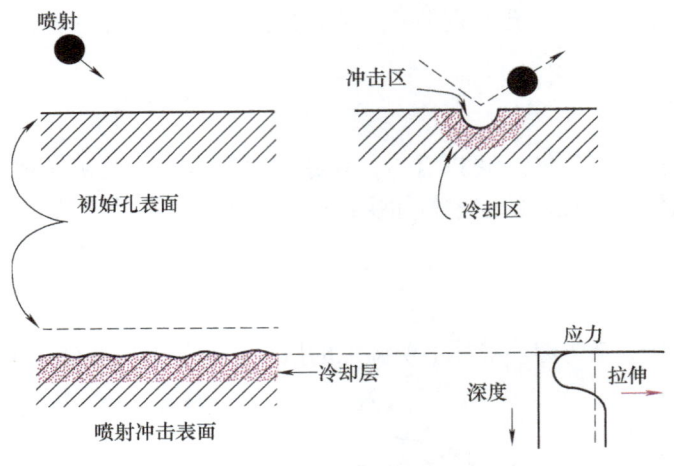

图 7-110 喷丸处理的过程

有时摩擦抛光也用来修正尺寸，特别是内径的尺寸。它也被用来提高齿轮的滚动接触疲劳寿命，负载可提高40%。将摩擦抛光应用于小轮转而不是大轮转，其效果更显著。

另一种正在开发的改善致密度、提高 P/M 材料耐蚀性能的方法是激光上釉。激光束扫过材料表面使材料局部表面熔化。由于熔融层下面的块体材料未被加热，所以表面熔化的部分会快速冷却形成表面釉层。在一些情况下，激冷过程是非常快的，足以使材料表面形成一层具有极好耐蚀性的非晶态涂层。除此之外，各种等离子体和离子处理方法也在发展，这些方法均能在不改变块状材料性能的前提下改变材料表面状况。通常，这些处理所作用的深度仅在表面以下 $100\mu m$ 左右。

7.10.5 探伤检查

探伤是材料成形后的一项重要性能检查工作。近年来，探伤已在各个主要的生产工序中得到了很好的应用。探伤是指在生产过程中找缺陷而不是在元件制成后再找不合格的产品。图 7-111 表明在每一道加工工序中进行三维扫描的过程，该图显示出了统计控制过程（SPC）是怎样被用来全程跟踪材料内部的变化的。探伤的目的就是减小由前一道工序所产生的材料零件的返工和浪费。在每一步粉末冶金部件的加工工序中材料都会发生一些变化，但是 SPC 会不断地检测出这一工序中可能导致产品成为次品的缺陷。

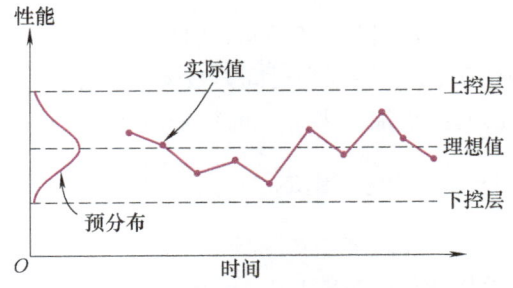

图 7-111 统计控制过程图（SPC）

尽管经典检测很重要，但更多的是致力于发展自动化和量化的检测方法，无损探伤检测包括密度、质量、尺寸以及性能等。还可通过使用染色渗透剂、射线照相法、超声波以及涡流电流技术进行缺陷探伤。X 射线照相可以对含缺陷的材料进行探伤。这一过程可以与计算机图像分析相结合来实现探伤自动化。同样，声波在材料中传播时，若遇到裂纹就会发生散射，因此，超声波核磁共振分析探伤技术可应用于高密度的粉末冶金材料中。由于振动磁场引发的涡流并不会通过裂纹，因而无损检测时会产生另外一种信号。正在发展的检测粉末冶金材料的新技术，包括计算机断面 X 射线照相法（CAT 扫描），γ 射线衰减和扫描声波显微分析。其他破坏性测试法可能被用来测量强度、硬度、韧性、显微组织、化学成分或其他性能。

超声波检查也被广泛用来检测低孔隙部件，在这些部件中残留的孔隙会降低信号的散射程序。当测试频率达到 100Hz 时可被用来检测裂纹、孔洞和夹杂。信号速率 v_0 由弹性模量 E 与理论密度 ρ 之比的平方根来决定。实际的速度 v 与材料孔隙度 θ 有关，如下式所示：

$$v = v_0(1-\theta)^{1/2} \qquad (7\text{-}93)$$

图 7-112 所示为强度和超声波速度间的关系图，该图表明运用非破坏性超声波速度测量法可粗略地检测强度（强度测量通常采用破坏性试验检测）。夹杂尺寸大于 $20\mu m$，孔洞尺寸大于 $50\mu m$ 时，通常用超声波技术探测。随着截面厚度增加，超声波技术探测到更小缺陷的能力会降低。

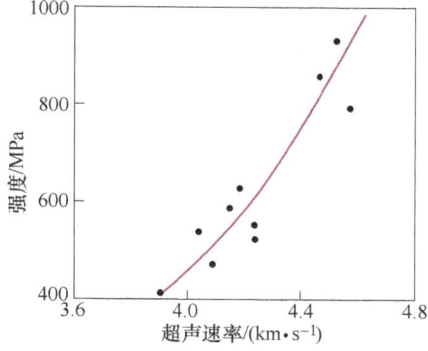

图 7-112　强度与超声波速度间的关系图

问题与习题

1. 由于表面曲率，Ni 粉在 1300℃时具有比平衡态更高的挥发压，计算如果粒径为 1mm 时，不同温度下的挥发压与平衡态之间的差别。

2. 应用空位体积扩散的学说解释烧结后期孔隙尺寸和形状的变化规律。

3. 一铁粉压坯在 890℃烧结 1h 后，性能高于 930℃时同种压坯烧结性能（其他条件相同），试解释在较低烧结温度时为什么会有较高的性能。

4. 成分相同的两批粉末，在相同压力、烧结条件下却获得了不同的烧结性能，简述造成这种结果的三个因素。

5. 一相对密度为 68% 的压坯，烧结后相对密度提高到 89%，问什么是致密化参数，并计算线收缩率。

6. 在烧结初期，位错被认为是有利于烧结，请设计一实验证明这种推测。

7. 一半径为 r 的球形孔洞位于晶界中央，面积为 L^2，假定 γ_{ss} 为单位面积晶界能，γ_{sv} 为单位面积孔隙表面能，试比较这种状态下的能量值（无孔存在和有孔存在）。

8. 在铁基结构件粉末冶金中，希望产品烧结后没有变形，采取什么步骤可以减少收缩和变形？

9. 在半径为 r 的残余孔隙中充有惰性气体，残余孔隙分散分布在组织中，孔隙度约为 1%，延长烧结时间后孔隙尺寸（直径）增加了一倍，假设孔隙中惰性气体的质量没有设定，并且压力处于平衡状态，此时烧结密度为多少？

10. W-Ag 电触头材料烧结时，W 并不能在液体 Ag 中溶解，为形成液相烧结需加入何种物质，为什么？

11. 半径为 r，长度为 l 的圆柱形孔隙分布于（非连续地）晶界上，孔之间的间距为 $2h$，晶界能为 γ_{ss}，表面能为 γ_{sv} 试推导出能够使孔隙继续收缩引起能量减少的 γ_{ss}/γ_{sv} 的最大比值，假设处于烧结中期，无晶粒长大。

12. 一高度氧化的钢粉在 1000℃纯氢中烧结，烧结后化学分析发现有脱碳发生，应用精确的化学反应过程解释为什么会发生脱碳。

13. 试求边长为 40μm 或晶粒尺寸为 113μm 的四方晶系晶粒的体积和面积各是多少？假定各边长度都相同。

14. 由烧结线收缩率 $\Delta L/L_0$ 和压坯密度 ρ_g 计算烧结坯密度 ρ_s 的公式为 $\rho_s = \rho_g/(1-\Delta L/L_0)$，试推导此公式。假定一压坯（相对密度为 68%）烧结后，相对密度达到 87%，试计算线收缩率是多少？

15. 互不溶系固相烧结的热力学条件是什么？为获得理想的烧结组织，还应满足什么样的充分条件？

16. 简述液相烧结的溶解-再析出机构对烧结后合金组织的影响。

17. 分析影响熔渗过程的影响因素，并指出提高润湿性的工艺措施有哪些？为什么？

18. 随着烧结温度的上升，固液表面能 γ_{SL} 通常会减少，假设其他界面能维持不变，二面角和接触角将如何改变？

19. 一烧结产品直径为 10mm，相对密度为 85%，试计算压坯相对密度为 83% 时，模具尺寸的大小。

20. 因导电性能需要采用双向压制，一直径为 1cm、长度 6cm 的铜棒压坯，烧结后铜棒何处的直径最小，为什么？

21. 烧结球形粉末，用接触电阻变化表示烧结初始过程，试以球形颗粒的点接触电导率变化模型表现烧结过程，假设电导率是由颗粒间的接触面积所控制。

22. 物件熔渗 200mm 厚度需用 2min，如果孔隙尺寸相同，熔渗 30mm 厚度需多少时间？

23. 两种不同黏度的熔体用于渗熔多孔 P/M 物件，一种黏度为 10^{-2} Pa·s，另一种为 3×10^{-2} Pa·s，当熔渗深度相同时，第一种熔体单独熔渗需要多长时间（与第二种熔体相比）。

24. 可控碳势气氛的制取原理是什么？如何控制该气氛的各种气体成分的比例？指出其中的还原性和渗碳性气体成分。

25. 何为碳势？用天然气的热离解气作烧结气氛，其渗碳反应式是怎样的？随着温度升高，哪一种反应使碳势升高？为什么？

26. 活化烧结与强化烧结的准确含义有什么不同？简单说明用 Ni 等过渡金属活化烧结钨的基本原理和烧结机构。

参 考 文 献

[1] 节云峰. 烧结温度对泡沫铌力学性能及微观组织的影响 [J]. 中国有色金属学报，2010，20 (10)：2014.

[2] Kruth J P, Kumar S. Bronze Infiltration into Laser Sintered Metal Parts [J]. Intermetallics，2007，15 (2)：400.

[3] Handa S, et al. Magnetic Properties of Manganese-zinc Ferrites Sintered at Low Temperature [J]. Powder Metall.，2007，53 (3)：231.

[4] Gimenez S, et al. Influence on Green Density on Dewaxing of Uniaxially Pressed Powder Compacts [J]. Mater. Science/Engineering A，2006，430 (2)：277.

[5] Prokopiev O, Sevostianov I. Effect of Sintering Temperature on Mechanical Properties of Sintered Hydroxypatite [J]. Mater. Science/Engineering A，2006，431 (2)：218.

[6] Therody J. Impact of Fluctuations on Sintering Kinetics of Two Particles-Monte Carlo simulation [J]. Scripta Materialia，2006；55 (10)：879.

[7] Sun L, et al. Sintering of Nanopowders. PM technol [J]. 2006，24 (2)：146.

[8] German R M. Computer Modeling of Sintering Processes [J]. Int. J. Powder Metall.，2002，38 (2)：48.

[9] 林信平，曹顺华，李炯义. 纳米硬质合金烧结技术进展 [J]. 稀有金属与硬质合金，2004，32 (1)：40.

[10] 王尔德, 胡连喜. 高能球磨 Ti/Al 复合粉体的反应烧结致密行为 [J]. 粉末冶金技术, 2003, 21 (5): 259.
[11] 贾成厂, 关秀虎, 李晓红. 机械活化对 Mo-Cu 粉末烧结行为的影响 [J]. 粉末冶金技术, 2000, 18 (3): 163.
[12] 李文虎, 刘福田. 烧结温度对 Mo2FeB2 合金组织性能的影响 [J]. 粉末冶金技术; 2009, 27 (1): 48.
[13] Kobayashi K. Production of Functional Materials by Pulsed Current Sintering [J]. Metal Powder Report, 2007, 54 (8): 570.
[14] Fathi M H, Kharaziha M. Two-step Sintering of Dense, Nanostructural Forsterite [J]. Materials Letters, 2009, 63 (17): 1455.
[15] Bocchini G F. The Influence of Porosity on the Characteristics of Sintered Materials [J]. Inter. J. Powder Met., 1986 (22): 185.
[16] German R M. Liquid Phase Sintering [M]. New York: Plenum Press, 1985.
[17] German R M, Angelo K A. Enhanced Sintering Treatments for Ferrous Powders [J]. Inter. Metals Rev., 1984 (29): 249.
[18] Wang K S. Analysis of Initial Stage Sintering by Computer Simulation [J]. Power Met. Inter., 1991, 23 (2): 86.
[19] Riedel H, Svobada A. Theoretic Study of Grain Growth in Porous Solids During Sintering [J]. Acta Met. Inter., 1993 (44): 1929.

第8章 粉末冶金材料的结构与特性

8.1 粉末冶金材料的孔隙特征

一般粉末冶金材料是金属和孔隙的复合体,其孔隙度范围很广,有1%～2%残留孔隙度的致密材料,有10%左右孔隙度的半致密材料,有孔隙度大于15%的多孔材料,也有孔隙度高达98%的泡沫材料。孔隙是粉末冶金材料的固有特征,孔隙度显著地影响粉末冶金材料的力学、物理化学和工艺性能。在普通铸件中,气孔和缩孔是常见的缺陷,也是熔铸法难以克服的问题,而用粉末冶金法制取的材料,可以有效地控制其孔隙度、孔径及分布,并且可以在相当宽的范围内进行调整。由于孔隙的存在,多孔材料具有大的比表面积和优良的透过性能,且具有易压缩变形、吸收能量好和质量轻等特点。孔隙既是粉末冶金多孔材料的基本特征,也是它们得到应用的基本原因。

8.1.1 粉末冶金材料孔隙度、密度和孔径的测定

孔隙度和密度是粉末冶金材料的基本特征,孔隙度和密度的测定是控制粉末冶金材料质量的主要方法之一。试样的体积可以采用量度几何尺寸的方法,也可以采用液体静力学称量方法来测定。如果为致密材料,可以直接将试样放在水中称重,其残留孔隙度也可以采用显微镜法进行定量估算。对于具有开孔隙的材料,用液体静力学法称量时,为了不让液体介质进入孔隙,可以浸渍熔融石蜡、石蜡-泵油、无水乙醇-液体石蜡、油,或者涂覆树脂汽油溶液、透明胶溶液和凡士林等物质,使烧结体的开孔隙饱和或堵塞。多孔材料的密度和孔隙度一般采用真空浸渍法来测定。浸渍试样的方法与粉末真密度的测定方法相同,首先将清洗干净的试样在空气中称重,接着在真空状态下浸渍熔融石蜡、石蜡-泵油或油等液体介质,使全部开孔隙饱和后取出试样,除去表面多余介质,再在空气中称重,然后在水中称重;最后,按照下列公式计算烧结试样的密度和孔隙度:

$$\rho = \frac{W_1 \rho_L}{W_2 - W_3} \tag{8-1}$$

式中,ρ_L 为称量时所用液体介质的密度,如果用蒸馏水时,$\rho_L = 1\text{g/cm}^3$;W_1 为试样在空中的质量,单位为g;W_2 为浸渍后试样在空中的质量,单位为g;W_3 为浸渍后试样在介质(水)中的质量,单位为g。

$$V_{开} = \frac{W_2 - W_1}{\rho_L}$$

$$\theta_{开} = \frac{(W_2 - W_1)\rho_L}{(W_2 - W_3)\rho_0} \times 100\% \tag{8-2}$$

$$\theta = \left(1 - \frac{\rho}{\rho_0}\right) \times 100\% = \left[1 - \frac{W_1 \rho_L}{(W_2 - W_3)\rho_0}\right] \times 100\%$$

$$\theta_{闭} = \theta - \theta_{开} \tag{8-3}$$

式中，ρ 为试样密度，单位为 g/cm^3；$V_{开}$ 为试样的开孔隙体积，单位为 g/cm^3；θ 为试样的总孔隙度；$\theta_{开}$ 为试样的开孔隙度；$\theta_{闭}$ 为试样的闭孔隙度；ρ_L 为浸渍介质的密度，单位为 g/cm^3；ρ_0 为相应材质的理论密度，单位为 g/cm^3。

"假合金"和成分之间互相作用很弱的合金，可以采用加和法求其理论密度；否则，需要采用与测定粉末真密度相同的方法进行测定。求加和密度的公式为

$$\rho_0 = \frac{1}{\dfrac{w_A}{\rho_A} + \dfrac{w_B}{\rho_B}} \tag{8-4}$$

式中，w_A、w_B 分别为试样中合金成分的质量分数；ρ_A、ρ_B 分别为相应合金成分的理论密度，单位为 g/cm^3。

图 8-1 表示烧结铁的开孔隙度、闭孔隙度和总孔隙度之间的关系。从图中可以看出，当总孔隙度为 20%～30% 时，闭孔隙度大约为 1%～2%；当总孔隙度为 8% 左右时，全部开孔隙度几乎都变成了闭孔隙度。

目前测定孔径及其分布的方法很多，主要有汞压入法、气泡法、离心力法、悬浊液过滤法、透过法、气体吸附法、X 射线小角度散射法和显微镜分析法等，其中使用较多的是汞压入法。这是利用汞对固体表面不润湿的特征，把汞用一定压力压入多孔体的孔隙中以克服毛细管阻力。假设在孔壁光滑的直圆柱形毛细管孔内，当作用在液面与孔壁的接触线的平面法线方向上的压力 $\frac{1}{4}\pi D^2 P$ 与同一平面上表面张力在法线方向上的分量 $\pi D\gamma\cos\alpha$ 平衡，则：

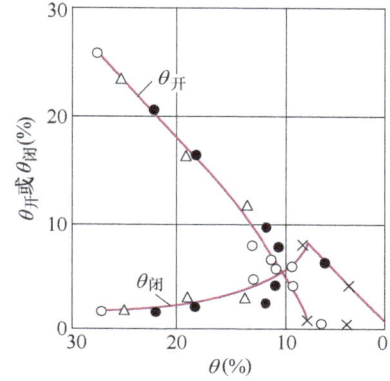

图 8-1 烧结铁的开孔隙度、闭孔隙度和总孔隙度之间的关系

烧结温度：○—850℃ △—950℃
●—1200℃ ×—1350℃

$$\frac{1}{4} \times 10^{-6}\pi D^2 p + 10^{-6}\pi D\gamma\cos\alpha = 0$$

$$D = -\frac{4\gamma\cos\alpha}{p} \tag{8-5a}$$

式中，p 为对汞所施的压强，单位为 MPa；γ 为汞的表面张力，单位为 N/m；α 为汞对试验材料的润湿角；D 为孔隙直径，单位为 μm。

如果 γ 取 0.473 N/m（20℃），对于多孔镍来说 $\alpha = 130°$，压强 p 以 MPa 表示，则式 (8-5a) 可以简化为

$$D = \frac{1.22}{p} \quad (\mu m) \tag{8-5b}$$

8.1.2 粉末冶金材料的透过性能

对于过滤器、含油轴承和其他多孔材料来说，透过性能是一种很重要的孔隙度特征。研究流体通过多孔材料的透过性能，可以为设计、工艺和应用提供参考数据。在多孔体中，当

作用在流体上的压差较小，流速较低，流体的雷诺数 Re 小于临界雷诺数 $Re_{临界}$ 时，则为层流。对于多孔材料来说，临界雷诺数与孔中流体的雷诺数、孔道表面的相对粗糙度以及孔道长度上孔界面的变化程度有关。在多孔材料中，层流时比能损失较小（和流速的一次方成正比），而且在流体流过很细的孔道时，流速一般不会很高。下面着重讨论在层流条件下流体的透过规律。

当有层流的多孔通过多孔材料时，在单位面积上的流速与其压力梯度成正比，通常以达尔西公式表示：

$$\frac{Q}{A} = \beta \frac{\Delta p}{\eta \delta} \tag{8-6}$$

式中，Q 为流速，单位时间内流过的流体体积，单位为 m^3/s；A 为流体通过试样的截面积，单位为 m^2；η 为流体的黏度，单位为 $Pa \cdot s$；$\Delta p/\delta$ 为压力梯度；Δp 为压差，单位为 Pa；δ 为试样厚度，单位为 m；β 为透过系数。

为了工程实际方便，在实际测量中多采用相对透过系数 K，$K = \beta/\eta \delta$。对于气体称为相对透气系数；对于液体称为相对渗透系数。式（8-6）可以变为：

$$\frac{Q}{A} = K\Delta p \tag{8-7}$$

式（8-7）简明地表达了单位面积上体积流速（Q/A）与压差（Δp）的线性关系。应该指出，达尔西公式对实际多孔体的透过规律具有普遍意义，但是只适用于层流条件，而过滤材料往往不一定只限于层流状态，是否属于层流取决于临界雷诺数。在测量多孔体的渗透性时发现，流体（液体或气体）的体积流速与压差并不呈线性关系。这说明在一定压力下，在某些孔隙大小范围内，将超过临界雷诺数而出现紊流。关于雷诺数 Re 的计算，由于孔道结构复杂，表达式也各不相同。莫尔根对于过滤材料，推荐如下公式：

$$Re = \frac{4\rho Q}{A\eta S_V(1-\alpha)} \tag{8-8}$$

式中，ρ 为流体密度；S_V 为体积比表面积，即单位体积所具有的表面积。

由式（8-8）可知，用粗粉末制取的高孔隙度试样出现紊流的情况比低孔隙度试样要早。用球形粉末制取的多孔材料其临界雷诺数要比用非球形粉末制取的大，而且颗粒形状越复杂，雷诺数越低。

还应该指出，当孔径较小，例如 $2 \sim 3\mu m$ 时，液体与气体的透过系数比可以达到20。这种现象，并不是过滤材料的层流条件破坏所产生的，而是由于固体和液体的介电常数的数量级不同，使固体表面形成过剩电场，处于固体表面的液体附面层的物理性质与液体内部的性质不同，使液体附面层的黏滞系数较高，并且在净化液体中可能存在固体颗粒，从而引起所谓的毛细通道"闭合"现象。

多孔材料由于对液体和气体介质具有透过性作用，具有很好的过滤作用和均匀分流作用，可以制成各种过滤器和流体分布元件。

由于孔隙的毛细管作用和蓄积作用，粉末多孔材料具有很好的浸透性和自润滑性。孔隙的毛细管作用是各种液态物质浸透（浸渍）多孔骨架制取浸透材料和多孔含油轴承的基础。多孔含油轴承具有很好的自润滑性能。制造时润滑油靠毛细管作用渗入并储存在孔隙中，在使用时,轴在轴承中旋转,像一个旋转式真空泵,在轴和轴承的间隙中造成低真空状态,把孔隙中所储存的油吸到轴承工作表面。同时,由于摩擦热使轴承工作温度升高,热膨胀引起孔隙体积减小和油体积的增大,并且油的膨胀系数比金属要大得多,从而把孔隙中的一部分油挤向轴承工作表面。结果在轴和轴承之间形成润滑油膜,使摩擦因数减小。如果有胶体石墨存在,石墨能吸附润滑油,可以保护油膜的连续性,使润滑效果更好。当轴停止转动时,轴承和油的工作温度降低,孔隙体积增大,轴承工作表面多余的润滑油又靠毛细管作用渗入孔隙,不过,由于油的表面张力作用,在轴承工作表面上仍保留部分润滑油。用聚四氟乙烯和二硫化钼浸渍制取的金属纤维增强自润滑材料,具有较低的摩擦因数、良好的导热性和小的热胀系数,是一种即减摩又耐磨的无油润滑材料。由于用高强度高弹性模量的纤维制取网格骨架,所以具有高力学性能,能储存大量润滑剂,易形成润滑膜,且具有良好的塑性、弹性、密封性和加工性,能承受较高的负荷,并在较宽的工作温度范围内工作。

8.2 孔隙与力学性能关系

8.2.1 动态性能

由于孔隙和杂质存在粉末冶金材料具有较低的断裂韧度,断裂韧度与板厚和含氧量的关系如图 8-2 和图 8-3 所示。粉末冶金材料的动态性能通常包括冲击韧度和疲劳强度,它们强烈地依赖于材料的塑性和孔隙度,硬质合金微观结构研究结果表明,粉末冶金材料的冲击韧度与密度的关系具有指数关系,随着密度的增加而增高。由于冲击韧度对孔隙结构非常敏感,所以孔隙度为 15%~20% 的粉末冶金材料,其冲击韧度 a_K(或冲击功 A_K)值是很小的,比相应致密材料的值低很多。如采用氯化铵填料作为活化烧结的铁粉试样,在相同孔隙度下,与一般烧结铁相比,其冲击韧度 a_K 值要高 5~6 倍。同时,纤维材料的冲击韧度比粉末冶金材料要高得多。例如,用铁纤维制造的孔隙度为 40% 的试样的冲击韧度等于烧结铁粉试样的 8 倍。

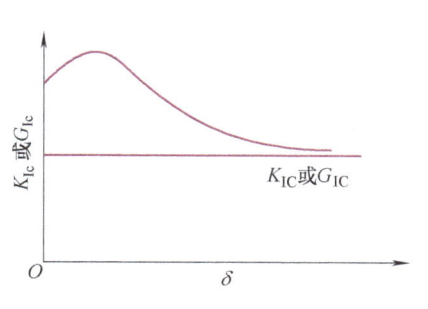

图 8-2 板厚对断裂韧度 K_c
(或 G_c)的影响

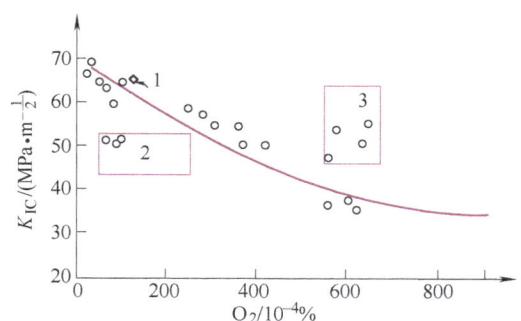

图 8-3 粉末锻造镍钼钢的断裂韧度 K_{IC} 与
含氧量的关系

1—普通锻造试样 2—低密度试样 3—46F_2-3M 试样

图 8-4 表示 WC-Co 硬质合金的冲击韧度 a_K 与孔隙度的关系。结果表明,WC-8% Co(质量分数)和 WC-15% Co(质量分数)合金的 a_K 值随孔隙度的增大而降低,在很低的孔隙度范围内下降得非常强烈,当进一步增大孔隙度时,下降速率减缓。这可能是由于引起最大应力集中的危险孔隙的影响。冲击韧度 a_K 的值与孔隙度的关系服从于杜克沃思和鲁什凯茨所提出的公式类型。

$$a_K = a_{K0} \exp(-b\theta) \quad (8-9)$$

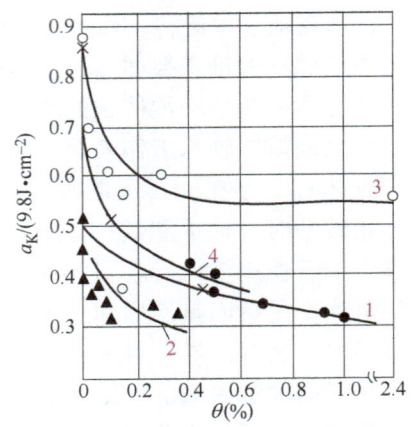

图 8-4 硬质合金的冲击韧度与孔隙度的关系
1,2—WC-8% Co 3,4—WC-15% Co
1,3—细孔 2,4—粗孔

式中,a_K 为硬质合金的冲击韧度;a_{K0} 为相应的无孔硬质合金的冲击韧度;θ 为孔隙度;b 为取决于材料制造和实验条件的常数。

粉末冶金材料静态强度与孔隙度的关系见表 8-1。

表 8-1 粉末冶金材料静态强度与孔隙度的关系式

序号	公式	注释	作者
1	$\sigma_b = \sigma_0 (1-\theta)^m$	$m = 2 \sim 6$	巴尔申
2	$\sigma_b = \sigma_0 K \theta^{2/3}$	K—常数	皮涅斯
3	$\sigma_b = \sigma_0 (1 - K\theta^{2/3})$	K—常数	M. Eudier
4	$\sigma_b = \sigma_0 (1 - \theta/\theta_0)^m$	m—常数,θ_0—初始孔隙度	克拉索夫斯基
5	$\sigma_b = \sigma_0 \exp(-b\theta)$	b—常数	E. Ryshkewich
6	$\sigma_b = \sigma_0 d^2 (1 - \theta/\theta_y)$	d—相对密度,θ_y—振实粉末孔隙度	巴尔申
7	$\sigma_{bc} = Al(1-\theta) \exp(-K\theta)$	σ_{bc}—抗压强度,l—平均孔隙直径,A,K—常数	G. H. Gessinger

从图 8-4 中可看出,同细孔(<50μm)的硬质合金比较,带粗孔(>50μm)的硬质合金 a_K 值下降得更快。从表面上看,粗孔的应力集中应该比细孔小,但金相研究指出,细孔一般呈球形或近球形状态;而粗孔呈不规则的拉长状态,从而使应力集中严重。

粉末冶金材料的疲劳试验与致密金属一样,把试验次数 10^7 次时的应力作为材料的疲劳强度(即疲劳极限)。表 8-2 表示烧结钢、粉末锻钢和普通锻钢的疲劳强度和疲劳比(即疲劳强度与抗拉强度之比)。从表中可以看出,当粉末锻钢的密度达 7.8g/cm³ 时,它的疲劳强度与普通锻钢相同,疲劳比相近;而密度为 7.0g/cm³ 的烧结钢的疲劳强度和疲劳比都较低。对疲劳断口的分析指出,在粉末烧结材料的疲劳试验过程中,首先从带锐角的孔隙处开始产生微裂纹,当疲劳裂纹扩展时,这些裂纹便互相连接起来,向变粗的主裂纹发展。所以孔隙起了断裂源的作用,这是烧结钢疲劳强度低的主要原因。

表 8-2 烧结钢、粉末锻钢和普通锻钢的疲劳强度和疲劳比

材　料	密度/(g/cm³)	状　态	硬　度	抗拉强度 σ_b/MPa	旋转弯曲疲劳强度 σ_{wB}/MPa	疲劳比 $\sigma_{wB} \cdot \sigma_b^{-1}$
烧结钢	7.0	烧结态	55~65HRB	490	130	0.27
Fe-2Ni-0.3Mn-0.3Mo-0.4C	7.0	淬火-回火态	90~100HRB	710	210	0.30
粉末锻钢	7.8	退火态	80~90HRB	700	220	0.31
Fe-2Ni-0.3Mn-0.3Mo-0.4C	7.8	淬火-回火态	30~35HRC	117	540	0.45
普通锻钢　SCM-4		淬火-回火态	30~35HRC	105	550	0.52

由于应力集中对疲劳强度的有效作用，常常采用带缺口的疲劳试样来测定缺口疲劳极限。材料在交变负荷下对缺口的敏感程度称为缺口敏感度，常用 q 表示，即：

$$q = \frac{K_f - 1}{K_t - 1} \tag{8-10}$$

式中，K_f 为疲劳应力集中系数；K_t 为理论应力集中系数。

若以 σ_{-1} 表示光滑疲劳极限，σ_{-1n} 表示缺口疲劳极限，则疲劳应力集中系数可由下式计算：

$$K_f = \frac{\sigma_{-1}}{\sigma_{-1n}} \tag{8-11}$$

由式（8-10）可知，q 值在 0~1 之间，q 值越大对缺口越敏感。实验测定结果表明，烧结钢具有较低的缺口敏感度，与铸铁相似，但比普通锻钢低。

8.2.2 硬度与孔隙的关系

硬度属于对孔隙形状不敏感的性能，主要取决于材料的孔隙度。烧结铁的硬度 R_F 与密度 ρ 的关系如图 8-5 所示，由图可知宏观硬度随孔隙度的增大而降低。这是由于基体材料被孔隙所削弱，测量硬度时，压头同时压在金属基体和孔隙上，使抵抗压头的体积显著减少，从而使材料表层抗塑性变形的能力降低，使所测硬度值偏低。因此，由于孔隙的存在，宏观硬度值不能反映多孔金属基体的真实硬度。但如果采用显微硬度法测量，有选择地把压头压在金属基体上，一般可测得材料金属基体的真实硬度。图 8-6 所示为同一材料的显微硬度、宏观硬度与相对密度的关系。从图中可以看出，宏观硬度随试样密度的增加而增大，而显微硬度几乎与试样密度无关。不过，含有显微孔隙的试样，也会使所测显微硬

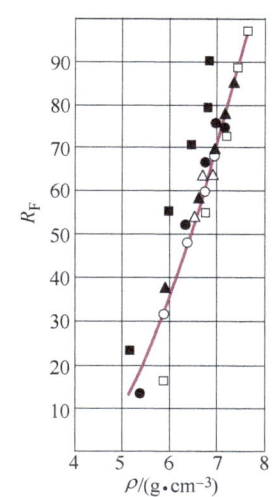

图 8-5 烧结铁的硬度 R_F 与密度 ρ 的关系

度值偏低。因此，将多孔材料的宏观硬度值与致密材料相比较是不合理的。有时为了初步鉴别材料中的相组织和合金化程度，也常采用显微硬度测量法。

实验结果表明，烧结铁的硬度值不受制造工艺法（一般为烧结法和复压复烧法）的影响，说明它对孔隙形状不敏感，主要依赖于孔隙度 θ。萨拉克和谢法尔德（R. G. Shephard）等得到有关经验公式：

$$HS = H_0 \theta^{K_1} \exp(-K_2 \theta) \tag{8-12}$$

$$HBW = 831 \theta^{0.127} \exp(-0.049\theta) \tag{8-13}$$

$$H's = H'_0 (1 - K\theta) \tag{8-14}$$

式中，HS 和 HBW 为烧结铁的硬度；H_0 为相应锻造材料的硬度；K_1、K_2 和 K 为常数；$H's$ 和 H'_0 分别为粉末高速钢和普通高速钢的硬度。

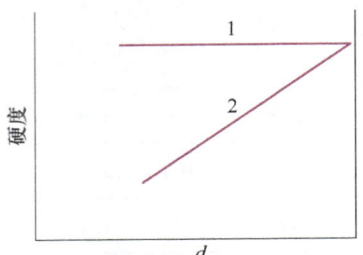

图 8-6 同一材料的显微硬度、宏观硬度与相对密度的关系
1—显微硬度　2—宏观硬度

按式（8-13）计算，当孔隙度为零时，烧结铁的硬度值为 831HBW，接近于相应锻造材料的硬度值，萨拉克对式（8-12）和式（8-13）进行修整，可得到硬度和孔隙度之间的线性关系：

$$HS = K_1 \theta + K_2$$
$$HBW = -2\theta + 877 \tag{8-15}$$

8.2.3　弹性模量与孔隙的关系

弹性模量表征着点阵中原子间的结合强度，是应力-应变曲线在弹性范围内直线段的斜率。如图 8-7 所示，烧结多孔铁的比例极限是很低的，其弹性模量随孔隙度的增加而降低，高孔隙度（$\theta > 30\%$）烧结铁的弹性模量比铜还低。在给定条件下，弹性模量的降低意味着较大的弹性应变。

麦克亚当（D. G. McAdam）根据实验数据绘制了各种铁基粉末冶金材料的弹性模量与孔隙度的关系曲线，如图 8-8 所示。其实验数据的分散度较小，说明弹性模量对烧结时间、合金化程度和原始粉末粒度大小不敏感。麦克亚当根据图 8-8 的曲线，得到了对于烧结铁和钢（退火态）的弹性模量与孔隙度的经验公式：

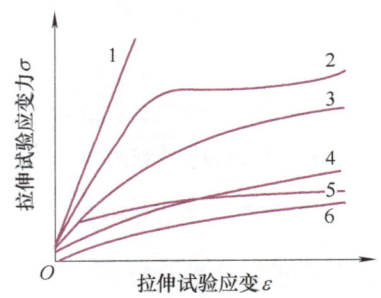

图 8-7 致密钢、铜和具有不同孔隙度 θ 的烧结铁的拉伸图开始部分
1—无孔隙致密钢　2—$\theta = 10\%$ 的烧结铁
3—$\theta = 20\%$ 的烧结铁　4—$\theta = 30\%$ 的烧结铁
5—铜　6—$\theta = 35\%$ 的烧结铁

$$E = E_0 (1 - \theta)^{3.4} \tag{8-16}$$

式中，E 为粉末冶金材料的弹性模量；E_0 为相应致密材料的弹性模量。

巴尔申推荐用与抗拉强度相同的公式来计算弹性模量：

$$E = E_0 d^2 \left(1 - \frac{\theta}{\theta_y}\right) \tag{8-17}$$

式中，符号 d、θ_y、θ 的含义与表 8-1 中公式 6 相同。

费多尔钦科介绍了一种多孔体弹性模量的计算公式：

$$\frac{E}{E_0} = 1 - 15\frac{1-\nu}{7-5\nu}\theta + A\theta^2 \tag{8-18}$$

式中，ν 为多孔材料的泊松比，式中假设 ν 和 θ 无关；A 为实验常数。

在大多数情况下，θ 的平方项可以忽略。多孔体的弹性实验研究结果与式（8-18）很好地符合。

翁德腊歇克（Ondracek）等把多孔材料看做是孔隙和基体金属的两相复合体，并且分为基体型和穿透型两种基本显微组织。穿透型显微组织的两相是连续的，而基体型显微组织是在连续基体相中非连续地分布第二相的组织。如果第二相为孔隙，则穿透型和基体型的显微组织分别具有连通孔隙和闭孔隙。他们着重分析了显微组织中的闭孔隙对弹性模量的影响。通过对烧结材料的定量显微分析，考虑到显微组织对弹性模量影响的三个因素：孔隙度 θ、孔隙形状因子 F 和孔隙方向因子 $\cos\alpha$。对于各向同性的两相材料（即含孔隙材料，$\cos^2\alpha = 0.33$）和球形孔隙（$F = 0.33$）来说，得出了多孔材料弹性模量和显微组织的关系式：

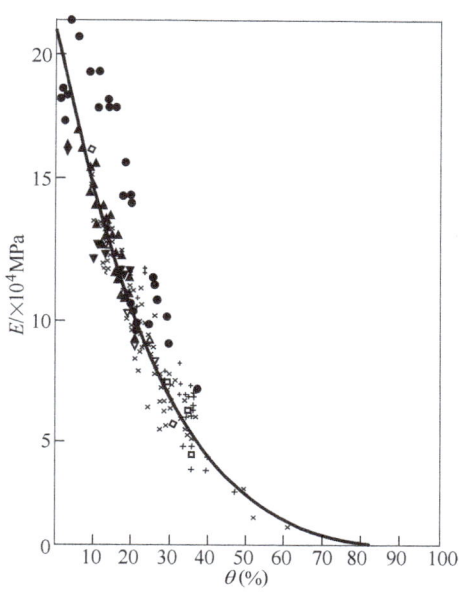

图 8-8　各种铁基粉末冶金材料的弹性模量 E 与孔隙度 θ 的关系

$$\frac{E}{E_M} = \frac{3(3-5\theta)(1-\theta)}{9 - (9.5 - 5.5\nu_M)\theta} \tag{8-19}$$

式中，E_M 为基体相的弹性模量；E 为多孔材料的弹性模量；ν_M 为基体相的泊松比。

实验结果表明，各向同性含孔隙材料的弹性模量的实验数据，与由式（8-19）计算得到的理论曲线能很好地吻合。但应该指出，当闭孔隙为 60% 时，含有球形孔隙的各向同性材料的弹性模量为零。这说明式（8-19）只当 $\theta < 60\%$ 时才是有效的。

弹性模量 E 也可用烧结密度来表达，即

$$E = E_0 \left(\frac{\rho}{\rho_T}\right)^Y \tag{8-20}$$

式中，E_0 代表相对密度为 100% 时的弹性模量；ρ 代表烧结体密度；ρ_T 表示理论密度；指数 Y 变化范围为 0.3~4，它反映了对孔隙结构的敏感度。

例如，相对密度为 100% 的烧结钢，弹性模量 E 为 207GPa，当相对密度降为 90% 时，E 减少了 30%，约为 147GPa；相对密度降为 80% 时，E 为 89GPa，低于相对密度为 100% 烧结钢的一半。在这个例子中，指数 Y 大约是 3.4。

泊松比 ν 与相对密度的经验关系如下：

$$\nu = 0.068\exp(1.37\rho/\rho_T) \tag{8-21}$$

式中，ρ/ρ_T 是相对密度。

8.2.4 强度与孔隙的关系

所有的力学性能，包括塑性、泊松比、疲劳强度、断裂强度，都依赖于粉末冶金材料的密度和微观组织结构。以 ρ 代表密度，ρ_T 代表理论密度。ρ/ρ_T 代表相对密度。多种强度随孔隙度 θ 的变化关系式为：

$$\sigma = \sigma_0 A_1(1 - A_2\theta^{2/3}) \tag{8-22}$$

$$\sigma = \sigma_0 K(\rho/\rho_T)^m \tag{8-23}$$

但是，其中 A_1 和 A_2 与孔隙的形状、孔隙在材料中的分布和孔隙尺寸相关。几种金属粉末烧结强度对烧结密度的依赖关系如图 8-9 所示。一般来说，式（8-23）中指数 m 的变化范围是 3~6。但是，式（8-23）的指数 m 和常数 K 也受过程条件控制。粉末冶金材料强度随孔隙形状的变化而下降并不呈规律性。图 8-10 所示为烧结强度对颗粒尺寸和孔隙的依赖关系。利用三种不同颗粒尺寸的水雾化粉末，在氢气保护下于 1200℃烧结 60min，强度和颗粒尺寸成反比。晶粒尺度允许的条件下，提高烧结温度可以增加烧结坯的密度，尤其是当晶粒尺度不再增长时。随着烧结度的提高，烧结密度也会提高，这将有利于提高样品的力学性能。对于高致密度材料，强度对孔隙结构和颗粒间的结合方式有复杂的依赖关系。

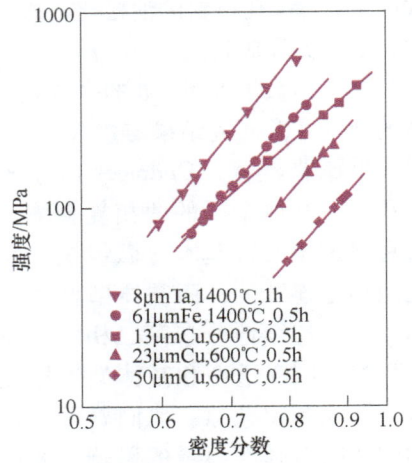

图 8-9 几种金属粉末烧结强度对烧结密度的依赖关系

8.2.5 韧性与孔隙的关系

材料中存在的孔隙会降低材料的断裂韧度，断裂韧度对孔隙的形状和位置有特殊的敏感性。间距大、表面光滑的孔隙比间距小、表面粗糙的小孔隙对韧性降低的影响小。孔隙的效果相当于内部产生裂纹。

对于金属粉末烧结材料，韧性可按下式进行估算：

$$Z = \frac{(1-\theta)^{3/2}}{(1+c\theta)^{1/2}} \tag{8-24}$$

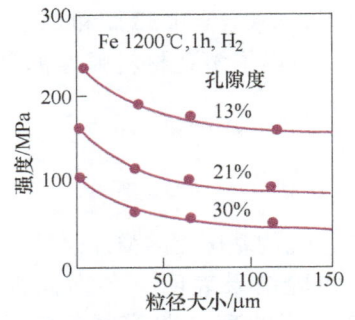

图 8-10 烧结强度对颗粒尺寸和孔隙的依赖关系

式中，Z 代表相对韧性；c 为经验常数；θ 代表孔隙度。

相对韧性是指多孔材料的韧性。图 8-11a 代表对应三种不同的系数 c 的材料的相对伸长率，系数代表韧性对孔隙出现变化的敏感度。烧结铁的两种不同粉末的相对韧性对孔隙的依赖关系如图 8-11b 所示。对应图 8-11a 中这种行为的系数 c 接近于 1600。在其他例子中，系数 c 在锻造铁中高达 105，在非弹性钢中只有 100。

带有少量孔隙的铸造和焊接金属材料，在具有相同孔隙度的情况下，受孔隙的影响比粉末材料要小。因此，韧性对孔隙的形状、尺寸、大小和分布是很敏感的。一般来讲，具有15%以上的孔隙度的材料，韧性比较低。韧性值比强度值具有更大的离散性。

其他力学性能如压缩强度、断裂韧度、疲劳强度同样对烧结密度和显微组织结构有敏感性。对于低密度的烧结材料，疲劳强度与烧结密度间的关系类似于式（8-21），对于高密度材料，力学性能还与显微组织结构，包括孔隙的尺寸和分布相关。在裂纹前端的弹性区接近孔隙大小时，孔隙不能阻止裂纹扩展和快速断裂的发生。对于 Al-2Ni-0.8C 合金在密度为 7.1g/cm³（孔隙度大约为10%），疲劳周期在 10^7 以下时，弹性模量为 200~250GPa，约为抗拉强度的35%，许多多孔材料显示相似的疲劳和拉伸强度比。通过熔渗和锻造等减少孔隙的方法可以提高产品强度。

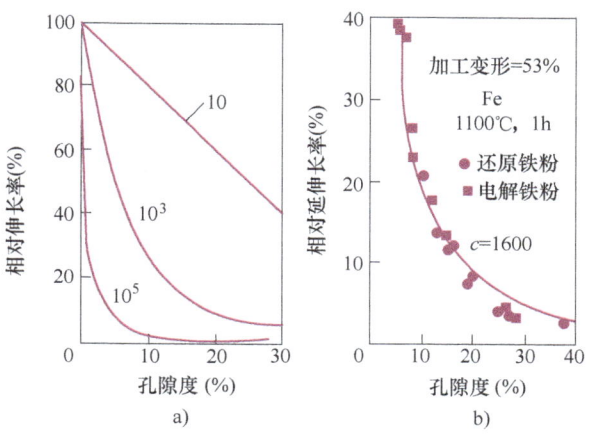

图 8-11　相对伸长率随孔隙的变化

8.3　物理性能与孔隙的关系

8.3.1　传导性

在稳定条件下，电流、热流、磁感应和极化等现象都可以用完全类似的方法描述。因此，可以概括地用传导性来加以研究，电导率、热导率、磁导率和电容率都属于传导性。

根据资料的介绍，基体性多相系统的传导性为：

$$\lambda = \lambda_1 \left(1 + \frac{\theta_2}{\frac{1-\theta_2}{3} + \frac{\lambda_1}{\lambda_2 - \lambda_1}} \right) \tag{8-25}$$

式中，λ_1 为连续基体（第一相）的传导性；λ_2 为孤立夹杂物（第二相）的传导性；θ_2 为孤立夹杂物（第二相）的体积分数。

式（8-25）可用来计算基体型两相复合材料的传导性。如果把孔隙当做孤立夹杂物，则公式中的 $\lambda_2 = 0$，即孔隙的传导性为零。因此，对于具有孔隙的多孔体来说，可由式（8-25）得到，即：

$$\lambda = \lambda_0 \left(1 - \frac{3\theta}{2+\theta} \right) \tag{8-26}$$

式中，λ_0 为相应无孔材料的传导性；θ 为孔隙度。

对于非孤立夹杂物呈混乱分布的多相系统，可得到如下关系式：

$$\sum_i \frac{\lambda_i - \lambda}{\lambda_i + 2\lambda} \theta_i = 0 \tag{8-27}$$

式中，λ_i 为第 i 相的传导性；θ_i 为第 i 相的体积分数。

对于孔隙度为 θ 的多孔体，由式（8-27）得到

$$\frac{\lambda_1 - \lambda}{\lambda_1 + 2\lambda}(1-\theta) + \frac{\lambda_2 - \lambda}{\lambda_2 + 2\lambda}\theta = 0 \tag{8-28}$$

因为第二相为非孤立夹杂物-孔隙，所以 $\lambda_2 = 0$。因此得到：

$$\lambda = \lambda_0 (1 - 1.5\theta) \tag{8-29}$$

若混合物各组元的传导性相差不大时，则该混合物的传导性可表示为：

$$\lambda^{1/3} = \sum_i \theta_i \lambda_i^{1/3} \tag{8-30}$$

式（8-25）~式（8-30）都已经被多孔体和一般两相材料的电导率、热导率和电容率的实验数据所证实。在粉末冶金实践中最常用的是式（8-29），当 $\theta = 60\%$ 时，$\lambda \approx 0$，所以该式只有当 $\theta < 60\%$ 时才适用。按式（8-29）计算的结果与实验数据的比较，如图8-12所示。从图中可以看出，烧结铁和烧结铜的电导率与孔隙度的关系，其计算值与实验数据重合性较好。

多孔体的电导率可以用来衡量颗粒间的接触面大小。但在确定多孔体的电导率公式时，假设多孔体颗粒间是完全接触的；而实际上粉末多孔材料颗粒间的接触是不完整的。例如，由球形粉末制取的材料，颗粒间的接触半径 r 与颗粒半径 R 之比 ξ 只有 $0.2 \sim 0.5$，由还原粉末制取的不锈钢材料，ξ 为 $0.6 \sim 0.9$。因此，式（8-29）只适用于烧结性能良好的非球形粉末制品，如铜、铁、银和镍等，而对于大多数粉末材料是不合适的。对于颗粒间接触不完整的多孔体，斯科罗霍德提出了计算电导率的修正公式：

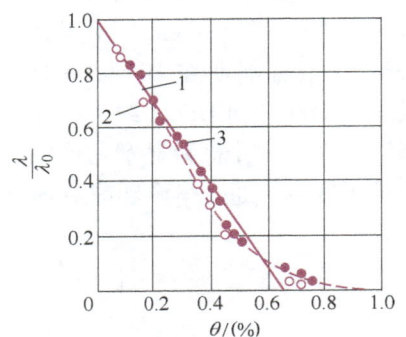

图 8-12 烧结铁和烧结铜的电导率 λ 与孔隙度 θ 的关系
1—按（8-29）式计算得到的曲线
2—在 $1150 \sim 1000\,^\circ\!C$ 烧结的多孔铁
3—在 $700 \sim 1000\,^\circ\!C$ 烧结的多孔铜

$$\lambda = \xi \lambda_0 (1 - 1.5\theta) \tag{8-31}$$

ξ 值可由下述两种方法进行估算。由球形粉末制取的材料可用显微镜法估算 ξ 值。由非球形粉末制取的材料，先从手册中查出相应无孔隙材料的电导率 λ_0，再将实验数据代入式（8-29）计算得到无孔材料的电导率 λ'_0，然后按 $\xi = \dfrac{\lambda_0}{\lambda'_0}$ 计算，即可得到 ξ 值。实验证实了由上述方法计算的 ξ 值与铜粉和镍粉制取的试样的显微分析数据一致。用这种方法确定的 ξ 值相差不超过 $10\% \sim 20\%$。

烧结材料的传导性与孔隙度的关系，如前所述，弹性模量与孔隙度的关系一样，翁德腊歇克等通过定量显微组织分析，从孔隙度 θ、孔隙形状因子 F 和孔隙方向因子 $\cos\alpha$ 三种组织因素出发，对于各向同性的含孔隙材料和球形孔隙，提出传导性与显微组织的关系式为：

$$\frac{\lambda}{\lambda_M} = (1-\theta)^{\frac{3}{2}} \tag{8-32}$$

式中，λ_M 为基体相的传导性。

根据多埃布克（W. Doebke）所提供的计算两相系统传导性的公式，有：

$$\lambda = \lambda_1 \frac{\lambda_2(1+2K) - 2K\rho_1(\lambda_2 - \lambda_1)}{\lambda_1(1+2K) - \rho(\lambda_2 - \lambda_1)} \tag{8-33a}$$

式中，λ 为多相材料的传导性；λ_1 和 λ_2 分别为相应组元的传导性；ρ_1 为第一组元的体积分数；K 为常数。

当第二相为孔隙时，则孔隙的传导性 $\lambda_2 = 0$，$\rho_1 = 1 - \theta$。因而由式（8-33a）得到

$$\lambda = \lambda_0 \frac{2K(1-\theta)}{2K + \theta} \tag{8-33b}$$

常数 K 取决于材料的组织因素，即与孔隙形状、大小、分布和取向有关。当孔隙扁平且垂直于传导流向时，$K < 1$；当孔隙为针状且平行于传导流向时，$K > 1$；当孔隙为球形时，$K \approx 0.3$；当孔隙分布具有各向同性时，$K = 1$。

8.3.2 磁性能

应该指出，孔隙形状也对磁导率和电容率的影响很大。例如，最大磁导率主要取决于孔隙形状，孔隙形状越接近球形，在颗粒表面凹凸部分的退磁场影响就越小；同时，孔隙阻碍磁畴壁的迁移，从而降低最大磁导率。

多孔体的热容与饱和磁化强度均属于加和性能，服从多相系统的加和计算法：

$$B_s = \sum_i B_{si} \theta_i \tag{8-34}$$

式中，B_s 为混合物的饱和磁化强度或其他加和性能；B_{si} 为混合物中 i 组元的饱和磁化强度或其他性能；θ_i 为混合物中 i 组元的百分含量。

对于多孔体来说

$$B_s = B_{s0}(1-\theta) \tag{8-35}$$
$$c = c_0(1-\theta) \tag{8-36}$$

式中，c 为多孔体的热容；c_0 为相应无孔材料的比热容；B_{s0} 为相应无孔材料的饱和磁化强度。

磁性材料的磁学性能与材料精细的微观结构、高密度和粗糙晶粒组织密切相关。磁性能可由图 8-13 中提供的方法来确定。图 8-14 是几种粉末冶金材料磁性能的对比。高温烧结中增加密度、减少孔隙或孔隙度不变使孔隙球化都能提高磁性能。从烧结温度缓慢冷却，以减少残留应力，磁感应强度增加。使用分解氨作烧结保护气体有可能在烧结铁中发生渗氮反应，使磁性能下降。与粉末冶金材料的其他性能一样，磁性能随烧结密度的提高而迅速提高。任何破坏磁畴均匀化的方面都能损坏软磁材料的性能。因

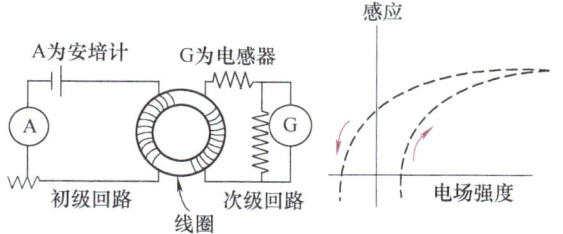

图 8-13 环形产品磁性能测量

此，细小的组织结构（磁畴）和低的孔隙率是基本要求，初始粉末的纯度和烧结气氛对矫顽磁力有很重要的作用。

高烧结密度对磁性能有利，然而提高压坯密度，形成封闭孔隙后，不利于烧结气氛还原粉末中的氧化物。如铁粉经刚模压制后在1200℃氢气气氛下烧结，最终的氧含量随烧结密度的升高而增大。烧结密度为 7.2g/cm³ 时，氧的体积分数为 220×10^{-4}%，烧结密度提高到 7.8g/cm³ 时，氧的体积分数达到 420×10^{-4}%。氧含量提高会降低材料磁性能，说明了烧结过程中组织、成分和密度控制的重要性。

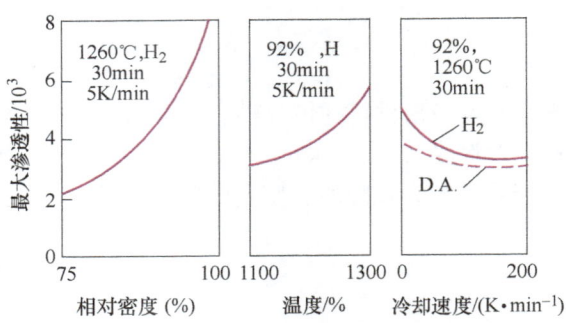

图 8-14 影响烧结铁磁性能的因素：气氛、密度、冷却速度和烧结温度等

8.3.3 热膨胀性

多孔材料的热膨胀性低于对应成分的致密材料。热膨胀产生于原子之间的键合和原子振动。孔隙存在减少了总的质量，但并不改变内在的原子结合力。孔隙影响热膨胀系数的方面的一个简单方程是：

$$C_T = C_0 (\rho/\rho_T)^{1/3} \tag{8-37}$$

式中，C_T 为有效热膨胀系数，C_0 为致密材料热膨胀系数，ρ/ρ_T 为密度分数。

8.3.4 导电性

粉末冶金材料的导电和导热性由于孔隙和其他杂质的因素而降低。在烧结过程中，多孔材料低导热性要求控制加热速度，以减小热应力。传导性受孔隙形状和颗粒接触程度的影响。对于一个封闭的孔隙，热导率会随加热过程的进行而降低。对于连通性孔隙的影响作用则相反。从图 8-15 可以很明显看出，如果孔隙连通并含有气体，则随温度的升高导热性增加，这是由于连通孔隙中气体的作用，再者，占据孔隙的气体性质也发挥作用。这一点对于预烧结过程的自润滑燃烧时间的分析十分重要。

在经验基础上多孔材料的传导率随孔隙度变化的关系如下：

$$\frac{K}{K_0} = \frac{1-\theta}{1+X\theta^2} \tag{8-38}$$

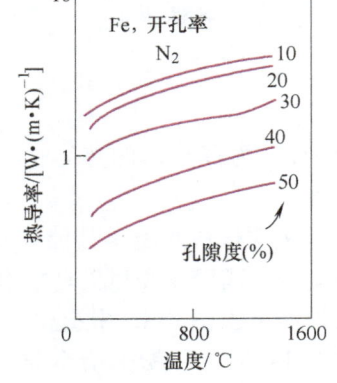

图 8-15 烧结铁热导率与孔隙度之间的关系

式中，K/K_0 为多孔材料和致密材料的传导率比例；θ 为孔隙度；X 为孔隙敏感度系数。方程式（8-38）缺少内部结构影响参数。在几种不锈钢压制粉末的分析中，当孔隙的形状和尺寸变化时，X 的最佳值是 11。图 8-16 所示为烧结铜电导率与孔隙度的关系。在低孔隙的地方，相对电导率和孔隙度 θ 呈线性关系。因此：

$$K/K_0 = 1 - \omega\theta \tag{8-39}$$

ω 变化范围是 1~2。在孔隙度低于 30% 时，这个关系更准确。

粉末冶金铜制品的物理及力学性能见表 8-3，从表中可以很明显看出，低孔隙度时，电导率和热导率呈平行关系。表中给出了烧结铜在各种孔隙度时的导电、导热性能。表中 %IACS 为退火铜的国际标准导电性百分数。表中还列出了抗拉强度、伸长率和热导率的变化。高孔隙度材料在高温情况下，导电和导热对结构敏感。材料本身的导电性越低，其结构敏感性越高。

两相显微结构构成的粉末冶金触点用处广泛，这时构成材料的两个组元都发挥各自的长处。如银钨或铜钨两相材料同时具有耐磨性好和导电性能好的特点。这种结构允许大电流通过，在通断时，不会产生大的电火花。这类材料经混合压制和通过液相烧结，去除材料压坯中的孔隙。另外，钨粉末颗粒的形状、尺寸和在合金材料中的体积比对材料的寿命和功能有重要作用。

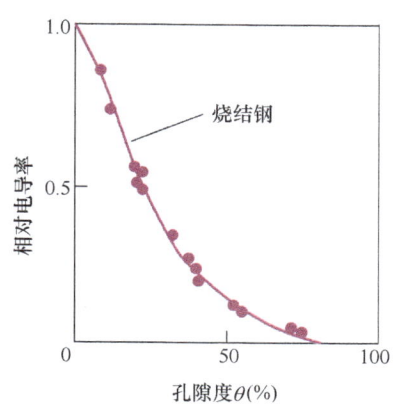

图 8-16 烧结钢电导率与孔隙度的关系

表 8-3 粉末冶金铜制品的物理及力学性能

孔隙度（%）	电导率（%IACS）	热导率/[W/(K·m)]	抗拉强度/MPa	伸长率（%）
0	100	388	220	45
1.3	99	384	209	38
3.6	96	372	200	36
5.8	94	364	190	32
8.1	91	353	180	27
10.3	88	341	162	21

注：IACS-国际退火铜标准。

8.3.5 表面性能

1. 表面活性

大量孔隙的存在使多孔材料具有很大的比表面，而比表面的大小又是决定其使用性能的重要指标。测定开孔隙比表面的方法很多，可以用类似于测量粉末比表面的方法来测定。用 BET 法测定每克只有十分之几平方厘米的比表面的试样已经相当困难，因此，对一般由粒度在微米级以上粉末制取的多孔材料，就不大适用了。当孔隙度大于 20% 时，用透过法测定比表面可以获得足够精确的结果，满足实际应用需要。

测定比表面的透过法是通过测定透过系数来求比表面的。这个方法的原理是根据科青-卡门公式来求得，即

$$S_V = \rho S_m = 14 \times 10^{-3/2} \sqrt{\frac{\Delta p \cdot A}{\eta \delta Q} \frac{\theta^3}{(1-\theta)^2}} \tag{8-40}$$

式中，S_V 为体积比表面积，单位为 m^2/cm^3；S_m 为质量比表面积，单位为 m^2/g；A 为流体流过试样的横截面积，单位为 m^2；δ 为试样的厚度，单位为 m；η 为流体的黏度，单位为 Pa·s；Q 为单位时间内流过试样的流体体积，单位为 m^3/s；θ 为孔隙度；ρ 为试样密度，单位为 g/cm^3；Δp 为流体通过试样两端的压力差，单位为 MPa。

粉末多孔材料由于具有发达的表面积，从而具有很强的穿流介质热交换作用和表面作用，可以制成多孔电极材料、催化剂、发汗材料、热交换器和灭火器等。由于多孔材料和穿流介质之间存在很大的接触面，具有十分迅速的热交换作用，所以常将高温部件做成多孔体，用冷却剂通过加以冷却。这种冷却方式的吸热过程一般通过三种途径实现：利用冷却介质和热流的逆向冷却；冷却剂发生物态变化（如熔化、分解、蒸发等）时以吸收大量热量和喷射冷却改变附面层状态，以隔绝壁表面与高温气流。"发散冷却"又称为"多孔壁冷却"或"射流冷却"。它是解决宇航高温材料冷却的重要途径。按照冷却剂物态不同，发散冷却又分为气体发散冷却、液体发散冷却和固体发散冷却。气体发散冷却是将冷气流通过多孔体，再由壁上小孔平排出，在壁表面形成一层冷气膜，将壁表面与热气流隔绝。在多孔材料内部进行热交换时，由于没有冷气膜，其散热效果在很大程度上取决于材料的孔隙度。液体发散冷却的效果更好，它除了在多孔壁表面形成液膜以外，还发生液体的蒸发吸热过程。这种冷却方式又称为发汗冷却。当在多孔材料基体中浸渍固体冷却剂时，在工作温度下固体冷却剂熔化、蒸发，因吸收大量热而使多孔壁冷却，这种固体发散冷却又称自发汗冷却，其冷却过程主要依靠传导冷却、蒸发冷却和界面冷却三种效果起降温作用，是阻止表面温度升高最有效的途径。

多孔体灭火的原理，是根据火焰通过毛细孔时产生热交换，使燃烧物的热量通过孔壁而散失，从而阻止燃烧过程的进行，使火焰熄灭。换句话说，火焰在管道中的传播速度和孔隙大小是有一定关系的，当孔隙减小到某一临界尺寸时，可燃气体将不可能着火。孔径的这一极限值称为临界熄火孔径。它与燃气的各种性能之间的关系用贝克来数 $Pe_{临界}$ 表示：

$$Pe_{临界} = \frac{v_n D_{临界} c_p p_{临界}}{RT\lambda} \tag{8-41}$$

式中，v_n 为混合燃气火焰传播的正常速度，单位为 m/s；λ 为混合燃气的导热系数，单位为 W/m·K；c_p 为混合燃气的比热容，单位为 J/mol·K；$D_{临界}$ 为临界熄火孔径，单位为 m；$p_{临界}$ 为混合燃气的临界压强，单位为 Pa；T 为燃气温度，单位为 K；R 为摩尔气体常数，单位为 J/(mol·K)。

由式（8-41）可知，火焰传播速度越快，燃气压力越高，临界熄火孔径则越小。实验指出，氢、甲烷、乙炔与空气或氧的混合气体燃烧时，其 $Pe_{临界}$ 是一个常数，约为 65。火焰传播的正常速度最大的是乙炔-氧与氢-氧火焰。粉末冶金多孔材料孔径小，多孔材料的腐蚀不仅发生在表面，而且发生在基体内部，并且当腐蚀介质（特别是液态介质）进入孔隙后，就很难除掉。因此，由易腐蚀材料制取的多孔产品，常常需要进行防腐处理。

安德里叶夫斯基对铁基和镍基多孔材料抗氧化性的研究指出，多孔金属的氧化与温度的关系具有非单调性特点。例如，多孔铁 600℃ 时的氧化比 800℃ 时强烈，这是由于 800℃ 时氧化物堵塞了孔隙出口，造成孔隙内氧的分压比孔隙外低，从而使氧化速度减慢。然而当温度继续升高时，由于试样表面迅速形成氧化物而使氧化速度加剧。

孔隙小、表面积大对于材料在催化、过滤、燃料和电池方面的应用很有益处，这些应用需要材料有大的表面积和高的孔隙度（50%~90%）。采用颗粒尺寸细小的粉末和高孔隙率一起形成了需要的表面积。然而在这些应用中，表面脏化必须加以避免。

2. 耐蚀性

耐蚀性与烧结材料致密化程度密切相关，由于粉末冶金材料孔隙存在，通常耐蚀性低于铸造材料。低耐蚀性来自以下三方面：①连通的孔隙使单位体积的表面积增加；②过长时间烧结，导致产品中氧含量增加；③烧结气氛的分解产物。粉末冶金不锈钢耐蚀性能合金和烧结过程密切相关。在含有氮、氧和碳的气氛中烧结时，不锈钢中的铬与氧、氮或碳反应生成化合物，消耗了合金中的铬，使晶界附近的铬含量减少，形成晶界腐蚀或局部腐蚀，如图8-17所示。显微照片显示了由于在不恰当气氛中烧结，晶界附近铬渗氮反应后的析出过程，腐蚀在析出相周围发生。材料的耐蚀性要求铬元素均匀分布，不能形成化合物。提高烧结密度减少表面腐蚀，从烧结温度快速冷却可以保持铬的均匀分布，烧结气氛采用纯氢以防止合金中铬元素氧化，却妨碍了含氮气氛对固溶强化的作用。

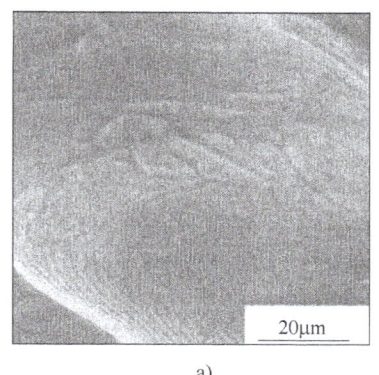 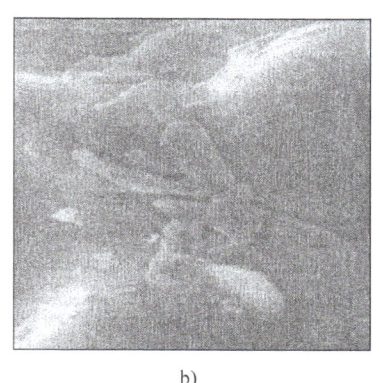

a) b)

图 8-17 烧结不锈钢断口表面分析

a) 表面层氮化铬沉积 b) 暴露在腐蚀性气氛之后的不锈钢断面

图8-18是过325目水雾化不锈钢粉末在1250℃烧结的示意图，由图可知，控制好氮和氢不同混合比可导致材料表面渗氮。渗氮量的增加提高了强度，同时氮含量的增加也降低了材料的耐蚀敏感性。这些数据表明了材料性能与各因素间的实际平衡关系。烧结后用有机物浸润孔隙并封闭孔隙也有利于减少腐蚀问题。

3. 毛细吸附性

粉末冶金烧结材料的孔隙很容易被润湿性液体润湿。许多应用与多孔材料的毛细吸附作用有关。由于表面凹形容易发生物理吸附水蒸气，在饱和压力下，气孔为蒸汽凝聚提供了稳定场所。孔隙中毛细管压力取决于接触角的大小。接触角越小，固相对液体润湿性越好，因此液体进入孔隙的距离与孔隙的大小及液体压力相关。相反，非润湿性流体因接

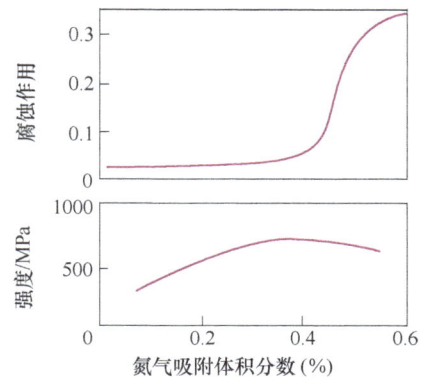

图 8-18 不锈钢烧结材料的强度和耐蚀性受烧结气氛中吸附氮含量影响

触角大,需要更大的压力才能使液体进入孔隙。相对于凹面,凸形表面对流体吸附力要小。依据材料孔隙对不同液体的润湿特点,多孔材料用于油水分离、自润滑轴承材料方面,孔隙直径决定了毛细吸附作用的大小。

8.4 工艺性能与孔隙的关系

8.4.1 加工性能与孔隙的关系

为了提高烧结体的力学、物理、化学性能和精度,以及生产所需要的线材、板材、带材、管材和零件,对多孔体还要进行必要的各种加工,包括熔渗、浸渍、复压复烧、精整、整形、等静压、锻造、轧制、挤压、拉丝、机加工、焊接、热处理、化学热处理和其他表面处理等。然而这些烧结后处理工艺都受到孔隙度的影响。为了使粉末冶金制品达到最终形状、尺寸和精度,有时要进行切削、钻孔、磨削等加工。低孔隙度($\theta \leq 5\%$)粉末冶金材料的机加工与普通致密材料一样。但是随着孔隙度的增加,孔隙破坏了材料的完整性,出现冲击载荷和断屑等现象,因此粉末冶金多孔材料的机加工需要锋利的刀具、高切削速度和小进给量;同时,对于切削孔隙度大于10%的材料,不适宜使用水乳浊液。此外,焊接粉末冶金多孔材料时,要注意避免制品氧化,并防止熔化了的钎料进入孔隙。采用高温熔焊、对焊烧结、烧结钎焊和高频焊接等方法,可以获得良好的效果。与致密金属的加工相比,粉末冶金材料具有以下特点。

首先,在烧结后处理的各种加热过程中,晶粒有较小的过热敏感性和较强的气氛敏感性。在加热过程中,晶粒长大主要通过再结晶进行,而再结晶长大是以晶界迁移方式进行的。在粉末冶金多孔材料中,原始颗粒间晶界是孔隙、夹杂物聚集和晶格不完整的区域,又是加工变形过程中接触变形最大的区域,所以它是再结晶成核可能性最大的区域。但是,在烧结体内存在大量孔隙、氧化物夹杂和低熔点夹杂,它们强烈阻止再结晶过程。晶界的迁移受到烧结体内第二相(如孔隙、夹杂物等)的强烈阻碍。第二相对于晶粒长大的抑制作用,已研究得出定量结果,例如当第二相为球状物或孔隙时,有泽讷尔公式:

$$R = \frac{4r}{3f} \tag{8-42}$$

式中,R 为晶粒的平均曲率半径;r 为第二相(如孔隙)的平均半径;f 为第二相(如孔隙)的体积分数。

由式(8-42)可以看出,材料的晶粒度和孔隙度存在相互关系,较小的孔隙或弥散相数量较多时,即孔隙和弥散相的弥散度 f/r 较大时,对晶粒长大的阻碍作用也较大,所以粉末冶金材料容易获得均匀的细晶组织。例如,不下坠钨丝就是由于在钨中包含了微量的 K_2O,在高温退火时形成弥散分布的气泡,而气泡对晶界有钉扎作用,从而有效地阻止了钨晶粒的再结晶长大。可见,K_2O 弥散分布对于晶粒长大是一种很有效的障碍。在较低的温度下加热,多晶体由于晶界迁移困难,实际上晶粒不再长大;随着加热温度的升高和保温时间的延长,由于孔隙度减少和孔隙球化,晶粒才再结晶长大;只有当温度过高和保温时间过长时,晶粒才明显长大。

粉末冶金多孔体在压力加工过程中，遵循着质量不变条件，同时发生塑性变形和致密化两个过程，并具有低屈服强度、低拉伸塑性、小横向流动和变形-致密不均匀性等变形特征。粉末多孔体的断裂应变迹线与纵坐标的截距比致密材料要低得多，说明多孔体在变形过程中容易产生断裂，为了减少变形外力和避免多孔体在变形过程中断裂，在复压、轧制、拉拔之间可以进行中间退火。例如，在多次压制时进行中间退火，可以消除加工硬化，在较低压力下进行多孔体复压。如图 8-19 所示，复压时，压制压力可以大大降低。例如，制取孔隙度为 5%～6% 的制品，采用一次压制烧结法，压制压力至少要 900～1000MPa；而采用二次压制工艺，压制压力只要 500～600MPa 就可以了。

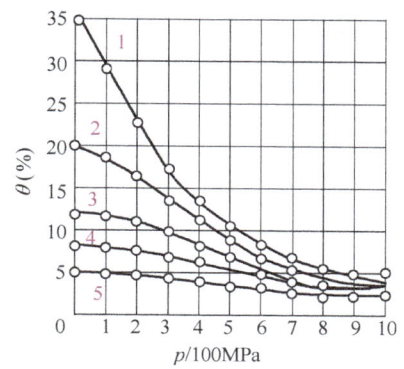

图 8-19　多孔铁坯复压时
孔隙度 θ 与复压压力 p 的关系
（铁粉压坯经过 850℃ 预烧结 0.5h）

1—第一次压制压力 100MPa
2—第一次压制压力 300MPa
3—第一次压制压力 500MPa
4—第一次压制压力 700MPa
5—第一次压制压力 1000MPa

应该指出，由于粉末材料的晶粒可以满足超细化、等轴化和稳定化的要求，所以有可能在一定应变速率和温度下产生超塑性，实现所谓微细晶粒超塑性变形。例如，粉末高温合金由于采用雾化预合金粉末，每一颗粉末相当于一个"微小铸件"，可以把合金成分的偏析控制在粉末颗粒范围内；由于粉末是多晶体，其晶粒度比颗粒尺寸小得多；并且粉末表面残留氧化夹杂而坯块内残留孔隙，在热成形过程中有效地阻止晶粒长大。因此，粉末高温合金具有微细晶粒组织，与熔铸高温合金相比，较易获得超塑性状态，从而大大改善了高温合金的热加工性能，使难以塑性变形的高温合金具有良好的压力加工性能。如对熔铸高温合金 In100 采用轻微热锻时，极易出现裂纹；而粉末高温合金 In100，在 980～1100℃ 下进行等温锻造时，显示出明显的超塑性，其伸长率可以达到 1000% 以上，因此，可以用很低的单位压力等温锻成复杂形状的锻件。

当制品尺寸精度要求较高时，必须精整，精整后的尺寸精度可以与机加工媲美。烧结多孔制品的精整实际上是通过少量塑性变形来提高产品精度和减小产品的表面粗糙度，并使制品表面有一定程度的硬化。精整压力与制品孔隙度及组织有关，并随着孔隙度的增加而显著降低；具有珠光体组织制品的精整压力几乎是具有铁素体组织制品的两倍。因此，采用微脱碳气氛烧结的铁基制品，由于制品表面轻微脱碳，精整后可以得到高精度。为了减少模具的损失和降低精整压力，模具应该润滑，可以将润滑剂喷涂到模具工作表面上或涂在精整坯面上。硬脂酸锌是一种良好的耐高压润滑剂，用硬脂酸锌酒精溶液浸涂坯件，可以得到良好的润滑效果。如果坯件内浸入较多的油，加压时呈现抗压性，卸压后将产生弹性后效。

8.4.2　粉末冶金产品热处理

1. 粉末冶金材料热处理与孔隙度的关系

粉末冶金材料和致密材料一样，用热处理和化学处理方法可以有效地提高材料性能。但是孔隙的存在对粉末冶金材料的热处理性能影响很大。常用的热处理和化学热处理方法有：退火、正火、淬火、回火、渗碳、碳氮共渗、盐溶氮化、离子氮化、氧化处理、硫化处理、渗铬、渗硼和渗锌等。粉末冶金材料多孔体在复烧、熔渗、热变形和热处理的加热过程中，具有较小的过热敏感性，允许在较高温度下加热。

由于烧结体内存在孔隙，易使加热介质进入孔隙，并残留下来，从而引起氧化、脱碳和腐蚀。因此，加热介质的选择对于多孔体非常重要。例如，多孔烧结钢不适合使用致密钢热处理过程中常用的盐浴加热法，因为这时熔盐进入孔隙并残留下来，会引起烧结钢内部腐蚀。所以烧结钢常采用可控制碳势的吸热性气氛作为加热介质，严格控制气氛的碳势和露点，保证加热过程中不氧化、不脱碳、不渗碳。为了满足各种粉末冶金材料加热时的要求，可以分别采用氢、分解氨、氮、氩、吸热性气氛、放热性气氛、空气和真空等加热介质，以得到良好的效果。

在烧结钢中，晶粒细、氧化夹杂含量高，而硅、锰含量低，特别是孔隙多会使烧结钢的导热性降低，淬火的临界冷却速度提高。因此，烧结钢的淬透性比同成分致密钢要低。同样多孔铁的导热性低，试样断面大于 12mm，含碳量 $w_C <0.1\%$ 的烧结铁，实际上是不能淬硬的。甚至在含碳量较高的情况下，如果不采用特别强烈的冷却手段，也难以得到马氏体组织。图 8-20 所示为烧结钢密度对淬透性的影响。试样由与 1080 钢成分相同的混合成分制成，烧结后于氮中加热至 870℃保温 30min，然后顶端淬火，并绘制其淬透性曲线。从图中可以看出，低密度的烧结钢，由于导热性低，淬硬层硬度 HRA 随密度的减小而降低，淬硬层的深度也随密度的减小而降低。淬火

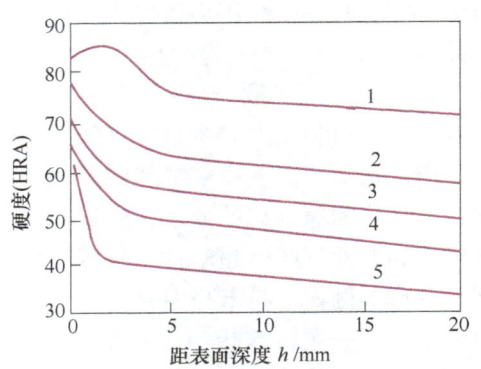

图 8-20　烧结钢密度对淬透性的影响
1—1080 锻钢　2—7.1g/cm³ 烧结钢
3—6.8g/cm³ 烧结钢　4—6.4g/cm³ 烧结钢
5—6.0g/cm³ 烧结钢

时，淬火液易浸入孔隙引起制品腐蚀；孔隙和夹杂物的尖端也往往由于缺口效应而引起淬火裂纹。但是，孔隙的存在可以使淬火试样的内应力减小，热处理后的试样尺寸变化不大。

2. 粉末冶金产品表面热处理与孔隙度的关系

图 8-21 表示烧结钢密度对渗碳层深度的影响。由图可以看出，烧结钢渗碳层的深度随密度增加而成比例下降，一直到 6.8g/cm³ 为止。大于 6.8g/cm³ 后，渗碳层深度急剧下降，渗碳明显，有利于提高材料的疲劳强度；当密度达到 7.2g/cm³ 时，渗碳层深度已经不受试样密度的影响。

低密度烧结钢渗碳时，渗碳气体通过开孔隙以分子扩散方式向试样中心穿透，通过碳原子扩散的作用不大；而高密度烧结钢的开孔隙很少，当密度达到 7.2g/cm³ 时，几乎没有开孔隙，主要通过碳原子扩散的方式进行渗碳。所以，前者渗碳过程进

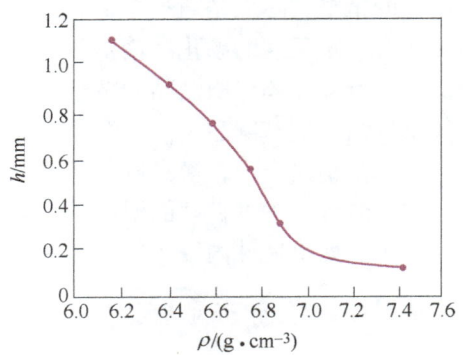

图 8-21　烧结钢密度对渗碳层深度的影响

行得非常迅速，短时间内能得到深的渗碳层。如果用密度小于 6.8g/cm³ 的烧结钢渗碳，由于试样内部也同时渗碳，而使整个试样变脆。为此，一般要求渗碳试样密度不低于 7g/cm³；

或者用旋压、精喷砂、机加工等方法提高试样表层的密度；或者在混合料中添加少量硫（以质量分数为 0.25% 的硫较好），硫化亚铁与铁在 988℃ 时形成低熔共晶使孔隙封闭；或者采用氧化处理和硫化处理来使孔隙封闭，从而可得到稍薄而明显的渗碳层。

烧结铁的密度对碳氮共渗淬硬层深度的影响与渗碳相似。如图 8-22 所示，由于气体通过开孔隙以分子扩散方式向试样内部穿透，所以烧结铁的密度越低，淬硬层越深；由于孔隙使热导率下降，所以试样表层硬度随密度的减小而降低，而试样心部硬度随密度的增大而增大。碳氮共渗温度通常比渗碳温度稍低，但是变形比渗碳大。因而在温度较低的碳氮共渗中，必须注意防止网状碳化物的形成，温度较高（826~870℃）时，这些碳化物可以溶解。

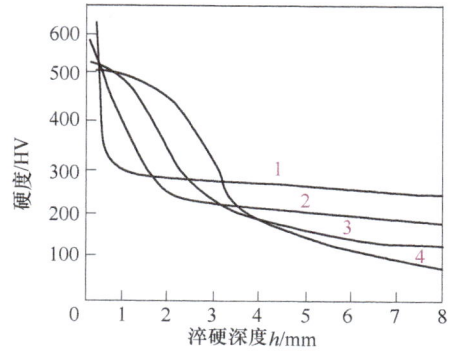

图 8-22 烧结铁密度对碳氮共渗淬硬层深度的影响

1—1080 锻钢　2—6.8g/cm³ 烧结铁
3—6.4g/cm³ 烧结铁　4—6.0g/cm³ 烧结铁

3. 粉末冶金产品表面处理与孔隙度的关系

由于孔隙的存在，在烧结铁的氧化处理和硫化处理过程中，金属氧化物和硫化物不仅在试样表面形成，而且穿透于试样内部，使孔隙由于氧化物的阻塞而变得狭窄，甚至被封闭。孔隙度为 27% 的零件，经过水蒸气处理后孔隙度下降到 2% 左右；经硫化处理的零件，由于孔隙尺寸减小而使硬度提高 0.5~1 倍。同时，烧结铁的孔隙度，特别是开孔隙及其孔隙形状、大小，对渗金属处理（如渗锌、渗铬等）和浸渍润滑剂处理（如浸油）的影响很大。渗铬层的深度随密度的增加而线性下降，但是渗铬速度仍比致密金属高几十倍。

为了提高粉末冶金零件的耐蚀性、耐磨性和表面性能，常进行电镀处理和涂层处理。大量孔隙的存在，对烧结零件的电镀工艺和效果影响很大。当零件的孔隙度不大时，其电镀方法与致密金属相同；当制品孔隙度较大时，电解液进入孔隙引起内部腐蚀，且镀层表面不致密。因此，电镀前多孔制品需采取封闭表面的措施。封闭孔隙的方法可以分为四种：①机械封闭。例如，采用精整、滚压、滚磨、复压、喷砂和各种抛光方法，可以有效地封闭制品孔隙。同时，喷砂等本身也是一种有效的表面硬化处理方法。②用固体物质堵塞。例如，采用石蜡、硬脂酸锌和塑料等物质堵塞孔隙，可以获得良好的效果。③渗金属提高零件密度和堵塞孔隙。例如，渗铜、滚磨渗锌等能得到很好的效果。④用憎水液体填充孔隙。例如，某些有机硅化物可以形成表面膜层，并允许金属离子渗入表面薄层，所以采用硅油的四氯化碳或四氯乙烯溶液填充孔隙，能使孔隙较小的粉末制品得到满意的电镀层。同时，孔隙度为 40% 的低密度制品在电镀时，与同成分致密体相比，在同样的电镀时间内，电流密度需要加大到四倍，才能得到同样厚度的镀层。为了用加热方法排除孔隙中残留的洗涤液和电镀液，也可以采用低温预烧-电镀-烧结工艺，它不仅可以排除孔隙中残留的电解液，而且由于扩散而改善了镀层与基体之间的黏结，又可以大大地减少镀层的孔隙。

盐浴氮化可以改善粉末冶金制品的力学强度、耐磨性和疲劳性能，减缓材料疲劳性能的缺口敏感度，并且试样尺寸变化小。离子氮化使氮原子在直流电场中成为氮离子，氮离子注入金属零件表面形成氮化层，可使试样表面硬化。密度为 6.2~6.3g/cm³ 的 Fe-13%Cr 不锈钢粉末，在 500℃ 进行离子氮化（80% H_2，20% N_2，压力为 267Pa）5h 后，表面硬度约为

1300HV，硬化层总深度为 0.1mm。由于氮化反应主要在试样表面进行，密度较低的粉末冶金材料的硬度分布曲线，几乎和成分相近的熔铸钢相同。

问题与习题

1. 粉末冶金多孔材料有哪些孔隙特性？各有什么主要应用？
2. 在粉末冶金材料的物理性能中，哪些性能对孔隙形状敏感？哪些不敏感？应采取什么措施来提高孔隙形状的敏感性？
3. 孔隙及孔隙度对粉末冶金材料的拉伸性能有什么影响？如何解释？
4. 粉末冶金材料的一次大能量冲击性能和小能量多次冲击性能各有什么特点？如何解释和选用？
5. 孔隙度对粉末冶金制品的热处理、表面处理和机加工性能有什么影响？应采取什么改善措施？
6. 粉末冶金制品作为医用材料时，应作何种清洗处理以确保产品表面无菌和生物相容？
7. 假设当 P/M 零件孔隙度为 15%，孔隙尺寸为 100μm 时，每钻头在破坏前可钻 300 个孔，如果孔隙度维持不变，孔隙尺寸减少到 30μm，每钻头在破坏前可钻多少个孔？
8. 为什么采用精整合粉末冶金物件纹饰花纹来替代用加工的方法给产品冲压纹饰花纹？
9. 大致上讲，孔隙度每增加 1%，电导率下降 2%，解释孔隙度是如何影响产品加工时的电导率。解释为什么粉末冶金热处理过程与烧结过程是分开的。
10. 复压可使相对密度为 85% 的简单圆柱体直径增加 0.5%，如果产品厚 7mm，直径 10mm，影响直径变化的最大应变是多少？
11. 粉末冶金钢材部件的渗碳处理与气氛中碳的表面渗透相关，通常渗碳深度与渗碳时间的平方根成正比，渗碳 1h 后，在深度 0.4mm 处碳的质量分数由 0.2% 增加到 0.8%，问在 0.6mm 深度，碳的质量分数从 0.2% 达到 0.8% 需要多长时间？
12. 铁基产品进行发蓝处理，处理温度为 600℃，可以形成稳定的 Fe_6O_4。问此时水蒸气与氢气的压力比是多少？在这一露点条件下水与氢气的质量比是多少？
13. 用一黏性树脂渗溶一孔隙度为 10%、$1mm^2$ 具有 1000 个开孔的粉末冶金产品，该树脂表面能为 $0.08J/m^2$，黏度为 $10^{-1}Pa \cdot s$，如果渗溶厚度为 20mm（单边 10mm），在无外压条件下需要多长时间渗溶完毕？如果施 4atm（1atm = 0.1MPa）的外压，需要多少时间？
14. 为什么无油黄铜轴瓦材料在孔隙度约为 20% 时最为有用？
15. 一用于长效气体过滤的粉末冶金多孔材料，假使用于过滤的气体含有挥发性并润湿孔隙表面的油性气体，作图描述此过程中的流动速率与时间的对应关系。
16. 采用压汞孔隙度分析仪测量某材料的孔隙度时，在压力为 40kPa 时测量峰值出现，问空隙尺寸约是多少？

参考文献

[1] 徐润泽. 粉末冶金结构材料学 [M]. 长沙：中南大学出版社，2005.
[2] 曹顺华，徐润泽. 粉末冶金技术 [J]. 1997 (3)：217.
[3] Long P P, et al. Preparation and Properties of Samarium Based High Temperature Permanent Magnets [J]. Metal Powder Report, 2006, 24 (6)：437.
[4] Filgueira M, et al. Use of PM Iron-copper-silicon Carbide as Matrix for Diamond Tools [J]. Metal Powder Report, 2007, 50 (2)：148.
[5] Fairs A, Maizza G. Densification of a High Speed Steel by Capacitor Discharge Sintering [J]. Metal Powder Report, 2008, 202 (70).
[6] Krnel. K, et al. Friction and Wear of Sintered Metal Brake Lining on Carbon/Carbon-silicon carbide Brake

Discs [J]. Metal Powder Report, 2008, 265 (2-3): 278.
[7] Iturriza I, et al. Development of PM T42 High Speed Steel for Structural Applications [J]. Metal Powder Report, 2008, 202: 521.
[8] Duran F, Durak E. Tribological Properties and Fatigue Failure of Poprous PM Bearing [J]. Metal Powder Report, 2008, 30 (4): 745.
[9] Luyckx S, et al. Increase in Abrasion Resistance without Loss of Toughness of tungsten carbide-cobalt [J]. Int. J. Refact. Metals/Hard mater., 2007, 25 (1): 57.
[10] 方宁象, 徐润泽. 孔隙在粉末冶金铁基材料磨损中的作用 [J]. 粉末冶金技术, 1996, 14 (3): 193.
[11] Beiss P. Finishing Processes in Powder Metallurgy [J]. Powder Met., 1989 (32): 277.
[12] Agapiou J S, DeVries M F, Machinability of Powder metallurgy Materials [J]. Inter. J. Powder Met., 1988 (24): 47.
[13] James P J. The Machinability of Sintered Steels [J]. Indust. Heat, 1987, 54 (9): 33.
[14] Bocchini G F. Advantages and Limitations of Sizing and Coining of Sintering Parts, Modern Developments in Powder Metallurgy [M]. New Jersey: Metal Powder Industries federation, 1988.
[15] Hamill J A. P/M Joining Processes, Materials and Techniques [J]. Inter. J. Powder Met., 1991, (27): 363.
[16] Bystrzycki J, et al. Mechanical Milling and Hydrogenation of Nano-composite Magnesium Alloy Powders [J]. Alloys/Compounds, 2005, 404: 507.

第 9 章 粉末冶金材料与技术应用

9.1 概述

前面章节着重讨论粉末冶金基本过程以及相关的基本原理，本章主要介绍粉末冶金技术的应用以及几种典型的粉末冶金材料，包含多孔材料到全致密化材料以及不同成分组成的各类材料和部件。通常来说，使用粉末冶金技术的原因包括好的公差、低成本、加工量小、生产率高和性能相对可控，相对较少的操作步骤缩短了生产周期和产品交付时间。其他的考虑包括低加工成本、形状复杂性、特定的性能和优良的尺寸均一性。粉末冶金技术在大批量生产复杂几何形状、规格的制品方面占主要的地位。

粉末冶金材料成形技术同样包括加工轧制、挤压和锻造等金属加工技术。挤压和拉拔是迫使材料通过模具形成长尺寸产品。冲压应用于薄板材料形成平面状物体。粉末冶金热成形与冷成形相似，但伴随有较大的变形，可以获得较高的性能。除了与传统生产技术竞争外，粉末冶金还必须考虑在材料方面的竞争。例如，塑料提供了轻质、适中机械韧性的工程材料，并能够以较低的成本制造复杂形状的产品。因此，随着塑料性能的提高，低性能粉末冶金就不如塑料注射成型等技术那样具有突出的竞争力。其他方面，粉末冶金技术已经扩展到陶瓷领域，粉末冶金方法生产的陶瓷制品可以很好地满足如绝缘或抗氧化等使用性能要求。

9.2 粉末冶金科学与技术应用

9.2.1 材料结构与成分设计

粉末冶金依赖于制造技术和调节合金成分的调节，可以得到不同力学性能的铁基合金材料。现代汽车工业中使用了大量铁基粉末冶金结构零件，要求具有批量规模化生产能力，这意味许多汽车用零件可以用单轴模具成形。在规模工业生产阶段，铁基粉末冶金制品已具备较高的力学性能；产品尺寸精度能够控制在 ±0.025mm 范围内，同心度控制在 ±0.1mm，密度控制在 ±0.1g/cm³ 范围内，强度性能达到 ±35MPa，伸长率达到 ±2%。

图 9-1 是应用在运动手枪上的钢扳机，使用水雾化铁粉压制成形，密度为 7.0g/cm³ 的压坯，在 1120℃、氨分解气氛中烧结 1h，再经复压和复烧，于垂直于原压制方向上精整锯齿形条纹。其他后续工序包括机加工一个孔和槽、蒸气发黑处理和浸渍封孔。

在大多数铁基粉末冶金结构件中，铁元素的质量分数超过 90%，铁粉通过水雾化或氧化还原法制备。选择铁粉的主要原因是铁粉材料低成本和合适

图 9-1 应用在运动手枪上的钢扳机

的性能。制造过程包括合金元素设计、粉末类型选择、颗粒尺寸控制、添加润滑剂、压制成形、烧结工艺确定和烧结后加工处理等步骤，这里每一个步骤和因素都影响最终性能，一般地，通过添加合金元素以增强力学性能。

产品密度和合金化程度是影响强度的主要因素，技术标准往往依据这两个因素制订，表9-1 给出了密度对烧结铁合金性能的影响。密度提高显然有利于提高其性能，因此，为了提高强度，复压和复烧技术是必要的，热处理也可进一步增加强度，表9-2 列出了普通铁基粉末合金种类。

表 9-1 密度对烧结铁合金性能的影响（Fe-10Cu-0.3C）

密度/(g/cm³)	6.4	6.4	7.1	7.1
温度条件	烧结	热处理	烧结	热处理
硬度	50（HRB）	25（HRC）	80（HRB）	40（HRC）
屈服强度/MPa	280	—	395	655
抗拉强度/MPa	310	380	550	690
延展性（%）	0.5	0.5	1.5	0.5
疲劳强度/MPa	115	145	210	260
冲击能量/J	4	—	11	—
弹性模量/GPa	90	90	130	130

表 9-2 普通铁基粉末合金种类

设计	成分
纯铁（钢）	Max 1% C
铜钢	1%～22% Cu, Max 1% C
铁-镍	1%～3% Ni, Max 2.5% Cu, Max 0.3% C
镍钢	1%～8% Ni, Max 2.5% Cu, Max 1% C
低合金钢	0.3%～2% Ni, Max 0.5-1% Mo, 0.4-0.8% C
渗透钢	8%～25% Cu, Max 1% C

注：Max 1% C 指 C 的最高质量分数，余同。

粉末冶金法制备的 Fe-Cu-C 合金具有独特的性质。铜、石墨（碳）与铁三种粉末混合成形后，在高温烧结期间形成部分液相，烧结后的组织均匀。由于在熔融状态下存在偏析问题，铸造方法不可能制造相同成分的材料。粉末冶金则能够控制偏析。图 9-2 是 Fe-Cu-C 合金断裂强度与合金成分的关系，表明铁合金中 w_C 为 1% 和 w_{Cu} 为 5% 时，强度值最高。图 9-3 表示相同成分尺寸的变化。在结构件制造中，希望在烧结期间尺寸变化越小越好，这样烧结体变形小，易于精整。如图 9-3 所示，往往对尺寸有控制作用的成分并不对应获得最高强度的成分，获得最优化性能的同

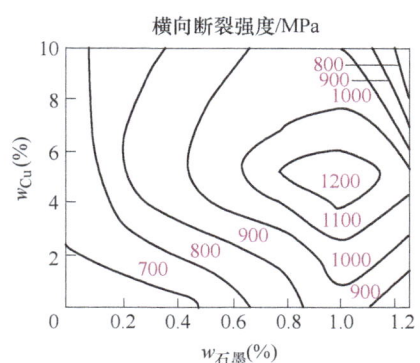

图 9-2 Fe-Cu-C 合金的断裂强度与合金成分的关系

时维持尺寸精度一直是粉末冶金中值得研究的难题。

图 9-4 进一步表明了在铁基制品烧结时铜元素和碳元素的作用。当铜含量不变时，强度很大程度上是由烧结密度来决定的。同样，疲劳强度也是由密度决定的，见表 9-3。镍在铁基粉末冶金材料中是另外一种普通添加物，像碳一样，具有提高强度的作用，并且对其他力学性能有改善作用，如图 9-4 所示，铜和碳两者都提升极限强度和屈服强度。然而，延伸性能和最大冲击性能是在无碳和中等镍含量水平上获得的。1050℃以上时，加入质量分数为 45% 的磷与铁可形成液相，液相有助于提高烧结密度、孔隙的球化和合金的强化。孔隙存在降低了烧结件强度，孔隙还很有可能成为断裂的起始点，较高的断裂和疲劳性能要求限制烧结铁合金的应用。通过复压复烧和粉末锻造可部分或全部消除残孔，相应地提高断裂强度和改善疲劳寿命。

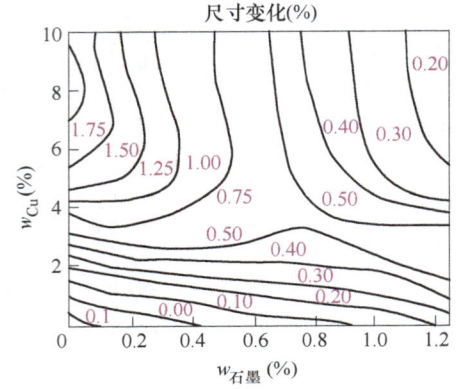

图 9-3　对应图 9-2 中的 Fe-Cu-C 合金尺寸变化（膨胀）

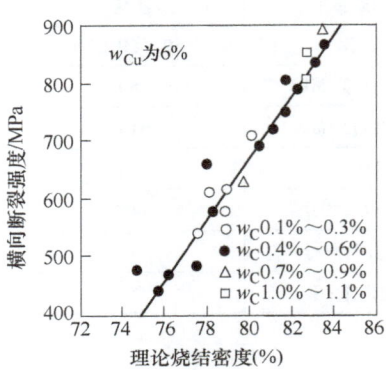

图 9-4　在 1120℃ 恒温气氛烧结的 $w_{Cu}=6\%$ 和不同碳的铁合金横向断裂强度

表 9-3　Fe-2Cu-0.8C P/M 合金力学性能

密度/(g/cm³)	6.65	6.85	7.15
屈服强度/MPa	360	400	415
抗拉强度/Pa	425	495	620
延展性（%）	1.3	1.8	2.5
疲劳强度/MPa	890	1025	1325
断裂强度/MPa	168	198	266

汽车连杆是一种高性能粉末冶金产品。图 9-5 是一个 Fe-2Cu-0.8C 粉末热锻造的连杆，这种连杆重约 650g，广泛地用于汽车发动机，抗拉强度达到 825MPa，屈服强度达到 550MPa，疲劳强度等于 255MPa。过去连杆使用锻造工艺制造，不但成本高，而且疲劳强度低，由于粉末冶金结构方面的优势，使得其在制造汽车连杆方面的应用越来越广。

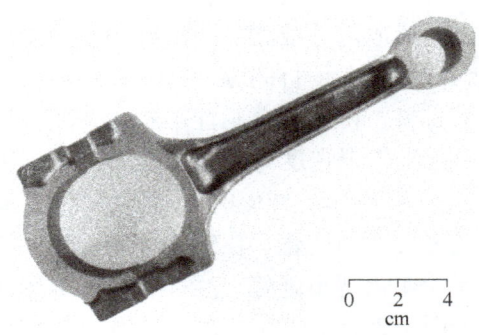

图 9-5　Fe-2Cu-0.8C 粉末热锻制造的连接杆

9.2.2 粉末冶金多孔材料的应用

粉末冶金多孔材料一般用于制造含油轴承、过滤器、流量限制器、气体分配面、消声器、热导管和生物医用植入材料器械。工艺上通过粉末分级可将材料孔径控制在设计范围内,便于制成不同孔隙度、不同孔隙尺寸的多孔材料。多孔材料的性能与孔隙要求由使用环境和性能要求决定。对于过滤应用,一般使用不锈钢、钛和镍基合金等耐蚀金属。由于青铜合金耐磨性能较好,通常用来作为轴承材料。对于生物医学应用来说,生物相容性方面的特殊要求则需要使用化学稳定性好的贵金属和在表面有致密氧化层的钛合金、钴铬钼合金和陶瓷等,粉末粒径和致密化程度是决定多孔金属性能的基础。

无油轴承由铜和锡混合粉制造,添加石墨可以适当增加强度,磷的添加可以辅助烧结。这类材料的典型成分是含有质量分数为10%的Sn,最终孔隙度接近20%。粉末经过混合、压制和烧结,然后精整到最后尺寸。通过控制烧结工艺如升温速度、温度和时间来控制孔隙尺寸,合金在232℃时,锡形成液体,导致烧结体膨胀,而在798℃时,存在铜-锡包晶转变,液相量增加,烧结体发生明显收缩。

烧结粉末冶金青铜轴承时,孔隙度和孔径尺寸必须严格控制,过烧结导致的孔径细小、孔隙密闭或不连续都不适合于轴承应用。青铜轴承性能由轴承中含油总量、结构强度和均匀的孔隙决定,实现尺寸控制和获得比较理想的孔隙结构需将烧结温度设置在815~845℃之间。

多孔材料的另一个重要应用是生物医用植入材料器械,如心脏起搏器、人工关节和人工骨等。孔隙结构设计的目的是使相邻生物组织向内生长,多孔结构也便于组织贴附和植入器械在体内固定。只要没有生物相容性问题,经过一段植入时间,组织自然会向孔隙中渗透生长。由于人体组织液具有腐蚀性,要求用于人体组织修复时,应该选用耐蚀性材料。

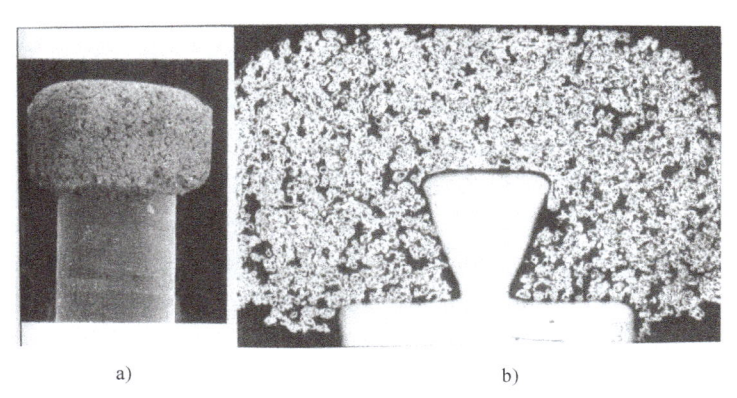

图9-6 多孔铂心脏起搏器电极
a) 多孔铂粉末冶金尖部 b) 剖面显微图

图9-6所示为多孔铂心脏起搏器电极,图9-6a是低倍扫描电子显微镜照片,图9-6b为其剖面结构。电极由压制铂粉制造,表面30~200μm的微孔结构允许心肌组织长入并稳定电极位置。

9.2.3 粉末冶金电子及难熔金属材料

因为很难通过合金熔铸技术获得难熔金属材料,因此,粉末冶金方法在制造钨、钼、铌、铼、钽、铪、锇、铱、和钌等难熔金属方面具有突出的优势。有时活性金属钛和锆也用粉末冶金方法制造,它们都具有高熔点,制造时存在相似的困难。

难熔金属独特的性能包括高密度、高弹性模量、低热胀系数、低蠕变率、低蒸气压和高熔化温度。难熔金属的高熔点特性可以用于熔炉加热用材料和隔热材料。高密度有利于吸收辐射。尽管难熔金属由于密度高而难熔和金属间化合物室温延展性低,但强度相当高。

高导电性能与灭弧性能,以及高硬度和耐磨性使钨银和钨铜液相烧结产品广泛应用于各种电路开关。粉末冶金制备的难熔金属应用还包括钨灯丝、钼加热单元、钽电容器、钼散热器和钨铼热电偶。图 9-7 所示为用难熔金属钨制备的具有复合螺旋结构的灯丝。

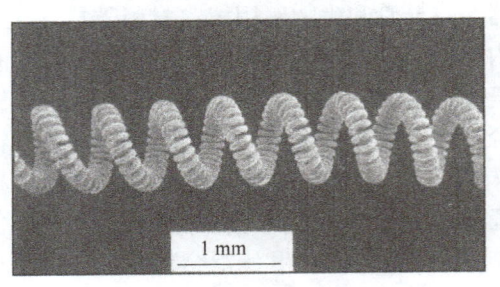

图 9-7 用难熔金属钨制备的具有复合螺旋结构的灯丝

钨制品的制备工艺如下:钨矿石经破碎和湿法萃取成一种胺化合物,于空气中煅烧后在氢气中还原,所得到的粉末粒径尺寸为 $1 \sim 10\mu m$,1000MPa 压力下成形为大约 20%~35% 孔隙度的条坯,1200℃ 预烧,最后直接加热到 2200~2800℃,保温 30min 垂熔烧结,相对密度大于 90%,进一步采用旋锻技术减少直径,最后经金刚石模在 400~800℃ 拉丝获得钨丝。

9.2.4 磁性材料

永磁体和软磁体是两种主要的磁性粉末冶金材料。在交流变压器中,磁化时希望只有最小的能量损失而使用了像纯铁这样的软磁体。在直流电动机内,如汽车起动马达,需要有较大矫顽磁力的永磁体,如粉末冶金纯铁或铁镍和粉末冶金 $Fe_{14}Nb_2B$ 和 $SmCo_5$ 稀土合金磁性材料。粉末冶金方法制备的磁性材料的主要缺点是材料中存在干扰磁场的残余孔隙,其他因素如孔径和材料纯度会影响磁性能。如影响矫顽力 H_c、最大磁导率 μ_{max}、剩磁 B_r 和能量损失(每循环周期磁化的能量消耗量)。将杂质水平控制在体积分数为 0.01% 或以下对获得高性能极为重要。提高密度可以提高导磁性和降低矫顽力。混合粉末经过冷压成形并经 1400℃ 烧结后,相对密度可以达到 90%~95%。为了进一步增加性能,有时采用复压和复烧工艺,以得到形状精确和高密度的产品。表 9-4 列出了几种粉末冶金磁性材料的特性,由表中可以看出软硬磁性材料之间的差别。

表 9-4 粉末冶金材料磁性质

性 质	Fe	Fe	Fe-0.8P	Fe-2Si	Fe-50Ni	$Fe_{14}Nd_2B$	$SmCo_5$
密度/(g/cm³)	7.0	7.4	7.7	7.3	7.7	7.4	8.3
最大磁导率/×10³	2.1~4.0	2.4~4.4	4.0~14.0	6.1	5.0~40.0	—	—
磁感应强度/I	1.1 (r) 1.5 (s)	1.2 (r) 1.6 (s)	1.1 (r) 1.5 (s)	1.8 (s)	1.4 (s)	1.4 (r) 0.4 (s)	1.2 (r)
矫顽力/(A/m)	168	145	32	62	16	$10^6 \sim 10^8$	10^6

注:剩磁 (r) 和饱和 (s) 都是大约值,$1T = 1V \cdot s = 1J/A = 10^4 Gs$

对于纯铁而言,密度对性能的作用非常显著。$Fe_{14}Nb_2B$ 的最高使用温度约在 150~200℃ 之间,强度较低的 $SmCo_5$ 永磁体可在更高的温度下使用。$Fe_{14}Nb_2B$ 磁体使用惰性气雾化法或快速冷凝法制备。$SmCo_5$ 通常使合金化粉末经成形和液相烧结实现致密化。两种材料都易受氧化的影响，因此制备过程需严格防止氧化。永磁材料用于广播、电话、传声器、发动机、磁耦合和质谱仪。软磁材料（Fe、Fe-P、Fe-Si 和 Fe-Ni）用于作为磁心、传感器、变压器和继电器中的功能性部件等，通常软磁材料在磁场中具有高导磁性、饱和性和低单位能耗。

汽车制动系统的传感器环是粉末冶金技术在汽车工业中的应用。图 9-8 是一对为四轮驱动车后车轴设计的传感器环。由传感器外缘的齿根提供磁脉冲来表示车轴旋转速度。每个车轮的速度都经制动控制计算机的测量、比较和计算。传感器由一种 w_P 为 0.45% 与 75μm 的水雾化铁粉混合物作为原料，在约 550MPa 压力下，压制密度约为 7.0g/cm³ 压坯，然后经预烧、尺寸修整处理，在氢氮混合气氛中于 1120℃ 烧结约 30min；再经镀锌处理，机加工内径，实现车轴精确配合。

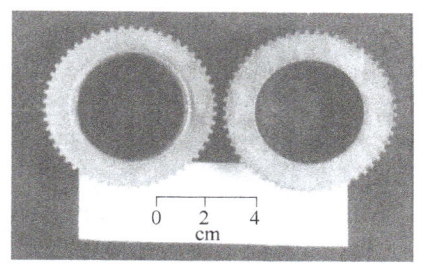

图 9-8　四轮驱动车后车轴设计的传感器环

9.2.5　热应用

高导热材料用来去除热量，但要求其导热胀系数必须与半导体材料热胀系数一致。硅在室温时的热胀系数约为 5×10^{-6}/℃，而高热导体，比如铜、铝的热胀系数分别能达到 17×10^{-6}/℃ 与 22×10^{-6}/℃，SiC、W 和 B_4C 耐高温材料具有低热膨胀性质，结合材料的这些属性发展了高热膨胀材料和高导热性的粉末冶金材料。如金属-陶瓷和金属-金属复合材料，包括 W-Cu、Mo-Cu、Al-Si、Al-SiC、Cu-AlN、铜-石墨和 Al-AlN 等。由于精度要求和其形状复杂性影响了复合材料的制备和高温传导性限制了传统材料的应用，使得粉末冶金材料在微电子封装的形状、性能和成本方面具有突出的优势。表 9-5 概括了用在印制电路、微电子、计算机电路上的部分粉末冶金产品的性能。如果不考虑密度因素，W-Cu 材料应用最为广泛。具有低密度的 Al-SiC 材料则是用来制造对重量有要求的方面，如飞机、火箭等。Mo-Cu 合金在热沉积和印制电路板方面应用较广泛。

表 9-5　用在印制电路、微电子、计算机电路上的部分粉末冶金产品的性能

性　能	W-10Cu	W-20Cu	Mo-30Cu	Mo-50Cu	Al-40Si	Al-65SiC
热胀系数/10⁻⁶/℃	6.0	7.0	7.5	8.5	10.3	9.8
热导率/[W/(℃·m)]	209	247	183	234	125	165
密度/(g/cm³)	17.0	15.1	9.7	9.5	2.5	3.0
强度/(MPa)	500	570	—	—	350	~500
弹性模量/(GPa)	340	290	220	215	340	205

烧结如不出现液相，金属陶瓷很难实现致密化，因此热压是必要的，以使各相组织在除去孔隙的同时，密切结合在一起。W-Cu 和 Mo-Cu 类材料采用液相烧结能够基本达到全致密程度。图 9-9 是用粉末注射成形技术得到的钨-铜电子元件。钨粉和铜粉的质量比为 83:17，加入聚丙烯、石蜡、硬脂酸成形剂混合后，经注射成形在 500℃ 下热离解 1h，除掉成形剂，于 1400℃ 下在氢气中烧结 1h，烧结件相对密度达到 96%，材料具有良好的热导

性和强度。由于每年需要生产亿万个微电子装置，所以粉末冶金技术在这方面的应用潜力非常大。

9.2.6 粉末冶金高温材料

由于粉末冶金材料成分分布的均匀性，许多因性能需要而掺杂多成分的合金特别适合于粉末冶金方法来制造，如飞机发动机耐热高温合金，有弥散分布氧化质点来提高材料高温抗蠕变性能。粉末冶金方法避免了铸造部件成分偏析的致命难题，保证了材料组织的均匀性。许多高温合金因含有高成本的合金添加成分，采用粉末冶金技术能提高材料实际利用率，如热等静压粉末冶金产品比铸造和锻造产品的成本要低 50%。但是采用粉末冶金法的最主要原因是能实现对微观结构的控制。

图 9-9　用粉末注射成形技术得到的钨-铜电子元件

制造这类高性能合金的粉末冶金工艺过程包括使用惰性气体雾化或离心雾化生产预合金粉末，用热等压对粉末进行热致密，再经热处理和最后的机械加工得到具有设计尺寸和形状的部件。图 9-10 所示为 HIP 法制得的镍基超合金的塑料复制膜的透射电镜图像，透射电镜分析显示了采用上述制造方法获得材料的结构。该合金含有体积分数为 42% 的金属化合强化相，孔隙率为 0.5%。合金在 1200℃、100MPa 下等静压成形 3h。该合金组成为 $w_{Cr}=15\%$、$w_{Co}=17\%$、$w_{Mo}=5\%$、$w_{Ti}=3.5\%$、$w_{Al}=4\%$、其余为 Ni，以及微量碳、硼和钨。合

图 9-10　HIP 法制得的镍基超合金的塑料复制膜的透射电镜图像

金的室温力学性能为：抗拉强度为 1393MPa，屈服强度为 936MPa，540℃ 屈服强度为 869MPa，伸长率为 26%。

用粉末冶金方法制造这类高性能产品的不足之处是材料中可能存在小孔隙和杂质，以及在较低温度进行热致密化时不能完全消除残留的孔隙。如果雾化粉末没有在加热前于真空下除气，吸附的气体也能在材料中产生孔隙。在加工过程中，粉末氧化或杂质进入或雾化时冷却速率太低，都得不到所要求的晶体组织。夹杂物存在也可能形成断裂源，而降低材料延性。在热等静压时装粉不均匀或者热压温度分布不均匀，也可能产生微观结构缺陷。因此，用作高温合金材料的粉末必须避免氧化和成分偏析。如果雾化时冷却速度足够快，雾化颗粒快速凝固后可避免成分偏析，此时粉末颗粒的直径已不是影响合金性能的最重要的参数。

9.2.7 摩擦材料

粉末冶金技术另一个重要应用是结合加压成形，利用金属粉末烧结制造汽车制动片和离合器。图 9-11 是用烧结金属成形的飞机制动片（较大的）和重负载离合器。工作时制动材料将机械能转变为热能。类似的粉末冶金制动片在飞机中广泛使用。离合器在加速的部件中

起着相同的作用。金属基粉末冶金摩擦材料是利用加压烧结法生产。粉末原料是含有各种成分的混合物,这些成分包括铁、石墨、铜、锌和锡。复合材料主要以铁或铜作为基体,可以加入 MoS_2 或其他的无机材料,比如添加质量分数为 60%、20%、5% 和 15% 的碳(以焦炭和石墨形式)后形成混合物。粉末混合是在一个双锥形混合器中完成的,加入适量成形剂以避免粉末组元偏析,混合物在 150~300MPa 压力下加压烧结,以获得足够的加工强度和使用强度,为了得到所需的材料结构,烧结在 700~1000℃ 下进行,以熔化低温成分,形成新结构。这种烧结成形制动片的微观结构由孔、青铜、黄铜以及游离碳组成,与有机材料制动片相比,具有较高的摩擦因数、较低的磨损率和较高的热稳定性,并对环境湿度变化敏感性不大。

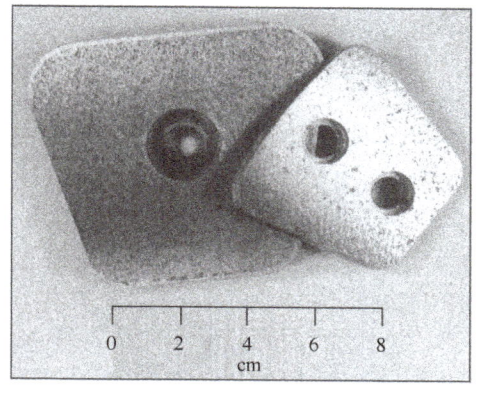

图 9-11 用烧结金属成形的飞机制动片和重负载离合器

9.2.8 高密度及低密度合金材料的制备与应用

1. 高密度材料的制备与应用

钨基高密度合金可用于辐射吸收、卫星导航陀螺、药罩、动能穿透器和机翼锤,钨基高密度合金钨的质量分数为 85%~98%,密度为 15~19g/cm³,比铅大得多。高密度合金是由粉末原料混合制成的,制粉的一般材料有钨粉、羰基镍粉和羰基铁粉,粉末平均粒径小于 5μm,混合后在 150~200MPa 压力下压制成形,于 1465~1525℃ 的温度下烧结 0.25~2h,烧结致密的钨基高密度合金具有良好的延展性,图 9-12 给出了液相烧结的钨基重合金的微观结构,图 9-13 中表示 w_W 为 90% 的钨基高密度合金旋锻可获得很好的强度,但随着强度的增加,其相应的延展性降低。

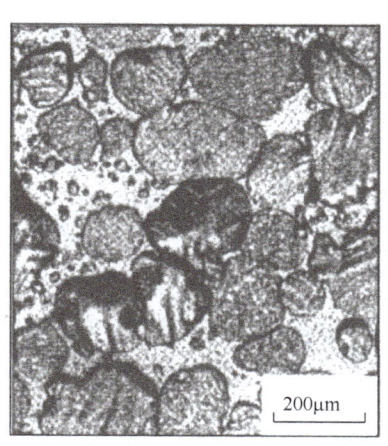
a)

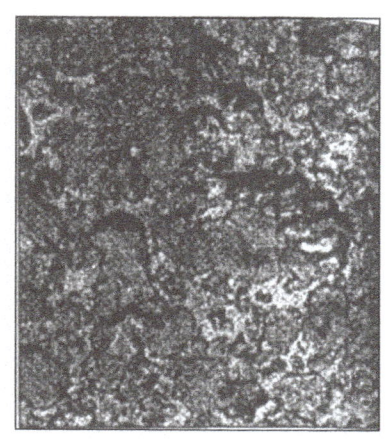
b)

图 9-12 经液相烧结的钨基重合金显微结构
a) W-4%Mo b) W-8%Mo

钨合金的一种常见用途是作为高动能弹头或高爆性药罩。如图9-14所示为液相烧结钨基高密度穿甲弹，弹头用炸药或火箭加速到很高的速度，军事上的穿甲弹速度超过2km/s。装有弹药的弹头，在冲击时的速度甚至可超过10km/s，动能穿透力很强，如在面积为 $7cm^2$ 的障碍物上冲击，能量能达到5MJ。除在军事工程上应用外，民用工程上常用钨基高密度合金作为矿井和油井的药罩。钨基高密度合金的力学性能见表9-6，工艺因素显著影响钨合金的实际性能。产品材料表现出来的优良性能主要是通过工艺过程控制的。制作体育设施是重合金的另一用途，如图9-15所示，钨基高密度合金制作的平衡翼用于标枪等运动器械，在标枪的适当部位上使用钨合金可使其平衡性和控制得到加强。

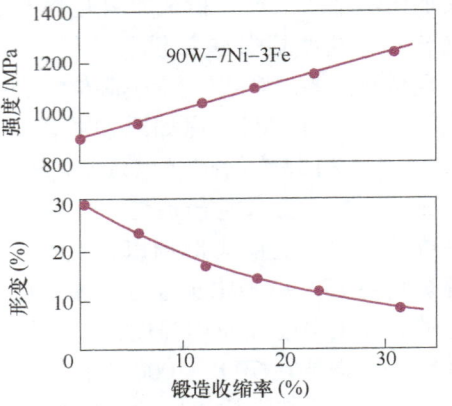

图9-13 90W-7Ni-3Fe高密度合金旋锻后强度与变形量的关系

表9-6 钨基高密度合金的力学性能

合金成分	密度/(g/cm³)	硬度/HRA	屈服强度/MPa	抗拉强度/MPa	伸长率（%）
97W-2Ni-Fe	18.6	65	610	900	19
93W-5Ni-Fe	17.7	64	590	930	30
90W-7Ni-Fe	17.1	63	530	920	30
86W-4Mo-7Ni-Fe	16.6	64	625	980	24
82W-8Mo-8Ni-Fe	16.2	66	690	980	24
74W-16Mo-8Ni-Fe	15.3	69	850	1150	10

2. 低密度合金的制备与应用

铍、镁、铝等低密度轻合金是重要的航空材料，通常采用粉末冶金技术制造，三者之中以铝合金应用最广，可作为普通的压制或烧结合金、高性能合金或复合材料。

挤压和烧结Al合金最初由Al、Cu、Si混合粉末，经混合、挤压和烧结而成，通过添加剂形成液相以增加烧结密度，Al粉表面氧化增加了模具磨损，使烧结变得困难，但同时也制约了粉末的爆炸和燃烧。为了减少模具磨损，粉末中掺加质量分数约为1.5%的润滑剂，添加润滑剂可能会降低材料的密度且需要较长的烧结时间。另外，应严格控制烧结气氛，以便于Al粉烧结。与其他的粉末

图9-14 液相烧结钨基高密度穿甲弹（针状）

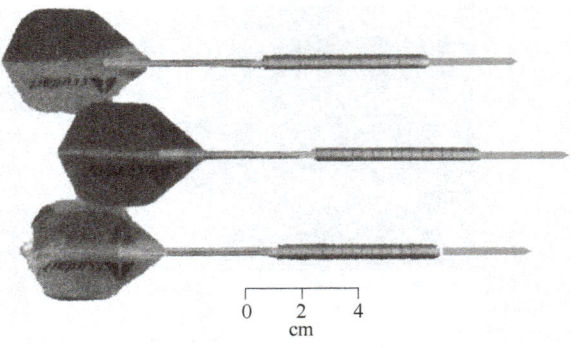

图9-15 钨基高密度平衡翼

冶金材料一样，Al 粉的性质随工艺参数变化而变化，提高烧结密度通常能获得较高的力学性能，烧结 Al 主要用于中等强度、低密度要求和高耐蚀场合。

采用预合金化或机械合金化方法，粉末冶金铝合金在结构部件方面的应用发展迅速，快速冷凝技术也部分减轻了合金溶解度限制。利用弥散强化机理，机械合金化方法改善了材料的高温蠕变行为，基本过程包含机械合金化研磨、粉末预压成形、预压坯包套并抽成真空除去表面吸附物（如含水氧化物）。为达到全密度，采用真空热压或热等静压的重要步骤是：过程中有必要严格控制温度参数以避免损失其良好的微观结构，致密后的材料可再经过常规的变形工艺加工，最后得到性能符合要求的材料。粉末冶金为铝合金提供了新的材料种类和精细的高强度结构，表 9-7 列出了部分粉末冶金铝合金的性能。粉末冶金采用快速冷凝技术扩大了合金固溶度，结合机械加工技术促进合金成分的均匀分布，形成了可制作航空器的零件和高模量合金的新技术。在航空飞行器中，采用粉末冶金 Al、Li 合金可减小 35% 的质量。

表 9-7 部分粉末冶金铝合金的性能

材料成分（质量分数）	制造方法	密度/(g/cm^3)	屈服强度/MPa	抗张强度/MPa	伸长率（%）
4% Mg, 0.8% O, 1.1% C	MA+锻造	—	550	570	2
4% Cu, 1.5% Mg, 0.8% O, 1.1% C	MA+锻造	—	580	600	11
0.4% Si, 0.6% Mg	冷锻	2.66	90	180	11
4.4% Cu, 0.8% Si, 0.5% Mg	加压烧结	2.64	200	250	3
0.4% Cu, 1.0% Mg, 0.6% Si	加压烧结	2.45	176	183	1
0.4% Cu, 1.0% Mg, 0.6% Si	加压烧结	2.58	230	238	2
4% Ti	MA+HIP	2.74	325	380	11
8% Fe, 2% Mo	HIP	2.89	470	490	7

注：MA 为机械化合金，HIP 为热等静压。

轻金属铍制品也可采用粉末冶金的方法制作，同样使用气体雾化预合金粉末结合机械合金化法，经热压或热等静压成形致密的材料产品，具有延展性好、低密度（1.85g/cm^3）和高弹性模量（280GPa）的特点，在航空上具有很大的应用前景。如对直径为 10μm 粉末，快速冷凝粉末进行机械合金化研磨后，于 1100℃ 等静压致密成形，获得材料的屈服强度达到 240MPa，伸长率为 5%。

9.2.9 高硬度材料

硬质合金由坚硬的难熔金属碳化物颗粒和铁族金属黏结相两相组成，硬质合金主要用于金属切削加工刀具和钻探工具。普通的硬质合金可视为碳化钨（WC）与黏结相（钴）的混合物，如质量分数为 90% 的碳化钨（WC）与作黏结相的 10% 的钴。根据需要，调节黏结相含量和碳化物颗粒大小可相应调节合金的强度或硬度。硬质合金常采用添加合金元素来改进性能，这些添加成分包括钛、钽、铪、钒或铌。在 20 世纪 20 年代后期，人们正式提出了硬质合金的概念，以后逐渐形成了硬质合金工业，并成为粉末冶金的重要基础之一。一般来说，随着硬质成分量的增加，材料的耐磨损能力增加。但硬质成分含量高过一定量后，抗冲击能力下降。通常是硬质合金中特定的化学成分对应一个特定的性能和特定的应用范围。

制造硬质合金主要过程是首先将高熔点的金属粉末（W，Mo，Ti 等）与炭黑混合研磨，然后在 1500℃ 左右的氢气中碳化形成碳化物。在此阶段，硬质合金粒子的尺寸通常低于 10μm，接下来把碳化物与黏结金属（钴）在一起研磨，磨碎的粉末通过喷雾干燥后压制成形。由于合金粉末具有高硬度和粒子尺寸为亚微米，压制成形时有一定难度，因此，在干燥后的粉末中须加入石蜡等成形剂，在低于 200MPa 压力下成形。成形的压坯使用两阶段烧结：首先在低温下（400~800℃）除去成形剂，然后在 1400~1600℃ 范围内，通过液相烧结实现致密化。由于压坯密度低，烧结后它的体积收缩率超过 15%。在烧结温度下，碳化物颗粒在钴相中有明显的溶解，通过溶解-析出，结合液相烧结，完成致密化过程。图 9-16 所示为液相烧结后的 WC-Co 合金的微观结构，由于碳化物为各向同性晶体结构，烧结后的微观结构是等轴多角的组织结构。烧结中适当保持过饱和碳含量，以确保烧结物中存在单一的碳化物 WC，也可用热等静压进一步提高致密化程度。烧结后常用氮化钛进行表面涂层，以提高切削耐磨性。

硬质合金产品性能与高熔点金属、碳的用量、钴的用量、晶粒尺寸和晶粒间的距离等因素密切相关。图 9-17 表明硬质合金横向抗弯强度与钴含量和烧结晶粒的尺寸密切相关。增加合金中的钴含量通常会降低合金的硬度，但会提高抗冲击强度和抗弯强度。硬质合金晶粒尺寸则有不确定的影响，晶粒尺寸大于 10μm 和小于 1μm 都会降低硬质合金的强度。晶粒粗、钴含量高会提高韧性。在烧结体微观结构中，孔隙和缺陷的存在对硬质合金性能的影响显著。因此，有时需要在烧结后用热等静压法来消除残留的孔隙，使硬质合金强度明显增强，使用性能明显提高。

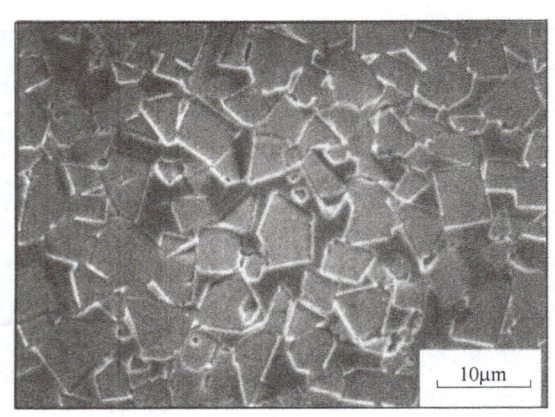

图 9-16 经液相烧结后的 WC-Co 合金的微观结构

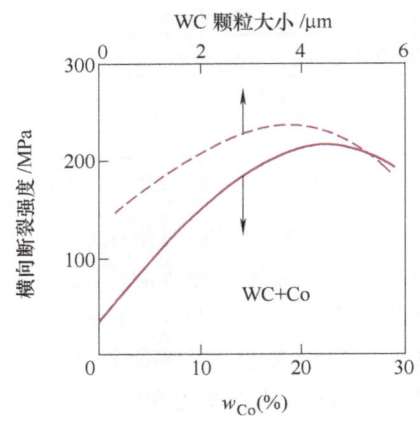

图 9-17 WC-Co 合金中 WC、Co 含量对横向断裂强度的关系

9.2.10 耐蚀结构材料及应用

粉末冶金耐蚀结构材料包括钛和不锈钢。不锈钢牙套是粉末冶金技术的一个重要应用，其组织为奥氏体不锈钢，产品和它的烧结微观结构如图 9-18 所示。使用时用生物相容的黏合剂把牙套固定在牙齿表面，利用牙套对牙齿的压应力来矫正牙齿。它的制造方法是以惰性气体雾化粉末（直径 15μm）为原料与热塑性树脂黏合剂混合，经注射成形为大于牙齿尺寸的形状坯体。由于单件产品尺寸小，在真空或氢气中，于 1325℃ 下烧结 1~4h，最后的密度

达到理论值的 98% 以上，成为一次性手术用齿科材料，这种产品具有良好的耐蚀性和优异的力学性能（抗拉强度为 500MPa，伸长率为 25%）。

为了进一步提高耐蚀性，这种医用器械也可采用钛来制造。由于钛具有高的比强度和适宜的密度，使其广泛应用于对强度和质量要求高的航空和生物医药方面。

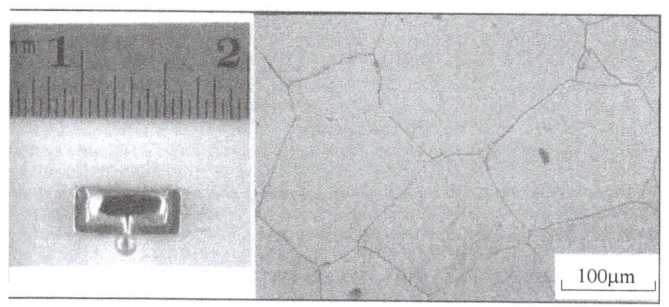

图 9-18　不锈钢牙套及其微观结构

粉末冶金钛合金制造过程一般是离心雾化或惰性气体雾化得到预合金粉末，用粉末冶金等静压成形或包套挤压，得到致密的材料，如粉末冶金 90Ti-6Al-4V 合金。表 9-8 对照了用几种不同方法加工的钛合金的力学性能。在强度和延展性方面，粉末冶金热等静压产品与铸造、锻造产品不相上下，然而，由于有更高的原料利用率而使得热等静压更易于被采用。

表 9-8　90Ti-6Al-4V 合金力学性能对照

加工方法	孔隙率（%）	屈服强度/MPa	抗拉强度/MPa	伸长率（%）	面积减少率（%）
铸造	0	840	930	7	15
铸造+锻造结合	0	875	965	14	40
基本的 P+S 结合	2	786	875	8	14
基本的 HIP	<1	805	875	9	17
预合金 HIP	0	880	975	14	26

注：P+S=压制和烧结，HIP=热等静压压制。

钛是从镁或钠的氯化物中提炼出来的一种海绵状粉末，是制造粉末冶金钛合金的基础原料。通过对条状合金块进行自耗电极雾化技术获得预合金钛金属粉末，这种方法制取的预合金粉末呈球形，一般平均直径为 200μm，松装密度是理论值的 60%，粉末的纯度控制相当重要。粉末的纯度与海绵钛提炼过程有关，纯度低是因为表面形成氧化薄膜和含有难熔杂质。

对粉末冶金钛来说，最有价值的应用是制造飞机部件，因为飞机发动机零件需要高的耐疲劳特性，航空材料疲劳周期与裂纹缺陷尺寸的平方根成倒数关系。因此，提高粉末的纯度和减少裂纹缺陷尺寸对于航空应用尤为重要。粉末在 900℃、100MPa 的环境下，循环加压烧结 3h，可使粉末充分致密。传统工艺是将混合粉末在 400MPa 下冷压和 1200℃烧结 16h，烧结时颗粒表面的氧化物扩散进入钛晶体，使烧结得以进行，性能也得到改善。由于钛的活性高，从粉末制备开始必须在惰性或真空条件下进行，在一些特殊的应用中，氧、氮元素体积分数低于 0.15% 时，可显著增强制品的强度和韧性。

综合来看，虽然钛粉制备的成本相当高，但从性能要求和微观结构控制等方面综合考虑，采用粉末冶金方法加工更为合适。随着粉末生产和致密化技术的不断发展，钛粉末冶金零件的应用将日益增加。

9.2.11 耐磨材料的应用

工具钢是含铁的碳化物合金,常用作成形模、轧辊、打孔冲头和加工用刀具。工具钢的优良性取决于其微观结构,细小晶粒的碳化物颗粒在合金中是均匀分布且具有各向同性,这种结构的材料具有高强度、高韧性和高耐磨性等优点。一般地,工具钢最常用于同时需局部高温、高压力、高磨损的场合。

碳化物的离析和团聚是工具钢合金在制造过程中经常遇到的问题,这将导致材料的各向异性。在粉末冶金过程中,研磨后的合金粉末的平均粒径为 $10\mu m$,振实密度为理论值的 45%,粉末被氢还原后经冷等静压成形,在真空下用玻璃密封,并以 13∶1 的压缩比热压。因碳化物形成低熔点相,在此过程中要密切注意碳化物晶粒的长大,部分工具钢在高于固相点进行液相烧结,为避免碳化物粗大,工艺中有必要对烧结温度进行精确控制。

用粉末冶金法制作的工具钢对氧非常敏感,合成材料的环境中 O_2 的体积分数要低于 8.8×10^{-2}%。铸造的工具钢因碳化物结构间距分布不均而使性能受到限制。总而言之,用粉末冶金法制造的工具钢性能更优越,因为具有各向同性的微观结构,使用寿命是铸造工具钢的两倍。

复合材料是常选的耐磨材料,当需要考虑材料质量时,铝基复合材料是最常用的,如图 9-19 所示的用 Al-SiC 制作的马蹄铁。Al 提供强度且质量轻,而 SiC 则具有硬度和耐磨性,在实际应用中,质量和耐磨性的组合是非常重要的。这种马蹄铁由混合粉末用冷等静压成形法制成。成形坯经真空烧结后热锻成马蹄形状,各向同性的微观结构使它有优良的特性:高耐磨性、长使用期和低替换率而具有很强的应用特性。

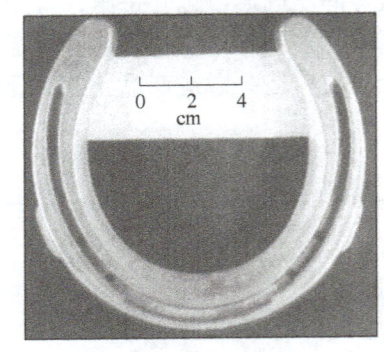

图 9-19 用 Al-SiC 合金制造的马蹄铁

9.2.12 复合材料的应用

用粉末冶金法制得的复合材料具有广泛的应用前景,可根据成分、尺寸、形状和位置来调整微观结构。许多粉末冶金材料,包括 WC-Co 硬质合金、W-Ni-Fe 重合金、氧化物弥散强化合金和 Fe-Cu-C 结构合金,本质上都是复合材料。其他的复合材料,如 Al-SiC、Fe-TiC、Ti-TiC、W-Cu 和 $Ni_3Al-Al_2O_3$,它们都是在韧性合金中引进高度分散的硬质相以提高强度、硬度和韧性,微观结构中增强相通常包括颗粒、板片、纤维甚至箔片,复合材料的结构如图 9-20 所示。图 9-21 所示为含有球状、片状和棒状强化相复合材料为断裂韧度,表明了增强相的数量和形状对材料韧性的影响。

比较图 9-22 所示的两种微观结构,图 9-22a 表示的微观结构为具有交错金属—金属的复合材料,图 9-22b 中的微观结构中分离的灰色组织为弥散颗粒型复合材料。改进微观结构,可以调节复合材料的导电、导热、弹性模量、耐磨性、韧性和强度等各种不同的性能。

铝基粉末冶金复合材料用纤维和颗粒作为强化组织,碳化硅颗粒是最常见的强化相。图 9-23 表明,只要 Al-SiC 材料中强化相的含量略有增加,将会影响材料弹性模量和降低热膨胀

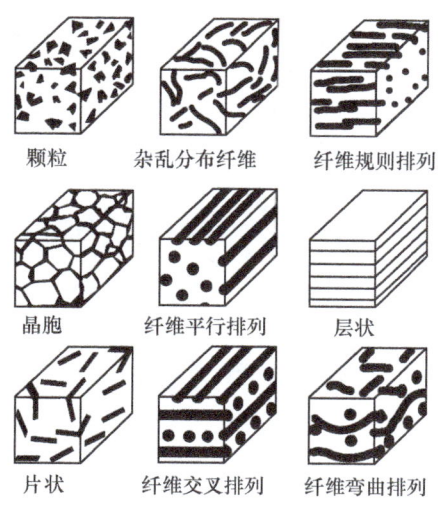

图9-20 复合材料结构示意图

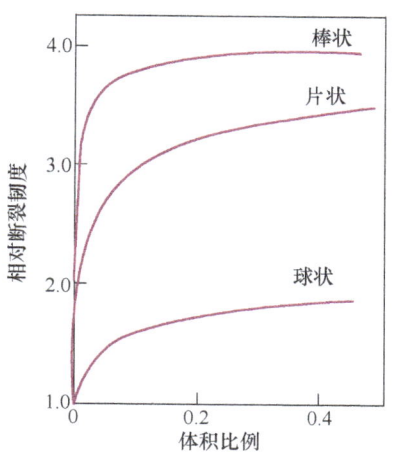

图9-21 含有球状、片状和棒状强化相复合材料的相对断裂韧度

系数及热传导率。表9-9的数据表明，复合材料具有更高屈服强度σ_y，更低的热胀系数α。因为具有不同的热胀系数和弹性模量，复合材料易于发生热疲劳，温度的变化使强化相与基体之间热应力不一致而导致材料破坏。因此，这类复合材料不能用于急冷急热环境。

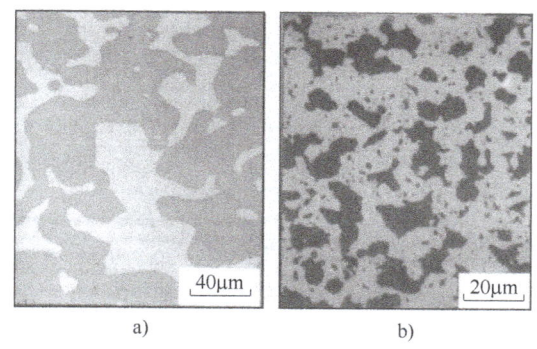

图9-22 具有不同结构分布组织的粉末冶金复合材料对材料热性能和力学性能产生不同影响

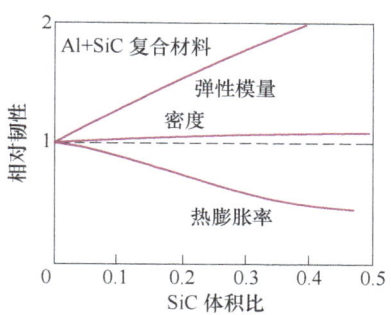

图9-23 Al-SiC复合材料的成分对弹性模量、密度、热膨胀性能的影响

表9-9 Al-SiC 复合材料（6061合金基，用真空热压致密化）的性质

w_{SiC}（%）	$\alpha/10^{-6}/℃$	$K/[W/(℃m)]$	E/GPa	$\rho/(g/cm^3)$	σ_y/MPa	ε（%）
0	22.5	166	69	2.71	430	20
15	18.7	138	97	2.77	435	6
20	17.4	130	103	2.80	450	5
25	16.2	121	114	2.83	475	4
30	13.1	143	121	2.85	510	0
40	10.4	135	138	2.91	379	<1

注：α是热胀系数，K是热导率，E是弹性模量，ρ是密度，σ_y是屈服强度，ε是伸长率。

图 9-24 表示的是一种钴-金刚石粉末冶金材料，它是一种性能优良的切削刀具和锯片材料，用于切割陶瓷材料，其中钴为分散的金刚石颗粒提供了坚韧的连接。在切割加工操作中，纯金刚石虽具有很高的硬度，但由于受热，亚稳定结构金刚石将转变为石墨而失去切割的性能。钴-金刚石工具的制造是用金刚石颗粒和钴粉混合，于 800℃ 加热 15min 快速加压实现完全致密。采用低温加压是为防止金刚石在加热时受到损伤，这种工具广泛应用于切割黏结剂、沥青、砖石和花岗岩等软硬材料。一种更新的复合材料具有功能梯度结构、层状结构，使基体-强化组元以不同比例合成，随着复合材料的厚度的变化，其性能发生梯度改变的结构特点，

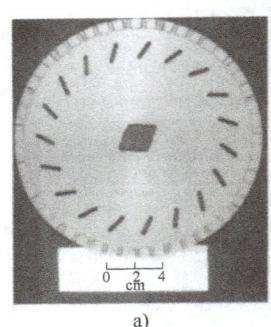
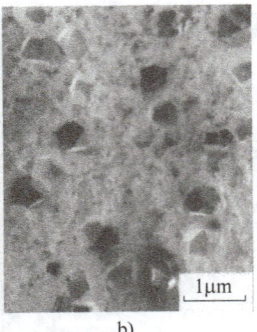

a)   b)

图 9-24　钴-金刚石粉末冶金材料
a）热压制备的钴-金刚石嵌式圆形锯盘
b）金刚石聚晶结构的断口组织

比如一面可设计成具有高抗氧化性而另一面则具有高韧性。梯度结构设计可应用于发动机部件、生物医学结构、光学器件等对材料表面和整体具有不同性能要求的场合。梯度结构材料可用通常的粉末冶金工艺按不同的混合比例逐层制造。

总之，粉末冶金为许多零部件的近净成形提供了一种高效的制造方法。表 9-10 归纳了粉末冶金技术的应用，同时列出了这些应用所要求的相关属性。

表 9-10　粉末冶金技术的应用

应 用	要 求	方法或材料
耐蚀成分	全密度、均匀合金	热等静压，钛
热处理设备	渗碳和蠕变阻力	挤压，镍、铝活性烧结
珠宝	美观、复杂形状	注模成形，贵金属，钛
管、片、棒、盘	全密度，净成形	喷射成形，钢，超耐热合金
磁性零件	磁性、环境抵抗力	烧结、注射成形，快速冷凝粉末
金属陶瓷、密封	热和机械匹配	功能梯度复合结构
涂层、屏障	氧化和腐蚀保护	喷射成形，金属间化合物
微电子基底	单一热性质，吸收微波	注模，W-Cu，Mo-Cu，Al-SiC，Al-AlN
难熔合金	形状复杂的型钢	全密度，专用合金
飞机构架	高模量	全密度，RSR 铝
结构零件	疲劳和断裂强度	高可压缩性，热锻铁合金
动态薄膜过滤片	小孔径、耐蚀	冷等静压，不锈钢
多孔结构	可控的孔径和二次相分类	新材料、新成形技术
快速定型	精确尺度和均匀性质	选择性激光烧结，工具钢
耐磨结构	轻质量、高抗磨损性	热压，硼化物铝基合金

9.3 粉末冶金材料强韧化技术及应用

9.3.1 粉末冶金弥散强化高温合金

现代先进的飞机喷气发动机使用的耐热金属材料主要是镍基和钴基超合金，其主要强化机构是通过热处理析出第二相，阻止合金高温蠕变，但如果进一步提高工作温度，析出强化的结构发生改变，使材料只能在较低温度下使用。所谓弥散强化，就是使金属基体（金属或固溶体）中含有高度分散的第二相质点而达到提高强度的目的。虽然加入第二相的方法不同，但强化机理却有共性，比较而言，沉淀强化的情况更复杂。

1. 弥散粒子的作用

在切应力 τ 的作用下，位错线和一系列障碍相遇将弯曲成圆弧形，圆弧的半径取决于位错所受作用力和线张力的平衡。在障碍处，位错弯过角度 θ（图 9-25），障碍对具有柏氏矢量 b 的位错的作用力 F 将与位错的线张力 T 保持平衡，即：

$$F = 2T\sin\theta \tag{9-1}$$

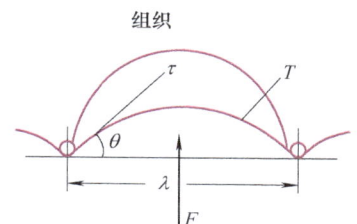

图 9-25 位错线的平衡

作为位错运动的障碍，第二相粒子显然比单个溶质原子要强，因此 θ_c（临界值）要大些。当 $\theta = \pi/2$ 时，位错线呈半圆形，作用于位错的力 F 最大。

如果用线张力 T 的近似值 $\frac{1}{2}Gb^2$（G 是切变模量），临界切应力 $\tau_c = \frac{F_{\max}}{\lambda b}$（$\lambda$ 是位错线上粒子的间距）代入式（9-1），则可得：

$$\lambda b \tau_c = Gb^2 \tag{9-2}$$

所以

$$\tau_c = \frac{Gb}{\lambda} \tag{9-3}$$

从式（9-3）可以看出，临界切应力与粒子间距成反比，粒子间距越小，材料的临界切应力越大。

安塞尔等人把由于位错塞积引起的弥散第二相粒子断裂作为屈服的判据。当粒子上的切应力等于弥散粒子的断裂应力时，弥散强化合金便屈服。

由于位错塞积而在一个弥散第二相粒子上的切应力可认为等于：

$$\tau = n\sigma \tag{9-4}$$

式中，n 为一个弥散粒子前边或周围塞积的位错数；σ 为所加的应力。

对一个粒子起作用的位错数取决于粒子间距，即：

$$n = \frac{2\lambda\sigma}{Gb} \tag{9-5}$$

式中，λ 为弥散粒子间距；G 为基体金属的切变模量；b 为柏格斯矢量。

综合式 (9-4) 和式 (9-5),第二相粒子上的切应力为:

$$\tau = \frac{2\lambda\sigma^2}{Gb} \tag{9-6}$$

使弥散粒子断裂的极限应力与粒子的切变模量成正比,即:

$$极限应力 = \frac{G^*}{C} \tag{9-7}$$

式中,G^* 为第二相粒子的切变模量;C 为比例常数,可以通过理论计算,通常约为 30。

综合式 (9-6) 和式 (9-7),可以得弥散强化两相合金的屈服应力为

$$屈服应力 = \sqrt{\frac{GbG^*}{2\lambda C}} \tag{9-8}$$

从式 (9-8) 可以得出:①屈服应力与基体和弥散相的切变模量的平方根的积成正比,即与基体和弥散相的本性有关;②屈服应力与粒子间距的平方根成反比,这也符合实验结果(图 9-26);③柏格斯矢量是位错的重要因素,屈服强度的大小直接与位错有关。

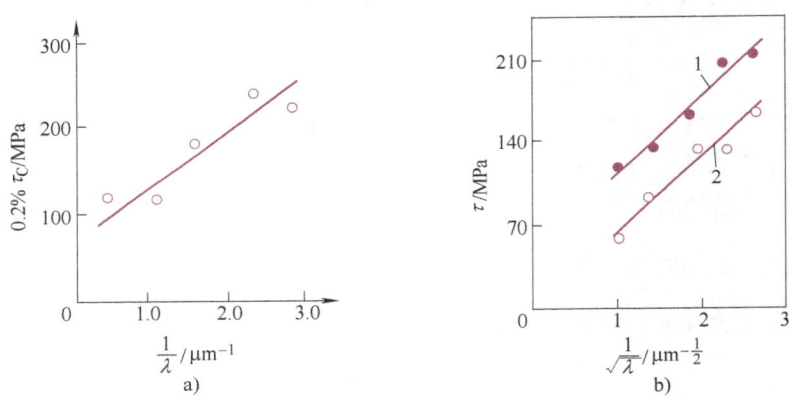

图 9-26 烧结铝屈服应力及强度与粒子间距的关系
1—25℃屈服强度 2—400℃抗拉强度

金属在恒定应力下,除瞬时形变外还要发生缓慢而持续的形变,称为蠕变。对于蠕变,弥散粒子的强化有两种情况。

1) 弥散相是位错的障碍,位错必须通过攀移才能越过障碍。显然,位错扫过一定面积所需的时间比纯金属要长,因而蠕变速度降低。设粒子直径为 d,粒子间距为 λ,因每次攀移时间正比于 d,攀移次数反比于 λ,因而蠕变速率与 λ/d 成正比。若第二相总量不变,粒子长大总伴随着粒子间距的增大,d 和 λ 是按比例增长的,因此,在时效处理以前,蠕变速率不受粒子长大的影响。

安塞尔和威特曼推导了低应力和高应力情况下的蠕变速率。

在低应力情况下:

$$K = \frac{\pi\sigma b^3 D}{2kTd^2}$$

在高应力情况下：
$$K = \frac{2\pi\sigma^4\lambda^2 D}{G^3 kTd}$$

式中，σ 为应力；λ 为粒子间距；D 为自扩散系数；d 为粒子直径；G 为基体切变模量；k 为玻耳兹曼常数；T 为热力学温度。

在低应力情况下，弥散强化材料的蠕变速率与弥散粒子直径的平方成反比；在高应力情况下，蠕变速率与弥散粒子直径成反比。

2）第二相粒子沉淀在位错上阻碍位错的滑移和攀移。这种具有弥散相的合金的抗蠕变能力与抗回复能力有对应关系。普悦斯顿（O. Preston）等人研究内氧化法弥散强化铜时，形变烧结铜合金的回复温度几乎接近熔点，而形变纯铜的软化在低于 $T_{熔点}$ 的温度下即已完成（图9-27）。必须指出，以上两种强化机构能够发挥作用的前提是弥散相粒子要稳定而不长大或保持高的弥散度。

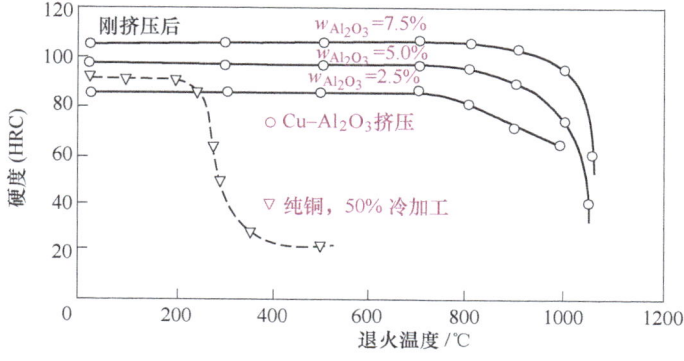

图9-27　形变 Cu 和 Cu-Al_2O_3 合金的软化

2. 影响弥散强化材料强度的因素

弥散强化材料的强度不但取决于弥散相和基体的性质，而且决定于弥散相的含量、粒度、分布、形态以及弥散相与基体的结合情况，同时也与工艺（如加工方式、加工条件）有关。下面分别加以讨论。

（1）弥散相和基体的性质

1）弥散相的性质。弥散相粒子稳定而不长大是强化的前提之一。对同一基体而言，弥散相不同会有不同的强化效果。例如，实践证明，采用 Al_2O_3、SiO_2、TiO_2、MgO、ZrO_2 等作为镍合金的弥散相未得到突出的结果，而 Ni-ThO_2 的强度很高；在铜合金的研究中，Al_2O_3 作为弥散相就比 ZrO_2、SiO_2 好。即对弥散相的种类、硬度、化学稳定性等有一定的要求。

弥散相要求具有高的化学稳定性和高的熔点，从热力学来说，要求弥散相的生成自由能负值大。因为物质生成自由能的大小反映物质的稳定性，生成自由能负值越大，弥散相在合金中就越稳定。从这一点出发，一般认为选用氧化物作为弥散相比碳化物、氮化物、硼化物和硅化物较好。在氧化物中用得较多的是 Al_2O_3、ThO_2、Y_2O_3，氧化物的生成自由能和某些性能见表9-11。

2）基体的性质。不同的金属具有不同的属性。就同种金属来看，纯金属的强度就不如固溶体的高，如果使基体合金化形成固溶体，则强度会有所提高。例如，在 Ni-ThO_2 中加入适量的 Mo 使 Ni 基体固溶强化，则强度有所提高，不同镍合金的强度见表9-12。

（2）弥散相的几何因素和形态　弥散相的含量、粒度和粒子间距互相是有联系的。当含量一定时，粒子越细，则粒子数越多，因而粒子间距也就越小。这些弥散相的几何因素是影响材料强度的重要因素。克雷门斯（W. S. Cremens）等研究了三者之间的关系，得出：

表 9-11 氧化物的生成自由能和某些性能

氧化物	$\Delta H_{298}/10^6 \text{J/mol}$	$\Delta Z_{298}/10^6 \text{J/mol}$	熔点/℃	莫氏硬度
Al_2O_3	-1.67	-1.58	2050	9
Cr_2O_3	-1.13	-1.05	2265	
HfO_2	-1.14	-1.08	2777	
MgO	-0.60	-0.57	2800	6
SiO_2	-0.86	-0.80	1728	7
Ta_2O_5	-2.09	-1.97	1890	
TiO_2	-0.91	-0.85	1840	
V_2O_3	-1.21	-1.13	1977	
Y_2O_3	-1.88	-1.80	2410	
ZrO_2	-1.08	-1.02	2600	7~8

表 9-12 不同镍合金的强度

合金成分	抗拉强度/MPa	制粉方法	试验温度/℃
Ni-7%ThO$_2$	1085	机械法	室温
Ni-7%ThO$_2$-12%Mo	1450		
Ni-2%ThO$_2$	280	化学法	650
Ni-2%ThO$_2$-20%Mo	700		

$$\lambda = \frac{2}{3}d\left(\frac{1}{f} - 1\right) \tag{9-9}$$

式中，λ 为粒子间距；f 为弥散相体积分数；d 为粒子直径。

1) 弥散相的含量。在研究烧结铝时，Al_2O_3 的含量对硬度、强度和伸长率的影响如图 9-28 所示。随着 Al_2O_3 含量的增加，合金硬度、强度也随之提高，但伸长率降低。

ThO_2 对 Ni-ThO_2 合金性能的影响见表 9-13。随着 ThO_2 含量的增加，硬度和强度增加，延性降低。大量实践证明，弥散相的含量一般可在 1%~15%（体积分数）的范围内选用。

2) 弥散相的粒度和粒子间距。讨论位错理论模型时，已得知弥散强化材料的屈服强度与粒子间距 λ^{-1} 或 $\lambda^{-\frac{1}{2}}$ 成比例（图 9-26）。当弥散相含量一

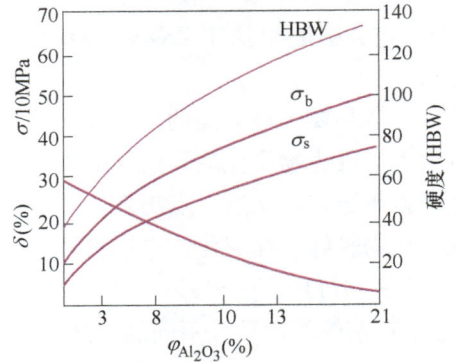

图 9-28 Al_2O_3 含量对烧结铝性能的影响

定时，粒子越细，粒子间距也就越小。根据奥罗万的 $\tau_c = Gb/\lambda$ 的关系式，合金屈服强度如果下限是 $G/1000$，则上限是理论断裂强度 $G/30$，一般设 $b \approx 0.3$nm，则粒子间距的范围为 0.01~0.3μm。粒子间距与粒子大小常为同一数量级，一般粒子大小范围为 0.01~0.1μm。

表 9-13 ThO$_2$ 对 Ni-ThO$_2$ 合金性能的影响

材料	φ_{ThO_2} (%)	密度/ (g/cm^3)	室温性能				高温性能100h, 815℃破坏应力/MPa
			HV/MPa (10kg)	σ_b/MPa	δ (%)	φ (%)	
羰基镍	0	8.9	750	283	42	65	15.7
羰基镍+ThO$_2$	1.0	8.90	1310	330	40	80	46
羰基镍+ThO$_2$	2.5	8.85	1660	420	36	78	94
羰基镍+ThO$_2$	5.0	8.82	1890	550	23	48	110
羰基镍+ThO$_2$	7.5	8.83	2030	565	11	14	115
羰基镍+ThO$_2$	10.0	8.85	2330	610	5	7	117

弥散强化材料要求弥散相均匀分布于基体中，这与生产方法有关。分布不均匀，就会导致弥散相的聚集和粒子间距增大，而使材料性能下降。

（3）弥散相与基体之间的作用

1）弥散相在基体中要求几乎不溶解，与基体不发生化学反应。

2）基体与弥散相之间的界面能要求小。二者之间的界面能低意味着两相接合较好，这是粒子阻碍位错运动所需要的。相反，高界面能即相当于粒子周围的孔洞多，不仅不能阻碍位错运动，而且可能产生显微裂纹。

（4）压力加工 在生产弥散强化材料的过程中，一般采用热挤压工序。热挤压可以提高材料的密度，更重要的是使材料发生高速应变，储存大量的能量而强化材料。

普悦斯顿等研究弥散强化材料应变能强化时得出，合金单位体积的储能为：

$$E = \frac{n\sigma}{r}\left[\left(\frac{3f}{4\pi}\right)^{\frac{1}{3}} - \left(\frac{3f}{4}\right)\right] \tag{9-10}$$

式中，r 为粒子半径；f 为弥散相的体积分数；n 为贯穿粒子的界面数；σ 为界面能。

储能的大小首先是弥散相含量的函数，同时也是挤压温度和挤压比的函数。

3. 弥散强化材料的性能

弥散强化材料固有的低伸长率，需要予以重视和研究改进，弥散强化材料的优越性能主要表现在：①再结晶温度高，组织稳定；②屈服强度和抗拉强度高；③随着温度升高，硬度下降少；④高温蠕变性好。

（1）再结晶温度高，组织稳定 纯金属的再结晶温度（$T_{再}$）一般是金属熔点（$T_{熔}$）的35%~40%，即 $T_{再}/T_{熔} = 0.35 \sim 0.40$。由于再结晶，金属材料的组织和力学性能都发生变化。提高金属材料的再结晶温度是研究耐热合金的一个目标。弥散强化材料在这方面显示了它的特点，它的再结晶温度很高，甚至在金属熔点附近的温度下退火也不发生再结晶。表9-14 中所列的弥散强化铜的再结晶温度数据可以说明这个问题。

（2）屈服强度和抗拉强度高 一般变形材料的屈服强度不高。屈服强度越接近于极限抗拉强度，材料的刚性就越好，就越不容易发生形变。例如，用于微波管中的铜构件就要求刚性很好，以免变形造成误差。弥散强化材料正具有这一优点，弥散强化材料的屈服强度不但有很高的绝对值，而且很接近其抗拉强度，这种关系在高温下更加明显。例如，烧结铝的 σ_b 为 350MPa，$\sigma_{0.2}$ 为 260MPa。烧结铝材料（SAP）的抗拉强度与 Y 合金（$w_{Cu}=4\%$，$w_{Ni}=2\%$，$w_{Mg}=1.5\%$，$w_{Ti}=0.1\%$，Al 余量）的性能对比如图 9-29 所示。

表 9-14 弥散强化铜的再结晶温度

合　　金	再结晶温度/℃
铜	<300
黄铜	<500
氧化铝弥散强化铜［Cu-3.5%（体积分数）Al_2O_3］	~1050
氧化硅弥散强化铜［Cu-12%（体积分数）SiO_2］	~800

内氧化法制备的 Cu-Al_2O_3 合金的屈服强度比铜要高得多，特别是在 300~400℃ 下也降低不多，如图 9-30 所示。

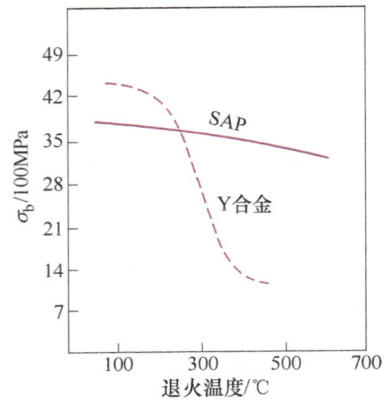

图 9-29 烧结铝合金 SAP 与 Y 合金抗拉强度的比较

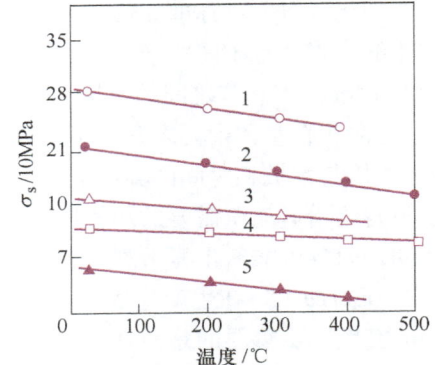

图 9-30 内氧化法制备的 Cu-Al_2O_3 合金的高温屈服强度

1—$w_{Al}=0.84\%$　2—$w_{Al}=0.22\%$
3—$w_{Al}=0.09\%$　4—$w_{Al}=0.04\%$　5—$w_{Al}=0\%$

（3）随温度升高硬度下降得少 随温度升高硬度下降得少是弥散强化材料一个很大的优点。例如，Ni-ThO_2 合金的高温硬度如图 9-31 所示。再结晶温度高，高温时硬度变化小以及蠕变速度低都说明弥散强化合金具有很好的热稳定性。

（4）高温蠕变性能好 高温蠕变是衡量高温合金的一个不可缺少的指标，要求高温材料具有很好的抗蠕变能力。随着温度的升高，很多耐热合金的持久强度降低得很快，而温度对弥散强化材料的持久强度的影响较小。例如，TD-Ni 100h 和 TD-Ni 1000h 的蠕变断裂强度与几种耐热材料的比较如图 9-32

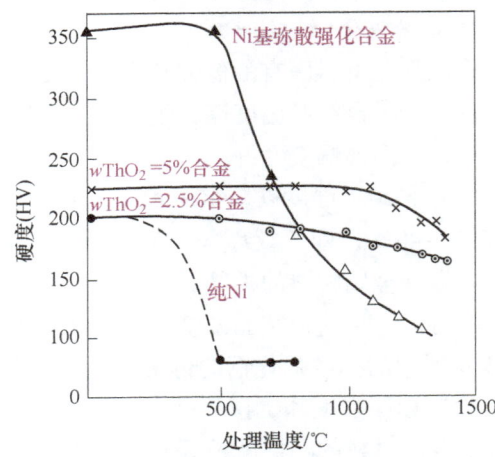

图 9-31 Ni-ThO_2 合金的高温硬度（处理 2h）

所示，Hastelloy-X 的成分（体积分数）：N47%，Cr22%，Fe20%，Mo9%；Haynes-25 的成分（体积分数）：Co51%，Cr20%，W15%，Ni10%；SM302 的成分（体积分数）：Co57%，Cr22%，W10%，Ta9%。可以看出，TD-Ni 在 1100℃时 100h 的持久强度还有 67MPa，超过了很多以超合金著称的镍基合金和钴基合金。这就意味着 TD-Ni 可以在更高的温度下使用，TD-Ni 在发动机上最有希望使用的部件是导向叶片，此部件经受的应力一般不很高，而温度却达 1300℃。但真正得到应用还需作更多的工作。

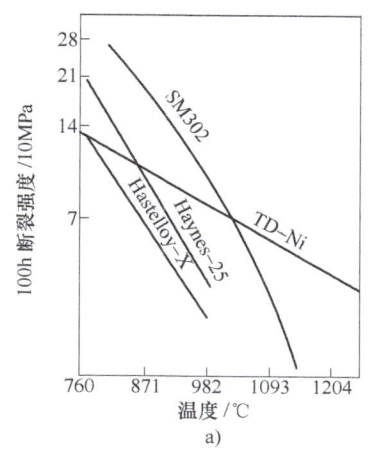 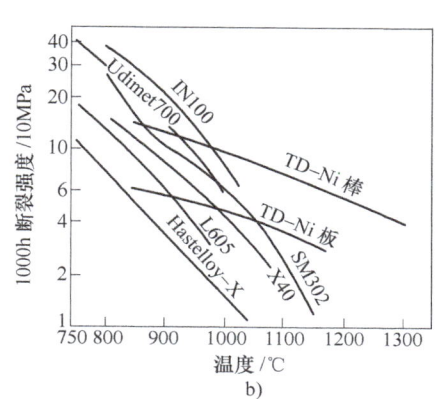

图 9-32　TD-Ni 蠕变断裂强度
a) 100h　b) 1000h

9.3.2　颗粒强化

硬质合金和金属陶瓷类复合材料就是利用金属硬质化合物和金属结合的。硬质合金是利用金属硬质化合物相的高硬度与金属的塑性而作为切削工作和耐磨件；金属陶瓷是利用金属硬质化合物相的高温强度与金属的塑性而用作耐热材料。

硬质合金包括：①所谓黏结碳化物的含钨硬质合金；②无钨硬质合金，如碳化钛基硬质合金，碳化铬基硬质合金（抗氧化和耐蚀性好）；③钢结构硬质合金等。

金属陶瓷有：①氧化物基金属陶瓷；②碳化物基金属陶瓷；③其他难熔金属化合物（氮化物、硼化物、硅化物）基金属陶瓷等。

硬质合金和金属陶瓷这一类复合材料的强化属于颗粒强化。

周期表Ⅳ、Ⅴ、Ⅵ过渡族难熔金属化合物（表 9-15）大多数属于间隙相，这些化合物的结构特性由金属原子半径（r_m）与非金属原子半径（r_x）的比值来决定，当比值 $r_x/r_m <$ 0.59，则形成间隙相。这些间隙相具有高的熔点，高的硬度，同时也具有金属的特性。这些碳化物、氮化物、硼化物和硅化物的主要性能分别见表 9-16、表 9-17、表 9-18 和表 9-19。此外，非金属难熔化合物已用于金属陶瓷的有 B_4C，SiC，BN 和 Si_3N_4，这几种化合物的性能见表 9-20。

表 9-15 难熔金属硬质化合物

元素	C	N	B	Si
Ti	TiC	TiN	TiB, TiB$_2$, Ti$_2$B$_5$	Ti$_5$Si$_3$, TiSi, TiSi$_2$
Zr	ZrC	ZrN	ZrB, ZrB$_2$, Zr$_2$B$_5$	Zr$_5$Si$_3$, Zr$_2$Si, ZrSi, ZrSi$_2$
Hf	HfC	HfN	HfB, HfB$_2$	HfSi, HfSi$_2$
V	VC	V$_3$N, VN	VB, VB$_2$	V$_3$Si, VSi$_2$
Nb	NbC	Nb$_2$N, NbN	Nb$_2$B, Nb$_2$B, NbB, Nb$_3$B$_4$, NbB$_2$	NbSi$_2$
Ta	Ta$_2$C, TaC	Ta$_2$N, TaN	Ta$_2$B, Ta$_2$B, TaB, Ta$_3$B$_4$, TaB$_2$	Ta$_2$Si, Ta$_2$Si$_3$, TaSi$_2$
Cr	Cr$_{23}$C$_6$, Cr$_3$C$_2$, Cr$_7$C$_3$	Cr$_2$N, CrN	Cr$_2$B, Cr$_3$B$_2$, CrB, Cr$_3$B$_4$, CrB$_2$	Cr$_3$Si, Cr$_3$Si$_2$, CrSi, CrSi$_2$
Mo	Mo$_2$C, MoC	Mo$_2$N, MoN	Mo$_2$B, Mo$_3$B$_2$, MoB, MoB$_2$, Mo$_2$B$_5$	Mo$_3$Si, Mo$_3$Si$_2$, MoSi$_2$
W	W$_2$C, WC	W$_2$N	W$_2$B, WB, WB$_2$, W$_2$B$_5$	W$_3$Si$_2$, WSi$_2$

表 9-16 某些碳化物的主要性能

化合物	w_C（%）	密度/(g/cm^3)	熔点/℃	显微硬度/MPa	弹性模量/MPa
TiC	20.1	4.93	3250	28500~32000	350000
ZrC	11.62	6.9	3175±50	28360	355000
HfC	6.3	11.8~12.6	3890±150	28300	359000
VC	19.08	5.48	2830	20940	276000
NbC	14.41	7.82	3500±125	20550	345000
TaC	6.23	14.3	3880±150	15470	291000
Cr$_3$C$_2$	13.33	6.68	1895	13000	194000
MoC	11.13	8.4	2700	15000	—
W$_2$C	3.16	17.2	2750	30000	42800
WC	6.12	15.5~15.7	2600	17300	72200

表 9-17 某些氮化物的主要性能

化合物	w_C（%）	密度/(g/cm³)	熔点/℃	显微硬度/MPa	弹性模量/MPa
TiN	22.65	5.21	2950±50	21600	256000
ZrN	13.31	6.93~6.97	2980±50	19830	—
HfN	7.28	—	3310	—	—
VN	21.5	6.04	2050~2320	—	—
NbN	13.1	8.4	2030	—	—
TaN	7.19	13.80	3087±50	32360	—
CrN	21.7	5.8~6.1	1500℃分解	—	—
Mo_2N	6.75	8.04	600℃分解	—	—

表 9-18 某些硼化物的主要性能

化合物	w_C（%）	密度/(g/cm³)	熔点/℃	显微硬度/MPa	弹性模量/MPa
TiB_2	31.10	4.45	2980	33700	374000
ZrB_2	19.18	5.82	3040±100	22500	350000
HfB_2	10.81	10.5	3250±100	29000	—
NbB_2	18.89	6.60	3000±50	25900	—
TaB_2	10.68	11.70	3100±50	25300	262000
MoB_2	18.4	7.78	2100	12000	—
W_2B_5	12.81	11	2300±50	26600	—

表 9-19 某些硅化物的主要性能

化合物	w_C（%）	密度/(g/cm³)	熔点/℃	显微硬度/MPa	弹性模量/MPa
$TiSi_2$	53.9	4.39	1540	8700	—
$ZrSi_2$	38.09	4.88	1700	8300~9800	—
$NbSi_2$	37.7	5.45	1950~2150	10500	—
$TaSi_2$	23.7	9.1	2200	15100~16100	—
CrSi	35.05	5.43	1545±50	10050	—
$MoSi_2$	36.9	6.28	2030±50	12600	188000
WSi_2	23.4	9.33	2165	10570~10900	—

表 9-20 几种非金属难熔化合物的主要性能

化合物	质量分数（%）	密度/(g/cm³)	熔点/℃	显微硬度/MPa	弹性模量/MPa
B_4C		2.48~2.52	2450	48000	116000~145000
SiC		3.76~3.99	2690	33400	—
BN	w_B=42.4%~44% w_N=54~56N	1.9	2980	—	—
Si_3N_4	w_{Si}=59.5%, w_N=40%	3.18	1900	—	—

1. 金属陶瓷的性能及其影响因素

碳化钨与钴相构成的金属陶瓷材料是作为切削工具发展起来的，而不是作为耐热结构材料使用。比碳化钨具有更好性能的碳化钛作为耐热材料的基体更适宜。碳化钛比碳化钨熔点更高，前者熔点是 3250℃，而后者的熔点为 2600℃；碳化钛的密度只有碳化钨密度的 1/3，这是耐热材料用在旋转部件中很重要的性能；碳化钛的抗氧化能力也比碳化钨强。因此，碳化钛基金属陶瓷得到了更广泛的研究和应用。碳化钛基金属陶瓷作为切削材料使用时称为碳化钛基硬质合金，这类硬质合金适于碳素钢、合金钢和不锈钢材料的精加工。表 9-21 中给出了部分碳化钛基金属陶瓷的成分。

表 9-21 某些碳化钛基金属陶瓷的成分

合金牌号	化学成分（%）						
	w_{TiC}	w_{Ni}	w_{Co}	w_{Cr}	w_{Mo}	w_{W}	w_{Al}
WZ-1d	35	52	—	13	—	—	—
WZ-12a	75	15	5	5	—	—	—
WZ-12b	60	24	8	8	—	—	—
WZ-12c	50	30	10	10	—	—	—
WZ-12d	35	39	13	13	—	—	—
K138	80	—	20		—	—	—
K162B	(70)	25	—		5	—	—
K163B$_1$	(60)	33	—		7	—	—
K164B	(50)	42.5	—		7.5	—	—
K184B	(50)	40	—	3	4	—	3
K196	(28)	60	—	5		7	—
FS-5	63	—	25.9	11.1	—	—	—
FS-8	63	22.2	7.4	7.4	—	—	—
FS-26	54.3	40.0	—	5.7Cr$_3$C$_2$	—	—	—

注：表中括号中的数字包括 5%（TiC·TaC·NbC）的固溶体。

（1）力学性能 某些碳化钛基金属陶瓷的力学性能见表 9-22。

从表 9-22 中的数据可以看出：碳化钛基金属陶瓷的硬度比铸造的 X40 高温合金的硬度高；碳化钛基金属陶瓷的抗弯强度和抗拉强度在室温下是相当高的，WZ-12 型的金属陶瓷在 20~300℃范围内可以保持其抗弯强度和抗拉强度，而 WZ-12C 型金属陶瓷甚至在 400℃还可以保持其抗弯强度和抗拉强度。这几种金属陶瓷的抗弯强度和抗拉强度与温度的关系如图 9-33 和图 9-34 所示。

黏结剂含量极大地影响金属陶瓷的密度、硬度和强度。从表 9-23 可以看出，随着黏结剂含量的增加，密度和抗弯强度是增加的，而硬度是降低的，不同温度下，Ni-Co-Cr 合金黏结剂对 WZ 合金抗拉强度的影响如图 9-35 所示。在 900~1000℃时，含黏结剂较多的合金的抗拉强度大大降低。

当前碳化钛基金属陶瓷的主要缺陷是冲击韧度低，从表 9-23 中的数据可以看出，金属陶瓷的冲击吸收能量无论是室温还是高温下都比铸造的 X40 高温合金要差很多。

表 9-22 某些碳化钛基金属陶瓷的力学性能

合金牌号	密度/(g/cm³)	硬度	弹性模量/MPa	抗弯强度/MPa 20℃	抗弯强度/MPa 870℃	抗拉强度/MPa 20℃	抗拉强度/MPa 870℃	冲击功/9.8J 20℃	冲击功/9.8J 870℃
WZ-1b	6.20	9500HV	38300	1300~1400	—	700~800	450	0.55	0.55
WZ-1c	6.50	7900MPa	—	1590~1700	—	900~1000	500	0.55	0.97
WZ-12a	6.0	10700MPa	41800	1200~1300	—	600~700	—	0.38	0.43
WZ-12b	6.25	9600MPa	39400	1340~1500	—	800~900	500	0.55	—
WZ-12c	6.55	8200MPa	35600	1590~1790	700	900~1000	450	0.69	0.83
WZ-12d	6.95	6000MPa	323000	1740~1880	620	1000	380	0.97	1.24
K152B	6.0	85HRA	38700	1358	—	875	413	1.52	0.97
K162B	6.0	89HRA	400000	1295	—	784	651	1.52	1.24
K163B₁	6.2	86HRA	387000	1652	—	790	546	1.79	1.24
K196	7.4	73HRA	39300	1421	—	896	350	1.11	1.11
X40 高温合金	8.61	62.5HRA				710~850	206	4.6~5.7	>5.7

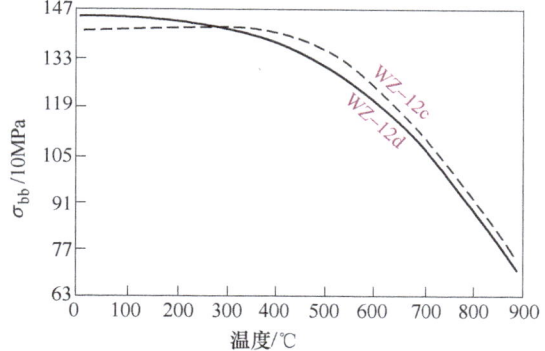

图 9-33 金属陶瓷抗弯强度与温度的关系   图 9-34 金属陶瓷抗拉强度与温度的关系

金属陶瓷的冲击韧度首先与金属黏结剂的含量有关。一般规律是随黏结剂含量的增加,冲击韧度增加。因此,黏结剂含量一般不能太少。TiC-Ni 金属陶瓷的冲击功与镍含量的关系如图 9-36 所示。其次,生产方法也影响金属陶瓷的冲击韧度。例如,用熔渗法生产的金属陶瓷,其冲击吸收能量有所提高(表 9-23)。

SCA300 金属陶瓷 1093℃的持久强度如图 9-37 所示。SCA300 金属陶瓷 1093℃100h 的持久强度约 60MPa,为时效 X40 高温合金的 2 倍;或者说,当应力为 60MPa 时,X40 高温合金仅能使用 3.3h,而 SCA300 金属陶瓷使用时间约为 X40 高温合金的 30 倍。

(2) 抗氧化性　金属陶瓷一般来说具有较好的抗氧化性。材料的抗氧化能力取决于表面氧化物的特征。几种金属陶瓷在 980℃保持 200h 后的氧化层厚度如图 9-38 所示。

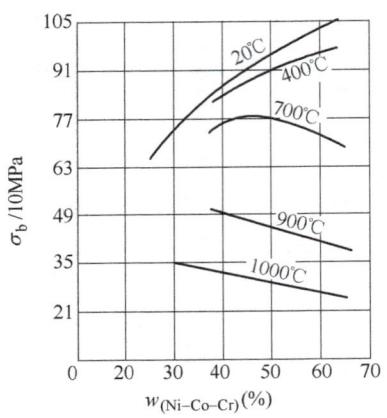

图 9-35　Ni-Co-Cr 合金黏结剂对 WZ 合金抗拉强度的影响

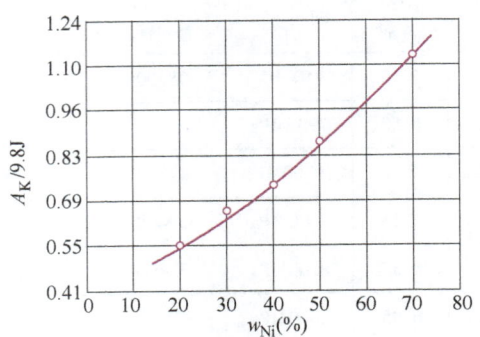

图 9-36　TiC-Ni 金属陶瓷冲击吸收能量与镍含量的关系

表 9-23　碳化钛基金属陶瓷的冲击功

不同方法生产的合金	冲击吸收能量/9.8J		
	20℃	870℃	980℃
Ni 黏结的 Ti（Ta、Nb）C	0.47~0.58	0.59~0.71	0.91~0.97
Ni-Mo 黏结的 Ti（Ta、Nb）C	0.17~0.32	0.25~0.86	0.29~0.34
Ni-Cr 熔渗的 TiC（SCA100 金属陶瓷）	1.2~1.66	1.38~2.24	2.04~2.7
Co-Cr-Mo 熔渗的 TiC（SCA200 金属陶瓷）	0.63~0.86	0.84~1.01	0.95~1.12
Co-Cr-W 熔渗的 TiC（SCA300 金属陶瓷）	0.58~0.72	0.76~0.91	0.91~1.14
X40 高温合金	4.6~5.7	>5.7	>5.7

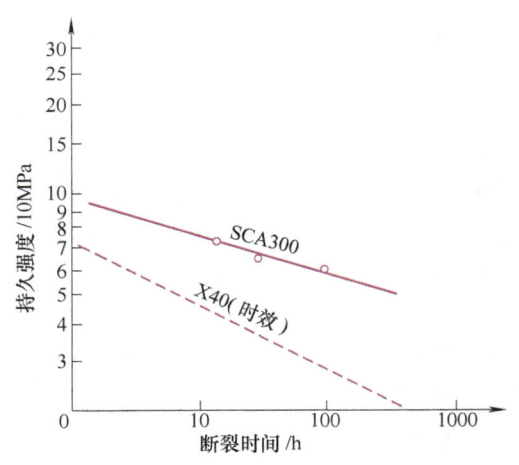

图 9-37　SCA300 金属陶瓷 1093℃ 的持久强度

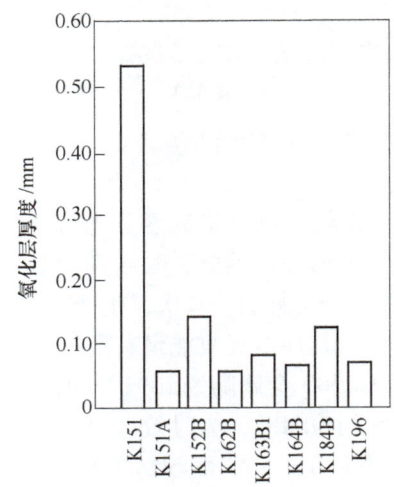

图 9-38　几种金属陶瓷在 980℃ 保持 200h 后的氧化层厚度

从图9-38可看出，用 TiC-TaC-NbC 固溶体代替部分 TiC，促使生成一层牢固的氧化膜，可以改善碳化钛基金属陶瓷的抗氧化能力。如 K151 和 K151A 相比，K151 的碳化物不是固溶体，K151A 在980℃保持200h的氧化情况只为 K151 的1/10。

同理，加入某些元素也可改善碳化钛基金属陶瓷的抗氧化能力。例如，加入 Cr 或 Cr_3C_2 可使 TiC-Ni 金属陶瓷的抗氧化能力在900℃以上，甚至比很多高温合金还优越。又如加入少量硅也可改善碳化钛基金属陶瓷的抗氧化能力。但是要注意，硅过多时往往有较脆的硅化物生成，如与镍生成镍的硅化物，从而大大降低金属陶瓷的强度。

2. 硬质合金的性能及其影响因素

前已指出，碳化钛基金属陶瓷作为切削材料称为碳化钛基硬质合金。碳化钛基硬质合金已有多种，见表9-24。

表9-24 碳化钛基硬质合金的发展

材 料	出现的年代	材 料	出现的年代
TiC-Mo_2C-Ni·Cr·Mo	1929~1931	TiC-Mo_2C-TaC-Ni·Co·Cr	1950
TiC-Ni	1930~1931	TiC-可热处理钢	1952~1961
TiC-TaC-Co	1931	2TiC-1TiB_2	1957
TiC-VC-Ni·Fe	1938	TiC-Mo_2C-Ni·Mo	1965~1970
TiC-NbC-Ni·Co	1944	(Ti·Mo)C-Ni·Cr·Mo	1968~1970
TiC-VC-NbC-Mo_2C-Ni	1949	TiC-TiN-Ni	1969~1970

下面主要讨论所谓黏结碳化钨的含钨硬质合金。含钨硬质合金基本上有钨钴合金（WC-Co）和钨钛钴合金（WC-TiC-Co）两大类。钨钽钴合金（WC-TaC-Co）和钨钽铌钴合金（WC-TaC-NbC-Co）是在钨钴合金的基础上加入 TaC、NbC 而形成的，钨钛钽钴合金（WC-TiC-TaC-Co）和钨钛钽铌钴合金（WC-TiC-TaC-NbC-Co）是在钨钛钴合金基础上加 TaC、NbC 形成的。还有添加其他碳化物，如 VC 形成的硬质合金等。

根据实践总结，硬质合金强度与下列因素有关：①合金的组成；②合金的烧结组织，包括碳化物相晶粒度、粒度分布和邻接度以及黏结相的分布；③合金中碳的含量；④合金中的内部缺陷，包括孔隙度和夹杂；⑤合金的表面状态和体积大小。下面分别讨论影响硬质合金强度和硬度的因素，着重讨论强度方面的问题。

（1）合金的组成对硬度和强度的影响 各种硬质化合物的性能已如前述。一般来说，碳化物晶粒度相同时，合金中碳化物含量越高，黏结金属（钴）含量越低，则合金的硬度越高。含钴量一样时，钨钛钴合金的硬度比钨钴合金的硬度高。

合金的抗弯强度是合金韧性的标志，从组成来说，碳化物晶粒度相同时，黏结金属（钴）含量越高，则合金抗弯强度也越高。含钴量一样时，钨钴合金的抗弯强度大于钨钛钴合金。钴含量对 WC-Co 合金抗弯强度的影响如图9-39所示。从图9-39可以看出，抗弯强度-钴含量关系曲线上有一转折点。对于 WC 平均晶粒度为 $1.64\mu m$ 和 $3.3\mu m$ 的合金，抗弯强度最高点大约在 w_{Co} 为20%时；而对于 WC 平均晶粒度为 $4.95\mu m$ 的合金，抗弯强度最高点大约在 w_{Co} 为15%时。抗弯强度与钴含量的关系曲线，在一定范围内具有转折点，此实验结果与以前美国的研究结果和在此实验以后德国的研究结果大体上都是一致的，下面还将予以讨论。

对钨钛钴合金的情况，WC-TiC-Co 两相合金抗弯强度与钴含量的关系如图 9-40 所示。WC-TiC-Co 三相合金抗弯强度与钴含量的关系如图 9-41 和图 9-42 所示。前二者也是前苏联克列依麦尔等的研究结果，而图 9-41 是基费尔的研究结果，其中，TiC∶WC = 15∶17（质量比）；碳化物晶粒度：（TiC，W）C 为 3μm；WC 为 1.8μm。

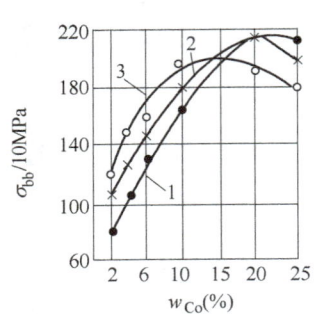

图 9-39　WC-Co 合金抗弯强度与钴量的关系
1—WC 晶粒度 1.64μm　2—WC 晶粒度 3.3μm
3—WC 晶粒度 4.95μm

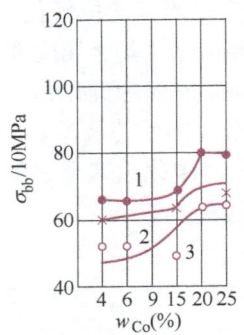

图 9-40　WC-TiC-Co 两相合金抗弯
强度与钴含量的关系
1—碳化物晶粒度 0.9μm　2—碳化物晶粒度 2.6μm
3—碳化物晶粒度 5.6μm

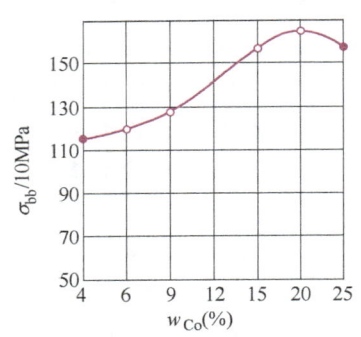

图 9-41　WC-TiC-Co 三相合金抗弯
强度与钴含量的关系

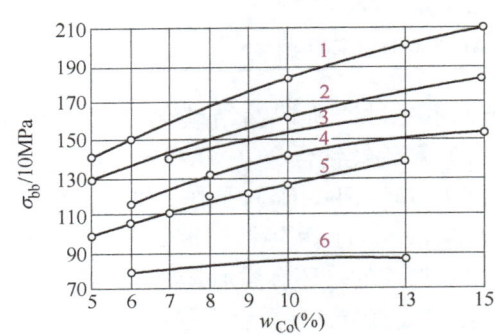

图 9-42　WC-TiC-Co 三相合金抗弯强度与钴和
碳化钛含量的关系
1—w_{TiC} 为 2.5%　2—w_{TiC} 为 4.5%　3—w_{TiC} 为 8%
4—w_{TiC} 为 12%　5—w_{TiC} 为 16%　6—w_{TiC} 为 25%

从图 9-40 可以看出：WC-TiC-Co 两相合金抗弯强度与钴含量的关系与上述 WC-Co 合金不同，WC-TiC-Co 两相合金的抗弯强度在 w_{Co} 小于 15% 时不取决于钴的含量。克列依麦尔等指出，WC-TiC-Co 两相合金在 w_{Co} 小于 15% 时，（Ti，W）C 晶粒组成的连续碳化物骨架的连续性破坏成为被钴包围的（Ti，W）C 晶粒的聚合体，抗弯强度-钴关系的曲线与 WC-Co 合金具有同样的特性，即具有转折点。

从图 9-41 可以看出：对于 WC-TiC-Co 三相合金，w_{Co} 在 4%～20% 范围内抗弯强度随钴含量增加而增加，不过在 4%～9% 范围内增加不大。w_{Co} 超过 20% 时，抗弯强度降低。w_{Co} 在 4%～9% 范围以外，与 WC-Co 合金的变化一样。

从图 9-42 可看出：相同钴含量下，随着碳化钛含量的增加，抗弯强降低。但当碳化钛的质量分数为25%时，即接近于两相合金（曲线6）成分时，在 w_{Co} 为6%～13%范围内，抗弯强度变化不大，这与前面讨论的 WC-TiC-Co 两相合金的规律很一致。

（2）合金的烧结组织　合金的烧结组织包括碳化物相晶粒度、粒度分布和邻接以及黏结相的分布等。

1) 对 WC-Co 合金硬度和强度的影响。碳化钨晶粒对 WC-Co 合金硬度和抗弯强度的影响分别如图 9-43 和图 9-44 所示。

黏结相（钴）的平均自由程对 WC-Co 合金硬度和抗弯强度的影响分别如图 9-45 和图 9-46 所示。

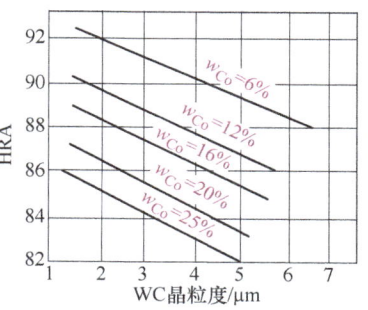

图 9-43　WC-Co 合金硬度与 WC 晶粒度的关系

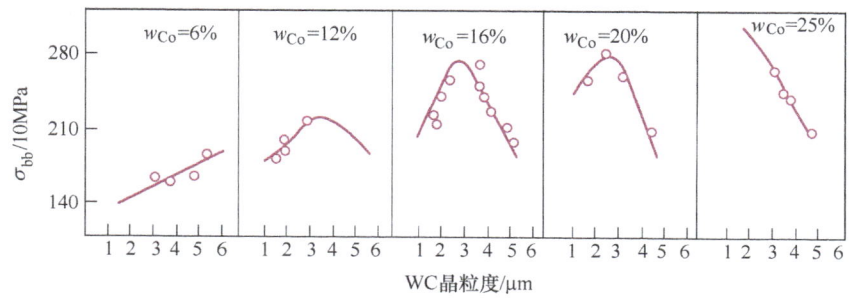

图 9-44　WC-Co 合金抗弯强度与 WC 晶粒度的关系

从 WC-Co 合金硬度和抗弯强度与 WC 晶粒度和钴相平均自由程的关系可以看出，WC-Co 合金的硬度随 WC 晶粒度和钴相平均自由程的增大而线性下降。

在 WC-Co 合金的抗弯强度与 WC 晶粒度的关系中，除了 w_{Co} 为6%和25%两种情况外，随着 WC 晶粒度的增加都有一个最高转折点，古兰德认为，对 w_{Co} 为6%的情况，继续增大 WC 晶粒度也将出现最高点；对 w_{Co} 为25%的情况，继续减小晶粒度也将出现最高点。抗弯强度与 WC 平均晶粒度的关系，在转折点的两侧都呈线性关系。

WC-Co 合金抗弯强度与钴相平均自由程的关系与图 9-46 所示的抗弯强度与钴含量关系曲线一样，随着钴相厚度增大，过最高点后，抗弯强度下降。

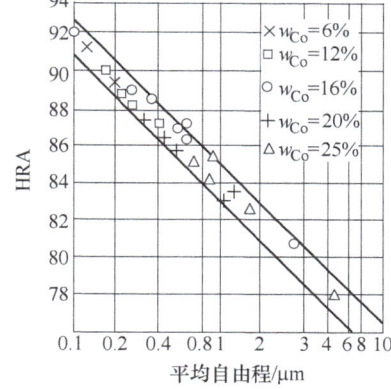

图 9-45　WC-Co 合金硬度与钴相平均自由程的关系

2) 对 WC-TiC-Co 合金强度的影响。WC-TiC-Co 两相合金抗弯强度与碳化物晶粒度的关系如图 9-47 所示。WC-TiC-Co 三相合金抗弯强度与碳化物晶粒度的关系如图 9-48 和图 9-49 所示。

从图 9-47 可以看出，WC-TiC-Co 两相合金在抗弯强度与碳化物晶粒度的关系上与 WC-Co 合金很不相同，随着碳化物晶粒度的增加，抗弯强度降低。

从图 9-48 和图 9-49 可以看出，随着 WC 中的碳的质量分数从 5.9% 增加到 6.2%，即出现游离石墨以前，合金抗弯强度直线地上升到最大值；出现游离石墨后，抗弯强度开始下降，但下降不如上升得快。不过，以上数据是按研磨料的碳含量控制而不是按烧结合金控制的。从图 9-49 可以看出，在合金中含 0.5%（体积分数）石墨到 0.5%（体积分数）η 相（W_2C）的范围内，抗弯强度保持不变，这与 WC 中 6.05% 到 6.2%（质量分数）的含碳量相当。图中 0-0 线表示无游离石墨和 η 相的两相合金。在上述 η 相和石墨量的范围外，抗弯强度都大大下降，因为 η 相化合了一部分钴，并且很脆，从而降低强度。游离石墨增多时，材料致密性被破坏，强度也随之降低。

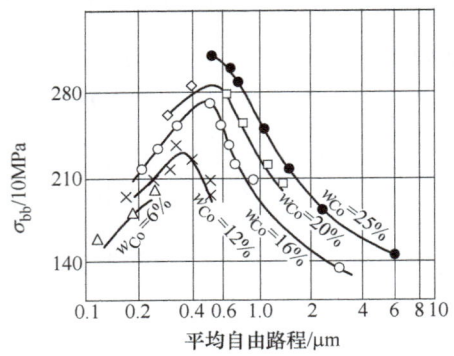

图 9-46　WC-Co 合金抗弯强度与钴相平均自由路程的关系

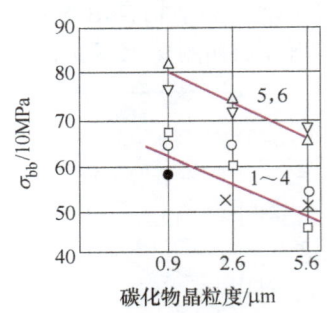

图 9-47　WC-TiC-Co 两相合金抗弯强度与碳化物晶粒度的关系

1—w_{Co} 为 4%　2—w_{Co} 为 6%　3—w_{Co} 为 9%
4—w_{Co} 为 15%　5—w_{Co} 为 20%　6—w_{Co} 为 25%

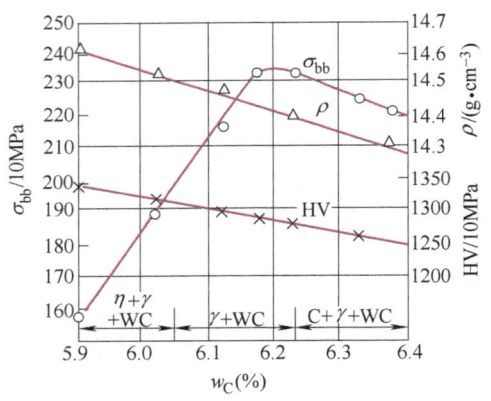

图 9-48　WC-10%Co 合金力学性能与碳含量的关系

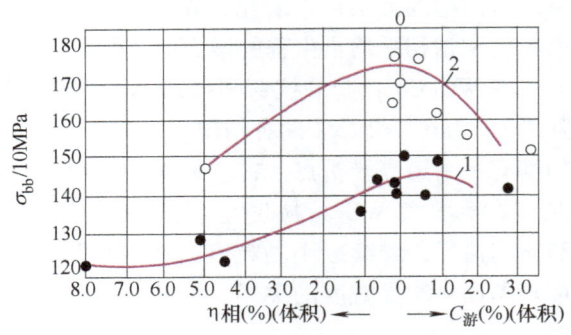

图 9-49　WC-8%Co 合金与 η 相和游离碳的关系
1—C5.13% ~ 6.4%　2—C5.94% ~ 6.7%

（3）合金中的剩余孔隙度　在标准 WC-Co 合金中只要剩余孔隙达 0.5%（体积），抗弯强度就大大降低。例如，在粗晶粒 WC-10% Co 合金中没有剩余孔隙度时，抗弯强度可以从 2800 ~ 2900MPa 提高到 3400MPa 以上。采用热等静压是减少孔隙度的有效措施。减少剩余孔隙度是提高抗弯强度的方向之一，也是值得重视加以研究的。

9.3.3　纤维强化

弥散强化材料工作温度不能太高，一般使用温度为熔点的 80% ~ 85%，如弥散强化镍基合金可在 1100℃ 附近的高温使用。而纤维化材料则是利用纤维的强度，可采用具有高的高温强度的难熔金属丝或无机纤维，因而纤维强化材料有可在基体熔点附近的高温使用，即有可能提供 1100℃ 以上的高温材料。

将具有高强度的纤维或晶须加到金属（合金）基体中使金属得到强化，这样的材料称为纤维强化金属材料。

纤维强化金属材料的特点是：①高温性能好，因为是向软的金属中加入高强度、高弹性模量的纤维或晶须，所以能在高温条件下，长时间稳定有效地工作；②一个突出点是比强度和比弹性高。如图 9-50 所示，纤维强化金属材料的比强度是最高的。比强度高意味着达到一定的强度所需材料少；或者说材料一样重时，构件可承受较大的负荷。

纤维强化材料的基体已有很多类型，有纤维强化塑料、纤维强化橡胶、纤维强化陶瓷和纤维强化金属。

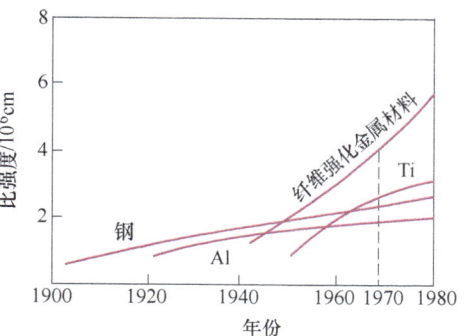

图 9-50 几种材料比强度的变化

纤维强化的机理对各类材料都是一样的。在这一小节里，先讨论纤维强化的机理。纤维强化材料的性能主要是围绕纤维强化金属复合材料加以讨论。而其他体系纤维强化材料，不是本课程教学大纲的要求，因而不予介绍。

1. 纤维强化的机理

纤维强化主要靠纤维本身承受主要负荷，在工作过程中，外力可能同时作用到基体和纤维上，作用到金属基体上的力，通过基体的范性流变将负荷转加到纤维上。因此，纤维间的间距不一定要在微米尺度内，只要纤维具有高的强度和高的弹性模量，并且数量多到能承担所需的负荷就可以。而金属基体的作用是传递应力，保护纤维表面不受损伤，避免纤维互相接触，从而维持纤维原来的尺寸，稳定纤维的几何排列。金属基体和纤维必须很好地结合在一起，有足够的结合强度，否则，基体与纤维互相滑移，材料就会破坏。

下面分析负荷转加的问题。设长度为 l 的一段纤维（弹性模量为 E_f）埋在基体（弹性模量 E_m）之中，如图 9-51a 所示。

对此复合体沿纤维轴向加一负荷，纤维和基体都发生了弹性形变。由于 E_f 和 E_m 较大，因而纤维在局部区域牵制了基体的伸长。这样，基体中的弹性形变就变得不均匀了，在纤维两端将产生明显的应力集中，如图 9-51b 所示。通过基体-纤维界面上切应力 τ 的作用，在纤维内部产生了轴向张应力 σ，这样，负荷就从基体转移到纤维身上，考虑到距离纤维一端为 x 处的一小段纤维的平衡条件（图 9-52），便可以得到 σ 和 τ 所满足的微分方程，即：

$$\pi r_0^2 \frac{d\sigma}{dx} = 2\pi r_0 \tau \tag{9-11}$$

在基体和纤维都作弹性形变的情况下，通过简化的理论模型计算，就可以求出 σ 和 τ 随 x 的变化关系（图 9-53）。τ 的数值在纤维两端为极大，然后逐渐下降，到纤维中部为零；而 σ 则在纤维两端为零，在纤维中部为极大，趋近于 $E_f \bar{\varepsilon}$（$\bar{\varepsilon}$ 为复合体的平均应变，$E_f \bar{\varepsilon}$ 为连续的纤维（$l = \infty$）所承担的张应力）。如果外加负荷是使基体产生范性形变，这样界面上

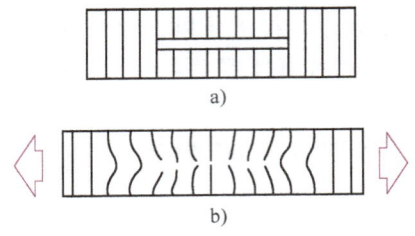

图 9-51 弹性加载下纤维复合体基体中形变示意图
a) 加载前 b) 加载后

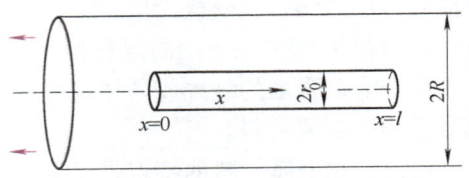

图 9-52 纤维复合体坐标的示意图

的切应力 τ 就应等于其屈服应力 τ_s，如忽略加工硬化效应，即可认为 τ 基本上保持恒定的数值。这样，对式（9-11）积分，可求出：

$$\int d\sigma = \frac{2\tau}{r_0}\int dx$$

所以
$$\sigma = \frac{2\tau x}{r_0} \tag{9-12}$$

式（9-12）表示 σ 自纤维两端线性地增大。当 σ 的数值达到纤维的抗拉强度 σ_f 时，纤维就会断裂，因而 $\sigma \leq \sigma_f$（图 9-54）。

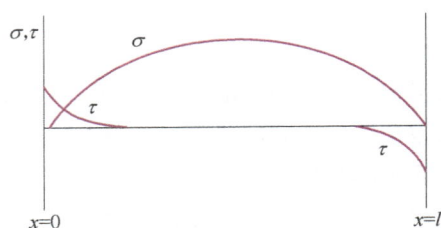

图 9-53 纤维中张应力和界面上切应力
分面示意图（基体和纤维作弹性形变）

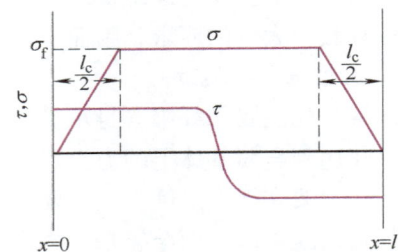

图 9-54 纤维中张应力和界面上切应力
分布示意图（基体发生范性流变，$l > l_c$）

若令 l_c 为产生纤维断裂所需要的临界长度，则：

$$l_c = \frac{r_0 \sigma_f}{\tau_s} \tag{9-13}$$

如果纤维的长度 l 小于临界长度 l_c，则负荷的转移是不完全的，断裂将在基体内而不是在纤维内发生，这样就不能充分发挥纤维强化的作用。当纤维的长度 $l > l_c$ 时，负荷的转移将在距两端为 $l_c/2$ 的长度内实现，因而 $l_c/2$ 称为负荷的转移长度。

纤维长度 l 与纤维直径 d 的比被称为外形比，临界外形比为 l_c/d，则式（9-13）可变成

$$\frac{l_c}{d} = \frac{\sigma_f}{2\tau_s} \tag{9-14}$$

从式（9-14）可以看出：临界外形比取决于纤维的断裂强度与基体屈服强度的比值。提高基体的屈服强度，将使临界外形比减小。

在纤维断裂时，纤维内的平均应力 $\overline{\sigma}$ 应小于 σ_f，根据图 9-54，可以求得：

$$\overline{\sigma} = \frac{\sigma_f}{l}(l - l_c) + \frac{\sigma_f}{l}\frac{l_c}{2} = \sigma_f\left(1 - \frac{l_c}{2l}\right) \tag{9-15}$$

又复合体的抗拉强度 σ_t 应等于纤维断裂时垂直于拉伸轴截面上的平均张应力,即:

$$\sigma_t A = \overline{\sigma} A_f + \overline{\sigma}_m A_m$$
$$\sigma_t = \overline{\sigma} V_f + \overline{\sigma}_m V_m$$
$$\sigma_t = \overline{\sigma} V_f + \overline{\sigma}_m (1 - V_f) \tag{9-16}$$

式中,$\overline{\sigma}_m$ 为纤维断裂时基体所承受的平均应力;A 为复合体的截面积,等于 $A_f + A_m$;V_f 为纤维所占体积分数 $= \frac{A_f}{A}$;V_m 为基体所占体积分数 $= \frac{A_m}{A}$。

将式(9-15)代入式(9-16)得

$$\sigma_t = \sigma_f\left(1 - \frac{l_c}{2l}\right)V_f + \overline{\sigma}_m(1 - V_f) \tag{9-17}$$

若 $l = \infty$,$\frac{l_c}{2l} \to 0$,就得到连续纤维复合材料的抗拉强度。可以得出,不连续纤维复合材料的抗拉强度要略低一些。但如果 $l \gg l_c$,二者的差别也不大。V_f 要达到 0.5 并不困难,而 $\sigma_f \gg \overline{\sigma}_m$,所以纤维复合材料的强度可以接近 $\sigma_f V_f$。

2. 影响纤维强化材料强度的因素

(1) 纤维和基体的本性

1) 纤维本性的影响。纤维强化材料之所以得到发展,是因为纤维具有高的强度、弹性模量、比强度和比弹性。强化用纤维和晶须的抗拉强度和弹性模量见表 9-25。

表 9-25 强化用纤维和晶须的抗拉强度和弹性模量

名称		性能	熔点/℃	密度 ρ/(g/cm³)	抗拉强度 σ_f/MPa	比强度 (σ_f/ρ)/10⁴cm	弹性模量 E_f/ρ/MPa	比弹性 E_f/ρ/10⁴cm	断面直径/μm
纤维	非金属	α-Al₂O₃	2050	3.15	2100	666	175000	55000	—
		ZrO₂	2650	4.84	2100	434	350000	72300	—
		碳/石墨	3650	1.5	2450	1630	210000	140000	5
		B₄C	2450	2.36	2300	972	490000	207500	—
		SiC	2690	4.09	2100	512	490000	120000	76
		TiB₂	2980	4.48	1100	245	520000	116000	—
	金属	W	3400	19.4	4060	210	413000	21300	13
		Mo	2610	10.2	2240	220	364000	35600	25
		钢	1300	7.74	4200	542	203000	26200	13
晶须	非金属	SiC	2690	3.18	21000	6600	490000	154000	1~3
		Si₃N₄	1900	3.18	14000	4400	385000	121000	—
	金属	Fe	1540	7.8	13300	1700	203000	25900	—
		Ni	1455	8.98	3920	440	217000	24200	—
		W	3400	19.4	14700	750	510000	26200	—

陶瓷纤维的密度小、弹性模量高，特别是在高温下具有良好的抗氧化性。不易与金属及合金反应。但是，陶瓷纤维塑性差，与基体黏合能力弱，制作较难，在加工过程中容易损坏。

难熔金属纤维与陶瓷纤维不同，塑性较好，制作也较容易；其缺点是密度大，较易与基体金属反应。

各种纤维的高温强度如图 9-55 所示。

由图 9-55 可以看出，在常温下，玻璃纤维的强度仅次于 Al_2O_3 晶须。但是玻璃纤维的软化温度低，因而玻璃纤维强化材料只能应用于 300℃ 左右。其他纤维强化材料可在较高的温度下工作，特别是碳纤维的稳定性好，提高温度，对强度影响不大。不过，碳纤维极易与许多金属发生反应，如果能防止碳纤维与基体金属反应，碳纤维强化将是非常理想的。

比较 W 和 W-ThO_2 合金纤维可知，合金化也能提高纤维的高温性能。因此，合金化纤维也是提高纤维强化材料性能的一个途径。同时，

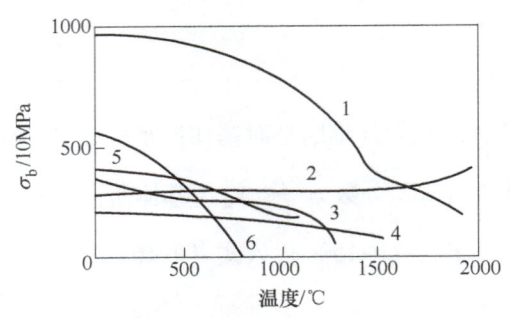

图 9-55　各种纤维的高温强度
1—Al_2O_3 晶须　2—碳纤维　3—W 纤维
4—SiC 纤维　5—硼纤维　6—玻璃纤维

复合纤维的性能比单一纤维的好，采用复合纤维也可以提高纤维强化材料的性能，这方面的问题在下面纤维强化材料的性能中还要讨论到。

2）基体本性的影响。纤维强化的基体有高分子材料、金属或陶瓷材料。要获得最高的比强度和比弹性，最好应用高分子材料作为基体，但高分子基体的切变模量小，相应地临界长度 l_c 值较大，使用温度很难超过 200℃。

（2）纤维的体积分数和尺寸

1）纤维体积分数的影响。由式（9-16）可知，纤维所占的体积分数是很重要的。研究 Borsic 复合纤维（B 纤维表面上包覆一层 SiC 称为 Borsic）强化铝时所得纤维体积分数对复合材料抗拉强度和弹性模量的影响如图 9-56 和图 9-57 所示。

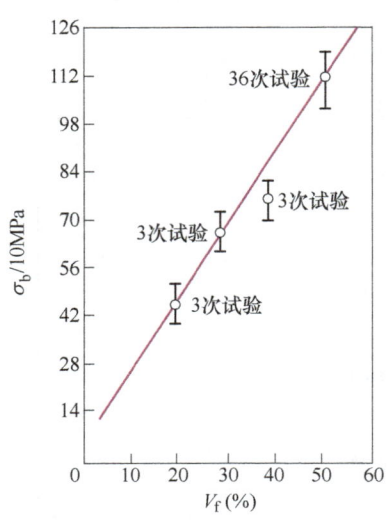

图 9-56　纤维体积分数对材料
抗拉强度的影响

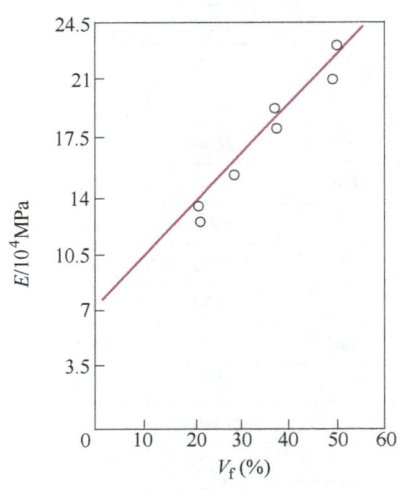

图 9-57　纤维体积分数对材料
弹性模量的影响

由图 9-56 和图 9-57 可以看出，在 V_f 为 50% 的范围内，材料抗拉强度和弹性模量随着纤维体积分数的增加线性增加。因此，在一定范围内要保持足够的纤维体积分数。

2）纤维长度和直径的影响。一般来说金属和陶瓷纤维的抗拉强度与其直径成反比，直径增大，则强度减小。从这个意义上看，应选择尽可能细的纤维。但是，由于很难避免纤维与基体之间的不利作用以及在制作过程中纤维损伤，因此，选用纤维直径不宜过小。要根据具体条件去考虑。例如，直径 $3\mu m$ 的晶须受到 $1\sim 2\mu m$ 深度的径向侵蚀后，就可能完全毁坏，而直径为 $25\mu m$ 的纤维当受到同样深度的侵蚀时，则纤维的有效直径仍比 $3\mu m$ 大得多。

纤维长度对纤维复合材料的性能有着重大影响。连续纤维是最好的，对于短纤维来说，纤维的长度必须达到一定的临界长度后，才能承受最大的应力。

临界长度 l_c 与其直径之比，称为临界外形比，或者叫做临界长细比。纤维或晶须外形比对复合材料强度的影响如图 9-58 所示。

（3）纤维与基体金属的结合强度　为了充分发挥纤维的作用，保证材料具有最高的强度，纤维与基体金属的结合强度是很重要的。

提高纤维与基体金属间的结合强度，可以从两方面来考虑，①改善纤维与基体金属间的润湿性，使纤维与基体金属黏合得很好；②利用纤维与基体金属间的相互反应，形成如同金属陶瓷中的过渡层以提高结合强度。在工艺上，常采用纤维涂层或在基体金属中加入合金元素来调节纤维与基体金属间的润湿性。

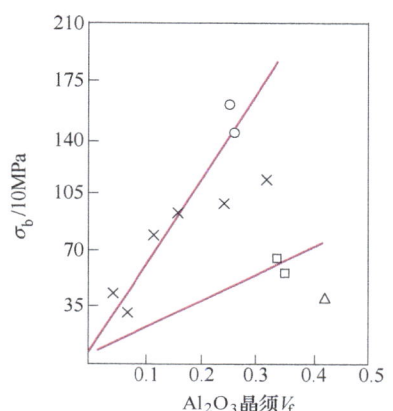

图 9-58　Al_2O_3 晶须大小、体积分数与强度的关系
○—细晶须　×—混合晶须
□—粗晶须　△—特粗晶须

（4）纤维的分布和排列　纤维的排列，即纤维的取向问题，如同结合强度一样，也是影响纤维复合材料强度的一个重要问题。

在制作复合材料时，纤维的排列可能有三种方式，如图 9-59 所示。

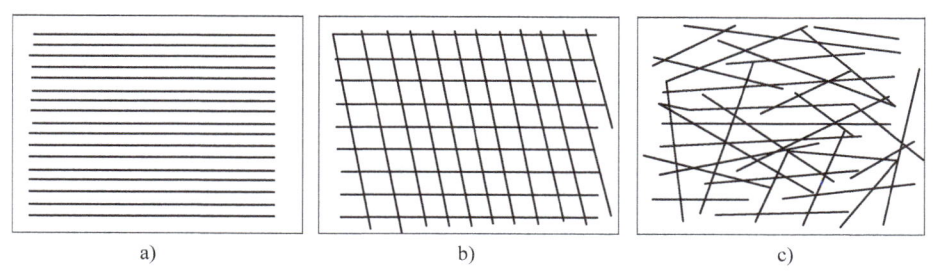

图 9-59　纤维的排列情况
a）平行排列　b）交叉排列　c）杂乱分布

从力学观点看，纤维平行排列是最好的，这样可以使纤维与主负载轴一致，这时纤维全面积承受负荷，使纤维得到充分利用。但是，不能认为在实际材料中所有纤维都必须沿一个方向平行排列，因为有些部件承受着复杂的应力，所以在实际生产中，可根据部件所受应力

的情况考虑纤维的取向。

总之，应尽量避免纤维的杂乱分布。杂乱分布不但不能充分发挥所有纤维的作用，而且有些纤维可能成为缺陷从而降低材料的性能。

不同取向的硼-铝复合材料纤维在室温下的强度和弹性模量见表 9-26 和表 9-27。

表 9-26　硼-铝复合材料纤维在室温下的强度

纤维方向	单向						0~90°交叉		±30°交叉	
V_f (%)	25		37		50		45		50	
板材厚度/mm	0.508	2.032	0.508	2.032	0.508	2.032	0.508	2.032	0.508	2.032
纵向抗拉强度/MPa	554	505	879	881	1174	1097	531	414	536	311
横向抗拉强度/MPa	102	110	93	108	85	106	480	297	120	105
剪切强度/MPa	86	90	87	106	91	131	105	92	—	—

表 9-27　硼-铝复合材料纤维的弹性模量

材料	纤维方向	V_f (%)	弹性模量/MPa
硼-6061	单向	45~50	225000~260000
硼-6061	0~90°交叉	45	130000~180000
硼-6061	±30°交叉	50	110000~210000

问题与习题

1. 弥散强化的机理及其影响因素是什么？它在金属基复合材料中有何意义？
2. 弥散强化材料有哪些体系？现在又发展了什么体系？发展前景如何？
3. 影响金属陶瓷性能的因素有哪些？
4. 影响硬质合金性能的因素有哪些？
5. 列举硬质合金强度理论，比较各种理论的优缺点。
6. 金属基复合材料中的纤维强化机理是什么？
7. 纤维强化材料有哪些体系？现在又发展了什么体系？发展前景如何？
8. 相变韧化的机理是什么？应用于哪些方面？
9. 弥散韧化的机理是什么？它在陶瓷基复合材料中有哪些应用？
10. 工具钢能被烧结得密度很高，但如果其中碳化物颗粒过大，其强度、硬度将降低，如何检测碳化物颗粒的大小，以避免出现这种现象？
11. 复合材料如 Al-SiC 在热循环中会引起热疲劳，为何会出现这种疲劳，有何预防措？

参 考 文 献

[1] Ruan J M, Zhou J N, Hu J Z. Porous Hydroxyapatite-tricalcium Phosphate Biomaterials [J]. Powder Metallurgy, 2006, 49 (1): 66.

[2] 节云峰. 泡沫浸渍法制备的多孔铌基生物材料及性能 [J]. 稀有金属材料与工程, 2010, 39 (11): 2015.

[3] Garces G, et al. High Strength Magnesium-zinc-yttrium-alloys Made by PM [J]. Scripa Mater., 2009, 60 (9): 776.

[4] Shi Y, et al. Characterisation of Iron Materials Made by Different PM Techniques [J]. Powder Metall., 2008, 51 (3): 257.
[5] Abe T, et al. Strength of Superfine Grained Iron. J. Jpn. Soc [J]. Powder/Powder Metall., 2008, 55 (7): 509.
[6] Zhu M, et al. Wear of Mechanically Alloyed Aluminium-tin Alloys with Variable Tin Dispersoid Distribution [J]. Wear, 2008, 265 (11-12): 2857.
[7] Wang K Y, Shen T D, Quan M X, et al. Hall-Petch relationship in nanocrystalline titanium produced by ball-milling [J]. Journal of Materials Science Letters, 1993, 12 (23): 1818.
[8] Andersson R. High Strenth PM HSS for use in Powder Compacting Tools [J]. Met. Powder Rept., 1982, 37: 587.
[9] Ellis D L, McDanels D L. Thermal Conductivity and Thermal Expansion of Graphite Fiber Reinforced Copper Matrix Composite [J]. Metall. Trans., 1993, 24A: 43.
[10] Lall C. Soft Magnetism: Fundamentals for Powder Metallurgy and Metal Injection Molding [M]. New Jersey: Princeton, 1992.

附　　录

附录 A　粉末冶金科学基础名词注释

绝对孔隙尺寸——粉末冶金多孔材料中最大开孔尺寸。

针状粉末——具有其中一维尺寸远大于其他二维尺寸的粉末。

活化烧结——降低烧结体系中的物质迁移活化能以促进烧结的烧结行为。

粉末团聚——粉末颗粒间由于静电力的作用结合成大颗粒的现象。

气体分级——利用高速气流对粉末体按粒度区进行分级的技术。

合金粉末——由两种以上组元形成合金的颗粒集合。

非晶材料——通过快速冷凝技术或机械合金化技术制备的无晶形材料。

自然坡度角——由于重力作用，粉末松堆时斜面与水平面构成的夹角。

松装密度——单位体积的松装粉末质量，以 g/cm^3 表示。

表观硬度——用标准硬度仪测量烧结材料的读数值，由于该读数对应于具有孔隙的材料，因此通常低于相同成分的致密材料的硬度。

轴径比——（粉末）微粒最大和最小尺寸的比值。

雾化——通过高速气流、液流或离心力使熔融金属分散成小液滴的过程。

雾化金属粉末——通过雾化熔融金属流及随后的固化而制得的金属粉末。

球磨——机械碾磨或磨细（颗粒）的过程，典型的方法是使装满用于碰撞粉末粒子的小球的容器滚动、翻滚。

BET 表面积——根据 Brunauer、Emmett 和 Teller 理论（原理），用气体吸附方法测定的特殊表面积。

双峰——一种粒度分布展示两种不同的粒度。这样的一种粉末可由混合了两种不同粒度分布的粉末而产生。

黏结剂——为改善成形的流动性或压坯强度而加进粉末中的物质（它在烧结过程中被排出），或是为把硬质粉末微粒黏合在一起提高烧结材料强度的物质。

毛坯——压制成形、预烧结或完全烧结的压块。通常处于未完成状态，需要进行切削或其他加工才能得到最终的形状。

混合——一般是指将两种或两种以上不同成分的粉末混合均匀的过程。

不通孔——连接表面且有尽头的孔。

拱桥现象——粉末体中由于充填差而形成的一种弓形孔穴。

气泡点——迫使气体通过一个浸透潮湿流体的开孔结构的压力，一种对孔径尺寸的大概测量。

堆积密度——一种假定粉末装载在一个容器中的密度。

预烧——烧结前预烧去除添加剂的过程。

块状物——未压制金属粉末的团聚体。
碳氮共渗——在高于奥氏体生成的温度下,把碳和氮引入固态铁合金中的过程。
羰基粉——通过热解金属羰基分子而制得的金属粉末,粉末颗粒的典型尺寸为 $0.01 \sim 1\mu m$。
渗碳——在高于奥氏体生成的温度下,把碳引入固态铁合金中的过程。
铸造——通过在模具中凝固物质而得到金属、合金的最终形状的过程。
硬质合金——由金属碳化物和黏结相(通常是钴或镍)组成的固体复合物,这种复合物通过液相烧结碳化物和黏结金属粉末的混合物而制得。
离心雾化——通过机械离心力的作用使金属在凝固前形成球状小滴而制得球形颗粒的过程。
金属陶瓷——由陶瓷颗粒和金属黏结剂组成的物体。
化学沉积粉末——通过化学置换沉积而制得的粉末,其典型特点是颗粒非常细小。
分级——按照颗粒尺寸把粉末分离成多个粒度等级的过程。
闭孔——不与外表面相连的孤立孔。
联结——两个物体接合成一个大的物体,以便能观察到摩擦时微粒的接合或在烧结时可观察到孔隙与颗粒的接合。
孔隙粗大——在烧结过程中由于扩散、接合或溶解、再结晶过程而引起的颗粒或孔尺寸逐渐变大的现象。
整形——为获得一定表面轮廓而对烧结坯块进行的最终复压的过程。
冷等静压——在密闭的装满水的容器中,等静压条件和室温下,使用柔性模具和高静水压力使粉末成形的过程。
冷压——在足以避免烧结的低温度(通常是室温)下进行成形,是一种普通压制技术。
冷焊——室温下由于剪切应力的作用使两块金属表面结合的技术。
粉碎——用机械能进行材料的粉碎、磨碎或破碎。
压坯——通过压制金属粉末得到的金属坯块,一般接近最终形状。
压制——通过一种工装加压使粉末成形、变形和致密的过程。
复合物——由两种或两种以上粉末形成的具有多相结构的混合物,是一种期望获得组元特性优点的材料。
压缩性——表示粉末被压紧的程度。
压缩率——松装粉末的体积与由该粉末制造的压坯的体积比。
接触角——在液相、固相和气相交点处形成的润湿角。
接触——对在液相烧结过程中相对于总接触面积而言的固-固结合接触面积的显微结构测量。
配位数——粉末压坯中紧靠某一颗粒相邻的微粒数。
芯杆——成套压制模具中使压坯形成孔洞的部件。
蠕变——在高温、应力条件下的与应力作用时间有关的应变。
临界装填量——能与聚合物黏结剂混合且无孔洞形成的固体颗粒的最大体积分数。
分级——在给定筛网尺寸的筛上或筛下部分的粉末,是一种有选择性的颗粒尺寸范围。
脱胶——成形和烧结之间的一个步骤,在这个过程中大部分在成形时使用的黏结剂通过加热、溶解或其他方法被蒸馏出。

分层——由于高弹性后效和低抗张强度而引起的压坯在脱模过程中产生裂缝的现象。

树枝状粉末——具有枝状结构的粉末，它通常是由电解法制得的粉末。

自由密实充填——粉末处于它的振实密度状态的组装密度，粉末颗粒是随意排列的但结构是紧密的。

致密——由于加压或烧结使孔积率降低（相对于初始孔积率）的过程。

密度——质量与体积的比值。

密度比——所测定的压坯密度与同成分金属的理论密度之比，也称相对密度。

露点——度量气氛潮湿程度的温度。

凹模——粉末被加压时限制形状的部件。

模套——模具中支撑阴模嵌入件或模衬的固定刚性包套。

模压成形——应用单轴压力在刚性模中成形粉末的过程。

压模嵌入件——一种模体或模冲的活动衬套，也就是所熟悉的刚模内衬。

润滑剂——一种混合于粉末中或涂于模壁上，以便受压粉末有利于加压或有利于脱模，减少模具磨损的物质。

模架——压力机中保持和固定模具在适当位置以配合模冲运动的部件。

二面角——烧结时颗粒界面与孔洞或液体间形成的夹角，它是相对界面能的一种衡量。

尺寸控制——一种确保均一尺寸的高压压制和烧结控制的方法。

弥散强化——一种利用遍布于显微组织中的惰性第二相微粒，以提高材料的高温强度和蠕变阻力的增强方式。

分解氨——通过使用催化剂热解氨水而制得的还原气氛，含75%氢气（体积）和25%氮气，也称为裂解氨。

双向压制——使上、下模冲联合向模具中心运动对粉末加压的压制方式。

动态压制——一种以冲击波速度对粉末进行的爆炸或气枪加压的压制方式。

脱模——把压坯顶出模具的过程。

电解粉末——通过电解沉积和其后的粉碎而制得粉末的方法，粉末呈树枝状或海绵状。

单质粉末——只有单一化学成分如铁、镍、铜或钴等而没有合金成分的粉末。

淘析——使用上升的气流或水流在由于重力而下落的方向对粉末颗粒产生作用而进行尺寸分级的过程，类似于风选（风力分级）。

吸热性气氛——一种用于烧结的还原气氛。在催化剂和外部热源作用下由碳氢燃气和空气反应而制得。这种气氛中二氧化碳和蒸汽含量低，而氢气和一氧化碳的含量相当高。

等轴粉末——在三个（正交）方向上具有大约相同尺寸的粉末。

侵蚀——金属压坯在液体渗入表面时的溶解现象。

共晶——一种具有在平衡相图中共晶点表征成分的合金。

放热性气氛——一种用于烧结的还原气氛，由碳氢燃气和空气进行部分或完全燃烧而制得。其最大可燃量是25%。

膨胀——压坯在烧结时由于不平衡化学反应、孔隙的形成或孔隙的长大而引起的尺寸增大现象，与此相反的尺寸变化是收缩。

挤压——用外力把金属粉末或金属和塑性混合物粉末挤过所想得到的横截面的模孔，使粗棒变为所需横截面的细长棒的过程。

渗出——低熔点合金组分由于湿润性差而从孔隙结构中排出的现象。

喂料——用于注射成形或者有助于其他成形过程的粉末和黏结剂的混合物。

铁氧体——用于磁性用途的氧化铁基材料。

填充比——模腔中粉末充填高度与压坯高度之比。

细粉——由粒度小于 $45\mu m$ 的颗粒组成的粉末，即亚筛尺寸粉末。

烧结后处理——粉末冶金材料烧结后用于修整尺寸、调性或有利于应用的加工步骤，包括机械加工、热处理和电镀等。

片状粉末——具有大的宽高（纵横）比、相当薄的扁状或鳞状粉末。

流动时间——在标准化检测中，粉末样品流过小孔所需要的时间。该流动时间衡量的是颗粒间摩擦。

锻造——通过塑性变形提高密度、改变微观结构或获得某种特定形状的加工过程。变形通常在高应变速度下完成，也可能在有限制的模具中完成。

分级粉——留在两个规定的颗粒尺寸或筛网尺寸之间的粉末样品。

气体雾化粉末——通过气体介质破碎熔融金属流体而制得圆形或球形粉末。粉末颗粒在雾化后的自由飞行过程中固化。

手套式操作箱——用于自燃、高纯或有毒粉末处理的充入保护气体或惰性气体的操作箱。操作者站在箱子外通过橡胶手套处理粉末。

粒状粉末——颗粒具有大致等轴的非球状粉末。

晶粒形状调节——液相烧结时，相邻颗粒形状发生调整以获得高的填充率的过程，在这个过程中非球状颗粒被释放到液体中来填充剩余空间。

制粒——在加压或潮湿环境下，利用黏结剂和液体金属将细粉团聚成球形粗粒的过程。

压坯密度——粉末经压制后的坯块密度。

压坯强度——已压制粉末坯块的强度。

重合金——一种在一定密度范围内的含少量合金添加物，如镍、铁、锰或铜的钨基高密度合金。这类合金是由混合的单质粉末通过液相烧结而制得的复合材料。

热等静压——使用密封外套在高温下施压，使压坯中粉末通过蠕变流动实现致密化的压制过程。

热压——在足以引起烧结和蠕变产生的温度下进行压坯的高压、低应变率成形的过程。

热加工——使金属在最小加工硬化温度和应变率下进行塑性变形的过程。

氢损——于氢气气氛中在指定时间和温度下热处理金属粉末引起的质量损失。

氢还原粉末——用氢气还原金属氧化物而制得的粉末。

浸渍——用油、石蜡或树脂充填烧结体孔隙的方法。

渗透——由低熔点金属或合金充填压坯孔隙的过程。

注射成形——基于流体静力学，使用黏结剂在相对低温低压下进行粉末体成形的方法。

连通孔隙——与烧结体表面连接的孔隙。

粉末内摩擦——限制粉末流动、充填和密实的粉末间摩擦。

不规则粉末——缺乏形状对称性的粉末。

等静压——粉末压坯在各个方向受压相等而进行压制的压制方式，即流体静力学压制。

注射——一种伴随快速充填注射模而出现的状态，在注射模中填料射过模子并反向充填入口。

接合线——由于化学反应、低熔共晶形成或低熔点组分熔化，出现在两个入口或环绕一个核心或模具中其他部件的填料流混合处的线性缺陷。

层片结构——压坯中由于脱模压力超过压坯强度而产生的层状结构或裂隙。

液相烧结——由于化学反应、局部熔融或共晶液相生成而有液相出现的烧结过程。

装填——由疏松粉末充填模腔的过程。

随机松散填料——通过随机充填容器所得到的最低充填密度，大体上与表观密度相符合。

下模冲——模具中确定粉末充填体积和形成所生产零件底面的元件。

滑润剂——与粉末混合以使模具磨损最小和有利于压制后脱模的有机添加剂。

基体金属——多相合金或机械混合物中的连续相；实际上就是其中嵌入了分离的其他组分颗粒的连续金属组分。

平均尺寸——粒度分布中的粒度平均值。

机械合金化——一种通过长时间研磨单质粉末使其成为非结晶质的或弥散增强的合金粉末的制备方法。

中粒径——对应50%粒径分布中的粒径值。

水银测孔计——使用高压浸入水银测量开孔孔径分布的装置。

目——在一英寸长度上金属丝网中的筛孔数，网孔数越多，孔径越小。

研磨——用于破碎颗粒或团块使其成为更细颗粒的机械破碎方法。

筛下粉末——通过一个指定目数筛子的部分粉末样品。

混合——两种或多种不同成分的粉末完全混合在一起的过程。

峰值粒度——最常见的颗粒粒度。其峰值对应于不连续粒度分布曲线中的最高点的粒度，它不同于不对称分布中的平均粒度。

可模压性——在注射成形过程中对填满模腔的难易程度的相对衡量。它可用充填一段细长管道所需的时间来测定。

压机——为粉末成形提供压制压力的设备。

单一粒度——所有颗粒具有相同尺寸的粉末样品。

多峰值——一种粉末表现出几个粒度峰，可能是由几种单一粒度粉末混合造成的。

纳米级——粉末或微结构尺寸以纳米单位测量。典型的纳米粉末的尺寸在100nm以下。

近净成形——压坯具有最终产品的成形方式，如注射成形。

（烧结）颈——在烧结过程中逐渐形成的颗粒间接触的结合形状。

针状颗粒——具有一维尺度延伸的细棒状晶粒。

最终形状——具有最终密度和尺寸的压坯，不需要再加工。

粒状粉末——具有多节的、圆形的不规则颗粒。

开孔——完全从压坯的一个表面贯穿到另一个表面的通孔。

有序充填——粉末颗粒以有秩序的（规则的）方式积聚，类似于原子结构，每个颗粒与邻近颗粒一样排列在一个精确的位置上。

奥斯特瓦尔德时效——高温下显微组织（晶粒或孔隙）的逐渐长大过程，结果是单位体积中晶粒数、颗粒数少，晶粒尺寸、孔隙尺寸大。

筛上粉末——保留在一定目数筛网上的那部分粉末样品。

粒度——由筛分析或其他仪器确定的单独颗粒的线性控制尺寸。

粒度分析仪——确定粒度或粒度分布的自动化测量装置。

分离线——在成形过程中两个部件或模块结合处留下的压坯上的线形标记。在注射成形中它在组合模具的二等分处。

渗透性——对气体流过开孔结构的阻力。

碟状粉——具有碟形形状的粉末。

多分散——包含一个宽的粉末粒度分布，覆盖一个大的没有明显峰值的粒度范围。

造孔剂——用于在烧结时因挥发后在烧结件中形成具有一定大小和形状的孔隙物质。

孔隙尺寸——粉末颗粒间孔洞的尺寸。

孔隙率计——利用压力将水银浸入孔隙测量孔隙尺寸的装置。

孔隙率——粉末压块中孔隙的百分比。

粉末流量计——测量粉末流动速度的仪器。

粉末冶金学——一门生产金属粉末和利用金属粉末制造具有一定设计形状和新性能的块状材料的技术和科学。

粉末轧制——利用辊轧机对金属粉末进行渐次轧制的使其达到致密的轧制方式。

预合金粉末——每个颗粒含有由两种或多种成分（元素）按限定比例组成并能形成合金的粉末，如黄铜、青铜、钢和不锈钢等。

预成形——需要进一步压制或锻造加工的金属粉末初始压坯。

预混合料——由两种或多种成分组成的被混合和黏结在一起以避免在处理时分开的粉末体。

预烧结——在低于正常烧结温度的温度下加热压坯，以获得便于进一步处理（包括机械加工）的强度的过程。

加压烧结——伴随外加压力而进行烧结的过程。它常常通过在真空中初步烧结及其后的炉内增压以压缩闭孔的工序来完成。

比重瓶——测量松装粉末密度的装置。

自燃粉末——在空气中不稳定的粉末，由于具有大的表面能和氧化放热反应的特性，当它被点火时将自发燃烧。

径向抗压强度——环状样品抵抗由作用于两个平行端面之间，垂直于样品轴线方向的力所引起的碎裂的相对能力。

快速固化——以 10^4℃/s 或更高的冷却速度散出熔融金属的热量的过程，结果得到新的材料显微组织、成分和相。

控速烧结——一种非等温的烧结工艺，压坯加热速度被最优化，使压坯的显微组织长大程度变得最小的烧结状态。

反应烧结——一种新颖的烧结过程，在粉末的混合物中启动放热反应，放热反应产生化合物（碳化物、硼化物、氮化铝或其他化合物），来自反应的热量被同时利用于烧结过程。

重新排列——颗粒进入新的充填位置的即时移动，它发生在烧结液相中或成形初期。

难熔金属——具有高的融化温度（通常超过 1700℃）的金属或陶瓷，如钨、钼、铼和锆。

复压——为调整尺寸和改善性能而对已压制和烧结的压坯再次施加压力的过程。

冒口——充填注射模具用的一段给料通道。处于浇口和入口之间，入口为真正模腔的进口。

饱和度——对液相充填空隙或孔隙的分数与总孔隙度比较的数值。

筛分析——通过使用一套孔径逐渐减小的振动筛对粉末样品进行分段或分级得到粒度分布信息的方法。

二次加工——对烧结后的压块进行调整尺寸和性能的加工工序。

沉降分析——把粉末放入气体或液体中进行分类或分级的过程。颗粒大小的百分组成以斯托克斯规律所描述的不同沉淀速度进行测量。

偏析——成分的非均匀分布，比如粉末因大小、形状或密度的不同而分开，或者固态材料显微组织中的化学（成分）分离。

自蔓延高温合成——混合不同粉末生成化合物的放热反应。一旦被点火，所释放的热量进一步引起未反应颗粒间发生反应，放出持续不断的反应波。

收缩——烧结时发生压块尺寸减小的现象。

筛分析——以保留在一套孔径逐渐减小（目数逐渐增大）的筛子中每一个筛子上的粉末的质量百分数来表示的粒度分布数据。

筛分——能通过筛网并被另一个更细筛网保留的那部分粉末样品。

烧结——通过空位扩散或原子定向迁移而结合邻近颗粒、提高粉末体强度的加热工艺。随着烧结的进行，粉末压坯密度增大，大部分性能得到提高。

精整——为保证所要求的尺寸或使最终压块尺寸偏差最小而对烧结后产品进行的最终压制。

粉浆浇注——一种可用于细颗粒粉末的成形工艺，含有粉末的低黏性流体被注入到吸水性模腔（石膏），获得具有模腔内部结构尺寸的成形过程。

溶解—再沉积——微细颗粒溶解后通过在液相中的扩散在大颗粒表面沉积，结果导致显微组织整体变粗的过程。

比表面积——单位质量粉末具有的表面积。

球形粉末——具有相同的球状和可用直径描述尺寸的粉末。气体雾化粉末常常是球状粉末。

弹性后效——已压制粉末在卸压或脱模时产生的弹性松弛。

亚筛粉末额——通过325目筛网的粉末份额，因此，这些粉末小于$45\mu m$。

超细粉末——直径小于$10\mu m$的粉末。

超固相烧结——一种用于预合金粉末的液相烧结工艺，烧结在高于固相温度下进行，因此颗粒内部有形核液体。

表面积——通过气体吸附或气体渗透测定的粉末面积。

肿胀——压坯尺寸由于孔隙形成、生成合金或界面液体渗透而发生的尺寸增大现象。低熔点的添加剂或封闭气体在烧结时可形成孔隙而使压坯尺寸增大。

振实密度——振动粉末得到的粉末密度。振实密度可能代表了粉末在不使用压力的条件下的最大充填密度。

抗张强度——在单轴拉伸试验中试样破坏前可到达的最大强度。

十四面体——十四边形结构，用于表达粉末压坯中颗粒形状和最大邻接颗粒数。

理论密度——具有完整结晶的无孔致密材料密度。

瞬时液相烧结——加热时有液相出现的烧结过程，要求压坯中至少有两个组元，而且形成的液相能够溶于固相组元中。

横向断裂强度——压坯或脆性材料的三点抗弯强度。

超细粉末——粒度尺寸小于 $1\mu m$ 的粉末。

上模冲——成形压坯上表面的模具部分。

黏性流动——应力作用下与时间相关的粉末变形或致密化行为。

孔穴——烧结材料中孤立的空洞。

弯翘——在烧结或热处理过程中形成的坯坯畸变，一般是由加热不均匀或压坯密度分布不均匀造成的。

润湿角——液-固-气三相共存时，表面张力作用形成的平衡角。

浮动阴模——压制过程中下模冲不动，阴模下浮，有利于压制或脱模的模具结构。

加工制造——由常规熔炼过程和机械加工制备材料或部件的方法。

Zeta 电位——粉末在溶液中表面电荷或表面电化学性质。

附录 B　材料常数与性质

表 B-1　耐热镍合金的材料常数与性质

性　质	符号	Ag	Al	耐热镍合金	Au	Be	青铜	Co（β）	Cr
原子序数	A_N	47	13		79	4		27	24
密度/(g/cm³)	ρ	10.5	2.7	8.9	19.3	9	8.8	8.9	7.2
晶形	χ	FCC	FCC		FCC	HCP	FFC	HCP	BCC
原子直径/nm	a_0	0.288	0.286		0.292	0.224	0.26	0.25	0.26
熔点/℃	T_M	961	660	1400	1063	1283	957	1495	1875
沸点/℃	T_B	2212	2467		2807	2970		2870	2665
比热容/[J/(mol℃)]	c_p	25	24	24	25	20		25	23
熔化热/(kJ/mol)	ΔH_F	11	11		12	10		15	15
蒸发热/(kJ/mol)	ΔH_V	258	291		343	309		382	342
摩尔质量/(g/mol)	M	108	27	58	197	9	69	59	52
表面能/(J/m²)	γ	12	1.1	1.7	1.4	1.0	1.7	2.1	2.2
弹性模量/GPa	E	76	71	213	79	318	110	211	279
屈服强度/MPa	σ_y	40	75	905	20	240	210	345	100
泊松比	ν	0.37	0.35	0.31	0.42	0.02	0.35	0.32	0.21
热胀系数/(10^{-6}/℃)	α	19.2	23.8	12	14.3	12.3	18.5	13.4	6.5
热导率/W/m	λ	431	237	11	316	194	67	96	91
电阻率/(Ω·m)	ρ	1.6	2.7	120	2.4	4.0	18	6	13

（续）

性质	符号	Ag	Al	耐热镍合金	Au	Be	青铜	Co (β)	Cr
体积扩散									
频率因子/(m²/s)	D_{VO}	4×10^{-5}	2×10^{-4}	2×10^{-4}	1×20^{-5}	1×10^{-5}	6×10^{-10}	8×10^{-5}	2×10^{-5}
活化能/(kJ/mol)	Q_V	185	142	285	181	166	207	292	318
晶界扩散									
频率因子/(m³/s)	D_{BO}	6×10^{-15}	3×10^{-14}	2×10^{6}	3×10^{-16}		6×10^{-10}	2×19^{-14}	10^{-13}
活化能/(kJ/mol)	Q_B	90	60	115	110		105	117	198
表面扩散									
频率因子/(m²·℃/s)	D_{SO}	5×10^{7}			10^{6}		8×10^{-2}		50
活化能/(kJ/mol)	Q_S	206	142	285	234		205		215

注：晶界扩散频率因子含晶界宽度，因此用 m³/s 表示。

表 B-2　镍基超合金的材料常数与性质

性质	符号	Cu	Fe (α)	镍基超合金	Mo	Nb	Ni	Ni₃Al	Pb
原子序数	A_N	29	26		42	41	28		82
密度/(g/cm³)	ρ	9.0	7.9	8.9	10.2	8.6	8.9	7.3	11.4
晶形	χ	FCC	BCC		BCC	BCC	FCC		FCC
原子直径/nm	a_0	0.26	0.252		0.278	0.292	0.248		0.35
熔点/℃	T_M	1083	1536	1327	2610	2468	1453	1380	328
沸点/℃	T_B	2578	2750		4612	4927	2732		1740
比热容/[J/(mol·℃)]	c_p	24	25		24	25	26	25	26
熔化热/(kJ/mol)	ΔH_F	13	15		28	27	18		5
蒸发热/(kJ/mol)	ΔH_V	307	340		590	680	375		178
摩尔质量/(g/mol)	M	64	56	60	96	93	59	203	207
表面能/(J/m²)	γ	1.7	2.2	1.7	2.2	2.9	1.8	2.0	0.6
弹性模量/GPa	E	145	196	213	328	113	214	179	18
屈服强度/MPa	σ_y	120	150	1100	225	170	130		19
泊松比	ν	0.34	0.29	0.31	0.29	0.40	0.31	450	0.44
热膨胀系数/10⁻⁶/℃	α	16.6	12.3	13.0	5.4	7.2	13.3	12.5	29.1
热导率/(W/m)	λ	403	75	11	138	54	95	29	36
电阻率/(Ω·m)	ρ	1.6	9.7	120	5.2	15	6.8	33	21
体积扩散									
频率因子/(m²/s)	D_{VO}	16×10^{-5}	2×10^{-4}	2×10^{-4}	5×10^{-5}	1×10^{-4}	2×10^{-4}	4×10^{-4}	1×10^{-4}
活化能/(kJ/mol)	Q_V	213	239	285	418	414	298	306	109

附　录

（续）

性　质	符号	Cu	Fe(α)	镍基超合金	Mo	Nb	Ni	Ni₃Al	Pb
晶界扩散									
频率因子/(m³/s)	D_{BO}	2×10^{-14}	10^{-17}	10^{-15}	6×10^{-14}		4×10^{-16}	2×10^{-13}	2×10^{-13}
活化能/(kJ/mol)	Q_B	107	128	115	263		108	152	68
表面扩散									
频率因子/(m²·℃/s)	D_{SO}	0.1	10^5	10^2	10		3×10^3	10^4	2
活化能/(kJ/mol)	Q_S	164	239	199	241	235	164	306	109

表 B-3　不锈钢的材料常数与性质

性　质	符号	Pd	Pt	Sn	SS304L	SS316L	Ta	Ti(α)	Ti(β)
原子序数	A_N	46	78	50			73	22	22
密度/(g/cm³)	ρ	12.0	21.4	7.3	7.9	8.0	16.6	4.5	4.5
晶形	χ	FCC	FCC	Tetra	FCC	FCC	BCC	HCP	BCC
原子直径/nm	a_0	0.274	0.278	0.281			0.228	0.289	0.294
熔点/℃	T_M	1552	1769	232	1400	1410	2996	1688	1668
沸点/℃	T_B	3140	3827	2270			5427	3286	3286
比热容/[J/(mol·℃)]	c_p	26	26	26			25	25	20
熔化热/(kJ/mol)	ΔH_F	17	20	7			31	21	21
蒸发热/(kJ/mol)	ΔH_V	362	469	298			758	426	429
摩尔质量/(g/mol)	M	106	195	119	56	56	181	48	48
表面能/(J/m²)	γ	2.1	2.5	0.6	2.2	2.0	2.8	1.7	1.7
弹性模量/GPa	E	121	170	47	216	216	186	116	55
屈服强度/MPa	σ_y	34	35	22	435	550	180	200	100
泊松比	ν	0.39	0.39	0.36	0.28	0.28	0.34	0.36	0.36
热膨胀系数/ppm/℃	α	11.8	8.9	23	14.8	14.8	6.5	8.4	9.7
导热率/(W/m)	λ	75	73	69	16	12	58	22	14
电阻率/(Ω·m)	ρ	10.8	10.6	11	97	100	12.5	42	
体积扩散									
频率因子/(m²/s)	D_{VO}	2×10^{-5}	3×10^{-5}	9×10^{-4}	4×10^{-5}	4×10^{-5}	1×10^{-4}	9×10^{-9}	1×10^{-4}
活化能/(kJ/mol)	Q_V	274	294	105	280	280	425	150	259
晶界扩散									
频率因子/(m³/s)	D_{BO}			3×10^{-15}	2×10^{-13}	2×10^{-13}		4×10^{-16}	5×10^{-17}
活化能/(kJ/mol)	Q_B			40	167	280		97	153
表面扩散									
频率因子/(m³·s⁻¹)	D_{SO}		4×10^{-3}	5×10^2	10^4	10^4		10^3	50
活化能/(kJ/mol)	Q_S		112	64	220	250	238	150	153

注：SS304L：18% Cr，8% Ni 奥氏体不锈钢。
　　SS316L：含 Mo 奥氏体不锈钢。

表 B-4　工具钢材料常数与性质

性质	符号	工具钢	TiAl	U	V	W	Zn	Zr (α)	Zr (β)	1080（低碳钢）
原子序数	A_N			92	23	74	30	40	40	
密度/(g/cm³)	ρ	4.0	8.0	19.1	6.1	19.3	7.1	6.5	6.5	7.9
晶形	χ			Ortho	BCC	BCC	HCP	HCP	BCC	BCC
原子直径/nm	a_0			0.276	0.268	0.282	0.276	0.320	0.310	
熔点/℃	T_M	1457	1410	1132	1887	3410	420	1852	1852	1525
沸点/℃	T_B			3745	3377	5657	906	4377	4377	
比热容/[J/(mol℃)]	c_p		25	28	25	24	25	25	24	25
熔化热/(kJ/mol)	ΔH_F			16	18	35	7	23	23	
蒸发热/(kJ/mol)	ΔH_V			417	480	824	114	567	567	
摩尔质量/(g/mol)	M	75	56	238	51	184	65	91	91	56
表面能/(J/m²)	γ	1.8	2.2		2.5	2.8	0.8	1.9	1.9	2.1
弹性模量/GPa	E	168	210	176	128	411	105	97	67	200
屈服强度/MPa	σ_y	1200	500	190	103	550	20	205	180	230
泊松比	ν		0.30	0.2	0.37	0.28	0.25	0.38	0.38	0.28
热膨胀系数/(10⁻⁶/℃)	α		13	13	8.3	4.6	25	5.9	5.6	13.5
导热率/(W/m)	λ		40	36	32	172	119	23	12	48
电阻率/(Ω·m)	ρ		50	31	25	5.7	5.9	40		45
体积扩散										
频率因子/(m²/s)	D_{VO}	8×10^{-7}	4×10^{-5}	2×10^{-7}	4×10^{-5}	8×10^{-6}	2×10^{-5}	3×10^{-5}	1×10^{-6}	2×10^{-5}
活化能/(kJ/mol)	Q_V	200	280	123	317	520	99	190	180	270
晶界扩散										
频率因子/(m³/s)	D_{BO}	8×10^{-13}	2×10^{-13}	3×10^{-11}		3×10^{-13}	10^{-14}	8×10^{-14}	6×10^{-16}	8×10^{-14}
活化能/(kJ/mol)	Q_B	180	167	184		385	60	124	184	159
表面扩散										
频率因子/(m²℃/s)	D_{SO}	2×10^{4}	3×10^{3}			0.2	9×10^{-2}	2×10^{3}	5×10^{2}	3×10^{2}
活化能/(kJ/mol)	Q_S	150	220			293	190	190	180	220